Gmelin Handbuch der Anorganischen Chemie

Achte völlig neu bearbeitete Auflage

8th Edition

Organometallic Compounds in the Gmelin Handbook

Metall-Organische Verbindungen im Gmelin Handbuch

The following listing indicates in which volumes these compounds are discussed or are referred to:

Die folgende Aufstellung gibt eine Anleitung, in welchen Bänden diese Verbindungen behandelt wurden bzw. sich Hinweise befinden:

Ag	„Silber" B 5
Bi	Bismut-Organische Verbindungen (Erg.-Werk, Bd. 47)
Co	Kobalt-Organische Verbindungen 1 (Erg.-Werk, Bd. 5) und 2 (Erg.-Werk, Bd. 6) sowie „Kobalt" Erg.-Bd. A, B 1 und B 2
Cr	Chrom-Organische Verbindungen (Erg.-Werk, Bd. 3)
Fe	Eisen-Organische Verbindungen A 1 (Erg.-Werk, Bd. 14), A 2 (Erg.-Werk, Bd. 49), A 3 (Erg.-Werk, Bd. 50), A 6 (Erg.-Werk, Bd. 41), B 1 (Erg.-Werk, Bd. 36), B 2 (1978), B 4 (1978), B 5 (1978), C 1 (1979) und „Eisen" B
Hf	Hafnium-Organische Verbindungen (Erg.-Werk, Bd. 11)
Nb	„Niob" B 4
Ni	Nickel-Organische Verbindungen 1 (Erg.-Werk, Bd. 16), 2 (Erg.-Werk, Bd. 17), Register (Erg.-Werk, Bd. 18) und „Nickel" B 3 und C
Np, Pu ...	Transurane C (Erg.-Werk, Bd. 4)
Pt	„Platin" C und D
Ru	„Ruthenium" Erg.-Bd.
Sn	Zinn-Organische Verbindungen 1 (Erg.-Werk, Bd. 26), 2 (Erg.-Werk, Bd. 29), 3 (Erg.-Werk, Bd. 30), 4 (Erg.-Werk, Bd. 35), 5 (1978) und 6 (1979) (vorliegender Band)
Ta	„Tantal" B 2
Ti	Titan-Organische Verbindungen (Erg.-Werk, Bd. 10)
V	Vanadium-Organische Verbindungen (Erg.-Werk, Bd. 2) und „Vanadium" B
Zr	Zirkonium-Organische Verbindungen (Erg.-Werk, Bd. 10)

Gmelin Handbuch der Anorganischen Chemie

BEGRÜNDET VON Leopold Gmelin

Achte völlig neu bearbeitete Auflage

ACHTE AUFLAGE begonnen im Auftrage der Deutschen Chemischen Gesellschaft
von R. J. Meyer
E. H. E. Pietsch und A. Kotowski

fortgeführt von
Margot Becke-Goehring

HERAUSGEGEBEN VOM Gmelin-Institut für Anorganische Chemie
der Max-Planck-Gesellschaft zur Förderung der Wissenschaften

Springer-Verlag
Berlin · Heidelberg · New York 1979

Gmelin-Institut für Anorganische Chemie
der Max-Planck-Gesellschaft zur Förderung der Wissenschaften

Gmelin Handbuch der Anorganischen Chemie

Achte völlig neu bearbeitete Auflage

8th Edition

Zinn-Organische Verbindungen

Teil 6

Diorganozinndichloride. Organozinntrichloride

mit 2 Figuren

von **Herbert Schumann** und **Ingeborg Schumann**

BEARBEITER DIESES BANDES (AUTHORS) — Herbert Schumann, Ingeborg Schumann, Technische Universität Berlin

FORMELREGISTER (FORMULA INDEX) — Ursula Hettwer, Gmelin-Institut, Frankfurt am Main

REDAKTEUR DIESES BANDES (EDITOR) — Hubert Bitterer, Gmelin-Institut, Frankfurt am Main

Springer-Verlag
Berlin · Heidelberg · New York 1979

ENGLISCHE FASSUNG DER STICHWÖRTER NEBEN DEM TEXT:
ENGLISH HEADINGS ON THE MARGINS OF THE TEXT:

H. J. KANDINER, SUMMIT, N. J.

DIE LITERATUR IST BIS ENDE 1976 AUSGEWERTET

LITERATURE CLOSING DATE: COMPLETELY UP TO THE END OF 1976

Die vierte bis siebente Auflage dieses Werkes erschien im Verlag von Carl Winter's Universitätsbuchhandlung in Heidelberg

Library of Congress Catalog Card Number: Agr 25-1383

ISBN 3-540-93388-3 Springer-Verlag, Berlin · Heidelberg · New York
ISBN 0-387-93388-3 Springer-Verlag, New York · Heidelberg · Berlin

LN-Druck Lübeck

Preface

Five volumes have so far treated the mononuclear organotin compounds: the tin tetraorganyls and the organotin hydrides, fluorides, and part of the chlorides. The literature closing dates are the end of 1973 for chapter 1.1, the end of 1974 for chapter 1.2, the end of 1975 for chapter 1.3.1, and the end of 1976 for chapter 1.3.2.1. The Preface to Part 1 specifies the topic of each chapter.

The present volume continues the description of the mononuclear organotin halides. This second part of chapter 1.3 includes the mononuclear organotin chlorides not in Part 5: R_2SnCl_2, $RR'SnCl_2$, $RSnCl_3$, R_2SnXCl, $RSnXCl_2$, and $RSnX_2Cl$. For consistency, the literature closing date in Part 5, the end of 1976, has been retained.

There is no new list of books, monographs, reviews, and special articles in this volume since such a list was given in Part 5. However, that list will be brought up-to-date in Part 7.

Also on this occasion we would like to repeat our thanks to Professor Becke and her co-workers at the Gmelin Institute for the excellent cooperation. We wish to thank Dr. H. Bitterer for his symphathetic assistance in editing. Furthermore our thanks are due to Mrs. E. Redlinger for the meticulous handling of the literature index as well as to the members of the chemistry department of the library of the Technische Universität Berlin for their assistance in procuring the literature.

Berlin-Lichtenrade, Annunciation Day 1979

Herbert Schumann
Ingeborg Schumann

From the Preface to Part 1:

The significance of organometallic chemistry has increased considerably during recent years and within this area organotin chemistry reigns as one of the most important branches. The first organotin species, i.e., diethyltin diiodide, was prepared by Frankland in 1849; however, a lively development of organotin chemistry began only about one century later, primarily due to the potential application of such compounds in industry, technology, and agriculture. For example, organotin compounds tend to stabilize PVC toward photolytic attack and are active fungicides. The steadily increasing interest—about 200 publications until 1935, about 1000 until 1960, 5000 until 1970, and at present about 1000 annually—justifies a compilation of the available data in this area of chemistry.

The present series encompasses only compounds containing at least one tin-to-carbon bond; species such as $Sn[P(C_6H_5)_2]_4$ will not be considered and cyanides are viewed as inorganic tin derivatives. The material is grouped as follows:

1 Compounds containing only one tin atom (= mononuclear compounds)
2 Dinuclear compounds
3 Trinuclear compounds
4 Fournuclear compounds
5 Fivenuclear compounds
6 Polynuclear oligomeric compounds
7 Polynuclear polymeric compounds

Within each group of compounds the material is arranged in dependency of the substituents rather than by following the usual Gmelin System, i.e.:

–.1 Compounds containing four Sn-C bonds
–.2 Compounds containing Sn-H bonds
–.3 Compounds containing Sn-halogen bonds
–.4 Compounds containing bonds to main group six elements
–.5 Compounds containing bonds to main group five elements
–.6 Compounds containing bonds to main group four elements
–.7 Compounds containing bonds to main group three elements
–.8 Compounds containing bonds to main group two elements
–.9 Compounds containing bonds to main group one elements
–.10 Compounds containing bonds to transition metals
–.11 Complex compounds containing coordinated Sn
–.12 Other species

Within this arrangements the principle of the last position is usually adhered though is sometimes overruled in order to maintain the clarity of the presentation. Those compounds that—based on most recent studies and in contrast to earlier reports—are associated are delt with in the form of their smallest known entity. For example, polymeric $(CH_3)_2SnF_2$ is discussed with the mononuclear organotin fluorides.

As a rule the nomenclature as recommended by IUPAC is used; those hydrocarbon groups that are branched or cyclic isomers of n-alkyl moieties are specifically identified.

Quantity data on preparations are specified only in those cases where a considerable deviation from the normal stoichiometry exists.

Intensity abbreviations for IR spectra are: st = strong, m = medium, s = weak, Sch = shoulder.

As in original publications the chemical shift in NMR spectroscopy has been cited as δ, τ or $\Delta\nu$; no conversions have been made. Nothing contrary being stated, the spectrometer frequency (for chemical shifts measured in Hz) in ^{1}H-NMR-spectroscopy is always 60 MHz, the reference standard tetramethylsilane (TMS). Positive signs of δ of $\Delta\nu$ generally mean a high field shift as compared to the standard.

The literature coverage was attempted to be as complete as feasible but those publications that are not or not clearly abstracted by C.A. are not considered nor are all of the voluminous patent data. As a rule from patent data only those facts as presented in C.A. are fully reflected.

Vorwort

Innerhalb der Serie „Zinn-Organische Verbindungen" sind in den bisher erschienenen fünf Lieferungen (Bände 26, 29, 30 und 35 des „Ergänzungswerkes" sowie Sn Organische Verbindungen, Teil 5) die einkernigen Zinntetraorganyle, die einkernigen Organozinnhydride, die einkernigen Organozinnfluoride und die einkernigen Triorganozinnchloride behandelt worden. In diesen Bänden wird die bis Ende 1973 erschienene Literatur über Organozinnverbindungen nach Kapitel 1.1 der Gliederung (s. Vorwort zu Teil 1), die bis Ende 1974 erschienene Literatur nach Kapitel 1.2, die bis Ende 1975 erschienene Literatur nach Kapitel 1.3.1 und die bis Ende 1976 erschienene Literatur nach Abschnitt 1.3.2.1 erfaßt.

Der vorliegende Teil setzt die Behandlung der einkernigen Organozinnhalogenide fort. Diese zweite Teillieferung zum Kapitel 1.3 enthält die einkernigen Organozinnchloride, soweit sie noch nicht in Teil 5 der Serie enthalten sind, nämlich die Verbindungen der Typen R_2SnCl_2, $RR'SnCl_2$, $RSnCl_3$, R_2SnXCl, $RSnXCl_2$ und $RSnX_2Cl$. Um für alle behandelten Organozinnchloride den gleichen Zeitraum abzudecken, ist auch in dieser Lieferung die Literatur bis Ende 1976 erfaßt.

Eine Auflistung von allgemeiner Literatur, d.h. von Büchern, Monographien, Review-Artikeln und speziellen Arbeiten, die sich mit den behandelten Verbindungen unter zusammenfassenden Gesichtspunkten befassen, wurde diesmal nicht vorgenommen. Soweit solche Arbeiten die Organozinnhalogenide betreffen, wurden diese bereits in Teil 5 aufgeführt. Eine Ergänzung auf den neuesten Stand ist in Teil 7, dem Abschlußband für die Organozinnhalogenide, vorgesehen.

Auch an dieser Stelle möchten wir wieder Frau Prof. Dr. Dr. E.h. M. Becke und ihren Mitarbeitern im Gmelin-Institut für die ausgesprochen angenehme Zusammenarbeit danken, ebenso Herrn Dr. H. Bitterer für die verständnisvolle Hilfe bei der Redaktion. Weiterhin gilt unser Dank Frau E. Redlinger für die sorgfältige Führung und Bearbeitung der Literaturkartei sowie den Mitarbeiterinnen der Abteilung Chemie der Universitätsbibliothek der Technischen Universität Berlin für ihre Hilfe bei der Beschaffung der Literatur.

Berlin-Lichtenrade, Mariä Verkündigung 1979

Herbert Schumann
Ingeborg Schumann

Aus dem Vorwort zu Teil 1:

Die metallorganische Chemie — oder besser Organoelementchemie — hat in der zweiten Hälfte unseres Jahrhunderts ständig an Bedeutung gewonnen. Innerhalb dieses Forschungsgebietes nimmt die Organozinnchemie heute eine sehr wichtige Stellung ein. Obgleich die erste Organozinnverbindung, nämlich Diäthylzinnjodid, bereits 1849 von Frankland dargestellt wurde, vergingen 100 Jahre bis zum Beginn einer stürmischen Entwicklung dieser Organozinnchemie. Als vornehmliche Ursache für diesen Fortschritt ist die Erkenntnis der großen Anwendungsbreite dieser Verbindungen in Industrie, Technik und Landwirtschaft anzusehen. Von den vielfältigen Verwendungsmöglichkeiten von Organozinnverbindungen sei an dieser Stelle nur kurz auf die durch sie bewirkte Stabilisierung von PVC gegen Lichteinwirkung und deren Anwendung als Fungizide hingewiesen. Das immer stärker werdende Interesse an diesen Verbindungen — bis 1935 erschienen etwa 200 Publikationen, bis 1960 etwa 1000, bis 1970 etwa 5000 und nun jährlich gegen 1000 — rechtfertigt die Herausgabe einer zusammenfassenden Rückschau über das bisher erarbeitete Wissen auf diesem Teilgebiet der Chemie.

Die Serie enthält nur Verbindungen, in denen an Sn mindestens ein organischer Rest über C gebunden ist. Andere Zinnverbindungen, wie beispielsweise $Sn[P(C_6H_5)_2]_4$, werden hier nicht behandelt. Auch Cyanide gelten als anorganische Zinnverbindungen. Die Gliederung erfolgt nach folgendem Schema:

1 Verbindungen, die ein Sn-Atom enthalten — Einkernige Verbindungen
2 Zweikernige Verbindungen
3 Dreikernige Verbindungen
4 Vierkernige Verbindungen
5 Fünfkernige Verbindungen
6 Mehrkernige oligomere Verbindungen
7 Mehrkernige polymere Verbindungen

Die Untergliederung innerhalb jeden Hauptproduktes richtet sich nicht nach dem Gmelin-System, sondern ist abhängig von der Bindung:

–.1 Verbindungen mit 4 Sn-C-Bindungen
–.2 Verbindungen mit Sn-H-Bindungen
–.3 Verbindungen mit Sn-Halogen-Bindungen
–.4 Verbindungen mit Bindungen zu den Elementen der VI. Gruppe
–.5 Verbindungen mit Bindungen zu Elementen der V. Gruppe
–.6 Verbindungen mit Bindungen zu Elementen der IV. Gruppe
–.7 Verbindungen mit Bindungen zu Elementen der III. Gruppe
–.8 Verbindungen mit Bindungen zu Elementen der II. Gruppe
–.9 Verbindungen mit Bindungen zu Elementen der I. Gruppe
–.10 Verbindungen mit Bindungen zu Nebengruppenmetallen
–.11 Komplexverbindungen mit Koordination am Sn
–.12 Sonstige Verbindungen

Innerhalb dieser Gliederung gilt das Prinzip der letzten Stelle. Dieses wird nur dann durchbrochen, wenn die Gründe der Übersicht das notwendig erscheinen lassen. Verbindungen, die nach neueren Untersuchungen entgegen der bisherigen Meinung assoziiert sind, erscheinen an der Stelle der kleinsten Einheit. So wird das polymere $(CH_3)_2SnF_2$ bei den einkernigen Organozinnfluoriden behandelt.

Die Nomenklatur der Verbindungen lehnt sich an die Richtlinien der IUPAC an. Die Kohlenwasserstoffreste werden nur speziell gekennzeichnet, wenn es sich um verzweigte oder cyclische Isomere von n-Alkylresten handelt.

Bei der Synthese von Verbindungen werden nur dann Mengenangaben gemacht, wenn sie stark von den durch die Stöchiometrie geforderten Mengen abweichen.

Intensitätsangaben bei den IR-Spektren erfolgen in Anlehnung an deutsche Abkürzungen. Es bedeuten: st = stark, m = mittel, s = schwach, Sch = Schulter.

Die chemische Verschiebung in den NMR-Spektren ist wie in den Originalen als δ, τ oder $\Delta\nu$ angegeben; eine Umrechnung wurde nicht vorgenommen. Soweit nichts anderes vermerkt, ist bei der ^{1}H-NMR-Spektroskopie die Spektrometerfrequenz (bei der Angabe der chemischen Verschiebung in Hz) stets 60 MHz und die Bezugssubstanz Tetramethylsilan (TMS). Positives Vorzeichen von δ oder $\Delta\nu$ bedeutet stets, daß die Verschiebung gegenüber der Bezugssubstanz nach der Seite der höheren Feldstärke des äußeren Feldes erfolgt ist.

Bei der Auswertung der Literatur wurde Vollständigkeit angestrebt. Jedoch konnten Publikationen, die nicht oder unkenntlich in den Chemical Abstracts referiert wurden, naturgemäß nicht berücksichtigt werden. Auf eine lückenlose Auswertung der sehr umfangreichen Patentliteratur wurde verzichtet; in der Regel wurden hierbei nur die in den Chemical Abstracts referierten Tatsachen bearbeitet.

Table of Contents

(Inhaltsverzeichnis s. S. V)

Page

Page

Inhaltsverzeichnis

(Table of Contents see page I)

Seite

Zinn-Organische Verbindungen

1.3.2.2 Diorganozinndichloride

Diorganotin Dichlorides

1.3.2.2.1 Diorganozinndichloride des Typs R_2SnCl_2

Diorganotin Dichlorides of the R_2SnCl_2 Type

1.3.2.2.1.1 Dimethylzinndichlorid $(CH_3)_2SnCl_2$

Dimethyltin Dichloride

1.3.2.2.1.1.1 Bildung und Darstellung

Formation. Preparation

Zur Synthese von Dimethylzinndichlorid bieten sich verschiedene Wege. Am einfachsten ist die Komproportionierungsreaktion zwischen $Sn(CH_3)_4$ und $SnCl_4$ [1 bis 6], die auch in Benzol [4] oder bei höheren Temperaturen [7] vorgenommen werden kann. Als Ausbeute werden 90.5% angegeben [2]. Analog entsteht $(CH_3)_2SnCl_2$ bei den Komproportionierungen zwischen $Sn(CH_3)_4$ und CH_3SnCl_3 [8], zwischen $Sn(CH_3)_4$ und $C_4H_9SnCl_3$ oder i-$C_4H_9SnCl_3$ zwischen 0 und 180°C mit Ausbeuten zwischen 32 und 99.4% [9], zwischen $(CH_3)_3SnCl$ und $SnCl_4$ [8, 10], zwischen $(CH_3)_3SnCl$ und CH_3SnCl_3 [8], zwischen $(CH_3)_3SnCl$ und $C_4H_9SnCl_3$ mit 96% Ausbeute [9].

Ausgehend von $SnCl_4$ gelingt die Darstellung von $(CH_3)_2SnCl_2$ auch durch Umsetzung mit $Si(CH_3)_4$ und $AlCl_3$ in Isopentan, wobei 99% Ausbeute erzielt werden [11], mit $Ge(CH_3)_4$ und $AlCl_3$ unter Eiskühlung, wobei als Hauptprodukt $(CH_3)_3GeCl$ erhalten wird [12], und mit $Pb(CH_3)_4$ nach 2 h bei Zimmertemperatur und 5 h bei 100°C [13]. Ausgehend von $(CH_3)_3SnCl$ entsteht Dimethylzinndichlorid ferner durch Komproportionierungsreaktion mit Methylgermaniumchloriden $(CH_3)_nGeCl_{4-n}$, wobei neben $(CH_3)_2SnCl_2$ Methylgermaniumchloride $(CH_3)_{n+1}GeCl_{3-n}$ erhalten werden [8].

$SnCl_2$ reagiert mit $(CH_3)_2PbCl_2$ in Äthanol beim Rückflußkochen unter Bildung von $(CH_3)_2SnCl_2$ in 47%iger Ausbeute [14, 15]. Bei der Reaktion zwischen $SnCl_2$ und CH_3Cl in Hexamethylphosphorsäuretriamid in Gegenwart von NaJ entsteht $(CH_3)_2SnCl_2$ in 89%iger Ausbeute [16]. $(CH_3)_2SnCl_2$ entsteht auch bei der Umsetzung von $SnCl_2$ oder $SnCl_4$ mit Al_4C_3 in verdünnter Salzsäure [17].

$(CH_3)_2SnCl_2$ bildet sich in 90%iger Ausbeute aus $Sn(CH_3)_4$ bei der Spaltung mit CH_3COCl bei Zimmertemperatur in Gegenwart von $AlCl_3$ [18]. Bei der Reaktion mit $HgCl_2$ in absolutem Äthanol entsteht $(CH_3)_2SnCl_2$ in Ausbeuten zwischen 12.5 und 86%, abhängig vom Verhältnis der Ausgangsmaterialien. Bei nur mäßigem Überschuß an $HgCl_2$ wird in großen Mengen $(CH_3)_3SnCl$ als Nebenprodukt erhalten [19]. Auch bei der Spaltung von $(CH_3)_2Sn(C_2H_5)_2$ mit $TlCl_3$ in Diäthyläther unter Rückflußkochen wird etwas $(CH_3)_2SnCl_2$ gebildet [20]. $[(CH_3)_2SnO]_x$ reagiert mit HCl [21, 22], aber auch mit CH_3COCl oder $(CH_3)_3SiCl$ unter Bildung von $(CH_3)_2SnCl_2$ [23]. Bei der durch Cu katalysierten Reaktion zwischen SnO_2 und CH_3Cl bei 240 bis 300°C entstehen nach 10 bis 20 h 98% an $(CH_3)_2SnCl_2$, das mit wenig CH_3SnCl_3 verunreinigt ist [24, 66].

Von technischer Bedeutung ist die „direkte Synthese" von $(CH_3)_2SnCl_2$ aus Sn und CH_3Cl [25]. Dabei entstehen im Autoklaven Ausbeuten bis zu 93% [26]. Bei einer Reaktionstemperatur von 450°C können dagegen nur 10% Ausbeute erzielt werden [27]. Auch in Methanol bei 135°C wird ein Verfahren beschrieben [28]. Bessere Ergebnisse werden jedoch bei der Anwendung von Sn-Cu-Legierungen unterschiedlicher Zusammensetzung erzielt. So steigt die Ausbeute von ursprünglich 10% auf 17.5%, wenn man anstelle von Sn bei 300°C Cu_3Sn mit CH_3Cl umsetzt [27]. Ein Versuch über 862 h an einer Schmelze von 1400 g Sn und 130 g Cu, der bei 370°C mit einem CH_3Cl-Fluß von 30 ml/min gestartet wurde, ergab bei einer Reaktionstemperatur von 315°C eine Ausbeute von 1.8 g $(CH_3)_2SnCl_2$ in der Stunde, während ohne Cu aus 170 g Sn bei 774 h bei 450°C nur 0.58 g des Produktes in der Stunde gewonnen werden konnten [29]. Aus Legierungen von 60% Sn und 40% Cu werden bei 300 bis 325°C 84% Ausbeute [30] und im Flußbettreaktor bei 350°C in N_2-Atmosphäre 85% Ausbeute erzielt [31]. Weitere Variationen dieses Verfahrens s. bei [32 bis 37]. In Hexamethylphosphorsäuretriamid und mit NaJ als Katalysator werden nach 7 h bei 140 bis 150°C Ausbeuten zwischen 75 und 80% erzielt [38]. Mit der ungefähr siebenfachen Menge an CH_3Cl reagiert Sn im Autoklaven bei 190°C in Gegenwart unterschiedlicher Mengen an Mg, C_4H_9J, C_4H_9OH oder Tetrahydrofuran unter Bildung von $(CH_3)_2SnCl_2$ in Ausbeuten zwischen 91 und 93% [39]. In der Patentliteratur erscheinen noch mehrere andere Varianten dieser „direkten Synthese" mit unterschiedlichen Katalysatoren. So verläuft die Synthese mit höheren Ausbeuten in Gegenwart von Mg [40, 41], von Pb und Na [42], von LiJ, NaJ oder KJ im Autoklaven bei 500°C [43], von $ZnBr_2$ [44], von Aminen NR_3 oder Ammoniumsalzen wie $[(CH_3)_4N]Cl$, $[(CH_3)_4N]J$, NH_4Br, $(CH_3)_2NH$, $[(C_4H_9)_3NCH_3]Cl$ oder $(C_4H_9)_3N \cdot CH_3SnCl_3$ [45 bis 47], von CH_3J und $N(C_2H_5)_3$ im Bombenrohr bei 170 bis 175°C [48 bis 53], von $[(C_4H_9)_3NCH_3]Cl$ bei 210°C [54], von NaJ und $[(CH_3)_2N]_3PO$ (94% Ausbeute) [55], von $SnCl_4$ und tertiären Phosphinen bei 65 bis 230°C (100% Ausbeute, Verunreinigung mit $(CH_3)_3SnCl$ <0.1%) [56], von $[(C_4H_9)_3PCH_3]J$ bei 150°C (100% Ausbeute) [57 bis 61], von $(C_4H_9)_3P$, $FeCl_3$ und J_2 [62], von Zn und $[(C_4H_9)_4P]J$ bei 150 bis 160°C (58% Ausbeute) [63], von Verbindungen R_3PCl_2 und $SnCl_4$ [64], von $(CH_3)_2SO$-$(CH_3)_2SnCl_2$ (85.5% Ausbeute) [65].

$(CH_3)_2SnCl_2$ entsteht außerdem bei vielen Reaktionen von zinnorganischen Verbindungen, die die Dimethylstannylgruppe enthalten, mit chlorhaltigen Reaktionspartnern. Eine Auswahl solcher Bildungsreaktionen für $(CH_3)_2SnCl_2$ ist in Tabelle 1 zusammengestellt.

Tabelle 1
Bildung von $(CH_3)_2SnCl_2$.

Ausgangskomponenten	Reaktionsbedingungen	Ausbeute in %	Lit.
$(CH_3)_2SnB_{10}H_{12}$, $SnCl_4$	—	—	[67]
$(CH_3)_2Sn(C_6F_5)_2$, $SnCl_4$	3 d, 150°C	—	[68]
C_6H_5, C_6H_5, C_6H_5, C_6H_5 / Sn / CH_3 CH_3 (Stannol), $C_6H_5BCl_2$	—	—	[69]
X / Sn / CH_3 CH_3 (Ringverbindung), $SbCl_3$; X = O, S, SO_2, CH_2, C_2H_4	—	—	[70]
$(CH_3)_2ClSnCCl_3$	20 h, 120°C	55	[71, 72]
$(CH_3)_2ClSnCCl_3$, H_2O	6 h, 60°C	—	[71, 72]
$(CH_3)_2ClSnCCl_3$, BCl_3	—	—	[71]
$(CH_3)_2ClSn(CH_2)_4SnCl_3$	240°C	—	[73]
$[(CH_3)_2SnNC_2H_5]_3$, $SnCl_4$	—	—	[74]
$(CH_3)_2Sn[N{=}C(CF_3)_2]_2$	0°C	—	[75]
$(CH_3)_2Sn(OOCCXCl)_2$; X = CH_2, C_2H_4, C_3H_6	240°C	—	[76]
$[(CH_3)_2SnO]_x$, $C_5H_{11}COOCH_2CH_2Cl$	250°C	—	[76]
$(CH_3)_2Sn(SC_6H_5)_2$, HCl	180°C, $C_6H_4Cl_2$	100	[78, 79]
$(CH_3)_2Sn(SCOC_6H_5)_2$, HCl	180°C, $C_6H_4Cl_2$	85	[78, 79]

Tabelle 1 (Fortsetzung)

Ausgangskomponenten	Reaktionsbedingungen	Ausbeute in %	Lit.
$(CH_3)_2Sn(O)_2R$, R_2SbCl_3 $R(OH)_2$ =	—	—	[77]
$(CH_3)_2ClSnSC(Se)N(CH_3)_2$, $[Pd(PR_3)Cl_2]_2$	CH_2Cl_2	—	[80]
$(CH_3)_2ClSnSC(S)N(CH_3)_2$, $[Pd(PR_3)Cl_2]_2$	CH_2Cl_2	—	[80]
$(CH_3)_2ClSnSC(Se)N(C_2H_5)_2$, $[Pd(PR_3)Cl_2]_2$	CH_2Cl_2	—	[80]

Außerdem entsteht $(CH_3)_2SnCl_2$ beim Erhitzen von $(CH_3)_3SnCH_2\underbrace{CH{-}CH}_{CCl_2}CH_3$ auf 90°C [81], bei der Spaltung von $(CH_3)_3SnCl$ [82] oder $(CH_3)_3SnCCl_3$ mit Cl_2 [83] und bei der Spaltung von $(CH_3)_3SnCl$ [84] oder $(CH_3)_3SnPO(OCH_3)_2$ mit HCl [85]. $Sn(CH_3)_4$ reagiert mit CCl_4 oder $CHCl_3$ unter UV-Bestrahlung im Verlauf von 35 bzw. 120 h unter Bildung von $(CH_3)_2SnCl_2$ in sehr geringen Ausbeuten [86], ebenso mit $HGeCl_3$ (26% Ausbeute) [87] und mit $AuCl_3$ [88]. Ferner entsteht $(CH_3)_2SnCl_2$ aus $SnCl_4$ und $(CH_3)_2AlOC(CH_3){=}CHCOCH_3$ [89], aus $(CH_3)_3SnCCl_3$ und $SnCl_4$ in CCl_4 nach 10 d bei Zimmertemperatur [83], aus $(CH_3)_3SnC_6F_5$ und BCl_3 ohne Lösungsmittel [90], aus $(CH_3)_3SnC_6Cl_5$ und BCl_3 im Bombenrohr bei 100°C [72], aus $(CH_3)_3SnC_6H_4$-o-CF_3 und BCl_3 im Bombenrohr bei 25°C im Verlauf von 2 Tagen [91], aus $[(CH_3)_3Sn]_2$ und WCl_6 in 12% Ausbeute [92], aus $[(CH_3)_3Sn]_2$ und $AuCl_3$ [88].

Zur Wiedergewinnung von $(CH_3)_2SnCl_2$ aus Reaktionslösungen s. [93]. Die Verbindung kann aus wäßriger Lösung mit $CaCl_2$ ausgesalzen werden [94].

Analyse. Der Zinngehalt von $(CH_3)_2SnCl_2$ kann colorimetrisch nach Zersetzung der Verbindung in einer Parr-Bombe bestimmt werden [95]. Ein weiteres Verfahren zur colorimetrischen Bestimmung mit 4-(2-Pyridylazo)resorcin oder 1-(2-Pyridylazo)-2-naphthol s. bei [96]. Eine amperometrische Titration von $(CH_3)_2SnCl_2$ in Mischungen mit Triorganozinnchloriden mit 8-Hydroxychinolin wird bei [97] beschrieben, eine potentiometrische Titration mit $[(C_6H_5)_4As]Cl$ in Acetonitril bei [98]. Zur Analyse von Sn in Dimethylzinndichlorid und anderen zinnorganischen Verbindungen s. auch [99, 100]. Zur Abtrennung von $(CH_3)_2SnCl_2$ von anderen zinnorganischen Verbindungen und aus verschiedenen Stoffen mit Hilfe der Papierchromatographie s. [101, 102], mit Hilfe der Säulenchromatographie s. [103, 104], mit Hilfe der Dünnschichtchromatographie s. [105 bis 109], mit Hilfe der Gaschromatographie s. [110, 111]. $(CH_3)_2SnCl_2$ kann auch durch Ionenaustauschchromatographie an Amberlite GC 120 I aus Lösungen abgetrennt werden [112].

Thermodynamische Daten der Bildung. Bildungsenthalpie ΔH° in kcal/mol bei der Bildung der gasförmigen Verbindung aus den Elementen unter Standardbedingungen: $\Delta H^\circ_{298} = -69.4 \pm 3$ [113], -71.0 ± 5 [114, 115], -72.2 (aus massenspektroskopischen Daten) [116]. Für die Bildung der flüssigen Verbindung aus den Elementen werden folgende Werte angegeben: $\Delta H^\circ_{298} = -79.0 \pm 2.5$ [115], -80.4 [117], -83.1 ± 5 [114]. Bildungsenthalpie der festen Verbindung: $\Delta H^\circ_{298} = -84.4 \pm 2$ [113].

Literatur:

[1] A. K. Litkovets, Yu. Dalmann (Tr. po Khim. i Khim. Tekhnol. **1969** Nr. 2, S. 48/50 nach C.A. **76** [1972] Nr. 3985). — [2] M & T Chemicals, Inc. (Neth. Appl. 65-05520 [1964/65]; C.A. **64** [1966] 9766). — [3] W. P. Neumann, G. Burkhardt, Studiengesellschaft Kohle m.b.H. (U.S.P. 3248411 [1961/64]). — [4] Studiengesellschaft Kohle m.b.H. (B.P. 958085 [1961/64]). — [5] W. P. Neumann, G. Burkhardt, Studiengesellschaft Kohle m.b.H. (D.P. 1161893 [1961/64]).

[6] Studiengesellschaft Kohle m.b.H. (F.P. 1318310 [1961/63]; C.A. **59** [1963] 2858). — [7] P. Taimsalu, J. L. Wood (Spectrochim. Acta **20** [1964] 1043/51). — [8] D. Grant, J. R. van Wazer (J. Organometal. Chem. **4** [1965] 229/36). — [9] H. G. Kuivila, R. Sommer, D. C. Green (J. Org. Chem. **33** [1968] 1119/22). — [10] L. B. Weisfeld, R. C. Witman, Cincinnati Milacron Chemicals, Inc. (Deut. Offenlegungsschrift 2329039 [1972/74]; C.A. **81** [1974] Nr. 153789).

[11] M. Wick, W. Deinhammer, A. Macri, Consortium für Elektrochemische Industrie m.b.H. (Deut. Offenlegungsschrift 2514459 [1975/76]; C.A. **86** [1977] Nr. 90030). — [12] J. Grobe, J. Hendrick (Syn. Reactiv. Inorg. Metal.-Org. Chem. **5** [1975] 393/401). — [13] Cosan Chemical Corp. (Japan. Kokai 74-126628 [1973/74]; C.A. **85** [1976] Nr. 5885). — [14] A. K. Kocheshkov, R. K. Freidlina (Izv. Akad. Nauk SSSR Otd. Khim. Nauk **1950** 203/8 nach C.A. **1950** 9342). — [15] A. K. Kocheshkov, R. K. Freidlina (Uch. Zap. Mosk. Gos. Univ. Org. Khim. **7** Nr. 132 [1950] 144/50 nach C.A. **1956** 7728).

[16] F. Verbeek, E. J. Bulten, Commer S.r.l. (Deut. Offenlegungsschrift 2614052 [1975/76]; C.A. **86** [1977] Nr. 121526). — [17] S. Hilbert, M. Ditmar (Ber. Deut. Chem. Ges. **46** [1913] 3738/41). — [18] H. Sakurai, K. Tominaga, T. Watanabe, M. Kumada (Tetrahedron Letters **1966** 5493/7). — [19] Z. M. Manulkin (Zh. Obshch. Khim. **16** [1946] 235/42 nach C.A. **1947** 90). — [20] A. E. Goddard (J. Chem. Soc. **123** [1923] 1161/72).

[21] A. Cahours (Liebigs Ann. Chem. **114** [1860] 354/83). — [22] B. A. Arbuzov, N. P. Grechkin (Zh. Obshch. Khim. **17** [1947] 2166/77). — [23] S. Kohama (J. Organometal. Chem. **99** [1975] C44/C46). — [24] K. A. Andrianov, T. V. Vasileva, Z. N. Nudelman, L. M. Khananashvili, A. S. Kocheshkova, A. G. Cherednikova (Zh. Obshch. Khim. **32** [1962] 2307/11; J. Gen. Chem. USSR **32** [1962] 2275/8). — [25] F. Verbeek, E. J. Bulten, J. W. G. van den Hurk, Commer S.r.l. (Deut. Offenlegungsschrift 2552223 [1974/76]; C.A. **85** [1976] Nr. 124154).

[26] H. Matsuda, H. Taniguchi, S. Matsuda (Kogyo Kagaku Zasshi **64** [1961] 541/3; C.A. **57** [1962] 3469). — [27] F. A. Smith, Union Carbide & Carbon Corp. (U.S.P. 2625559 [1953]; C.A. **1953** 11224). — [28] S. Matsuda, H. Matsuda (Japan.P. 63-25664 [1959/63]; C.A. **60** [1964] 5550). — [29] A. C. Smith, E. G. Rochow (J. Am. Chem. Soc. **75** [1953] 4103/5). — [30] E. L. Weinberg, E. G. Rochow, Metal & Thermit Corp. (D.P. 1046052 [1958]; C.A. **1961** 2485).

[31] A. de Haan (Deut. Offenlegungsschrift 2512884 [1974/75]; C.A. **84** [1976] Nr. 44364). — [32] A. de Haan (Belg.P. 813239 [1974/74]; C.A. **82** [1975] Nr. 98149). — [33] Metal & Thermit Corp. (B.P. 709594 [1954]; C.A. **1955** 8331). — [34] E. L. Weinberg, Metal & Thermit Corp. (U.S.P. 2679505 [1954]; C.A. **1955** 4705). — [35] E. G. Rochow (B.P. 713130 [1954]; C.A. **1955** 8330).

[36] E. G. Rochow (D.P. 1007329 [1954]; C.A. **1959** 14004). — [37] E. G. Rochow (U.S.P. 2679506 [1954]; C.A. **1955** 4705). — [38] V. I. Shiryaev, E. M. Stepina, V. L. Makhalkina, V. F. Mironov (Zh. Prikl. Khim. **46** [1973] 1149; J. Appl. Chem. USSR **46** [1973] 1221). — [39] S. Matsuda, H. Matsuda (Bull. Chem. Soc. Japan **35** [1962] 208/11). — [40] T. Yatagai, S. Matsuda, H. Matsuda, Japan Catalytic Chemical Industry Co., Ltd. (D.P. 1194856 [1959/63]).

[41] T. Yatagai, S. Matsuda, H. Matsuda, Japan Catalytic Chemical Industry Co., Ltd. (U.S.P. 3085102 [1959/63]; C.A. **59** [1963] 11560). — [42] E. R. W. de Mahler (Belg.P. 418670 [1936];

C.A. **1937** 5816). — [43] K. Yajima, T. Kawai, Sankyo Organic Chemicals Co., Ltd. (Japan. Kokai 76-82231 [1975/76]; C.A. **86** [1977] Nr. 29942). — [44] L. V. Armenskaya, K. N. Korotaevskii, E. N. Lysenko, L. M. Monastyrskii, Z. S. Smolyan (UdSSR P. 172785 [1964/65]; C.A. **64** [1966] 1662). — [45] R. C. Witman, T. G. Kugele, Cincinnati Milacron Chemicals, Inc. (U.S.P. 3857868 [1973/74]; C.A. **82** [1975] Nr. 98147).

[46] Cincinnati Milacron Chemicals, Inc. (Neth. Appl. 74-13762 [1974/76]; C.A. **86** [1977] Nr. 5633). — [47] R. C. Witman, T. G. Kugele, Cincinnati Milacron Chemicals, Inc. (Braz. Pedido PI 74-08653 [1974/76]; C.A. **86** [1977] Nr. 106786). — [48] Nitto Chemical Industry Co., Ltd. (Belg.P. 646676 [1963/65]). — [49] Nitto Chemical Industry Co., Ltd. (F.P. 1393779 [1963/65]; C.A. **63** [1965] 9985). — [50] Nitto Chemical Industry Co., Ltd. (D.P. 1240081 [1963/65]).

[51] Nitto Chemical Industry Co., Ltd. (D.P. 1274580 [1963/65]). — [52] Nitto Chemical Industry Co., Ltd. (B.P. 1053996 [1963/65]). — [53] Nitto Chemical Industry Co., Ltd. (Neth. Appl. 64-04649 [1963/65]). — [54] R. C. Witman, T. G. Kugele, Cincinnati Milacron Chemicals, Inc. (Ö.P. 327943 [1974/76]; C.A. **85** [1976] Nr. 33187). — [55] F. Verbeek, E. J. Bulten, J. W. G. van den Hurk, Commer S.r.l. (Neth. Appl. 75-15247 [1974/76]; C.A. **86** [1977] Nr. 55586).

[56] V. Knezevic, M. W. Pollock, K. L. Liauw, G. Spiegelman, Witco Chemical Corp. (U.S.P. 3901824 [1973/75]; C.A. **83** [1975] Nr. 206420). — [57] Carlisle Chemical Works, Inc. (B.P. 1222642 [1968/69]). — [58] K. R. Molt, I. Hechenbleikner, Carlisle Chemical Works, Inc. (Deut. Offenlegungsschrift 1817549 [1968/69]; C.A. **72** [1970] Nr. 79234). — [59] K. R. Molt, I. Hechenbleikner, Carlisle Chemical Works, Inc. (F.P. 2000724 [1968/69]). — [60] K. R. Molt, I. Hechenbleikner, Carlisle Chemical Works, Inc. (U.S.P. 3519665 [1968/69]).

[61] I. Hechenbleikner, Weston Chemical Corp., Division of Borg-Warner Corp. (U.S.P. 3792059 [1972/74]; C.A. **80** [1974] Nr. 96164). — [62] H. W. Jung, R. Maul, H. W. Wehner, CIBA-Geigy Marienberg G.m.b.H. (Deut. Offenlegungsschrift 2225322 [1972/73]; C.A. **80** [1974] Nr. 83247). — [63] E. T. Jones, Albright and Wilson, Ltd. (Deut. Offenlegungsschrift 2601497 [1975/76]; C.A. **85** [1976] Nr. 160323). — [64] W. Wehner, R. Maul, H. W. Jung, Ciba Geigy A.-G. (Deut. Offenlegungsschrift 2445308 [1973/75]; C.A. **83** [1975] Nr. 59050). — [65] M. C. Menon, Ferro Corp. (Deut. Offenlegungsschrift 2506917 [1974/75]; C.A. **84** [1976] Nr. 59748).

[66] A. C. Smith, E. G. Rochow (J. Am. Chem. Soc. **75** [1953] 4105/6). — [67] C. A. Turner (Diss. Univ. of Colorado 1975, S. 1/143 nach Diss. Abstr. Intern. B **36** [1976] 5580/1). — [68] J. M. Holmes, R. D. Peacock, J. C. Tatlow (J. Chem. Soc. A **1966** 150/3). — [69] J. J. Eisch, N. K. Hota, S. Kozima (J. Am. Chem. Soc. **91** [1969] 4575/7). — [70] H. A. Meinema, C. J. R. Crispim Romao, J. G. Noltes (J. Organometal. Chem. **55** [1973] 139/41).

[71] T. Chivers, B. David (J. Organometal. Chem. **13** [1968] 177/86). — [72] T. Chivers, B. David (J. Organometal. Chem. **10** [1967] P35/P36). — [73] E. J. Bulten, H. A. Budding (J. Organometal. Chem. **110** [1976] 167/74). — [74] A. G. Davies, J. D. Kennedy (J. Chem. Soc. **1970** 759/65). — [75] K. E. Peterman, J. M. Shreeve (Inorg. Chem. **15** [1976] 743/5).

[76] Y. Yamaji, K. Ninomiya, H. Matsuda, S. Matsuda (Kogyo Kagaku Zasshi **74** [1971] 1181/4). — [77] H. A. Meinema, J. G. Noltes, F. DiBianca, N. Bertazzi, E. Rivarola, R. Barbieri (J. Organometal. Chem. **107** [1976] 249/55). — [78] B. W. Rockett, M. Hadlington, W. R. Poyner (J. Polymer Sci. Polymer Letters Ed. **9** [1971] 371/4 nach C.A. **75** [1971] Nr. 21691). — [79] B. W. Rockett, M. Hadlington, W. R. Poyner (J. Appl. Polymer Sci. **18** [1974] 745/52). — [80] N. Sonoda, T. Tanaka (Inorg. Chim. Acta **12** [1975] 261/5).

[81] D. Seyferth, T. F. Jula (J. Am. Chem. Soc. **90** [1968] 2938/43). — [82] C. A. Kraus, W. N. Greer (J. Am. Chem. Soc. **47** [1925] 2568/75). — [83] A. G. Davies, T. N. Mitchell (J. Chem. Soc. C **1969** 1896/901). — [84] E. V. van den Berghe, G. P. van der Kelen (Ber. Bunsenges. Physik. Chem. **68** [1964] 652/6). — [85] B. A. Arbuzov, A. N. Pudovic (Zh. Obshch. Khim. **17** [1947] 2158/65 nach C.A. **1948** 4522).

[86] G. A. Razuvaev, N. S. Vyazankin, E. N. Gladyshev, I. A. Borodavko (Zh. Obshch. Khim. **32** [1962] 2154/60 nach C.A. **58** [1963] 79612). — [87] V. F. Mironov, A. L. Kravchenko (Zh. Obshch. Khim. **34** [1964] 1356/7; J. Gen. Chem. USSR **34** [1964] 1359). — [88] G. Tagliavini, U. Belluco, G. Pilloni (Ric. Sci. A [2] **33** [1963] 889/96). — [89] W. R. Kroll, I. Kuntz, E. Birnbaum (J. Organometal. Chem. **26** [1971] 313/20). — [90] R. D. Chambers, T. Chivers (Proc. Chem. Soc. **1963** 208).

[91] T. Chivers (Can. J. Chem. **48** [1970] 3856/9). — [92] V. F. Traven, V. N. Karelskii, V. F. Donyagina, E. D. Babich, B. I. Stepanov, V. M. Vdovin, N. S. Nametkin (Dokl. Akad. Nauk SSSR **224** [1975] 837/40; Dokl. Chem. Proc. Acad. Sci. USSR **224** [1975] 587/90). — [93] J. W. Bouchoux, W. A. Larkin, M and T Chemicals, Inc. (Belg.P. 836831 [1975/76]; C.A. **86** [1977] Nr. 55584). — [94] W. A. Larkin, J. W. Bouchoux, M and T Chemicals, Inc. (U.S.P. 3931264 [1974/76]; C.A. **84** [1976] Nr. 105773). — [95] M. Farnsworth, J. Pekola (Anal. Chem. **31** [1959] 410/4).

[96] G. Pilloni (Farmaco [Pavia] Ed. Prat. **22** [1967] 666/76). — [97] G. Plazzogna, G. Pilloni (Anal. Chim. Acta **37** [1967] 260/6). — [98] G. Tagliavini, P. Zanella (Anal. Chim. Acta **40** [1968] 33/9). — [99] V. S. Sastri, C. L. Chakrabarti, D. E. Willis (Can. J. Chem. **47** [1969] 587/96). — [100] G. N. Freeland, R. M. Hoskinson (Analyst **95** [1970] 579/82).

[101] D. J. Williams, J. W. Price (Analyst **85** [1960] 579/82). — [102] D. J. Williams, J. W. Price (Analyst **89** [1964] 220/2). — [103] W. D. Bieber, J. Koch, K. Figge (Plaste Kautschuk **23** [1976] 355/6). — [104] K. Figge, W. D. Bieber (J. Chromatog. **109** [1975] 418/21). — [105] A. Vastagh (Z. Anal. Chem. **279** [1976] 366).

[106] K. Bürger (Z. Anal. Chem. **192** [1963] 280/6). — [107] D. Simpson, B. R. Curell (Analyst **96** [1971] 515/21). — [108] H. Wieczorek (Deut. Lebensm. Rundschau **65** [1969] 74/8). — [109] J. Koch, K. Figge (J. Chromatog. **109** [1975] 89/100). — [110] G. Neubert, H. O. Wirth (Z. Anal. Chem. **273** [1975] 19/23).

[111] V. A. Chernoplekova, N. N. Zemlyanskii, N. D. Kolosova, K. A. Kocheshkov (Izv. Akad. Nauk SSSR Ser. Khim. **1975** 2803/5; Bull. Acad. Sci. USSR Div. Chem. Sci. **1975** 2691/3). — [112] G. Neubert, H. Andreas (Z. Anal. Chem. **280** [1976] 31). — [113] H. A. Skinner (Advan. Organometal. Chem. **2** [1964] 49/114). — [114] G. A. Nash, H. A. Skinner, W. F. Stack (Trans. Faraday Soc. **61** [1965] 640/8). — [115] J. D. Cox, G. Pilcher (Thermochemistry of Organic and Organometallic Compounds, London – New York 1970).

[116] T. R. Spalding (J. Organometal. Chem. **55** [1973] C65/C67). — [117] D. D. Wagman, W. H. Evans, I. Halow, V. B. Parker, S. M. Bailey, R. H. Schumm (Natl. Bur. Std. [U.S.] Tech. Note Nr. 270-2 [1965] 1/62; C.A. **65** [1966] 4731).

Structure. The Molecule. Spectra

1.3.2.2.1.1.2 Struktur. Molekül. Spektren

Structure

1.3.2.2.1.1.2.1 Struktur

$(CH_3)_2SnCl_2$ kristallisiert in Form farbloser Rhomben; Achsenverhältnis a : b : c = 0.8341 : 1 : 0.9407 [1, 2]. Die bei älteren röntgenographischen Untersuchungen [3, 4] an Einkristallen gefundene Zugehörigkeit zur Raumgruppe D_2^9-$I2_12_12_1$ (Nr. 24) mit den Gitterkonstanten a = 7.76 ± 0.04 Å, b = 8.83 ± 0.04 Å, c = 9.29 ± 0.03 Å wurde durch neuere Untersuchungen [5] revidiert. Danach kristallisieren die orthorhombischen Kristalle in der Raumgruppe D_{2h}^{28}-Imma (Nr. 74) mit den Gitterkonstanten a = 8.78 ± 0.05 Å, b = 7.75 ± 0.04 Å, c = 9.25 ± 0.05 Å; Z = 4. Die aus den Gitterkonstanten berechnete Dichte beträgt 2.32 g/cm³. Bindungsabstände: Sn-C = 2.21 ± 0.08 Å, Sn-Cl = 2.40 ± 0.04 Å, Sn-Cl (zum Nachbarmolekül) = 3.54 ± 0.05 Å; Winkel Cl-Sn-Cl = 93° ± 2°, C-Sn-C = 123°30′ ± 4°30′, C-Sn-Cl = 109° ± 4°30′. Aus der Röntgenstrukturanalyse (R = 0.086) geht hervor, daß die Umgebung um das Sn-Atom stark von der eigentlich tetraedrischen Koordination in Richtung auf eine oktaedrische Koordination verzerrt wird, als Folge einer Assoziation der einzelnen $(CH_3)_2SnCl_2$-Moleküle. Vgl. dazu **Fig. 1** [5].

Mit Hilfe von Elektronenbeugungsuntersuchungen wurde der Abstand Sn-Cl zu 2.34 ± 0.03 Å bestimmt. Der Abstand Sn-C und der Winkel Cl-Sn-Cl konnten nicht genau ermittelt werden [6, 7]. Neuere Elektronenbeugungsaufnahmen ergaben folgende Bindungsabstände Sn-Cl = 2.327 ± 0.003 Å, Sn-C = 2.108 ± 0.007 Å, C-H = 1.113 ± 0.020 Å. Alle Valenzwinkel betragen 109.5° [8]. Vergleiche der Bindungswinkel um das Sn-Zentralatom und der Bindungsabstände im Molekül mit berechneten Werten unter Verwendung eines stereochemischen Modells, wobei auch andere Organozinnhalogenide in die Diskussion einbezogen wurden, s. bei [9, 10].

Fig. 1

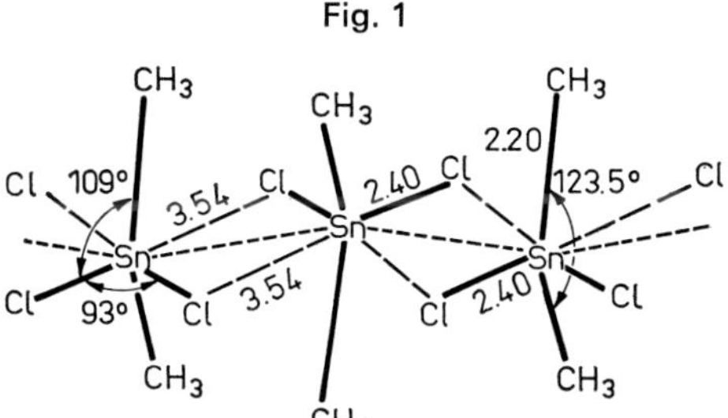

Assoziation der $(CH_3)_2SnCl_2$-Moleküle.
Bindungsabstände in Å.

Literatur:

[1] Th. Hjortdahl (Compt. Rend. **88** [1879] 584/5). — [2] Th. Hjortdahl (Z. Krist. **4** [1880] 286/92). — [3] D. A. Berta (Diss. Univ. of West Virginia 1967, S. 1/101; Diss. Abstr. B **28** [1967] 1441). — [4] J. D. Graybeal, D. A. Berta (Natl. Bur. Std. [U.S.] Spec. Publ. Nr. 301 [1967] 393/6). — [5] A. G. Davies, H. J. Milledge, D. C. Puxley, P. J. Smith (J. Chem. Soc. A **1970** 2862/6).

[6] H. A. Skinner, L. E. Sutton (Trans. Faraday Soc. **40** [1944] 164/85). — [7] A. F. Wells (J. Chem. Soc. **1949** 55/67). — [8] H. Fujii, M. Kimura (Bull. Chem. Soc. Japan **44** [1971] 2643/7). — [9] R. F. Zahrobsky (J. Am. Chem. Soc. **93** [1971] 3313/9). — [10] R. F. Zahrobsky (J. Solid State Chem. **8** [1973] 101/8).

1.3.2.2.1.1.2.2 Molekül *The Molecule*

Molekülstruktur s. S. 6.

Für das Dipolmoment von $(CH_3)_2SnCl_2$ wurden folgende Werte gefunden: 4.10 D [1], 4.14 D [2], 4.21 D [3], 4.22 D [4] sowie 4.04 D (berechnet mit Hilfe der Del Re-Methode) [5] und 4.07 D (berechnet mit Hilfe der Gleichung von Higasi) [4]. Die prozentuale Polarität der einzelnen Bindungen berechnet sich zu: Sn-Cl = 33.79, Sn-C = 4.48 und H-C = 3.64 [5]. Berechnungen der molekularen Polarisierbarkeit s. bei [6].

Folgende Dissoziationsenergien werden für $(CH_3)_2SnCl_2$ angegeben: Cl_2SnCH_3-CH_3 = 56.1 kcal/mol [7 bis 10], Cl_2Sn-CH_3 = 32 kcal/mol [7, 8] und Cl_2Sn-$(CH_3)_2$ = 88 ± 6 kcal/mol [7]. Für die Atomisierungsenthalpie werden 853.6 kcal/mol [11], aus Del Re-Rechnungen 858.5 kcal/mol angegeben [12].

Literatur:

[1] E. V. van den Berghe, G. P. van der Kelen (J. Organometal. Chem. **6** [1966] 515/21). — [2] J. Lorberth, H. Nöth (Chem. Ber. **98** [1965] 969/76). — [3] H. H. Huang, K. M. Hui, K. K. Chiu (J. Organometal. Chem. **11** [1968] 515/24). — [4] E. G. Claeys, G. P. van der Kelen, Z. Eeckhaut (Bull. Soc. Chim. Belges **70** [1961] 462/7). — [5] R. Gupta, B. Majee (J. Organometal. Chem. **33** [1971] 169/73).

[6] G. Nagarajan (Z. Naturforsch. **21 a** [1966] 238/43). — [7] G. A. Nash, H. A. Skinner, W. F. Stack (Trans. Faraday Soc. **61** [1965] 640/8). — [8] J. D. Cox, G. Pilcher (Thermochemistry of Organic and Organometallic Compounds, London – New York 1970). — [9] W. F. Lautsch, A. Tröber, H. Körner, K. Wagner, R. Kaden, S. Blase (Z. Chem. [Leipzig] **4** [1964] 441/54). — [10] S. J. W. Price, A. F. Trotman-Dickenson (Trans. Faraday Soc. **54** [1958] 1630/7).

[11] H. A. Skinner (Advan. Organometal. Chem. **2** [1964] 49/114). — [12] R. Gupta, B. Majee (J. Organometal. Chem. **29** [1971] 419/25).

Nuclear Magnetic Resonance Spectra. Nuclear Quadrupole Resonance Spectrum

1.3.2.2.1.1.2.3 Kernmagnetische Resonanzspektren. Kernquadrupolresonanzspektrum

Im ^1H-NMR-Spektrum von $(CH_3)_2SnCl_2$ erscheint für die sechs CH_3-Protonen ein Singulett-Signal. Folgende chemische Verschiebungen werden angegeben: $\tau = 8.80$ [1, 2], 8.835 [3], 8.84 in CCl_4 [4], 8.92 in $CHCl_3$ [5], 9.07 in C_7H_8 [5], 9.66 in Benzol [5]. Weitere τ-Werte in verschiedenen Lösungsmitteln sind unten in Tabelle 2 zusammengestellt. Chemische Verschiebung $\delta =$ −1.30 ppm in $CHCl_3$ [8], −1.23 ppm in $CDCl_3$ [9], −1.157 ppm in CCl_4 [10], −1.15 ppm [11], −1.06 ppm in DMSO [9], −1.0 ppm in DMSO [12, 13], −0.6 ppm [14], −99.8 Hz in 11 N HCl [15], −75 Hz in 1 N HCl [15], −70.2 Hz in $CDCl_3$ [15, 16], −70 Hz in $CHCl_3$ [17 bis 20], −65.7 Hz in 0.1 N HCl [15], −65 Hz in H_2O [19], −64.9 Hz in D_2O [15, 16], −64.8 Hz in CCl_4 [18], −27 Hz [21] und +251 Hz gegen Benzol [22]. Folgende Kopplungskonstanten wurden bestimmt: $J(^1H^{13}C) = 134$ Hz in D_2O [16], 136.2 Hz [23], 136.9 Hz [24], 137.8 Hz [10, 16, 25], 138 Hz [20, 26]; $J(^1HC^{115}Sn) = 60.8$ Hz [10], 63.0 Hz [27]; $J(^1HC^{117}Sn) = 65.4$ Hz [8], 66.0 Hz [11, 21], 66.6 Hz [28 bis 30], 66.8 Hz [14], 66.82 Hz in $CDCl_3$ [9], 67 Hz in $CHCl_3$ [5, 15 bis 17, 19, 20], 67.3 Hz in CCl_4 [10], 68.0 Hz in Substanz bei 110°C [28], 68.5 Hz [27], 89.0 Hz in 11.5 N HCl [30], 89.5 Hz in 11 N HCl [15], 92.5 Hz in 9 N HCl [29], 94.3 Hz in H_2O [30], 97.4 Hz in H_2O [28], 100 Hz in 1 N HCl [15], 102 Hz in H_2O [30], 102.3 Hz in 0.1 N HCl [15], 102.5 Hz in D_2O [15, 16], 103 Hz in H_2O [19], 109.5 Hz in DMSO-d_6 [13], 112.50 Hz in DMSO [9]; $J(^1HC^{119}Sn) = 68.5$ Hz [8], 68.9 Hz in Substanz [1, 4], 69.0 Hz [11], 69.1 Hz in C_7H_8 [4], 69.3 Hz in Benzol [4], 69.5 Hz in $CHCl_3$ [12, 15 bis 17, 19], 69.6 Hz in CCl_4 [24], 69.7 Hz in CCl_4 [14, 28 bis 30], 69.82 Hz in $CDCl_3$ [9], 70 Hz [5, 20], 70.2 Hz in CH_2Cl_2 [24], 70.5 Hz in CCl_4 [10], 71.0 Hz in Substanz [25, 28], 71.7 Hz [27], 93.5 Hz in 11.5 N HCl [30], 93.6 Hz in 11 N HCl [15], 97.5 Hz in 9 N HCl [29], 98.4 Hz in H_2O [30], 101.9 Hz in H_2O [28], 104.3 Hz in 1 N HCl [15], 106 Hz in H_2O [30], 107.3 Hz in 0.1 N HCl [15], 107.5 Hz in D_2O [15, 16], 108 Hz in H_2O [19], 114.5 Hz in DMSO-d_6 [13], 117.5 Hz in DMSO [9]. Weitere Kopplungskonstanten in verschiedenen Lösungsmitteln sind unten in Tabelle 2 zusammengestellt. — Über Vergleiche der ^1H-NMR-Spektren mit denen anderer zinnorganischer Verbindungen s. [23, 31 bis 33]. Del Re-Berechnungen s. bei [25]. Vergleich der Ladungsverteilung in $(CH_3)_2SnCl_2$, berechnet mit Hilfe der modifizierten CNDO-Methode, mit der in anderen Organozinnverbindungen s. bei [34]. Berechnungen von Molekülorbitalenergien aus der chemischen Verschiebung und aus IR-Frequenzen s. bei [35, 36].

Tabelle 2

^1H-NMR-Daten von $(CH_3)_2SnCl_2$ in verschiedenen Lösungsmitteln.

Lösungsmittel	τ	$J(^1H^{119}Sn)$	Lit.
Chloroform	8.80	67.7	[6]
Tetrachlorkohlenstoff	8.84	68.9	[6]
	8.835	69.5	[7]
1,2-Dichloräthan	8.80	70.4	[6]
Benzol	9.66	69.3	[6]
	9.66	68.8	[7]
Toluol	9.60	68.9	[6]
	9.598	69.8	[7]
p-Xylol	9.58	68.5	[6]
	9.47	72.1	[7]
Mesitylen	9.55	69.5	[6]
α-Chlornaphthalin	9.63	66.8	[6]
Chlorbenzol	9.25	69.0	[6]
Brombenzol	9.20	67.8	[6]

Tabelle 2 (Fortsetzung)

Lösungsmittel	τ	$J(^1H^{119}Sn)$	Lit.
Jodbenzol	9.13	67.2	[6]
o-Dichlorbenzol	9.03	68.1	[6]
p-Chlortoluol	9.20	68.9	[6]
Thiophen	9.43	68.0	[6]
Furan	9.22	71.3	[6]
Dimethylanilin	9.36	71.7	[6]
Anisol	9.26	72.4	[6]
Nitrobenzol	8.55	75.6	[6]
Benzonitril	8.54	79.1	[6]
α-Picolin	8.47	93.9	[6]
Acetonitril	8.81	81.6	[6]
Tetrahydrofuran	8.87	85.4	[6]
Aceton	8.78	86.5	[6]
Methanol	8.83	93.7	[6]
Dimethylacetamid	8.84	102.6	[6]
Dimethylformamid	8.81	106.1	[6]
Wasser	—	110.2	[6]
Dimethylsulfoxid	8.91	117.1	[6]

Das ^{13}C-NMR-Spektrum von $(CH_3)_2SnCl_2$ wurde noch nicht aufgenommen. Aus Doppelresonanzuntersuchungen wurde lediglich die Kopplungskonstante $J(^{13}C^1H)$ zu +136.0 bis +136.4 Hz und die Kopplungskonstante $J(^{13}C^{119}Sn)$ zu −566.0 bis −864 Hz in Lösungen von Aceton und Wasser bestimmt [37].

Die chemische Verschiebung $\delta^{117}Sn$ beträgt −137.49 ppm gegen $Sn(CH_3)_4$ in CH_2Cl_2 [38]. — Für $\delta^{119}Sn$ werden, jeweils gegen $Sn(CH_3)_4$ als Standard, angegeben: −36 ppm in Aceton [39], −50 ppm in Dimethylsulfid [40], −126.6 ppm in CH_2Cl_2 [12], −137 ppm in CH_2Cl_2 [40, 41], −137.5 ppm [42 bis 44], −137.55 in CH_2Cl_2 [38], −140 ppm [45] und +246 ppm in Dimethylsulfoxid [40]. Alle bis 1973 gemessenen chemischen Verschiebungen $\delta^{119}Sn$ von $(CH_3)_2SnCl_2$ in den verschiedensten Lösungsmitteln sind bei [46] aufgeführt. Vergleichende Studien der ^{119}Sn-NMR-Spektren verschiedener zinnorganischer Verbindungen s. bei [37, 47, 48]. Untersuchungen von Spin-Gitter-Relaxationen s. bei [49].

Die ^{35}Cl-NQR-Frequenz beträgt bei 77 K ν = 15.460 MHz [50, 51] bzw. 15.466 MHz [52, 53] und bei 293 K ν = 15.71 MHz [51]. NQR-Untersuchungen im Zusammenhang mit Röntgenstrukturbestimmungen an $(CH_3)_2SnCl_2$ zur Bestimmung der Größe und Richtung elektrischer Feldgradienten s. bei [54 bis 56]. Vergleiche der NQR-Daten verschiedener Organozinn- und Organometallhalogenide s. bei [57], Korrelationen der NQR-Daten mit Mössbauer-spektroskopischen Daten von $(CH_3)_2SnCl_2$ und anderen Organozinnverbindungen s. bei [58]. Eine eingehende Untersuchung der NQR-Spektren bei verschiedenen Temperaturen (ν = 15.466 MHz bei 77 K, 15.620 MHz bei 200 K, 15.714 MHz bei 303 K; berechnete Kopplungskonstante e^2Qq_{zz} = 31.428 MHz) zeigt, daß ein spürbarer Wechsel im Bindungscharakter der Sn-Cl-Bindung in Abhängigkeit vom organischen Substituenten bei Verbindungen des Typs R_2SnCl_2 festzustellen ist [59].

Literatur:

[1] A. D. Cohen, C. R. Dillard (J. Organometal. Chem. **25** [1970] 421/8). — [2] A. H. Westlake, D. F. Martin (J. Inorg. Nucl. Chem. **27** [1965] 1579/89). — [3] M. P. Brown, D. E. Webster (J. Phys. Chem. **64** [1960] 698/9). — [4] H. G. Kuivila, J. D. Kennedy, R. Y. Tien, I. J. Tyminski, F. L. Pelczar, O. R. Kahn (J. Org. Chem. **36** [1971] 2083/8). — [5] W. Kitching (Tetrahedron Letters **1966** 3689/93).

[6] G. Matsubayashi, Y. Kawasaki, T. Tanaka, R. Okawara (Bull. Chem. Soc. Japan **40** [1967] 1566/70). — [7] T. L. Brown, K. Stark (J. Phys. Chem. **69** [1965] 2679/83). — [8] A. N. Pudovik, I. Ya. Kuramshin, E. G. Yarkova, A. A. Muratova, A. A. Musina, R. A. Manopov (Zh. Obshch. Khim. **43** [1973] 1229/36; J. Gen. Chem. USSR **43** [1973] 1220/5). — [9] G. Barbieri, F. Taddei (J. Chem. Soc. Perkin Trans. II **1972** 1327/31). — [10] K. Mödritzer, J. R. van Wazer (Inorg. Chem. **3** [1964] 943/6).

[11] J. Lorberth, H. Vahrenkamp (J. Organometal. Chem. **11** [1968] 111/24). — [12] E. V. van den Berghe, G. P. van der Kelen (J. Organometal. Chem. **72** [1974] 65/9). — [13] L. Pellerito, R. Cefalu, A. Gianguzza, R. Barbieri (J. Organometal. Chem. **70** [1974] 303/8). — [14] I. P. Goldshtein, E. N. Guryanova, L. S. Melnichenko, N. N. Zemlyanskii, T. I. Perepelkova, Yu. K. Maksyutin, K. A. Kocheshkov (Dokl. Akad. Nauk SSSR **201** [1971] 105/7; Dokl. Chem. Proc. Acad. Sci. USSR **201** [1971] 895/6). — [15] E. V. van den Berghe, G. P. van der Kelen (Ber. Bunsenges. Physik. Chem. **68** [1964] 652/6).

[16] G. P. van der Kelen (Nature **193** [1962] 1069/71). — [17] E. V. van den Berghe, G. P. van der Kelen, Z. Eeckhaut (Bull. Soc. Chim. Belges **76** [1967] 79/91). — [18] L. Verdonck, G. P. van der Kelen (Bull. Soc. Chim. Belges **76** [1967] 258/72). — [19] E. V. van den Berghe, G. P. van der Kelen (J. Organometal. Chem. **11** [1968] 479/85). — [20] E. V. van den Berghe, G. P. van der Kelen (J. Organometal. Chem. **6** [1966] 515/21).

[21] G. N. Schrauzer, G. Kratel (Chem. Ber. **102** [1969] 2392/407). — [22] R. D. Chambers, H. C. Clark, C. J. Willis (Can. J. Chem. **39** [1961] 131/7). — [23] E. V. van den Berghe, G. P. van der Kelen (J. Organometal. Chem. **59** [1973] 175/87). — [24] L. A. Fedorov, E. I. Fedin (Izv. Akad. Nauk SSSR Ser. Khim. **1971** 787/94; Bull. Acad. Sci. USSR Div. Chem. Sci. **1971** 705/10). — [25] R. Gupta, B. Majee (J. Organometal. Chem. **40** [1972] 97/105).

[26] T. L. Brown, J. C. Puckett (J. Chem. Phys. **44** [1966] 2238/43). — [27] H. Schumann, H. J. Kroth (Z. Naturforsch. **29b** [1974] 573/4). — [28] J. R. Holmes, H. D. Kaesz (J. Am. Chem. Soc. **83** [1961] 3903/4). — [29] M. M. McGrady, R. S. Tobias (Inorg. Chem. **3** [1964] 1157/63). — [30] H. N. Farrer, M. M. McGrady, R. S. Tobias (J. Am. Chem. Soc. **87** [1965] 5019/26).

[31] Yu. P. Egorov (Teor. i Eksperim. Khim. Akad. Nauk Ukr.SSR **1** [1965] 30/40; Theor. Exptl. Chem. [USSR] **1** [1965] 17/23). — [32] M. P. Brown, D. E. Webster (U.S. Dept. Com. Office Tech. Serv. PB Rept. 148174 [1959] 1/6). — [33] T. Vladimirov, E. R. Malinovski (J. Chem. Phys. **42** [1965] 440/2). — [34] P. G. Perkins, D. H. Wall (J. Chem. Soc. A **1971** 3620/3). — [35] M. E. Krasnyanskii, A. O. Litinskii, E. I. Shifrovich (Teor. i Eksperim. Khim. **10** [1974] 536/8).

[36] M. E. Krasnyanskii, Yu. A. Lysenko, A. O. Litinskii, E. I. Shifrovich (Zh. Strukt. Khim. **15** [1974] 711/2; J. Struct. Chem. [USSR] **15** [1974] 614/5). — [37] W. McFarlane (J. Chem. Soc. A **1967** 528/30). — [38] A. P. Tupciauskas, N. M. Sergeev, Yu. A. Ustynyuk (Mol. Phys. **21** [1971] 179/81). — [39] J. J. Burke, P. C. Lauterbur (J. Am. Chem. Soc. **83** [1961] 326/31). — [40] J. D. Kennedy, W. McFarlane (J. Chem. Soc. Perkin Trans. II **1974** 146/9).

[41] A. G. Davies, P. G. Harrison, J. D. Kennedy, T. N. Mitchel, R. J. Puddephatt, W. McFarlane (J. Chem. Soc. C **1969** 1136/41). — [42] A. P. Tupciauskas, N. M. Sergeev, Yu. A. Ustynyuk (Org. Magn. Resonance **3** [1971] 655/9). — [43] A. P. Tupciauskas, N. M. Sergeev, Yu. A. Ustynyuk (Lietuvos Fiz. Rinkinys **11** [1971] 93/105). — [44] R. Radeglia, G. Engelhardt (Z. Chem. [Leipzig] **14** [1974] 319/20). — [45] E. V. van den Berghe, G. P. van der Kelen (J. Organometal. Chem. **26** [1971] 207/13).

[46] P. J. Smith, L. Smith (Inorg. Chim. Acta Rev. **7** [1973] 11/33). — [47] B. K. Hunter, L. W. Reeves (Can. J. Chem. **46** [1968] 1399/414). — [48] J. D. Kennedy, W. McFarlane (J. Chem. Soc. Chem. Commun. **1974** 983/4). — [49] J. Puskar, T. Saluvere, E. Lippmaa, A. B. Permin, V. S. Petrosyan (Magn. Resonance Relat. Phenomena Proc. 18th Congr. AMPERE, Nottingham, Engl., 1974 [1975], S. 509/10). — [50] G. K. Semin, T. A. Babushkina, A. K. Prokofev, R. G. Kostyanovskii (Izv. Akad. Nauk SSSR Ser. Khim. **1968** 1401/4; Bull. Acad. Sci. USSR Div. Chem. Sci. **1968** 1326/8).

[51] V. S. Petrosyan, N. S. Yashina, O. A. Reutov, E. V. Bryuchova, G. K. Semin (J. Organometal. Chem. **52** [1973] 321/31). — [52] P. J. Green (Diss. Univ. of West Virginia 1967, S. 1/139; Diss. Abstr. B **28** [1967/68] 489). — [53] Yu. K. Maksyutin, V. V. Khrapov, L. S. Melnichenko, G. K. Semin, N. N. Zemlyanskii, K. A. Kocheshkov (Izv. Akad. Nauk SSSR Ser. Khim. **1972** 602/4; Bull. Acad. Sci. USSR Div. Chem. Sci. **1972** 562/3). — [54] D. A. Berta (Diss. Univ. of West Virginia 1967, S. 1/101; Diss. Abstr. B **28** [1967/68] 1441). — [55] J. D. Graybeal, D. A. Berta (Natl. Bur. Std. [U.S.] Spec. Publ. Nr. 301 [1967] 393/6).

[56] J. D. Graybeal, S. D. Ing, M. W. Hsu (Inorg. Chem. **9** [1970] 678/9). — [57] D. F. van de Vondel, H. Willemen, G. P. van der Kelen (J. Organometal. Chem. **63** [1973] 205/11). — [58] N. W. G. Debye, M. Linzer (J. Chem. Phys. **61** [1974] 4770/6). — [59] P. J. Green, J. D. Graybeal (J. Am. Chem. Soc. **89** [1967] 4305/8).

1.3.2.2.1.1.2.4 Mössbauer-Spektrum

Mössbauer Spectrum

Im Mössbauer-Spektrum werden für die Isomerieverschiebung δ (in mm/s) folgende Werte gefunden: −0.49 [1], −0.52 [2], −0.55 [3] gegen α-Sn, 1.52 [4, 5], 1.525 [6], 1.54 [7 bis 10], 1.55 [11], 1.551 [12], 1.60 [13], 1.68 [14] gegen SnO_2, 1.55 gegen $BaSnO_3$ [15]. Die Quadrupolaufspaltung Δ (in mm/s) beträgt 3.33 [7], 3.409 [6], 3.52 [13], 3.55 [1, 8 bis 10], 3.57 [5], 3.58 [15], 3.593 [12], 3.60 [3, 11], 3.62 [4] und 3.85 [2, 14]. Eine erschöpfende Zusammenstellung aller Mössbauer-spektroskopischen Daten ist bei [16] zu finden. Mössbauer-Parameter von $(CH_3)_2SnCl_2$ in verschiedenen komplexierenden Lösungsmitteln s. bei [17]. Del Re-Berechnungen s. bei [18]. Zur Berechnung der Elektronendichte am Sn-Kern und zur Beteiligung der 5s-, 5p- und 5d-Orbitale s. [19]. Einflüsse der Gittertemperatur s. bei [20]. Zur Diskussion des Vorzeichens der Quadrupolwechselwirkung s. [21, 22].

Literatur:

[1] M. Cordey-Hayes, R. D. Peacock, M. Vucelic (J. Inorg. Nucl. Chem. **29** [1967] 1177/80). — [2] M. Cordey-Hayes (J. Inorg. Nucl. Chem. **26** [1964] 2306/8). — [3] V. I. Goldanskii, V. V. Khrapov, O. Yu. Okhlobystin, V. Ya. Rochev (in: V. I. Goldanskii, R. H. Herber, Chemical Application of Mössbauer-Spectroscopy, New York 1968, S. 336/76). — [4] H. A. Stöckler, H. Sano (Trans. Faraday Soc. **64** [1968] 577/81). — [5] G. M. Bancroft, K. D. Butler, T. K. Sham (J. Chem. Soc. Dalton Trans. **1975** 1483/6).

[6] R. H. Herber, H. A. Stöckler, W. T. Reichle (J. Chem. Phys. **42** [1965] 2447/52). — [7] N. W. G. Debye, E. Rosenberg, J. J. Zuckerman (J. Am. Chem. Soc. **90** [1968] 3234/6). — [8] T. K. Sham, G. M. Bancroft (Inorg. Chem. **14** [1975] 2281/3). — [9] A. C. Chapman, A. G. Davies, P. G. Harrison, W. McFarlane (J. Chem. Soc. **1970** 821/4). — [10] A. G. Davies, H. J. Milledge, D. C. Puxley, P. J. Smith (J. Chem. Soc. A **1970** 2862/6).

[11] B. V. Liengme, J. R. Sams, J. C. Scott (Bull. Chem. Soc. Japan **45** [1972] 2956/7). — [12] N. W. G. Debye, M. Linzer (J. Chem. Phys. **61** [1974] 4770/6). — [13] R. V. Parish, R. H. Platt (Inorg. Chim. Acta **4** [1970] 65/72). — [14] J. G. Zavistoski, J. J. Zuckerman (J. Org. Chem. **34** [1969] 4197/9). — [15] M. Mishima, M. Nakamura, M. Izawa, M. Idogaki (Shimane Daigaku Bunrigakubu Kiyo Rigakka Hen **7** [1974] 79/84 nach C.A. **82** [1975] Nr. 105053).

[16] P. J. Smith (Organometal. Chem. Rev. A **5** [1970] 373/402). — [17] V. S. Petrosyan, N. S. Yashina, S. G. Sacharov, O. A. Reutov, V. Ya. Rochev, V. I. Goldanskii (J. Organometal. Chem. **52** [1973] 333/42). — [18] R. Gupta, B. Majee (J. Organometal. Chem. **49** [1973] 203/11). — [19] N. N. Greenwood, P. G. Perkins, D. H. Wall (Symp. Faraday Soc. Nr. 1 [1967/68] 51/9). — [20] H. A. Stöckler, H. Sano (Chem. Commun. **1969** 954/5).

[21] B. A. Goodman, N. N. Greenwood (Chem. Commun. **1969** 1105/6). — [22] N. E. Erickson (J. Chem. Soc. Chem. Commun. **1970** 1349/50).

Vibrational Spectra

1.3.2.2.1.1.2.5 Schwingungsspektren

Die gemessenen und zugeordneten IR- und Raman-Spektren von $(CH_3)_2SnCl_2$ sind in Tabelle 3 zusammengestellt. Daneben werden folgende Banden aus den IR-Spektren von $(CH_3)_2SnCl_2$ angegeben und teilweise zugeordnet (in cm^{-1}): 560 ($\nu_{as}SnC_2$), 542 (ν_sSnC_2), 360 ($\nu_{as}SnCl_2$), 356 (ν_sSnCl_2), 157, 143, 126, 121, 97 in Nujol und 142, 124, 94 in CH_2Cl_2 [5]; 566 ($\nu_{as}SnC_2$), 515 (ν_sSnC_2) in Nujol und 559 ($\nu_{as}SnC_2$), 521 (ν_sSnC_2), 320 ($\nu SnCl$) in Benzol [6]; 560 ($\nu_{as}SnC_2$), 524 (ν_sSnC_2), 361 ($\nu_{as}SnCl_2$), 356 (ν_sSnCl_2), 121 ($\delta SnCl_2$) [7]; 3008 ($\nu_{as}CH_3$), 2921 (ν_sCH_3) [8]. Raman-Banden: 526 und 564 in $CHCl_3$ sowie 517 und 568 im festen Zustand (νSnC_2) [9]. Weitere Angaben über die Schwingungsspektren von $(CH_3)_2SnCl_2$ s. bei [10, 11]. Zur Untersuchung von Raman-Spektren an Einkristallen von $(CH_3)_2SnCl_2$ s. [12]. Del Re-Berechnungen auf der Grundlage von schwingungsspektroskopischen Daten s. bei [13]. Eine Abbildung des IR-Spektrums der Verbindung s. bei [14]. An einer 1M wäßrigen Lösung von $(CH_3)_2SnCl_2$ in 9N HCl werden folgende Raman-Frequenzen beobachtet (in cm^{-1}): 3020, 2930, 1204, 577, 518, 325, 175 [15]. Weitere Untersuchungen des IR-Spektrums von $(CH_3)_2SnCl_2$ in wäßriger Lösung s. bei [16]. Lösungsmittel-einflüsse auf das FIR-Spektrum der Verbindung s. bei [17].

Für $(CH_3)_2SnCl_2$ wurden folgende Kraftkonstanten (in mdyn/Å) berechnet: $f(SnCH_3) = 2.25$, $\delta(CH_3SnCH_3) = 0.07$, $\delta(CH_3SnCl) = 0.08$, $f(SnCl) = 1.60$, $\delta(ClSnCl) = 0.08$ [2], $f(SnCH_3) = 2.188$, $f(SnCl) = 1.866$ [4].

Tabelle 3
IR- und Raman-Spektren von $(CH_3)_2SnCl_2$.

Schwingungs-typ	Zuordnung	ν in cm^{-1} Raman (flüssig) [1]	IR (flüssig) [1]	IR (Nujol) [2]	IR (KBr) [3]	IR (Nujol) [4]
$\nu_1(A_1)$, $\nu_{10}(A_2)$, $\nu_{15}(B_1)$, $\nu_{21}(B_2)$	$\nu_{as}CH_3$	3010 m	3009 st	—	—	—
$\nu_2(A_1)$, $\nu_{22}(B_2)$	ν_sCH_3	2928 m	2926 st	—	—	—
$\nu_3(A_1)$, $\nu_{11}(A_2)$, $\nu_{16}(B_1)$, $\nu_{23}(B_2)$	$\delta_{as}CH_3$	—	1402 st	—	1410 s	—
$\nu_4(A_1)$, $\nu_{24}(B_2)$	δ_sCH_3	1211 m	1201 st	—	1204 s	—
$\nu_5(A_1)$, $\nu_{12}(A_2)$, $\nu_{17}(B_1)$, $\nu_{25}(B_2)$	ρCH_3	—	792 st	—	786 st	—
$\nu_{26}(B_2)$	$\nu_{as}SnC_2$	566 m	563 st	567	567 st	—
$\nu_6(A_1)$	ν_sSnC_2	521 st	524 st	515	515 st	—
$\nu_{18}(B_1)$	$\nu_{as}SnCl_2$	344 st	—	332	—	357
$\nu_7(A_1)$	ν_sSnCl_2	—	—	307	—	349
$\nu_8(A_1)$	δSnC_2	—	—	158	—	158
$\nu_{19}(B_1)$	$\rho SnCl_2$	—	—	146	—	143
$\nu_{27}(B_2)$	$\rho SnCl_2$	135 st	—	129	—	126
$\nu_9(A_1)$	$\delta SnCl_2$	—	—	124	—	116

Kombinations- und Oberschwingungen s. im Original [1].

Literatur:

[1] W. F. Edgell, C. H. Ward (J. Mol. Spectry. **8** [1962] 343/64). — [2] P. Taimsalu, J. L. Wood (Spectrochim. Acta **20** [1964] 1043/51). — [3] R. Okawara, D. E. Webster, E. G. Rochow (J. Am. Chem. Soc. **82** [1960] 3287/90). — [4] H. Fujii, M. Kimura (Bull. Chem. Soc. Japan **44** [1971] 2643/7). — [5] R. J. H. Clark, A. G. Davies, R. J. Puddephatt (J. Chem. Soc. A **1968** 1828/34).

[6] I. R. Beattie, G. P. McQuillan (J. Chem. Soc. **1963** 1519/23). — [7] F. K. Butcher, W. Gerrard, E. F. Mooney, R. G. Rees, H. A. Willis, A. Anderson, H. A. Gebbie (J. Organometal. Chem. **1** [1964] 431/4). — [8] T. L. Brown, J. C. Puckett (J. Chem. Phys. **44** [1966] 2238/43). — [9] R. B. Leblanc, W. H. Nelson (J. Organometal. Chem. **113** [1976] 257/63). — [10] W. F. Edgell, P. W. Moore, C. H. Ward (TID-15200 [1962] 1/119 nach C.A. **58** [1963] 12087).

[11] P. W. Moore (Diss. Purdue Univ. 1961, S. 1/313 nach Diss. Abstr. **23** [1963] 4550/1). — [12] V. B. Ramos (Diss. Univ. of Minnesota 1972, S. 1/340 nach Diss. Abstr. Intern. B **33** [1972] 102). — [13] R. Gupta, B. Majee (J. Organometal. Chem. **36** [1972] 71/6). — [14] R. A. Cummins, P. Dunn (Australian Defence Std. Lab. Rept. Nr. 266 [1963] 1/106). — [15] M. M. McGrady, R. S. Tobias (Inorg. Chem. **3** [1964] 1157/63).

[16] H. N. Farrer, M. M. McGrady, R. S. Tobias (J. Am. Chem. Soc. **87** [1965] 5019/26). — [17] P. Taimsalu, J. L. Wood (Spectrochim. Acta **20** [1964] 1357/68).

1.3.2.2.1.1.2.6 Elektronenspinresonanzspektrum

Electron Spin Resonance Spectrum

Aus einem hochaufgelösten ESR-Spektrum von $(CH_3)_2SnCl_2$ in Adamantan-Matrix bei 143 K werden nach dreistündiger γ-Bestrahlung für das Radikal CH_3SnCl_2 folgende ESR-Parameter gefunden (in Gauss): g(parallel) = 2.0164, a = 27.9, g(senkrecht) = 1.9932, a = 0, g(iso) = 2.0009, a = 9.3, R. V. Lloyd, M. T. Rogers (J. Am. Chem. Soc. **95** [1973] 2459/64).

1.3.2.2.1.1.2.7 Röntgen-Photoelektronenspektrum

X-Ray Photoelectron Spectrum

Im ESCA-Spektrum von $(CH_3)_2SnCl_2$ werden 3d-Signale des Sn bei 501.64 und 493.17 eV mit einer Linienbreite von 1.13 bzw. 1.11 eV gefunden [1]. Diskussion der Linienbreite der 3d-Signale des Sn in festem $(CH_3)_2SnCl_2$ und in anderen Organozinnverbindungen im Vergleich mit der Quadrupolaufspaltung aus den Mössbauer-Spektren s. bei [2].

Literatur:

[1] G. M. Bancroft, I. Adams, H. Lampe, T. K. Sham (J. Electron Spectrosc. Relat. Phenomena **9** [1976] 191/204). — [2] G. M. Bancroft, I. Adams, H. Lampe, T. K. Sham (Chem. Phys. Letters **32** [1975] 173/7).

1.3.2.2.1.1.2.8 Massenspektrum

Mass Spectrum

Mit Hilfe der massenspektroskopisch ermittelten Erscheinungspotentiale von $(CH_3)_2SnCl^+$ = 148.3 kcal/mol und von $CH_3SnCl_2^+$ = 139.3 kcal/mol wird die Bildungsenthalpie der Verbindung ausgehend von $Sn(CH_3)_4$ zu $\Delta H = -72.2$ kcal/mol bzw. ausgehend von $SnCl_4$ zu $\Delta H = -73.9$ kcal/mol berechnet, T. R. Spalding (J. Organometal. Chem. **55** [1973] C65/C67).

1.3.2.2.1.1.3 Physikalische Eigenschaften

Physical Properties

$(CH_3)_2SnCl_2$ ist eine farblose Verbindung, für die folgende Schmelzpunkte angegeben werden: 90°C [1 bis 4], 102 bis 103°C [5], 103°C [6], 105°C [7], 105 bis 106°C [8], 105 bis 106.5°C [9], 106°C [10 bis 14], 106 bis 107°C [15, 16], 106 bis 108°C [17 bis 20], 107°C [21, 22], 107 bis 108°C [23, 24], 107 bis 108.6°C [25], 107.5 bis 108°C [26, 27], 108°C [28 bis 35], 109°C [36]. Als Siedepunkt werden gefunden: 185 bis 190°C bei Normaldruck [24], 188 bis 190°C bei Normaldruck [1], 189°C bei Normaldruck [37], 190°C bei Normaldruck [11], 191°C bei Normaldruck [28]. Die Verbindung sublimiert bei Zimmertemperatur im Vakuum [11] bzw. bei 185 bis 186°C [38]. Für die Verdampfungsenthalpie werden $\Delta H_v = 12.1$ kcal/mol angegeben [39, 40].

Leitfähigkeitsuntersuchungen von $(CH_3)_2SnCl_2$ in Pyridin [41] und Dimethylformamid [32] zeigen, daß die Verbindung mit diesen Lösungsmitteln Komplexe bildet.

Literatur:

[1] A. Cahours (Liebigs Ann. Chem. **114** [1860] 354/83). — [2] S. Hilpert, M. Ditmar (Ber. Deut. Chem. Ges. **46** [1913] 3738/41). — [3] P. J. Green, J. D. Graybeal (J. Am. Chem. Soc. **89** [1967] 4305/8). — [4] H. A. Skinner, L. E. Sutton (Trans. Faraday Soc. **40** [1944] 164/85). — [5] B. A. Arbuzov, N. P. Grechkin (Zh. Obshch. Khim. **17** [1947] 2166/77).

[6] A. G. Davies, J. D. Kennedy (J. Chem. Soc. **1970** 759/65). — [7] K. Moedritzer, J. R. van Wazer (Inorg. Chem. **3** [1964] 943/6). — [8] T. Chivers, B. David (J. Organometal. Chem. **13** [1968] 177/86). — [9] S. Matsuda, H. Matsuda (Bull. Chem. Soc. Japan **35** [1962] 208/11). — [10] R. S. Tobias, J. Ogrins, B. A. Nevett (Inorg. Chem. **1** [1962] 638/46).

[11] E. G. Rochow, D. Seyferth (J. Am. Chem. Soc. **75** [1953] 2877/8). — [12] E. G. Rochow (U.S.P. 2679506 [1954] nach C.A. **1955** 4705). — [13] E. G. Rochow (B.P. 713130 [1954]; C.A. **1955** 8330). — [14] E. G. Rochow (D.P. 1007329 [1954]; C.A. **1959** 14004). — [15] V. I. Shiryaev, E. M. Stepina, V. L. Makhalkina, V. F. Mironov (Zh. Prikl. Khim. **46** [1973] 1149; J. Appl. Chem. USSR **46** [1973] 1221).

[16] D. A. Armitage, A. Tarassoli (Inorg. Chem. **14** [1975] 1210/1). — [17] K. R. Molt, I. Hechenbleikner, Carlisle Chemical Works, Inc. (D.P. 1817549 [1968/69]; C.A. **72** [1970] Nr. 79234). — [18] K. R. Molt, I. Hechenbleikner, Carlisle Chemical Works, Inc. (F.P. 2000724 [1969]). — [19] K. R. Molt, I. Hechenbleikner, Carlisle Chemical Works, Inc. (U.S.P. 3519665 [1968/69]). — [20] Carlisle Chemical Works, Inc. (B.P. 1222642 [1969]).

[21] C. A. Kraus, W. N. Greer (J. Am. Chem. Soc. **47** [1925] 2568/75). — [22] B. A. Arbuzov, A. N. Pudovic (Zh. Obshch. Khim. **17** [1947] 2158/65; C.A. **1948** 4522). — [23] J. Lorberth, H. Nöth (Chem. Ber. **98** [1965] 969/76). — [24] Z. M. Manulkin (Zh. Obshch. Khim. **16** [1946] 235/42 nach C.A. **1947** 90). — [25] M and T Chemicals, Inc. (Neth. Appl. 65-05520 [1964/65]; C.A. **64** [1966] 9766).

[26] K. A. Kocheshkov, R. K. Freidlina (Izv. Akad. Nauk SSSR Otd. Khim. Nauk **1950** 203/8 nach C.A. **1950** 9342). — [27] K. A. Kocheshkov, R. K. Freidlina (Uch. Zap. Mosk. Gos. Univ. Org. Khim. **7** Nr. 132 [1950] 144/50 nach C.A. **1956** 7728). — [28] P. Taimsalu, J. L. Wood (Spectrochim. Acta **20** [1964] 1043/51). — [29] M. M. McGrady, R. S. Tobias (J. Am. Chem. Soc. **87** [1965] 1909/16). — [30] Y. Yamaji, K. Ninomiya, H. Matsuda, S. Matsuda (Kogyo Kagaku Zasshi **74** [1971] 1181/4).

[31] R. J. H. Clark, A. G. Davies, R. J. Puddephatt (J. Am. Chem. Soc. **90** [1968] 6923/7). — [32] A. B. Thomas, E. G. Rochow (J. Am. Chem. Soc. **79** [1957] 1843/8). — [33] P. Pfeiffer, B. Friedmann, H. Rekate (Liebigs Ann. Chem. **376** [1910] 310/44). — [34] P. Pfeiffer, R. Lehnhardt, H. Luftensteiner, R. Prade, K. Schnurmann, P. Truskier (Z. Anorg. Allgem. Chem. **68** [1910] 102/22). — [35] R. Okawara, E. G. Rochow (J. Am. Chem. Soc. **82** [1960] 3285/7).

[36] I. R. Beattie, G. P. McQuillan (J. Chem. Soc. **1963** 1519/23). — [37] J. Grobe, J. Hendrick (Syn. Reactiv. Inorg. Metal-Org. Chem. **5** [1975] 393/401). — [38] R. C. Mehrotra, V. D. Gupta, C. K. Sharma (Z. Naturforsch. **27b** [1972] 386/91). — [39] G. A. Nash, H. A. Skinner, W. F. Stack (Trans. Faraday Soc. **61** [1965] 640/8). — [40] J. D. Cox, G. Pilcher (Thermochemistry of Organic and Organometallic Compounds, London – New York 1970).

[41] A. B. Thomas, E. G. Rochow (J. Inorg. Nucl. Chem. **4** [1957] 205/15).

Polarography

1.3.2.2.1.1.4 Polarographie

Dimethylzinndichlorid wird in wäßriger Lösung bei der Polarographie reduziert unter Bildung von $[(CH_3)_2Sn]_x$. Zum Mechanismus dieses in zwei Einelektronenschritten ablaufenden Prozesses s. Original [1]. Entsprechende Untersuchungen in Benzol-Methanol s. [2, 3], in Dimethylformamid s. [4], in Äthanol unter Zusatz von HCl oder NaOH s. [5, 6]. Vergleiche der polarographischen Reduktion von $(CH_3)_2SnCl_2$ mit der Polarographie und dem elektrochemischen Verhalten anderer Organozinnchloride s. bei [7 bis 9].

$(CH_3)_2SnCl_2$ ruft wie andere Organozinnchloride in alkoholischen Leitelektrolyten bereits bei kleinen Konzentrationen Kapazitätserniedrigungen hervor. Diese Erscheinungen sind konzentrations- und zeitabhängig und entsprechen folglich nicht den Gleichgewichtswerten der Oberflächenkonzentration. Die Kapazitätseffekte werden beeinflußt von Größe und Zahl der organischen Liganden am Zinn. Unabhängig vom Lösungsmittel stellen sich dieselben Werte der Sättigungskonzentration ein bei Verwendung von Methanol, Äthanol oder Isopropylalkohol [10].

Literatur:

[1] I. Zezula, K. Markusova (Collection Czech. Chem. Commun. **37** [1972] 1081/8). — [2] M. Devaud, Y. Le Moullec (Electrochim. Acta **21** [1976] 395/400). — [3] M. Devaud, E. Laviron (Rev. Chim. Minerale **5** [1968] 427/58). — [4] M. Devaud, Y. Le Moullec (J. Electroanal. Chem. **68** [1976] 223/35). — [5] V. F. Toropova, M. K. Saikina (Sb. Statei po Obshch. Khim. Akad. Nauk SSSR **1** [1953] 210/5 nach C.A. **1954** 12579).

[6] M. Asso (Rev. Chim. Minerale **5** [1968] 1051/84). — [7] R. B. Allen (Diss. Univ. of New Hampshire 1959, S. 1/70 nach Diss. Abstr. **20** [1959/60] 897). — [8] H. Mehner, H. Jehring, H. Kriegsmann (J. Organometal. Chem. **15** [1968] 97/105). — [9] M. Asso, G. Carpeni (Omagin Raluca Ripan, Bucurresti 1966, S. 81/96 nach C.A. **67** [1967] Nr. 76725). — [10] H. Jehring, H. Mehner (Z. Anal. Chem. **224** [1967] 136/43).

1.3.2.2.1.1.5 Chemisches Verhalten

Chemical Reactions

Dimethylzinndichlorid ist eines der wichtigsten Ausgangsmaterialien zur Synthese von Dimethylzinnverbindungen. Die Reaktionen der Verbindung sind deshalb sehr häufig und sehr eingehend untersucht worden. Wegen der großen Fülle stellen die im folgenden beschriebenen Reaktionen von $(CH_3)_2SnCl_2$ keine erschöpfende Übersicht der gesamten in der Literatur beschriebenen Umsetzungen von $(CH_3)_2SnCl_2$ dar, sondern sie geben nur einen repräsentativen Querschnitt, ohne jedoch eine wesentliche Reaktion, über die bis heute berichtet wurde, auszulassen.

1.3.2.2.1.1.5.1 Zersetzung

Decomposition

Bei der Pyrolyse von $(CH_3)_2SnCl_2$ zwischen 554 und 688°C entsteht $SnCl_2$ neben Methylradikalen. Diese Radikale reagieren mit dem Toluol des Trägergases unter Bildung von CH_4, C_2H_6 und $(C_6H_5CH_2)_2$. Zur Untersuchung der Kinetik dieser Zerfallsreaktion s. im Original, S. J. W. Price, A. F. Trotman-Dickenson (Trans. Faraday Soc. **54** [1958] 1630/7).

1.3.2.2.1.1.5.2 Reaktionen mit Hydrierungsmitteln

Reactions with Hydrogenating Agents

$(CH_3)_2SnCl_2$ reagiert in Diglyme mit $NaBH_4$ unter Bildung von $(CH_3)_2SnH_2$ in 96%iger Ausbeute, E. R. Birnbaum, P. H. Javora (J. Organometal. Chem. **9** [1967] 379/82; Inorg. Synth. **12** [1970] 45/57).

1.3.2.2.1.1.5.3 Reaktionen mit Metallen

Reactions with Metals

$(CH_3)_2SnCl_2$ reagiert mit Na in Diäthyläther oder Xylol zwischen 0 und 135°C unter Bildung von $[(CH_3)_2ClSn]_2$ [1]. Zur Kinetik der Reaktion von $(CH_3)_2SnCl_2$ mit dampfförmigem Natrium s. [2].

Literatur:

[1] S. M. Zhivukhin, E. D. Dudikova, A. M. Kotov (Zh. Obshch. Khim. **33** [1963] 3274/7; J. Gen. Chem. USSR **33** [1963] 3203/5). — [2] D. S. Boak, N. J. Friswell, B. G. Gowenlock (J. Organometal. Chem. **27** [1971] 333/6).

1.3.2.2.1.1.5.4 Reaktionen mit Metallalkylen und -arylen

Reactions with Metal Alkyls and Aryls

Dimethylzinndichlorid reagiert mit zahlreichen Alkalimetallorganylen, Grignard-Verbindungen sowie Organozink- und Organoaluminiumverbindungen unter Substitution eines oder beider Chloratome durch Alkyl- bzw. Arylgruppen. Von den zahlreich in der Literatur beschriebenen Reaktionen von $(CH_3)_2SnCl_2$ mit metallorganischen Verbindungen unter Bildung von Verbindungen des Typs $(CH_3)_2ClSnR$ oder $(CH_3)_2SnR_2$ sind in Tabelle 4, S. 16/9, einige typische Reaktionen zusammengestellt.

Tabelle 4

Reaktionen von $(CH_3)_2SnCl_2$ mit Alkalimetall-, Magnesium-, Zink- und Aluminiumorganylen.

Reaktionspartner	Reaktionsbedingungen	Reaktionsprodukte	Lit.
Li Li	—	Sn, CH_3 CH_3	[1]
O, Li Li	—	O, Sn, CH_3 CH_3	[2]
O, Li Li	Äther, 1 h, Rückfluß	O, Sn, CH_3 CH_3; $(CH_3)_2Sn$, O, O, $Sn(CH_3)_2$	[3]
S, Li Li	Äther, 1 h, Rückfluß	S, Sn, CH_3 CH_3	[3]
$LiC(C_6H_5)=C(C_6H_5)-C(C_6H_5)=C(C_6H_5)Li$	—	C_6H_5 C_6H_5 C_6H_5 C_6H_5, Sn, CH_3 CH_3	[4]

Tabelle 4 (Fortsetzung)

Reaktionspartner	Reaktionsbedingungen	Reaktionsprodukte	Lit.
$LiC(C_6H_5){=}C(C_6H_5){-}C(C_6H_5){=}C(C_6H_5)Li$	Äther	$[(CH_3)_3SnC(C_6H_5){=}C(C_6H_5)]_2$, $(CH_3)_3SnCl$, $(CH_3)_2ClSnC(C_6H_5){=}C(C_6H_5){-}C(C_6H_5){=}CH(C_6H_5)$, $(C_6H_5)_4C_4Sn(CH_3)_2$ (Ring), $[(C_6H_5)_4C_4]_2Sn$ (Spiro)	[5]
Li, $C_6H_5CH{=}CH_2$	—	polymeres Produkt	[6]
C_6H_5-CB_8H_8C-Li	—	$(C_6H_5$-$CB_8H_8C)_2Sn(CH_3)_2$	[7]
m-C_6H_5-$CB_{10}H_{10}C$-Li	Äther, 10 h, 30°C	(m-C_6H_5-$CB_{10}H_{10}C)_2Sn(CH_3)_2$	[8]
m-CH_3-$CB_{10}H_{10}C$-Li	Äther, 5 h, 30°C	(m-CH_3-$CB_{10}H_{10}C)_2Sn(CH_3)_2$	[8]
Li-$C(B_{10}H_{10})C$-$CH(OCH_3)$-$C(B_{10}H_{10})C$-Li	—	$(CH_3)_2Sn[C(B_{10}H_{10})C]_2CHOCH_3$ (Ring)	[9]

Tabelle 4 (Fortsetzung)

Reaktionspartner	Reaktionsbedingungen	Reaktionsprodukte	Lit.
m-Li-$CB_{10}H_{10}$C-Li	Äther, 0°C	$(CH_3)_2$Sn-substituiertes Polymeres	[10]
p-Li-$CB_{10}H_{10}$C-Li	—	$(CH_3)_2$Sn-substituiertes Polymeres	[10]
$[(CH_3)_3Si]_2CBrLi$	1.5 h, −115°C bis +25°C	CH_3 CH_3 Sn $[(CH_3)_3Si]_2C$ $C[Si(CH_3)_3]_2$ Sn CH_3 CH_3 $\{[(CH_3)_3Si]_2CBr\}_2Sn(CH_3)_2$ $[(CH_3)_3Si]_2C[Sn(CH_3)_2Cl]_2$	[11, 12]
H Na H Na	Tetrahydrofuran, 5.5 h, 25°C und 1 h Rückfluß	H $Sn(CH_3)_2$ H	[13]
Na, CH_3Cl	$Sn(CH_3)_4$ als Lösungsmittel	$Sn(CH_3)_4$	[14, 15]
C_4H_9MgJ	—	$(C_4H_9)_2Sn(CH_3)_2$	[16]
$C_6H_5CH_2MgX$ X = Halogen	—	$(C_6H_5CH_2)_2Sn(CH_3)_2$	[17]
$CH_2{=}CHMgCl$	—	$CH_2{=}CHSnCl(CH_3)_2$	[18]
$BrMg(CH_2)_4MgBr$	—	$[(CH_3)_2Sn(CH_2)_4]_x$, CH_3 CH_3 Sn	[19]

Tabelle 4 (Fortsetzung)

Reaktionspartner	Reaktionsbedingungen	Reaktionsprodukte	Lit.
Mg	—	$[(CH_3)_2Sn(CH_2)_4]_x$, CH_3 CH_3 Sn	[19]
ClMg MgCl	—	Sn CH_3 CH_3	[20]
$[ClMgCH_2(CH_3)_2Si]_2O$	—	$[CH_2Si(CH_3)_2OSi(CH_3)_2CH_2Sn(CH_3)_2]_n$	[21]
$(CH_3)_2SiHCH_2MgCl$	Äther, 1 h, Rückfluß	$(CH_3)_2Sn[CH_2SiH(CH_3)_2]_2$	[22]
$(CH_3)_2SiH(CH_2)_3MgCl$	—	$(CH_3)_2Sn[(CH_2)_3SiH(CH_3)_2]_2$	[22]
JCH_2ZnJ	Tetrahydrofuran, 2 h, 35 bis 40°C	$(JCH_2)_2Sn(CH_3)_2$	[23]
$Al(CH_3)_3$	N_2, i-Octan, 13 h, Rückfluß	$Sn(CH_3)_4$, $(CH_3)_3SnCl$	[24]
$(CH_3)_3Al_2Cl_3$	Äther, 0.5 h, 25°C	$(CH_3)_3SnCl$	[25]
RMgCl + R′MgCl R = R′ = n-C_8H_{17}, n-$C_{10}H_{21}$, n-$C_{12}H_{25}$; R = CH_3, R′ = n-C_8H_{17}, n-$C_{10}H_{21}$, n-$C_{12}H_{25}$; R = C_4H_9, R′ = n-C_8H_{17}, n-$C_{10}H_{21}$, n-$C_{12}H_{25}$	—	$(CH_3)_2SnRR'$	[26]

Literatur:

[1] F. Bickelhaupt, C. Jongsma, P. de Koe, R. Lourens, N. R. Mast, G. L. van Mourik, H. Vermeer, R. J. M. Weustink (Tetrahedron **32** [1976] 1921/30). — [2] J. A. Ursino (Diss. St. John's Univ., Jamaica, N.Y., 1967, S. 1/99 nach Diss. Abstr. B **28** [1968] 3662). — [3] H. A. Meinema, J. G. Noltes (J. Organometal. Chem. **63** [1973] 243/50). — [4] F. C. Leavitt, F. Johnson, Dow Chemical Co. (U.S.P. 3412119 [1963/68]; C.A. **70** [1969] Nr. 106658). — [5] J. G. Zavistoski, J. J. Zuckerman (J. Org. Chem. **34** [1969] 4197/9).

[6] O. M. Nefedov, M. N. Manakov, A. D. Petrov (Sin. Svoistva Monomerov Sb. Rab. 12th Konf. Vysokomol. Soedin., Baku 1962 [1964], S. 67/74). — [7] L. I. Zakharkin, V. N. Kalinin, E. G. Rys (Zh. Obshch. Khim. **43** [1973] 847/52; J. Gen. Chem. USSR **43** [1973] 848/52). — [8] S. Bresadola, F. Rosetto, I. Tagliavini (Ann. Chim. [Rome] **58** [1968] 597/602). — [9] L. I. Zakharkin, N. F. Shemyakin (Izv. Akad. Nauk SSSR Ser. Khim. **1974** 940/2; Bull. Acad. Sci. USSR Div. Chem. Sci. **1974** 910/2). — [10] S. Papetti, H. A. Schröder, Olin Mathieson Chemical Corp. (U.S.P. 3533968 [1967/70]; C.A. **73** [1970] Nr. 131535).

[11] D. Seyferth, J. L. Lefferts (J. Am. Chem. Soc. **96** [1974] 6237/8). — [12] D. Seyferth, J. L. Lefferts (J. Organometal. Chem. **116** [1976] 257/73). — [13] H. E. Ramsden, Esso Research and Engineering Co. (U.S.P. 3240795 [1962/66]; C.A. **64** [1966] 14220). — [14] I. Hechenbleikner, K. R. Molt, Carlisle Chemical Works, Inc. (U.S.P. 3059012 [1960/62]; C.A. **58** [1963] 6860). — [15] Carlisle Chemical Works, Inc. (B.P. 908331 [1960/62]).

[16] G. Neubert, H. O. Wirth (Z. Anal. Chem. **273** [1975] 19/23). — [17] C. J. Moore, W. Kitching (J. Organometal. Chem. **59** [1973] 225/30). — [18] A. K. Litkovets, Yu. Dalmann (Tr. po Khim. i Khim. Tekhnol. **1969** Nr. 2, S. 48/50 nach C.A. **76** [1972] Nr. 3985). — [19] E. J. Bulten, H. A. Budding (J. Organometal. Chem. **82** [1974] C13/C15). — [20] P. Jutzi (Chem. Ber. **104** [1971] 1455/67).

[21] M. L. Galashina, G. V. Kaznina, M. V. Sobolevskii (Plasticheskie Massy **1966** 26/7; Soviet Plast. **1967** 28/9). — [22] Midland Silicones, Ltd. (B.P. 891087 [1958/62]; C.A. **59** [1963] 11560). — [23] D. Seyferth, S. B. Andrews, R. L. Lambert (J. Organometal. Chem. **37** [1972] 69/76). — [24] W. K. Johnson, Monsanto Chemical Co. (U.S.P. 3036103 [1959/62]; C.A. **57** [1962] 13802). — [25] W. K. Johnson (J. Org. Chem. **25** [1960] 2253/4).

[26] S. Matsuda, H. Matsuda, N. Iwamoto, A. Matsumoto (Kogyo Kagaku Zasshi **70** [1967] 1747/50).

Reactions with Organosilicon and Organotin Compounds

1.3.2.2.1.1.5.5 Reaktionen mit Organosilicium- und Organozinnverbindungen

^{1}H-NMR-spektroskopische Untersuchungen am System $(CH_3)_2SnCl_2$-$Sn(CH_3)_4$ zeigen, daß ab 70°C ein Austausch von Methylgruppen gegen Chlor erfolgt und bei 100°C das Gleichgewicht der Reaktion vollständig auf der Seite des Reaktionsproduktes $(CH_3)_3SnCl$ liegt [1]. Die Umsetzungen von $(CH_3)_2SnCl_2$ mit Zinntetraorganylen R_3SnCH_3 (R = CH_3, C_2H_5, C_3H_7, i-C_3H_7, C_4H_9) führen zu $(CH_3)_3SnCl$ und R_3SnCl und werden kinetisch untersucht [2, 3]. Diorganozinndihydride R_2SnH_2 (R = C_4H_9, i-C_4H_9, C_8H_{17}, C_6H_5) und $(CH_3)_2SnCl_2$ komproportionieren gemäß NMR-spektroskopischer Befunde zu $(CH_3)_2SnHCl$ und R_2SnHCl [4]. Mit $(C_4H_9)_3SnH$ reagiert $(CH_3)_2SnCl_2$ je nach dem Molverhältnis der Reaktanten zu $(C_4H_9)_3SnCl$ und $(CH_3)_2SnHCl$ bzw. $(CH_3)_2SnH_2$ [5], mit $(CH_3)_2SnH_2$ zu $(CH_3)_2SnHCl$ als alleinigem Reaktionsprodukt [5, 6]. NMR-spektroskopische Messungen bestätigen auch einen Ligandenaustausch in folgenden binären Systemen: $(CH_3)_2SnCl_2$-$(CH_3)_2SnBr_2$, $(CH_3)_2SnCl_2$-$(CH_3)_2SnJ_2$ [7, 8], $(CH_3)_2SnCl_2$-$(CH_3)_3SnOOCC_6H_5$, $(CH_3)_2SnCl_2$-$(C_6H_5)_3SnOOCC_6H_5$ [9], $(CH_3)_2SnCl_2$-$(C_6H_5CH_2)_2SnCl_2 \cdot 2(CH_3)_2SO$ [10], $(CH_3)_2SnCl_2$-$(CH_3)_2Sn(SCH_3)_2$ [11] und $(CH_3)_2SnCl_2$-$[(CH_3)_2SnS]_3$ [12]. Kein Substituentenaustausch ist dagegen über einen Zeitraum von drei Jahren bei 120°C zwischen $(CH_3)_2SnCl_2$ und $(CH_3)_2SiF_2$ zu beobachten [13]. Weitere wichtige Reaktionen von $(CH_3)_2SnCl_2$ mit Organosilicium- und Organozinnverbindungen sind in Tabelle 5, S. 21/2, aufgeführt.

Tabelle 5

Reaktionen von $(CH_3)_2SnCl_2$ mit Organosilicium- und Organozinnverbindungen.

Reaktionspartner	Reaktions-bedingungen	Reaktionsprodukte	Lit.
$(CH_3)_3SiJ$	exotherm	$(CH_3)_2SnJ_2$	[14]
$(CH_3)_3SiCl$, NH_3	Benzol-Petroläther	$[(CH_3)_3SiOSn(CH_3)_2]_2O$	[15]
$(CH_3)_2SiCl_2$, H_2O	OH^-	Polymeres	[16]
$NaO[Si(CH_3)_2O]_xNa$	Benzol	Polymeres	[17]
$(CH_3)_3SiSeCH_3$	—	$(CH_3)_2Sn(SeCH_3)_2$	[18]
$(CH_3)_2Si$ S S (Ring)	4 h, Rühren	$(CH_3)_2Sn$ S S (Ring)	[19]
$(CH_3)_3SiP[C(CH_3)_3]_2$	Benzol, 25 bis 60°C	$(CH_3)_2ClSnP[C(CH_3)_3]_2$	[20]
$[(CH_3)_3SiRu(CO)_4]^-$	Tetrahydrofuran, 0°C	$[(CH_3)_2SnRu(CO)_4]_2$	[21]
$Sn(CH_3)_4$	—	$(CH_3)_3SnCl$	[22]
$(CH_3)_2Sn(C_5H_5)_2$	24 h, 25°C, kurze Zeit 60°C	$(CH_3)_2SnCl(C_5H_5)$	[23] [24]
$(CH_3)_2Sn(C_4H_9)_2$	3 h, 140°C; 0.25 h, 210°C	$(CH_3)_3SnCl$, $CH_3(C_4H_9)_2SnCl$	[25]
$(CH_3)_2SnH_2$, $HC{\equiv}CCN$	0 bis 20°C	$(CH_3)_2ClSnCH{=}CHCN$	[26]
$(CD_3)_2SnCl_2$, H_2O, NH_3	—	$[(CD_3)_2SnO]_x$	[27]
$(C_4H_9)_2Sn(OCH_3)_2$	Benzol, Rückfluß	$(C_4H_9)_2ClSnOCH_3$	[28]
CH_3 / (Chinolyl)–O–Sn–O–(Chinolyl) / CH_3 (N, N)	Benzol	CH_3 / ClSn—O–(Chinolyl) / CH_3 (N)	[29]
$[(CH_3)_2SnO]_x$	Benzol oder Äthanol	$[(CH_3)_2SnCl]_2O$	[30]
$[(CH_3)_2SnO]_x$	H_2O	$[(CH_3)_2SnO]_2 \cdot (CH_3)_2SnCl_2$	[31, 33]
$[(C_2H_5)_2SnO]_x$	Isopropylalkohol	$(C_2H_5)_2SnO \cdot (CH_3)_2SnCl_2$	[31]
$[(C_2H_5)_2SnO]_x$	Butanol, Äthanol-H_2O (1:1)	$H[(C_2H_5)_2SnO]_3OH \cdot (CH_3)_2SnCl_2$	[31]
$[(C_4H_9)_2SnO]_x$	Isopropylalkohol	$(C_4H_9)_2SnO \cdot (CH_3)_2SnCl_2$, $(C_4H_9)_2SnO \cdot (C_4H_9)_2SnCl_2$	[31]
$[(C_4H_9)_2SnO]_x$	Isopropylalkohol, Äthanol-H_2O	$H[(C_4H_9)_2SnO]_3OH \cdot (C_4H_9)_2SnCl_2$	[31]
$[(CH_3)_2SnO]_x$	Benzol, 70°C, Lichtausschluß	$(CH_3)_2SnO \cdot (CH_3)_2SnCl_2$	[32]
$[C_6H_5O(CH_3)_2Sn]_2O$	Toluol, 2 h, Rückfluß	$C_6H_5O(CH_3)_2SnOSn(CH_3)_2Cl$	[34]
$(CH_3)_3SnOOCCH_2Cl$	1:1, Benzol, Rückfluß	$(CH_3)_2ClSnOOCCH_2Cl$	[9]
$(CH_3)_3SnOOCCH_2Cl$	1:2	$(CH_3)_2Sn(OOCCH_2Cl)_2$	[9]
$(CH_3)_2Sn(OOCCH_2Cl)_2$	—	$(CH_3)_2ClSnOOCCH_2Cl$	[9]

Tabelle 5 (Fortsetzung)

Reaktionspartner	Reaktions-bedingungen	Reaktionsprodukte	Lit.
$(CH_3)_3SnOOCC_6H_5$	—	$(CH_3)_2Sn(OOCC_6H_5)_2$	[9]
$(C_4H_9)_3SnOOCC_6H_5$	—	$(CH_3)_2Sn(OOCC_6H_5)_2$	[9]
$(C_6H_5)_3SnOOCCH_3$	1:1	$(CH_3)_2ClSnOOCCH_3$	[9]
$(C_6H_5)_3SnOOCCH_3$	1:2	$(CH_3)_2Sn(OOCCH_3)_2$	[9]
$(C_6H_5)_3SnOOCC_6H_5$	$CHCl_3$-Hexan	$(CH_3)_2Sn(OOCC_6H_5)_2$	[9]
$[(CH_3)_2SnS]_3$	1:1	$[(CH_3)_2ClSn]_2S$	[35]
$[(CH_3)_2SnS]_3$	1:2	$(CH_3)_2Sn[SSnCl(CH_3)_2]_2$	[35]
$(CH_3)_2Sn[SSCN(C_2H_5)_2]_2$	—	$(CH_3)_2ClSnSSCN(C_2H_5)_2$	[36]
$(CH_3)_3SnN(C_2H_5)_2$	—	$(CH_3)_2ClSnN(C_2H_5)_2$	[36]
$[(CH_3)_2SnN(C_2H_5)]_3$	—	$[(CH_3)_2ClSn]_2NC_2H_5$	[36]
$[(CH_3)_3Sn]_2$	—	$[(CH_3)_2Sn]_x$, $(CH_3)_3SnCl$	[37]

Literatur:

[1] E. V. van den Berghe, G. P. van der Kelen (J. Organometal. Chem. **6** [1966] 522/7). — [2] G. Plazzogna, S. Bresadola, G. Tagliavini (Inorg. Chim. Acta **2** [1968] 333/6). — [3] G. Plazzogna, V. Peruzzo, S. Bresadola, G. Tagliavini (Gazz. Chim. Ital. **102** [1972] 48/55). — [4] A. K. Sawyer, G. S. May, R. E. Scofield (J. Organometal. Chem. **14** [1968] 213/6). — [5] A. K. Sawyer, J. E. Brown, G. S. May (J. Organometal. Chem. **11** [1968] 192/4).

[6] H. G. Kuivila, J. D. Kennedy, R. Y. Tien, I. J. Tyminski, F. L. Pelczar, O. R. Kahn (J. Org. Chem. **36** [1971] 2083/8). — [7] S. O. Chan, L. W. Reeves (J. Am. Chem. Soc. **95** [1973] 673/9). — [8] E. V. van den Berghe, G. P. van der Kelen, Z. Eeckhaut (Bull. Soc. Chim. Belges **76** [1967] 79/91). — [9] A. D. Cohen, C. R. Dillard (J. Organometal. Chem. **25** [1970] 421/8). — [10] W. Kitching (Tetrahedron Letters **1966** 3689/93).

[11] E. V. van den Berghe, G. P. van der Kelen (J. Organometal. Chem. **72** [1974] 65/9). — [12] K. Moedritzer, J. R. van Wazer (Inorg. Chem. **3** [1964] 943/6). — [13] S. C. Pace, J. G. Riess (J. Organometal. Chem. **76** [1974] 325/38). — [14] D. A. Armitage, A. Tarassoli (Inorg. Chem. **14** [1975] 1210/1). — [15] R. Okawara, D. G. White, K. Fujitani, H. Sato (J. Am. Chem. Soc. **83** [1961] 1342/4).

[16] R. Okawara, E. G. Rochow (U.S. Dept. Com. Office Tech. Serv. PB 171571 [1960] 12/5; C.A. **58** [1963] 3454). — [17] K. A. Andrianov, T. V. Vasileva, Z. N. Nudelman, L. M. Khananashvili, A. S. Kocheshkov, A. G. Cherednikova (Zh. Obshch. Khim. **32** [1962] 2307/11; J. Gen. Chem. USSR **32** [1962] 2275/8). — [18] J. W. Anderson, G. K. Barker, J. E. Drake, M. Rodger (J. Chem. Soc. Dalton Trans. **1973** 1716/24). — [19] E. W. Abel, D. A. Armitage, R. P. Bush (J. Chem. Soc. **1965** 7098/102). — [20] H. Schumann, W.-W. du Mont, H.-J. Kroth (Chem. Ber. **109** [1976] 237/45).

[21] S. A. R. Knox, F. G. A. Stone (J. Chem. Soc. A **1969** 2559/65). — [22] D. Grant, J. R. van Wazer (J. Organometal. Chem. **4** [1965] 229/36). — [23] N. D. Kolosova, N. N. Zemlyanskii, A. A. Azizov, Yu. A. Ustynyuk, N. P. Barminova, K. A. Kocheshkov (Dokl. Akad. Nauk SSSR **218** [1974] 117/9; Dokl. Chem. Proc. Acad. Sci. USSR **214/219** [1974] 614/6). — [24] K. A. Kocheshkov, N. N. Zemlyanskii, N. D. Kolosova, A. A. Azizov, P. I. Zakharov, Yu. A. Ustynyuk (Izv. Akad. Nauk SSSR Ser. Khim. **1974** 960; Bull. Acad. Sci. USSR Div. Chem. Sci. **1974** 932). — [25] V. A. Chernoplekova, N. N. Zemlyanskii, N. D. Kolosova, K. A. Kocheshkov (Izv. Akad. Nauk SSSR Ser. Khim. **1975** 2803/5; Bull. Acad. Sci. USSR Div. Chem. Sci. **1975** 2691/3).

[26] W. P. Neumann, J. A. Pedain, Studiengesellschaft Kohle m.b.H. (D.P. 1214237 [1964/66]; C.A. **65** [1966] 5490). — [27] I. R. Beattie, F. C. Stokes, L. E. Alexander (J. Chem. Soc. Dalton Trans. **1973** 465/9). — [28] A. C. Chapman, A. G. Davies, P. G. Harrison, W. McFarlane (J. Chem. Soc. **1970** 821/4). — [29] A. H. Westlake, D. F. Martin (J. Inorg. Nucl. Chem. **27** [1965] 1579/89). — [30] R. S. Tobias, M. Yasuda (Can. J. Chem. **42** [1964] 781/91).

[31] T. Harada (Bull. Chem. Soc. Japan **41** [1968] 737/41). — [32] T. Harada (J. Inorg. Nucl. Chem. **37** [1975] 288/91). — [33] T. Harada (Sci. Papers Inst. Phys. Chem. Res. [Tokyo] **35** [1939] 290/329). — [34] F. Mori, H. Nakai, H. Matsuda, S. Matsuda (Kogyo Kagaku Zasshi **73** [1970] 554/7 nach C.A. **73** [1970] Nr. 66693). — [35] A. G. Davies, P. G. Harrison (J. Chem. Soc. C **1970** 2035/8).

[36] A. G. Davies, J. D. Kennedy (J. Chem. Soc. **1970** 759/65). — [37] G. Tagliavini, G. Pilloni, G. Plazzogna (Ric. Sci. **36** [1966] 114/22).

1.3.2.2.1.1.5.6 Reaktionen mit Nichtmetallverbindungen

Reactions with Nonmetal Compounds

Die Hydrolyse von $(CH_3)_2SnCl_2$ führt zu wasserunlöslichem $[(CH_3)_2SnO]_x$ als Endprodukt [1]. Im Verlauf der Neutralisation mit wäßrigen Lösungen von NaOH oder KOH bilden sich Hydroxokomplexe des primär entstehenden hydratisierten Dimethylzinn-Kations, die miteinander im Gleichgewicht stehen: $[(CH_3)_2Sn(H_2O)_n]^{2+} \underset{+H^+}{\overset{-H^+}{\rightleftharpoons}} [(CH_3)_2SnOH(H_2O)_n]^+ \underset{+H^+}{\overset{-H^+}{\rightleftharpoons}} [(CH_3)_2Sn(OH)_2(H_2O)_n]$. Bei hohen $[(CH_3)_2Sn(H_2O)_n]^{2+}$-Konzentrationen stehen Hydroxokomplex-Kationen im Gleichgewicht: $[(CH_3)_2SnOH(H_2O)_n]^+ \rightleftharpoons [(CH_3)_4Sn_2(OH)_2(H_2O)_n]^{2+} \underset{-OH^-}{\overset{+OH^-}{\rightleftharpoons}} [(CH_3)_4Sn_2(OH)_3(H_2O)_n]^+ \underset{-OH^-}{\overset{+OH^-}{\rightleftharpoons}} [(CH_3)_4Sn_2(OH)_4(H_2O)_n]$. Zur Berechnung der Gleichgewichtskonstanten s. in den Originalen [2 bis 4]. Mit äquimolaren Mengen NaOH reagiert $(CH_3)_2SnCl_2$ in 0.1N NaCl-Lösung unter Bildung von $[(CH_3)_2SnCl]_2O$ [5], mit $(C_2H_5)_3N$ in Äthanol zu $(CH_3)_2ClSnOSn(CH_3)_2OC_2H_5$, welches an feuchter Luft die Verbindung $(CH_3)_2ClSnOSn(CH_3)_2OH$ bildet [6]. Letztere Verbindung und oben genanntes $[(CH_3)_2SnCl]_2O$ werden als Zwischenprodukte beim Übergang $(CH_3)_2SnCl_2 \rightarrow [(CH_3)_2SnO]_x$ formuliert [6]. $(C_4H_9)_3N$ reagiert mit $(CH_3)_2SnCl_2$ unter Disproportionierung zu $Sn(CH_3)_4$ und $SnCl_4$. Die thermodynamischen Daten für diese Reaktion wurden durch kalorimetrische Titration in Benzol bei 30°C erhalten [10]. In reinem H_2O sind nur 10.5% einer 0.064 molalen Lösung von $(CH_3)_2SnCl_2$ hydrolysiert. In saurer Lösung sind demnach durchaus Umsetzungen mit $(CH_3)_2SnCl_2$ durchführbar [7, 8].

Die Solvolyse von $(CH_3)_2SnCl_2$ in 95%- bzw. 100%igem H_2SO_4 sowie in HSO_3F führt zur Bildung von $[(CH_3)_2Sn]^{2+}$. Der Nachweis für das Vorliegen dieses Kations in solvatisierter Form wird durch NMR- und Mössbauer-spektroskopische Messungen erbracht [9]. $(CH_3)_2SnCl_2$ und $(CH_3)_3SbS$ bilden in Toluol den Komplex $(CH_3)_2SnCl_2 \cdot 2(CH_3)_3SbS$, der sich in $CHCl_3$, wie IR- und NMR-Messungen zeigen, unter Ligandenaustausch zu $[(CH_3)_2SnS]_3$ und $(CH_3)_3SbCl_2$ zersetzt. Mit $(C_6H_{11})_3SbS$ tritt sofort Ligandenaustausch ein [11, 12]. $(CH_3)_2SnCl_2$ und Bisphenole bilden lösliche Polymere [13]. Ebenfalls polymere Verbindungen entstehen bei der Reaktion von $(CH_3)_2SnCl_2$ mit Terephthaloylchlorid [14], mit p-Phenoxyphenyl-p-tert-butylphenylsilandiol [15] sowie mit 1,6-Hexandiamin und Adipinsäurechlorid in NaOH [16]. Mit C_4H_9COF reagiert $(CH_3)_2SnCl_2$ selbst im Verlauf von 15 h bei 90°C nicht [17], mit $CH_3N[B(C_6H_5)N(CH_3)Si(CH_3)_3]_2$ ist bis 100°C keine Abspaltung von $(CH_3)_3SiCl$ zu beobachten [18]. Weitere Reaktionen von $(CH_3)_2SnCl_2$ mit Nichtmetallverbindungen sind in Tabelle 6, S. 24/5, aufgeführt.

Tabelle 6

Reaktionen von $(CH_3)_2SnCl_2$ mit Nichtmetallverbindungen.

Reaktionspartner	Reaktionsbedingungen	Reaktionsprodukte	Lit.
$CH_2{=}N_2$	Äthanol, −50 bis −5°C	$(CH_3)_2ClSnCH_2Cl$	[19, 20]
C_6H_5NC	CH_2Cl_2, 8 h, 0 bis 25°C, Rühren	$(CH_3)_2Sn(CCl{=}NC_6H_5)_2$	[21]
$(C_6H_5)_3P{=}CH_2$, $NaB(C_6H_5)_4$	Äthanol	$\{(CH_3)_2Sn[CH_2P(C_6H_5)_3]_2\}[B(C_6H_5)_4]_2$	[22]
$(C_6H_5)_3P{=}CH_2$, $HgBr_2$	Äthanol	$\{(CH_3)_2Sn[CH_2P(C_6H_5)_3]_2\}[HgBr_2Cl]_2$	[22, 23]
OH N	Alkohol	CH_3 O—Sn—O CH_3 N N	[24 bis 26]
OH N=N N	—	N N=N N N=N CH_3 O—Sn—O CH_3	[27]
OH NO	1:1 oder 1:2, CH_3OH, NH_3, 3 bis 4 h	CH_3 CH_3 O—Sn—O—Sn—O NO CH_3 CH_3 NO	[28]

Tabelle 6 (Fortsetzung)

Reaktionspartner	Reaktionsbedingungen	Reaktionsprodukte	Lit.
$HO-C_9H_5N-CH_2-C_9H_5N-OH$	—	$[-Sn(CH_3)_2-O-C_9H_5N-CH_2-C_9H_5N-O-]_x \cdot H_2O$	[29]
CH_3COOH	—	$(CH_3)_2ClSnOOCCH_3$	[30]
$(CH_3CO)_2O$	6 h, Rückfluß	$(CH_3)_2ClSnOOCCH_3$	[30]
$H_2C_2O_4 \cdot 2H_2O$	H_2O	$(CH_3)_2C_2O_4 \cdot H_2O$	[31]
$HOOC(CHOH)_2COOH$	—	$(CH_3)_2SnC_4H_2O_6$	[32]
$HOOC(CH_2)_4COOH$, NaOH	Benzol-H_2O, 25°C	$[(CH_3)_2SnOOC(CH_2)_4COO]_x$	[33, 34]
$HOPOF_2$	25°C	$(CH_3)_2Sn(OPOF_2)_2$	[35]
$C_6H_5AsO(OH)_2$	H_2O	$(CH_3)_2Sn[OAsO(C_6H_5)OH]_2$	[36]
$(CH_3)_3Si[OSi(CH_3)_2]_xOH$ x = 30, 34, 50 und 150	$(C_2H_5)_3N$	$(CH_3)_2Sn\{O[Si(CH_3)_2O]_xSi(CH_3)_3\}_2$	[37]
$(p\text{-}NH_2C_6H_4)_2CH_2$	—	$[-Sn(CH_3)_2-NH-C_6H_4-CH_2-C_6H_4-NH-]_x$	[38]
HF	wasserfrei, 1:160, 7 h, 130°C	$(CH_3)_2SnF_2$	[39]
HF	CCl_3F, 1.64:1, 7 h, 25°C	$(CH_3)_2SnClF$	[39]
HF	H_2O	$(CH_3)_2SnF_2$	[39]
H_2S	H_2O	$[(CH_3)_2SnS]_3$	[40]
$HSCH_2CH_2SH$	H_2O, NaOH, 4 h, Rühren	$(CH_3)_2Sn(SCH_2CH_2S)$ (cyclisch)	[41]

Literatur:

[1] M. M. McGrady, R. S. Tobias (J. Am. Chem. Soc. **87** [1965] 1909/16). — [2] M. Asso, G. Carpeni (Omagiu Raluca Ripan, Bucuresti 1966, S. 81/96 nach C.A. **67** [1967] Nr. 76725). — [3] M. Asso (Rev. Chim. Minerale **5** [1968] 1051/84). — [4] R. S. Tobias, J. Ogrins, B. A. Nevett (Inorg. Chem. **1** [1962] 638/46). — [5] R. S. Tobias, M. Yasuda (Can. J. Chem. **42** [1964] 781/91).

[6] D. L. Alleston, A. G. Davies, M. Hancock (J. Chem. Soc. **1964** 5744/8). — [7] K. Gingold, E. G. Rochow, D. Seyferth, A. Smith, R. C. West (J. Am. Chem. Soc. **74** [1952] 6306). — [8] E. G. Rochow, D. Seyferth (J. Am. Chem. Soc. **75** [1953] 2877/8). — [9] T. Birchall, P. K. H. Chan, A. R. Pereira (J. Chem. Soc. Dalton Trans. **1974** 2157/60). — [10] Y. Farhangi, D. P. Graddon (J. Organometal. Chem. **87** [1975] 67/82).

[11] M. Shindo, Y. Matsumura, R. Okawara (Bull. Chem. Soc. Japan **42** [1969] 265/6). — [12] M. Shindo, Y. Matsumura, R. Okawara (J. Organometal. Chem. **11** [1968] 299/305). — [13] D. G. Borden (Res. Discl. Nr. 143 [1976] 23). — [14] E. F. Jason, E. K. Fields, Standard Oil Co. (U.S.P. 3262915 [1962/66]; C.A. **65** [1966] 12359). — [15] W. A. Forster, P. E. Koenig, Ethyl Corp. (U.S.P. 2998407 [1956]; C.A. **56** [1962] 6170).

[16] E. F. Jason, E. K. Fields, Standard Oil Co. (U.S.P. 3247167 [1962/66]; C.A. **65** [1966] 9053). — [17] J. D. Citron (J. Organometal. Chem. **30** [1971] 21/6). — [18] H. Nöth, M. J. Sprague (J. Organometal. Chem. **23** [1970] 323/7). — [19] D. Seyferth, E. G. Rochow (Inorg. Syn. **6** [1960] 37/42). — [20] D. Seyferth, E. G. Rochow (J. Am. Chem. Soc. **77** [1955] 1302/4).

[21] A. G. Meller, G. Maresh, W. Maringgele (Monatsh. Chem. **104** [1973] 557/63). — [22] D. Seyferth, S. O. Grim (J. Am. Chem. Soc. **83** [1961] 1610/3). — [23] S. O. Grim, D. Seyferth (Chem. Ind. [London] **1959** 849/50). — [24] T. Tanaka, M. Komura, Y. Kawasaki, R. Okawara (J. Organometal. Chem. **1** [1963/64] 484/9). — [25] A. H. Westlake, D. F. Martin (J. Inorg. Nucl. Chem. **27** [1965] 1579/89).

[26] F. Huber, R. Kaiser (J. Organometal. Chem. **6** [1966] 126/32). — [27] G. Pilloni (Anal. Chim. Acta **37** [1967] 497/507). — [28] T. Tanaka, R. Ueeda, M. Wada, R. Okawara (Bull. Chem. Soc. Japan **37** [1964] 1554/5). — [29] D. N. Sen, P. Umapathy (Indian J. Chem. **5** [1967] 209/10). — [30] R. Okawara, E. G. Rochow (U.S. Dept. Com. Office Tech. Serv. PB 171571 [1960] 16/23; C.A. **58** [1963] 3454/5).

[31] E. G. Rochow, D. Seyferth, A. C. Smith (J. Am. Chem. Soc. **75** [1953] 3099/101). — [32] N. K. Mohanty, R. K. Patnaik (J. Inst. Chem. Calcutta **48** [1976] 37/40). — [33] C. E. Carraher, R. L. Dammeier (Polymer Prepr. Am. Chem. Soc. Div. Polymer Chem. **11** [1970] 606/12). — [34] C. E. Carraher, R. L. Dammeier (J. Polymer Sci. Polymer Chem. Ed. **10** [1972] 413/7). — [35] T. H. Tan, J. R. Dalziel, P. A. Yeats, J. R. Sams, R. C. Thompson, F. Aubke (Can. J. Chem. **50** [1972] 1843/51).

[36] B. L. Chamberland, A. G. MacDiarmid (J. Chem. Soc. **1961** 445/8). — [37] K. A. Andrianov, S. Ya. Yakushkina (Zh. Obshch. Khim. **35** [1965] 330/3; J. Gen. Chem. USSR **35** [1965] 331/3). — [38] C. E. Carraher, D. O. Winter (Makromol. Chem. **141** [1971] 259/64). — [39] L. E. Levchuk, J. R. Sams, F. Aubke (Inorg. Chem. **11** [1972] 43/50). — [40] K. A. Kocheshkov (Ber. Deut. Chem. Ges. **66** [1933] 1661/5).

[41] E. W. Abel, D. B. Brady (J. Chem. Soc. **1965** 1192/7).

Reactions with Metal Compounds

1.3.2.2.1.1.5.7 Reaktionen mit Metallverbindungen

$(CH_3)_2SnCl_2$ und $SnCl_4$ reagieren nicht miteinander [1]. Die Komproportionierung zu CH_3SnCl_3 tritt nur bei Zugabe von Katalysatoren wie $(CH_3)_2SO$ [2, 3], $[(CH_3)_4N]Cl$ [4], $[(C_4H_9)_3PC_2H_5]Cl$, $[(C_4H_9)_3NCH_3]J$, $[(C_2H_5)_4Sb]J$, $[(C_4H_9)_4As]J$ [5] ein, wobei im Falle von $(CH_3)_2SO$ das Addukt $CH_3SnCl_3 \cdot 2(CH_3)_2SO$ isoliert wird [2, 3]. Die Gleichgewichtskonstante $K = [(CH_3)_2SnCl_2][SnCl_4]/[CH_3SnCl_3]^2 = 7 \times 10^{-2}$ ist aus NMR-spektroskopischen Messungen an Gemischen aus $Sn(CH_3)_4$ und $SnCl_4$ abgeleitet [6]. $(CH_3)_2SnCl_2$ und Ru^{III}-Chlorokomplexe wirken gemeinsam (Molverhältnis 10:1, 3molare wäßrige HCl-Lösung) als Katalysator bei der Bildung von NH_3 aus N_2 und H_2 bei 25°C [7].

Alle weiteren wichtigen Reaktionen von $(CH_3)_2SnCl_2$ mit Metallverbindungen sind in Tabelle 7 zusammengestellt.

Tabelle 7

Reaktionen von $(CH_3)_2SnCl_2$ mit Metallverbindungen.

Reaktionspartner	Reaktionsbedingungen	Reaktionsprodukte	Lit.
KF	Äthanol-H_2O	$(CH_3)_2SnF_2$	[8]
AgF	H_2O	$(CH_3)_2SnF_2$	[9]
Ag_2SiF_6	Methanol	$(CH_3)_2SnF_2$	[9]
$AgBF_4$	Methanol	$(CH_3)_2SnF_2$, $(CH_3)_2Sn(BF_4)_2$	[9]
$AgPF_6$	SO_2	$(CH_3)_2SnF_2$, POF_3, SOF_2	[9]
$AgAsF_6$	SO_2	$(CH_3)_2SnF_2$	[9]
HCOONa	1 h, Rückfluß	$(CH_3)_2ClSnOOCH$, $(CH_3)_2Sn(OOCH)_2$	[10]
$(CH_3)_3COONa$	Pentan	$(CH_3)_2Sn[OOC(CH_3)_3]_2$, $[(CH_3)_3COOSn(CH_3)_2]_2O$	[11]
HO OH $NaSO_3$ SO_3Na	potentiometrische Titration	CH_3 CH_3 Sn O O $NaSO_3$ SO_3Na	[12]
$NaSO_3$ OH OH SO_3Na	CH_3OH-CCl_4-C_6H_6	$NaSO_3$ O CH_3 Sn O CH_3 SO_3Na	[13]
COONa OH	H_2O	O CH_3 O C-O-Sn-O-C OH CH_3 HO	[14]

Tabelle 7 (Fortsetzung)

Reaktionspartner	Reaktionsbedingungen	Reaktionsprodukte	Lit.
$C_6H_4(COONa)(COOH)$	H_2O	$(CH_3)_2Sn(OOC)_2C_6H_4$	[14]
$C_6H_5COONH_4$	—	$C_6H_5C(O){-}O{-}Sn(CH_3)_2{-}O{-}C(O)C_6H_5 \cdot (CH_3)_2SnO$	[14]
$NaOOCCH_2CH_2COONa$	H_2O	$(CH_3)_2Sn(OOCCH_2CH_2COO)$ bzw. $[(CH_3)_2SnOOCCH_2CH_2COO \cdot (CH_3)_2SnO]_x$	[14]
$NaCH_2COONa$	—	$[(CH_3)_2SnCH_2COO]_x$	[15]
KCNO	—	$(CH_3)_2Sn(CNO)_2$, $[(CH_3)_2SnO]_x$	[14]
Ag_2CO_3	Methanol, 3 d	$[(CH_3)_2SnCO_3]_x$, AgCl	[9]
Ag_2SO_4	H_2O	$[(CH_3)_2SnSO_4]_x$	[9]
$AgOSO_2CH_3$	Äthanol, 1.5 h, Rückfluß	$(CH_3)_2Sn(OSO_2CH_3)_2$	[16]
KJO_3	—	$(CH_3)_2Sn(JO_3)_2$	[14]
$Na_2HAsO_4 \cdot 7H_2O$	H_2O	$[HAsO_4Sn(CH_3)_2]_x$	[14]

Tabelle 7 (Fortsetzung)

Reaktionspartner	Reaktionsbedingungen	Reaktionsprodukte	Lit.
Ag_3AsO_4	H_2O, 2 h, Rückfluß	$[O_2As(OSn(CH_3)_2O)_2As(O)O{-}Sn(CH_3)_2{-}]_x$	[17]
$(CH_3)_2As(O)OAg$	H_2O	$(CH_3)_2Sn[O(O)As(CH_3)_2]_2$	[17]
$RAs(O)(ONa)_2$ $R = CH_3, C_6H_5$	H_2O	$[(CH_3)_2SnOAs(O)(R)O]_x$	[17]
$AgSbF_6$	SO_2	$(CH_3)_2Sn(SbF_6)_2$?	[9]
Na-Silicat	H_2O oder Aceton	Polymeres	[18]
$Ag_2B_{12}Cl_{12}$	Methanol	$(CH_3)_2SnB_{12}Cl_{12} \cdot CH_3OH$?	[9]
Ag_2CrO_4	Aceton, 24 h, Schütteln	$[(CH_3)_2SnCrO_4]_x$	[19]
$(NH_4)_2CrO_4$	H_2O	$[(CH_3)_2SnCrO_4 \cdot (CH_3)_2SnO]_x$	[14]
Na_2MoO_4	H_2O	$[(CH_3)_2SnMoO_4]_x$	[14]
Na_2WO_4	H_2O	$[(CH_3)_2SnWO_4]_x$	[14]
$K_3[Fe(CN)_6]$	H_2O	$[(CH_3)_2Sn]_3[Fe(CN)_6]_2$	[14]
$K_4[Fe(CN)_6]$	H_2O	$[(CH_3)_2Sn]_2[Fe(CN)_6] \cdot (CH_3)_2SnO$	[14]
$(HOOC{-}C_5H_4)_2Fe$	H_2O-$CHCl_3$, 25°C, 0.5 min	$[(CH_3)_2SnOOC{-}C_5H_4{-}Fe{-}C_5H_4{-}COO]_x$	[20, 21]
$Na_2[(OOC{-}C_5H_4{-}Co{-}C_5H_4{-}COO)PF_6]$	—	$\{[OOC{-}C_5H_4{-}Co{-}C_5H_4{-}COOSn(CH_3)_2]PF_6\}_x$	[22, 23]

Tabelle 7 (Fortsetzung)

Reaktionspartner	Reaktionsbedingungen	Reaktionsprodukte	Lit.
$NaOOCCH_2SH$	H_2O, $[OH]^-$, 3 d	$(CH_3)_2Sn\langle S{-}CH_2{-}CO{-}O\rangle$	[24]
$NaOOCCH(CH_3)SH$	H_2O, $[OH]^-$, 3 d	$(CH_3)_2Sn\langle S{-}CH(CH_3){-}CO{-}O\rangle$	[24]
$NaSCH{=}CHSNa$	—	$(CH_3)_2Sn\langle S{-}CH{=}CH{-}S\rangle$	[25]
$(NaS)(NC)C{=}C(CN)(SNa)$	—	$(CH_3)_2Sn\langle S{-}C(CN){=}C(CN){-}S\rangle$	[26]
$(NaS)(NC)C{=}C(CN)(SNa)$ + $[(C_6H_5)_4P]Cl$	—	$[(C_6H_5)_4P][(CH_3)_2ClSn\langle S{-}C(CN){=}C(CN){-}S\rangle]$	[26]
$(NaS)(NC)C{=}C(CN)(SNa)$ + $[(C_6H_5)_4As]Cl \cdot HCl$	—	$[(C_6H_5)_4As][(CH_3)_2ClSn\langle S{-}C(CN){=}C(CN){-}S\rangle]$	[26]
		$[(C_6H_5)_4As]_2[(CH_3)_2Sn\langle S{-}C(CN){=}C(CN){-}S\rangle_2]$	

Tabelle 7 (Fortsetzung)

Reaktionspartner	Reaktionsbedingungen	Reaktionsprodukte	Lit.
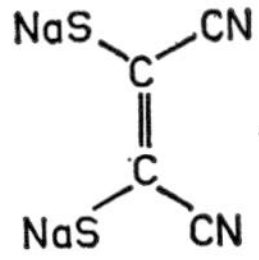 $(NaS)(NC)C{=}C(CN)(SNa)$ + $[(C_2H_5)_4N]Cl$	—	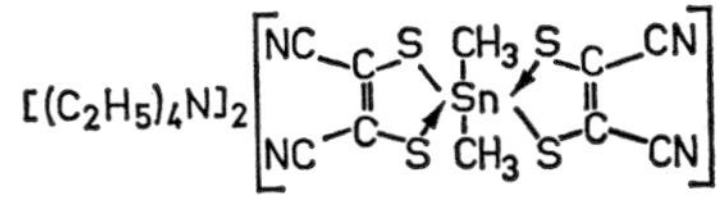 $[(C_2H_5)_4N]_2[(CH_3)_2Sn(S_2C_2(CN)_2)_2]$	[26]
$Pb(SCH_3)_2$	—	$(CH_3)_2Sn(SCH_3)_2$	[27]
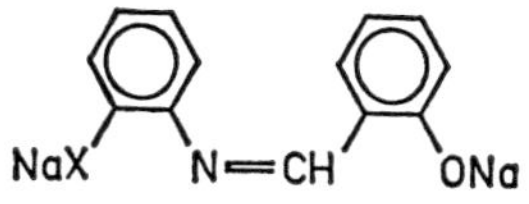 NaX, N=CH, ONa X = O, S	Methanol	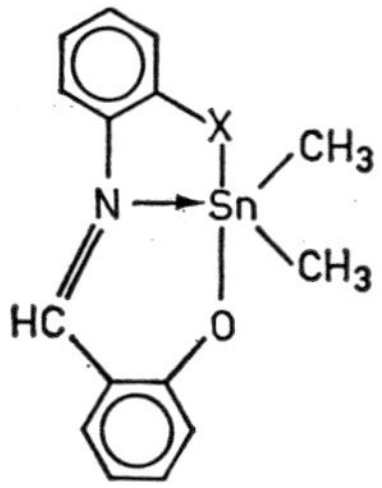 X, CH_3, N → Sn, CH_3, HC, O	[28]
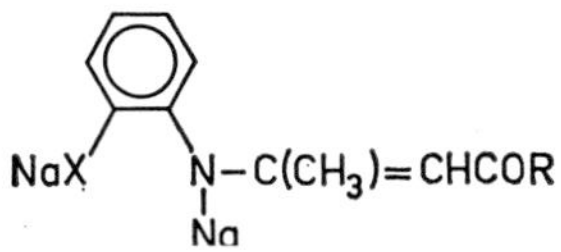 NaX, $N{-}C(CH_3){=}CHCOR$, Na $R = CH_3$, X = S; $R = C_6H_5$, X = O	Methanol	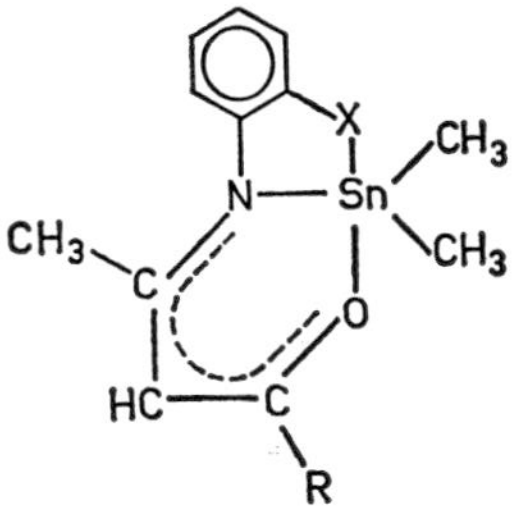 X, CH_3, N—Sn, CH_3, CH_3, C, O, HC—C, R	[28]
$NaSeC_6H_5$	—	$(CH_3)_2Sn(SeC_6H_5)_2$	[29]
$KN(CN)_2$	H_2O	$(CH_3)_2Sn[N(CN)_2]_2$	[30]
$KC(CN)_3$	H_2O	$(CH_3)_2Sn[C(CN)_3]_2$	[30]

Tabelle 7 (Fortsetzung)

Reaktionspartner	Reaktionsbedingungen	Reaktionsprodukte	Lit.
NaN_3	Methanol-H_2O	$(CH_3)_2Sn[OSn(CH_3)_2N_3]_2$	[31]
$LiN{=}C(CF_3)_2$	0 bis 25°C, 0.5 h	$(CH_3)_2Sn[N{=}C(CF_3)_2]_2$	[32]
$Ag[CH_3C(O)C(CN)_2]$	Aceton, Rückfluß	$(CH_3)_2Sn[CH_3C(O)C(CN)_2]_2$	[33]
$Ag[C_6H_5C(O)C(CN)_2]$	Aceton, Rückfluß	$(CH_3)_2Sn[C_6H_5C(O)C(CN)_2]_2$	[33]
$Ag[CH_3C(O)NCN]$	Aceton, Rückfluß	$(CH_3)_2Sn[CH_3C(O)NCN]_2$	[33]
$Ag[C_6H_5C(O)NCN]$	Aceton, Rückfluß	$(CH_3)_2Sn[C_6H_5C(O)NCN]_2$	[33]
$AgNSOF_2$	—	$(CH_3)_2Sn(NSOF_2)_2$	[34]
$Ag[C_6H_5N{=}NNC_6H_5]$	Äthanol, 25°C, 5 h	$(CH_3)_2Sn(C_6H_5NN{=}NC_6H_5)_2$	[35]
$(CH_3)_2Si[N(Li)C(CF_3)_2CH_3]_2$	Tetrahydrofuran, 0°C	CH_3—$C(CF_3)_2$ N $(CH_3)_2Sn$ $Si(CH_3)_2$ N CH_3—$C(CF_3)_2$	[36]
$[(C_6H_5)_2P(CH_2)_2P(C_6H_5)_2]_2Co[B(C_6H_5)_2]_2$	Benzol, 25°C, 4 h	$(CH_3)_2Sn[B(C_6H_5)_2]_2$	[37]
$[(C_6H_5)_2P(CH_2)_2P(C_6H_5)_2]_2Co[BBr_2]_2$ $+(C_6H_5)_2PCH_2CH_2P(C_6H_5)_2$	Benzol	$(CH_3)_2Sn(BBr_2)_2\cdot 4[(C_6H_5)_2PCH_2]_2$	[37]
$Na_2Fe(CO)_4$	—	$[(CH_3)_2SnFe(CO)_4]_2$	[38]
$Na_2Cr_2(CO)_{10}$	Tetrahydrofuran	$(CH_3)_2SnCr(CO)_5$, $NaCr(CO)_5Cl$ ↑ $C_4H_8O_2$	[39]

Tabelle 7 (Fortsetzung)

Reaktionspartner	Reaktionsbedingungen	Reaktionsprodukte	Lit.
$NaIr(CO)_3P(C_6H_5)_3$	—	$(CH_3)_2Sn[Ir(CO)_3P(C_6H_5)_3]_2$	[40]
$Na + Os_3(CO)_{12}$	—	$[(CH_3)_2SnOs(CO)_4]_2$	[41]
$[R_4N][W(CO)_4CH_3COCHCOCH_3]$ $R{=}C_2H_5$	Tetrahydrofuran, 25°C	$[R_4N]\{W(CO)_3[(CH_3)_2SnCl](CH_3COCHCOCH_3)Cl\}$	[42]
$NaMo(CO)_3C_5H_5$	Diglyme	$(CH_3)_2ClSnMo(CO)_3C_5H_5$	[43]
	Tetrahydrofuran	$(CH_3)_2ClSnMo(CO)_3C_5H_5$	[44]
$Mn(CO)_5^-$	Tetrahydrofuran	$(CH_3)_2ClSnMn(CO)_5$	[44]
$NaCo(CO)_4$	Tetrahydrofuran	$(CH_3)_2Sn[Co(CO)_4]_2$	[44]
$NaRhH(CO)C_5H_5$	Tetrahydrofuran, 0.5 h	$\{Rh(CO)(C_5H_5)[(CH_3)_2Sn]\}_2$, $\{Rh(CO)(C_5H_5)[(CH_3)_3Sn]_2\}$, $[Rh(CO)_2C_5H_5]$	[45]

Literatur:

[1] K. A. Kocheshkov (Ber. Deut. Chem. Ges. **66** [1933] 1661/5). — [2] H. G. Langer (Tetrahedron Letters **1967** 43/7). — [3] H. G. Langer, Dow Chemical Co. (U.S.P. 3454610 [1966/69]; C.A. **71** [1969] Nr. 61548). — [4] T. G. Kugele, D. H. Parker, Cincinnati Milacron Chemicals, Inc. (U.S.P. 3862198 [1974/75]; C.A. **82** [1975] Nr. 171205). — [5] H. W. Jung, R. Maul, S. Kintopf, W. Kloss, R. Knapp, Ciba Geigy A.-G. (Deut. Offenlegungsschrift 2437586 [1973/75]; C.A. **83** [1975] Nr. 10404).

[6] D. Grant, J. R. van Wazer (J. Organometal. Chem. **4** [1965] 229/36). — [7] M. M. T. Khan, A. E. Martell (Inorg. Chem. **14** [1975] 938/9). — [8] A. G. Davies, H. J. Milledge, D. C. Puxley, P. J. Smith (J. Chem. Soc. A **1970** 2862/6). — [9] H. C. Clark, R. G. Goel (J. Organometal. Chem. **7** [1967] 263/72). — [10] R. Okawara, F. G. Rochow (U.S. Dept. Com. Office Tech. Serv. PB 171571 [1960] 16/23; C.A. **58** [1963] 3454).

[11] A. Rieche, J. Dahlmann (Liebigs Ann. Chem. **675** [1964] 19/35). — [12] C. K. Sharma, V. D. Gupta, R. C. Mehrotra (J. Indian Chem. Soc. **50** [1973] 207/8). — [13] R. C. Mehrotra, V. D. Gupta, C. K. Sharma (Indian J. Chem. **10** [1972] 433/4). — [14] E. G. Rochow, D. Seyferth, A. C. Smith (J. Am. Chem. Soc. **75** [1953] 3099/101). — [15] D. O. Depree, Ethyl Corp. (U.S.P. 3161664 [1962/64]; C.A. **62** [1965] 7890).

[16] H. H. Anderson (Inorg. Chem. **3** [1964] 108/9). — [17] B. L. Chamberland, A. G. MacDiarmid (J. Chem. Soc. **1961** 445/8). — [18] R. Okawara, E. G. Rochow (U.S. Dept. Com. Office Tech. Serv. PB 171571 [1960] 1/11; C.A. **58** [1963] 3454). — [19] H. C. Clark, R. G. Goel (Inorg. Chem. **4** [1965] 1428/32). — [20] C. E. Carraher, P. J. Lessek (Am. Chem. Soc. Div. Org. Coatings Plastics Chem. Papers **33** [1973] 420/6).

[21] C. E. Carraher, P. J. Lessek (Angew. Makromol. Chem. **38** [1974] 57/66). — [22] C. E. Carraher, G. F. Peterson, J. E. Sheats, T. Kirsch (Makromol. Chem. **175** [1974] 3089/96). — [23] C. E. Carraher, G. F. Peterson, J. E. Sheats (Am. Chem. Soc. Div. Org. Coatings Plastics Chem. Papers **33** [1973] 427/32). — [24] R. C. Mehrotra, V. D. Gupta, C. K. Sharma (Indian J. Chem. **10** [1972] 645/8). — [25] E. W. Abel, C. R. Jenkins (J. Chem. Soc. A **1967** 1344/6).

[26] E. S. Bretschneider, C. W. Allen (Inorg. Chem. **12** [1973] 623/7). — [27] E. W. Abel, D. A. Armitage, D. B. Brady (J. Organometal. Chem. **5** [1966] 130/5). — [28] R. H. Herber, R. Barbieri (Gazz. Chim. Ital. **101** [1971] 149/58). — [29] E. W. Abel, B. C. Crosse, G. V. Hutson (J. Chem. Soc. A **1967** 2014/7). — [30] H. Köhler, B. Seifert (J. Organometal. Chem. **12** [1968] 253/5).

[31] H. Matsuda, F. Mori, A. Kashiwa, S. Matsuda, N. Kasai, K. Jitsumori (J. Organometal. Chem. **34** [1972] 341/5). — [32] M. F. Lappert, D. E. Palmer (J. Chem. Soc. Dalton Trans. **1973** 157/8). — [33] H. Köhler, L. Neef, L. Korecz, K. Burger (J. Organometal. Chem. **90** [1975] 159/71). — [34] M. Feser, H. Höfer, O. Glemser (Z. Naturforsch. **29b** [1974] 716/8). — [35] F. E. Brinckman, H. S. Haiss (Chem. Ind. [London] **1963** 1124/5).

[36] K. E. Peterman, J. M. Shreeve (Inorg. Chem. **15** [1976] 743/5). — [37] H. Nöth, H. Schäfer, G. Schmid (Z. Naturforsch. **26b** [1971] 497/503). — [38] T. J. Marks, A. R. Newman (J. Am. Chem. Soc. **95** [1973] 769/73). — [39] T. J. Marks (J. Am. Chem. Soc. **93** [1971] 7090/1). — [40] J. P. Collman, F. D. Vastine, W. R. Roper (J. Am. Chem. Soc. **88** [1966] 5035/7).

[41] R. D. George, S. A. R. Knox, F. G. A. Stone (J. Chem. Soc. Dalton Trans. **1973** 972/5). — [42] G. Doyle (J. Organometal. Chem. **61** [1973] 235/45). — [43] H. R. H. Patil, W. A. G. Graham (Inorg. Chem. **5** [1966] 1401/5). — [44] K. Triplett, M. D. Curtis (Inorg. Chem. **15** [1976] 431/3). — [45] R. Hill, S. A. R. Knox (J. Chem. Soc. Dalton Trans. **1975** 2622/7).

Reactions with Lewis Bases Forming Complexes with Higher Tin Coordination Number

1.3.2.2.1.1.5.8 Reaktionen mit Lewis-Basen unter Bildung von Komplexen mit Erweiterung der Koordinationszahl am Zinn

$(CH_3)_2SnCl_2$ reagiert mit Lewis-Basen unter Bildung von Addukten mit Koordinationszahl 5 oder 6 am Zinn. Eine Auswahl von Reaktionsprodukten ist in Tabelle 8, S. 35/7, aufgeführt.

Tabelle 8

Reaktionen von $(CH_3)_2SnCl_2$ mit Lewis-Basen unter Bildung von Komplexen mit Erweiterung der Koordinationszahl am Zinn.

Reaktionspartner	Reaktionsbedingungen	Reaktionsprodukte	Lit.
Cl^-	H_2O	$[(CH_3)_2SnCl_3]^-$	[1 bis 3]
CsCl	Äthanol-H_2O	$Cs_2[(CH_3)_2SnCl_4]$	[10]
$[(C_6H_5)_4As]Cl$	—	$[(C_6H_5)_4As][(CH_3)_2SnCl_3]$, $[(C_6H_5)_4As]_2[(CH_3)_2SnCl_4]$	[11, 12]
$(C_6H_5)_3CCl$	—	$[(C_6H_5)_3C][(CH_3)_2SnCl_3]$	[11]
$[(C_2H_5)_4N]Cl$	CH_3NO_2	$[(C_2H_5)_4N]_2[(CH_3)_2SnCl_4]$	[13]
$[(C_6H_5)_3S]Br$	—	$[(C_6H_5)_3S][(CH_3)_2SnBrCl_2]$	[14]
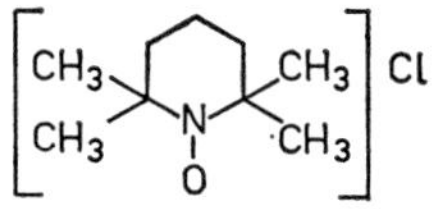 [ ] Cl	CCl_4	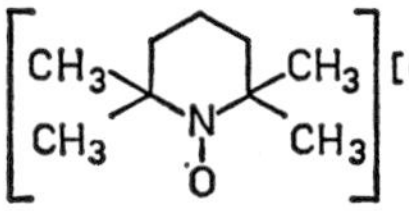 [ ] $[(CH_3)_2SnCl_3]$	[15]
$[C_5H_5NH]Cl$	Methanol-HCl	$[C_5H_5NH]_2[(CH_3)_2SnCl_4]$	[16]
	$CHCl_3$	$[C_5H_5NH]_2[(CH_3)_2SnCl_4]$	[17]
C_5H_5N	—	1:1-Komplex	[5]
	—	1:2-Komplex	[5, 9, 17 bis 23]
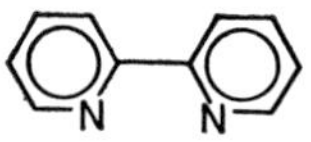	—	1:1-Komplex	[5, 8, 9, 17, 18, 24 bis 26]
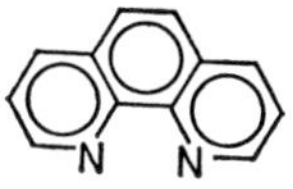	—	1:1-Komplex	[5, 17, 18, 24, 25]
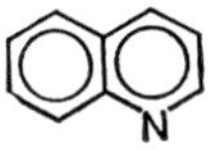	—	1:2-Komplex	[27]
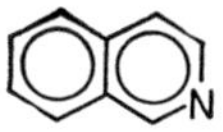	—	1:2-Komplex	[18]
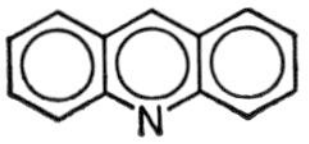	—	1:2-Komplex	[18]
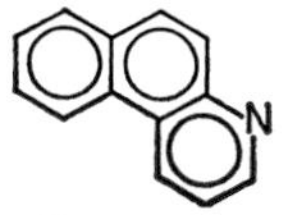	—	1:2-Komplex	[18]
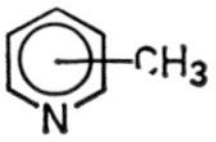 $-CH_3$	2-Methylpyridin	1:2-Komplex	[9]
	—	2:1-Komplex	[5]
	3-Methylpyridin	1:2-Komplex	[9]
	4-Methylpyridin	1:1-Komplex	[5]
	—	1:2-Komplex	[5, 9]
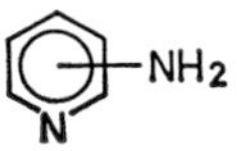 $-NH_2$	2-, 3-Aminopyridin	1:2-Komplex	[9]

Tabelle 8 (Fortsetzung)

Reaktionspartner	Reaktions-bedingungen	Reaktionsprodukte	Lit.
4-$NC{-}C_5H_4N$ (CN, N)	—	1:2-Komplex	[9]
$C_6H_5NH_2$	—	1:2-Komplex	[9, 27]
NH_3	—	$(CH_3)_2SnCl_2 \cdot 4NH_3$	[27]
2,7-Dimethyl-1,8-naphthyridin (CH_3, N, N, CH_3)	—	1:1-Komplex	[28]
2-Pyridyl-CH=NR (N, CH=NR) R = CH_3, p-$CH_3OC_6H_4$, p-$CH_3C_6H_4$, p-ClC_6H_4	—	1:1-Komplexe	[7]
$(CH_3)_2NCH_2CH_2N(CH_3)_2$	—	1:2-Komplex	[21]
Pyridin-N-oxid (N=O)	—	1:1-Komplex	[29]
	—	1:2-Komplex	[29, 30]
2,2'-Bipyridin-N,N'-dioxid (N=O, N=O)	—	1:1-Komplex	[31]
$CH_2NHCH_2COCH_2COCH_3$ | $CH_2NHCH_2COCH_2COCH_3$	Aceton	1:1-Komplex	[32]
$CH_3CHNHCH_2COCH_2COCH_3$ | $CH_2NHCH_2COCH_2COCH_3$	Aceton	1:1-Komplex	[32]
$HCON(CH_3)_2$	—	1:1-Komplex	[21, 29]
	—	1:2-Komplex	[29]
R(CH_3)N–C(=O)–2-Pyridyl R = CH_3, $C_6H_5CH_2$	—	1:1-Komplex	[33]
$[(CH_3)_2N]_3PO$	—	1:1-Komplex	[21]
$CH_3N{=}P(C_6H_5)_3$	Äther, Rückfluß	1:1-Komplex	[34]
$(CH_3)_2S(NH)_2$	Benzol	1:1-Komplex	[35]
$(CH_3NH)_2C{=}S$	—	1:1-Komplex	[36]
Ni-Salen (HC=N, N=CH, Ni, O, O)	CH_2Cl_2, N_2, 1 h, Rückfluß	1:1-Komplex	[37, 38]
$[(C_6H_5)_4As]N_3$, NaN_3	CH_3CN, Rückfluß	$[(C_6H_5)_4As]_2[(CH_3)_2Sn(N_3)_4]$	[39]
$(CH_3)_2CO$	—	1:1-Komplex	[6, 21, 40]

Tabelle 8 (Fortsetzung)

Reaktionspartner	Reaktions-bedingungen	Reaktionsprodukte	Lit.
$(CH_3)_2SO$	—	1:1-Komplex	[21, 29]
	—	1:2-Komplex	[29, 41 bis 43]
R_2SO $R = C_2H_5, C_3H_7, C_4H_9$; $R_2 = (CH_2)_4$	—	1:1-Komplexe	[29]
$R = C_2H_5, C_3H_7, C_4H_9$, C_6H_5; $R_2 = (CH_2)_4$	—	1:2-Komplexe	[29]
$(CH_3)_2SeO$	—	1:2-Komplex	[44]
$(C_2H_5)_2SO_4$	—	1:2-Komplex	[29]
$CH_3OCH_2CH_2OCH_3$	—	1:1-Komplex	[21]
Dioxan (Ringformel)	—	1:1-Komplex	[21]
Brenzcatechin (Ringformel, 1,2-$(OH)_2$), NaOH	—	$Na_2[(CH_3)_2(OH)_2Sn(O_2C_6H_4)]$	[4]
Pyrogallol-Rot	spektrophoto-metrisch	1:1-Komplex	[45]
Pyrocatechol-Violett	spektrophoto-metrisch	1:1-Komplex	[45]
Alizarinrot-S	—	1:1-Komplex	[46]
$(C_4H_9)_3P$	—	1:1-Komplex	[5]
$(C_4H_9)_3PO$	—	1:1-Komplex	[6]
$(C_6H_5)_3PO$	—	1:2-Komplex	[29]
RR'HPO $R = R' = C_6H_{13}, C_2H_5O$, $ClCH_2CH_2O, CH_3O$; $R = C_2H_5, R' = i\text{-}C_3H_7O$	—	1:1-Komplexe	[47]
$(CH_3)_2ClPO$	—	1:2-Komplex	[48]
$(CH_3)_2CH_3OPO$	—	1:2-Komplex	[48]
$(i\text{-}C_3H_7)_2CH_3SPO$	1:1, Pentan oder Hexan, CO_2, −20 bis +20°C	1:1-Komplex	[49]
R_2CH_3SPO $R = CH_3, C_2H_5$, C_3H_7, C_4H_9	1:2, Pentan oder Hexan, CO_2, −20 bis +20°C	1:2-Komplexe	[49]
$(C_6H_5)_3As{=}CHC(O)C_6H_5$	—	3:4-Komplex	[50]
$[(C_6H_5)_4As]_2[B_{10}H_{12}]$	CH_2Cl_2, 25°C, 5 min	$[(C_6H_5)_4As]_2[B_{10}H_{12}Sn(CH_3)_2Cl_2]$, $[(C_6H_5)_4As]_2[(CH_3)_2Sn^{II}Cl_2]$	[51]
$[(C_6H_5)_3PCH_3]_2[B_{10}H_{12}]$	—	$[(C_6H_5)_3PCH_3]_2[B_{10}H_{10}]$, $[(C_6H_5)_3PCH_3]_2[B_{10}H_{12}Sn(CH_3)_2Cl_2]$, $[(C_6H_5)_3PCH_3]_2[(CH_3)_2Sn^{II}Cl_2]$	[51]

Zur Ermittlung der Stabilitätskonstante von $[(CH_3)_2SnCl_3]^-$ in Wasser mit Hilfe von Papierelektrophorese und Chromatographie an Anionenaustauscherpapier s. [1 bis 3]. Die Bildung von $Na_2[(CH_3)_2Sn(OH)_2O_2C_6H_4]$ aus Dimethylzinndichlorid und Brenzkatechin in Gegenwart von NaOH wird sowohl durch potentiometrische Messungen als auch durch präparative Untersuchungen bestätigt [4]. Für die 1:1-Komplexe von $(CH_3)_2SnCl_2$ mit $(C_4H_9)_3PO$ [5, 6] und $(CH_3)_2CO$ [6] werden die thermodynamischen Parameter bestimmt. Die Zugabe von 2-Picolinaldiminen C_5H_5N-CH=NR mit R = CH_3, p-$CH_3OC_6H_4$, p-$CH_3C_6H_4$ und p-ClC_6H_4 zu benzolischen Lösungen von $(CH_3)_2SnCl_2$ führt momentan zur Abscheidung der 1:1-Komplexe, deren Konfiguration in Lösung an Hand der ^{1}H-NMR-Spektren diskutiert wird. Stabilitätskonstanten sowie Bildungswärmen in Acetonitril werden mit Hilfe von J(^{119}Sn-CH_3)-Kopplungskonstanten bzw. durch Kalorimetrie ermittelt [7]. Stabilitätskonstanten, Bildungswärmen und sich daraus ableitende thermodynamische Größen sowie UV-Spektren des 1:1-Komplexes von $(CH_3)_2SnCl_2$ und 2,2'-Bipyridyl in Acetonitril s. [5, 8, 9]. Kalorimetrisch bestimmte Bildungswärmen der Komplexe $(CH_3)_2SnCl_2 \cdot 2L$ für L = 4-, 3- bzw. 2-Methylpyridin, Pyridin, 2- bzw. 3-Aminopyridin, 4-Cyanopyridin und Anilin s. bei [9]. Die Ergebnisse kalorimetrischer Titrationen von $(CH_3)_2SnCl_2$ mit Pyridin oder 4-Methylpyridin lassen darauf schließen, daß die Bildung von 1:1- und 1:2-Addukten gleichzeitig erfolgt. Die Titrationskurven von $(CH_3)_2SnCl_2$ mit 2-$CH_3C_5H_4N$ werden unter Vorbehalt mit der Bildung von $2(CH_3)_2SnCl_2 \cdot CH_3C_5H_4N$ gedeutet. Mit in die thermodynamischen Untersuchungen einbezogen ist der 1:1-Komplex von Dimethylzinndichlorid mit 1,10-Phenanthrolin [5].

Literatur:

[1] A. Cassol, L. Magon, R. Barbieri (Inorg. Nucl. Chem. Letters **3** [1967] 25/9). — [2] A. Cassol, R. Portanova, L. Magon (Ric. Sci. **36** [1966] 1180/6). — [3] A. Cassol, R. Barbieri (Ann. Chim. [Rome] **55** [1965] 606/14). — [4] R. C. Mehrotra, V. D. Gupta, C. K. Sharma (Z. Naturforsch. **27b** [1972] 386/91). — [5] Y. Farhangi, D. P. Graddon (J. Organometal. Chem. **87** [1975] 67/82).

[6] I. P. Goldshtein, L. V. Kucheruk, I. Ya. Kuramshin, E. D. Kremer, E. N. Guryanova, A. N. Pudovik (Dokl. Akad. Nauk SSSR **231** [1976] 123/5; Dokl. Chem. Proc. Acad. Sci. USSR **231** [1976] 1014/7). — [7] G. E. Matsubayashi, M. Okunaka, T. Tanaka (J. Organometal. Chem. **56** [1973] 215/25). — [8] G. Matsubayashi, Y. Kawasaki, T. Tanaka, R. Okawara (J. Inorg. Nucl. Chem. **28** [1966] 2937/43). — [9] E. W. Kifer, C. H. van Dyke (Anal. Calorimetry Proc. 2nd Symp., Chicago 1970, S. 239/53). — [10] C. W. Hobbs, R. S. Tobias (Inorg. Chem. **9** [1970] 1037/44).

[11] P. Zanella, G. Tagliavini (J. Organometal. Chem. **12** [1968] 355/62). — [12] P. Zanella, G. Plazzogna (Ann. Chim. [Rome] **59** [1969] 1152/9). — [13] I. R. Beattie, F. C. Stokes, L. A. Alexander (J. Chem. Soc. Dalton Trans. **1973** 465/9). — [14] S. Herbstman, W. A. Stamm, Stauffer Chemical Co. (U.S.P. 3311648 [1963/67]; C.A. **67** [1967] Nr. 11590). — [15] Y. Tanaka, G. Matsubayashi, T. Tanaka (Inorg. Chim. Acta **6** [1972] 339/42).

[16] P. Pfeiffer, B. Friedmann, H. Rekate (Liebigs Ann. Chem. **376** [1910] 310/44). — [17] I. R. Beattie, G. P. McQuillan (J. Chem. Soc. **1963** 1519/23). — [18] M. Mishima, M. Nakamura, M. Izawa, M. Idogaki (Shimane Daigaku Bunrigakubu Kiyo Rigakka Hen **7** [1974] 79/84 nach C.A. **82** [1975] Nr. 105053). — [19] P. Pfeiffer, B. Friedmann, R. Lehnhardt, H. Luftensteiner, R. Prade, K. Schnurmann (Z. Anorg. Allgem. Chem. **71** [1911] 97/120). — [20] C. A. Kraus, W. N. Greer (J. Am. Chem. Soc. **45** [1923] 3078/83).

[21] V. S. Petrosyan, N. S. Yashina, V. I. Bakhmutov, A. B. Permin, O. A. Reutov (J. Organometal. Chem. **72** [1974] 71/8). — [22] K. A. Kocheshkov (Uch. Zap. Mosk. Gos. Univ. Nr. 3 [1934] 297/303 nach C. **1935** II 3760). — [23] T. Harada (Bull. Chem. Soc. Japan **43** [1970] 266/8). — [24] T. Tanaka, M. Komura, Y. Kawasaki, R. Okawara (J. Organometal. Chem. **1** [1964] 484/9). — [25] F. Huber, M. Enders, R. Kaiser (Z. Naturforsch. **21b** [1966] 83/4).

[26] M. Komura, Y. Kawasaki, T. Tanaka, R. Okawara (J. Organometal. Chem. **4** [1965] 308/12). — [27] P. Pfeiffer (Z. Anorg. Allgem. Chem. **133** [1924] 91/100). — [28] D. G. Hendricker (Inorg. Chem. **8** [1969] 2328/30). — [29] B. V. Liengme, R. S. Randall, J. R. Sams (Can. J. Chem. **50** [1972] 3212/22). — [30] Y. Kawasaki, M. Hori, K. Uenaka (Bull. Chem. Soc. Japan **40** [1967] 2463/7).

[31] V. G. K. Das (Inorg. Nucl. Chem. Letters **9** [1973] 155/60). — [32] G. Faraglia, F. Maggio, R. Cefalu, R. Bosco, R. Barbieri (Inorg. Nucl. Chem. Letters **5** [1969] 177/81). — [33] G. Matsubayashi, T. Tanaka (Org. Magn. Resonance **2** [1970] 219/23). — [34] H. Zimmer, G. Singh (Advan. Chem. Ser. **42** [1964] 17/22). — [35] D. Hänssgen, R. Appel (Chem. Ber. **105** [1972] 3271/9).

[36] R. H. Abu-Samn, H. P. Latscha (U.A.R. J. Chem. **16** [1973] 373/8). — [37] L. Pellerito, R. Cefalu, A. Gianguzza, R. Barbieri (J. Organometal. Chem. **70** [1974] 303/8). — [38] A. Gianguzza, L. Pellerito, R. Cefalu (Atti Accad. Sci. Lettere Arti Palermo I [4] **31** [1972] 161/5). — [39] R. Barbieri, N. Bertazzi, C. Tomarchio, R. H. Herber (J. Organometal. Chem. **84** [1975] 39/46). — [40] I. P. Goldshtein, N. N. Zemlyanskii, T. I. Perepelkova, L. S. Melnichenko, E. N. Guryanova, K. A. Kocheshkov (Dokl. Akad. Nauk SSSR **217** [1974] 849/51; Dokl. Chem. Proc. Acad. Sci. USSR **214/219** [1974] 717/9).

[41] H. C. Clark, R. G. Goel (J. Organometal. Chem. **7** [1967] 263/72). — [42] T. Tanaka (Inorg. Chim. Acta **1** [1967] 217/21). — [43] W. Kitching (Tetrahedron Letters **1966** 3689/93). — [44] T. Tanaka, T. Kamitani (Inorg. Chim. Acta **2** [1968] 175/8). — [45] R. C. Mehrotra, B. P. Bachlas (Indian J. Chem. **6** [1968] 576/7).

[46] A. Cassol, L. Magon (J. Inorg. Nucl. Chem. **27** [1965] 1297/303). — [47] A. N. Pudovik, A. A. Muratova, N. P. Safiullina, E. G. Yarkova, V. P. Plekhov (Zh. Obshch. Khim. **45** [1975] 520/5; J. Gen. Chem. USSR **45** [1975] 515/9). — [48] A. N. Pudovik, I. Ya. Kuramshin, E. G. Yarkova, A. A. Muratova, A. A. Musina, R. A. Manopov (Zh. Obshch. Khim. **43** [1973] 1229/36; J. Gen. Chem. USSR **43** [1973] 1220/5). — [49] I. Ya. Kuramshin, A. A. Muratova, E. G. Yarkova, A. A. Musina, F. K. Izmailov, A. N. Pudovik (Zh. Obshch. Khim. **43** [1973] 1456/66; J. Gen. Chem. USSR **43** [1973] 1446/55). — [50] J. Buckle, P. G. Harrison (J. Organometal. Chem. **49** [1973] C17/C18).

[51] N. N. Greenwood, B. Youll (J. Chem. Soc. Dalton Trans. **1975** 158/62).

1.3.2.2.1.1.6 Physiologische Wirkung

Physiology

$(CH_3)_2SnCl_2$ wirkt biochemisch ähnlich wie bestimmte Arsenverbindungen, d.h., es hemmt α-Ketosäureoxidasen, die Dithiolgruppen enthalten. Die LD_{50} für Ratten wurde zu 73.9 mg/kg Körpergewicht [1] bzw. zwischen 40 und 160 mg/kg bestimmt [2]. Diesen Werten wird allerdings auch widersprochen. So wird von Figge, Koch [3] diskutiert, daß die orale Toxizität von $(CH_3)_2SnCl_2$ wesentlich geringer ist und in etwa der von $(C_8H_{17})_2SnCl_2$ entspricht. Als höchstzulässige Tagesdosis für Menschen werden 0.050 mg/kg Körpergewicht angesehen. Die erwartbare tägliche Aufnahme durch den Menschen beim Verzehr fetthaltiger Nahrungsmittel beträgt 0.00003 bis 0.00058 mg/kg [3]. Als Inhalationstoxizität LC_{50}, d.h., die Konzentration von $(CH_3)_2SnCl_2$ in Luft, die erforderlich ist, um 50% der Versuchstiere beim Einatmen zu töten, wurde bei Ratten zu 1070 $mg \cdot l^{-1} \cdot h^{-1}$ ermittelt [4]. Die LD_{50} von $(CH_3)_2SnCl_2$ gegenüber Stubenfliegen beträgt 120×10^{-10} mol/Fliege im Verlauf von 24 h [5].

Literatur:

[1] J. G. A. Luijten, O. R. Klimmer (Tin Res. Inst. Publ. **501** [1973] 1/18). — [2] J. M. Barnes, H. B. Stoner (Brit. Ind. Med. **15** [1958] 15/22). — [3] K. Figge, J. Koch (Verpack.-Rundschau **26** [1975] 1/10). — [4] L. B. Weisfeld (Kunststoffe **65** [1975] 298/9). — [5] M. S. Blum, J. J. Pratt (J. Econ. Entomol. **53** [1960] 445/8).

1.3.2.2.1.1.7 Verwendung

Uses

$(CH_3)_2SnCl_2$ dient als Katalysator zur Polymerisation von Alkylenoxiden [1, 2]. Zur Kinetik der Katalyse der Polymerisation von Äthylenoxid s. [3]. Außerdem katalysiert $(CH_3)_2SnCl_2$ die Polymerisation von Formaldehyd [4], von Isocyanaten [5] und von Urethanen [6, 7]. Auch die Härtung von phenolischen Fasern wird durch $(CH_3)_2SnCl_2$ katalysiert [8].

$(CH_3)_2SnCl_2$ dient zusammen mit anderen Bestandteilen als Holzschutzmittel [9].

Bei der thermischen Zersetzung von $(CH_3)_2SnCl_2$ wird unter dem Einfluß von Sauerstoff SnO_2 gebildet, das als Film auf Glas [10, 11], auf anorganischen Fasern [12], auf Milchflaschen zur Erhöhung der Zug- und Reißfestigkeit [13], und zur Vorbereitung von Faseroberflächen zur nichtelektrolytischen Oberflächenbehandlung [14] sowie zur Verwendung als Anätzmittel vor dem elektrolytischen Platinieren mit Kupfer von Kunststoffen dient [15]. $(CH_3)_2SnCl_2$ kann außerdem als Fixativ für Wolle angewandt werden [16].

Einkristalle von $(CH_3)_2SnCl_2$ werden als Analysatorkristalle in der Röntgenspektroskopie verwendet [17].

Literatur:

[1] T. Nakata, K. Kawamoto, Osaka Soda Co., Ltd. (Japan.P. 74-11758 [1970/74]; C.A. **82** [1975] Nr. 4778). — [2] T. Nakata, K. Kawamata, Osaka Soda Co., Ltd. (Deut. Offenlegungsschrift 1941690 [1968/70]; C.A. **72** [1970] Nr. 133372). — [3] N. Iwamoto, A. Ninagawa, H. Matsuda, S. Matsuda (Kogyo Kagaku Zasshi **72** [1969] 1847/52 nach C.A. **72** [1970] Nr. 21979). — [4] S. Ishida, N. Ooshima, K. Mori, K. Matsumoto, M. Fujita, Asahi Chemical Industry Co., Ltd. (Japan.P. 72-05109 [1969/72]; C.A. **77** [1972] Nr. 6136). — [5] A. Farkas, G. A. Mills (Advan. Catalysis **13** [1962] 363/446).

[6] F. Hostettler, E. F. Cox (Ind. Eng. Chem. **52** [1960] 609/10). — [7] M. Yokoo, A. Keshi, N. Hashimoto, S. Nakahara, Takeda Chemical Industries, Ltd. (U.S.P. 3681271 [1963/72]; C.A. **77** [1972] Nr. 115481). — [8] J. Robins, Ashland Oil and Refining Co. (Deut. Offenlegungsschrift 2001103 [1969/70]; C.A. **73** [1970] Nr. 100155). — [9] H. P. Vind, H. Hochmann (Zinn Verwendung Nr. 57 [1963] 10/2). — [10] T. Muranoi, M. Furukoshi (Ibaraki Daigaku Kogakubu Kenkyu Shuho **23** [1975] 133/9 nach C.A. **85** [1976] Nr. 152387).

[11] S. Suzuki, Y. Kasai, Suwa Seikosha Co., Ltd. (Japan. Kokai 76-16497 [1974/76]; C.A. **85** [1976] Nr. 39888). — [12] Y. Mineshita, S. Kusanagi, T. Sato, Matsushita Electric Works, Ltd. (Japan. Kokai 76-88796 [1975/76]; C.A. **86** [1977] Nr. 19099). — [13] Anonyme Veröffentlichung (Zinn Verwendung Nr. 110 [1976] 3/4). — [14] S. Matsuda, Chugoku Marine Paints, Ltd. (Japan. Kokai 76-10876 [1974/76]; C.A. **84** [1976] Nr. 181128). — [15] S. Matsuda, Y. Matsuda, Chugoku Marine Paints, Ltd. (Japan. Kokai 75-110469 [1975/75]; C.A. **84** [1976] Nr. 75236).

[16] T. Sakaguchi, Y. Saga, R. Murase, Gifu Prefecture (Japan. Kokai 74-35699 [1972/74]; C.A. **81** [1974] Nr. 122674). — [17] L. S. Birks, J. M. Siomkajlo (Spectrochim. Acta **18** [1962] 363/6).

Diethyltin Dichloride

1.3.2.2.1.2 Diäthylzinndichlorid $(C_2H_5)_2SnCl_2$

Formation. Preparation

1.3.2.2.1.2.1 Bildung und Darstellung

$(C_2H_5)_2SnCl_2$ wurde erstmals 1852 in der Literatur erwähnt [1]. Die Verbindung wurde in den frühesten Arbeiten durch Spaltung von $Sn(C_2H_5)_4$ mit HCl dargestellt [2, 3]. Die gängigste Synthesemethode für Diäthylzinndichlorid ist heute die Komproportionierung von Zinntetraäthyl mit Zinntetrachlorid [4, 5]. Diese Reaktion verläuft entweder schon bei 0°C [6] oder bei Zimmertemperatur im Verlauf von einigen Stunden je nach Mengenverhältnis der Komponenten in unterschiedlichen Ausbeuten, aber immer exotherm und meistens unter gleichzeitiger Bildung von $C_2H_5SnCl_3$ [7 bis 9]. So werden bei einem Molverhältnis $Sn(C_2H_5)_4:SnCl_4=1:1$ bei 0°C 4% Ausbeute an $(C_2H_5)_2SnCl_2$ gefunden [10], bei 140°C und einer Steigerung der Reaktionstemperatur auf 220 bis 230°C im Verlauf von 3 h 52% [11], nach 1 h bei 210°C 70% [12] und nach 1.5 bis 2.5 h zwischen 200 und 210°C 100% [13, 14]. Bei einem Molverhältnis von 1:2 entstehen bei 0°C nach 2 h 33% und nach 24 h bei 20°C in benzolischer Lösung 32.1% Ausbeute an $(C_2H_5)_2SnCl_2$ [10], bei einem Molverhältnis von 1:3 oder auch 3:1 wird die Verbindung bei 200 bis 220°C jeweils als Nebenprodukt gebildet [13]. In Gegenwart von Triäthylamin und in Äthanol als Lösungsmittel reagiert $Sn(C_2H_5)_4$ schon bei 35°C mit $SnCl_4$ unter Bildung von $(C_2H_5)_2SnCl_2$ in 77%iger Ausbeute [11]. Auch bei der Komproportionierung zwischen $(C_2H_5)_3SnCl$ und $SnCl_4$ (Molverhältnis 2:1) entsteht Diäthylzinndichlorid nach 2 h bei 195°C in quantitativer Ausbeute [13, 14]. Bei einem Molverhältnis von 1:1 und einer Reaktionstemperatur von 0°C werden nach 1 h auch noch 49.2% an $(C_2H_5)_2SnCl_2$ gefunden [10].

Ausgehend von $Sn(C_2H_5)_4$ gelingt die Synthese von $(C_2H_5)_2SnCl_2$ auch durch Umsetzung mit $SnCl_2$ bei 230°C [2, 15]. In Gegenwart katalytischer Mengen $AlCl_3$ werden dabei nach 3 h zwischen 80 und 140°C 89% Ausbeute erzielt [16]. $Sn(C_2H_5)_4$ reagiert auch mit $AlCl_3$ in $CHCl_3$ bei Zimmertemperatur. Nach 7 h werden 71% $(C_2H_5)_2SnCl_2$ erhalten [17]. Mit C_6H_5COCl und $AlCl_3$ findet die Bildung von $(C_2H_5)_2SnCl_2$ zwischen 40 und 60°C statt [18]. Bei der Spaltung von $Sn(C_2H_5)_4$ durch $HgCl_2$ in siedendem Äthanol oder $CHCl_3$ werden nach 3 h 10% $(C_2H_5)_2SnCl_2$ neben $(C_2H_5)_3SnCl$ erhalten [19]. — $[(C_2H_5)_2Sn]_x$ reagiert mit $HgCl_2$ bei Zimmertemperatur exotherm unter Bildung von $(C_2H_5)_2SnCl_2$ in 80%iger Ausbeute [20, 21].

Aus $SnCl_2$ und C_2H_5MgCl entsteht in Diäthyläther bei 0°C $(C_2H_5)_2SnCl_2$ in exothermer Reaktion. Die Umsetzung muß durch einstündiges Rückflußkochen vervollständigt werden. Nach der Aufarbeitung mit wäßriger NaOCl- und verdünnter HCl-Lösung werden 45% Ausbeute erzielt [22]. Auch mit $Hg(C_2H_5)_2$ kann $SnCl_2$ in Äthanol oder Ligroin unter Rückflußkochen zu Diäthylzinndichlorid umgesetzt werden [23, 24].

$SnCl_4$ bildet mit C_2H_5MgCl in Diäthyläther $(C_2H_5)_2SnCl_2$ [25]. Von technischer Bedeutung ist die Äthylierung von $SnCl_4$ mit $Al(C_2H_5)_3$ [26]. Entsprechend dem Molverhältnis der Reaktionspartner werden unterschiedliche Mengen an $(C_2H_5)_3SnCl$ als Beiprodukt erhalten. Die Ausbeuten an $(C_2H_5)_2SnCl_2$ betragen bei der Umsetzung bei Zimmertemperatur in Gegenwart von NaCl 5.9% [27], in Diäthyläther 51% [28], bei einem Molverhältnis $Al(C_2H_5)_3:SnCl_4=2:3$ und in Gegenwart von Triäthylamin nach 1 h bei 80°C 88% [29] bzw. 91.8% [30]. Auch mit $(C_2H_5)_2AlCl$ reagiert $SnCl_4$ unter Bildung von $(C_2H_5)_2SnCl_2$ [26]. In Gegenwart von NaCl werden dabei bei −20°C 40.7% Ausbeute erhalten [27]. Aus $SnCl_4$, NaCl und $(C_2H_5)_3Al_2Cl_3$ werden nach 20 min bei 120 bis 140°C und anschließend 1.5 h bei 190 bis 200°C 92.7% Ausbeute erzielt [31]. — $SnCl_4$ reagiert auch mit $Pb(C_2H_5)_4$ in Toluol unter Bildung von $(C_2H_5)_2SnCl_2$ [32].

Ebenso von technischem Interesse ist die sogenannte „direkte Synthese" aus Zinn und Äthylchlorid. Sie führt bei 350°C zur Bildung von $(C_2H_5)_2SnCl_2$ [33]. In Gegenwart von Triäthylamin und J_2 als Katalysator werden nach 6 h bei 160°C im Autoklaven bei einem Verhältnis $C_2H_5Cl:Sn=3:1$ 50.1% Ausbeute an $(C_2H_5)_2SnCl_2$ neben $(C_2H_5)_3SnCl$ erhalten [34]. Auch $[(C_4H_9)_4P]J$ wird als Katalysator erfolgreich in dieser Synthese eingesetzt [35 bis 38]. — Auch Sn-Mg-Legierungen reagieren mit C_2H_5Cl im Autoklaven bei 130°C in Cyclohexan in Gegenwart von $HgCl_2$ als Katalysator unter Bildung von $(C_2H_5)_2SnCl_2$ [39]. Eingehende Untersuchung dieser Reaktion zeigt, daß Mg_2Sn mit C_2H_5Cl im Überschuß in Cyclohexan nach 3 h im Autoklaven bei 150°C und 0.14% $HgCl_2$, bezogen auf das eingesetzte Mg_2Sn, nicht reagiert. Erst ab 0.7% $HgCl_2$ werden 38.5% einer Mischung bestehend aus 0.5% $Sn(C_2H_5)_4$, 20% $(C_2H_5)_3SnCl$ und 18% $(C_2H_5)_2SnCl_2$ erhalten. Diese Ausbeuten steigen nochmals bei Zusatz von 1.4% $HgCl_2$ auf eine Gesamtausbeute von 56% (10% $Sn(C_2H_5)_4$, 16% $(C_2H_5)_3SnCl$, 30% $(C_2H_5)_2SnCl_2$), um dann bei einer weiteren Erhöhung der Katalysatormenge praktisch konstant zu bleiben. Auch bei der Anwendung von 10% Hg als Katalysator werden nur 23% $(C_2H_5)_2SnCl_2$ bei einer Gesamtproduktausbeute von 58.5% erhalten. Diskussion des Reaktionsmechanismus s. im Original [40].

$(C_2H_5)_2SnCl_2$ entsteht außerdem bei den in Tabelle 9, S. 42/3, zusammengestellten Reaktionen zwischen Diäthylstannylderivaten und chlorhaltigen Substanzen, durch Komproportionierung verschiedener Zinnverbindungen mit Äthylzinn- und Äthylmetallderivaten sowie im Verlauf verschiedener Zersetzungs- und Zerfallsreaktionen.

Erwähnt werden soll schließlich noch, daß beim Entbleien von Benzin $(C_2H_5)_2SnCl_2$ durch Einwirkung von $SnCl_4$ auf das im Benzin enthaltene $Pb(C_2H_5)_4$ entsteht, was auf diese Weise gut entfernt werden kann [103].

Analyse. Der Gehalt an Diäthylzinndichlorid in verschiedenen Mischungen oder Materialien kann mit Hilfe von Dithizon [84, 85], über die Quercetinchelate [86] oder colorimetrisch mit 4-(2-Pyridylazo)resorcin oder 1-(2-Pyridylazo)-2-naphthol bestimmt werden [87]. Zur Analyse von $(C_2H_5)_2SnCl_2$ in biologischem Material s. [12], zur spektrophotometrischen Titration s. [88], zur potentiometrischen Titration s. [89, 90], zur amperometrischen Titration s. [91, 92]. Eine automatische Konzentrationskontrolle in Lösungen von $(C_2H_5)_2SnCl_2$ gelingt über die Messung der Dielektrizitätskonstante dieser Lösungen [93]. Über die Bestimmung funktioneller Gruppen in zinnorganischen Verbindungen, speziell in Di- und Triorganozinnhalogeniden, s. [94].

Zur Analyse und zur Abtrennung von $(C_2H_5)_2SnCl_2$ von anderen zinnorganischen Verbindungen mit Hilfe der Gaschromatographie s. [95, 96], mit Hilfe der Säulenchromatographie s. [5], mit Hilfe der Papierchromatographie s. [97 bis 99], mit Hilfe der Dünnschichtchromatographie s. [100, 101].

Durch konventionelle Sedimentations- und Filtrationsmethoden kann mit Hilfe einer Wasserreinigungsanlage der Gehalt von Wasser an $(C_2H_5)_2SnCl_2$ von 25 mg/l auf 6 mg/l herabgesetzt werden [102].

Tabelle 9

Bildung von $(C_2H_5)_2SnCl_2$.

Ausgangskomponenten	Reaktionsbedingungen	Ausbeute in %	Lit.
$Sn(C_2H_5)_4$, CCl_4	hν, 8 h	29.3	[41, 42]
$Sn(C_2H_5)_4$, CCl_4	hν, 120 h	95.7	[41]
$Sn(C_2H_5)_4$, $CHCl_3$	hν, 30 h	4	[41]
$Sn(C_2H_5)_4$, i-C_3H_7Cl	Benzol	35	[42]
$Sn(C_2H_5)_4$, $CH_2ClCOOH$	—	—	[43]
$Sn(C_2H_5)_4$, $CH_2ClCOOC_2H_5$	300°C, Bombenrohr	—	[43]
$Sn(C_2H_5)_4$, $C_6H_5SiCl_3$	190°C, 24 h	—	[44]
$Sn(C_2H_5)_4$, $TlCl_3$	Diäthyläther	—	[45]
$Sn(C_2H_5)_4$, $BiCl_3$	$CHCl_3$, 3 h, Rückfluß	—	[46]
$Sn(C_2H_5)_4$, AgCl	Rückfluß	45	[47]
$Sn(C_2H_5)_4$, $KAuCl_4$	—	wenig	[47]
$(C_2H_5)_3SnCl$	hν, 90 h	29.7	[41]
$(C_2H_5)_3SnCl$, $SnCl_4$	20 bis 60°C	—	[6, 9]
$(C_2H_5)_3SnCl$, i-C_3H_7Cl	Benzol, $AlCl_3$	35.5	[48]
$(C_2H_5)_3SnCl$, $TlCl_3$	Diäthyläther	wenig	[49]
$(C_2H_5)_3SnCl$, $TeCl_4$	CH_2Cl_2, 4 h	—	[50]
$(C_2H_5)_3SnCl$, $(C_6H_5CO_2)_2$	95°C, 10 h	—	[51, 52]
$[(C_2H_5)_3Sn]_2$, Cl_2	$CHCl_3$	—	[53, 54]
$[(C_2H_5)_3Sn]_2$, CCl_4, Cu	25°C, 30 h, Bombenrohr	—	[52, 55]
$[(C_2H_5)_3Sn]_2$, $CH_2ClCOOH$	Erwärmen	—	[43]
$[(C_2H_5)_3Sn]_2$, C_6H_5COCl	150°C, 4 h	3.4	[15]
$[(C_2H_5)_3Sn]_2$, CF_3COCl	hν, 66°C	—	[56]
$[(C_2H_5)_3Sn]_2$, $SnCl_2$	Aceton, 75°C, 2 h	—	[57]
$[(C_2H_5)_3Sn]_2$, $SnCl_4$	Benzol, 100°C, 6 h	—	[57]
$(C_2H_5)_3SnC_6H_5$, $SnCl_4$	—	—	[58, 59]
$(C_2H_5)_3SnOCH_2C_6H_5$, C_6H_5COCl, $(C_6H_5CO_2)_2$	Benzol, 20°C, 48 h	27.7	[60]
$(C_2H_5)_3SnOP(O)(OC_2H_5)_2$, HCl	170°C	—	[61]
$[(C_2H_5)_2SnCl_2 \cdot C_2H_5Cl_2SnOOH]$, H_2O	CCl_4	—	[62]
$(C_2H_5)_2SnJ_2$, $TlCl_3$	Diäthyläther, 1 h	—	[49]

Tabelle 9 (Fortsetzung)

Ausgangskomponenten	Reaktions-bedingungen	Ausbeute in %	Lit.
$[(C_2H_5)_2SnO]_x$, HCl	—	77	[63]
$[(C_2H_5)_2SnO]_x$, HCl	—	—	[3, 12, 64 bis 68]
$[(C_2H_5)_2SnO]_x$, $SnCl_4$	Rückfluß	87	[69]
$[(C_2H_5)_2SnO]_x$, CH_3COCl	—	—	[70]
$[(C_2H_5)_2SnO]_x$, C_6H_5COCl	Benzol, Rückfluß	51.3	[71]
$[(C_2H_5)_2SnO]_x$, $(CH_3)_3SiCl$	—	—	[70]
$[(C_2H_5)_2SnO]_x$, PCl_5	—	—	[72]
$[(C_2H_5)_2Sn]_x$, Cl_2	Diäthyläther	—	[73]
$[(C_2H_5)_2Sn]_x$, HCl, O_2	—	—	[74]
$(C_2H_5)_2Sn(CH_3)_2$, $HgCl_2$	Äthanol, 3 h, Rückfluß	85	[19]
$(C_2H_5)_2Sn(C_6H_5)_2$, HCl	160°C, 40 min	89.6	[75]
$(C_2H_5)_2Sn(OCH_3)_2$, $C_5H_5GeCl_3$	Hexan, 20 h, Rückfluß	93	[76]
$(C_2H_5)_2Sn(OOCCH_3)_2$, $(CH_3)_3SiCl$	—	—	[77]
$(C_2H_5)_2Sn[OCH(CCl_3)CH_2COOCH_3]_2$, HCl	—	—	[78]
$(C_2H_5)_2Sn(OC_2H_5)(OOCC_6H_5)$, C_6H_5COCl	—	—	[51]
$C_2H_5Sn(C_4H_9)_3$, $C_2H_5SnCl_3$	205°C, 1.5 h	—	[79]
$SnCl_2$, $(C_2H_5)_2PbCl_2$	Äthanol, 15 h, Rückfluß	51	[80, 81]
$SnCl_2$, $Hg(C_2H_5)_2$	Äthanol, 40 h, Rückfluß	—	[82]
$SnCl_4$, $(C_2H_5)_2TiCl \cdot C_2H_5AlCl_2$	—	—	[83]

Literatur:

[1] A. Cahours, A. Rieche (Compt. Rend. **35** [1852] 91/5). — [2] A. Cahours (Liebigs Ann. Chem. **122** [1862] 48/71). — [3] G. B. Buckton (Liebigs Ann. Chem. **112** [1859] 220/7). — [4] L. Riccoboni (Gazz. Chim. Ital. **71** [1941] 696/713). — [5] R. Barbieri, U. Belluco, G. Tagliavini (Ann. Chim. [Rome] **48** [1958] 940/9).

[6] Studiengesellschaft Kohle m.b.H. (B.P. 958085 [1961/64]). — [7] W. P. Neumann, G. Burkhardt, Studiengesellschaft Kohle m.b.H. (U.S.P. 3248411 [1961/64]). — [8] Studiengesellschaft Kohle m.b.H. (F.P. 1318310 [1961/63]; C.A. **59** [1963] 2858). — [9] W. P. Neumann, G. Burkhardt, Studiengesellschaft Kohle m.b.H. (D.P. 1161893 [1961/64]). — [10] W. P. Neumann, G. Burkhardt (Liebigs Ann. Chem. **663** [1963] 11/21).

[11] O. H. Johnson, H. E. Fritz, D. O. Halvorson, R. L. Evans (J. Am. Chem. Soc. **77** [1955] 5857/8). — [12] J. W. Bridges, D. S. Davies, R. T. Williams (Biochem. J. **105** [1967] 1261/7). — [13] K. A. Kocheshkov (Ber. Deut. Chem. Ges. **66** [1933] 1661/5). — [14] K. A. Kocheshkov (Zh. Obshch. Khim. **5** [1935] 211/5). — [15] G. A. Razuvaev, Yu. I. Dergunov, N. S. Vyazankin (Zh. Obshch. Khim. **32** [1962] 2515/20 nach C.A. **58** [1963] 9111).

[16] A. Takubo, Nitto Chemical Industrial Co., Ltd. (Japan.P. 69-13694 [1966/69]; C.A. **71** [1969] Nr. 124672). — [17] Z. M. Manulkin (Zh. Obshch. Khim. **18** [1948] 299/305 nach C.A. **1948** 6742). — [18] A. P. Skoldinov, K. A. Kocheshkov (Zh. Obshch. Khim. **12** [1942] 398/401). — [19] Z. M. Manulkin (Zh. Obshch. Khim. **16** [1946] 235/42 nach C.A. **1947** 90). — [20] K. A. Kocheshkov, A. N. Nesmeyanov, V. P. Puzyreva (Ber. Deut. Chem. Ges. **69** [1936] 1639/42).

[21] A. N. Nesmeyanov, K. A. Kocheshkov, V. P. Pusyreva (Zh. Obshch. Khim. **7** [1937] 118/20). — [22] C. Gopinathan, S. K. Pandit, S. Gopinathan, I. R. Unni, P. A. Awasarkar (Indian J. Chem. **11** [1973] 605). — [23] K. A. Kocheshkov, A. N. Nesmeyanov (Zh. Russ. Fiz. Khim. Obshch. **62** [1930] 1795/812 nach C.A. **1931** 3975/7). — [24] A. N. Nesmeyanov, A. E. Borisov, N. V. Novikova, M. A. Osipova (Izv. Akad. Nauk SSSR Otd. Khim. Nauk **1959** 263/6 nach C.A. **1959** 17890). — [25] H. Davies, F. S. Kipping (J. Chem. Soc. **99** [1911] 296/9).

[26] K. Ziegler (B.P. 923179 [1959/63]; C.A. **59** [1963] 12842). — [27] L. M. Antipin, E. M. Stepina, V. F. Mironov (Zh. Obshch. Khim. **40** [1970] 115/8; J. Gen. Chem. USSR **40** [1970] 104/6). — [28] W. P. Neumann, K. Ziegler (D.P. 1164407 [1959/64]; C.A. **60** [1964] 15910). — [29] W. P. Neumann (Liebigs Ann. Chem. **653** [1962] 157/63). — [30] W. P. Neumann, K. Ziegler (D.P. 1157617 [1959/63]; C.A. **60** [1964] 3008).

[31] L. I. Zakharkin, O. Yu. Okhlobystin, B. N. Strunin (Zh. Prikl. Khim. **36** [1963] 2034/8; J. Appl. Chem. USSR **36** [1963] 1969/72). — [32] H. Shapiro, P. Kobetz, Ethyl Corp. (U.S.P. 3752835 [1971/73]; C.A. **79** [1973] Nr. 105414). — [33] A. C. Smith, E. G. Rochow (J. Am. Chem. Soc. **75** [1953] 4105/6). — [34] K. Sisido, S. Kozima, T. Tuzi (J. Organometal. Chem. **9** [1967] 109/15). — [35] K. R. Molt, I. Hechenbleikner, Carlisle Chemical Works, Inc. (Deut. Offenlegungsschrift 1817549 [1968/69]; C.A. **72** [1970] Nr. 79234).

[36] K. R. Molt, I. Hechenbleikner, Carlisle Chemical Works, Inc. (U.S.P. 3519665 [1968/69]). — [37] Carlisle Chemical Works, Inc. (B.P. 1222642 [1968/69]). — [38] K. R. Molt, I. Hechenbleikner, Carlisle Chemical Works, Inc. (F.P. 2000724 [1968/69]). — [39] G. J. M. van der Kerk, C. J. Faulkner (D.P. 946447 [1956]; C.A. **1959** 7014). — [40] G. J. M. van der Kerk, J. G. A. Luijten (J. Appl. Chem. **4** [1954] 307/13).

[41] G. A. Razuvaev, N. S. Vyazankin, E. N. Gladyshev, I. A. Borodavko (Zh. Obshch. Khim. **32** [1962] 2154/60 nach C.A. **58** [1963] 79612). — [42] G. A. Razuvaev, N. S. Vyazankin, Yu. I. Dergunov, O. S. Dyachkovskaya (Dokl. Akad. Nauk SSSR **132** [1960] 364/6 nach C.A. **1960** 20973). — [43] A. Ladenburg (Ber. Deut. Chem. Ges. **4** [1871] 19/21). — [44] M. F. Shostakovskii, B. A. Sokolov, G. P. Mantsivoda (Zh. Obshch. Khim. **33** [1963] 3779; J. Gen. Chem. USSR **33** [1963] 3717). — [45] D. Goddard, A. E. Goddard (J. Chem. Soc. **121** [1922] 256/61).

[46] Z. M. Manulkin (Zh. Obshch. Khim. **20** [1950] 2004/8). — [47] H. H. Anderson (Inorg. Chem. **1** [1962] 647/50). — [48] N. S. Vyazankin, G. A. Razuvaev, O. S. Dyachkovskaya (Zh. Obshch. Khim. **33** [1963] 613/7; J. Gen. Chem. USSR **33** [1963] 607/10). — [49] A. E. Goddard (J. Chem. Soc. **123** [1923] 1161/72). — [50] R. C. Paul, K. K. Bhasin, R. K. Chadna (Indian J. Chem. A **14** [1976] 864/5).

[51] N. S. Vyazankin, G. A. Razuvaev, O. A. Kruglaya, O. A. Shchepetkova, O. S. Dyachkovskaya (Khim. Perekisnykh Soedin. Akad. Nauk SSSR Inst. Obshch. i Neorgan. Khim. **1963** 298/302). — [52] G. A. Razuvaev, N. S. Vyazankin, O. A. Shchepetkova (Tetrahedron **18** [1962] 667/74). — [53] A. Ladenburg (Liebigs Ann. Chem. Suppl.-Bd. **8** [1872] 55/88). — [54] A. Ladenburg (Ber. Deut. Chem. Ges. **3** [1870] 353/8). — [55] G. A. Razuvaev, O. S. Dyachkovskaya, V. I. Fionov (Dokl. Akad. Nauk SSSR **177** [1967] 1113/6 nach C.A. **68** [1968] Nr. 6678).

[56] W. R. Cullen, G. E. Styan (Can. J. Chem. **44** [1966] 1225/7). — [57] G. A. Razuvaev, N. S. Vyazankin, O. A. Shchepetkova (Zh. Obshch. Khim. **31** [1961] 3762/8; J. Gen. Chem. USSR **31** [1961] 3515/20). — [58] A. Ladenburg (Liebigs Ann. Chem. **159** [1871] 251/8). — [59] A. Ladenburg (Ber. Deut. Chem. Ges. **4** [1871] 17/8). — [60] N. S. Vyazankin, G. A. Razuvaev, O. S. Dyachkovskaya, O. A. Shchepetkova (Dokl. Akad. Nauk SSSR **143** [1962] 1348/50; Proc. Acad. Sci. USSR **143** [1962] 343/5).

[61] B. A. Arbuzov, A. N. Pudovic (Zh. Obshch. Khim. **1947** 2158/65 nach C.A. **1948** 4522). — [62] Yu. A. Aleksandrov, N. G. Sheyanov (Zh. Obshch. Khim. **40** [1970] 246/7; J. Gen. Chem. USSR **40** [1970] 225). — [63] P. Pfeiffer (Ber. Deut. Chem. Ges. **35** [1902] 3303/7). — [64] C. Löwig (Liebigs Ann. Chem. **84** [1852] 308/33). — [65] E. Frankland (Liebigs Ann. Chem. **85** [1853] 329/73).

[66] M. E. Spaght, F. Hein, H. Pauling (Physik. Z. **34** [1933] 212/4). — [67] T. Harada (Sci. Papers Inst. Phys. Chem. Res. [Tokyo] **35** [1939] 290/329). — [68] A. Werner, P. Pfeiffer (Z. Anorg. Allgem. Chem. **17** [1898] 82/110). — [69] A. G. Davies, P. G. Harrison, P. R. Palan (J. Chem. Soc. C **1970** 2030/4). — [70] S. Kohama (J. Organometal. Chem. **99** [1975] C44/C46).

[71] G. A. Razuvaev, O. A. Shchepetkova, N. S. Vyazankin (Zh. Obshch. Khim. **32** [1962] 2152/4; J. Gen. Chem. USSR **32** [1962] 2121/2). — [72] A. Cahours (Liebigs Ann. Chem. **114** [1860] 354/83). — [73] P. Pfeiffer (Ber. Deut. Chem. Ges. **44** [1911] 1269/74). — [74] N. N. Zemlyanskii, E. M. Panov, K. A. Kocheshkov (Dokl. Akad. Nauk SSSR **146** [1962] 1353/6). — [75] R. H. Bullard, F. R. Holden (J. Am. Chem. Soc. **53** [1931] 3150/3).

[76] V. S. Shriro, Yu. A. Strelenko, Yu. A. Ustynyuk, N. N. Zemlyanskii, K. A. Kocheshkov (J. Organometal. Chem. **117** [1976] 321/8). — [77] L. S. Melnichenko, N. N. Zemlyanskii, N. D. Kolosova, K. A. Kocheshkov (Dokl. Akad. Nauk SSSR **198** [1971] 1348/9; Proc. Acad. Sci. USSR **198** [1971] 534/5). — [78] J. G. Noltes, F. Verbeek, H. M. J. C. Creemers (Organometal. Chem. Syn. **1** [1970/71] 57/68). — [79] L. S. Melnichenko, N. N. Zemlyanskii, V. A. Chernoplekova, K. A. Kocheshkov (Izv. Akad. Nauk SSSR Ser. Khim. **1972** 1384/6; Bull. Acad. Sci. USSR Div. Chem. Sci. **1972** 1332/4). — [80] K. A. Kocheshkov, R. K. Freidlina (Izv. Akad. Nauk SSSR Otd. Khim. Nauk **1950** 203/8 nach C.A. **1950** 9342).

[81] K. A. Kocheshkov, R. K. Freidlina (Uch. Zap. Mosk. Gos. Univ. Org. Khim. **7** Nr. 132 [1950] 144/50 nach C.A. **1956** 7728). — [82] A. N. Nesmeyanov, K. A. Kocheshkov (Ber. Deut. Chem. Ges. **63** [1930] 2496/504). — [83] P. E. Matkovskii, T. I. Larkina, T. S. Dzhabiev, L. N. Russiyan, G. A. Beikhold, Kh. A. Brikenshtein, N. M. Chirkov (Izv. Akad. Nauk SSSR Ser. Khim. **1971** 2407/12; Bull. Acad. Sci. USSR Div. Chem. Sci. **1971** 2287/91). — [84] W. N. Aldridge, J. E. Cremer (Analyst **82** [1957] 37/43). — [85] A. H. Chapman, M. W. Duckworth, J. W. Price (Brit. Plastics **32** [1959] 78).

[86] H. Wieczorek (Deut. Lebensm. Rundschau **65** [1969] 74/8). — [87] G. Pilloni (Farmaco [Pavia] Ed. Prat. **22** [1967] 666/76). — [88] G. Pilloni, G. Plazzogna (Anal. Chim. Acta **35** [1966] 325/9). — [89] G. Tagliavini, P. Zanella (Anal. Chim. Acta **40** [1968] 33/9). — [90] R. C. Mehrotra, V. D. Gupta, C. K. Sharma (Z. Naturforsch. **27b** [1972] 386/91).

[91] A. P. Kreshkov, V. A. Bork, P. I. Selivokhin (Zh. Analit. Khim. **25** [1970] 1202/5; J. Anal. Chem. USSR **25** [1970] 1039/41). — [92] G. Plazzogna, G. Pilloni (Anal. Chim. Acta **37** [1967] 260/6). — [93] V. A. Volodin, L. A. Frangulyan, A. M. Parshina (Khim. Prom. **49** [1973] 832/3 nach C.A. **80** [1974] Nr. 70904). — [94] N. S. Vyazankin, G. A. Razuvaev, T. N. Brevnova (Zh. Obshch. Khim. **34** [1964] 1005/9; J. Gen. Chem. USSR **34** [1964] 998/1001). — [95] J. Franc, M. Wurst, V. Moudry (Collection Czech. Chem. Commun. **26** [1961] 1313/9).

[96] K. Sisido, S. Kozima (J. Organometal. Chem. **11** [1968] 503/13). — [97] D. J. Williams, J. W. Price (Analyst **89** [1964] 220/2). — [98] D. J. Williams, J. W. Price (Analyst **85** [1960] 579/82). — [99] J. Gasparic, A. Cee (J. Chromatog. **8** [1962] 393/8). — [100] K. Bürger (Z. Anal. Chem. **192** [1963] 280/6).

[101] J. Koch, K. Figge (J. Chromatog. **109** [1975] 89/100). — [102] S. N. Cherkinskii, L. N. Gabrilevskaya, V. P. Laskina, M. N. Rubleva (Gigiena i Sanit **35** [1970] 15/8). — [103] G. Calingaert, H. Soroos, H. Shapiro, United States of America (U.S.P. 2390988 [1945]; C.A. **1946** 1025).

1.3.2.2.1.2.2 Struktur. Molekül. Spektren

Structure. The Molecule. Spectra

1.3.2.2.1.2.2.1 Struktur. Molekül

Structure. The Molecule

$(C_2H_5)_2SnCl_2$ kristallisiert rhombisch. Achsenverhältnis a:b:c = 0.8386:1:0.9432 [1].

Für das Dipolmoment werden folgende Werte gefunden: 3.85 D [2 bis 4], 3.89 D [5], 4.32 D [6] und 4.47 D [7]. Mit Hilfe von Del Re-Berechnung wird ein Dipolmoment von 4.14 D ermittelt [8].

Literatur:

[1] M. Hjortdahl (Compt. Rend. **88** [1879] 584/5; Z. Krist. Mineral. **4** [1879] 286/92). — [2] M. E. Spaght, F. Hein, H. Pauling (Physik. Z. **34** [1933] 212/4). — [3] C. P. Smyth (J. Am. Chem. Soc. **63** [1941] 57/66). — [4] C. P. Smyth (J. Org. Chem. **6** [1941] 421/6). — [5] I. Kadomtzeff (Compt. Rend. **230** [1950] 536/7).

[6] J. Lorberth, H. Nöth (Chem. Ber. **98** [1965] 969/76). — [7] H. H. Huang, K. M. Hui, K. K. Chiu (J. Organometal. Chem. **11** [1968] 515/24). — [8] R. Gupta, D. Majee (J. Organometal. Chem. **33** [1971] 169/73).

Nuclear Magnetic Resonance Spectra. Nuclear Quadrupole Resonance Spectrum

1.3.2.2.1.2.2.2 Kernmagnetische Resonanzspektren. Kernquadrupolresonanzspektrum

Im ^1H-NMR-Spektrum von $(C_2H_5)_2SnCl_2$ erscheint für die Protonen der Äthylgruppen ein Multiplett für ein A_3B_2X-System, aus dem aber die einzelnen Parameter entnommen werden können. Folgende Werte werden für die chemische Verschiebung der Protonen angegeben: $\tau CH_3 = 8.30$ [1], 8.304 (in Substanz) [2], 8.49 in CCl_4 [3], 8.53 [4], $\delta CH_3 = -1.28$ ppm in Dimethylsulfoxid [5], −1.42 ppm [6], −1.43 ppm in $CDCl_3$ [5] und −1.44 ppm in CCl_4 [7]; $\tau CH_2 = 7.938$ [2], 8.13 in CCl_4 [3] und 8.22 [4], $\delta CH_2 = -1.58$ ppm in Dimethylsulfoxid [5], −1.78 ppm [6] und −1.79 ppm in CCl_4 [5, 7]. Die Kopplungskonstanten betragen: $J(^1HCC^1H) = 7.7$ Hz [5], 7.8 Hz in Dimethylsulfoxid [5] und 7.9 Hz in CCl_4 oder $CDCl_3$ [2, 6, 8]; $J(^1HC^{117/119}Sn) = 46.5/48.5$ Hz in CCl_4 [3], 47.9/50.3 Hz in $CDCl_3$ [5], 48 Hz [8], 49.5/51.7 Hz in Substanz [1, 2, 9], 53.6/56.0 Hz [6] und 93.6/98.1 Hz in Dimethylsulfoxid [5]; $J(^1HCC^{117/119}Sn) = 124.8/130.8$ Hz in Substanz [2], 129.0/135.0 Hz [6], 130.3/135.9 Hz in $CDCl_3$ [5], 131/137 Hz in CCl_4 [3], 131.7/137.8 Hz [8], 152/160 Hz [9] und 161.8/177.8 Hz in Dimethylsulfoxid [5]. Vergleiche und Korrelationen von ^1H-NMR-Parametern verschiedener Organozinnhalogenide untereinander s. bei [2, 6], Del Re-Berechnungen s. bei [1].

Bei der Diskussion der ^{13}C-NMR-spektroskopischen Daten von $(C_2H_5)_2SnCl_2$ im Zusammenhang mit der Berechnung von Additivitätsparametern in den ^{13}C-NMR-Spektren von Organozinnverbindungen wird ohne Angabe der gemessenen chemischen Verschiebungen festgestellt, daß die aus den Additivitätsparametern berechneten Verschiebungswerte für beide C-Atome nur um 2.7 bzw. 3.1 ppm von den gemessenen abweichen [10].

Die chemische Verschiebung $\delta^{119}Sn$ beträgt −12.0 ppm gegen $Sn(CH_3)_4$ [11], −62 ppm in gesättigter Acetonlösung [12], −121.0 ppm in einer Mischung aus CCl_4 und CH_2Cl_2 [13], −125 ppm in CH_2Cl_2 [14] und −126.3 ppm in CH_2Cl_2 [15, 16]. Untersuchungen von Spin-Gitter-Relaxationen s. bei [17].

Die ^{35}Cl-NQR-Frequenz beträgt bei 77 K $\nu = 15.630$ MHz [18] bzw. 15.420 und 15.740 MHz [19, 20]. Eine eingehende Untersuchung der NQR-Spektren bei verschiedenen Temperaturen ergibt folgende Parameter: $\nu = 15.520$ und 15.740 MHz bei 77 K, 15.490 und 15.595 MHz bei 200 K sowie 15.487 und 15.536 MHz bei 303 K mit einer berechneten Kopplungskonstante von $e^2Qq_{zz} = 31.014$ MHz [21]. Korrelationen der Kopplungskonstanten mit Mössbauer-Parametern bei verschiedenen Organozinnchloriden s. bei [22].

Literatur:

[1] R. Gupta, B. Majee (J. Organometal. Chem. **40** [1972] 97/105). — [2] L. Verdonck, G. P. van der Kelen (Ber. Bunsenges. Physik. Chem. **69** [1965] 478/84). — [3] L. Verdonck, G. P. van der Kelen (Bull. Soc. Chim. Belges **76** [1967] 258/72). — [4] D. G. Hendricker (Inorg. Chem. **8** [1969] 2328/30). — [5] G. Barbieri, F. Taddei (J. Chem. Soc. Perkin Trans. II **1972** 1327/31).

[6] J. Lorberth, H. Vahrenkamp (J. Organometal. Chem. **11** [1968] 111/24). — [7] B. Gassenheimer, R. H. Herber (Inorg. Chem. **8** [1969] 1120/5). — [8] W. Gerrard, J. B. Leane, E. F. Mooney, R. G. Rees (Spectrochim. Acta **19** [1963] 1964/5). — [9] E. V. van den Berghe, L. Verdonck, G. P. van der Kelen (J. Organometal. Chem. **16** [1969] 497/9). — [10] D. E. Axelson, S. A. Kandil, C. E. Holloway (Can. J. Chem. **52** [1974] 2968/73).

[11] Y. Limouzin, J. C. Maire (J. Organometal. Chem. **82** [1974] 99/102). — [12] J. J. Burke, P. C. Lauterbur (J. Am. Chem. Soc. **83** [1961] 326/31). — [13] W. McFarlane, J. C. Maire, M. Delmas (J. Chem. Soc. Dalton Trans. **1972** 1862/5). — [14] A. G. Davies, P. G. Harrison, J. D. Kennedy, T. N. Mitchel, R. J. Puddephatt, W. McFarlane (J. Chem. Soc. C **1969** 1136/41). — [15] A. P. Tupciauskas, N. M. Sergeev, Yu. A. Ustynyuk (Org. Magn. Resonance **3** [1971] 655/9).

[16] A. Tupciauskas, N. M. Sergeev, Yu. A. Ustynyuk (Lietuvos Fiz. Rinkinys **11** [1971] 93/105). — [17] J. Puskar, T. Saluvere, E. Lippmaa, A. B. Permin, V. S. Petrosyan (Magn. Resonance Relat. Phenomena Proc. 18th Congr. AMPERE, Nottingham, Engl., 1974 [1975], S. 509/10). — [18] P. J.

Green (Diss. Univ. of West Virginia 1967, S. 1/139; Diss. Abstr. B **28** [1967/68] 4897). — [19] Yu. K. Maksyutin, V. V. Khrapov, L. S. Melnichenko, G. K. Semin, N. N. Zemlyanskii, K. A. Kocheshkov (Izv. Akad. Nauk SSSR Ser. Khim. **1972** 602/4; Bull. Acad. Sci. USSR Div. Chem. Sci. **1972** 562/3). — [20] I. P. Goldshtein, E. N. Guryanova, L. S. Melnichenko, N. N. Temlyanskii, T. I. Perepelkova, Yu. K. Maksyutin, K. A. Kocheshkov (Dokl. Akad. Nauk SSSR **201** [1971] 105/7; Dokl. Chem. Proc. Acad. Sci. USSR **201** [1971] 895/6).

[21] P. J. Green, J. D. Graybeal (J. Am. Chem. Soc. **89** [1967] 4305/8). — [22] N. W. G. Debye, M. Linzer (J. Chem. Phys. **61** [1974] 4770/6).

1.3.2.2.1.2.2.3 Mössbauer-Spektrum

Mössbauer Spectrum

Im Mössbauer-Spektrum werden für die Isomerieverschiebung δ (in mm/s) folgende Werte gefunden: +0.20 gegen PdSn [1], 1.49 ± 0.06 [2], 1.60 [3], 1.63 [4], 1.70 [5], 1.80 gegen SnO_2 [6], 1.663 [7] und 1.698 gegen $BaSnO_3$ [8]. Die Quadrupolaufspaltung Δ (in mm/s) beträgt 3.13 ± 0.06 [2], 3.4 [3], 3.54 [7], 3.541 [8], 3.71 [5], 3.78 [1] und 3.81 [4]. Korrelationen mit NQR-spektroskopischen Daten s. bei [7]. Vergleichende Messungen bei verschiedenen Temperaturen zur Untersuchung der Asymmetrie des Quadrupol-Dubletts s. bei [9].

Literatur:

[1] N. Watanabe, E. Niki (Bull. Chem. Soc. Japan **45** [1972] 1/4). — [2] J. J. Zuckerman (Advan. Organometal. Chem. **9** [1970] 21/134). — [3] V. A. Bryukhanov, V. I. Goldanskii, N. N. Delyagin, L. A. Korytko, E. F. Makarov, I. P. Suzdalev, V. S. Shpinel (Zh. Eksperim. i Teor. Fiz. **43** [1962] 448/52; Soviet Phys.-JETP **16** [1963] 321/3). — [4] R. V. Parish, R. H. Platt (Inorg. Chim. Acta **4** [1970] 65/72). — [5] P. J. Smith (Organometal. Chem. Rev. A **5** [1970] 373/402).

[6] Y. Limouzin, J. C. Maire (J. Organometal. Chem. **82** [1974] 99/102). — [7] N. W. G. Debye, M. Linzer (J. Chem. Phys. **61** [1974] 4770/6). — [8] R. H. Herber (J. Inorg. Nucl. Chem. **35** [1973] 67/73). — [9] V. Ya. Rochev, V. I. Goldanskii, R. A. Stukan (Proc. Conf. Appl. Moessbauer Eff., Tihany, Hung., 1969 [1971], S. 227/34 nach C.A. **75** [1971] Nr. 27943).

1.3.2.2.1.2.2.4 Schwingungs-, UV- und Röntgen-Photoelektronenspektren

Vibrational, UV, and X-Ray Photo-electron Spectra

Eine genaue Vermessung des IR-Spektrums von $(C_2H_5)_2SnCl_2$ in CCl_4 und des Raman-Spektrums dieser Verbindung in Benzol im Bereich zwischen 0 und 1500 cm^{-1} und in CCl_4 zwischen 2700 und 3000 cm^{-1} mit einer genauen Zuordnung der gefundenen Banden, die auf einer Normalkoordinatenanalyse unter Zugrundelegung eines modifizierten Valenzkraftfeldes beruht, wurde von Kriegsmann und Mitarbeitern vorgenommen [1]. Die Zuordnungen sind in Tabelle 10, S. 48, zusammengestellt. Weitere, damit weitgehend übereinstimmende Zuordnungen des IR-Spektrums s. bei [2 bis 6], des Raman-Spektrums s. bei [6, 7]. Eine Abbildung des IR-Spektrums zwischen 400 und 1300 cm^{-1} ist bei [8] zu finden. Bei Untersuchungen des Einflusses des Phasenüberganges Kristall-Flüssigkeit auf das IR-Spektrum von $(C_2H_5)_2SnCl_2$ werden Änderungen festgestellt, die mit der abnehmenden Intensität verschiedener Banden in Beziehung gesetzt werden [9].

Das UV-Spektrum einer Lösung von $(C_2H_5)_2SnCl_2$ in Hexan und Methanol zeigt Absorptionsmaxima bei etwa 295 bzw. 290 nm [10].

Aus dem ESCA-Spektrum von $(C_2H_5)_2SnCl_2$ ergeben sich folgende Bindungsenergien der Elektronen: $Sn_{3d} = -42.0$ eV, $Sn_{3p} = 188.3$ eV, $C_{1s} = 245$ eV [11].

Tabelle 10
IR- und Raman-Spektrum von $(C_2H_5)_2SnCl_2$.

Zuordnung			ν in cm⁻¹ IR	Raman	berechnet
ν_{14}	A_1	δSnC_2			79
ν_{13}	A_1	$\delta SnCl_2$			110
ν_{36}	B_2	$wSnCl_2$			113
ν_{29}	B_1	$\rho SnCl_2$			129
ν_{21}	A_2	$\tau SnCl_2$			135
ν_{12}	A_1	$\delta CCSn$		240 Sch	254
ν_{41}	B_2	$\delta CCSn$		255 (3) p	258
ν_{11}	A_1	$\nu_s SnCl_2$		343 (7) p	342
ν_{28}	B_1	$\nu_{as} SnCl_2$			358
ν_{10}	A_1	$\nu_s SnC_2$	500 m	497 (10) p	496
ν_{40}	B_2	$\nu_{as} SnC_2$	553 m 590 ss	530 (2) dp	520
ν_{20}	A_2	ρCH_2			678
ν_{27}	B_1	ρCH_2	684 st		680
ν_{19}	A_2	ρCH_3 gek. mit τCH_2	964 m		954
ν_{26}	B_1	ρCH_3 gek. mit τCH_2			954
ν_{39}	B_2	ρCH_3 gek. mit wCH_2			963
ν_9	A_1	ρCH_3			964
ν_{38}	B_2	νCC	1021 m		1012
ν_8	A_1	νCC			1018
ν_{37}	B_2	wCH_2	1192 st	1191 (5) p	1187
ν_7	A_1	wCH_2			1188
ν_{18}	A_2	τCH_2			1232
ν_{25}	B_1	τCH_2	1236 s		1232
ν_{35}	B_2	δCH_3	1384 m		1384
ν_6	A_1	δCH_3			1384
ν_{34}	B_2	δCH_2	1420 s	1416 (1)	1420
ν_5	A_1	δCH_2			1420
ν_{24}	B_1	δCH_3	1458 st 1470 Sch	1456 (1)	1460
ν_{17}	A_2	δCH_3			1460
ν_{33}	B_2	δCH_3			1461
ν_4	A_1	δCH_3			1461
ν_{32}	B_2	νCH_3	2877 st	2879 (2)	2876
ν_3	A_1	νCH_3			2876
ν_2	A_1	νCH_2	2925 Sch	2927 (5)	2917
ν_{31}	B_2	νCH_2	2934 st		2918
ν_{23}	B_1	νCH_3	2964 sst 2975 st	2962 (3)	2945
ν_{16}	A_2	νCH_3			2945
ν_{30}	B_2	νCH_3			2949
ν_1	A_1	νCH_3			2949
ν_{15}	A_2	νCH_2			2965
ν_{22}	B_1	νCH_2			2965

Literatur:

[1] H. Kriegsmann, C. Peuker, R. Hess, H. Geissler (Z. Naturforsch. **24a** [1969] 778/86). — [2] R. J. H. Clark, A. G. Davies, R. J. Puddephatt (J. Chem. Soc. A **1968** 1828/34). — [3] H. Kriegsmann, H. Hoffmann (Z. Chem. [Leipzig] **3** [1963] 268/9). — [4] F. K. Butcher, W. Gerrard, E. F. Mooney, R. G. Rees, H. A. Willis, A. Anderson, H. A. Gebbie (J. Organometal. Chem. **1** [1963/64] 431/4). — [5] D. H. Lohmann (J. Organometal. Chem. **4** [1965] 382/91).

[6] E. V. van den Berghe, L. Verdonck, G. P. van der Kelen (J. Organometal. Chem. **16** [1969] 497/9). — [7] L. Savidan (Bull. Soc. Chim. France **1953** 411/2). — [8] V. F. Volkov, N. N. Vyshinskii, N. K. Rudnevskii (Izv. Akad. Nauk SSSR Ser. Fiz. **26** [1962] 1282/5; Bull. Acad. Sci. USSR Phys. Ser. **26** [1962] 1300/2). — [9] N. N. Vyshinskii, N. K. Rudnevskii (Spektroskopiya Metody i Primenenie Akad. Nauk SSSR Sibirsk. Otd. **1964** 115/8). — [10] L. Riccoboni (Gazz. Chim. Ital. **71** [1941] 696/713).

[11] Y. Limouzin, J. C. Maire (J. Organometal. Chem. **82** [1974] 99/102).

1.3.2.2.1.2.3 Physikalische Eigenschaften

Physical Properties

Für die farblose Verbindung werden in der Literatur folgende Schmelzpunkte angegeben: 44.5°C [1], 60°C [2], 75°C [3], 80 bis 82°C [4 bis 7], 81°C [8], 81 bis 83°C [9], 82°C [10 bis 12], 82 bis 83°C [13, 14], 82 bis 84°C [15, 16], 83°C [17 bis 19], 83 bis 83.5°C [20], 83 bis 84°C [21, 22], 84°C [23 bis 34], 84.5°C [35], 84 bis 85°C [36 bis 40], 84.5 bis 85°C [41], 85°C [46 bis 50], 86 bis 88°C [51], 89°C [52], 93.5°C [53] und 93.5 bis 94°C [54]. Für den Siedepunkt werden gefunden: 69°C/2 Torr [55], 80 bis 90°C/4.0 Torr [56], 84°C/Normaldruck (!) [57], 100 bis 102°C/10 Torr [43, 50], 101°C/10 Torr [46], 102 bis 107°C/12 Torr [58], 107°C/12 Torr [59 bis 62], 117 bis 125°C/12 Torr [31], 131 bis 132°C/Normaldruck [39], 148 bis 150°C/20 Torr [17], 220°C/Normaldruck [2, 38, 63] und 223°C/Normaldruck [12]. Die Dichte beträgt D_4^{25} = 1.582 g/cm³ [8]. Für den Brechungsindex werden gefunden $n_D^{19} = 1.4650$ [39].

Der Dampfdruck gehorcht der Gleichung $\lg p = -2753/T + 8.385$. Die Trouton-Konstante beträgt 25.2 $cal \cdot mol^{-1} \cdot K^{-1}$, die Verdampfungswärme $\Delta H_v = 12.581$ kcal/mol [26]. Außerdem wird für die Verdampfungswärme ein Wert von 11.56 kcal/mol angegeben [64]. Nach isoteniskopischen und ebullioskopischen Methoden wird für den Dampfdruck folgende Temperaturabhängigkeit gefunden: $\lg p = 9.30140 - 1805.930/T - 80.66$. Werte für Verdampfungsenthalpie und -entropie s. im Original [65].

Zur Untersuchung der Leitfähigkeit von Lösungen von $(C_2H_5)_2SnCl_2$ in Dischwefelsäure s. [66].

Literatur:

[1] A. Ladenburg (Liebigs Ann. Chem. Suppl.-Bd. **8** [1872] 55/88). — [2] A. Cahours (Liebigs Ann. Chem. **114** [1860] 354/83). — [3] T. Harada (Sci. Papers Inst. Phys. Chem. Res. [Tokyo] **35** [1939] 290/329). — [4] K. R. Molt, I. Hechenbleikner, Carlisle Chemical Works, Inc. (Deut. Offenlegungsschrift 1817549 [1968/69]; C.A. **72** [1970] Nr. 79234). — [5] K. R. Molt, I. Hechenbleikner, Carlisle Chemical Works, Inc. (U.S.P. 3519665 [1968/69]).

[6] Carlisle Chemical Works, Inc. (B.P. 1222642 [1968/69]). — [7] K. R. Molt, I. Hechenbleikner, Carlisle Chemical Works, Inc. (F.P. 2000724 [1968/69]). — [8] M. E. Spaght, F. Hein, H. Pauling (Physik. Z. **34** [1933] 212/4). — [9] A. Takubo, Nitto Chemical Industrial Co., Ltd. (Japan.P. 69-13694 [1966/69]; C. A. **71** [1969] Nr. 124672). — [10] L. M. Antipin, E. M. Stepina, V. F. Mironov (Zh. Obshch. Khim. **40** [1970] 115/8; J. Gen. Chem. USSR **40** [1970] 104/6).

[11] G. A. Razuvaev, N. S. Vyazankin, O. A. Shchepetkova (Zh. Obshch. Khim. **31** [1961] 3762/8; J. Gen. Chem. USSR **31** [1961] 3515/20). — [12] H. H. Anderson (Inorg. Chem. **1** [1962] 647/50). — [13] G. A. Razuvaev, N. S. Vyazankin, O. A. Shchepetkova (Tetrahedron **18** [1962] 667/74). — [14] N. S. Vyazankin, G. A. Razuvaev, O. S. Dyachkovskaya (Zh. Obshch. Khim. **33** [1963] 613/7; J. Gen. Chem. USSR **33** [1963] 607/10). — [15] K. A. Kocheshkov, A. N. Nesmeyanov (Zh. Russ. Fiz. Khim. Obshch. **62** [1930] 1795/812 nach C.A. **1931** 3975).

[16] A. N. Nesmeyanov, K. A. Kocheshkov (Ber. Deut. Chem. Ges. **63** [1930] 2496/504). — [17] M. F. Shostakovskii, B. A. Sokolov, G. P. Mantsivoda (Zh. Obshch. Khim. **33** [1963] 3779; J. Gen. Chem. USSR **33** [1963] 3717). — [18] A. E. Goddard (J. Chem. Soc. **123** [1923] 1161/72). — [19] P. Pfeiffer (Ber. Deut. Chem. Ges. **44** [1911] 1269/74). — [20] A. N. Nesmeyanov, A. E. Borisov, N. V. Novikova, M. A. Osipova (Izv. Akad. Nauk SSSR Otd. Khim. Nauk **1959** 263/6 nach C.A. **1959** 17890).

[21] A. C. Smith, E. G. Rochow (J. Am. Chem. Soc. **75** [1953] 4105/6). — [22] J. Lorberth, H. Nöth (Chem. Ber. **98** [1965] 969/76). — [23] K. A. Kocheshkov (Ber. Deut. Chem. Ges. **66** [1933] 1661/5). — [24] K. A. Kocheshkov (Zh. Obshch. Khim. **5** [1935] 211/5). — [25] Z. M. Manulkin (Zh. Obshch. Khim. **20** [1950] 2004/8).

[26] C. R. Dillard, E. H. McNeill, D. E. Simmons, J. B. Yeldell (J. Am. Chem. Soc. **80** [1958] 3607/9). — [27] R. H. Bullard, F. R. Holden (J. Am. Chem. Soc. **53** [1931] 3150/3). — [28] K. A. Kocheshkov, R. K. Freidlina (Izv. Akad. Nauk SSSR Otd. Khim. Nauk **1950** 203/8 nach C.A. **1950** 9342). — [29] P. Pfeiffer (Ber. Deut. Chem. Ges. **35** [1902] 3303/7). — [30] V. S. Shriro, Yu. A. Strelenko, Yu. A. Ustynyuk, N. N. Zemlyanskii, K. A. Kocheshkov (J. Organometal. Chem. **117** [1976] 321/8).

[31] L. I. Zakharkin, O. Yu. Okhlobystin, B. N. Strunin (Zh. Prikl. Khim. **36** [1963] 2034/8; J. Appl. Chem. USSR **36** [1963] 1969/72). — [32] K. A. Kocheshkov, A. N. Nemeyanov, V. P. Puzyreva (Ber. Deut. Chem. Ges. **69** [1936] 1639/42). — [33] K. A. Kocheshkov, R. K. Freidlina (Uch. Zap. Mosk. Gos. Univ. Org. Khim. **7** Nr. 132 [1950] 144/50 nach C.A. **1956** 7728). — [34] L. S. Melnichenko, N. N. Zemlyanskii, N. D. Kolosova, K. A. Kocheshkov (Dokl. Akad. Nauk SSSR **198** [1971] 1348/9; Dokl. Chem. Proc. Acad. Sci. USSR **198** [1971] 534/5). — [35] A. Ladenburg (Ber. Deut. Chem. Ges. **4** [1871] 19/21).

[36] P. Pfeiffer, R. Lehnhardt, H. Luftensteiner, R. Prade, K. Schnurmann, P. Truskier (Z. Anorg. Allgem. Chem. **68** [1910] 102/22). — [37] G. A. Razuvaev, O. A. Shchepetkova, N. S. Vyazankin (Zh. Obshch. Khim. **32** [1962] 2152/4; J. Gen. Chem. USSR **32** [1962] 2121/2). — [38] A. Werner, P. Pfeiffer (Z. Anorg. Allgem. Chem. **17** [1898] 82/110). — [39] Z. M. Manulkin (Zh. Obshch. Khim. **16** [1946] 235/42 nach C.A. **1947** 90). — [40] P. Pfeiffer, O. Brack (Z. Anorg. Allgem. Chem. **87** [1914] 229/34).

[41] B. A. Arbuzov, A. N. Pudovik (Zh. Obshch. Khim. **17** [1947] 2158/65 nach C.A. **1948** 4522). — [42] D. A. Armitage, A. Tarassoli (Inorg. Chem. **14** [1975] 1210/1). — [43] K. Ziegler (B.P. 923179 [1959/63]; C.A. **59** [1963] 12842). — [44] A. Ladenburg (Ber. Deut. Chem. Ges. **3** [1870] 353/8). — [45] P. J. Green, J. D. Graybeal (J. Am. Chem. Soc. **89** [1967] 4305/8).

[46] W. P. Neumann (Liebigs Ann. Chem. **653** [1962] 157/63). — [47] J. W. Bridges, D. S. Davies, R. T. Williams (Biochem. J. **105** [1967] 1261/7). — [48] Z. M. Manulkin (Zh.Obshch Khim. **18** [1948] 299/305 nach C.A. **1948** 6742). — [49] P. Pfeiffer, D. Friedmann, H. Rekate (Liebigs Ann. Chem. **376** [1910] 310/44). — [50] W. P. Neumann, K. Ziegler (D.P. 1157617 [1959/63]; C.A. **60** [1964] 3008).

[51] A. G. Davies, P. G. Harrison, P. R. Palan (J. Chem. Soc. C **1970** 2030/4). — [52] O. H. Johnson, H. E. Fritz, D. O. Halvorson, R. L. Evans (J. Am. Chem. Soc. **77** [1955] 5857/8). — [53] R. Barbieri, U. Belluco, G. Tagliavini (Ann. Chim. [Rome] **48** [1958] 940/9). — [54] L. Riccoboni (Gazz. Chim. Ital. **71** [1941] 696/713). — [55] H. Kriegsmann, C. Peuker, R. Hess, H. Geissler (Z. Naturforsch. **24a** [1969] 778/86).

[56] R. C. Mehrotra, V. D. Gupta, C. K. Sharma (Z. Naturforsch. **27b** [1972] 386/91). — [57] A. N. Nesmeyanov, K. A. Kocheshkov, V. P. Pusyreva (Zh. Obshch. Khim. **7** [1937] 118/20). — [58] W. P. Neumann, G. Burkhardt (Liebigs Ann. Chem. **663** [1963] 11/21). — [59] W. P. Neumann, G. Burkhardt, Studiengesellschaft Kohle m.b.H. (U.S.P. 3248411 [1961/64]). — [60] Studiengesellschaft Kohle m.b.H. (F.P. 1318310 [1961/63]; C.A. **59** [1963] 2858).

[61] W. P. Neumann, G. Burkhardt, Studiengesellschaft Kohle m.b.H. (D.P. 1161893 [1961/64]). — [62] Studiengesellschaft Kohle m.b.H. (B.P. 958085 [1961/64]). — [63] J. Franc, M. Wurst, V. Moudry (Collection Czech. Chem. Commun. **26** [1961] 1313/9). — [64] W. F. Lautsch, A. Tröber, H. Körner, K. Wagner, R. Kaden, S. Blase (Z. Chem. [Leipzig] **4** [1964] 441/54). — [65] G. P. Bragin, M. Kh. Karapetyants (Tr. po Khim. i Khim. Tekhnol. **1975** 76/7).

[66] R. C. Paul, J. K. Puri, K. C. Malhotra (J. Inorg. Nucl. Chem. **35** [1973] 403/12).

1.3.2.2.1.2.4 Polarographie

Polarography

$(C_2H_5)_2SnCl_2$ zersetzt sich bei der Elektrolyse, wie in einer älteren Arbeit festgestellt wurde [1]. Eine 12 Jahre später durchgeführte, eingehendere Untersuchung der polarographischen Elektrolyse von $(C_2H_5)_2SnCl_2$ in wäßriger KCl-Lösung zeigte, daß der Kathodenprozeß dabei als Primärprodukt das Radikal $(C_2H_5)_2Sn$ liefert. Das Standard-Reduktionspotential $(C_2H_5)_2Sn/(C_2H_5)_2Sn^{2+}$ beträgt $E_0 = -0.574$ V bei 16°C gegen eine Standard-Kalomelelektrode [2]. Diese polarographische Reduktion ist abhängig vom pH-Wert der Lösung, wie Untersuchungen zwischen pH = 1.2 und 12.7 gezeigt haben. Sie führt zur Bildung von $[(C_2H_5)_2Sn]_x$ [3, 4]. Als Zwischenprodukt nach dem ersten Schritt der Reduktion wird die Bildung von $[(C_2H_5)_2ClSn]_2$ angenommen [5]. Weitere Untersuchungen der Polarographie in Wasser s. bei [6 bis 9], in Methanol s. bei [7, 10, 11], in Äthanol s. bei [6, 11, 12], in Propanol s. bei [7, 11], in Isopropylalkohol s. bei [11], in Acetonitril s. bei [6, 11], in Aceton s. bei [11, 13], in Formamid, Methylformamid und Dimethylformamid s. bei [11, 13, 14], in Dimethylsulfoxid s. bei [11, 13] und in Benzol-Methanol-LiCl s. bei [15]. Eine Bestimmung des Halbwellenpotentials bei 25°C gegen eine Kalomelzelle ergibt in 6 N HCl-Lösung −0.8 V und −1.15 V [16]. Mit Hilfe der oszillographischen Polarographie wurde festgestellt, daß die Reduktion von $(C_2H_5)_2SnCl_2$ an einer Hg-Elektrode bei pH = 7 zu 87% und in 0.1 N NaOH-Lösung zu 91.3% irreversibel ist [17]. Anionische und kationische chronopotentiometrische Untersuchungen an $(C_2H_5)_2SnCl_2$ in wäßriger 0.024 N HCl- und 0.1 M LiCl-Lösung, bestimmt an einem hängenden Hg-Tropfen bei 25°C, zeigen, daß unter reversiblen Bedingungen als erstes eine adsorbierte Schicht eines Reaktionsprodukts entsteht, gefolgt von der Bildung einer unlöslichen Substanz, vermutlich $[(C_2H_5)_2Sn]_x$ [18, 19]. Vergleiche der wechselstrompolarographischen Reduktion von $(C_2H_5)_2SnCl_2$ mit der anderer Organozinnhalogenide s. bei [20]. Zur polarographischen Bestimmung von $(C_2H_5)_2SnCl_2$ in Mischungen s. [21], in PVC s. [22].

Literatur:

[1] L. Riccoboni (Atti Ist. Veneto Sci. **96** II [1937] 183/92 nach C.A. **1939** 7207). — [2] L. Riccoboni, P. Popoff (Atti Ist. Veneto Sci. **107** II [1949] 123/48 nach C.A. **1950** 6752). — [3] M. Devaud (Compt. Rend. C **263** [1966] 1269/72). — [4] M. Devaud (J. Chim. Phys. **64** [1967] 791/8). — [5] V. N. Flerov, Yu. M. Tyurin (Zh. Obshch. Khim. **38** [1968] 1669/76; J. Gen. Chem. USSR **38** [1968] 1627/33).

[6] V. N. Flerov, N. V. Spiridonova, Yu. M. Tyurin (Tr. Gork. Politekhn. Inst. **25** Nr. 13 [1969] 45/51 nach C.A. **75** [1971] Nr. 58003). — [7] Yu. M. Tyurin, V. N. Flerov (Elektrokhimiya **6** [1970] 1548/52; Soviet Electrochem. **6** [1970] 1492/5). — [8] M. Asso, G. Carpeni (Can. J. Chem. **46** [1968] 1795/802). — [9] M. D. Morris (Anal. Chem. **39** [1967] 476/80). — [10] M. Devaud, E. Laviron (Rev. Chim. Minerale **5** [1968] 427/58).

[11] Yu. M. Tyurin, V. N. Flerov, V. K. Goncharuk (Zh. Obshch. Khim. **41** [1971] 494/502; J. Gen. Chem. USSR **41** [1971] 490/6). — [12] V. F. Toropova, M. K. Saikina (Sb. Statei po Obshch. Khim. Akad. Nauk SSSR **1** [1953] 210/5 nach C.A. **1954** 12579). — [13] Yu. M. Tyurin, V. N. Flerov, V. K. Goncharuk (Tr. Gor'k. Politekhn. Inst. **25** [1971] 11/6 nach C.A. **77** [1972] Nr. 61085). — [14] M. Devaud, Y. Le Moullec (J. Electroanal. Chem. Interfacial Electrochem. **68** [1976] 223/35). — [15] M. Devaud, Y. Le Moullec (Electrochim. Acta **21** [1976] 395/400).

[16] M. K. Saikina (Uch. Zap. Kazan. Gos. Univ. **116** Nr. 2 [1956] 129/86 nach C.A. **1957** 7191). — [17] M. K. Saikina, R. S. Nigmatullin (Uch. Zap. Kazan. Gos. Univ. **116** Nr. 1 [1956] 167/70 nach C.A. **1958** 931). — [18] V. N. Flerov, Yu. M. Tyurin (Elektrokhimiya **6** [1970] 1404/8; Soviet Electrochem. **6** [1970] 1357/60). — [19] V. K. Goncharuk, N. V. Flerov, Yu. M. Tyurin (Nov. Elektrokhim. Org. Soedin. Tezisy Dokl. 8th Vses. Soveshch. Elektrokhim. Org. Soedin., Riga 1973, S. 89/90). — [20] H. Mehner, H. Jehring, H. Kriegsmann (J. Organometal. Chem. **15** [1968] 97/105).

[21] V. A. Bork, P. I. Selivokhim (Tr. Mosk. Khim. Tekhnol. Inst. **1969** 249/52 nach C.A. **73** [1970] Nr. 94407). — [22] V. A. Bork, P. I. Selivokhin (Plast. Massy **1968** 56/7).

1.3.2.2.1.2.5 Chemisches Verhalten

Chemical Reactions

Diäthylzinndichlorid ist das wesentlichste Ausgangsmaterial zur Synthese von Diäthylzinnderivaten. Eine repräsentative Auswahl solcher Reaktionen ist im folgenden wiedergegeben.

Reactions with Hydrogenating Agents

1.3.2.2.1.2.5.1 Reaktionen mit Hydrierungsmitteln

$(C_2H_5)_2SnCl_2$ reagiert mit $(C_2H_5)_2AlH$ ohne Lösungsmittel oder mit $(i\text{-}C_4H_9)_2AlH$ in Dibutyläther unter Bildung von $(C_2H_5)_2SnH_2$, W. P. Neumann, H. Niermann (Liebigs Ann. Chem. **653** [1962] 164/72), Studiengesellschaft Kohle m.b.H. (B.P. 951 150 [1960/64]; C.A. **60** [1964] 13271).

Reactions with Ozone

1.3.2.2.1.2.5.2 Reaktionen mit Ozon

Die Einwirkung eines Gemisches von Ozon und Sauerstoff (0.8 Vol.-% O_3) auf Lösungen von $(C_2H_5)_2SnCl_2$ in CCl_4 bei 15 bis 20°C führt neben Acetaldehyd und Essigsäure zu $(C_2H_5)_2SnCl_2 \cdot (C_2H_5)Cl_2SnOOH$, einem Organozinnhydroperoxid. Die Geschwindigkeitskonstante für die Ozonolysereaktion in CCl_4 bei 20°C beträgt $k = 6.5 \times 10^{-2}\ l \cdot mol^{-1} \cdot s^{-1}$, Yu. A. Aleksandrov, N. G. Sheyanov, V. A. Shushunov (Dokl. Akad. Nauk SSSR **192** [1970] 91/4; Proc. Acad. Sci. USSR **192** [1970] 307/9), Yu. A. Aleksandrov, N. G. Sheyanov (Zh. Obshch. Khim. **40** [1970] 246/7; J. Gen. Chem. USSR **40** [1970] 225), Yu. A. Aleksandrov, B. I. Tarunin (Zh. Obshch. Khim. **41** [1971] 241/2; J. Gen. Chem. USSR **41** [1971] 239/40), S. V. Zelentsov, B. I. Tarunin, R. N. Shchukin, Yu. A. Aleksandrov (Zh. Obshch. Khim. **46** [1976] 2158/9; J. Gen. Chem. USSR **46** [1976] 2078/9).

Reactions with Metals

1.3.2.2.1.2.5.3 Reaktionen mit Metallen

$(C_2H_5)_2SnCl_2$ reagiert mit Na in Diäthyläther oder Xylol zwischen 0 und 135°C unter Bildung von $[(C_2H_5)_2ClSnSn(C_2H_5)_2]_2$ neben verschiedenen anderen Produkten [1]. Mit Sn reagiert $(C_2H_5)_2SnCl_2$ im Autoklaven in wäßriger Lösung bei 160°C unter Bildung von großen Mengen an $(C_2H_5)_3SnCl$ neben geringen Mengen an $[(C_2H_5)_2ClSn]_2O$ [2].

Literatur:

[1] S. M. Zivukhin, E. D. Dudikova, A. M. Kotov (Zh. Obshch. Khim. **33** [1963] 3274/7; J. Gen. Chem. USSR **33** [1963] 3203/5). — [2] K. Sisido, S. Kozima (J. Organometal. Chem. **11** [1968] 503/13).

Reactions with Metal Alkyls and Aryls

1.3.2.2.1.2.5.4 Reaktionen mit Metallalkylen und -arylen

Die Einwirkung einer Lösung von $t\text{-}C_4H_9MgCl$ in Tetrahydrofuran auf $(C_2H_5)_2SnCl_2$, gelöst in Benzol, führt nach vierstündigem Rückflußkochen zur Bildung von $t\text{-}C_4H_9(C_2H_5)_2SnCl$ [1]. Mit $C_5H_{11}MgBr$ setzt sich $(C_2H_5)_2SnCl_2$ in Diäthyläther im Verlauf einer Stunde zu $(C_2H_5)_2Sn(C_5H_{11})_2$ um [2]. 1,4-Dilithio-1,2,3,4-tetraphenylbutadien reagiert mit Diäthylzinndichlorid in Diäthyläther-Tetrahydrofuran unter Bildung von Octaphenyl-1,1'-spirobistannol (I) in 13%iger Ausbeute [3]. Aus C_5H_5Na und $(C_2H_5)_2SnCl_2$ in Xylol erhält man $(C_2H_5)_2Sn(C_5H_5)_2$ [4]. In wenig Tetrahydrofuran bildet sich aus $(C_2H_5)_2SnCl_2$ und 2,2'-Dilithiodiphenyläther 10,10-Diäthylphenoxastannin (II) in einer Ausbeute von 0.5%. Verwendet man dagegen viel Tetrahydrofuran als Lösungsmittel, so bildet sich in 4%iger Ausbeute Diäthyldi-o-phenoxyphenylzinn (III) [5]. Führt man die Reaktion in Diäthyläther durch und erhitzt 1 h unter Rückfluß, so entstehen 23% des Oxastannins II neben — wie die Autoren glauben — 2% des Dimeren IV [6].

C_6H_5 C_6H_5 C_6H_5 C_6H_5 Sn C_6H_5 C_6H_5 C_6H_5 C_6H_5

I

O Sn C_2H_5 C_2H_5

II

III

IV

Literatur:

[1] M. Devaud, M. C. Langlois (Bull. Soc. Chim. France **1974** 2759/62). — [2] G. J. M. van der Kerk, J. G. A. Lujiten (J. Appl. Chem. [London] **6** [1956] 56/60). — [3] J. G. Zavistoski, J. J. Zuckerman (J. Org. Chem. **34** [1969] 4197/9). — [4] T. Katsumura (Nippon Kagaku Zasshi **83** [1962] 727/9 nach C.A. **59** [1963] 5184). — [5] J. A. Ursino (Diss. St. John's Univ., New York 1967, S. 1/99; Diss. Abstr. B **28** [1967/68] 3662).

[6] H. A. Meinema, J. G. Noltes (J. Organometal. Chem. **63** [1973] 243/50).

1.3.2.2.1.2.5.5 Reaktionen mit Organosilicium-, Organogermanium- und Organozinnverbindungen

Reactions with Organosilicon, Organogermanium, and Organotin Compounds

Die Umsetzung von Diäthylzinndichlorid mit Dialkylzinndihydriden im Molverhältnis 1:1 bei Zimmertemperatur und ohne Lösungsmittel führt in einer Gleichgewichtsreaktion zu Hydridchloriden. ^{1}H-NMR-spektroskopische Untersuchungen zeigen, daß dabei das Gleichgewicht zu 90 bis 95% auf Seiten der Hydridchloride liegt. Im Falle der Reaktion von Diäthylzinndichlorid mit Diphenylzinndihydrid liegt das Gleichgewicht zu 71% auf Seiten von Diäthylzinnhydridchlorid und Diphenylzinnhydridchlorid [1, 2]. Die Reaktion von Diäthylzinndichlorid mit Triäthylzinnhydrid im Molverhältnis 1:2 in Xylol bei 125°C führt im Verlauf von 4 h unter quantitativer Abspaltung von H_2 zu Triäthylzinnchlorid und Diäthylzinn. Die beiden Verbindungen wurden durch Zugabe von Essigsäure bzw. Benzoylperoxid in Triäthylzinnacetat bzw. Diäthylzinndibenzoat übergeführt und in dieser Form isoliert [3]. $(C_2H_5)_2SnCl_2$ und $(C_2H_5)_2Sn(C_6H_5)_2$ bilden bei 210°C $(C_2H_5)_2ClSnC_6H_5$, das als $(C_2H_5)_2C_6H_5SnOOCCH_3$ isoliert wird [4]. Zusammen mit Pyridin wirkt Diäthylzinndichlorid als Katalysator für die Kondensation von Diäthylzinndihydrid zu Octadecaäthylcyclononastannan [5]. Alle wichtigen Reaktionen von Diäthylzinndichlorid mit Organosilicium-, Organogermanium- und Organozinnverbindungen sind in Tabelle 11 zusammengestellt.

Tabelle 11

Reaktionen von $(C_2H_5)_2SnCl_2$ mit Organosilicium-, Organogermanium- und Organozinnverbindungen.

Reaktionspartner	Reaktions-bedingungen	Reaktionsprodukte	Lit.
$(CH_3)_3SiBr$	exotherm	$(C_2H_5)_2SnBrCl$, $(CH_3)_3SiCl$	[6]
$(CH_3)_3SiCl$, NH_3	Benzol-Petroläther	$[(CH_3)_3SiOSn(C_2H_5)_2]_2O$	[7]
$[(CH_3)_3Si]_2Hg$	Benzol, 25°C, 0.1 h	$[(C_2H_5)_2Sn]_x$, $(CH_3)_3SiCl$, Hg	[8]
$[ClMgCH_2Si(CH_3)_2]_2O$	—	$[-CH_2Si(CH_3)_2OSi(CH_3)_2CH_2-Sn(C_2H_5)_2-]_x$	[9]
R_2SiCl_2 $R=CH_3, C_2H_5$	Toluol-NH_3/H_2O, 50 bis 55°C, 1 h	$[(-OSiR_2)_mOSn(C_2H_5)_2O-]_x$ m = 4 bis 11	[10]

Tabelle 11 (Fortsetzung)

Reaktionspartner	Reaktions-bedingungen	Reaktionsprodukte	Lit.
$[(C_2H_5)_3Ge]_2Hg$	Toluol, UV, 100°C, 8 h	$[(C_2H_5)_3Ge]_2Sn(C_2H_5)_2$, $(C_2H_5)_3GeCl$, Hg	[11]
$(C_2H_5)_2SnH_2$	1:1	$(C_2H_5)_2SnHCl$	[1]
R_2SnH_2 $R = C_4H_9$, i-C_4H_9, C_8H_{17}, C_6H_5	1:1	$(C_2H_5)_2SnHCl$, R_2SnHCl	[2]
$(C_4H_9)_3SnH$	1:1	$(C_2H_5)_2SnHCl$, $(C_4H_9)_3SnCl$	[1]
	1:2	$(C_2H_5)_2SnH_2$, $(C_4H_9)_3SnCl$	[1]
$(C_2H_5)_2SnH_2$, $CH_2{=}CHCH_2CH_2CH{=}CH_2$	—	$(C_2H_5)_2ClSn(CH_2)_6SnCl(C_2H_5)_2$	[12]
$(C_2H_5)_2SnH_2$, $O{=}C_6H_{10}$ (Cyclohexanon)	—	$ClSn(C_2H_5)_2{-}O{-}C_6H_{11}$ (Cyclohexyl)	[12]
$(C_2H_5)_2SnH_2$, $CH_3C(O)C_2H_5$	—	$(C_2H_5)_2ClSnOCH(CH_3)C_2H_5$	[12]
$(C_2H_5)_2SnH_2$, p-$NCC_6H_4C(O)CH_3$	—	$(C_2H_5)_2ClSnOCH(CH_3)C_6H_4$-p-CN	[12]
$[(C_2H_5)_3Sn]_2O$	—	$(C_2H_5)_3SnCl$, $[(C_2H_5)_2SnO]_x$	[13]
$[(C_2H_5)_2SnO]_x$	—	$[(C_2H_5)_2ClSn]_2O$	[14]
$[(CH_3)_2SnO]_x$	1:1, i-C_3H_7OH	$(CH_3)_2SnCl_2 \cdot (C_2H_5)_2SnO$	[15]
$Sn(C_2H_5)_4$, $(C_2H_5)_3SnCl$, NaOH	90°C, 1 h	$[(C_2H_5)_3Sn]_2O$	[16, 17]
$Sn(C_2H_5)_4$	215°C, 2 h	$(C_2H_5)_3SnCl$	[18, 19]
$(C_2H_5)_2Sn(C_4H_9)_2$	140°C, 2 h	$(C_2H_5)_3SnCl$, $(C_2H_5)_2ClSnC_4H_9$, $(C_4H_9)_2ClSnC_2H_5$	[20]
$(C_2H_5)_2Sn(C_5H_5)_2$	20°C, 24 h	$(C_2H_5)_2ClSnC_5H_5$	[21, 22]
	60°C, kurze Zeit	$(C_2H_5)_2ClSnC_5H_5$	[21]
$[(C_2H_5)_3Sn]_2$	200°C, 7 h	$Sn(C_2H_5)_4$, $(C_2H_5)_3SnCl$, Sn	[23]
$[(C_4H_9)_2Sn]_x$	1:2, $(C_2H_5)_3N$, 160°C, 15 h, Bombenrohr	Sn, $(C_4H_9)_2ClSnC_2H_5$, $(C_2H_5)_2ClSnC_4H_9$, $(C_4H_9)_3SnCl$, $(C_2H_5)_3SnCl$, $(C_2H_5)_3SnC_4H_9$, $(C_2H_5)_2Sn(C_4H_9)_2$	[24]

Literatur:

[1] A. K. Sawyer, J. E. Brown, G. S. May (J. Organometal. Chem. **11** [1968] 192/4). — [2] A. K. Sawyer, G. S. May, R. E. Scofield (J. Organometal. Chem. **14** [1968] 213/6). — [3] N. S. Vyazankin, G. A. Razuvaev, S. P. Korneva (Zh. Obshch. Khim. **34** [1964] 2787/9; J. Gen. Chem. USSR **34** [1964] 2809/12). — [4] L. S. Melnichenko, N. N. Zemlyanskii, N. D. Kolosova, I. V. Karandi, K. A. Kocheshkov (Dokl. Akad. Nauk SSSR **198** [1971] 1094/5; Dokl. Chem. Proc. Acad. Sci. USSR **198** [1971] 500/1). — [5] W. P. Neumann, J. Pedain, R. Sommer (Liebigs Ann. Chem. **694** [1966] 9/18).

[6] D. A. Armitage, A. Tarassoli (Inorg. Chem. **14** [1975] 1210/1). — [7] R. Okawara, D. G. White, K. Fujitani, H. Sato (J. Am. Chem. Soc. **83** [1961] 1342/4). — [8] T. N. Mitchell (J. Organometal. Chem. **92** [1975] 311/9). — [9] M. L. Galashina, G. V. Kaznina, M. V. Sobolevskii (Plasticheskie Massy **1966** 26/7; Soviet Plast. **1967** 28/9). — [10] K. A. Andrianov, T. N. Ganina, E. N. Khrustoleva (Izv. Akad. Nauk SSSR Otd. Khim. Nauk **1956** 798/803; Bull. Acad. Sci. USSR Div. Chem. Sci. **1956** 817/22).

[11] O. A. Kruglaya, B. I. Petrov, G. N. Bortnikov, N. S. Vyazankin (Izv. Akad. Nauk SSSR Ser. Khim. **1971** 2242/6; Bull. Acad. Sci. USSR Div. Chem. Sci. **1971** 2118/21). — [12] W. P. Neumann, J. A. Pedain, Studiengesellschaft Kohle m.b.H. (D.P. 1214237 [1964/66]; C.A. **65** [1966] 5490). — [13] H. H. Anderson (J. Org. Chem. **19** [1954] 1766/9). — [14] P. Pfeiffer, O. Brack (Z. Anorg. Allgem. Chem. **87** [1914] 229/34). — [15] T. Harada (Bull. Chem. Soc. Japan **41** [1968] 737/41).

[16] Metal and Thermit Corp. (B.P. 797976 [1958]; C.A. **1959** 3061). — [17] C. R. Gloskey, Metal and Thermit Corp. (U.S.P. 2862944 [1958]; C.A. **1959** 7014). — [18] K. A. Kocheshkov (Ber. Deut. Chem. Ges. **66** [1933] 1661/5). — [19] K. A. Kocheshkov (Zh. Obshch. Khim. **4** [1934] 1359/63). — [20] V. A. Chernoplekova, N. N. Zemlyanskii, N. D. Kolosova, K. A. Kocheshkov (Izv. Akad. Nauk SSSR Ser. Khim. **1975** 2803/5; Bull. Acad. Sci. USSR Div. Chem. Sci. **1975** 2691/3).

[21] K. A. Kocheshkov, N. N. Zemlyanskii, N. D. Kolosova, A. A. Azizov, P. I. Zakharov, Yu. A. Ustynyuk (Izv. Akad. Nauk SSSR Ser. Khim. **1974** 960; Bull. Acad. Sci. USSR Div. Chem. Sci. **1974** 932). — [22] N. D. Kolosova, N. N. Zemlyanskii, A. A. Azizov, Yu. A. Ustynyuk, N. P. Barminova, K. A. Kocheshkov (Dokl. Akad. Nauk SSSR **218** [1974] 117/9; Dokl. Chem. Proc. Acad. Sci. USSR **218** [1974] 614/6). — [23] G. A. Razuvaev, Yu. I. Dergunov, N. S. Vyazankin (Zh. Obshch. Khim. **32** [1962] 2525/20 nach C.A. **58** [1963] 9111). — [24] K. Sisido, S. Kozima, T. Ishibashi (J. Organometal. Chem. **10** [1967] 439/45).

1.3.2.2.1.2.5.6 Reaktionen mit Nichtmetallverbindungen

Reactions with Nonmetal Compounds

t-Butoxy-Radikale, erzeugt durch Photolyse von Di-t-butylperoxid, greifen Diäthylzinndichlorid am Sn-Atom an. Dabei wird je Molekül Diäthylzinndichlorid ein Äthylradikal freigesetzt, welches durch ESR-Spektroskopie nachgewiesen werden kann. Daneben entsteht $(C_2H_5)[(CH_3)_3CO]SnCl_2$ [1, 2]. Zur Kinetik der Reaktion vgl. [2]. Zwischen gleichmolaren Mengen Diäthylzinndichlorid und $C_6H_5AsH_2$, gelöst in Benzol, findet im Bombenrohr bei 175°C während 6 h keine Reaktion statt. Verwendet man die doppelte Menge Phenylarsin und erhöht die Temperatur auf 235 bis 250°C, so ist nach 5 h das eingesetzte Diäthylzinndichlorid wieder quantitativ zurückzugewinnen, während sich die Arsenkomponente zu Triphenylarsin, Arsen und Wasserstoff zersetzt [3]. Weitere Reaktionen von Diäthylzinndichlorid mit Nichtmetallverbindungen sind aus Tabelle 12 zu entnehmen.

Tabelle 12
Reaktionen von $(C_2H_5)_2SnCl_2$ mit Nichtmetallverbindungen.

Reaktionspartner	Reaktionsbedingungen	Reaktionsprodukte	Lit.
HF	H_2O	$(C_2H_5)_2SnF_2$	[4]
C_4H_9Cl	160°C, $(C_2H_5)_3N$, Fe	$(C_2H_5)_3SnCl$, $C_4H_9(C_2H_5)_2SnCl$, $C_2H_5(C_4H_9)_2SnCl$, $(C_4H_9)_3SnCl$	[5]
$i\text{-}C_8H_{17}OH$	100 bis 120°C, Pyridin	$i\text{-}C_8H_{17}O[(C_2H_5)_2SnO]_{11.7}\text{-}i\text{-}C_8H_{17}$	[6 bis 8]
C_2H_5OH	$(C_2H_5)_3N$, feuchte Luft	$Cl(C_2H_5)_2SnOSn(C_2H_5)_2OH$	[9]
OH, NO	CH_3OH, NH_3, 3 bis 4 h, Rühren	NO, O—Sn(C_2H_5)(C_2H_5)—O—Sn(C_2H_5)(C_2H_5)—O, NO	[10]

Tabelle 12 (Fortsetzung)

Reaktionspartner	Reaktionsbedingungen	Reaktionsprodukte	Lit.
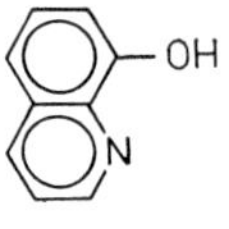	—	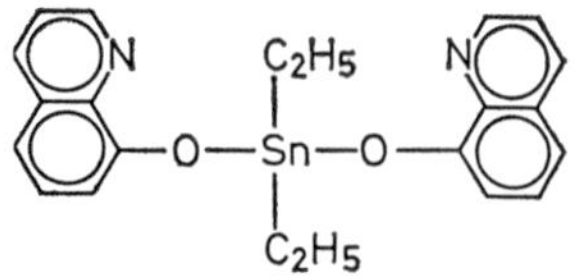	[11]
H_2S	—	$[(C_2H_5)_2SnS]_3$	[12, 13]
HSO_3F	25°C	$(C_2H_5)_2Sn(SO_3F)_2$	[14]
HSO_3CF_3	25°C	$(C_2H_5)_2Sn(SO_3CF_3)_2$	[14]
NH_3	C_2H_5OH	$[(C_2H_5)_2ClSn]_2O$	[15]
NH_3	H_2O	$[(C_2H_5)_2SnO]_x$	[12]
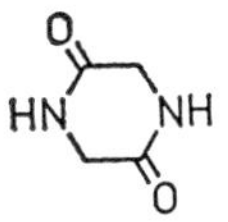	Dimethylsulfoxid, 80°C, 24 h	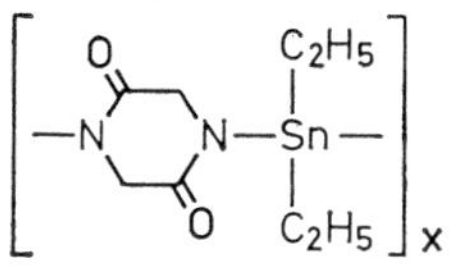	[16]
p-$(NH_2)_2C_6H_4$	Hexan/2,5-Hexandion, 25°C, 1 min, $(C_2H_5)_3N$	$[\text{-}NHC_6H_4NHSn(C_2H_5)_2\text{-}]_x$	[17, 18]
HPO_2F_2	25°C	$(C_2H_5)_2Sn(PO_2F_2)_2$	[14]
CH_2N_2	—	$(C_2H_5)_2ClSnCH_2Cl$	[19]
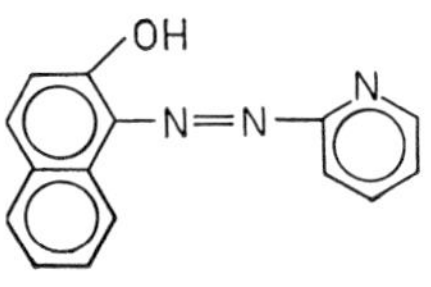	—	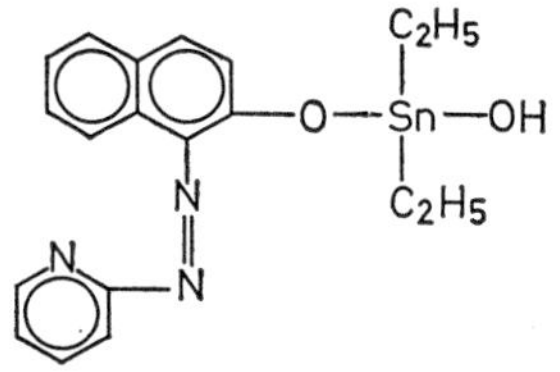	[20]
o-$(OH)_2C_6H_4$	$[OH^-]$, potentiometrische Titration	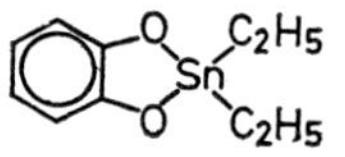	[21]

Literatur:

[1] A. G. Davies, B. P. Roberts, J. C. Scaiano (J. Organometal. Chem. **39** [1972] C55/C57). — [2] A. G. Davies, J. C. Scaiano (J. Chem. Soc. Perkin Trans. II **1973** 1777/80). — [3] A. N. Nesmeyanov, R. C. Freidlina (Ber. Deut. Chem. Ges. **67** [1934] 735/8). — [4] L. E. Levchuk, J. R. Sams, F. Aubke (Inorg. Chem. **11** [1972] 43/50). — [5] K. Sisido, S. Kozima (J. Organometal. Chem. **11** [1968] 503/13).

[6] G. P. Mack, E. Parker, Advance Solvents and Chemical Corp. (U.S.P. 2626953 [1953]; C.A. **1953** 11224). — [7] G. P. Mack, E. Parker, Advance Solvents and Chemical Corp. (U.S.P. 2592926 [1952]; C.A. **1952** 11767). — [8] Advance Solvents Chemical Corp. (B.P. 694944 [1953]; C.A. **1954** 7625). — [9] D. L. Alleston, A. G. Davies, M. Hancock (J. Chem. Soc. **1964** 5744/8). — [10] T. Tanaka, R. Ueeda, M. Wada, R. Okawara (Bull. Chem. Soc. Japan **37** [1964] 1554/5).

[11] T. Tanaka, M. Komura, Y. Kawasaki, R. Okawara (J. Organometal. Chem. **1** [1964] 484/9). — [12] K. A. Kocheshkov (Ber. Deut. Chem. Ges. **66** [1933] 1661/5). — [13] H. Kriegsmann, H. Hoffmann (Z. Chem. [Leipzig] **3** [1963] 268/9). — [14] T. H. Tan, J. R. Dalziel, P. A. Yeats,

J. R. Samps, R. C. Thompson, F. Aubke (Can. J. Chem. **50** [1972] 1843/51). — [15] A. Strecker (Liebigs Ann. Chem. **123** [1862] 365/72).

[16] U. Haberthuer, H. G. Elias (Makromol. Chem. **114** [1971] 183/92). — [17] C. E. Carraher, D. O. Winter (Makromol. Chem. **141** [1971] 237/44). — [18] C. E. Carraher, D. O. Winter (Makromol. Chem. **141** [1971] 259/64). — [19] R. G. Kostyanovskii, A. K. Prokofev (Izv. Akad. Nauk SSSR Ser. Khim. **1965** 175/8; Bull. Acad. Sci. USSR Div. Chem. Sci. **1965** 159/62). — [20] G. Pilloni (Anal. Chim. Acta **37** [1967] 497/507).

[21] R. C. Mehrotra, V. D. Gupta, C. K. Sharma (Z. Naturforsch. **27b** [1972] 386/91).

1.3.2.2.1.2.5.7 Reaktionen mit Metallverbindungen

Reactions with Metal Compounds

Die wichtigsten Reaktionen von Diäthylzinndichlorid mit Metallverbindungen bzw. metallierten Nichtmetallverbindungen sind in Tabelle 13, S. 58/60, zusammengestellt.

Die ersten Versuche durch Komproportionierung äquimolarer Mengen $(C_2H_5)_2SnCl_2$ und $SnCl_4$ im Bombenrohr bei 210°C im Verlauf von 2 h zu $C_2H_5SnCl_3$ zu gelangen, schlugen fehl. Die Ausgangskomponenten blieben unverändert [1]. Erhitzt man dagegen ein Gemisch von $(C_2H_5)_2SnCl_2$, $SnCl_4$, $POCl_3$ und P_2O_5 im Molverhältnis 1:4:3:1.5 auf 120 bis 130°C, so sind nach 24 h 83.3% und nach 42 h 93.5% der theoretisch zu erwartenden Menge an $C_2H_5SnCl_3$ gaschromatographisch nachzuweisen. In Substanz isolierbar sind 91.6%. Größere und kleinere Konzentrationen an $POCl_3$ erniedrigen die Reaktionsgeschwindigkeit ebenso wie geringere Anteile an $SnCl_4$. In Abwesenheit von P_2O_5 verringert sich die Ausbeute auf 65%. Versuche, die genannte Umsetzung durch $AlCl_3$, $NaAlCl_4$, $SbCl_3$, $SnCl_2$ oder $HgCl_2$ zu beschleunigen, führten nicht zum Erfolg [2, 3]. Eine Ausbeute von 88% wird erhalten, wenn $POCl_3$ und P_2O_5 durch 12 N HCl ersetzt werden [3].

Literatur:

[1] K. A. Kocheshkov (Ber. Deut. Chem. Ges. **66** [1933] 1661/5). — [2] W. P. Neumann, G. Burkhardt (Liebigs Ann. Chem. **663** [1963] 11/21). — [3] W. P. Neumann, Studiengesellschaft Kohle m.b.H. (D.P. 1177158 [1962/64]; C.A. **61** [1964] 14711). — [4] A. G. Davies, H. J. Milledge, D. C. Puxley, P. J. Smith (J. Chem. Soc. A **1970** 2862/6). — [5] L. I. Zakharkin, O. Yu. Okhlobystin, B. N. Strunin (Zh. Prikl. Khim. **36** [1963] 2034/8; J. Appl. Chem. USSR **36** [1963] 1969/72).

[6] A. Rieche, J. Dahlmann (Liebigs Ann. Chem. **675** [1964] 19/35). — [7] S. M. Zhivukhin, E. D. Dudikova, V. V. Kireev (Zh. Obshch. Khim. **31** [1961] 3106/11 nach C.A. **57** [1962] 850). — [8] C. E. Carraher, R. L. Dammeier (Polymer Prepr. Am. Chem. Soc. Div. Polymer Chem. **11** [1970] 606/12). — [9] C. E. Carraher, R. L. Dammeier (J. Polymer Sci. A **10** [1972] 413/7). — [10] A. Tzschach, K. Pönicke (Z. Anorg. Allgem. Chem. **404** [1974] 121/8).

[11] C. K. Sharma, V. D. Gupta, R. C. Mehrotra (J. Indian Chem. Soc. **50** [1973] 207/8). — [12] R. C. Mehrotra, V. D. Gupta, C. K. Sharma (Indian J. Chem. **10** [1972] 433/4). — [13] K. A. Andrianov, T. V. Vasileva, Z. N. Nudelman, L. M. Khananashvili, A. S. Kocheshkova, A. G. Cherednikova (Zh. Obshch. Khim. **32** [1962] 2307/11; J. Gen. Chem. USSR **32** [1962] 2275/8). — [14] R. Okawara, E. G. Rochow (U.S. Dept. Com. Office Tech. Serv. PB 171571 [1960] 1/11 nach C.A. **58** [1963] 3454). — [15] S. Migdal, D. Gertner, A. Zilkha (Can. J. Chem. **45** [1967] 2987/92).

[16] R. C. Mehrotra, V. D. Gupta, C. K. Sharma (Indian J. Chem. **10** [1972] 645/8). — [17] E. W. Abel, C. R. Jenkins (J. Chem. Soc. A **1967** 1344/6). — [18] M. Shindo, Y. Matsumura, R. Okawara (J. Organometal. Chem. **11** [1968] 299/305). — [19] R. Sommer, B. Schneider, W. P. Neumann (Liebigs Ann. Chem. **692** [1966] 12/21). — [20] H. Matsuda, F. Mori, A. Kashiwa, S. Matsuda, N. Kasai, K. Jitsumori (J. Organometal. Chem. **34** [1972] 341/5).

[21] J. D. Cotton, S. A. R. Knox, I. Paul, F. G. A. Stone (J. Chem. Soc. A **1967** 264/9). — [22] C. E. Carraher, P. J. Lessek (Am. Chem. Soc. Div. Org. Coatings Plastics Chem. Papers **33** [1973] 420/6). — [23] C. E. Carraher, P. J. Lessek (Angew. Makromol. Chem. **38** [1974] 57/66). — [24] C. E. Carraher, G. F. Peterson, J. E. Sheats (Am. Chem. Soc. Div. Org. Coatings Plastics Chem. Papers **33** [1973] 427/32). — [25] C. E. Carraher, G. F. Peterson, J. E. Sheats, T. Kirsch (J. Makromol. Sci. Chem. A **8** Nr. 6 [1974] 1009/22).

[26] C. E. Carraher, G. F. Peterson, J. E. Sheats, T. Kirsch (J. Makromol. Chem. **175** [1974] 3089/96).

Tabelle 13

Reaktionen von $(C_2H_5)_2SnCl_2$ mit Metallverbindungen.

Reaktionspartner	Reaktionsbedingungen	Reaktionsprodukte	Lit.
KF	C_2H_5OH-H_2O	$(C_2H_5)_2SnF_2$	[4]
NaOH	Methanol	$[(C_2H_5)_2SnO]_x$	[5]
$(CH_3)_3COONa$	Diäthyläther	$(C_2H_5)_2Sn[OOC(CH_3)_3]_2$	[6]
CH_3COONa	Essigsäure-Wasser, 20°C, 1.5 h	$CH_3COO[(C_2H_5)_2SnO]_nSn(C_2H_5)_2OOCCH_3$ n = 2 bis 3	[7]
$NaOOC(CH_2)_4COONa$	Benzol-Wasser, 25°C, 1 min Rühren	$[-(C_2H_5)_2SnOOC(CH_2)_4COO-]_x$	[8, 9]
$(NaOCH_2CH_2)_2NCH_3$	Tetrahydrofuran, 25°C, 2 h Rühren, 10 min Sieden	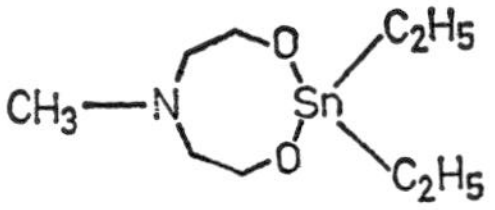 CH_3, N, O, Sn, O, C_2H_5, C_2H_5	[10]
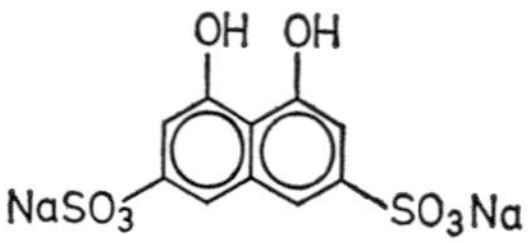 OH OH, $NaSO_3$, SO_3Na	potentiometrische Titration	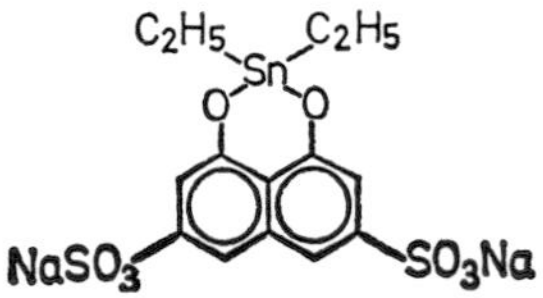 C_2H_5, Sn, C_2H_5, O, O, $NaSO_3$, SO_3Na	[11]
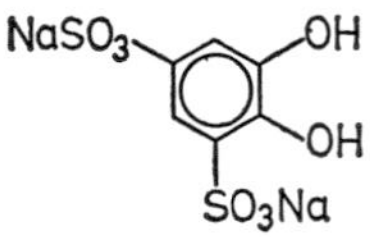 $NaSO_3$, OH, OH, SO_3Na	CH_3OH-CCl_4-C_6H_6	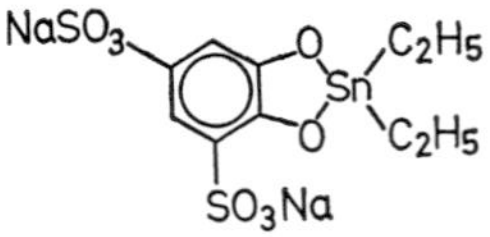 $NaSO_3$, O, Sn, O, C_2H_5, C_2H_5, SO_3Na	[12]

Tabelle 13 (Fortsetzung)

Reaktionspartner	Reaktionsbedingungen	Reaktionsprodukte	Lit.
$NaO[(CH_3)_2SiO]_xNa$	—	Polymere	[13]
Na-Silicat	Aceton	Polymeres	[14]
Na_2S	Petroläther-H_2O, 0°C, einige Stunden Rühren	$[(C_2H_5)_2SnS]_3$	[15]
$Na_2S \cdot 9H_2O + S_8$	CH_2Cl_2-H_2O, 0°C, Rühren	$[(C_2H_5)_2Sn]_2S_{2.5}$	[15]
HSCHRCOONa R = H, CH_3	H_2O, $[OH^-]$, 25°C, Rühren; potentiometrische Titration	$R{-}HC{-}S{-}Sn(C_2H_5)_2{-}O{-}C({=}O)$ (Ring)	[16]
NaSCH=CHSNa	H_2O, Rühren	$HC{=}CH{-}S{-}Sn(C_2H_5)_2{-}S$ (Ring)	[17]
NaSC(CN)=C(CN)SNa	H_2O, Rühren	$NC{-}C{=}C{-}CN$ mit $S{-}Sn(C_2H_5)_2{-}S$ (Ring)	[17]
$(C_6H_5)_3SbS$	Aceton-Methanol	$[(C_2H_5)_2SnS]_3$, $(C_6H_{11})_3SbCl_2$	[18]
$LiN(C_2H_5)_2$	—	$(C_2H_5)_2Sn[N(C_2H_5)_2]_2$	[19]
NaN_3	Methanol-H_2O, 25°C	$(C_2H_5)_2Sn[OSn(C_2H_5)_2N_3]_2$	[20]
$Fe(CO)_5$	11.7 : 74.7, 18 h, Rückfluß	$[(C_2H_5)_2SnCl]_2Fe(CO)_4$, $(C_2H_5)_4Sn_3[Fe(CO)_4]_4$, $Fe_3(CO)_{12}$	[21]

Tabelle 13 (Fortsetzung)

Reaktionspartner	Reaktionsbedingungen	Reaktionsprodukte	Lit.
$Fe(C_5H_4\text{-}CONa(=O))(C_5H_4\text{-}C(=O)ONa)$	organisches Lösungsmittel-H_2O, starkes Rühren	$[\text{-}Sn(C_2H_5)_2\text{-}O\text{-}C(=O)\text{-}C_5H_4\text{-}Fe\text{-}C_5H_4\text{-}C(=O)\text{-}O\text{-}]_x$; $Fe(C_5H_4\text{-}C(=O)\text{-}O\text{-})_2Sn(C_2H_5)_2$	[22, 23]
$[NaOC(=O)\text{-}C_5H_4\text{-}Co\text{-}C_5H_4\text{-}C(=O)ONa]PF_6$	CCl_4-H_2O, starkes Rühren	$[\text{-}O\text{-}C(=O)\text{-}C_5H_4\text{-}Co^{\oplus}\text{-}C_5H_4\text{-}C(=O)\text{-}O\text{-}Sn(C_2H_5)_2\text{-}]_x$ $PF_6^{\ominus}$	[24 bis 26]

1.3.2.2.1.2.5.8 Reaktionen mit Lewis-Basen unter Bildung von Komplexen mit Erweiterung der Koordinationszahl am Zinn

Reactions with Lewis Bases Forming Complexes with Higher Tin Coordination Number

$(C_2H_5)_2SnCl_2$ bildet mit Lewis-Basen Addukte unter Ausbildung der Koordinationszahlen 5 oder 6 am zentralen Zinnatom. In Tabelle 14 ist eine Auswahl der wichtigsten Komplexe aufgeführt.

$(C_2H_5)_2SnCl_2$ bildet mit 2,2'-Bipyridyl einen 1:1-Komplex. Bildungskonstante in Acetonitril bei 25 ± 2°C: lg K = 3.47 ± 0.02. Thermodynamische Daten der Reaktion: $-\Delta G = 4.74 \pm 0.02$ kcal/mol, $-\Delta H = 12.43 \pm 0.15$ kcal/mol, $-\Delta S = 25.8 \pm 0.6$ cal · mol^{-1} · K^{-1}. Stellt man den Komplex durch Zugabe einer Lösung von $(C_2H_5)_2SnCl_2$ in CCl_4 zu einer Lösung von 2,2'-Bipyridyl in Acetonitril her, so beträgt die Bildungswärme $-\Delta H = 17.01$ kcal/mol [1]. Diäthylzinndichlorid wird mit Hilfe von Ionenaustauschern in Diäthylzinndiacetat überführt, welches seinerseits in wäßriger Lösung mit den 1,10-Phenanthrolin-Derivaten L (V; X = H, Cl, NO_2, CH_3) zu $(C_2H_5)_2Sn(OOCCH_3)L^{\oplus}$ reagiert [2].

V

Die Komplexbildungsreaktionen von $(C_2H_5)_2SnCl_2$ mit Oxoverbindungen des Typs R_2CO, R_2SO und R_3PO wurden durch kalorimetrische Titration in Benzol bei 25°C untersucht. Es bilden sich durchwegs 1:1-Komplexe mit folgenden Liganden (in Klammern Bildungsenthalpie $-\Delta H$ in kcal/mol und Bildungsentropie $-\Delta S$ in cal · mol^{-1} · K^{-1}): $(CH_3)_3PO$ (13.5, —), $(C_4H_9)_3PO$ (12.6, 27.0), $(i\text{-}C_4H_9)_3PO$ (12.0, 27.4), $(C_6H_5)_3PO$ (11.0, 26.8), $(C_4H_9O)_2(C_4H_9)PO$ (10.3, 27.0), $[(CH_3)_2N]_3PO$ (11.4, 20.8), $(C_4H_9O)_2(CH_3S)PO$ (8.6, 23.5), $(C_6H_{13})_2SO$ (11.1, 29.2), $(CH_3)_2CO$ (6.2, 17.6) [3]. Diäthylzinndichlorid und $TiCl_4$ bilden einen 1:2-Komplex. Aus Dielektrizitätswerten, gemessen an benzolischen Lösungen des Komplexes bei 25°C, berechnet sich ein Dipolmoment von 3.00 D [4].

Tabelle 14

Reaktionen von $(C_2H_5)_2SnCl_2$ mit Lewis-Basen unter Bildung von Komplexen mit Erweiterung der Koordinationszahl am Zinn.

Reaktionspartner	Reaktionsbedingungen	Reaktionsprodukte	Lit.
$[(C_6H_5)_4As]Cl$	—	$[(C_6H_5)_4As][(C_2H_5)_2SnCl_3]$	[5, 6]
$(C_6H_5)_3CCl$	—	$[(C_6H_5)_3C][(C_2H_5)_2SnCl_3]$	[6]
$AlCl_3$	—	1:1-Komplex	[7]
$[C_5H_5NH]Cl$	Methanol	$[C_5H_5NH]_2[(C_2H_5)_2SnCl_4]$	[8]
$[C_9H_7NH]Cl$	Methanol	$[C_9H_7NH]_2[(C_2H_5)_2SnCl_4]$	[8]
$[C_6H_5NH_3]Cl$, $i\text{-}C_5H_{11}ONO$	Äthanol-HCl	$(C_2H_5)_2SnCl_2 \cdot 2\,C_6H_5N_2Cl$	[9]
$[p\text{-}RC_6H_4NH_3]Cl$, $i\text{-}C_5H_{11}ONO$ R = Br, CH_3, C_2H_5	Äthanol-HCl	$(C_2H_5)_2SnCl_2 \cdot 2\,p\text{-}RC_6H_4N_2Cl$	[9]
NH_3	Diäthyläther gasförmig, 50 bis 60 h	1:2-Komplex 1:3-Komplex	[10] [11]

Tabelle 14 (Fortsetzung)

Reaktionspartner	Reaktions-bedingungen	Reaktionsprodukte	Lit.
$C_6H_5NH_2$	1:3, ohne Lösungsmittel, Erwärmen	1:2-Komplex	[11]
	ohne Lösungsmittel, Anilin im Überschuß	1:1- und 1:2-Komplex	[10]
C_5H_5N	stark exotherm	1:2-Komplex	[10, 12]
	Diäthyläther	1:1-Komplex	[13 bis 15]
	CH_3CN bzw. CCl_4-CH_3CN	1:1-Komplex	[1]
	Diäthyläther	1:1-Komplex	[13 bis 15]
	—	1:1-Komplex	[16]
N_2H_4	Diäthyläther	1:2-Komplex	[17]
$(CH_3)_2(CH_3O)PO$	—	1:2-Komplex	[18]
$(C_2H_5)_2(RO)PO$ $R = C_3H_7$, n-C_6H_{13}	100 bis 110°C, 3 h	1:1-Komplex	[19]
$(C_2H_5O)_2HPO$	Cyclohexan	1:1-Komplex	[20]
$(CH_3)_3SbS$	Methanol-Aceton	1:2-Komplex	[21]
$(CH_3)_2CO$	—	1:1-Komplex	[3, 22]
$(CH_3)_2SO$	—	1:2-Komplex	[23]
$(C_6H_5)_2SO$	—	1:2-Komplex	[24]
$(CH_3)_2SeO$	CH_2Cl_2	1:2-Komplex	[25]
$[(C_6H_5)_4As]_2[B_{10}H_{12}]$	Tetrahydrofuran-CH_2Cl_2, 25°C, 10 min	$[(C_6H_5)_4As]_2$-$[B_{10}H_{12}(C_2H_5)_2SnCl_2]$	[26]
$[(C_6H_5)_3PCH_3]_2[B_{10}H_{12}]$	Tetrahydrofuran-CH_2Cl_2, 25°C, 10 min	$[(C_6H_5)_3PCH_3]_2$-$[B_{10}H_{12}(C_2H_5)_2SnCl_2]$	[26]
	CH_2Cl_2, 1 h Rückfluß	1:1-Komplex	[27]

Literatur:

[1] G. Matsubayashi, Y. Kawasaki, T. Tanaka, R. Okawara (J. Inorg. Nucl. Chem. **28** [1966] 2937/43). — [2] J. Affolter, A. Jacot-Guillarmod, K. Bernauer (Helv. Chim. Acta **51** [1968] 293/300). — [3] I. P. Goldshtein, L. V. Kucheruk, I. Ya. Kuramshin, E. D. Kremer, E. N. Guryanova, A. N. Pudovik (Dokl. Akad. Nauk SSSR **231** [1976] 123/5; Dokl. Chem. Proc. Acad. Sci. USSR **231** [1976] 1014/7). — [4] O. A. Osipov, O. E. Kashireninov (Zh. Obshch. Khim. **32** [1962] 1717/23 nach C.A. **58** [1963] 4590). — [5] P. Zanella, G. Plazzogna (Ann. Chim. [Rome] **59** [1969] 1152/9).

[6] P. Zanella, G. Tagliavini (J. Organometal. Chem. **12** [1968] 355/62). — [7] W. P. Neumann, R. Schick, R. Köster (Angew. Chem. **76** [1964] 380). — [8] P. Pfeiffer, B. Friedmann, H. Rekate (Liebigs Ann. Chem. **376** [1910] 310/44). — [9] O. A. Reutov, O. A. Ptitsyna, N. D. Patrina (Zh. Obshch. Khim. **28** [1958] 588/92 nach C.A. **52** [1958] 17151). — [10] A. Werner, P. Pfeiffer (Z. Anorg. Allgem. Chem. **17** [1898] 82/110).

[11] P. Pfeiffer (Z. Anorg. Allgem. Chem. **133** [1924] 91/100). — [12] T. Harada (Bull. Chem. Soc. Japan **43** [1970] 266/8). — [13] D. L. Alleston, A. G. Davies (J. Chem. Soc. **1962** 2050/4). — — [14] D. L. Alleston, A. G. Davies (Chem. Ind. [London] **1961** 551/2). — [15] T. Tanaka, M. Komura, Y. Kawasaki, R. Okawara (J. Organometal. Chem. **1** [1963/64] 484/9).

[16] D. G. Hendricker (Inorg. Chem. **8** [1969] 2328/30). — [17] K. L. Jaura, B. Singh, R. K. Chadha (Indian J. Chem. **12** [1974] 1304/5). — [18] A. N. Pudovik, I. Ya. Kuramshin, E. G. Yarkova, A. A. Muratova, A. A. Musina, R. A. Manopov (Zh. Obshch. Khim. **43** [1973] 1229/36; J. Gen. Chem. USSR **43** [1973] 1220/5). — [19] A. N. Pudovik, A. A. Muratova, M. D. Medvedeva, E. T. Yarkova, E. I. Loginova (Zh. Obshch. Khim. **42** [1972] 372/33; J. Gen. Chem. USSR **42** [1972] 317/22). — [20] I. P. Goldshtein, A. A. Muratova, E. N. Guryanova, V. P. Plekhov, T. A. Pestova, E. S. Shcherbakova, R. R. Shifrina, A. N. Pudovik (Zh. Obshch. Khim. **45** [1975] 1685/92; J. Gen. Chem. USSR **45** [1975] 1653/8).

[21] M. Shindo, Y. Matsumura, R. Okawara (J. Organometal. Chem. **11** [1968] 299/305). — [22] I. P. Goldshtein, N. N. Zemlyanskii, T. I. Perepelkova, L. S. Melnichenko, E. N. Guryanova, K. A. Kocheshkov (Dokl. Akad. Nauk SSSR **217** [1974] 849/51; Dokl. Chem. Proc. Acad. Sci. USSR **217** [1974] 717/9). — [23] T. Tanaka (Inorg. Chim. Acta **1** [1967] 217/21). — [24] K. L. Jaura, R. K. Chadha, K. K. Sharma (Indian J. Chem. **12** [1974] 766/7). — [25] T. Tanaka, T. Kamitani (Inorg. Chim. Acta **2** [1968] 175/8).

[26] N. N. Greenwood, B. Youll (J. Chem. Soc. Dalton Trans. **1975** 158/62). — [27] A. Gianguzza, L. Pellerito, R. Cefalu (Atti Accad. Sci. Lettere Arti Palermo I [4] **31** [1972] 161/5).

1.3.2.2.1.2.6 Physiologische Wirkung

Physiology

Diäthylzinndichlorid ist eine hochgiftige Substanz. Mehrere Todesfälle in Frankreich nach 1950 in der Folge von oralen Anwendungen der Verbindung in der Behandlung von Geschwüren hatten intensive Untersuchungen zur biochemischen Wirkung von $(C_2H_5)_2SnCl_2$ zur Folge. Dabei stellte sich heraus, daß durch $(C_2H_5)_2SnCl_2$ wie durch Phenylarsenigsäure die α-Ketosäureoxidase gehemmt wird [1]. Ausführliche Untersuchungen dieser Wirkungen einschließlich der Bekämpfung mit BAL (2,3-Dithioglycerin) an Extrakten aus Rattenhirn und Rattenleber s. bei [1 bis 4]. Im Gegensatz zu $(C_2H_5)_3SnCl$ besitzt $(C_2H_5)_2SnCl_2$ in vitro eine starke Reaktionsfähigkeit mit BAL und eine geringe mit Glutathion-SH. Die Verbindung hemmt den Sauerstoffverbrauch im Gehirnbrei von Ratten, wenn Glukose, Laktat und Pyruvat als Substrat benutzt werden [1].

$(C_2H_5)_2SnCl_2$ ist weniger toxisch als $[(C_2H_5)_3Sn]_2SO_4$. Die LD_{50} in vitro beträgt bei Ratten 20.6 ± 1.59 mg/kg. Die Dosis tolerata von 16 mg/kg zeigt nahezu die gleiche Wirkung wie 6 mg/kg Triäthylzinnsulfat, nämlich eine deutliche Verlangsamung der Atmung und ausgesprochene Trägheit der Bewegungen. Nach ein bis zwei Stunden trat Erholung ein, am nächsten Tag jedoch erneute Trägheit, Schlaffheit und Freßunlust, die einige Tage anhielten. Die LD_{100} beträgt bei Ratten 26 mg/kg. 2 bis 4 Tage nach der Injektion führte diese Dosis zu komatösen Zuständen mit Seitenlage der Versuchstiere. Bei Kaninchen wirken schon 10 mg/kg an $(C_2H_5)_2SnCl_2$ tödlich [5]. Weitere Untersuchungen der Wirkungen von $(C_2H_5)_2SnCl_2$ auf Ratten s. [6 bis 8], auf Hunde und Katzen s. [5]. Untersuchungen zum Metabolismus von $(C_2H_5)_2SnCl_2$ haben gezeigt, daß Ratten, denen 10 mg/kg Di[1-^{14}C]äthylzinndichlorid intraperitoneal gegeben wurden, 95% des Zinns und 55% des ^{14}C im Urin oder Kot im Verlauf von 4 Tagen ausschieden. Ein Drittel des Zinns wurde mit dem Urin ausgeschieden, hauptsächlich als Äthylzinn und nur zu geringen Teilen als Diäthylzinn. Entsprechendes gilt auch für das im Kot ausgeschiedene Zinn, wobei hier auch äthylfreies Zinn festzustellen ist. Das bedeutet, daß $(C_2H_5)_2SnCl_2$ in der Ratte dealkyliert wird [9].

Die Untersuchung der Einwirkung von $(C_2H_5)_2SnCl_2$ auf Escherichia coli zeigt, daß 0.08 mmol der Verbindung stark die Aufnahme von Sauerstoff durch die Zellen verhindern, wenn Glukose, Laktat, Pyruvat oder Glutamat als Substrat benutzt werden. Die Hemmung der Sauerstoffaufnahme mit Glukose oder Laktat als Substrat wird begleitet von einer Zunahme der Pyruvatspeicherung. Die Hinderung der Succinat- und Maleatoxidation durch $(C_2H_5)_2SnCl_2$ bewirkt einen Anstieg der α-Ketoglutaratsynthese, während eine Hemmung dieser Synthese beobachtet wird, wenn Glutamat als Substrat dient. Während der anaeroben Glykolyse hindert $(C_2H_5)_2SnCl_2$ die Produktion von Äthanol, CO_2 und Wasserstoff. Ein Vergleich der Wirkungen von $KAsO_3$ und $(C_2H_5)_2SnCl_2$ auf den Escherichia coli-Metabolismus zeigt, daß beide Substanzen die Aufnahme und die Speicherung von Pyruvat und α-Ketoglutarat behindern. Anaerob stimulieren beide Verbindungen die Glykolyse und die Synthese von Laktat und Pyruvat. Eine Wachstumshemmung durch $(C_2H_5)_2SnCl_2$ hervorgerufen, wird einem Mangel an Acetyl-Co-A-Synthese im Metabolismus von Pyruvat zugeschrieben [10].

Bei der Untersuchung der Wirkung von $(C_2H_5)_2SnCl_2$ als Molluszid wird eine Konzentration von 10 ppm als LC_{50} gegenüber Biomphalaria glabrata angegeben [11, 12]. Die LC_{50} gegenüber Larven von Culex pipiens pipiens beträgt 0.95 ppm [13], die CL_{90} 3.37 ppm [14]. Für die LD_{50} gegenüber Stubenfliegen werden angegeben 410×10^{-10} mol/Fliege [15] bzw. 4000×10^{-10} mol/Fliege [16]. Im Zusammenhang mit der Anwendung von $(C_2H_5)_2SnCl_2$ werden folgende Konzentrationen in mg/l angegeben, die zur Hemmung des Wachstums folgender Pilze genügen: Botrytis allii 100, Penicillium italicum 100, Aspergillus niger 500, Rhizopus nigricans 200 [17 bis 21].

Literatur:

[1] W. N. Aldridge, J. E. Cremer (Biochem. J. **61** [1955] 406/18). — [2] H. B. Stoner, J. M. Barnes, J. I. Duff (Brit. J. Pharmacol. **10** [1955] 16/25). — [3] W. N. Aldridge (Eff. Metals Cells Subcellular Elem. Macromol. Proc. 2nd Publ. Rochester Conf. Toxicity, Rochester 1969 [1970], S. 255/74). — [4] A. M. Ivanitzkii (Farmakol. i Toksikol. **26** [1963] 629/32 nach C. A. **60** [1964] 13774). — [5] G. Tauberger, D. R. Klimmer (Arch. Exptl. Pathol. Pharmakol. **242** [1961] 370/89).

[6] P. N. Magee, H. B. Stoner, J. M. Barnes (J. Pathol. Bacteriol. **73** [1957] 107/24). — [7] J. M. Barnes, H. B. Stoner (Brit. Ind. Med. **15** [1958] 15/22). — [8] V. T. Mazaev, Z. I. Tikhonova, T. G. Shlepnina (J. Hyg. Epidemiol. Microbiol. Immunol. [Prague] **20** [1976] 392/5). — [9] J. W. Bridges, D. S. Davies, R. T. Williams (Biochem. J. **98** [1966] 14P/15P). — [10] L. Kahana, A. K. Sijpesteijn (Antonie van Leeuwenhoek J. Microbiol. Serol. **33** [1967] 427/38).

[11] H. S. Hopf, J. Duncan, J. S. S. Beesley, D. J. Webley, R. F. Sturrock (Bull. World Health Organ. **36** [1967] 955/61). — [12] H. S. Hopf, R. L. Miller (Bull. World Health Organ. **27** [1962] 783/9). — [13] P. Castel, G. Gras, J. A. Rioux, A. Vidal (Trav. Soc. Pharm. Montpellier **33** [1963] 45/50). — [14] G. Gras, J. A. Rioux (Arch. Inst. Pasteur Tunis **42** [1965] 9/22). — [15] M. S. Blum, J. J. Pratt (J. Econ. Entomol. **53** [1960] 445/8).

[16] G. R. Pieper, J. E. Casida (J. Econ. Entomol. **58** [1965] 392/400). — [17] W. R. Lewis (Chem. Prod. **21** [1958] 431/2). — [18] J. G. A. Luijten (TNO Nieuws **10** [1955] 179/83). — [19] A. K. Sijesteijn (Mededel. Landbouwhogeschool Opzoekingssta. Staat Gent **24** [1959] 850/6). — [20] G. J. M. van der Kerk, J. G. A. Luijten (J. Appl. Chem. [London] **4** [1954] 314/9).

[21] N. N. Melnikov (in: F. A. Günther, J. D. Gunther, Chemistry of Pesticides, New York 1971, S. 297/302).

Uses

1.3.2.2.1.2.7 Verwendung

$(C_2H_5)_2SnCl_2$ wird angewandt als Katalysator zur Bildung von Polyurethanen [1], zur Reaktion von ClC_6H_4NCO mit Methanol [2], in Verbindung mit $AlCl_3$ zur Polymerisation von Vinyläthern [3] und in Verbindung mit Pyridin zur Abspaltung von Wasserstoff aus $(C_2H_5)_2SnH_2$, was zur Bildung von $[(C_2H_5)_2Sn]_9$ führt [4].

Außerdem dient $(C_2H_5)_2SnCl_2$ wegen seiner fungiziden und insektiziden Wirkung als Textilschutzmittel [5]. Im Gemisch mit $[(CH_3)_2SnS]_3$ stabilisiert $(C_2H_5)_2SnCl_2$ Polyvinylchlorid gegen Entfärbung [6].

Literatur:

[1] L. Thiele, R. Becker, H. Schimpfle, H. Frommelt (Plaste Kautschuk **23** [1976] 558/60). — [2] S. G. Entelis, O. V. Nesterov, R. P. Tiger (J. Cell. Plast. **3** [1967] 360/3). — [3] M. F. Shostakovskii, V. Z. Annenkova, A. K. Khaliullin, R. G. Mirskov, A. I. Inyutkin (Vysokomol. Soedin. A **13** [1971] 753/60 nach C.A. **75** [1971] Nr. 36822). — [4] W. P. Neumann, J. Pedain, R. Sommer (Liebigs Ann. Chem. **694** [1966] 9/18). — [5] H. J. Hueck, J. G. A. Luijten (J. Soc. Dyers Colourists **74** [1958] 476/80).

[6] H. Müller, H. Andreas, Deutsche Advance Produktion G.m.b.H. (Deut. Offenlegungsschrift 2036305 [1970/72]; C.A. **76** [1972] Nr. 154774).

1.3.2.2.1.3 Dipropylzinndichlorid $(C_3H_7)_2SnCl_2$

Dipropyltin Dichloride

1.3.2.2.1.3.1 Bildung und Darstellung

Formation. Preparation

$(C_3H_7)_2SnCl_2$ wird durch Umsetzung von $SnCl_4$ mit $Sn(C_3H_7)_4$ im Molverhältnis 1:1 bei 200°C dargestellt. Im Verlauf von 1.5 bis 2 h werden Ausbeuten von 85% erhalten [1 bis 3]. In 45%iger Ausbeute entsteht die Verbindung bei 46stündiger UV-Bestrahlung von Lösungen von $Sn(C_3H_7)_4$ in CCl_4 bzw. in 34%iger Ausbeute bei Verwendung von $CHCl_3$ als Lösungsmittel und 26stündiger Bestrahlung. Als Nebenprodukte entstehen $(C_3H_7)_3SnCl$ und Kohlenwasserstoffe [4]. Bei der Umsetzung von $SnCl_4$ mit $Al(C_3H_7)_3$ in Diäthyläther bei −20°C werden nach 3 h 8.1% $(C_3H_7)_2SnCl_2$ neben 72.2% $(C_3H_7)_3SnCl$ gewonnen [5]. Nach dem gleichen Verfahren wird ein Gemisch von $(C_3H_7)_2SnCl_2$ und $(C_3H_7)_3SnCl$ in einer Gesamtausbeute von 93% erhalten [6]. Die exotherme Reaktion von $SnCl_2$ mit C_3H_7MgCl in Diäthyläther bei 0°C führt nach anschließender, schrittweiser Zugabe von wäßriger NaOCl- und HCl-Lösung in 45%iger Ausbeute zu $(C_3H_7)_2SnCl_2$ [7]. Neben $Sn(C_3H_7)_4$ und $(C_3H_7)_3SnCl$ entsteht $(C_3H_7)_2SnCl_2$ in 6.5% Ausbeute bei Einwirkung von C_3H_7Cl auf $SnMg_2$. Die Reaktion wird im Bombenrohr bei 165°C während 4 h in Cyclohexan unter Zugabe von $(C_2H_5)_3N$ durchgeführt [8]. $(C_3H_7)_2SnH_2$ reagiert mit HCl im Molverhältnis 1:1 unter Bildung von $(C_3H_7)_2SnCl_2$ in 50%iger Ausbeute [9]. In geringen Mengen fällt $(C_3H_7)_2SnCl_2$ bei der Reaktion von C_3H_7MgCl mit $SnCl_4$ bzw. $Sn(OC_3H_7)_4$ in Diäthyläther an [10]. Weitere Verfahren zur Synthese von $(C_3H_7)_2SnCl_2$ bedienen sich der Umsetzung von $[(C_3H_7)_2SnO]_x$ mit Chlorierungsmitteln wie HCl [11, 12], $SOCl_2$ (87% Ausbeute) [13], C_6H_5COCl (84.5% Ausbeute) [14], CH_3COCl und $(CH_3)_3SiCl$ [15].

Analyse. $(C_3H_7)_2SnCl_2$ kann in Form seiner Chelatkomplexe mit 4-(2-Pyridylazo)resorcin bzw. 1-(2-Pyridylazo)-2-naphthol, sogar in Gegenwart von $(C_3H_7)_3SnCl$, spektrophotometrisch bestimmt werden [16]. Tetraphenylarsoniumchlorid und Tetraäthylammoniumchlorid werden zur potentiometrischen Titration von $(C_3H_7)_2SnCl_2$ in Acetonitril bei 25°C verwendet [17]. Über die Bestimmung funktioneller Gruppen in zinnorganischen Verbindungen, speziell in Di- und Triorganozinnhalogeniden, s. [14].

Zur Analyse und zur Abtrennung von $(C_3H_7)_2SnCl_2$ von anderen zinnorganischen Verbindungen mit Hilfe der Gaschromatographie s. [18], mit Hilfe der Papierchromatographie s. [19 bis 21].

Literatur:

[1] K. A. Kocheshkov (Ber. Deut. Chem. Ges. **66** [1933] 1661/5). — [2] K. A. Kocheshkov (Zh. Obshch. Khim. **5** [1935] 211/5). — [3] K. L. Jaura, S. K. Sharma (J. Indian Chem. Soc. **47** [1970] 931/6). — [4] G. A. Razuvaev, N. S. Vyazankin, E. N. Gladyshev, I. A. Borodavko (Zh. Obshch. Khim. **32** [1962] 2154/60 nach C.A. **58** [1963] 79612). — [5] L. M. Antipin, E. M. Stepina, V. F. Mironov (Zh. Obshch. Khim. **40** [1970] 115/8; J. Gen. Chem. USSR **40** [1970] 104/6).

[6] W. P. Neumann, K. Ziegler (D.P. 1164407 [1959/64]; C.A. **60** [1964] 15910). — [7] C. Gopinathan, S. K. Pandit, S. Gopinathan, I. R. Unni, P. A. Awasarkar (Indian J. Chem. **11** [1973] 605). — [8] T. Katsumura (Nippon Kagaku Zasshi **83** [1962] 724/6 nach C.A. **59** [1963] 5184). — [9] J. G. Noltes, G. J. M. van der Kerk (Functionally Substituted Organotin Compounds, Tin Research Institute, Greenford 1958, S. 1/128). — [10] J. C. Maire (Ann. Chim. [Paris] [13] **6** [1961] 969/1026).

[11] A. Cahours, E. Demarcay (Compt. Rend. **88** [1879] 1112/7). — [12] P. Pfeiffer, R. Lehnhardt, H. Luftensteiner, R. Prade, K. Schnurmann, P. Truskier (Z. Anorg. Allgem. Chem. **68** [1910] 102/22). — [13] R. C. Paul, K. K. Soni, S. P. Narula (J. Organometal. Chem **40** [1972] 355/7). — [14] N. S. Vyazankin, G. A. Razuvaev, T. N. Brevnova (Zh. Obshch. Khim. **34** [1964] 1005/9; J. Gen. Chem. USSR **34** [1964] 998/1001). — [15] S. Kohama (J. Organometal. Chem. **99** [1975] C44/C46).

[16] G. Pilloni (Anal. Chim. Acta **37** [1967] 497/507). — [17] G. Tagliavini, P. Zanella (Anal. Chim. Acta **40** [1968] 33/9). — [18] J. Franc, M. Wurst, V. Moudry (Collection Czech. Chem. Commun. **26** [1961] 1313/9). — [19] D. J. Williams, J. W. Price (Analyst **89** [1964] 220/2). — [20] D. J. Williams, J. W. Price (Analyst **85** [1960] 579/82).

[21] J. Gasparic, A. Cee (J. Chromatog. **8** [1962] 393/8).

Spectra

1.3.2.2.1.3.2 Spektren

Das ^{1}H-NMR-Spektrum von $(C_3H_7)_2SnCl_2$, aufgenommen an 10%igen Lösungen in CCl_4 [1] bzw. an Lösungen in $CDCl_3$ [2], zeigt Signale mit folgenden Werten für die chemische Verschiebung und Kopplungskonstanten: $\tau(H_\alpha) = \tau(H_\beta) = 8.09$ [1] bzw. 8.16 [2], $\tau(H_\gamma) = 8.77$ [1] bzw. 8.88 [2], $J(^{117/119}Sn\text{-}H_\alpha) = 47/48.4$ Hz, $J(^{117/119}Sn\text{-}H_\beta) = 115/119.5$ Hz [1].

Das ^{35}Cl-NQR-Spektrum von $(C_3H_7)_2SnCl_2$ wurde im Bereich von 10 bis 25 MHz bei drei verschiedenen Temperaturen aufgenommen. Das Singulettsignal liegt bei 77 K bei 14.930 MHz, bei 200 K bei 15.125 MHz und bei 303 K bei 15.309 MHz. Die Resonanzfrequenz zeigt einen abnormen positiven Temperaturkoeffizienten [3, 4]. Die Kopplungskonstante e^2Qq_{zz} berechnet sich zu 30.618 MHz [4].

Im ^{119m}Sn-Mössbauer-Spektrum von $(C_3H_7)_2SnCl_2$ werden für die Isomerieverschiebung δ (in mm/s) folgende Werte gefunden: 1.62 ± 0.06 gegen SnO_2 [5], 1.7 gegen SnO_2 [6] und 1.67 ± 0.02 gegen $BaSnO_3$ [7]. Die Quadrupolaufspaltung Δ (in mm/s) beträgt: 3.18 ± 0.12 [5] bzw. 3.6 [6, 7]. Über Korrelationen zwischen Mössbauer- und NQR-Parametern s. [7].

Abbildungen des Schwingungsspektrums von $(C_3H_7)_2SnCl_2$ im Bereich von 4000 bis 650 cm^{-1} s. [8], im Bereich von 4000 bis 450 cm^{-1} s. [9] sowie im Bereich von 1600 bis 400 cm^{-1} s. [10]. Hier werden darüber hinaus Betrachtungen über die Veränderung des Spektrums beim Übergang von der flüssigen zur festen Phase angestellt. — Außerdem werden folgende Banden angegeben: νSnC (trans) = 580 cm^{-1}, νSnC (gauche) = 490 cm^{-1}, νSnCl = 320, 305 und 290 cm^{-1} [11], ν_{as}SnC = 598 cm^{-1}, ν_sSnC = 512 cm^{-1}, ν_{as}SnCl = 349 cm^{-1}, ν_sSnCl = 338 cm^{-1} und δSnCl = 114 cm^{-1} [12]; in CS_2-Lösung: νSnC (trans) = 596 cm^{-1}, νSnC (gauche) = 505 cm^{-1}; im festen Zustand: νSnC = 584 cm^{-1} [13] sowie νSnC (trans) = 598 cm^{-1} und νSnC (gauche) = 514 cm^{-1} [14].

Literatur:

[1] L. Verdonck, G. P. van der Kelen (J. Organometal. Chem. **11** [1968] 491/7). — [2] D. G. Hendricker (Inorg. Chem. **8** [1969] 2328/30). — [3] P. J. Green (Diss. Univ. of West Virginia 1967, S. 1/139; Diss. Abstr. B **28** [1967/68] 489). — [4] P. J. Green, J. D. Graybeal (J. Am. Chem. Soc. **89** [1967] 4305/8). — [5] J. J. Zuckerman (Advan. Organometal. Chem. **9** [1970] 21/134).

[6] V. A. Bryukhanov, V. I. Goldanskii, N. N. Delyagin, L. A. Korytko, E. F. Makarov, I. P. Suzdalev, V. S. Shpinel (Zh. Experim. i Teor. Fiz. **43** [1962] 448/52; Soviet Phys.-JETP **16** [1963] 321/3). — [7] N. W. G. Debye, M. Linzer (J. Chem. Phys. **61** [1974] 4770/6). — [8] R. Mathis-Noel, M. Lesbre, I. S. de Roche (Compt. Rend. **243** [1956] 257/9). — [9] R. A. Cummins, P. Dunn (Australia Defence Std. Lab. Rept. Nr. 266 [1963] 1/106). — [10] N. N. Vyshinskii, N. K. Rudnevskii (Spektrosk. Metody i Primen. Akad. Nauk SSSR Sibirsk. Otd. **1964** 115/8).

[11] K. L. Jaura, S. K. Sharma, K. K. Sharma (J. Indian Chem. Soc. **47** [1970] 931/6). — [12] F. K. Butcher, W. Gerrard, E. F. Mooney, R. G. Rees, H. A. Willis, A. Anderson, H. A. Gebbie (J. Organometal. Chem. **1** [1963/64] 431/4). — [13] R. A. Cummins (Australian J. Chem. **16** [1963] 985/8). — [14] R. A. Cummins (Australian J. Chem. **18** [1965] 985/92).

1.3.2.2.1.3.3 Physikalische Eigenschaften

Physical Properties

$(C_3H_7)_2SnCl_2$ kristallisiert in Form farbloser rhombischer Kristalle. Das Achsenverhältnis wurde zu 0.6943:1:1.3397 ermittelt [1, 2]. Als Schmelzpunkt werden angegeben: 78 bis 80°C [3], 79 bis 80°C [4], 80 bis 81°C [5 bis 8], 80 bis 84°C [9] und 81°C [10 bis 15]. Die Verbindung siedet unzersetzt bei 161°C/25 Torr [16].

Zur Untersuchung der Leitfähigkeit von Lösungen von $(C_3H_7)_2SnCl_2$ in Dischwefelsäure s. [17].

Literatur:

[1] M. Hjortdahl (Compt. Rend. **88** [1879] 584/5). — [2] M. Hjortdahl (Z. Kryst. Mineral. **4** [1879] 286/92). — [3] N. S. Vyazankin, G. A. Razuvaev, T. N. Brevnova (Zh. Obshch. Khim. **34** [1964] 1005/9; J. Gen. Chem. USSR **34** [1964] 998/1001). — [4] K. L. Jaura, S. K. Sharma, K. K. Sharma (J. Indian Chem. Soc. **47** [1970] 931/6). — [5] A. Cahours, E. Demarcay (Bull. Soc. Chim. France [2] **34** [1880] 474/6).

[6] K. A. Kocheshkov (Zh. Obshch. Khim. **5** [1935] 211/5). — [7] J. G. Noltes, G. J. M. van der Kerk (Functionally Substituted Organotin Compounds, Tin Research Institute, Greenford 1958, S. 1/128). — [8] R. C. Paul, K. K. Soni, S. P. Narula (J. Organometal. Chem. **40** [1972] 355/7). — [9] A. Cahours, E. Demarcay (Compt. Rend. **88** [1879] 1112/7). — [10] K. A. Kocheshkov (Ber. Deut. Chem. Ges. **66** [1933] 1661/5).

[11] P. Pfeiffer, O. Brack (Z. Anorg. Allgem. Chem. **87** [1914] 229/34). — [12] P. Pfeiffer, R. Lehnhardt, H. Luftensteiner, R. Prade, K. Schnurmann, P. Truskier (Z. Anorg. Allgem. Chem. **68** [1910] 102/22). — [13] P. Pfeiffer, B. Friedmann, H. Rekate (Liebigs Ann. Chem. **376** [1910] 310/44). — [14] R. Mathis-Noel, M. Lesbre, I. S. de Roche (Compt. Rend. **243** [1956] 257/9). — [15] P. J. Green, J. D. Graybeal (J. Am. Chem. Soc. **89** [1967] 4305/8).

[16] J. Franc, M. Wurst, V. Moudry (Collection Czech. Chem. Commun. **26** [1961] 1313/9). — [17] R. C. Paul, J. K. Puri, K. C. Malhotra (J. Inorg. Nucl. Chem. **35** [1973] 403/12).

1.3.2.2.1.3.4 Polarographie

Polarography

Bei der polarographischen Reduktion von $(C_3H_7)_2SnCl_2$ in wäßriger Lösung entsteht in zwei Schritten $[(C_3H_7)_2Sn]_x$. Die polarographische Kurve zeigt in saurer Lösung eine Welle ohne Maximum und in alkalischer Lösung zwei Wellen [1]. Halbwellenpotentiale wurden bei pH = 1 zu −0.61 und −0.825 V, in N NaOH zu −1.01 und −1.245 V ermittelt [2]. Vergleiche der wechselstrompolarographischen Reduktion von $(C_3H_7)_2SnCl_2$ mit der anderer Organozinnhalogenide s. bei [3].

Literatur:

[1] V. F. Toropova, M. K. Saikina (Sb. Statei po Obshch. Khim. Akad. Nauk SSSR **1** [1953] 210/5 nach C.A. **48** [1954] 12579). — [2] M. K. Saikina (Uch. Zap. Kazan. Gos. Univ. **116** Nr. 2 [1956] 129/86 nach C.A. **51** [1957] 7191). — [3] H. Mehner, H. Jehring, H. Kriegsmann (J. Organometal. Chem. **15** [1968] 97/105).

1.3.2.2.1.3.5 Chemisches Verhalten

Chemical Reactions

Die wichtigsten Reaktionen von $(C_3H_7)_2SnCl_2$ mit Metallen, Alkylierungsmitteln, silicium- und zinnorganischen Verbindungen, Nichtmetall- und Metallverbindungen sowie mit Komplexbildnern sind in Tabelle 15, S. 68/9, zusammengestellt.

Tabelle 15
Reaktionen von $(C_3H_7)_2SnCl_2$.

Reaktionspartner	Reaktions-bedingungen	Reaktionsprodukte	Lit.
Sn	H_2O, 160°C, Autoklav	$(C_3H_7)_3SnCl$, $[(C_3H_7)_2ClSn]_2O$	[1]
Na	Diäthyläther oder Xylol, Rückfluß	$(C_3H_7)_2Sn[SnCl(C_3H_7)_2]_2$	[2]
Zn, C_3H_7Cl	Butanol, 125 bis 130°C, 3 h	$(C_3H_7)_3SnCl$	[3]
$(CH_3)_3SiCl$, NH_3	Petroläther-Benzol	$[(CH_3)_3SiOSn(C_3H_7)_2]_2O$	[4]
$(C_3H_7)_2SnH_2$	25°C	$(C_3H_7)_2ClSnH$	[5, 6]
$(C_4H_9)_3SnH$	1:1	$(C_4H_9)_3SnCl$, $(C_3H_7)_2ClSnH$	[6]
$(C_4H_9)_3SnH$	1:2	$(C_4H_9)_3SnCl$, $(C_3H_7)_2SnH_2$	[6]
$[(C_3H_7)_2SnO]_x$	—	$[(C_3H_7)_2ClSn]_2O$	[7]
$[(C_4H_9)_2SnO]_x$	1:1, Isopropylalkohol	$(C_3H_7)_2SnCl_2 \cdot (C_4H_9)_2SnO$	[8]
HF	H_2O	$(C_3H_7)_2SnF_2$	[9]
$(t\text{-}C_4H_9O)_2$	hν, ESR	$(t\text{-}C_4H_9O)C_3H_7SnCl_2$, C_3H_7-Radikal	[10]
NH_3	—	$[(C_3H_7)_2SnO]_x$	[11]
HSO_3F	25°C	$(C_3H_7)_2Sn(SO_3F)_2$	[12]
HSO_3CF_3	25°C	$(C_3H_7)_2Sn(SO_3CF_3)_2$	[12]
HPO_2F_2	25°C	$(C_3H_7)_2Sn(PO_2F_2)_2$	[12]
(Strukturformel: N, OH)	—	(Strukturformel: N, C_3H_7, O–Sn–O, C_3H_7, N)	[13]
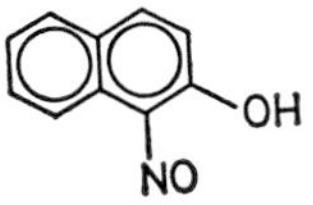 (Strukturformel: OH, NO)	CH_3OH-NH_3, 3 bis 4 h, Rühren	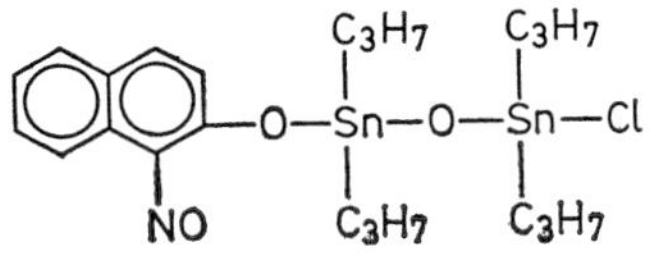 (Strukturformel: C_3H_7, C_3H_7, O–Sn–O–Sn–Cl, NO, C_3H_7, C_3H_7)	[14]
N_2H_4, C_2H_5OH	Diäthyläther, 25°C, 1 h	$[(C_3H_7)_2ClSn]_2$	[15]
$(C_6H_{11})_3SbS$	Methanol-Aceton	$(C_6H_{11})_3SbCl_2$, $[(C_3H_7)_2SnS]_3$	[16]
KF	Äthanol-H_2O	$(C_3H_7)_2SnF_2$	[17]
NaN_3	1:3.75, Methanol-H_2O, 25°C, Rühren	$(C_3H_7)_2Sn[OSn(C_3H_7)_2N_3]_2$	[18]
$NaOOCCH_3$	Methanol-H_2O, 50°C, 1.5 h	$CH_3COO(C_3H_7)_2Sn$-$[OSn(C_3H_7)_2]_xOOCCH_3$	[19]
$(C_6H_5)_3CCl$	—	$[(C_6H_5)_3C][(C_3H_7)_2SnCl_3]$	[20]
$[(C_6H_5)_4As]Cl$	—	$[(C_6H_5)_4As][(C_3H_7)_2SnCl_3]$	[21]
$[C_5H_5NH]Cl$	Methanol-HCl	$[C_5H_5NH]_2[(C_3H_7)_2SnCl_4]$	[22]

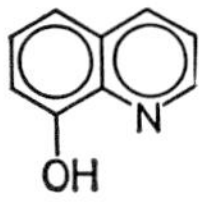

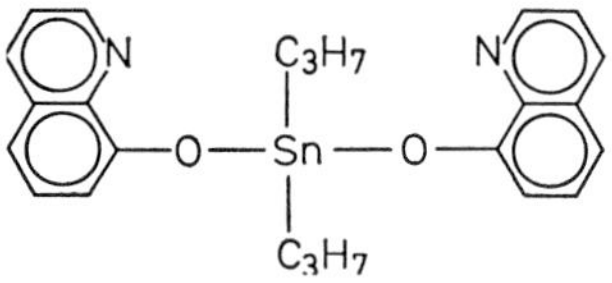

Tabelle 15 (Fortsetzung)

Reaktionspartner	Reaktions-bedingungen	Reaktionsprodukte	Lit.
$[C_9H_7NH]Cl$ (C_9H_7N = Chinolin)	Methanol-HCl	$[C_9H_7NH]_2[(C_3H_7)_2SnCl_4]$	[22]
$C_6H_5NH_2$	1:3, ohne Lösungsmittel	1:2-Komplex	[23, 27]
NH_3 (gasförmig)	6 h	1:4-Komplex	[23]
N_2H_4	Diäthyläther	1:2-Komplex	[24]
$(C_6H_5)_3PCHCOCH_3$	—	5:4-Komplex	[25]
C_5H_5N	—	1:2-Komplex	[26, 27]
2,2'-Bipyridin (Strukturformel)	—	1:1-Komplex	[13]
$3\text{-}CH_3C_5H_4N$	Petroläther, 0°C	1:2-Komplex	[27]
$4\text{-}CH_3C_5H_4N$	Petroläther, 0°C	1:2-Komplex	[27]
C_9H_7N (Isochinolin)	Petroläther, 0°C	1:2-Komplex	[27]
$C_5H_{11}N$	Petroläther, 0°C	1:2-Komplex	[27]
Morpholin (Strukturformel: O, N, H)	Petroläther, 0°C	1:x-Komplex	[27]
$C_6H_5CH_2NH_2$	Petroläther, 0°C	1:x-Komplex	[27]
2,7-Dimethyl-1,8-naphthyridin (Strukturformel: CH_3, N, N, CH_3)	—	1:1-Komplex	[28]

Literatur:

[1] K. Sisido, S. Kozima (J. Organometal. Chem. **11** [1968] 503/13). — [2] S. M. Zhivukhin, E. D. Dudikova, A. M. Kotov (Zh. Obshch. Khim. **33** [1963] 3274/7; J. Gen. Chem. USSR **33** [1963] 3203/5). — [3] T. Tabara, K. Takubo, I. Hachiya, Nitto Chemical Industry Co., Ltd. (Japan.P. 68-29372 [1966/68]; C.A. **70** [1969] Nr. 78155). — [4] R. Okawara, D. G. White, K. Fujitani, H. Sato (J. Am. Chem. Soc. **83** [1961] 1342/4). — [5] A. K. Sawyer, G. S. May, R. E. Scofield (J. Organometal. Chem. **14** [1968] 213/6).

[6] A. K. Sawyer, J. E. Brown, G. S. May (J. Organometal. Chem. **11** [1968] 192/4). — [7] P. Pfeiffer, O. Brack (Z. Anorg. Allgem. Chem. **87** [1914] 229/34). — [8] T. Harada (Bull. Chem. Soc. Japan **41** [1968] 737/41). — [9] L. E. Levchuk, J. R. Sams, F. Aubke (Inorg. Chem. **11** [1972] 43/50). — [10] A. G. Davies, B. P. Roberts, J. C. Scaino (J. Organometal. Chem. **39** [1972] C55/C57).

[11] P. Pfeiffer, R. Lehnhardt, H. Luftensteiner, R. Prade, K. Schnurmann, P. Truskier (Z. Anorg. Allgem. Chem. **68** [1910] 102/22). — [12] T. H. Tan, J. R. Dalziel, P. A. Yeats, J. R. Sams, R. C. Thompson, F. Aubke (Can. J. Chem. **50** [1972] 1843/51). — [13] T. Tanaka, M. Komura, Y. Kawasaki, R. Okawara (J. Organometal. Chem. **1** [1963/64] 484/9). — [14] T. Tanaka, R. Ueeda, M. Wada, R. Okawara (Bull. Chem. Soc. Japan **37** [1964] 1554/5). — [15] O. H. Johnson, H. E. Fritz, D. O. Halvorson, R. L. Evans (J. Am. Chem. Soc. **77** [1955] 5857/8).

[16] M. Shindo, Y. Matsumura, R. Okawara (J. Organometal. Chem. **11** [1968] 299/305). — [17] A. G. Davies, H. J. Milledge, D. C. Puxley, P. J. Smith (J. Chem. Soc. A **1970** 2862/6). — [18] H. Matsuda, F. Mori, A. Kashiwa, S. Matsuda, N. Kasai, K. Jitsumori (J. Organometal. Chem. **34** [1972] 341/5). — [19] S. M. Zhivukhin, E. D. Dudikova, V. V. Kireev (Zh. Obshch. Khim. **31** [1961]

3106/11 nach C.A. **57** [1962] 850/1). — [20] P. Zanella, G. Tagliavini (J. Organometal. Chem. **12** [1968] 355/62).

[21] P. Zanella, G. Plazzogna (Ann. Chim. [Rome] **59** [1969] 1152/9). — [22] P. Pfeiffer, B. Friedmann, H. Rekate (Liebigs Ann. Chem. **376** [1910] 310/44). — [23] P. Pfeiffer (Z. Anorg. Allgem. Chem. **133** [1924] 91/100). — [24] K. L. Jaura, B. Singh, R. K. Chadha (Indian J. Chem. **12** [1974] 1304/5). — [25] J. Buckle, P. G. Harrison (J. Organometal. Chem. **49** [1973] C17/C18).

[26] P. Pfeiffer, B. Friedmann, R. Lehnhardt, H. Luftensteiner, R. Prade, K. Schnurmann (Z. Anorg. Allgem. Chem. **71** [1911] 97/120). — [27] K. L. Jaura, S. K. Sharma, K. K. Sharma (J. Indian Chem. Soc. **47** [1970] 931/6). — [28] D. G. Hendricker (Inorg. Chem. **8** [1969] 2328/30).

Physiology

1.3.2.2.1.3.6 Physiologische Wirkung

Untersuchungen der Toxizität von $(C_3H_7)_2SnCl_2$ an Ratten zeigten, daß die Verbindung giftiger ist als die entsprechenden Methyl- und Äthylderivate. Nach intravenöser Injektion trat Tod nach Lungenödemen ein. Perkutan verletzte es die Haut mit tiefsitzenden Entzündungen und Ödemen, aber weniger Oberflächennekrosen als die Methyl- und Äthylderivate. Außerdem wurden Verletzungen des Gallenkanals beobachtet, J. M. Barnes, H. B. Stoner (Brit. J. Ind. Med. **15** [1958] 15/22).

Uses

1.3.2.2.1.3.7 Verwendung

$(C_3H_7)_2SnCl_2$ und $P(OC_6H_5)_3$ oder H_3PO_4 verbessern nach Zumischung zu Poly(äthylenterephthalat) dessen Farbstabilität, Y. Enoki, Y. Kiki, Y. Yoshihara, Japan Soda Co., Ltd. (Japan.P. 71-32069 [1968/71]; C.A. **77** [1972] 49558).

Diisopropyltin Dichloride

1.3.2.2.1.4 Diisopropylzinndichlorid $(i\text{-}C_3H_7)_2SnCl_2$

$(i\text{-}C_3H_7)_2SnCl_2$ entsteht bei der Reaktion von $SnCl_4$ mit $i\text{-}C_3H_7Li$ im Molverhältnis 1:3 in Diäthyläther bei −40°C neben gleichen Anteilen $(i\text{-}C_3H_7)_3SnCl$ und $Sn(i\text{-}C_3H_7)_4$ [1]. Außerdem bildet sich die Verbindung bei der Einwirkung von HCl auf polymeres $[(i\text{-}C_3H_7)_2SnO]_x$ [2 bis 5]. In Ausbeuten von 95 bis 100% wird die Verbindung bei der Reaktion von $(i\text{-}C_3H_7)_2Sn(SCH_2C_6H_5)_2$ mit trocknem HCl in o-Dichlorbenzol bei 180°C erhalten [6]. — Bezüglich der papier- und gaschromatographischen Trennung von $(i\text{-}C_3H_7)_2SnCl_2$ von anderen Alkylzinnchloriden s. [7], bezüglich der präparativen Trennung von $Sn(i\text{-}C_3H_7)_4$ und $(i\text{-}C_3H_7)_3SnCl$ s. [8, 9].

Für $(i\text{-}C_3H_7)_2SnCl_2$ werden als Schmelzpunkte angegeben: 56.5 bis 57.5°C [4, 5] und 80 bis 84°C [2]. Der Siedepunkt der Verbindung beträgt 148°C/50 Torr [7].

Die Thermolyse von $(i\text{-}C_3H_7)_2SnCl_2$ soll zu $SnCl_4$ und $(i\text{-}C_3H_7)_3SnCl$ führen [2]. Mit $(i\text{-}C_3H_7)_2SnH_2$ entsteht das Hydridchlorid $(i\text{-}C_3H_7)_2SnHCl$ [3], mit Pyridin und HCl in Wasser der Komplex $[C_5H_5NH]_2[(i\text{-}C_3H_7)_2SnCl_4]$ [2].

Die perkutane und orale Verabreichung von $(i\text{-}C_3H_7)_2SnCl_2$ an Ratten führt zu Gewichtsabnahme und zu krankhaften Veränderungen im Gallenblasentrakt. Intravenös verabreicht, führen 4 mg/kg zum Tod der Tiere [10].

Literatur:

[1] R. H. Prince (J. Chem. Soc. **1959** 1783/91). — [2] J. G. F. Druce (J. Chem. Soc. **121** [1922] 1859/63). — [3] K. Kawakami, T. Saito, R. Okawara (J. Organometal. Chem. **8** [1967] 377/81). — [4] A. Cahours, E. Demarcay (Compt. Rend. **88** [1879] 1112/7). — [5] A. Cahours, E. Demarcay (Bull. Soc. Chim. France [2] **34** [1880] 474/6).

[6] B. W. Rockett, M. Hadlington, W. R. Poyner (J. Appl. Polymer Sci. **18** [1974] 745/52). — [7] J. Franc, M. Wurst, V. Moudry (Collection Czech. Chem. Commun. **26** [1961] 1313/9). — [8] Metal and Thermit Corp. (B.P. 797976 [1958]; C.A. **1959** 3061). — [9] C. R. Gloskey, Metal and Thermit Corp. (U.S.P. 2862944 [1958]; C.A. **1959** 7014). — [10] J. M. Barnes, H. B. Stoner (Brit. J. Ind. Med. **15** [1958] 15/22).

1.3.2.2.1.5 Dibutylzinndichlorid $(C_4H_9)_2SnCl_2$

Dibutyltin Dichloride

1.3.2.2.1.5.1 Bildung und Darstellung

Formation. Preparation

Dibutylzinndichlorid ist leicht durch die Komproportionierungsreaktion von $Sn(C_4H_9)_4$ mit $SnCl_4$ zugänglich. Je nach dem Mengenverhältnis der beiden Reaktionspartner entsteht die Verbindung in unterschiedlichen Ausbeuten neben $(C_4H_9)_3SnCl$ und auch $C_4H_9SnCl_3$ [1 bis 11]. Bei einem Molverhältnis von 1:1 werden so bei 0 bis 20°C zwischen 3.5 und 8.1% Ausbeute erzielt [12], beim Verhältnis 1:2 nach 3 h bei 100°C 33% [13], in Gegenwart von $AlCl_3$ nach 6 h bei 100°C 72% [14], nach 3 h zwischen 200 und 215°C 74% [15], bei 3- bis 7%igem Überschuß an $SnCl_4$ und 3 bis 6 h bei 200°C 92% neben 8 bis 10% $C_4H_9SnCl_3$ und weniger als 1% $(C_4H_9)_3SnCl$ [16], bei einem Molverhältnis von 1:3 im Bombenrohr nach 8 h bei 203°C 96% neben $C_4H_9SnCl_3$ [17] und in Gegenwart von $AlCl_3$ bei 150°C sogar 97.9% [18]. Beim Einsatz von in 1-Stellung ^{14}C-substituiertem $Sn(C_4H_9)_4$ wird auf diese Weise die entsprechende ^{14}C-markierte Verbindung erhalten [19 bis 22], ebenso bei Verwendung von $^{113}SnCl_4$ das ^{113}Sn-markierte Produkt [20]. — $(C_4H_9)_2SnCl_2$ entsteht auch bei der Komproportionierung zwischen $(C_4H_9)_3SnCl$ und $SnCl_4$ im Molverhältnis 1:1 nach 1 h bei 100°C [9, 10]. Nach 3 h werden unter gleichen Bedingungen 49% Ausbeute erzielt [13]. Bei der Reaktion zwischen $[(C_4H_9)_2SnO]_x$ und $SnCl_4$ unter Rückflußkochen in Benzol entsteht $(C_4H_9)_2SnCl_2$ in 87%iger Ausbeute [23].

Ausgehend von $SnCl_4$ kann $(C_4H_9)_2SnCl_2$ auch nach der Grignard-Methode gewonnen werden, wobei in Gegenwart von Äthylbromid in Diäthyläther und dann Toluol als Lösungsmittel unter Rückflußkochen neben dem gewünschten Reaktionsprodukt auch wieder $Sn(C_4H_9)_4$ und $(C_4H_9)_3SnCl$ erhalten werden [24 bis 28]. Bei einem kontinuierlichen Verfahren in Diäthyläther werden dabei neben der Hauptmenge $Sn(C_4H_9)_4$ und wenig $(C_4H_9)_3SnCl$ noch weniger, nämlich nur 0.2% an $(C_4H_9)_2SnCl_2$ gewonnen [29]. Die entsprechende Reaktion zwischen $SnCl_4$ und C_4H_9MgCl in Tetrahydrofuran-Xylol liefert dann schon 6.7% $(C_4H_9)_2SnCl_2$ [30 bis 34]. Bei einstündiger Reaktion zwischen 90 und 100°C werden sogar 84% Ausbeute erzielt [35, 36]. Auch unter Verwendung von C_4H_9MgBr in Diäthyläther [37] oder bei der Reaktion zwischen $C_4H_9SnCl_3$ und C_4H_9MgCl in Äthylbromid, Diäthyläther und Toluol zwischen 65 und 185°C wird $(C_4H_9)_2SnCl_2$ erhalten [25].

$SnCl_2$ reagiert mit C_4H_9MgCl in Diäthyläther erst exotherm bei 0°C, dann bei einstündigem Rückflußkochen nach Zusatz von wäßriger NaOCl- und verdünnter HCl-Lösung unter Bildung von rohem $(C_4H_9)_2SnCl_2$, das durch Reaktion mit NaOH in Aceton und anschließend wieder mit HCl rein in 55%iger Ausbeute anfällt [38].

Technisch interessant ist auch die Alkylierung von $SnCl_4$ mit $Al(C_4H_9)_3$ in Gegenwart von Triäthylamin [39, 40]. In Diäthyläther als Lösungsmittel werden dabei 45% Ausbeute neben der gleichen Menge an $(C_4H_9)_3SnCl$ [41] und auch 94.5% Ausbeute an $(C_4H_9)_2SnCl_2$ erhalten [42]. Auch $(C_4H_9)_2AlCl$ reagiert mit $SnCl_4$ in Diäthyläther bei 100°C nach Abdestillieren des Äthers unter Bildung von $(C_4H_9)_2SnCl_2$ [40].

Auch bei der Wurtz-Reaktion zwischen $SnCl_4$ und C_4H_9Cl in Gegenwart von Na bei Temperaturen zwischen 45 und 240°C ohne Lösungsmittel [43], in einem inerten Lösungsmittel [44] oder in Toluol wird $(C_4H_9)_2SnCl_2$ in technisch interessanten Ausbeuten erhalten [45]. Als Ausbeute werden so beispielsweise 95% angegeben [46]. Beim Einsatz von in 1-Stellung ^{14}C-markiertem C_4H_9Br in diese Reaktion wird mit $SnCl_4$ und Na die entsprechende markierte Verbindung gewonnen. Mit $C_4H_9SnCl_3$ und Na entsteht ein Produkt mit zwei markierten und einer unmarkierten Butylgruppe [21, 22]. — Auch aus $SnCl_2$ und C_4H_9Cl entsteht in Gegenwart von Na $(C_4H_9)_2SnCl_2$ [47], ebenso aus $SnCl_2$ und C_4H_9J in Gegenwart von aktiviertem Zn in Wasser über polymeres $[(C_4H_9)_2SnO]_x$, das mit konzentrierter Salzsäure Dibutylzinndichlorid liefert [48].

$(C_4H_9)_2SnCl_2$ entsteht auch bei der Umsetzung von $Sn(C_4H_9)_4$ mit BCl_3 neben $C_4H_9BCl_2$ [49], mit $AlCl_3$ in $CHCl_3$ nach 7 h in 28.5%iger Ausbeute neben $(C_4H_9)_3SnCl$ [50], mit $SnCl_2$ nach 3 h bei 240°C in 88%iger Ausbeute [51] und in Gegenwart von $AlCl_3$ nach 3 h zwischen 80 und 140°C in 92%iger Ausbeute [52]. Auch mit $BiCl_3$ reagiert $Sn(C_4H_9)_4$ bei 120°C im Verlauf von 6 h unter Bildung von $(C_4H_9)_2SnCl_2$ [53].

Die älteste Methode zur Synthese von $(C_4H_9)_2SnCl_2$ ist die Umsetzung von $[(C_4H_9)_2SnO]_x$ mit HCl in Wasser [54, 55] bzw. mit NH_4Cl in Methylcyclohexan unter Rückflußkochen, wobei nach 15 h 70% Ausbeute erzielt werden [56]. Bei der entsprechenden Umsetzung von $(C_4H_9)_2Sn(OC_4H_9)_2$ mit NH_4Cl in Toluol entstehen nach 24stündigem Rückflußkochen 73% $(C_4H_9)_2SnCl_2$ [56]. Bei der Reaktion zwischen $[(C_4H_9)_2SnO]_x$ und $COCl_2$ in Toluol bei 50°C werden nach 15 min 79% Ausbeute erhalten [57]. Mit $ClCOOC_2H_5$ entstehen analog 40% [57]. Bei der Umsetzung von $[(C_4H_9)_2SnO]_x$ mit der doppelt molaren Menge an $SOCl_2$ in CCl_4 und N_2-Atmosphäre werden nach dreistündigem Rückflußkochen 85% Ausbeute an $(C_4H_9)_2SnCl_2$ gewonnen [58]. Auch bei der Umsetzung zwischen $[C_4H_9Sn_{1.5}]_x$ mit NaOH und nachfolgend HCl wird $(C_4H_9)_2SnCl_2$ erhalten [59].

Von großem technischem Interesse ist die sogenannte „direkte Synthese" aus Zinn und Butylchlorid [60, 61]. Hierbei werden Ausbeuten erhalten, die stark abhängig sind von den Reaktionsbedingungen, speziell von der Zugabe von Katalysatoren wie J_2 oder Jodiden und verschiedenen Basen [62]. So erhöht Mg die Ausbeute bei höheren Temperaturen beträchtlich [63, 64]. Ein weiteres Verfahren verwendet C_4H_9OH und C_4H_9MgBr als Zusätze bei 135°C [65]. Im Autoklaven in Gegenwart von Mg, C_4H_9J und Tetrahydrofuran oder Butanol werden 14% Ausbeute erzielt [66]. Weitere Katalysatoren sind im Autoklaven bei 170°C Mg, J_2 und $C_{12}H_{25}SH$ [67], bei 55°C $SnCl_2$ und $C_4H_9SnCl_3$ [68 bis 72], $[R_4N]X$ [73], im Autoklaven bei 140°C C_4H_9J und $C_4H_9NH_2$ (94% Ausbeute) [74], bei 140 bis 170°C in Hexamethylphosphorsäuretriamid jodhaltige Verbindungen (87% Ausbeute an Butylzinnchloriden) [75], im Autoklaven bei 180°C in Hexamethylphosphorsäuretriamid J_2 [76], bei 150 bis 160°C $[(C_4H_9)_4P]J$ [77 bis 80], bei 170 bis 180°C $As(C_6H_5)_3$ und J_2 [81], bei 160 bis 200°C $Sb(C_4H_9)_3$ [82 bis 84] und bei 130 bis 165°C in He-Atmosphäre ZnJ_2 oder HgJ_2 (80% Ausbeute) [85].

Eine Na-Sn-Legierung reagiert mit C_4H_9Cl bei 140 bis 220°C im Autoklaven unter Bildung von $(C_4H_9)_2SnCl_2$ [86]. Ein analoges Verfahren verläuft innerhalb von 4 h bei 162°C [87]. Auch Sn-Zn-Legierung bildet bei der Reaktion mit C_4H_9J in Wasser bei 90 bis 100°C und nachfolgender Reaktion mit NH_3 und HCl 16.1% an $(C_4H_9)_2SnCl_2$ [88]. $SnMg_2$ reagiert mit C_4H_9Cl im Autoklaven in Cyclohexan in Gegenwart von Triäthylamin bei 150°C ebenso unter Bildung von $(C_4H_9)_2SnCl_2$ [89] wie in cyclischen Äthern in Gegenwart von $HgCl_2$ nach siebenstündigem Rückflußkochen [90].

$(C_4H_9)_2SnCl_2$ entsteht außerdem bei den in Tabelle 16 zusammengestellten Reaktionen zwischen Dibutylzinnderivaten und chlorhaltigen Substanzen durch Komproportionierung verschiedener Zinnverbindungen mit Butylzinn- und Butylmetallderivaten sowie im Verlauf verschiedener Zersetzungs- und Zerfallsreaktionen.

In Wasser gelöstes $(C_4H_9)_2SnCl_2$ kann quantitativ wiedergewonnen werden, wenn der gesättigten wäßrigen Lösung $CaCl_2$ hinzugefügt und die Lösung erhitzt wird [130, 131].

Tabelle 16
Bildung von $(C_4H_9)_2SnCl_2$.

Ausgangskomponenten	Reaktionsbedingungen	Ausbeute in %	Lit.
$(C_4H_9)_2Sn(SCH_2COOCH_2CH_2Cl)_2$	Erhitzen	—	[91]
$(C_4H_9)_2Sn(OOCCH_2Cl)_2$	240°C	—	[92]
$(C_4H_9)_2Sn(OOCCH_2CH_2Cl)_2$	240°C	—	[92]
$(C_4H_9)_2SnCl[CH{=}CHC(CH_3)_2GeCl(CH_3)_2]$	Erhitzen	—	[93]
$(C_4H_9)_2SnCl[CH{=}CHC(CH_3)_2GeCl(C_2H_5)_2]$	Erhitzen	—	[93]
$(C_4H_9)_3SnCl$	UV-Bestrahlung	—	[94]
$Sn(C_4H_9)_4$, JCl	CCl_4, 30°C, 3 h	93	[95]
$Sn(C_4H_9)_4$, $GeCl_4$	—	—	[96]
$SnCl_4$, $Ge(C_4H_9)_4$	—	—	[96]

Tabelle 16 (Fortsetzung)

Ausgangskomponenten	Reaktionsbedingungen	Ausbeute in %	Lit.
$(C_4H_9)_2Sn(C_6H_5)_2$, JCl	CCl_4, Zimmertemperatur, 1 h	79	[97]
	CCl_4, Zimmertemperatur, 2 h	90	[97]
$(CH_3)_2Sn(C_4H_9)_2$, $SnCl_4$	0°C, 2.5 h und Zimmertemperatur, 4 h	97.7	[98]
$(C_4H_9)_3SnC_2H_5$, $C_2H_5SnCl_3$	205°C, 1.5 h	—	[99]
$(C_4H_9)_3SnC_6H_5$, $C_6H_5SnCl_3$	140°C, 2 h	—	[99]
$(C_4H_9)_2Sn$-Ring (R, OR), $AsCl_3$	—	—	[100]
$(C_4H_9)_3SnCl$, S_8	180 bis 190°C, 14 h	—	[101]
$(C_4H_9)_2SnH_2$, $C_6H_5CH_2Cl$	Zimmertemperatur, 12 h	96	[102]
$(C_4H_9)_2SnHCl$, HCl	—	92	[103]
$C_4H_9SnCl_3$, C_4H_9Cl, Mg	Toluol	—	[104, 105]
$(C_4H_9)_2SnCl_2 \cdot 2,2'$-$C_5H_4NC_5H_4N$, $HgCl_2$	Aceton	—	[106]
$(C_4H_9)_2SnCl_2 \cdot 2,2'$-$C_5H_4NC_5H_4N$, $Fe(ClO_4)_2$	—	—	[106]
$(C_4H_9)_2SnBr_2$, HCl	—	—	[107]
$(C_4H_9)_2SnJ_2$, Cl_2	100°C	—	[108]
$(C_4H_9)_2SnJ_2$, C_4H_9OH, $ZnCl_2$, HCl	N_2, Zimmertemperatur, 1 h, 102°C, 7 h	—	[109]
$(C_4H_9)_2SnClOOCCH_3$, HCl	—	98	[103]
$(C_4H_9)_2SnClOOCCH_3$, $(CH_3)_3SiCl$	—	—	[110]
$(C_4H_9)_2SnCl_2 \cdot (C_4H_9)_2Sn(OC_4H_9)_2$, $SnCl_4$	—	—	[111, 112]
$(C_4H_9)_2Sn(OCH_3)_2$, $(CH_3)_3SiCl$ oder $(CH_3)_2SiCl_2$	Molverhältnis 1:2 bzw. 1:1	—	[110]
$(C_4H_9)_2Sn(OC_4H_9)_2$, BCl_3	exotherm, zwischen −80°C und Zimmertemperatur	89	[113]
$(C_4H_9)_2Sn(O$-s-$C_4H_9)_2$, BCl_3	exotherm, zwischen −80°C und Zimmertemperatur	80	[113]
$(C_4H_9)_3SnOOCCH_3$, HCl	Erhitzen	—	[91]
$(C_4H_9)_2Sn(OOCCH_3)_2$, $SnCl_4$	Diäthyläther oder Hexan, Rückfluß	87.4	[114, 115]
$(C_4H_9)_2Sn(OOCCH_3)_2$, $SnCl_4$	N_2, Benzol, Zimmertemperatur	85.2	[115]
$(C_4H_9)_2Sn(OOCCH_3)_2$, $(CH_3)_3SiCl$ oder $(CH_3)_2SiCl_2$	Molverhältnis 1:2 bzw. 1:1	—	[110]
$(C_4H_9)_2Sn(OOCCH_3)_2$, RCl	Molverhältnis 1:2	—	[116]
$(C_4H_9)_2Sn(OOCC_2H_5)_2$, $SnCl_4$	Diäthyläther	—	[114]

Tabelle 16 (Fortsetzung)

Ausgangskomponenten	Reaktionsbedingungen	Ausbeute in %	Lit.
$(C_4H_9)_2Sn(OOCC_2H_5)_2$, $SnCl_4$	N_2, Hexan, Zimmertemperatur	79.7	[115]
$(C_4H_9)_2Sn(OOCC_{11}H_{23})_2$, RCl	Molverhältnis 1:2	—	[116]
C_4H_9, C_4H_9 Sn(O–CH_2–CH_2–CH_2–O)$_2$Sn C_4H_9, C_4H_9, $(C_6H_5)_2SiCl_2$	—	—	[117]
$[(C_4H_9)_2SnO]_x$, CH_3COCl	—	—	[118]
$[(C_4H_9)_2SnO]_x$, $ClCH_2CH_2OOCC_5H_{11}$	250°C	—	[92]
$[(C_4H_9)_2SnO]_x$, $(CH_3)_3SiCl$	—	—	[118]
$[(C_4H_9)_2SnO]_x$, $[PNCl_2]_3$	Toluol, Rückfluß	—	[119]
$(C_4H_9)_2Sn(SCH_2C_6H_5)_2$, HCl	—	—	[120]
$(C_4H_9)_2Sn(SC_6H_5)_2$, HCl	o-$Cl_2C_6H_4$, 180°C, 1 h, Rückfluß	100	[121]
$(C_4H_9)_2Sn(SR)_2$, RCl	Molverhältnis 1:2	—	[116]
$[(C_4H_9)_2SnS]_3$, $SnCl_4$	exotherm	63	[122, 123]
$[(C_4H_9)_2ClSn]_2S$	bei Destillation bei 110 bis 130°C/1 Torr	—	[124]
$[(C_4H_9)_2ClSn]_2O$, Sn	H_2O oder C_4H_9Cl, 160°C, 6 und 4 h	3 bis 30	[125]
$[(C_4H_9)_3Sn]_2$, Cu, CCl_4, HCl	Bombenrohr, Vakuum	—	[126]
$[(C_4H_9)_2Sn]_x$, HCl, O_2	—	—	[127]
$[(C_4H_9)_2Sn]_x$, $(C_6H_5)_3CCl$	Benzol, 100°C, 7 h	92.6	[128]
$[(C_4H_9)_2ClSn]_2$	120 bis 130°C, Bombenrohr, 7 h	100	[129]
$[(C_4H_9)_2ClSn]_2$, Cl_2	CCl_4	—	[17]

Analyse. Zur Analyse und Abtrennung von $(C_4H_9)_2SnCl_2$ von anderen zinnorganischen und metallorganischen Verbindungen dient die Gaschromatographie [125, 132 bis 138], die Gas-Flüssigkeits-Chromatographie [139], die Papierchromatographie [140 bis 142], die Dünnschichtchromatographie [94, 143 bis 154] und die Radiodünnschichtchromatographie [22].

Zur Trennung von $(C_4H_9)_2SnCl_2$ von anderen Organozinnverbindungen mit Hilfe von Ionenaustausch s. [155]. Zur Bestimmung von $(C_4H_9)_2SnCl_2$ in Polyvinylchlorid mit Dithizon s. [156]. Zur Analyse der Verbindung in Spuren in Farbstoffen s. [157, 158]. Zur Bestimmung von ng-Mengen an Sn in $(C_4H_9)_2SnCl_2$-haltigen Stoffen mit Hilfe der Atomabsorption (MECA-Methode) s. [159]. Die Analyse von $(C_4H_9)_2SnCl_2$ wird auch durch Komplexbildung mit Brenzkatechinviolett beschrieben [160] sowie durch colorimetrische Bestimmung mit 4-(2-Pyridylazo)resorcin oder 1-(2-Pyridylazo)-2-naphthol [161] bzw. Diphenylcarbazon [162]. Zur Zinnbestimmung mit Hilfe der Röntgenfluoreszenzanalyse s. [163], zur lösungsspektralanalytischen Bestimmung von Zinn in Äthanol s. [164].

Zur Zerstörung der organischen Substanz vor der analytischen Bestimmung von Zinn werden der Aufschluß mit HNO_3 und $HClO_4$ [165] und mit NH_4NO_3 beschrieben [166]. Ein Überblick über verschiedene Aufschlußmethoden wird unter [167] gegeben.

Eine automatische Konzentrationskontrolle in Lösungen von $(C_4H_9)_2SnCl_2$ gelingt über die Messung der Dielektrizitätskonstanten dieser Lösungen [168].

$(C_4H_9)_2SnCl_2$ läßt sich außerdem potentiometrisch in Acetonitril [169] oder mit $NaOCH_3$ bestimmen [170], amperometrisch in Essigsäure-Äthanol [171] oder in Isopropylalkohol mit Cu-Indikator-Elektroden [172] und polarographisch. Ein polarographisches Bestimmungsverfahren in HCl-Äthanol s. bei [173]. Polarographische Bestimmung von $(C_4H_9)_2SnCl_2$ in Gegenwart von $(C_4H_9)_3SnCl$ und $C_4H_9SnCl_3$ s. bei [174 bis 177]. Polarographische Bestimmung in Polyvinylchlorid s. bei [178], in Haushaltsartikeln s. bei [179], in Stabilisatoren s. bei [180]. Hierbei läßt sich $(C_4H_9)_2SnCl_2$ mit Hilfe der Gleichstrompolarographie [175, 177], mit Hilfe der Wechselstrompolarographie [176, 181] und mit Hilfe der Oszillopolarographie in Äthanol-Wasser erfassen [182].

Literatur:

[1] G. J. M. van der Kerk, J. G. A. Luijten (J. Appl. Chem. [London] **4** [1954] 301/6). — [2] W. J. Jones, W. C. Davies, S. T. Bowden, C. Edwards, V. E. Davis, L. H. Thomas (J. Chem. Soc. **1947** 1446/51). — [3] H. Polkinhorne, C. G. Tapley, Albright and Wilson, Ltd. (B.P. 736822 [1955]; C.A. **1956** 8725). — [4] Z. Eckstein, Z. Ejmocki (Poln.P. 51771 [1964/66]; C.A. **68** [1968] Nr. 49776). — [5] E. W. Johnson, J. M. Church, Metal and Thermit Corp. (U.S.P. 2599557 [1952]; C.A. **1853** 1728).

[6] E. W. Johnson, J. M. Church, Metal and Thermit Corp. (U.S.P. 2672471 [1954]; C.A. **1955** 2483). — [7] E. W. Johnson, J. M. Church, Metal and Thermit Corp. (B.P. 710224 [1954]; C.A. **1955** 5512). — [8] Studiengesellschaft Kohle m.b.H. (F.P. 1318310 [1961/63]; C.A. **59** [1963] 2858). — [9] W. P. Neumann, G. Burkhardt, Studiengesellschaft Kohle m.b.H. (D.P. 1161893 [1961/64]). — [10] Studiengesellschaft Kohle m.b.H. (B.P. 958085 [1961/64]).

[11] W. P. Neumann, G. Burkhardt, Studiengesellschaft Kohle m.b.H. (U.S.P. 3248411 [1961/64]). — [12] Metal and Thermit Corp. (B.P. 739883 [1955]; C.A. **1956** 13986). — [13] W. P. Neumann, G. Burkhardt (Liebigs Ann. Chem. **663** [1963] 11/21). — [14] C. K. Banks, M and T Chemicals, Inc. (U.S.P. 3297732 [1963/67]; C.A. **66** [1967] Nr. 115807). — [15] O. H. Johnson, H. E. Fritz (J. Org. Chem. **19** [1954] 74/6).

[16] G. Rulewicz, K. Trautner, U. Thust (Chem. Tech. [Leipzig] **25** [1973] 284/6). — [17] Carlisle Chemical Works, Inc. (Neth. Appl. 65-13659 [1966]; C.A. **65** [1966] 7218). — [18] H. Bretschneider, F. Veith, H. Sextl, Farbwerke Hoechst A.-G. (D.P. 1962301 [1969/71]; C.A. **75** [1971] Nr. 36352). — [19] A. H. Frye, R. W. Horst (Intern. J. Appl. Radiation Isotopes **15** [1964] 169/74). — [20] A. H. Frye, R. W. Horst, M. A. Paliobagis (J. Polymer Sci. A **2** [1964] 1765/84).

[21] D. Klötzer (ZfK-294 [1975] 98/9). — [22] D. Klötzer (Isotopenpraxis **12** [1976] 128/32). — [23] A. G. Davies, P. G. Harrison, P. R. Palan (J. Chem. Soc. C **1970** 2030/4). — [24] Metal and Thermit Corp. (F.P. 1082169 [1953/54]). — [25] H. E. Ramsden, C. R. Gloskey, Metal and Thermit Corp. (U.S.P. 2675399 [1954]; C.A. **1955** 5512).

[26] H. E. Ramsden, H. Davidson, Metal and Thermit Corp. (B.P. 695610 [1953]; C.A. **1954** 10057). — [27] H. E. Ramsden, Metal and Thermit Corp. (B.P. 701714 [1953]; C.A. **1955** 4011). — [28] H. E. Ramsden, Metal and Thermit Corp. (U.S.P. 2675397 [1953]; C.A. **1955** 8332). — [29] Solvay and Cie. (F.P. 1449872 [1965/66]; C.A. **66** [1967] Nr. 95200). — [30] M and T Chemicals, Inc. (Neth. Appl. 65-04500 [1964/65]; C.A. **64** [1966] 8240).

[31] M and T Chemicals, Inc. (U.S.P. 3355468 [1965]). — [32] M and T Chemicals, Inc. (D.P. 1693112 [1965]). — [33] M and T Chemicals, Inc. (B.P. 1084076 [1965]). — [34] M and T Chemicals, Inc. (F.P. 1434534 [1965]). — [35] L. I. Zakharkin, O. Yu. Okhlobystin, B. N. Strunin (Dokl. Akad. Nauk SSSR **144** [1962] 1299/302; Proc. Acad. Sci. USSR Chem. Sect. **142/147** [1962] 543/5).

[36] O. Yu. Okhlobystin, L. I. Zakharkin, B. N. Strunin (UdSSR P. 144483 [1961/63]; C.A. **60** [1964] 5554). — [37] K. C. Eberly, G. E. P. Smith, H. E. Alberty, Firestone Tire and Rubber Co. (U.S.P. 2560042 [1951]; C.A. **1952** 1581). — [38] C. Gopinathan, S. K. Pandit, S. Gopinathan, I. R. Unni, P. A. Awasarkar (Indian J. Chem. **11** [1973] 605). — [39] W. P. Neumann (Liebigs Ann. Chem. **653** [1962] 157/63). — [40] K. Ziegler (B.P. 923179 [1959/63]; C.A. **59** [1963] 12842).

[41] W. P. Neumann, K. Ziegler (D.P. 1164407 [1959/64]; C.A. **60** [1964] 15910). — [42] W. P. Neumann, K. Ziegler (D.P. 1157617 [1959/63]; C.A. **60** [1964] 3008). — [43] R. Kuschk (D.P. [DDR] 20270 [1960]; C.A. **56** [1962] 3514). — [44] H. J. Passino, G. G. Lauer, Metal and

Thermit Corp. (U.S.P. 2665286 [1954]; C.A. **1955** 367). — [45] R. Kuschk, H. Kaltwasser, W. Braun (Chem. Tech. [Leipzig] **17** [1965] 749/51).

[46] J. F. Nobis, L. F. Moormeier, R. E. Robinson (Advan. Chem. Ser. **23** [1959] 63/8). — [47] H. J. Passino, R. M. Mantell, M. W. Kellog Co. (U.S.P. 2569492 [1951]; C.A. **1952** 3556). — [48] J. Nosek (Collection Czech. Chem. Commun. **29** [1964] 597/602). — [49] K. Niedenzu, J. W. Dawson, P. Fritz (Inorg. Syn. **10** [1967] 126/8). — [50] Z. M. Manulkin (Zh. Obshch. Khim. **18** [1948] 299/305 nach C.A. **1948** 6742).

[51] F. B. Lewis, Associated Lead Manufacturers, Ltd. (B.P. 786545 [1957]; C.A. **1958** 11110). — [52] A. Takubo, Nitto Chemical Industrial Co., Ltd. (Japan.P. 69-13694 [1966/69]; C.A. **71** [1969] Nr. 124672). — [53] Z. M. Manulkin (Zh. Obshch. Khim. **20** [1950] 2004/8 nach C.A. **1951** 5611). — [54] P. Pfeiffer, R. Lehnhardt, H. Luftensteiner, R. Prade, K. Schnurmann, P. Truskier (Z. Anorg. Allgem. Chem. **68** [1910] 102/22). — [55] S. Matsuda, H. Matsuda (Kogyo Kagaku Zasshi **63** [1960] 114/8 nach C.A. **56** [1962] 7342).

[56] K. C. Pande (J. Organometal. Chem. **13** [1968] 187/94). — [57] A. G. Davies, D. C. Kleinschmidt, P. R. Palan, S. C. Vasishtha (J. Chem. Soc. C **1971** 3972/6). — [58] R. C. Paul, K. K. Soni, S. P. Narula (J. Organometal. Chem. **40** [1972] 355/7). — [59] T. Tahara, T. Takubo, T. Matsunaga, Nitto Chemical Industrial Co., Ltd. (U.S.P. 3496201 [1966/70]; C.A. **72** [1970] Nr. 111617). — [60] F. Verbeek, E. J. Bulten, J. W. G. van den Hurk, Commer S.r.l. (Deut. Offenlegungsschrift 2552223 [1974/76]; C.A. **85** [1976] Nr. 124154).

[61] J. Necas (Tschech.P. 160923 [1973/75]; C.A. **85** [1976] Nr. 42275). — [62] K. Sisido, S. Kozima, T. Tuzi (J. Organometal. Chem. **9** [1967] 109/15). — [63] T. Yatagai, S. Matsuda, H. Matsuda, Japan Catalytic Chemical Industry Co., Ltd. (D.P. 1194856 [1959/63]). — [64] T. Yatagai, S. Matsuda, H. Matsuda, Japan Catalytic Chemical Industry Co., Ltd. (U.S.P. 3085102 [1959/63]; C.A. **59** [1963] 11560). — [65] S. Matsuda, H. Matsuda (Japan.P. 63-25664 [1959]; C.A. **60** [1964] 5550).

[66] H. Matsuda, H. Taniguchi, S. Matsuda (Kogyo Kagaku Zasshi **64** [1961] 541/3 nach C.A. **57** [1962] 3469). — [67] Albright and Wilson, Ltd. (Neth. Appl. 64-15330 [1964/65]). — [68] Albright and Wilson, Ltd. (Neth. Appl. 65-12145 [1964/66]; C.A. **65** [1966] 8962). — [69] Albright and Wilson, Ltd. (D.P. 1277255 [1964/66]). — [70] Albright and Wilson, Ltd. (B.P. 1115646 [1964]).

[71] Albright and Wilson, Ltd. (F.P. 1446994 [1964/66]). — [72] Albright and Wilson, Ltd. (U.S.P. 3415857 [1964/66]). — [73] K. Sisido, S. Kozima (Kyoto Daigaku Nippon Kagakuseni Kenkyusho Koenshu **24** [1967] 29/33 nach C.A. **68** [1968] Nr. 59632). — [74] H. Tokunaga, Y. Murayama, I. Kijima, Permachem Asia, Ltd. (Japan.P. 64-24958 [1961/64]; C.A. **62** [1965] 14726). — [75] V. I. Shiryaev, E. M. Stepina, L. V. Makhalkina, V. F. Mironov (Zh. Prikl. Khim. **48** [1975] 2107 nach C.A. **83** [1975] Nr. 206389).

[76] W. Kochmann, K. Trautner, H. Schilling, A. Tzschach, K. Pönicke, H. Mech (D.P. [DDR] 79015 [1969/71]; C.A. **76** [1972] Nr. 14716). — [77] K. R. Molt, I. Hechenbleikner, Carlisle Chemical Works, Inc. (Deut. Offenlegungsschrift 1817549 [1968/69]; C.A. **72** [1970] Nr. 79234). — [78] Carlisle Chemical Works, Inc. (B.P. 1222642 [1968/69]). — [79] K. R. Molt, I. Hechenbleikner, Carlisle Chemical Works, Inc. (U.S.P. 3519665 [1968/69]). — [80] K. R. Molt, I. Hechenbleikner, Carlisle Chemical Works, Inc. (F.P. 2000724 [1968/69]).

[81] T. Onuma, T. Inoue, O. Uno, Y. Kawai, Sanko Co., Ltd. (Japan.P. 72-41337 [1967/72]; C.A. **78** [1973] Nr. 29999). — [82] J. W. G. van den Hurk, Nederlandse Centrale Organisatie voor Toegepast-Natuurwetenschappelijk Onderzoek (U.S.P. 3595892 [1967/71]). — [83] Nederlandse Centrale Organisatie voor Toegepast-Natuurwetenschappelijk Onderzoek (Neth. Appl. 67-09983 [1967/69]; C.A. **70** [1969] Nr. 115338). — [84] J. W. G. van den Hurk, Nederlandse Centrale Organisatie voor Toegepast-Natuurwetenschappelijk Onderzoek (D.P. 1768914 [1967/72]; C.A. **77** [1972] Nr. 140293). — [85] R. D. Gray, S. E. Mayer, Societe Anon. Argus Chemical N.V. (F.P. 1456268 [1964/66]; C.A. **66** [1967] Nr. 115806).

[86] S. M. Blitzer, J. R. Zietz, Ethyl Corp. (U.S.P. 2852543 [1958]; C.A. **1959** 4135). — [87] J. R. Zietz, S. M. Blitzer, H. E. Redman, G. C. Robinson (J. Org. Chem. **22** [1957] 60/2). — [88] J. Nosek (Collection Czech. Chem. Commun. **29** [1964] 3173/5). — [89] T. Katsumura (Nippon Kagaku Zasshi **83** [1962] 724/6 nach C.A. **59** [1963] 5184). — [90] L. H. Brown, J. W. Hill, Quaker Oats Co. (U.S.P. 3211769 [1962/65]; C.A. **63** [1965] 18152).

[91] Y. Yamaji, Y. Nakagawa, H. Matsuda, S. Matsuda (Kogyo Kagaku Zasshi **74** [1971] 735/8 nach C.A. **75** [1971] Nr. 49257). — [92] Y. Yamaji, K. Ninomiya, H. Matsuda, S. Matsuda (Kogyo Kagaku Zasshi **74** [1971] 1181/4). — [93] J. Barreau, M. Massol, J. Satge (J. Organometal. Chem. **71** [1974] C45/C48). — [94] H. Woggon, D. Jehle (Nahrung **17** [1973] 739/48). — [95] A. Folaranmi, R. A. N. McLean, N. Wadibia (J. Organometal. Chem. **73** [1974] 59/66).

[96] J. G. A. Luijten, F. Rijkens (Rec. Trav. Chim. **83** [1964] 857/62). — [97] S. N. Bhattacharya, P. Raj, R. C. Srivastava (J. Organometal. Chem. **105** [1976] 45/9). — [98] L. S. Melnichenko, N. N. Zemlyanskii, K. A. Kocheshkov (Izv. Akad. Nauk SSSR Ser. Khim. **1972** 184/5; Bull. Acad. Sci. USSR Div. Chem. Sci. **1972** 175/6). — [99] L. S. Melnichenko, N. N. Zemlyanskii, V. A. Chernoplekova, K. A. Kocheshkov (Izv. Akad. Nauk SSSR Ser. Khim. **1972** 1384/6; Bull. Acad. Sci. USSR Div. Chem. Sci. **1972** 1332/4). — [100] G. Märkl, P. Hofmeister, F. Kneidl (Tetrahedron Letters **1976** 3125/8).

[101] R. C. Poller, J. A. Spillman (J. Organometal. Chem. **7** [1967] 259/62). — [102] H. G. Kuivila, L. W. Menaspace, C. R. Warner (J. Am. Chem. Soc. **84** [1962] 3584/6). — [103] A. K. Sawyer, H. G. Kuivila (Chem. Ind. [London] **1961** 260). — [104] H. E. Ramsden, C. R. Gloskey, Metal and Thermit Corp. (U.S.P. 2675399 [1954]; C.A. **1955** 5512). — [105] Metal and Thermit Corp. (B.P. 740274 [1955]; C.A. **1956** 7123).

[106] D. L. Alleston, A. G. Davies (Chem. Ind. [London] **1961** 551/2). — [107] G. Kaplan, J. Necas (Tschech.P. 128294 [1966/68]; C.A. **71** [1969] Nr. 3484). — [108] H. Kodama, A. Takai, T. Sasakura, Toyama Chemical Industry Co., Ltd. (Japan.P. 63-11975 [1960/63]; C.A. **59** [1963] 14023). — [109] Albright and Wilson, Ltd. (F.P. 1372840 [1962/64]; C.A. **62** [1965] 444). — [110] D. A. Armitage, A. Tarassoli (Inorg. Nucl. Chem. Letters **9** [1973] 1225/7).

[111] I. P. Goldshtein, N. N. Zemlyanskii, O. P. Shamagina, E. N. Guryanova, E. M. Panov, N. A. Slovokhotova, K. A. Kocheshkov (Dokl. Akad. Nauk SSSR **163** [1965] 880/3; Dokl. Chem. Proc. Acad. Sci. USSR **160/165** [1965] 715/8). — [12] N. N. Zemlyanskii, I. P. Goldshtein, E. N. Guryanova, O. P. Syutkina, E. M. Panov, N. A. Shovokhotova, K. A. Kocheshkov (Izv. Akad. Nauk SSSR Ser. Khim. **1967** 728/35; Bull. Acad. Sci. USSR Div. Chem. Sci. **1967** 707/12). — [113] W. Gerrard, R. G. Rees (J. Chem. Soc. **1964** 3510/1). — [114] L. S. Melnichenko, N. N. Zemlyanskii, K. A. Samurskaya, K. A. Kocheshkov (Dokl. Akad. Nauk SSSR **190** [1970] 351/3; Dokl. Chem. Proc. Acad. Sci. USSR **190/195** [1970] 48/50). — [115] L. S. Melnichenko, N. N. Zemlyanskii, K. A. Kocheshkov (Izv. Akad. Nauk SSSR Ser. Khim. **1972** 2055/8; Bull. Acad. Sci. USSR Div. Chem. Sci. **1972** 1993/6).

[116] G. Ayrey, R. C. Poller, I. H. Siddiqui (Polymer Letters **8** [1970] 1/6). — [117] J. C. Pommier, M. Pereyre, J. Valade (Compt. Rend. **260** [1965] 6397/9). — [118] S. Kohama (J. Organometal. Chem. **99** [1975] C44/C46). — [119] B. V. Levin, Z. G. Rumyantseva, V. V. Mironova (Izv. Akad. Nauk Neorgan. Materialy **4** [1968] 1947/51; Inorg. Materials [USSR] **4** [1968] 1694/7). — [120] B. W. Rockett, M. Hadlington, W. R. Poyner (J. Polymer Sci. Polymer Letters Ed. **9** [1971] 371/4 nach C.A. **75** [1971] Nr. 21691).

[121] B. W. Rockett, M. Hadlington, W. R. Poyner (J. Appl. Polymer Sci. **18** [1974] 745/52). — [122] A. G. Davies, P. G. Harrison (J. Organometal. Chem. **8** [1967] P19/P20). — [123] A. G. Davies, P. G. Harrison (J. Chem. Soc. C **1970** 2035/8). — [124] S. Migdal, D. Gertner, A. Zilkha (Can. J. Chem. **45** [1967] 2987/92). — [125] K. Sisido, S. Kozima (J. Organometal. Chem. **11** [1968] 503/13).

[126] G. A. Razuvaev, O. S. Dyachkovskaya, V. I. Fionov (Dokl. Akad. Nauk SSSR **177** [1967] 1113/6 nach C.A. **68** [1968] Nr. 6678). — [127] N. N. Zemlyanskii, E. M. Panov, K. A. Kocheshkov (Dokl. Akad. Nauk SSSR **146** [1962] 1335/6). — [128] V. T. Bychkov, N. S. Vyazankin (Zh. Obshch. Khim. **35** [1965] 687/9; J. Gen. Chem. USSR **35** [1965] 688/9). — [129] U. Schröer, W. P. Neumann (Angew. Chem. **87** [1975] 247/8). — [130] J. W. Bouchoux, W. A. Larkin, M and T Chemicals, Inc. (Belg.P. 836831 [1975/76]; C.A. **86** [1977] Nr. 55584).

[131] W. A. Larkin, J. W. Bouchoux, M and T Chemicals, Inc. (U.S.P. 3931264 [1974/76]; C.A. **84** [1976] Nr. 105773). — [132] H. Geißler, H. Kriegsmann (Proc. 3rd Anal. Chem. Conf., Budapest 1970, Bd. 2, S. 21/5 nach C.A. **74** [1971] Nr. 38136). — [133] H. Geißler, H. Kriegsmann (Z. Chem. [Leipzig] **5** [1965] 423/4). — [134] H. Geißler, H. Kriegsmann (Z. Chem. [Leipzig] **4** [1964] 354/5). — [135] G. G. Devyatykh, V. A. Umilin, Yu. N. Tsinovoi (Tr. po Khim. i Khim. Tekhnol. **1968** Nr. 2, S. 82/5).

[136] J. Franc, M. Wurst, V. Moudry (Collection Czech. Chem. Commun. **26** [1961] 1313/9). — [137] M. Barnard, P. J. Smith, R. F. M. White (J. Organometal. Chem. **77** [1974] 189/97). — [138] V. A. Chernoplekova, N. N. Zemlyanskii, N. D. Kolosova, K. A. Kocheshkov (Izv. Akad. Nauk SSSR Ser. Khim. **1975** 2803/5; Bull. Acad. Sci. USSR Div. Chem. Sci. **1975** 2691/3). — [139] A. G. Davies, B. Muggleton, B. P. Roberts, M. W. Tse, J. N. Winter (J. Organometal. Chem. **118** [1976] 289/94). — [140] J. Gasparic, A. Cee (J. Chromatog. **8** [1962] 393/8).

[141] D. J. Williams, J. W. Price (Analyst **85** [1960] 579/82). — [142] D. J. Williams, J. W. Price (Analyst **89** [1964] 220/2). — [143] M. Türler, O. Högl (Mitt. Gebiete Lebensmittelunters. Hyg. **52** [1961] 123/30). — [144] Y. Tanaka, T. Morikawa (Bunseki Kagaku **13** [1964] 753/9). — [145] H. Akagi, F. Fujita, Y. Sakagami (Shokuhin Eiseigaku Zasshi **13** [1972] 85/8 nach C.A. **77** [1972] Nr. 124877).

[146] H. Akagi, R. Takeshita, Y. Sakagami (Koshu Eiseiin Kenkyu Hokogu **19** [1970] 185/92). — [147] H. Huber, J. Wimmer (Kunststoffe **58** [1968] 786/8). — [148] K. Bürger (Z. Anal. Chem. **192** [1963] 280/6). — [149] H. Wieczorek (Deut. Lebensm. Rundschau **65** [1969] 74/8). — [150] G. Neubert (Z. Anal. Chem. **203** [1964] 265/72).

[151] P. P. H. L. Otto, H. M. J. C. Creemers, J. G. A. Luijten (J. Labelled Compounds **2** [1967] 339/48). — [152] J. Koch, K. Figge (J. Chromatog. **109** [1975] 89/100). — [153] H. Woidich, W. Pfannhauser (Z. Lebensm. Untersuch. Forsch. **162** [1976] 49/54). — [154] H. Woidich, W. Pfannhauser, G. Blaicher (Deut. Lebensm. Rundschau **72** [1976] 421/2). — [155] G. Neubert, H. Andreas (Z. Anal. Chem. **280** [1976] 31).

[156] A. H. Chapman, M. W. Duckworth, J. W. Price (Brit. Plastics **32** [1959] 78). — [157] J. W. Price (Paint Manuf. **28** [1958] 147/50). — [158] J. W. Price (Zinn Verwendung Nr. 41 [1957] 5/7). — [159] C. O. Akpofure, R. Belcher, S. L. Bogdanski, A. Townshend (Anal. Letters **8** [1975] 921/9). — [160] J. Efer, D. Quaas, W. Spichale (Z. Chem. [Leipzig] **5** [1965] 390/1).

[161] G. Pilloni (Farmaco Ed. Prat. **22** [1967] 666/76). — [162] R. T. Skeel, C. E. Bricker (Anal. Chem. **33** [1961] 428/31). — [163] F. Günther, R. Geyer, D. Stevenz (Neue Hütte **14** [1969] 563/6). — [164] R. Rautschke, O. Heinrich (Spectrochim. Acta B **27** [1972] 143/8). — [165] R. Geyer, H. J. Seidlitz (Z. Chem. [Leipzig] **4** [1964] 468).

[166] S. Kohama (Bull. Chem. Soc. Japan **36** [1963] 830/2). — [167] M. Farnsworth, J. Pekola (Anal. Chem. **31** [1959] 410/4). — [168] V. A. Volodin, L. A. Frangulyan, A. M. Parshina (Khim. Prom. **49** [1973] 832/3 nach C.A. **80** [1974] Nr. 70904). — [169] G. Tagliavini, P. Zanella (Anal. Chim. Acta **40** [1968] 33/9). — [170] A. Groagova, M. Pribyl (Z. Anal. Chem. **234** [1968] 423/8).

[171] L. Haasova, M. Pribyl (Z. Anal. Chem. **249** [1970] 35/8). — [172] A. P. Kreshkov, V. A. Bork, P. I. Selivokhin (Z. Analit. Khim. **25** [1970] 1202/5; J. Anal. Chem. USSR **25** [1970] 1039/41). — [173] R. Geyer, H. J. Seidlitz (Z. Chem. [Leipzig] **7** [1967] 114). — [174] V. A. Bork, P. I. Selivokhin (Plasticheskie Massy **1969** 60/1; Soviet Plast. **1969** 62/4). — [175] K. Issleib, H. Matschiner, S. Naumann (Talanta **15** [1968] 379/84).

[176] H. Mehner, H. Jehring, H. Kriegsmann (J. Organometal. Chem. **15** [1968] 97/105). — [177] H. Mehner, H. Jehring (Z. Chem. [Leipzig] **3** [1963] 472). — [178] V. A. Bork, P. I. Selivokhin (Plasticheskie Massy **1968** 56/7). — [179] A. Kanetoshi, S. Honna (Hokkaidoritsu Eisei Kenkyusho Ho **25** [1975] 156/8 nach C.A. **85** [1976] Nr. 41633). — [180] T. Tatsuno, M. Iwaida, H. Tanabe, I. Kawashiro (Shokuhin Eiseigaku Zasshi **9** [1968] 488/94 nach C.A. **70** [1969] Nr. 97453).

[181] H. Jehring, H. Mehner (Z. Chem. [Leipzig] **4** [1964] 273/4). — [182] T. Geyer, U. Rotermund (Acta Chim. Acad. Sci. Hung. **59** [1969] 201/10).

The Molecule. Spectra

1.3.2.2.1.5.2 Molekül. Spektren

The Molecule

1.3.2.2.1.5.2.1 Molekül

Für das Dipolmoment von $(C_4H_9)_2SnCl_2$ werden folgende Werte angegeben: 4.22 D in Benzol [1], 4.24 D [2, 3], 4.25 D in Hexan [1], 4.37 D in Benzol [4], 4.38 D in Benzol [5], 4.45 D in Benzol [6] und 5.11 D in Dioxan [1]. Außerdem werden gefunden in Substanz 4.30 D, in Äthanol 1.68 D und in Acetonitril 3.20 D [7].

Literatur:

[1] I. P. Goldshtein, E. N. Guryanova, E. D. Delinskaya, K. A. Kocheshkov (Dokl. Akad. Nauk SSSR **136** [1961] 1079/81; Proc. Acad. Sci. USSR Chem. Sect. **136/141** [1961] 173/5). — [2] I. P. Goldshtein, N. N. Zemlyanskii, O. P. Shamagina, E. N. Guryanova, E. M. Panov, N. A. Slovokhotova, K. A. Kocheshkov (Dokl. Akad. Nauk SSSR **163** [1965] 880/3; Dokl. Chem. Proc. Acad. Sci. USSR **160/165** [1965] 715/8). — [3] N. N. Zemlyanskii, I. P. Goldshtein, E. N. Guryanova, O. P. Syutkina, E. M. Panov, N. A. Slovokhotova, K. A. Kocheshkov (Izv. Akad. Nauk SSSR Ser. Khim. **1967** 728/35; Bull. Acad. Sci. USSR Div. Chem. Sci. **1967** 707/12). — [4] D. V. Naik, C. Curran (J. Organometal. Chem. **81** [1974] 177/85). — [5] J. Lorberth, H. Nöth (Chem. Ber. **98** [1965] 969/76).

[6] H. H. Huang, K. M. Hui, K. K. Chiu (J. Organometal. Chem. **11** [1968] 515/24). — [7] A. Yu. Aleksandrov, Ya. G. Dorfman, O. L. Lependina, K. P. Mitrofanov, M. V. Plotnikova, L. S. Polak, A. Ya. Temkin, V. S. Shpinel (Zh. Fiz. Khim. **38** [1964] 2190/7; Russ. J. Phys. Chem. **38** [1964] 1185/8).

1.3.2.2.1.5.2.2 Kernmagnetische Resonanzspektren. Kernquadrupolresonanzspektrum

Nuclear Magnetic Resonance Spectra. Nuclear Quadrupole Resonance Spectrum

^{1}H-NMR-Spektrum von $(C_4H_9)_2SnCl_2$ s. bei [1]. Ferner werden folgende Parameter angegeben: $\tau CH_3 = 9.04$, $\tau CH_2 = 8.94$ und 8.19 [2], $\delta CH_3 = -0.96$ ppm, $\delta CH_2Sn = -1.40$ ppm, $\delta CH_2 = -1.81$ ppm [3], $\tau CH_2 = 8.15$, $^3J(H^{117/119}Sn) = 102/106$ Hz [4].

Aus dem ^{13}C-NMR-Spektrum lassen sich folgende chemische Verschiebungen und Kopplungskonstanten entnehmen: $\delta C_\alpha = -27.0$ ppm, $^1J(CSn) = 424$ Hz, $\delta C_\beta = -27.0$ ppm, $^2J(CSn) = 36$ Hz, $\delta C_\gamma = -26.3$ ppm, $^4J(CSn) = 85$ Hz, $\delta C_\delta = -13.5$ ppm [5, 6]. Zur Berechnung von Additivitätsparametern für ^{13}C-chemische Verschiebungen in verschiedenen Organozinnverbindungen unter Einschluß von $(C_4H_9)_2SnCl_2$ s. [7].

Die chemische Verschiebung δ^{119}Sn beträgt −71 ppm gegen $Sn(CH_3)_4$ in Aceton [8, 9], −114 ppm in CS_2 [9], −122 ppm in Benzol [10, 11], −123.1 ppm in CCl_4 [11] und −123.4 ppm in CH_2Cl_2 [12].

Die ^{35}Cl-NQR-Frequenz beträgt bei 77 K $\nu = 15.987$ MHz [13] bzw. 17.273 MHz [14]. Bei 201 K wird $\nu = 16.990$ MHz, bei 300 K $\nu = 16.605$ MHz gefunden. Die Kopplungskonstante e^2Qq_{zz} wird zu 34.546 MHz berechnet [14]. Bei neuerer Untersuchung des NQR-Spektrums konnte bei 77 K keine Resonanzfrequenz festgestellt werden. Bei 200 K und 303 K erscheinen Dublettsignale bei 15.820 und 15.948 MHz bzw. bei 15.982 und 15.992 MHz. Für e^2Qq_{zz} werden 31.974 MHz berechnet [17]. Del Re-Berechnungen mit Hilfe von NQR- und Mössbauer-Daten s. bei [15]. Korrelationen von Mössbauer-spektroskopischen Daten mit NQR-Parametern s. bei [16].

Literatur:

[1] Y. Farhangi, D. P. Graddon (J. Organometal. Chem. **87** [1975] 67/82). — [2] D. G. Hendricker (Inorg. Chem. **8** [1969] 2328/30). — [3] S. Migdal, D. Gertner, A. Zilkha (Can. J. Chem. **45** [1967] 2987/92). — [4] L. Verdonck, G. P. van der Kelen (J. Organometal. Chem. **11** [1968] 491/7). — [5] T. N. Mitchell (J. Organometal. Chem. **59** [1973] 189/97).

[6] T. N. Mitchell (Org. Magn. Resonance **8** [1976] 34/9). — [7] D. E. Axelson, S. A. Kandil, C. E. Holloway (Can. J. Chem. **52** [1974] 2968/73). — [8] B. K. Hunter, L. W. Reeves (Can. J. Chem. **46** [1968] 1399/414). — [9] J. J. Burke, P. C. Lauterbur (J. Am. Chem. Soc. **83** [1961] 326/31). — [10] A. G. Davies, P. G. Harrison, J. D. Kennedy, T. N. Mitchell, R. J. Puddephatt, W. McFarlane (J. Chem. Soc. C **1969** 1136/41).

[11] A. P. Tupciauskas, N. M. Sergeev, Yu. A. Ustynyuk (Lietuvos Fiz. Rinkinys **11** [1971] 93/105). — [12] A. P. Tupciauskas, N. M. Sergeev, Yu. A. Ustynyuk (Org. Magn. Resonance **3** [1971] 655/9). — [13] P. J. Green (Diss. West Virginia Univ. 1967, S. 1/139; Diss. Abstr. B **28** [1968] 489). — [14] E. D. Swiger, J. D. Graybeal (J. Am. Chem. Soc. **87** [1965] 1464/6). — [15] R. Gupta, B. Majee (J. Organometal. Chem. **33** [1971] 169/73).

[16] N. W. G. Debye, M. Linzer (J. Chem. Phys. **61** [1974] 4770/6). — [17] P. J. Green, J. D. Graybeal (J. Am. Chem. Soc. **89** [1967] 4305/8).

Mössbauer Spectrum

1.3.2.2.1.5.2.3 Mössbauer-Spektrum

Im Mössbauer-Spektrum von $(C_4H_9)_2SnCl_2$ werden für die Isomerieverschiebung δ (in mm/s) folgende Werte gefunden: −0.50 in Tetrahydrofuran, −0.51 in Diäthyläther oder Dimethoxyäthan, −0.52 in Diäthoxyäthan, −0.53 in Dimethylsulfoxid, −0.54 in Dimethylformamid, −0.62 in Hexamethylphosphorsäuretriamid, −0.68 in Substanz, jeweils gegen α-Sn [1]; 1.59 gegen $BaSnO_3$ [2]; 1.55 in Äthanol [3], 1.60 ± 0.05 in Substanz [3, 4] und in Acetonitril [3], 1.624 [5], 1.63 [6], 1.7 [7] und 1.72, jeweils gegen SnO_2 [8]. Die Quadrupolaufspaltung Δ (in mm/s) beträgt: 3.25 in Substanz [3, 4, 9], 3.40 in Substanz [1, 7], 3.43 [2], 3.44 in Diäthyläther [1], 3.452 [5], 3.45 [6], 3.5 [8], 3.66 in Diäthoxyäthan [1], 3.68 in Tetrahydrofuran [1], 3.70 in Acetonitril [3], 3.80 in Äthanol [3], 3.81 in Diäthoxyäthan [1], 4.04 in Hexamethylphosphorsäuretriamid [1], 4.06 in Dimethylformamid [1] und 4.13 in Dimethylsulfoxid [1].

Zwischen der Isomerieverschiebung von zinnorganischen Verbindungen und der Elektronegativität der nichtorganischen Substituenten am Zinn besteht eine lineare Korrelation [10]. Zur Diskussion des Einflusses von dipolaren aprotischen Lösungsmitteln auf die Quadrupolaufspaltung in $(C_4H_9)_2SnCl_2$ s. [11]. Zur Berechnung von Del Re-Parametern s. [12]. Zur Verfolgung der radiolytischen Zersetzung von $(C_4H_9)_2SnCl_2$ wird die Mössbauer-Spektroskopie herangezogen [13].

Literatur:

[1] V. I. Goldanskii, V. V. Khrapov, O. Yu. Okhlobystin, V. Ya. Rochev (in: V. I. Goldanskii, R. H. Herber, Chemical Application of Mössbauer Spectroscopy, New York 1968, S. 336/76). — [2] M. Mishima, M. Nakamura, M. Izawa, M. Idogaki (Shimane Daigaku Bunrigakubu Kiyo Rigakka Hen **1974** Nr. 7, S. 79/84 nach C.A. **82** [1975] Nr. 105053). — [3] A. Yu. Aleksandrov, Ya. G. Dorfman, O. L. Lependina, K. P. Mitrofanov, M. V. Plotnikova, L. S. Polak, A. Ya. Temkin, V. S. Shpinel (Zh. Fiz. Khim. **38** [1964] 2190/7; Russ. J. Phys. Chem. **38** [1964] 1185/8). — [4] A. Yu. Aleksandrov, N. N. Delyagin, K. P. Mitrofanov, L. S. Polak, V. S. Shpinel (Zh. Eksperim. i Teor. Fiz. **43** [1962] 1242/7; Soviet Phys.-JETP **16** [1963] 879/82). — [5] N. W. G. Debye, M. Linzer (J. Chem. Phys. **61** [1974] 4770/6).

[6] P. J. Smith (Organometal. Chem. Rev. A **5** [1970] 373/402). — [7] V. A. Bryukhanov, V. I. Goldanskii, N. N. Delyagin, L. A. Korytko, E. F. Makarov, I. P. Suzdalev, V. S. Shpinel (Zh. Eksperim. i Teor. Fiz. **43** [1962] 448/52; Soviet Phys.-JETP **16** [1963] 321/3). — [8] A. C. Chapman, A. G. Davies, P. G. Harrison, W. McFarlane (J. Chem. Soc. **1970** 821/4). — [9] M. A. Mullins, C. Curran (Inorg. Chem. **6** [1967] 2017/9). — [10] V. Kothekar, V. S. Shpinel (Zh. Strukt. Khim. **10** [1969] 37/42).

[11] V. I. Goldanskii, O. Yu. Okhlobystin, V. Ya. Rochev, V. V. Khrapov (J. Organometal. Chem. **4** [1965] 160/2). — [12] R. Gupta, B. Majee (J. Organometal. Chem. **49** [1973] 203/11). — [13] Y. Llabador, J. M. Friedt (J. Inorg. Nucl. Chem. **35** [1973] 2351/9).

Vibrational Spectra

1.3.2.2.1.5.2.4 Schwingungsspektren

Die IR- und Raman-Spektren von $(C_4H_9)_2SnCl_2$ sind mit den Zuordnungen in Tabelle 17, S. 81/2, wiedergegeben. Weitere Aufzählungen mit teilweiser Zuordnung s. bei [3 bis 10]. Abbildungen der IR-Spektren von $(C_4H_9)_2SnCl_2$ s. bei [11 bis 13]. Für die νSnCl-Schwingung wurden ferner Banden bei 356 und 340 cm^{-1}, für die δSnCl-Schwingung bei 122 cm^{-1} gefunden [7]. Zur Diskussion von trans-gauche-Isomerien in der Alkylkette an Hand von IR- und Raman-Daten von $(C_4H_9)_2SnCl_2$ s. [14 bis 16]. An Hand von IR- und Raman-spektroskopischen Daten aus der Schmelze, aus dem Kristall und aus der Lösung von $(C_4H_9)_2SnCl_2$ wird das Vorliegen von Rotationsisomeren vor allem in der Schmelze geschlossen [8].

Tabelle 17
IR- und Raman-Spektrum von $(C_4H_9)_2SnCl_2$.

Zuordnung	IR [1]	IR [2] flüssig	ν in cm^{-1} Raman [2] CS_2-Lösung	IR [2] fest	Raman [2] fest
δSnC_2					143 (1)
δButylskelett					205 (1)
$\nu_s + \nu_{as}SnCl_2$				346 st	315 (7)
δButylskelett		410 s 433 s		415 s	409 (1)
$\nu_s + \nu_{as}SnC_2$	515 s	515 m 530 Sch	514 (3)	510 s	506 (1)
$\nu_s + \nu_{as}SnC_2$	604 s	594 Sch 603 s	600 (5)	595 m 609 Sch	595 (8) 613 Sch
ρCH_2	670 s	679 st		681 st	
ρCH_2	699 s	709 st		709 Sch	
ρCH_2	748 s 769 s 775 s 787 s 848 s	749 s 772 s 850 s		750 s 773 m 856 m	 820 (0) 855 (1)
ρCH_3	869 s 878 s	874 Sch		878 Sch	
νCC	885 s 960 s 990 s 998 s 1024 s 1047 s 1078 m	882 st 963 m 987 Sch 1001 s 1027 m 1049 s 1080 st	884 (1) 957 (0) 1001 (0) 1048 (1) 1081 (1)	884 st 964 s 1006 Sch 1027 st 1064 s 1085 st	888 (1) 965 (1) 1006 (1) 1051 (1) 1084 (1)
τCH_2, wCH_2	1153 m 1179 m 1249 s 1291 s 1342 s 1358 s 1363 s 1375 m	1155 st 1182 st 1198 Sch 1254 st 1296 m 1345 m 1364 s	1154 (4) 1176 (3) 1251 (1) 1294 (1) 1350 (0)	1155 st 1182 st 1195 m 1254 Sch 1267 m 1291 m 1347 m	1154 (6) 1181 (0) 1259 (0) 1295 (1) 1336 (1) 1350 (0)
$\delta_s CH_3$	1379 m	1382 st		1382 st	
δCH_2	1413 m	1416 m	1416 (0)	1417 st	
$\delta_{as}CH_3 + \delta CH_2$	1456 m	1456 Sch 1465 st	1442 (2)	1459 Sch 1466 st	1447 (1)

Tabelle 17 (Fortsetzung)

Zuordnung	IR [1]	IR [2] flüssig	ν in cm^{-1} Raman [2] CS_2-Lösung	IR [2] fest	Raman [2] fest
ν_sCH_2	2850 st	2861 st	2857 (4)	2861 st	2861 (3)
ν_sCH_3	2871 st	2877 st	2875 (3)	2877 st	2877 (3)
ν_sCH_2C	2900 st		2910 (7)		2904 (4)
$\nu_{as}CH_2$	{ 2934 st 2955 st	2928 st	2931 (6)	2928 st	2922 (4) 2934 (4)
$\nu_{as}CH_3$	2963 st	2962 st	2961 (4)	2962 st	2968 (2)

Weitere, nicht zugeordnete Banden s. in den Originalen.

Literatur:

[1] J. Mendelsohn, A. Marchand, J. Valade (J. Organometal. Chem. **6** [1966] 25/44). — [2] H. Geißler, H. Kriegsmann (J. Organometal. Chem. **11** [1968] 85/95). — [3] C. K. Chu, J. D. Murray (J. Chem. Soc. A **1971** 360/7). — [4] A. Finch, R. C. Poller, D. Steele (Trans. Faraday Soc. **61** [1965] 2628/34). — [5] F. K. Butcher, W. Gerrard, E. F. Mooney, R. G. Rees, H. A. Willis, A. Anderson, H. A. Gebbie (J. Organometal. Chem. **1** [1964] 431/4).

[6] H. Kriegsmann, H. Hoffmann (Z. Chem. [Leipzig] **3** [1963] 268/9). — [7] R. J. H. Clark, A. G. Davies, R. J. Puddephatt (J. Chem. Soc. A **1968** 1828/34). — [8] M. C. Tobin (J. Mol. Spectry. **5** [1960] 65/71). — [9] H. Geißler, H. Kriegsmann (Z. Chem. [Leipzig] **4** [1964] 354/5). — [10] T. Morikawa (Kagaku To Kogyo [Osaka] **49** [1975] 98/113 nach C.A. **84** [1976] Nr. 5795).

[11] R. A. Cummins, P. Dunn (Australia Commonwealth Dept. Supply Defense Std. Lab. Rept. Nr. 166 [1963] 1/106). — [12] B. V. Levin, Z. G. Rumyantseva, V. V. Mironova (Izv. Akad. Nauk SSSR Neorgan. Materialy **4** [1968] 1947/51; Inorg. Materials [USSR] **4** [1968] 1694/7). — [13] R. Mathis-Noel, M. Lesbre, I. S. de Roche (Compt. Rend. **243** [1956] 257/9). — [14] R. A. Cummins (Australian J. Chem. **16** [1963] 985/8). — [15] R. A. Cummins (Australian J. Chem. **18** [1965] 985/92).

[16] B. Mathiasch (Z. Anorg. Allgem. Chem. **403** [1974] 225/30).

UV, X-Ray Fluorescence and Mass Spectra

1.3.2.2.1.5.2.5 UV-, Röntgenfluoreszenz- und Massenspektrum

Im UV-Spektrum von $(C_4H_9)_2SnCl_2$ erscheint eine Bande bei 215 nm mit lg $\varepsilon = 3.72$ [1, 2].

Angaben zur Möglichkeit der Aufnahme eines Röntgenfluoreszenzspektrums s. bei [3].

Unter den Bedingungen der chemischen Ionisation in Methan erscheinen im Massenspektrum von $(C_4H_9)_2SnCl_2$ die Fragmente $(C_4H_9)_2SnCl^+$ zu 95% und $C_4H_9SnCl_2^+$ zu 5% [4]. Mit Hilfe massenspektroskopischer Daten kann festgestellt werden, daß in Butylzinnverbindungen durch Einführung von Halogen am Zinn die Sn-C-Bindungen zu den restlichen Butylgruppen gefestigt werden [5].

Literatur:

[1] I. P. Goldshtein, E. N. Guryanova, N. N. Zemlyanskii, O. P. Syutkina, E. M. Panov, K. A. Kocheshkov (Izv. Akad. Nauk SSSR Ser. Khim. **1967** 2201/7; Bull. Acad. Sci. USSR Div. Chem. Sci. **1967** 2115/9). — [2] I. P. Goldshtein, E. N. Guryanova, N. N. Zemlyanskii, O. P. Syutkina, E. M. Panov, K. A. Kocheshkov (Dokl. Akad. Nauk SSSR **175** [1967] 836/9). — [3] M. Furst, H. Kallmann, F. H. Brown (J. Chem. Phys. **26** [1957] 1321/32). — [4] R. H. Fish, R. L. Holmstead, J. E. Casida (Tetrahedron Letters **1974** 1303/6). — [5] B. Mathiasch (Z. Anorg. Allgem. Chem. **403** [1974] 225/30).

1.3.2.2.1.5.3 Physikalische Eigenschaften

Physical Properties

$(C_4H_9)_2SnCl_2$ ist bei Normalbedingungen ein farbloser Feststoff, für den folgende Schmelzpunkte angegeben werden: 37 bis 39°C [1], 38°C [2], 38 bis 39°C [3], 39°C [4], 40 bis 41°C [5], 40.0 bis 41.5°C [6], 40.5°C [7, 8], 41 bis 42°C [9, 10], 42°C [11 bis 13], 42 bis 43°C [14 bis 17], 42.7°C [18], 43°C [19 bis 24], 44°C [25] und 44 bis 45°C [26]. Die Schmelzwärme beträgt 17.9 cal/g [19]. Folgende Siedepunkte werden für die Verbindung angegeben: 80°C/0.2 Torr [27], 88°C/0.15 Torr [2, 28], 90 bis 95°C/0.1 Torr [29], 92 bis 94°C/0.1 Torr [30 bis 33], 98 bis 100°C/0.4 Torr [34], 100 bis 130°C/0.5 Torr [35 bis 38], 110°C/1 Torr [39], 115°C/3 Torr [40], 126 bis 128°C im Vakuum [17], 128°C/4 Torr [23], 130 bis 137°C/5 Torr [41], 131 bis 134°C/5 Torr [6], 133 bis 134°C/10 Torr [42], 134 bis 138°C/12 Torr [43], 135°C/5 Torr [20, 24], 135°C/10 Torr [44 bis 47], 142°C/10 Torr [48], 142 bis 144°C/11 Torr [49], 149°C/10 Torr [50], 153 bis 154°C/5.0 Torr [51], 153 bis 155°C/5 Torr [25], 153 bis 156°C/5 Torr [10].

Der Brechungsindex beträgt $n_D^{20} = 1.5065$ [1] bzw. $n_D^{50} = 1.4992$ [19]. Für die Oberflächenspannung werden gefunden 32.1 dyn/cm bei 50°C und 28.1 dyn/cm bei 100°C [52]. Die spezifische Wärme gehorcht der Gleichung $c_p = 0.082 + 0.630 \times 10^{-3}T$ cal · g^{-1} · K^{-1} zwischen 240 und 310 K bzw. $c_p = 0.173 + 0.463 \times 10^{-3}$ T cal · g^{-1} · K^{-1} zwischen 320 und 400 K [19].

Literatur:

[1] G. Kaplan, J. Necas (Tschech.P. 128294 [1966/68]; C.A. **71** [1969] Nr. 3484). — [2] W. P. Neumann, K. Ziegler (D.P. 1157617 [1959/63]; C.A. **60** [1964] 3008). — [3] S. Migdal, D. Gertner, A. Zilkha (Can. J. Chem. **45** [1967] 2987/92). — [4] H. Polkinhorne, C. G. Tapley, Albright and Wilson, Ltd. (B.P. 736822 [1955]; C.A. **1956** 8725). — [5] C. K. Banks, M and T Chemicals, Inc. (U.S.P. 3297732 [1963/67]; C.A. **66** [1967] Nr. 115807).

[6] S. Matsuda, H. Matsuda (Kogyo Kagaku Zasshi **63** [1960] 114/8 nach C.A. **56** [1962] 7342). — [7] R. Mathis-Noel, M. Lesbre, I. S. de Roche (Compt. Rend. **243** [1956] 257/9). — [8] W. J. Jones, W. C. Davies, S. T. Bowden, C. Edwards, V. E. Davies, L. H. Thomas (J. Chem. Soc. **1947** 1446/51). — [9] D. A. Armitage, A. Tarassoli (Inorg. Chem. **14** [1975] 1210/1). — [10] Z. M. Manulkin (Zh. Obshch. Khim. **18** [1948] 299/305 nach C.A. **1948** 6742).

[11] J. Nosek (Collection Czech. Chem. Commun. **29** [1964] 3173/5). — [12] J. Nosek (Collection Czech. Chem. Commun. **29** [1964] 597/602). — [13] V. T. Bychkov, N. S. Vyazankin (Zh. Obshch. Khim. **35** [1965] 687/9; J. Gen. Chem. USSR **35** [1965] 688/9). — [14] A. G. Davies, P. G. Harrison (J. Chem. Soc. C **1970** 2035/8). — [15] W. Gerrard, R. G. Rees (J. Chem. Soc. **1964** 3510/1).

[16] R. C. Paul, K. K. Soni, S. P. Narula (J. Organometal. Chem. **40** [1972] 355/7). — [17] Z. Eckstein, Z. Ejmocki (Poln.P. 51771 [1964/66]; C.A. **68** [1968] Nr. 49776). — [18] Y. Yamaji, K. Ninomiya, H. Matsuda, S. Matsuda (Kogyo Kagaku Zasshi **74** [1971] 1181/4). — [19] H. Utschik, M. Rupp, U. Thust, H. Kapitza (Chem. Tech. [Leipzig] **26** [1974] 422). — [20] L. I. Zakharkin, O. Yu. Okhlobystin, B. N. Strunin (Dokl. Akad. Nauk SSSR **144** [1962] 1299/302; Proc. Acad. Sci. USSR Chem. Sect. **142/147** [1962] 543/5).

[21] P. J. Greene, J. D. Graybeal (J. Am. Chem. Soc. **89** [1967] 4305/8). — [22] P. Pfeiffer, R. Lehnhardt, H. Luftensteiner, R. Prade, K. Schnurmann, P. Truskier (Z. Anorg. Allgem. Chem. **68** [1910] 102/22). — [23] L. S. Melnichenko, N. N. Zemlyanskii, K. A. Kocheshkov (Izv. Akad. Nauk SSSR Ser. Khim. **1972** 184/5; Bull. Acad. Sci. USSR Div. Chem. Sci. **1972** 175/6). — [24] O. Yu. Okhlobystin, L. I. Zakharkin, B. N. Strunin (UdSSR P. 144483 [1961/63]; C.A. **60** [1964] 5554). — [25] K. S. Minsker, G. T. Fedoseeva, T. B. Zavarova, E. O. Krats (Vysokomol. Soedin. A **13** [1971] 2265/78; J. Polymer Sci. [USSR] A **13** [1971] 2544/60).

[26] Z. M. Manulkin (Zh. Obshch. Khim. **20** [1950] 2004/8; C.A. **1951** 5611). — [27] M. Barnard, P. J. Smith, R. F. M. White (J. Organometal. Chem. **77** [1974] 189/97). — [28] K. Ziegler (B.P. 923179 [1959/63]; C.A. **59** [1963] 12842). — [29] W. P. Neumann, G. Burkhardt (Liebigs Ann. Chem. **663** [1963] 11/21). — [30] Studiengesellschaft Kohle m.b.H. (F.P. 1318310 [1961/63]; C.A. **59** [1963] 2858).

[31] W. P. Neumann, G. Burkhardt, Studiengesellschaft Kohle m.b.H. (D.P. 1161893 [1961/64]). — [32] Studiengesellschaft Kohle m.b.H. (B.P. 958085 [1961/64]). — [33] W. P. Neumann, G. Burkhardt, Studiengesellschaft Kohle m.b.H. (U.S.P. 3248411 [1961/64]). — [34] K. C. Pande

(J. Organometal. Chem. **13** [1968] 187/94). — [35] K. R. Molt, I. Hechenbleikner, Carlisle Chemical Works, Inc. (Deut. Offenlegungsschrift 1817549 [1968/69]; C.A. **72** [1970] Nr. 79234).

[36] Carlisle Chemical Works, Inc. (B.P. 1222642 [1968/69]). — [37] K. R. Molt, I. Hechenbleikner, Carlisle Chemical Works, Inc. (U.S.P. 3519665 [1968/69]). — [38] K. R. Molt, I. Hechenbleikner, Carlisle Chemical Works, Inc. (F.P. 2000724 [1968/69]). — [39] J. Lorberth, H. Nöth (Chem. Ber. **98** [1965] 969/76). — [40] S. N. Bhattacharya, P. Raj, R. C. Srivastava (J. Organometal. Chem. **105** [1976] 45/9).

[41] H. Tokunaga, Y. Murayama, I. Kijima, Permachem Asia, Ltd. (Japan.P. 64-24958 [1961/64]; C.A. **62** [1965] 14726). — [42] A. Takubo, Nitto Chemical Industrial Co., Ltd. (Japan.P. 69-13694 [1966/69]; C.A. **71** [1969] Nr. 124672). — [43] T. Tahara, T. Takubo, T. Matsunaga, Nitto Chemical Industrial Co., Ltd. (U.S.P. 3496201 [1966/70]; C.A. **72** [1970] Nr. 111617). — [44] J. Franc, M. Wurst, V. Moudry (Collection Czech. Chem. Commun. **26** [1961] 1313/9). — [45] E. W. Johnson, J. M. Chruch, Metal and Thermit Corp. (U.S.P. 2599557 [1952]; C.A. **1953** 1728).

[46] E. W. Johnson, J. M. Church, Metal and Thermit Corp. (U.S.P. 2672471 [1954]; C.A. **1955** 2483). — [47] E. W. Johnson, J. E. Church, Metal and Thermit Corp. (B.P. 710224 [1954]; C.A. **1955** 5512). — [48] V. A. Chernoplekova, N. N. Zemlyanskii, N. D. Kolosova, K. A. Kocheshkov (Izv. Akad. Nauk SSSR Ser. Khim. **1975** 2803/5; Bull. Acad. Sci. USSR Div. Chem. Sci. **1975** 2691/3). — [49] H. Kohama, A. Takai, T. Sasakura, Toyama Chemical Industry Co., Ltd. (Japan.P. 63-11975 [1960/63]; C.A. **59** [1963] 14023). — [50] Carlisle Chemical Works, Inc. (Neth. Appl. 65-13659 [1966]; C.A. **65** [1966] 7218).

[51] R. C. Mehrotra, V. D. Gupta, C. K. Sharma (Z. Naturforsch. **27b** [1972] 386/91). — [52] W. Spichale, H. Kapitza, H. Utschik (Z. Chem. [Leipzig] **7** [1967] 442).

Polarography

1.3.2.2.1.5.4 Polarographie

Bei der elektrochemischen Reduktion von $(C_4H_9)_2SnCl_2$ entsteht in zwei Einelektronenschritten erst über das Radikal $(C_4H_9)_2SnCl^{\cdot}$ das Produkt $[(C_4H_9)_2ClSn]_2$ und anschließend $[(C_4H_9)_2Sn]_x$ [1]. Die Halbwellenpotentiale betragen bei pH = 1: −0.585 und −0.765 V und in 6N HCl-Lösung: −0.595 und −0.9 V [2]. In Wasser oder wäßrigem Äthanol oder wäßrigem Acetonitril erfolgt bei einer Konzentration unterhalb 5×10^{-4} mol/l die Reduktion reversibel; bei Konzentrationen oberhalb 5×10^{-4} mol/l ist die Reduktion irreversibel [3]. In wäßrigem Methanol entsteht als Hauptprodukt das Reduktionsprodukt des ersten Schrittes, nämlich $[(C_4H_9)_2ClSn]_2$ [4]. Weitere Untersuchungen der Polarographie von $(C_4H_9)_2SnCl_2$ in Dimethylformamid, Dimethylsulfoxid oder Aceton s. bei [5], in Äthanol-HCl oder Äthanol-NaOH s. bei [6], in verschiedenen Alkoholen, in Acetonitril, Formamid, Methylformamid, Dimethylformamid, Dimethylsulfoxid oder Aceton s. bei [7]. Untersuchungen, die Elektrodenabsorptionsphänomene, Konzentrationsabhängigkeiten, Elektrodenprozesse und verschiedene andere Parameter eingehend diskutieren, s. bei [8 bis 11].

Literatur:

[1] R. A. Baker (Diss. Univ. of New Hampshire 1959; Diss. Abstr. **20** [1959] 897). — [2] M. K. Saikina (Uch. Zap. Kazansk. Gos. Univ. Khim. **116** Nr. 2 [1956] 129/86 nach C.A. **1957** 7191). — [3] V. N. Flerov, N. V. Spiridonova, Ya. M. Tyurin (Tr. Gor'k. Politekhn. Inst. **25** Nr. 13 [1969] 45/51 nach C.A. **75** [1971] Nr. 58003). — [4] V. N. Flerov, Yu. M. Tyurin (Zh. Obshch. Khim. **38** [1968] 1669/76; J. Gen. Chem. USSR **38** [1968] 1627/33). — [5] Yu. M. Tyurin, V. N. Flerov, V. K. Goncharuk (Tr. Gor'k. Politekhn. Inst. **27** Nr. 2 [1971] 11/6 nach C.A. **77** [1972] Nr. 61085).

[6] V. F. Toropova, M. K. Saikina (Sb. Statei Obshch. Khim. Akad. Nauk SSSR **1** [1953] 210/5 nach C.A. **1954** 12579). — [7] Yu. M. Tyurin, V. N. Flerov, V. K. Gonsharuk (Zh. Obshch. Khim. **41** [1971] 494/502; J. Gen. Chem. USSR **41** [1971] 490/6). — [8] Yu. M. Tyurin, V. N. Flerov (Elektrokhimiya **6** [1970] 1548/52; Soviet Electrochem. **6** [1970] 1492/5). — [9] H. Mehner, H. Jehring, H. Kriegsmann (J. Organometal. Chem. **15** [1968] 97/105). — [10] H. Mehner, H. Jehring, H. Kriegsmann (J. Organometal. Chem. **15** [1968] 107/15).

[11] H. Jehring, H. Mehner, H. Kriegsmann (J. Organometal. Chem. **17** [1969] 53/6).

1.3.2.2.1.5.5 Chemisches Verhalten

Chemical Reactions

Dibutylzinndichlorid ist das wichtigste Ausgangsmaterial zur Darstellung von Dibutylzinnverbindungen. Die im folgenden beschriebenen Reaktionen stellen einen repräsentativen Querschnitt des chemischen Verhaltens dieser Verbindung dar.

1.3.2.2.1.5.5.1 Verhalten gegen γ-Strahlung

Reactions with γ Rays

Bei der Einwirkung von γ-Strahlung in einer Dosis von 220 bis 285 $kJ \cdot kg^{-1} \cdot h^{-1}$ auf Lösungen von Dibutylzinndichlorid in Benzol oder Hexan bei 30°C entstehen neben Spuren von Tetrabutylzinn eine Tributylzinnverbindung und 6.6% $SnCl_2$ [1]. Als radiochemisch instabil wird die Verbindung auch in einem Patent [2] beschrieben. Hier führt die Bestrahlung mit γ-Strahlung einer ^{60}Co-Quelle zur Bildung von Reaktionsgemischen, die bis zu 73% Tributylzinnchlorid enthalten.

Literatur:

[1] P. Dunn, D. Oldfield (J. Organometal. Chem. **54** [1973] C11/C12). — [2] J. Necas, J. Krajzl (Tschech.P. 154472 [1971/74]; C.A. **82** [1975] Nr. 73176).

1.3.2.2.1.5.5.2 Reaktionen mit Hydrierungsmitteln

Reactions with Hydrogenating Agents

$(C_4H_9)_2SnCl_2$ reagiert mit $NaBH_4$ in Monoglyme unter Bildung von $(C_4H_9)_2SnH_2$ in 56%iger Ausbeute [1]. Die Ausbeuten an $(C_4H_9)_2SnH_2$ liegen bei Verwendung von $LiAlH_4$ als Hydrierungsmittel und Diäthyläther als Lösungsmittel nur geringfügig höher, nämlich bei 65% [2] bzw. 67% [3]. Die Reaktion zwischen Dibutylzinndichlorid und Diäthylaluminiumhydrid in Diäthyläther bei 0°C und anschließendem zweistündigen Rückflußerhitzen liefert das Dibutylzinndihydrid in 85%iger Ausbeute [4]. Gleich hohe Ausbeuten werden erreicht, wenn $Al(C_2H_5)_3$ und $(C_2H_5)_2AlH$ als Hydriergemisch verwendet werden [5].

Literatur:

[1] E. R. Birnbaum, P. H. Javora (J. Organometal. Chem. **9** [1967] 379/82). — [2] N. A. Adrova, M. M. Koton, V. A. Klages (Vysokomol. Soedin. **3** [1961] 1041/3 nach C.A. **56** [1962] 4940). — [3] F. D. Greene, H. N. Lowry (J. Org. Chem. **32** [1967] 882/5). — [4] W. P. Neumann, H. Niermann (Liebigs Ann. Chem. **653** [1962] 164/72). — [5] Studiengesellschaft Kohle m.b.H. (B.P. 951150 [1960/64]; C.A. **60** [1964] 13271).

1.3.2.2.1.5.5.3 Reaktionen mit Metallen

Reactions with Metals

Dibutylzinndichlorid reagiert mit Natrium in Diäthyläther oder Xylol bei 0 bis 135°C unter Bildung von $[(C_4H_9)_2ClSnSn(C_4H_9)_2]_2Sn(C_4H_9)_2$ [1]. Die Umsetzung von $(C_4H_9)_2SnCl_2$ mit metallischem Zinn, Eisen, Magnesium, Aluminium, Nickel, Cobalt oder Zink in Wasser bei 160°C führt zu jeweils unterschiedlichen Mengen an $(C_4H_9)_3SnCl$ und $[(C_4H_9)_2ClSn]_2O$. Im Falle von Zinn und Eisen werden die gleichen Reaktionsprodukte erhalten, wenn man an Stelle von Wasser Butylchlorid und organische Basen wie Triäthylamin oder Pyridin als Lösungsmittel bzw. Katalysator verwendet. Zink, Magnesium, Aluminium oder Natrium verwandeln dagegen unter diesen Bedingungen das Ausgangsmaterial $(C_4H_9)_2SnCl_2$ in $(C_4H_9)_3SnCl$ und $Sn(C_4H_9)_4$. Die Reaktion von $(C_4H_9)_2SnCl_2$ mit Zink, Äthylchlorid und Triäthylamin bei 160°C ergibt als Reaktionsprodukte $Sn(C_4H_9)_4$ (24%), $(C_4H_9)_3SnC_2H_5$ (20%), $(C_4H_9)_2Sn(C_2H_5)_2$ (4%), $C_4H_9Sn(C_2H_5)_3$ (5%) und $Sn(C_2H_5)_4$ (8%). Ersetzt man bei dieser Reaktion das Zink durch Eisen, so werden an Stelle von Tetraalkylzinnverbindungen die Trialkylzinnchloride $(C_4H_9)_3SnCl$ (46%), $(C_4H_9)_2C_2H_5SnCl$ (26%), $C_4H_9(C_2H_5)_2SnCl$ (5%) und $(C_2H_5)_3SnCl$ (2%) isoliert [2].

Literatur:

[1] S. M. Zivukhin, E. D. Dudikova, A. M. Kotov (Zh. Obshch. Khim. **33** [1963] 3274/7; J. Gen. Chem. USSR **33** [1963] 3203/5). — [2] K. Sisido, S. Kozima (J. Organometal. Chem. **11** [1968] 503/13).

Reactions with Metal Alkyls and Aryls

1.3.2.2.1.5.5.4 Reaktionen mit Metallalkylen und -arylen

Die Reaktion von $(C_4H_9)_2SnCl_2$ mit C_4H_9Cl und Na liefert als Hauptprodukt $Sn(C_4H_9)_4$ neben geringen Mengen $[(C_4H_9)_3Sn]_2$ als einzigem Nebenprodukt. Die heterogene Reaktion wird von den Reaktionsbedingungen entscheidend beeinflußt. Optimale Ausbeuten an Tetrabutylzinn werden erhalten, wenn niedrig siedender Petroläther (40 bis 60°C) als Lösungsmittel, Natriumsand und verhältnismäßig hohe Konzentrationen der Reaktanten gewählt werden. Vorteilhaft ist ein 10%iger Überschuß an C_4H_9Cl; ein Überschuß an Natrium führt dagegen zu keiner Verbesserung der Ausbeuten. Nach 6- bis 7stündiger Reaktion bei der Siedetemperatur des Lösungsmittels werden unter den aufgeführten Bedingungen Ausbeuten an $Sn(C_4H_9)_4$ von 84 bis 88% erhalten. Die Menge des Nebenproduktes $[(C_4H_9)_3Sn]_2$ beläuft sich auf 4 bis 11% [1, 2]. Mit Ausbeuten von 96 bis 97% an $Sn(C_4H_9)_4$ verläuft die Reaktion von Dibutylzinndichlorid mit Natrium und Butylchlorid bei Verwendung von Tetrabutylzinn als Lösungsmittel [3 bis 5]. Mononatriumacetylid und Dibutylzinndichlorid reagieren unter Bildung von $(C_4H_9)_2Sn(C{\equiv}CH)_2$ (70% Ausbeute) [6]. Als Produkte der Umsetzung von $(C_4H_9)_2SnCl_2$ mit 9,10-Dihydro-9,10-dinatriumanthracen werden Dibutyl(9,10-dihydro-9,10-anthrylen)zinn und das entsprechende Polymere erhalten [7]. Aus $(C_4H_9)_2SnCl_2$ und t-C_4H_9Li entsteht in Tetrahydrofuran-Pentan-Gemischen bei 0 bis 25°C und Anwendung eines Molverhältnisses von 3:1 in Ausbeuten von 75% $(C_4H_9)_2$(t-C_4H_9)SnCl [8]. $(C_4H_9)_2SnCl_2$, $C_2H_5C{\equiv}CH$ und $LiAlH_4$ (Molverhältnis 1:2:1) reagieren in Tetrahydrofuran nach zweistündigem Rückflußerhitzen zu $(C_4H_9)_2Sn(CH{=}CHC_2H_5)_2$ [9].

Die Reaktion von C_4H_9Li mit Phenyldiferrocenylphosphinoxid ergibt ein Gemisch von zwei isomeren Dianionen, welches mit $(C_4H_9)_2SnCl_2$ das cyclische Reaktionsprodukt VI bildet und das seinerseits ein dem Ausgangsmaterial entsprechendes Gemisch aus zwei Isomeren darstellt [10].

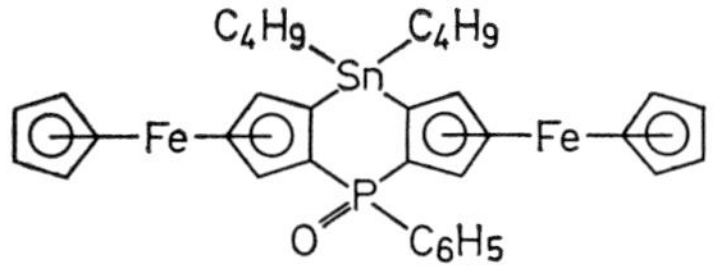

VI

Dilithium-o-closodicarbadodecaboran(12) bildet mit Dibutylzinndichlorid in Diäthyläther-Benzol nach 8stündigem Rückflußerhitzen in 66%iger Ausbeute das cyclische Dimere VII [11]. 2,2'-Dilithium-

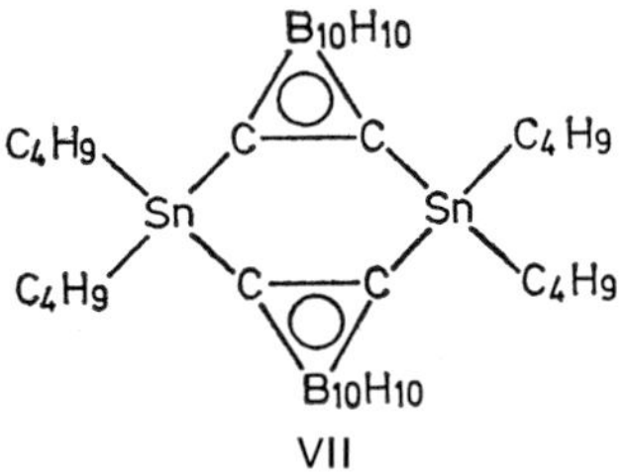

VII

phenyläther und Dibutylzinndichlorid reagieren unter Bildung von 2.4% der cyclischen Verbindung VIII [12]. $(C_4H_9)_2SnCl_2$ reagiert mit C_4H_9MgCl (Molverhältnis 1:2.3) in Diäthyläther nach zweistündigem Erhitzen zu 94% $Sn(C_4H_9)_4$ [13]. Bringt man die beiden Komponenten im Molverhältnis

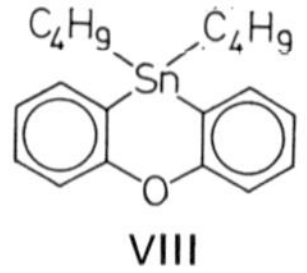

VIII

1:2 in Toluol bei 95°C einige Stunden zur Reaktion, so entstehen 47% $(C_4H_9)_3SnCl$ und 41% $Sn(C_4H_9)_4$ nebeneinander [14, 15]. 5% $(C_4H_9)_3SnCl$ entstehen aus $(C_4H_9)_2SnCl_2$ und C_4H_9MgCl in Tetrahydrofuran-Xylol nach einstündigem Rückflußerhitzen [16]. Angaben zur Darstellung von

$(C_4H_9)_2(t\text{-}C_4H_9)SnCl$ aus $(C_4H_9)_2SnCl_2$ und $t\text{-}C_4H_9MgCl$ in Äther s. bei [17]. Die Einwirkung von $CH_2{=}CHCH_2CH_2MgBr$ auf $(C_4H_9)_2SnCl_2$ hat die Bildung von 83% $(C_4H_9)_2Sn(CH_2CH_2CH{=}CH_2)_2$ zur Folge [18]. Aus $(C_4H_9)_2SnCl_2$ und $c\text{-}C_6H_{11}MgCl$ entstehen beim Erhitzen in Benzol 82% $(C_4H_9)_2Sn(c\text{-}C_6H_{11})_2$ [19], aus $(C_4H_9)_2SnCl_2$ und Magnesiumanthracen in Tetrahydrofuran die Verbindung IX [20]. In siedendem Isooctan als Lösungsmittel reagiert Dibutylzinndichlorid mit $Al(i\text{-}C_4H_9)_3$ zu $(C_4H_9)_2Sn(i\text{-}C_4H_9)_2$ und $(C_4H_9)_2(i\text{-}C_4H_9)SnCl$. Mit $Al(C_8H_{17})_3$ erfolgt Reaktion zu $(C_4H_9)_2Sn(C_8H_{17})_2$ und $(C_4H_9)_2(C_8H_{17})SnCl$, mit $Al(C_2H_5)_3$ zu $(C_4H_9)_2(C_2H_5)SnCl$ [21].

C_4H_9 C_4H_9 Sn

IX

Literatur:

[1] G. J. M. van der Kerk, J. G. A. Luijten (J. Appl. Chem. [London] **4** [1954] 301/6). — [2] J. Ireland (Nd.P. 77334 [1952/55]; C. **1958** 5806). — [3] I. Hechenbleikner, K. R. Molt, Carlisle Chemical Works, Inc. (U.S.P. 3059012 [1960/62]; C.A. **58** [1963] 6860). — [4] I. Hechenbleikner, K. R. Molt, Carlisle Chemical Works, Inc. (B.P. 908331 [1960/62]). — [5] G. Rulewicz, K. Trautner, U. Thust (Chem. Tech. [Leipzig] **25** [1973] 284/6).

[6] A. N. Nesmeyanov, A. E. Borisov, G. N. Sheverdova (Izv. Akad. Nauk SSSR Ser. Khim. **1970** 1445; Bull. Acad. Sci. USSR Div. Chem. Sci. **1970** 1371). — [7] H. E. Ramsden, Esso Research and Engineering Co. (U.S.P. 3240795 [1962/66]; C.A. **64** [1966] 14220). — [8] S. A. Kandil, A. L. Allred (J. Chem. Soc. A **1970** 2987/92). — [9] E. C. Juenge, S. J. Hawkes, T. E. Snider (J. Organometal. Chem. **51** [1973] 189/95). — [10] L. Eberhard, J. P. Lampin, F. Mathey (J. Organometal. Chem. **80** [1974] 109/18).

[11] L. I. Zakharkin, V. I. Bregadze, O. Yu. Okhlobystin (J. Organometal. Chem. **4** [1965] 211/6). — [12] J. A. Ursino (Diss. St. John's Univ. Jamaica, N.Y., 1967, S. 1/99 nach Diss. Abstr. B **28** [1968] 3662). — [13] F. B. Lewis, Associated Lead Manufacturers, Ltd. (B.P. 786545 [1957]; C.A. **52** [1958] 11110). — [14] H. E. Ramsden, C. R. Gloskey, Metal and Thermit Corp. (U.S.P. 2675399 [1954]; C.A. **1955** 5512). — [15] H. E. Ramsden, C. R. Gloskey, Metal and Thermit Corp. (B.P. 740274 [1955]; C.A. **1956** 7123).

[16] M and T Chemicals, Inc. (Nd. Appl. 65-05767 [1964/65]; C.A. **64** [1966] 12723). — [17] A. G. Davies, B. Muggleton, B. P. Roberts, M. W. Tse, J. N. Winter (J. Organometal. Chem. **118** [1976] 289/94). — [18] G. Ayrey, J. R. Parsonage, R. C. Poller (J. Organometal. Chem. **56** [1973] 193/8). — [19] G. H. Reifenberg, M. H. Gitlitz, M and T Chemicals, Inc. (S. Afrikan. P. 72-02018 [1972/73]; C.A. **79** [1973] Nr. 18853). — [20] H. E. Ramsden, Esso Research and Engineering Co. (U.S.P. 3354190 [1965/67]; C.A. **68** [1968] Nr. 114744).

[21] W. K. Johnson, Monsanto Chemical Co. (U.S.P. 3036103 [1959/62]; C.A. **57** [1962] 13802).

1.3.2.2.1.5.5.5 Reaktionen mit Organosiliciumverbindungen

Reactions with Organosilicon Compounds

Dibutylzinndichlorid reagiert mit $(CH_3)_2SiHCH_2MgCl$ zu $(C_4H_9)_2Sn[CH_2SiH(CH_3)_2]_2$ [1], mit $[(CH_3)_3Si]_2Hg$ in Benzol bei 25°C im Verlauf von 1 h zu Hg, $(CH_3)_3SiCl$ und $[(C_4H_9)_2Sn]_x$ [2]. Mit $(CH_3)_3SiCl$ und wäßriger NH_3-Lösung erfolgt in Benzol-Petroläther Reaktion zu $[(CH_3)_3SiOSn(C_4H_9)_2]_2O$ [3].

Literatur:

[1] Midland Silicones, Ltd. (B.P. 891087 [1958/62]; C.A. **59** [1963] 11560). — [2] T. N. Mitchell (J. Organometal. Chem. **92** [1975] 311/9). — [3] R. Okawara, D. G. White, K. Fujitani, H. Sato (J. Am. Chem. Soc. **83** [1961] 1342/4).

Reactions with Organotin Compounds

1.3.2.2.1.5.5.6 Reaktionen mit Organozinnverbindungen

Äquimolare Mengen von $(C_4H_9)_2SnCl_2$ und $(C_4H_9)_2SnH_2$ reagieren bei Raumtemperatur und ohne Lösungsmittel quantitativ unter Bildung von $(C_4H_9)_2SnHCl$ [1 bis 5]. Bei 100°C erhält man die Zersetzungsprodukte des primär gebildeten Hydridchlorids, nämlich H_2 und $[(C_4H_9)_2ClSn]_2$ [1]. Ebenso auf der Seite der jeweiligen Hydridchloride liegt das Gleichgewicht der Reaktionen zwischen äquimolaren Mengen $(C_4H_9)_2SnCl_2$ und $(i\text{-}C_4H_9)_2SnH_2$, $(C_8H_{17})_2SnH_2$ bzw. $(C_6H_5)_2SnH_2$ [2]. $(C_4H_9)_2SnCl_2$ und $(C_4H_9)_3SnH$ reagieren im Molverhältnis 1:1 zu $(C_4H_9)_2SnHCl$ und $(C_4H_9)_3SnCl$, im Molverhältnis 1:2 zu $(C_4H_9)_2SnH_2$ und $(C_4H_9)_3SnCl$ [6]. Die Umsetzung von $(C_4H_9)_2SnCl_2$ mit der doppelt molaren Menge $(C_2H_5)_3SnH$ in Xylol bei 123 bis 127°C während 7 h ergibt neben H_2 $(C_2H_5)_3SnCl$ und $[(C_4H_9)_2Sn]_x$, wobei letzteres bei 220 bis 235°C mit aus der Reaktion stammendem $(C_4H_9)_2SnCl_2$ zu $(C_4H_9)_3SnCl$ und Sn weiterreagiert [7]. Dibutylzinndichlorid und Dibutylzinndihydrid setzen sich mit $CH_2{=}CHCH_2OCH_2CH_2OH$ bei Zugabe von Azoisobuttersäuredinitril in exothermer Reaktion zu 93% zu $(C_4H_9)_2ClSn(CH_2)_3O(CH_2)_2OH$ um. Mit $C_6H_5CH{=}NR$ erfolgt bei Eiskühlung Reaktion zu $(C_4H_9)_2ClSnN(R)CH_2C_6H_5$, wobei $R = C_4H_9$, CH_3 oder C_6H_5 ist [8]. Mischt man äquimolare Mengen von $(C_4H_9)_2SnCl_2$ und $(C_4H_9)_2SnBr_2$, so erhält man aus Pentan ein weißes, kristallines Produkt der Zusammensetzung $(C_4H_9)_2SnBr_{0.8}Cl_{1.2}$ [9], während durch Erwärmen eines äquimolaren Gemisches von $(C_4H_9)_2SnCl_2$ und $(C_4H_9)_2SnJ_2$ in Ausbeuten von 73% reines $(C_4H_9)_2SnClJ$ entsteht [10]. Mit $(CH_3)_2Sn(C_4H_9)_2$ reagiert $(C_4H_9)_2SnCl_2$ im Molverhältnis 1:1 bei Steigerung der Reaktionstemperatur von 75 bis 80°C über 140°C bis 200 bzw. 215°C unter Bildung von $(C_4H_9)_2CH_3SnCl$ [11, 12]. Mit $(C_4H_9)_2Sn(C_2H_5)_2$ erfolgt unter analogen Bedingungen Reaktion zu $(C_4H_9)_2C_2H_5SnCl$ [12], mit $(CH_3)_2Sn(C_8H_{17})_2$ in p-Chlortoluol bei 160°C und in Gegenwart von $[(C_4H_9)_3PCH_3]SnCl_5$ Reaktion zu $(C_4H_9)_2CH_3SnCl$ und $(C_8H_{17})_2CH_3SnCl$ [13]. Die Umsetzung von Dibutylzinndichlorid mit Dibutylzinn bei 160°C im Bombenrohr verläuft in Gegenwart von Triäthylamin innerhalb 15 h unter Abscheidung von Sn und Bildung von $(C_4H_9)_3SnCl$ [14]. Die Einwirkung von $(C_4H_9)_3N$ auf $(C_4H_9)_2SnCl_2$ hat Disproportionierung und Komplexbildung zur Folge. Es entstehen $Sn(C_4H_9)_4$ und $SnCl_4 \cdot N(C_4H_9)_3$ [15]. Äquimolare Mengen an $(C_4H_9)_2SnCl_2$ und $(C_4H_9)_2Sn(OR)_2$ ($R = CH_3$, C_4H_9 und CH_3CO) bilden 1:1-Komplexe [16, 17] bzw. reagieren unter Ligandenaustausch zu $(C_4H_9)_2SnCl(OR)$ mit $R = C_6H_5$ [5] oder CH_3CO [18]. Die Produkte der Umsetzung von $(C_4H_9)_2SnCl_2$ mit $(C_4H_9)_3SnOCH_3$ sind $(C_4H_9)_3SnCl$ und $(C_4H_9)_2SnCl_2 \cdot (C_4H_9)_2Sn(OCH_3)_2$ [17], die der Umsetzung mit $(CH_3)_2Sn(OCH_3)_2$ in siedendem Benzol sind $(CH_3)_2SnCl(OCH_3)$, $[(C_4H_9)_2ClSn]_2O$ und $[(C_4H_9)(CH_3)ClSn]_2O$ [19]. Äquimolare Mengen von Dibutylzinndichlorid und Dipropylzinnoxid reagieren unter Bildung eines 1:1-Addukts [20], während Dibutylzinndichlorid und Dibutylzinnoxid in siedendem Toluol die Verbindung $[(C_4H_9)_2ClSn]_2O$ liefern, die ihrerseits beim Umkristallisieren aus Äthanol in $(C_4H_9)_2ClSnOSn(C_4H_9)_2OC_2H_5$ (81% Ausbeute) übergeht [21]. Mit Verbindungen des Typs $(C_4H_9)_2Sn(SR)_2$ setzt sich Dibutylzinndichlorid unter Bildung von $(C_4H_9)_2ClSnSR$ um ($R = C_4H_9$ [22], $i\text{-}C_8H_{17}OOCCH_2$ und $C_7H_{15}OOCCH_2CH_2$ [23]), ebenso mit $HSCH_2COO\text{-}i\text{-}C_8H_{17}$ unter HCl-Abspaltung [23]. Dibutylzinndichlorid und Dibutylzinnsulfid reagieren im Molverhältnis 1:1 in 64%iger Ausbeute unter Bildung von $[(C_4H_9)_2ClSn]_2S$, im Molverhältnis 1:2 in 69%iger Ausbeute unter Bildung von $(C_4H_9)_2ClSnSSn(C_4H_9)_2SSnCl(C_4H_9)_2$ [24].

Literatur:

[1] A. K. Sawyer, J. E. Brown, E. L. Hanson (J. Organometal. Chem. **3** [1965] 464/71). — [2] A. K. Sawyer, G. S. May, R. E. Scofield (J. Organometal. Chem. **14** [1968] 213/6). — [3] A. K. Sawyer, J. E. Brown, S. L. Fredrickson, G. A. Scott (Syn. Reactiv. Inorg. Metal-Org. Chem. **6** [1976] 281/91). — [4] M. Massol, J. Barrau, J. Satge, B. Bouyssieres (J. Organometal. Chem. **80** [1974] 47/69). — [5] A. K. Sawyer, H. G. Kuivila (Chem. Ind. [London] **1961** 260).

[6] A. K. Sawyer, J. E. Brown (J. Organometal. Chem. **5** [1966] 438/45). — [7] N. S. Vyazankin, G. A. Razuvaev, S. P. Korneva (Zh. Obshch. Khim. **34** [1964] 2787/91; J. Gen. Chem. USSR **34** [1964] 2809/12). — [8] W. P. Neumann, J. A. Pedain, Studiengesellschaft Kohle m.b.H. (D.P. 1214237 [1964/66]; C.A. **65** [1966] 5490). — [9] D. L. Alleston, A. G. Davies (J. Chem. Soc. **1962** 2050/4). — [10] D. A. Armitage, A. Tarassoli (Inorg. Chem. **14** [1975] 1210/1).

[11] L. S. Melnichenko, N. N. Zemlyanskii, N. D. Kolosova, I. V. Karandi, K. A. Kocheshkov (Dokl. Akad. Nauk SSSR **198** [1971] 1094/5; Dokl. Chem. Proc. Acad. Sci. USSR **198** [1971] 500/1). —

[12] V. A. Chernoplekova, N. N. Zemlyanskii, N. D. Kolosova, K. A. Kocheshkov (Izv. Akad. Nauk SSSR Ser. Khim. **1975** 2803/5; Bull. Acad. Sci. USSR Div. Chem. Sci. **1975** 2691/3). — [13] H. W. Wehner, H. G. Köstler, Ciba-Geigy A.-G. (Deut. Offenlegungsschrift 2608698 [1975/76]; C.A. **86** [1977] Nr. 72884). — [14] K. Sisido, S. Kozima, T. Isibasi (J. Organometal. Chem. **10** [1967] 439/45). — [15] Y. Farhangi, D. P. Graddon (J. Organometal. Chem. **87** [1975] 67/82).

[16] I. P. Goldshtein, N. N. Zemlyanskii, O. P. Shamagina, E. N. Guryanova, E. M. Panov, N. A. Slovokhotova, K. A. Kocheshkov (Dokl. Akad. Nauk SSSR **163** [1965] 880/3; Dokl. Chem. Proc. Acad. Sci. USSR **163** [1965] 715/8). — [17] N. N. Zemlyanskii, I. P. Goldshtein, E. N. Guryanova, O. P. Syutkina, E. M. Panov, N. A. Shovokhotova, K. A. Kocheshkov (Izv. Akad. Nauk SSSR Ser. Khim. **1967** 728/35; Bull. Acad. Sci. USSR Div. Chem. Sci. **1967** 707/12). — [18] K. Mödritzer, J. R. van Wazer, Monsanto Co. (U.S.P. 3470220 [1965/69]; C.A. **72** [1970] Nr. 12883). — [19] A. C. Chapman, A. G. Davies, P. G. Harrison, W. McFarlane (J. Chem. Soc. **1970** 821/4). — [20] T. Harada (Bull. Chem. Soc. Japan **41** [1968] 737/41).

[21] D. L. Alleston, A. G. Davies, M. Hancock (J. Chem. Soc. **1964** 5744/8). — [22] I. P. Goldshtein, E. N. Guryanova, N. N. Zemlyanskii, O. P. Syutkina, F. M. Panov, K. A. Kocheshkov (Izv. Akad. Nauk SSSR Ser. Khim. **1967** 2201/7; Bull. Acad. Sci. USSR Div. Chem. Sci. **1967** 2115/9). — [23] R. E. Hutton, J. W. Burley (J. Organometal. Chem. **105** [1976] 61/71). — [24] A. G. Davies, P. G. Harrison (J. Chem. Soc. C **1970** 2035/8).

1.3.2.2.1.5.5.7 Reaktionen mit Nichtmetall- und Metallverbindungen

Reactions with Nonmetal and Metal Compounds

Reaktionen von Dibutylzinndichlorid mit Nichtmetall- und Metallverbindungen sind in großer Zahl bekannt. Die wichtigsten Reaktionen sind in Tabelle 18, S. 91/8, zusammengestellt. Zur Rolle von Dibutylzinndichlorid bei der Stabilisierung von Polyvinylchlorid und zum Mechanismus der Stabilisierung s. [68, 69].

Literatur:

[1] L. E. Levchuk, J. R. Sams, F. Aubke (Inorg. Chem. **11** [1972] 43/50). — [2] A. G. Davies, H. J. Milledge, D. C. Puxley, P. J. Smith (J. Chem. Soc. A **1970** 2862/6). — [3] D. L. Alleston, A. G. Davies (J. Chem. Soc. **1962** 2050/4). — [4] D. Klötzer (Isotopenpraxis **12** [1976] 128/32). — [5] R. Kuschk, H. Kaltwasser, W. Braun (Chem. Tech. [Berlin] **17** [1965] 749/51).

[6] G. Rulewicz, K. Trautner, U. Thust (Chem. Tech. [Leipzig] **25** [1973] 284/6). — [7] H. Kaltwasser, U. Thust, G. Rulewicz, A. Stützer (D.P. [DDR] 66174 [1968/69]; C.A. **71** [1969] Nr. 91658). — [8] S. Migdal, D. Gertner, A. Zilkha (Can. J. Chem. **46** [1968] 2409/13). — [9] C. K. Chu, J. D. Murray (J. Chem. Soc. A **1971** 360/7). — [10] G. P. Mack, E. Parker, Advance Solvents and Chemical Corp. (U.S.P. 2626953 [1953]; C.A. **1953** 11224).

[11] G. P. Mack, E. Parker, Advance Solvents and Chemical Corp. (U.S.P. 2592926 [1952]; C.A. **1952** 11767). — [12] Advance Solvents Chemical Corp. (B.P. 694944 [1953]; C.A. **1954** 7625). — [13] D. L. Alleston, A. G. Davies, M. Hancock (J. Chem. Soc. **1964** 5744/8). — [14] O. H. Johnson, H. E. Fritz (J. Org. Chem. **19** [1954] 74/6). — [15] N. S. Vyazankin, V. T. Bychkov (Zh. Obshch. Khim. **36** [1966] 1684/7; J. Gen. Chem. USSR **36** [1966] 1681/3).

[16] C. E. Carraher, J. D. Piersma (Angew. Makromol. Chem. **28** [1973] 153/60). — [17] T. Tanaka, R. Ueda, M. Wada, R. Okawara (Bull. Chem. Soc. Japan **37** [1964] 1554/5). — [18] T. Tanaka, M. Komura, Y. Kawasaki, R. Okawara (J. Organometal. Chem. **1** [1964] 484/9). — [19] G. Pilloni (Anal. Chim. Acta **37** [1967] 497/507). — [20] S. Gopinathan, C. Gopinathan, J. Gupta (Indian J. Chem. **12** [1974] 626/8).

[21] C. Dörfelt, E. Reindl, K. Härtel, Farbwerke Hoechst A.-G. (D.P. 1079329 [1960]; C.A. **1961** 14328). — [22] C. E. Carraher, G. A. Scherubel (J. Polymer Sci. Polymer Chem. Ed. **9** [1971] 983/9). — [23] C. E. Carraher, G. A. Scherubel (Makromol. Chem. **152** [1972] 61/6). — [24] D. G. Borden (Res. Discl. Nr. 143 [1976] 23). — [25] R. C. Mehrotra, V. D. Gupta, C. K. Sharma (Z. Naturforsch. **27b** [1972] 386/91).

[26] C. K. Sharma, V. D. Gupta, R. C. Mehrotra (J. Indian Chem. Soc. **50** [1973] 207/8). — [27] R. C. Mehrotra, V. D. Gupta, C. K. Sharma (Indian J. Chem. **10** [1972] 433/4). — [28] C. E. Carraher, G. A. Scherubel (Makromol. Chem. **160** [1972] 259/61). — [29] A. Tzschach, K. Pönicke (Z. Anorg. Allgem. Chem. **404** [1974] 121/8). — [30] D. L. Alleston, A. G. Davies (J. Chem. Soc. **1962** 2465/71).

[31] A. G. Davies, B. Muggleton, B. P. Roberts, M. W. Tse, J. N. Winter (J. Organometal. Chem. **118** [1976] 289/94). — [32] A. G. Davies, B. P. Roberts, J. C. Scaiano (J. Organometal. Chem. **39** [1972] C55/C57). — [33] A. G. Davies, J. C. Scaiano (J. Chem. Soc. Perkin Trans. II **1973** 1777/80). — [34] C. E. Carraher, R. L. Dammeier (Makromol. Chem. **135** [1970] 107/12). — [35] C. E. Carraher, R. L. Dammeier (Polymer Prepr. Am. Chem. Soc. Div. Polymer Chem. **11** [1970] 606/12).

[36] C. E. Carraher, J. D. Piersma (J. Appl. Polymer Sci. **16** [1972] 1851/8). — [37] M. Frankel, D. Gertner, D. Wagner, A. Zilkha (J. Appl. Polymer Sci. **9** [1965] 3383/8). — [38] C. E. Carraher, L. S. Wang (Makromol. Chem. **152** [1972] 43/7). — [39] T. H. Tan, J. R. Dalziel, P. A. Yeats, J. R. Sams, R. C. Thompson, F. Aubke (Can. J. Chem. **50** [1972] 1843/51). — [40] H. Köhler, U. Lange, B. Eichler (J. Organometal. Chem. **35** [1972] C17/C19).

[41] H. Köhler, L. Neef, L. Korecz, K. Burger (J. Organometal. Chem. **90** [1975] 159/71). — [42] A. S. Mufti, R. C. Poller (J. Chem. Soc. **1965** 5055/60). — [43] M. A. Mullins, C. Curran (Inorg. Chem. **7** [1968] 2584/8). — [44] H. Schumann, M. Schmidt (Chem. Ber. **96** [1963] 3017/20). — [45] H. Kriegsmann, H. Hoffmann (Z. Chem. [Leipzig] **3** [1963] 268/9).

[46] S. Migdal, D. Gertner, A. Zilkha (Can. J. Chem. **45** [1967] 2987/92). — [47] A. N. Pudovik, A. A. Muratova, I. Ya. Kuramshin, E. G. Yarkova (Zh. Obshch. Khim. **42** [1972] 2408/12; J. Gen. Chem. USSR **42** [1972] 2402/5). — [48] G. A. Miller, Rohm and Haas Co. (U.S.P. 3723488 [1971/73]; C.A. **78** [1973] Nr. 159874). — [49] D. Petridis, F. P. Mullins, C. Curran (Inorg. Chem. **9** [1970] 1270/2). — [50] J. L. Wardell, P. L. Clarke (J. Organometal. Chem. **26** [1971] 345/52).

[51] J. A. Walmsley, Owens-Illinois, Inc. (U.S.P. 3642721 [1968/72]; C.A. **76** [1972] Nr. 154415). — [52] D. Seyferth, E. G. Rochow (J. Am. Chem. Soc. **77** [1955] 1302/4). — [53] H. Matsuda, F. Mori, A. Kashiwa, S. Matsuda, N. Kasai, K. Jitsumori (J. Organometal. Chem. **34** [1972] 341/5). — [54] C. E. Carraher, D. O. Winter (Makromol. Chem. **141** [1971] 259/64). — [55] C. E. Carraher, D. O. Winter (Makromol. Chem. **141** [1971] 237/44).

[56] O. H. Johnson, H. E. Fritz, D. O. Halvorson, R. L. Evans (J. Am. Chem. Soc. **77** [1955] 5857/8). — [57] C. E. Carraher, D. O. Winter (J. Macromol. Sci. Chem. **7** [1973] 1349/57). — [58] R. Okawara, E. G. Rochow (PB-171571 [1960] 1/11; C.A. **58** [1963] 3454). — [59] W. P. Neumann, Studiengesellschaft Kohle m.b.H. (D.P. 1177158 [1962/64]; C.A. **61** [1964] 14711). — [60] T. G. Kugele, D. H. Parker, Cincinnati Milacron Chemicals, Inc. (U.S.P. 3862198 [1974/75]; C.A. **82** [1975] Nr. 171205).

[61] C. E. Carraher, P. J. Lessek (Angew. Makromol. Chem. **38** [1974] 57/66). — [62] C. E. Carraher, P. J. Lessek (Am. Chem. Soc. Div. Org. Coatings Plastics Chem. Papers **33** [1973] 420/6). — [63] R. B. King, F. G. A. Stone (J. Am. Chem. Soc. **82** [1960] 3833/5). — [64] J. P. Collman, D. W. Murphy, E. B. Fleischer, D. Swift (Inorg. Chem. **13** [1974] 1/6). — [65] C. E. Carraher, G. F. Peterson, J. E. Sheats, T. Kirsch (J. Macromol. Sci. Chem. **8** [1974] 1009/22).

[66] C. E. Carraher, G. F. Peterson, J. E. Sheats, T. Kirsch (Makromol. Chem. **175** [1974] 3089/96). — [67] C. E. Carraher, G. F. Peterson, J. E. Sheats (Am. Chem. Soc. Div. Org. Coatings Plastics Chem. Papers **33** [1973] 427/32). — [68] G. Ayrey, R. D. Brasington, R. C. Poller (J. Organometal. Chem. **35** [1972] 105/9). — [69] L. S. Troitskaya, B. B. Troitskii (Izv. Akad. Nauk SSSR Ser. Khim. **1969** 2141/8; Bull. Acad. Sci. USSR Div. Chem. Sci. **1969** 1997/2003).

Tabelle 18

Reaktionen von $(C_4H_9)_2SnCl_2$ mit Nichtmetall- und Metallverbindungen.

Reaktionspartner	Reaktions-bedingungen	Reaktionsprodukte	Lit.
HF	H_2O	$(C_4H_9)_2SnF_2$	[1]
KF	C_2H_5OH-H_2O	$(C_4H_9)_2SnF_2$	[2, 3]
NaOH	H_2O oder Alkohol	$[(C_4H_9)_2SnO]_x$	[4 bis 7]
$(C_2H_5)_3N$, C_2H_5OH, H_2O	—	$Cl[Sn(C_4H_9)_2O]_3Sn(C_4H_9)_2Cl$	[8]
Basen, H_2O	—	$(C_4H_9)_2Sn(OH)Cl$, $[(C_4H_9)_2ClSn]_2O$, $\{[(C_4H_9)_2ClSn]_2O\}_2$, $[HO(C_4H_9)_2SnOSn(C_4H_9)_2Cl]_2$, $Cl[Sn(C_4H_9)_2O]_3Sn(C_4H_9)_2Cl$	[9]
CH_3OH	Toluol, NH_3, 60 bis 65°C	$CH_3O[Sn(C_4H_9)_2O]_xCH_3$	[10 bis 12]
CH_3ONa	Toluol, 0 bis 80°C	$CH_3O[Sn(C_4H_9)_2O]_{1.4}CH_3$	[10 bis 12]
CH_3ONa	CH_3OH	$(C_4H_9)_2Sn(OCH_3)_2$	[3]
C_2H_5OH	$(C_2H_5)_3N$	$(C_4H_9)_4Sn_2Cl(OC_2H_5)O$	[13]
C_2H_5ONa	C_2H_5OH, $(C_2H_5)_2O$	$[(C_4H_9)_2ClSn]_2$	[14]
C_4H_9ONa	Toluol, 0 bis 5°C	$(C_4H_9)_2Sn(OC_4H_9)_2$, $C_4H_9O[Sn(C_4H_9)_2O]_{10.66}C_4H_9$	[10 bis 12]
t-C_4H_9ONa	Hexan, N_2, 25 bis 100°C	$(C_4H_9)_2Sn(O\text{-}t\text{-}C_4H_9)_2$	[15]
$CH_2{=}CHCH_2ONa$	—	$CH_2{=}CHCH_2O[Sn(C_4H_9)_2O]_{2.29}CH_2CH{=}CH_2$	[10 bis 12]
$C_6H_{11}ONa$	—	$C_6H_{11}[Sn(C_4H_9)_2O]_{8.74}C_6H_{11}$	[10 bis 12]
$C_4H_9OCH_2CH_2ONa$	Xylol	$C_4H_9OCH_2CH_2O[Sn(C_4H_9)_2O]_{11.29}CH_2CH_2OC_4H_9$	[10 bis 12]
$C_6H_5CH_2ONa$	—	$C_6H_5CH_2O[Sn(C_4H_9)_2O]_{6.83}CH_2C_6H_5$	[10 bis 12]

Tabelle 18 (Fortsetzung)

Reaktionspartner	Reaktions-bedingungen	Reaktionsprodukte	Lit.
$(C_4H_9)C_2H_5CHCH_2ONa$	—	$(C_4H_9)_2Sn[OCH_2CH(C_4H_9)C_2H_5]_2$, $C_4H_9(C_2H_5)CHCH_2O$-$[Sn(C_4H_9)_2O]_{2.42}CH_2CH(C_4H_9)C_2H_5$	[10 bis 12]
Polyvinylalkohol	—	Polymeres	[16]
OH NO	—	C_4H_9 C_4H_9 O—Sn—O—Sn—Cl NO C_4H_9 C_4H_9	[17]
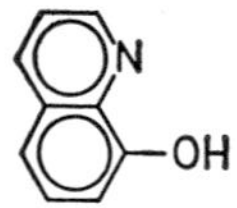 N OH	Äthanol, NaOH	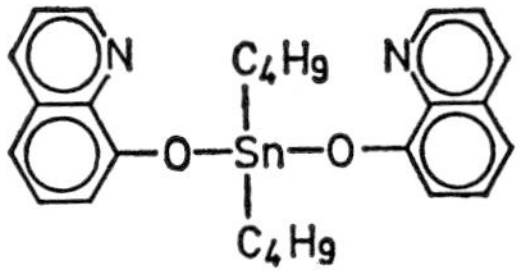 N C_4H_9 N O—Sn—O C_4H_9	[18, 20, 43]
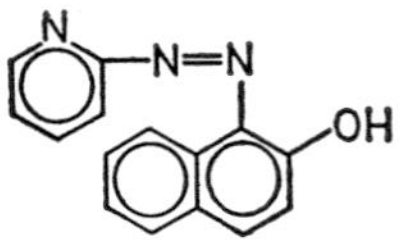 N N=N OH	—	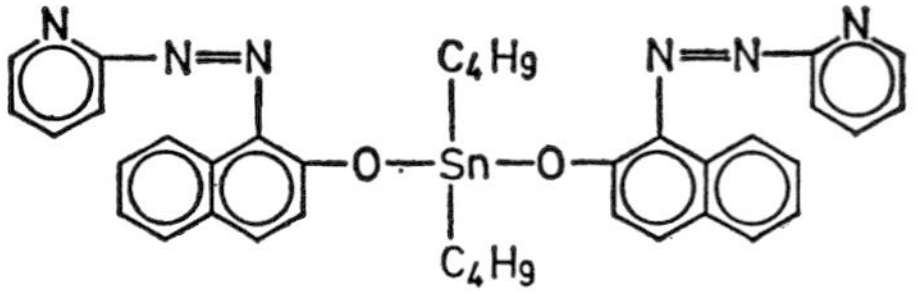 N N=N C_4H_9 N=N N O—Sn—O C_4H_9	[19]
o-$HCOC_6H_4OH$	Benzol, Rückfluß	(o-$HCOC_6H_4O)_2Sn(C_4H_9)_2$	[20]
o-$CH_3OCOC_6H_4OH$	Benzol, Rückfluß	(o-$CH_3OCOC_6H_4O)_2Sn(C_4H_9)_2$	[20]
$CH_3COCH{=}C(CH_3)OH$	Benzol, Rückfluß	$[CH_3COCH{=}C(CH_3)O]_2Sn(C_4H_9)_2$	[20]
$CH_3COCH{=}C(C_6H_5)OH$	Benzol, Rückfluß	$[CH_3COCH{=}C(C_6H_5)O]_2Sn(C_4H_9)_2$	[20]
$C_6H_5COCH{=}C(C_6H_5)OH$	Benzol, Rückfluß	$[C_6H_5COCH{=}C(C_6H_5)O]_2Sn(C_4H_9)_2$	[20]
$C_2H_5OCOCH{=}C(C_6H_5)OH$	Benzol, Rückfluß	$[C_2H_5OCOCH{=}C(C_6H_5)O]_2Sn(C_4H_9)_2$	[20]

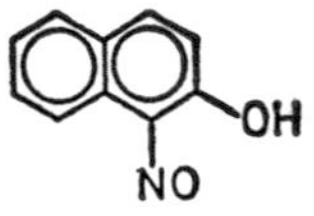

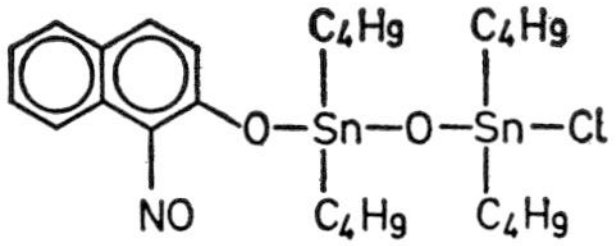

Tabelle 18 (Fortsetzung)

Reaktionspartner	Reaktionsbedingungen	Reaktionsprodukte	Lit.
$C_6H_5NHCOCH{=}C(CH_3)OH$	Benzol, Rückfluß	$[C_6H_5NHCOCH{=}C(CH_3)O]_2Sn(C_4H_9)_2$	[20]
CH_2—CH_2 (über O verbrückt)	180°C	Polymeres	[21]
$HO(CH_2)_4OH$	Acetonitril-Kohlenwasserstoffe	Polymeres	[22]
$(HOCH_2CH_2)_2O$	Acetonitril-Kohlenwasserstoffe	Polymeres	[22, 23]
$HOCH_2CH_2OH$	Acetonitril-Kohlenwasserstoffe	Polymeres	[22]
$HO(CH_2)_3OH$	Acetonitril-Kohlenwasserstoffe	Polymeres	[22]
$HO-C_6H_4-C(CH_3)_2-C_6H_4-OH$	Acetonitril-Kohlenwasserstoffe	Polymeres	[23]
$HOCH_2CH_2-N(C_5H_9)-(CH_2)_3-(C_5H_9)N-CH_2CH_2OH$	Acetonitril-Kohlenwasserstoffe	Polymeres	[23]
Biphenole	—	lösliche Polymere	[24]
$C_6H_4(OH)_2$ (1,2-Dihydroxybenzol)	NaOH; potentiometrische Titration	$C_6H_4O_2Sn(C_4H_9)_2$	[25]
HO, OH, $NaSO_3$, SO_3Na (1,8-Dihydroxynaphthalin-3,6-disulfonat)	potentiometrische Titration	$(NaSO_3)_2C_{10}H_4O_2Sn(C_4H_9)_2$	[26]

Tabelle 18 (Fortsetzung)

Reaktionspartner	Reaktionsbedingungen	Reaktionsprodukte	Lit.
$NaSO_3$, OH, OH, SO_3Na	CH_3OH, CCl_4, Benzol	$NaSO_3$, O, Sn, O, C_4H_9, C_4H_9, SO_3Na	[27]
$NaO(CH_2)_3ONa$	Hexan, o-Xylol	$[-Sn(C_4H_9)_2O(CH_2)_3O-]_x$	[28]
NaO, CH_3, C, CH_3, ONa	Hexan, o-Xylol	[C_4H_9, —Sn—O—, C_4H_9, CH_3, C, CH_3, —O—]$_x$	[28]
$CH_3N(CH_2CH_2ONa)_2$	—	CH_3—N, O, Sn, O, C_4H_9, C_4H_9	[29]
$t\text{-}C_4H_9OOH$	CH_3OH, CH_3ONa	$(C_4H_9)_2Sn(OO\text{-}t\text{-}C_4H_9)_2$	[30]
$(t\text{-}C_4H_9O)_2$	Cyclopropan, $h \cdot \nu$, $-60\,°C$, ESR, Kinetik	$(t\text{-}C_4H_9O)(C_4H_9)SnCl_2$, C_4H_9-Radikale	[31]
	Cyclohexan, Benzol oder Toluol, $h \cdot \nu$, ESR	$(t\text{-}C_4H_9O)(C_4H_9)SnCl_2$, C_4H_9-Radikale	[32, 33]
$NaOOC(CH_2)_4COONa$	CCl_4-H_2O, 25 °C, Rühren	$[-Sn(C_4H_9)_2OOC(CH_2)_4COO-]_x$	[34, 35]
$NaOOC(CH_2)_2COONa$	CCl_4-H_2O, 25 °C, Rühren	$[-Sn(C_4H_9)_2OOC(CH_2)_2COO-]_x$	[35]
$(-CH_2CH-)_x$ / COONa	$CHCl_3$-H_2O, 25 °C, 0.5 min, Rühren	$(-CH_2CH-)_x$ $(-CHCH_2-)_x$ / $COOSn(C_4H_9)_2OOC$	[36]
$C_7H_{15}COOH$	$(C_2H_5)_3N$, Benzol	$(C_7H_{15}COO)_2Sn(C_4H_9)_2$	[3]

Tabelle 18 (Fortsetzung)

Reaktionspartner	Reaktionsbedingungen	Reaktionsprodukte	Lit.
$C_7H_{15}COOH$, C_4H_9ONa	Benzol-Butanol, 35°C, 2.5 h, Rühren	$[(C_4H_9)_2ClSn]_2O$, $C_7H_{15}COOC_4H_9$	[3]
$C_7H_{15}COONa$	C_2H_5OH	$(C_7H_{15}COO)_2Sn(C_4H_9)_2$	[3]
$RCOO^-$ R = CH_3, $CHCl_2$, C_6H_5	—	$(C_4H_9)_2Sn(OOCR)_2$	[37]
$R(COO)_2^{2-}$, $R'(COO)_2^{2-}$ R = $(CH_2)_4$, R' = C_6H_4	1:1:1	$[\text{-}Sn(C_4H_9)_2OOCRCOOSn(C_4H_9)_2OOCR'COO\text{-}]_x$	[37]
$R(COO)_2^{2-}$ R = CH=CH, C≡C, p-C_6H_4, $(CH_2)_4$, $CH_2CH_2CH(NHCOOCH_2C_6H_5)$	—	$[\text{-}Sn(C_4H_9)_2OOCRCOO\text{-}]_x$	[37]
$[\text{-}CH_2CHC(NH_2){=}NOH]_x$	$CHCl_3$-H_2O, 25°C, 1 min, Rühren	$[\text{-}CH_2CHC(NH_2){=}NOSn(C_4H_9)_2Cl]_x$	[38]
HSO_3F	25°C	$(C_4H_9)_2Sn(SO_3F)_2$	[39]
HSO_3CF_3	25°C	$(C_4H_9)_2Sn(SO_3CF_3)_2$	[39]
HPO_2F_2	25°C	$(C_4H_9)_2Sn(PO_2F_2)_2$	[39]
$AgNOC(CN)_2$	CH_3CN	$(C_4H_9)_2Sn[ONC(CN)_2]_2$	[40]
$AgOC(C_6H_5){=}C(CN)_2$	Aceton, Rückfluß	$(C_4H_9)_2Sn[OC(C_6H_5){=}C(CN)_2]_2$	[41]
AgOCN	Petroläther, 3 h, Rückfluß	$(C_4H_9)_2Sn(NCO)_2$	[42]
	trockner Diäthyläther, an der Luft	$\{[(C_4H_9)_2(NCO)Sn]_2O\}_2$	[42]
	feuchter Diäthyläther, an der Luft	$[(C_4H_9)_2(OH)SnOSn(NCO)(C_4H_9)_2]_2$	[42]
S_8	200°C, 6 h	H_2S, $(C_4H_9)_2S$, $SnCl_2$, SnS	[44]

Tabelle 18 (Fortsetzung)

Reaktionspartner	Reaktionsbedingungen	Reaktionsprodukte	Lit.
H_2S	H_2O	$[(C_4H_9)_2SnS]_3$	[45]
Na_2S	Petroläther-H_2O, 0°C, einige Stunden, Rühren	$[(C_4H_9)_2SnS]_3$	[46]
$Na_2S \cdot 9H_2O$	Petroläther-H_2O, 0°C, 1 h, Rühren	$[(C_4H_9)_2ClSn]_2S$	[46]
Na_2S_4	Petroläther-H_2O, 2 h, Rühren	$[(C_4H_9)_2ClSn]_2S_4$, S_8	[46]
$Na_2S \cdot 9H_2O$, S_8	CH_2Cl_2-H_2O, 0°C, 3 h, Rühren	$[(C_4H_9)_2ClSn]_2S_{2.5}$	[46]
Na_2S_n (n = 2, 4)	1:1, CH_2Cl_2-H_2O, 0°C, 12 h, Rühren	$[(C_4H_9)_2SnS]_3$, S_8	[46]
RR'PSSH R = CH_3, R' = CH_3O; R = R' = CH_3O; R = R' = C_2H_5O	CH_2Cl_2	RR'PSSSn$(C_4H_9)_2$Cl	[47]
$(NaSSCNHCH_2)_2$	Aceton, 1 h, Rückfluß	$[(C_4H_9)_2ClSnSSCNHCH_2]_2$	[48]
NaS–C_5H_4N=O (2-Pyridyl-N-oxid)	Äthanol	$(C_4H_9)_2Sn(S$–C_5H_4N=O$)_2$	[49]
p-ClC_6H_4SH	—	(p-$ClC_6H_4S)_2Sn(C_4H_9)_2$	[50]
HS–C(=O)–C_6H_4–C(=O)–SH	—	$[$–$Sn(C_4H_9)_2$–S–C(=O)–C_6H_4–C(=O)–S–$]_x$	[51]

Tabelle 18 (Fortsetzung)

Reaktionspartner	Reaktionsbedingungen	Reaktionsprodukte	Lit.
$CH_2{=}N_2$	Diäthyläther, −5 °C	$(C_4H_9)_2ClSnCH_2Cl$	[52]
NaNCS	Äthanol	$(C_4H_9)_2Sn(NCS)_2$	[52]
NaN_3	Methanol, 25 °C, 20 min, dann H_2O, 2 h Rühren	$(C_4H_9)_2Sn[OSn(C_4H_9)_2N_3]_2$	[53]
$NH_2{-}C_6H_4{-}NH_2$	Acetonitril-Kohlenwasserstoffe, $(C_2H_5)_3N$	$[{-}Sn(C_4H_9)_2{-}NH{-}C_6H_4{-}NH{-}]_x$	[54, 55]
$NH_2{-}C_6H_4{-}CH_2{-}C_6H_4{-}NH_2$	Acetonitril-Kohlenwasserstoffe, $(C_2H_5)_3N$	$[{-}Sn(C_4H_9)_2{-}NH{-}C_6H_4{-}CH_2{-}C_6H_4{-}NH{-}]_x$	[54, 55]
$NH_2{-}C_6H_{10}{-}CH_2{-}C_6H_{10}{-}NH_2$	Acetonitril-Kohlenwasserstoffe, $(C_2H_5)_3N$	$[{-}Sn(C_4H_9)_2{-}NH{-}C_6H_{10}{-}CH_2{-}C_6H_{10}{-}NH{-}]_x$	[55]
$NH_2(CH_2)_6NH_2$	Acetonitril-Kohlenwasserstoffe, $(C_2H_5)_3N$	$[{-}Sn(C_4H_9)_2NH(CH_2)_6NH{-}]_x$	[55]
$(C_2H_5)_3N$, C_2H_5OH	—	$[(C_4H_9)_2ClSn]_2$	[56]
$HN(CH_2CH_2)_2NH$ (Piperazin)	Nitrobenzol-Decan, $(C_2H_5)_3N$, 25 °C	$[{-}Sn(C_4H_9)_2{-}N(CH_2CH_2)_2N{-}]_x$	[57]

Tabelle 18 (Fortsetzung)

Reaktionspartner	Reaktions-bedingungen	Reaktionsprodukte	Lit.
HN(CH(CH3)CH2)2NH (CH3, NH, HN, CH3)	Nitrobenzol-Decan, $(C_2H_5)_3N$, 25°C	$[-Sn(C_4H_9)_2-N(CH(CH_3)CH_2)_2N-]_x$	[57]
$HN(C_5H_9)-(CH_2)_3-(C_5H_9)NH$	Nitrobenzol-Decan, $(C_2H_5)_3N$, 25°C	$[-Sn(C_4H_9)_2-N(C_5H_9)-(CH_2)_3-(C_5H_9)N-]_x$	[57]
$H_2NNHC(O)(CH_2)_nC(O)NHNH_2$ (n = 2, 3, 7)	Nitrobenzol-Decan, $(C_2H_5)_3N$, 25°C	$[-Sn(C_4H_9)_2HNNHC(O)(CH_2)_nC(O)NHNH-]_x$	[57]
Natriumsilicat	Aceton	Polymeres	[58]
$SnCl_4$	HCl	$C_4H_9SnCl_3$	[59]
$SnCl_4$	$[(CH_3)_4N]Cl$	$C_4H_9SnCl_3$	[60]
$^{\ominus}O-C(O)-C_5H_4-Fe-C_5H_4-C(O)-O^{\ominus}$	—	$[-Sn(C_4H_9)_2-O-C(O)-C_5H_4-Fe-C_5H_4-C(O)-O-]_x$	[61, 62]
$K_2Fe(CO)_4$	—	$[(C_4H_9)_2SnFe(CO)_4]_2$	[63]
$H_2Os(CO)_4$	Benzol, $(C_2H_5)_2NH$, 25°C, 2 h Rühren	$[\mu-(C_4H_9)_2SnOs(CO)_4]_2$	[64]
$Na_2[(O-C(O)-C_5H_4-Co-C_5H_4-C(O)-O)PF_6]$	—	$[-Sn(C_4H_9)_2-O-C(O)-C_5H_4-Co^{\oplus}-C_5H_4-C(O)-O-]_x$ $PF_6^{\ominus}$	[65 bis 67]

1.3.2.2.1.5.5.8 Reaktionen mit Lewis-Basen unter Bildung von Komplexen mit Erweiterung der Koordinationszahl am Zinn

Reactions with Lewis Bases Forming Complexes with Higher Tin Coordination Number

$(C_4H_9)_2SnCl_2$ bildet mit Lewis-Basen Addukte unter Ausbildung der Koordinationszahlen 5 oder 6 am zentralen Zinnatom. In Tabelle 19 ist eine Auswahl der wichtigsten Komplexe aufgeführt.

Durch kurzes Erwärmen äquimolarer Mengen Dibutylzinndichlorid und Aluminiumchlorid auf 90 bis 100°C, Abkühlen und Umkristallisieren des Produktes aus Benzol erhält man farbloses, kristallines $(C_4H_9)_2SnCl_2 \cdot AlCl_3$ [1]. Dieses Additionsprodukt von Dibutylzinndichlorid mit der Lewis-Säure $AlCl_3$ liegt vermutlich als Polymeres mit Koordinationszahl 6 am Zinn vor. — $(C_4H_9)_2SnCl_2$ bildet mit 2,2'-Bipyridin einen 1:1-Komplex. Die Bildungskonstante besitzt in Acetonitril bei 25 ± 2°C den Wert lg $K = 3.03 \pm 0.02$, bei 17 ± 2°C den Wert lg $K = 3.19$. Die thermodynamischen Daten der Bildung in Acetonitril sind: $\Delta G = -4.13 \pm 0.02$ kcal/mol, $\Delta H = -13.04 \pm 0.05$ kcal/mol und $\Delta S = -29.9 \pm 0.3$ cal · mol^{-1} · K^{-1}. Gewinnt man den Komplex durch Zugabe einer Lösung von Dibutylzinndichlorid in CCl_4 zu einer Lösung von 2,2'-Bipyridin in Acetonitril, so ist die Bildungswärme $\Delta H = -15.78$ kcal/mol [2]. Zur Tendenz zur π-Komplexbildung von Dibutylzinndichlorid mit ungesättigten Verbindungen im Vergleich mit $SnCl_4$ und anderen Organozinnchloriden s. [3].

Tabelle 19

Reaktionen von $(C_4H_9)_2SnCl_2$ mit Lewis-Basen unter Bildung von Komplexen mit Erweiterung der Koordinationszahl am Zinn.

Reaktionspartner	Reaktionsbedingungen	Reaktionsprodukte	Lit.
$[R_4As]Cl$ $R = C_6H_5$	H_2O-HCl	$[R_4As][(C_4H_9)_2SnCl_3]$	[4]
NH_3	Aceton	$(C_4H_9)_2SnCl_2 \cdot 2NH_3$	[5]
C_5H_5N	Kalorimetrie	1:1-Komplex	[6]
	organisches Lösungsmittel	1:2-Komplex	[7]
	Pyridin in geringem Überschuß	1:2-Komplex	[8]
R-⟨C₅H₄N⟩			
$R = CH_3$	Kalorimetrie	1:1-Komplex	[6]
$R = C_6H_5$	Benzol	1:2-Komplex	[9]
2,2'-Bipyridin (Strukturformel)	CH_3CN	1:1-Komplex	[2, 13]
	Kalorimetrie	1:1-Komplex	[6]
	organisches Lösungsmittel	1:1-Komplex	[7]
	Diäthyläther	1:1-Komplex	[10, 12, 16]
	Äthanol	1:1-Komplex	[11, 15]
	Aceton	1:1-Komplex	[14]
1,10-Phenanthrolin (Strukturformel)	—	1:1-Komplex	[6, 7, 10, 12, 15, 17, 18]
Chinolin (Strukturformel)	organisches Lösungsmittel	1:2-Komplex	[7]
4,4'-Bipyridin (Strukturformel)	Benzol	1:1-Komplex	[9]

Tabelle 19 (Fortsetzung)

Reaktionspartner	Reaktionsbedingungen	Reaktionsprodukte	Lit.
2,7-Dimethyl-1,8-naphthyridin (CH_3, N, N, CH_3)	Benzol	1:1-Komplex	[19]
$C_6H_4(OH)-CH{=}N-C_2H_5$	Hexan	1:2-Komplex	[20]
$(CH_3)_2CO$	Octan	1:1-Komplex	[21]
$RC(O)OC_4H_9$ R = H, CH_3	—	1:2-Komplex	[22]
$(CH_3O)_2P(O)CH_3$	Pentan	1:2-Komplex	[23]
$(C_2H_5O)_2P(O)H$	Cyclohexan oder Benzol	1:1-Komplex	[24]
$(C_6H_5CH_2)_2SO$	$CHCl_3$	1:2-Komplex	[25]
$(C_4H_9)_3P$	—	1:1-Komplex	[6]
Pyrocatecholviolett	Absorptionsmessung	1:1-Komplex	[26]

Literatur:

[1] W. P. Neumann, R. Schick, R. Köster (Angew. Chem. **76** [1964] 380). — [2] G. Matsubayashi, Y. Kawasaki, T. Tanaka, R. Okawara (J. Inorg. Nucl. Chem. **28** [1966] 2937/43). — [3] I. P. Goldshtein, E. N. Guryanova, K. A. Kocheshkov (Sin. Svoistva Monomerov Sb. Rab. 12th Konf. Vysokomol. Soedin., Baku 1962 [1964], S. 109/12). — [4] P. Zanella, G. Plazzogna (Ann. Chim. [Rome] **59** [1969] 1152/9). — [5] W. J. C. Viveen, A. Schröder, Koninklijke Industrieele Maatschappij, Noury & van der Lande N.V. (D.A.S. 1167836 [1962/64]).

[6] Y. Farhangi, D. P. Graddon (J. Organometal. Chem. **87** [1975] 67/82). — [7] M. Mishima, M. Nakamura, M. Izawa, M. Idogaki (Mem. Fac. Lit. Sci. Shimane Univ. Nat. Sci. **7** [1974] 79/84). — [8] P. Pfeiffer, B. Friedmann, R. Lehnhardt, H. Luftensteiner, R. Prade, K. Schnurmann (Z. Anorg. Allgem. Chem. **71** [1911] 97/120). — [9] R. C. Poller, D. L. B. Toley (J. Chem. Soc. A **1967** 1578/80). — [10] D. L. Alleston, A. G. Davies (Chem. Ind. [London] **1961** 551/2).

[11] K. C. Pande (J. Organometal. Chem. **13** [1968] 187/94). — [12] D. L. Alleston, A. G. Davies (J. Chem. Soc. **1962** 2050/4). — [13] M. Komura, Y. Kawasaki, T. Tanaka, R. Okawara (J. Organometal. Chem. **4** [1965] 308/21). — [14] R. C. Poller, J. A. Spillman (J. Organometal. Chem. **7** [1967] 259/62). — [15] M. A. Mullins, C. Curran (Inorg. Chem. **6** [1967] 2017/9).

[16] T. Tanaka, M. Komura, Y. Kawasaki, R. Okawara (J. Organometal. Chem. **1** [1964] 484/9). — [17] F. Huber, M. Enders, R. Kaiser (Z. Naturforsch. **21 b** [1966] 83/4). — [18] S. O. Adeosun, U. J. Ekpe (Inorg. Nucl. Chem. Letters **10** [1974] 477/80). — [19] D. G. Hendricker (Inorg. Chem. **8** [1969] 2328/30). — [20] B. S. Saraswat, G. Srivastava, R. C. Mehrotra (Inorg. Nucl. Chem. Letters **12** [1976] 235/6).

[21] I. P. Goldshtein, N. N. Zemlyanskii, T. I. Perepelkova, L. S. Melnichenko, E. N. Guryanova, K. A. Kocheshkov (Dokl. Akad. Nauk SSSR **217** [1974] 849/51; Dokl. Phys. Chem. Proc. Acad. Sci. USSR **217** [1974] 717/9). — [22] M. E. Krasnyanskii, E. S. Tkachenko (Izv. Vysshikh Uchebn. Zavedenii Khim. i Khim. Tekhnol. **17** [1974] 1864/5 nach C.A. **82** [1975] Nr. 116899). — [23] A. N. Pudovik, A. A. Muratova, I. Ya. Kuramshin, E. G. Yarkova (Zh. Obshch. Khim. **42** [1972] 2408/12; J. Gen. Chem. USSR **42** [1972] 2402/5). — [24] I. P. Goldshtein, A. A. Muratova, E. N. Guryanova, V. P. Plekhov, T. A. Pestova, E. S. Shcherbakova, R. R. Shifrina, A. N. Pudovik (Zh. Obshch. Khim. **45** [1975] 1685/92; J. Gen. Chem. USSR **45** [1975] 1653/8). — [25] T. N. Srivastava, P. C. Srivastava, K. Srivastava (J. Indian Chem. Soc. **53** [1976] 343/6).

[26] B. P. Bachlas, R. C. Mehrotra (Indian J. Chem. **7** [1969] 827/8).

1.3.2.2.1.5.6 Physiologische Wirkung

Physiology

Dibutylzinndichlorid ist hochtoxisch für Warmblüter. Bei täglichen Dosen von $^1/_{10}$ LD_{50} zeigt die Verbindung ausgesprochen kumulative Eigenschaften und wirkt besonders auf das Zentralnervensystem ein. Bei Untersuchungen der bedingten Reflexaktivität konnte festgestellt werden, daß die Verbindung diese Tätigkeit schon in kleinen Dosen stört [1], s. auch [2, 3]. Daneben konnte gezeigt werden, daß $(C_4H_9)_2SnCl_2$ in akuten oralen Dosen von 50 mg/kg Körpergewicht bei Ratten den Gallentrakt und die Leber schädigt, indem es Ödeme und Entzündungen hervorruft. Mäuse sind noch empfindlicher, Kaninchen werden etwas weniger geschädigt, während Meerschweinchen von Dosen zwischen 25 und 100 mg/kg Körpergewicht nicht beeinflußt werden [4 bis 6]. Versuche an weiblichen Stubenfliegen haben gezeigt, daß $(C_4H_9)_2SnCl_2$ die Adenosintriphosphatase hemmt [7].

Eine Dosis von 0.0001 mg/kg Körpergewicht, entsprechend 0.002 mg/l Wasser hat sich als völlig harmlos im Trinkwasser erwiesen. Eine Konzentration von 0.002 mg/l wird deshalb als das erlaubte Limit in Trinkwasserreservoirs angesehen [8].

Für die LD_{50} gegenüber Ratten werden angegeben: 58.3 bis 219 mg/kg Körpergewicht [9] und 100 mg/kg [10 bis 12]. Die LC_{50}, d.h. die Konzentration in der Luft, die erforderlich ist, um 50% der Versuchstiere zu töten, beträgt 73.0 $mg \cdot l^{-1} \cdot h^{-1}$ [13]. Zur Untersuchung der hämolytischen Wirkung gegenüber Ratten s. [14], zur Untersuchung der toxischen Wirkung von $(C_4H_9)_2SnCl_2$ an Mäusen s. [15].

Gegenüber Stubenfliegen beträgt die LD_{50} 340×10^{-10} mol/Fliege [16], gegenüber Larven von Culex pipiens 0.65 [17] bzw. 0.71 ppm [18]. Die Verbindung zeigt anthelmintische Aktivität [19]. So wurde gefunden, daß 90 mg/kg, gegeben in drei Dosen, eine 100%ige Kontrolle der anthelmintischen Aktivität erlauben [20]. Die wirksame Dosis im Futter von Hühnern, die mindestens 80% von Raillietina cesticillus und mindestens 60% von Ascaridia galli vernichtet, beträgt 51 bis 75 mg/kg bzw. 101 bis 125 mg/kg [21].

$(C_4H_9)_2SnCl_2$ hat fungizide Eigenschaften. Die toxische Grenzkonzentration gegen Coriolellus palustris und Irpex consors beträgt 0.02 bis 0.05%, die gegen Merulilus lacrymans, Coniophora cerebella, Polysticus versicolor und Polysticus sanguineus 0.02 bis 0.03% [22]. Konzentrationen an $(C_4H_9)_2SnCl_2$, die das Wachstum folgender Pilze völlig hemmen: Bacillus mycoides 2 ppm, Aerobacter aerogensis 8 ppm, Pseudomonas aeruginosa >500 ppm, Candida albicans 31 ppm, Aspergillus flavus 250 ppm und Penicillium funiculosum >500 ppm [23].

Über eine Methode zum mikrobiologischen Nachweis von $(C_4H_9)_2SnCl_2$ über die wachstumshemmende Wirkung gegenüber Aspergillus niger s. [24].

Literatur:

[1] V. T. Mazaev, A. A. Korelev, I. N. Skachkova (J. Hyg. Epidemiol. Microbiol. Immunol. [Prague] **15** [1971] 115/20). — [2] V. T. Mazaev, N. J. Losev, V. S. Dobryanskii (Faktory Vnesh. Sredy Ikh Znachenie Zdoroviya Naseleniya **1970** Nr. 2, S. 111/5 nach C.A. **75** [1971] Nr. 18048). — [3] V. T. Mazaev, N. I. Losev, V. A. Voinov (Byul. Eksperim. Biol. i Med. **66** [1968] 72/4 nach C.A. **70** [1969] Nr. 18500). — [4] J. M. Barnes, H. B. Stoner (Brit. J. Ind. Med. **15** [1958] 15/22). — [5] J. M. Barnes, P. N. Magee (J. Pathol. Bacteriol. **75** [1958] 267/79).

[6] I. F. Gaunt, J. Colley, P. Grasso, M. Creasey, S. D. Gangolli (Food Cosmet. Toxicol. **6** [1968] 599/608). — [7] G. R. Pieper, J. E. Casida (J. Econ. Entomol. **58** [1965] 392/400). — [8] V. T. Mazaev, A. A. Korolev (Prom. Zagryazneniya Vodoemov Nr. 9 [1969] 15/37 nach C.A. **71** [1969] Nr. 128403). — [9] J. G. A. Luijten, O. R. Klimmer (Tin Res. Inst. Publ. **501** [1973]). — [10] O. R. Klimmer, J. U. Nebel (Arzneimittel-Forsch. **10** [1960] 44/8).

[11] O. R. Klimmer (Arzneimittel-Forsch. **19** [1969] 934/9). — [12] A. M. Ivanitzki (Farmakol. i Toksikol. **26** [1963] 629/32 nach C.A. **60** [1964] 13774). — [13] L. B. Weisfeld (Kunststoffe **65** [1975] 298/9). — [14] H. Yoshikawa, M. Ishii (Bull. Natl. Inst. Ind. Health **7** [1962] 7/13 nach C.A. **58** [1963] 14615). — [15] H. Yoshikawa, M. Ishii (Bull. Natl. Inst. Ind. Health **5** [1961] 25/31 nach C.A. **57** [1962] 6264/5).

[16] M. S. Blum, J. J. Pratt (J. Econ. Entomol. **53** [1960] 445/8). — [17] P. Castel, G. Gras, J. A. Rioux, A. Vidal (Trav. Soc. Pharm. Montpellier **33** [1963] 45/50). — [18] G. Gras, J. A. Rioux (Arch. Inst. Pasteur Tunis **42** [1965] 9/22). — [19] A. I. Tareeva, G. M. Borodina (Farmakol. i Toksikol. **30** [1967] 207/9 nach C.A. **67** [1967] Nr. 20351). — [20] P. Castel, H. Haram, G. Gras (Therapie **13** [1958] 865/72).

[21] K. B. Kerr, A. W. Walde (Exptl. Parasitol. **5** [1956] 560/70). — [22] K. Nishimoto, G. Fuse (Zinn Verwendung Nr. 70 [1966] 3/5). — [23] C. B. Beiter (Chem. Spec. Mfr. Ass. Proc. Mid-Year Meet. **53** [1967] 216/22). — [24] A. A. Tumanov, T. D. Klyukvina, I. E. Postnov (Tr. po Khim. i Khim. Tekhnol. **1974** 156/8).

Uses

1.3.2.2.1.5.7 Verwendung

Dibutylzinndichlorid ist Bestandteil eines Mittels gegen den Bandwurm [1], von Insektiziden [2], von Fungiziden [3 bis 5], von Herbiziden, speziell gegen den Kartoffel-Mehltau [6, 7] und von Holzschutzmitteln [8].

$(C_4H_9)_2SnCl_2$ dient im Gemisch mit $(C_4H_9O)_3PO$ als Katalysator zur Polymerisation von Alkylenoxiden [9 bis 12] und Alkylensulfiden [13]. Mischungen aus $(C_4H_9)_2SnCl_2$ und $AlCl_3$ katalysieren Vinyläther-Polymerisationen mit größerer Stereoregelmäßigkeit als Mischungen aus $AlCl_3$ mit $Sn(C_6H_5)_4$ oder $Sn(C_4H_9)_4$ [14]. Ferner katalysiert $(C_4H_9)_2SnCl_2$ die Synthese von Polyestern [15, 16], speziell von aromatischen Polyestern [17], sowie die Polymerisation von Methylmethacrylat [18], die Polykondensation von Polyäthylenterephthalat [19, 20], die Polymerisation von Nitrilen [21], von Isocyanaten [22] und von Urethanen [23], die Reaktion von Phenylisocyanaten mit Methanol [24], von Isocyanaten mit Alkoholen [25], von Tosylhydrazid mit Phenylisocyanat [26] und von Sulfohydraziden mit Isocyanaten [27]. Dibutylzinndichlorid katalysiert im Gemisch mit $TiCl_4$ die Polymerisation von Isopren [28], im Gemisch mit WCl_6 und Äther die Metathese von Olefinen [29] und mit $Si(OC_2H_5)_4$ die Härtung von Polysiloxanen [30]. Die Verbindung katalysiert die Vulkanisation von Butadien-Nitril-Gummi [31], die Bildung von $(PNCl_2)_2$ aus NH_4Cl und PCl_5 [32], die Synthese von N-geschützten Aminosäureestern [33] und die Hydrostannierung von Carbonylverbindungen [34].

Dibutylzinndichlorid wird alleine [35, 36], nach Reaktion mit Fettsäuren [37] und auch im Gemisch mit $Sn(C_4H_9)_4$, $SnCl_4$ und Thiomalonsäure nach Reaktion in KOH bei 180°C als Stabilisator für Polyvinylchlorid verwendet [38, 39]. Diskussion der stabilisierenden Wirkung verschiedener Mischungen zwischen $(C_4H_9)_2SnCl_2$ und $(C_4H_9)_2Sn(SC_{12}H_{25})_2$ gegenüber PVC s. bei [40]. $(C_4H_9)_2SnCl_2$ dient auch als Stabilisator für Fasern aus Vinylchlorid-, Vinylidenchlorid-Vinylchlorid- und Vinylchlorid-Vinylacetat-Copolymeren [41], in Verbindung mit $P(OC_6H_5)_3$ als Stabilisator für Polyester [42] und im Gemisch mit $[(C_4H_9)_2SnO]_x$ und Thioglykolsäureester als Stabilisator für halogenierte Kohlenwasserstoffe [43].

$(C_4H_9)_2SnCl_2$ findet als Flammschutzmittel [44] und als Autoxidants für Gummi Verwendung [45]. In Verbindung mit Pyridin katalysiert $(C_4H_9)_2SnCl_2$ die Bildung von $[(C_4H_9)_2Sn]_6$ aus $(C_4H_9)_2SnH_2$ [46]. $(C_4H_9)_2SnCl_2$ katalysiert die Bildung von Cyclohexan aus c-$C_6H_{11}Br$ und $LiAlH_4$ in Diäthyläther [47].

Literatur:

[1] J. Willomitzer (Ved. Prace Vyzkum. Ustavu Vet. Lekar. Brno **1962** 265/76 nach C.A. **61** [1964] 16675). — [2] T. Tahara, T. Takubo, T. Matsunaga, Nitto Chemical Industrial Co., Ltd. (U.S.P. 3496201 [1966/70]; C.A. **72** [1970] Nr. 111617). — [3] Farbwerke Hoechst A.-G. (B.P. 797073 [1953]; C.A. **1959** 22714). — [4] H. E. Ramsden, Esso Research and Engineering Co. (U.S.P. 3389157 [1965/68]; C.A. **69** [1968] Nr. 77500). — [5] K. B. Kerr, A. W. Walde, Dr. Salsburys Laboratories, Iowa (U.S.P. 2702775 [1953/55]; C.A. **1955** 7816).

[6] D. C. Graham (European Potato J. **7** [1964] 33/44 nach C.A. **61** [1964] 6299). — [7] A. H. McIntosh (Ann. Appl. Biol. **66** [1970] 115/8). — [8] H. P. Vind, H. Hochmann (Zinn Verwendung Nr. 57 [1963] 10/2). — [9] T. Usui, H. Komai, H. Hosozawa, N. Kimura, H. Yamamoto,

T. Nakata, T. Kaitu, T. Go, Japanese Geon Co., Ltd., Osaka Soda Co., Ltd. (Deut. Offenlegungsschrift 2128755 [1970/72]; C.A. **76** [1972] Nr. 127812). — [10] N. Yokota, A. Suzui, T. Nakada, N. Kimura, Y. Hayashi, A. Oda, Osaka Soda Co., Ltd. (Japan.P. 73-27755 [1969/73]; C.A. **80** [1974] Nr. 96609).

[11] N. Yokota, A. Suzui, T. Nakata, N. Kimura, Y. Hayashi, A. Oda, Osaka Soda Co., Ltd. (Japan.P. 74-28280 [1969/74]; C.A. **82** [1975] Nr. 98857). — [12] T. Matsuo, T. Nakata, Nippon Zeon Co., Ltd., Osaka Soda Co., Ltd. (Japan.P. 74-28916 [1970/74]; C.A. **82** [1975] Nr. 112949). — [13] T. Matsuo, T. Nakata, Nippon Zeon Co., Ltd., Osaka Soda Co., Ltd. (Japan.P. 74-28915 [1970/74]; C.A. **82** [1975] Nr. 73688). — [14] V. Z. Annenkova, A. K. Khaliullin, A. I. Inyutkin, M. F. Shostakovskii (Vysokomol. Soedin. B **13** [1971] 500/2 nach C.A. **75** [1971] Nr. 141236). — [15] J. R. Caldwell, Eastman Kodak Co. (U.S.P. 2720507 [1955]; C.A. **1956** 2205).

[16] F. E. Critchfield, R. D. Lundberg, Union Carbide Corp. (F. Demande 2026274 [1968/70]; C.A. **76** [1972] Nr. 127748, **75** [1971] Nr. 6636). — [17] H. Komoto, K. Toyomoto, Y. Matsumoto, Asahi Chemical Industry Co., Ltd. (Japan. Kokai 74-99794 [1973/74]; C.A. **82** [1975] Nr. 98848). — [18] G. Ayrey, B. C. Head, R. C. Poller (J. Polymer Sci. Polymer Chem. Ed. **13** [1975] 69/75). — [19] K. Nawada, K. Tsunawaki, I. Tanaka, K. Watanabe, S. Ono, Teijin, Ltd. (Japan.P. 71-28789 [1967/71]; C.A. **76** [1972] Nr. 46711). — [20] E. Tanaka, A. Shoji, M. Honma, Dainippon Ink and Chemicals, Inc. (Japan. Kokai 74-40338 [1972/74]; C.A. **81** [1974] Nr. 154749).

[21] R. Minke, S. Freireich (Israel J. Chem. **13** [1975] 212/20). — [22] A. Farkas, G. A. Mills (Advan. Catalysis **13** [1962] 363/446). — [23] F. Hostettler, E. F. Cox (Ind. Eng. Chem. **52** [1960] 609/10). — [24] O. V. Nesterov, Yu. N. Chirkov, S. G. Entelis (Kinetika i Kataliz **8** [1967] 1371/3; Kinetics Catalysis [USSR] **8** [1967] 1161/3). — [25] V. B. Zabrodin, O. V. Nesterov, S. G. Entelis (Kinetika i Kataliz **11** [1970] 114/9; Kinetics Catalysis [USSR] **11** [1970] 91/5).

[26] A. P. Grekov, G. V. Otroshko (Zh. Org. Khim. **10** [1974] 1905/8; J. Org. Chem. [USSR] **10** [1974] 1916/8). — [27] A. P. Grekov, G. V. Otroshko (Kratk. Tezisy Vses. Soveshch. Probl. Mekh. Geteroliticheskikh Reakts., Leningrad 1974, S. 19/20 nach C.A. **85** [1976] Nr. 77131). — [28] T. Aikawa, Agency of Industrial Sciences and Technology (Japan. Kokai 76-125473 [1975/76]; C.A. **86** [1977] Nr. 55967). — [29] J. Lal, R. R. Smith (J. Org. Chem. **40** [1975] 775/9). — [30] G. Quaas, G. Horn (D.P. [DDR] 83248 [1969/71]; C.A. **78** [1973] Nr. 59570).

[31] R. S. Frenkel, V. I. Panchenko (UdSSR P. 310910 [1969/71]; C.A. **76** [1972] Nr. 26219). — [32] V. V. Kirev, G. S. Kolesnikov, V. P. Popilin, S. M. Zhivukhin (Tr. Mosk. Khim. Tekhnol. Inst. Nr. 66 [1970] 157/9; C.A. **75** [1971] Nr. 94201). — [33] N. Yasuda, T. Yamashita, Y. Ariyoshi, Ajinomoto Co., Inc. (Japan. Kokai 74-133301 [1973/74]; C.A. **82** [1975] Nr. 171443). — [34] R. Knocke, W. P. Neumann (Liebigs Ann. Chem. **1974** 1486/95). — [35] K. S. Minsker, G. T. Fedoseyeva, T. B. Zavarova, E. O. Krats (Vysokomol. Soedin. A **13** [1971] 2265/78; Polymer Sci. [USSR] A **13** [1971] 2544/60).

[36] T. Morikawa, K. Yoshida (Kagaku To Kogyo [Osaka] **38** [1964] 667/71 nach C.A. **62** [1965] 14891). — [37] H. E. Ramsden, Metal and Thermit Corp. (U.S.P. 2744876 [1956]; C.A. **1957** 459). — [38] Soc. An. des Manufactures des Glaces et Produits Chimiques de Saint-Gobain, Chauny & Cirey (Belg.P. 538646 [1954/55]; C. **1960** 8031). — [39] Soc. An. des Manufactures des Glaces et Produits Chimiques de Saint-Gobain, Chauny & Cirey (F.P. 1105652 [1955]; C.A. **1959** 6082). — [40] W. H. Starnes, I. M. Plitz (Macromolecules **9** [1976] 633/40).

[41] G. P. Mack, M and T Chemicals, Inc. (U.S.P. 3147285 [1956/64]; C.A. **62** [1965] 11973). — [42] Y. Enoki, Y. Kiki, Y. Yoshihara, Japan. Soda Co., Ltd. (Japan.P. 71-32069 [1968/71]; C.A. **77** [1972] Nr. 49558). — [43] C. R. Gloskey, M and T Chemicals, Inc. (F.P. 1386988 [1963/65]; C.A. **63** [1965] 10135). — [44] K. H. Hermann, Farbenfabriken Bayer A.-G. (Deut. Offenlegungsschrift 2046832 [1970/72]; C.A. **77** [1972] Nr. 35701). — [45] L. A. Tomka, Metal and Thermit Corp. (U.S.P. 2798863 [1957]; C.A. **1957** 15166).

[46] W. P. Neumann, J. Pedain, R. Sommer (Liebigs Ann. Chem. **694** [1966] 9/18). — [47] H. G. Kuivila, L. W. Menapace (J. Org. Chem. **28** [1963] 2165/7).

Diisobutyltin Dichloride

1.3.2.2.1.6 Diisobutylzinndichlorid $(i\text{-}C_4H_9)_2SnCl_2$

$(i\text{-}C_4H_9)_2SnCl_2$ entsteht in einer Ausbeute von 91.8% bei der Reaktion von $Sn(i\text{-}C_4H_9)_4$ mit $SnCl_4$ im Molverhältnis 1:1 bei 200°C in Ar-Atmosphäre während 20 h. Tropft man unter Rühren Tetraisobutylzinn in die doppeltmolare Menge siedenden Zinntetrachlorids, so entsteht Diisobutylzinndichlorid in Ausbeuten von 33.1% neben Isobutylzinntrichlorid als Hauptprodukt [1]. Die Darstellung der Verbindung durch Komproportionierung von $Sn(i\text{-}C_4H_9)_4$ mit $SnCl_4$ wird auch in der Patentliteratur beschrieben [2 bis 5]. Glatt und in guten Ausbeuten ist Diisobutylzinndichlorid auch aus Triisobutylaluminium und Zinntetrachlorid im Molverhältnis 2:3 darzustellen, wenn man das nebenher entstehende Aluminiumtrichlorid durch Äther, Amine oder Alkalihalogenide komplex bindet und so an einer Rückreaktion hindert [6 bis 8]. Bringt man die beiden Ausgangskomponenten im Molverhältnis 4:1.5 zur Reaktion, so entsteht Diisobutylzinndichlorid erwartungsgemäß nur als Nebenprodukt [9]. Ein weiteres Verfahren zur Gewinnung von $(i\text{-}C_4H_9)_2SnCl_2$ ist eine modifizierte „direkte Synthese". Hierbei reagieren Zinn und Isobutylchlorid in Gegenwart katalytischer Mengen Magnesium oder Zink, Alkohol, Ester oder Äther, beispielsweise Tetrahydrofuran und Butyljodid [10]. Auch die Einwirkung von HCl auf Diisobutylzinndijodid führt zu Diisobutylzinndichlorid [11, 12].

Die Abtrennung von $(i\text{-}C_4H_9)_2SnCl_2$ von anderen zinnorganischen Verbindungen wird durch Dünnschichtchromatographie erreicht [13 bis 15], die anschließende quantitative Bestimmung durch Chromatogrammspektralphotometrie [13], durch Überführung in den Brenzkatechinviolettkomplex [14] bzw. in den Quercetinkomplex [15]. Zur Trennung von Diisobutylzinndichlorid von anderen Alkylzinnchloriden unter Anwendung der Papier- und Gaschromatographie s. [16].

^{13}C-NMR-spektroskopische Untersuchungen an der reinen Verbindung unter Verwendung von Tetramethylsilan als internem Standard ergaben für die chemischen Verschiebungen und Kopplungskonstanten folgende Werte (in ppm bzw. Hz): $\delta C_\alpha = -38.5$, $\delta C_\beta = -25.9$, $\delta C_\gamma = -25.7$, $^1J(C\text{-}Sn) = 405$, $^2J(C\text{-}Sn) = 39$, $^3J(C\text{-}Sn) = 78$. Diskussion dieser Werte zusammen mit den entsprechenden Werten von 48 anderen Organozinnverbindungen im Hinblick auf additive Parameter s. im Original [17, 18].

Im Mössbauer-Spektrum werden für die Isomerieverschiebung δ (in mm/s) folgende Werte gegen $BaSnO_3$ gefunden: 1.587 ± 0.004 [19] und 1.655 ± 0.015 [20]. Die Quadrupolaufspaltung Δ (in mm/s) beträgt 3.296 ± 0.004 [19] und 3.455 ± 0.015 [20].

Für die farblose Verbindung wird ein Schmelzpunkt von 5 bis 6°C angegeben [11]. Für den Siedepunkt findet man in der Literatur die folgenden Daten: 58 bis 59°C/0.1 Torr [2 bis 5], 69 bis 71°C/0.25 Torr [1], 107°C/3.9 Torr [10], 129 bis 130°C/10 Torr [7], 135°C/15 Torr [16] und 260 bis 262°C/Normaldruck [11]. Die Dichte beträgt $D_4^{20} = 1.4213$ g/cm³ [10], der Brechungsindex $n_D^{20} = 1.4990$ [7] und 1.5090 [10].

$(i\text{-}C_4H_9)_2SnCl_2$ reagiert mit Magnesium im Molverhältnis 1:1 in Tetrahydrofuran exotherm. Nach 24 h bei 20 bis 30°C ist die Reaktion beendet und man isoliert Dodecaisobutyl-cyclohexastannan in Form rhombischer Kristalle [21]. Die Umsetzung von Diisobutylzinndichlorid mit Diisobutylaluminiumchlorid bzw. $AlCl_3$ ist eine Gleichgewichtsreaktion. Die Zusammensetzung der Gleichgewichtsmischung wird bestimmt durch die Gesamtzahl an Isobutylgruppen und durch das Verhältnis Al:Sn [8]. Diisobutylzinndichlorid und Tributylzinnhydrid reagieren unter Bildung von Tributylzinnchlorid und Diisobutylzinnhydridchlorid (Molverhältnis 1:1) bzw. Diisobutylzinndihydrid (Molverhältnis 1:2) [22]. Mit Hilfe NMR-spektroskopischer Messungen konnte gezeigt werden, daß $(i\text{-}C_4H_9)_2SnCl_2$ mit Diorganozinndihydriden R_2SnH_2 ($R = C_4H_9$, $i\text{-}C_4H_9$, C_8H_{17} und C_6H_5) zu $(i\text{-}C_4H_9)_2SnHCl$ und R_2SnHCl reagiert, wobei das Gleichgewicht bis zu 90% auf der Seite der Hydridchloride liegt [23]. Erhitzt man die benzolische Lösung äquimolarer Mengen Diisobutylzinndichlorid und Diisobutylzinndihydrid nach Zugabe von Diäthylamin 3 h auf 70 bis 80°C, so bildet sich unter Wasserstoffabspaltung in 98%iger Ausbeute $[(i\text{-}C_4H_9)_2ClSn]_2$ [24]. Äquimolare Mengen $(i\text{-}C_4H_9)_2SnCl_2$ und $(i\text{-}C_4H_9)_2SnH_2$ reagieren mit ungesättigten organischen Verbindungen, Aldehyden und Ketonen unter Anlagerung des intermediär entstehenden $(i\text{-}C_4H_9)_2SnHCl$ an die Doppel- bzw. Dreifachbindung des Kohlenstoffs: Bei der Umsetzung von $(i\text{-}C_4H_9)_2SnCl_2$ mit $CH_2{=}CHCN$ entsteht auf diese Weise $(i\text{-}C_4H_9)_2ClSnCH_2CH_2CN$, mit $CH_2{=}CHCH_2OH$ entsteht $(i\text{-}C_4H_9)_2ClSnCH_2CH_2CH_2OH$, mit $CH_2{=}CHCOOCH_3$ entsteht $(i\text{-}C_4H_9)_2ClSnCH_2CH_2COOCH_3$, mit $CH_3CH{=}CHCOOC_2H_5$ entsteht $(i\text{-}C_4H_9)_2ClSnCH(CH_3)CH_2COOC_2H_5$, mit $HC{\equiv}CC_6H_5$ entsteht $(i\text{-}C_4H_9)_2ClSnCH{=}CHC_6H_5$, mit $p\text{-}CH_3OC_6H_4C{\equiv}CH$ entsteht $(i\text{-}C_4H_9)_2ClSnCH{=}CHC_6H_4\text{-}p\text{-}OCH_3$, mit $HC{\equiv}CCH{=}CHOCH_3$ entsteht $(i\text{-}C_4H_9)_2ClSnCH{=}CHCH{=}CHOCH_3$, mit $HC{\equiv}CCN$ entsteht $(i\text{-}C_4H_9)_2ClSnCH{=}CHCN$, mit RCOH entsteht $(i\text{-}C_4H_9)_2ClSnOCH_2R$ (wobei $R = C_2H_5$, C_3H_7, C_7H_{15}, $(CH_3)_2CH$) und mit Cyclohexanon (X) entsteht die entsprechende Verbindung XI [25]. Diisobutylzinndichlorid reagiert mit $SnCl_4$ bei Zugabe von $POCl_3$ und P_2O_5 zu Isobutylzinntri-

i-C₄H₉ | Cl—Sn—O—(cyclohexyl) | i-C₄H₉

X XI

chlorid [26]. Die Einwirkung von $(i\text{-}C_4H_9)_2SnCl_2$ auf $(C_2H_5)_2NLi$ führt zur Bildung von $(i\text{-}C_4H_9)_2Sn[N(C_2H_5)_2]_2$ [24]. Mit NH_3 in wäßrigem Aceton reagiert Diisobutylzinndichlorid zu $(i\text{-}C_4H_9)_2SnCl_2 \cdot 2NH_3$ [27].

In Verbindung mit Pyridin wirkt Diisobutylzinndichlorid als Katalysator bei der Dehydrierung von $(i\text{-}C_4H_9)_2SnH_2$ zu Octadecaisobutyl-cyclononastannan $[(i\text{-}C_4H_9)_2Sn]_9$ [21]. Auch als Zusatz bei der Herstellung feuerresistenter Polyesterverbindungen findet Diisobutylzinndichlorid Verwendung [28].

Literatur:

[1] W. P. Neumann, G. Burkhardt (Liebigs Ann. Chem. **663** [1963] 11/21). — [2] W. P. Neumann, G. Burkhardt, Studiengesellschaft Kohle m.b.H. (D.P. 1161893 [1961/64]). — [3] Studiengesellschaft Kohle m.b.H. (B.P. 958085 [1961/64]). — [4] Studiengesellschaft Kohle m.b.H. (F.P. 1318310 [1961/63]; C.A. **59** [1963] 2858). — [5] W. P. Neumann, G. Burkhardt, Studiengesellschaft Kohle m.b.H. (U.S.P. 3248411 [1961/64]).

[6] W. P. Neumann (Liebigs Ann. Chem. **653** [1962] 157/63). — [7] L. I. Zakharkin, O. Yu. Okhlobystin, B. N. Strunin (Zh. Prikl. Khim. **36** [1963] 2034/8; J. Appl. Chem. USSR **36** [1963] 1969/72). — [8] J. C. van Egmond, M. J. Janssen, J. G. A. Luijten, G. J. M. van der Kerk, G. M. van der Want (J. Appl. Chem. [London] **12** [1962] 17/24). — [9] M and T Chemicals, Inc. (Neth. Appl. 66-01352 [1965/66]; C.A. **66** [1967] Nr. 28897). — [10] S. Matsuda, H. Matsuda (Bull. Chem. Soc. Japan **35** [1962] 208/11).

[11] A. Cahours, E. Demarcay (Bull. Soc. Chim. France [2] **34** [1880] 476/8). — [12] A. Cahours, E. Demarcay (Compt. Rend. **89** [1879] 68/73). — [13] H. Woidich, W. Pfannhauser (Z. Lebensm.-Untersuch. Forsch. **162** [1976] 49/54). — [14] H. Woidich, W. Pfannhauser, G. Blaicher (Deut. Lebensm. Rundschau **72** [1976] 421/2). — [15] H. Wieczorek (Deut. Lebensm. Rundschau **65** [1969] 74/8).

[16] J. Franc, M. Wurst, V. Moudry (Collection Czech. Chem. Commun. **26** [1961] 1313/9). — [17] T. N. Mitchell (J. Organometal. Chem. **59** [1973] 189/97). — [18] D. E. Axelson, S. A. Kandil, C. E. Holloway (Can. J. Chem. **52** [1974] 2968/73). — [19] N. W. G. Debye, M. Linzer (J. Chem. Phys. **61** [1974] 4770/6). — [20] R. H. Herber (J. Inorg. Nucl. Chem. **35** [1973] 67/73).

[21] W. P. Neumann, J. Pedain, R. Sommer (Liebigs Ann. Chem. **694** [1966] 9/18). — [22] A. K. Sawyer, J. E. Brown, G. S. May (J. Organometal. Chem. **11** [1968] 192/4). — [23] A. K. Sawyer, G. S. May, R. E. Scofield (J. Organometal. Chem. **14** [1968] 213/6). — [24] R. Sommer, B. Schneider, W. P. Neumann (Liebigs Ann. Chem. **692** [1966] 12/21). — [25] W. P. Neumann, J. Pedain, Studiengesellschaft Kohle m.b.H. (D.P. 1214237 [1964/66]; C.A. **65** [1966] 5490).

[26] W. P. Neumann, Studiengesellschaft Kohle m.b.H. (D.P. 1177158 [1962/64]; C.A. **61** [1964] 14711). — [27] W. J. C. Viveen, A. Schröder, Koninlijke Industrieele Maatschappij, Noury & van der Lande N.V. (D.A.S. 1167836 [1962/64]). — [28] K. Raichle, F. Alfes, H. Schnell, K. Prater, Farbenfabriken Bayer A.-G. (D.P. 1266497 [1965/68]; C.A. **69** [1968] Nr. 3448).

Di-sec-butyltin Dichloride

1.3.2.2.1.7 Di-sec-butylzinndichlorid $(s\text{-}C_4H_9)_2SnCl_2$

$(s\text{-}C_4H_9)_2SnCl_2$ entsteht beim Schütteln einer Suspension von durch Hydrolyse von $(s\text{-}C_4H_9)_2SnBr_2$ frisch dargestelltem $[(s\text{-}C_4H_9)_2SnO]_x$ in Äther mit einem Überschuß an verdünnter Salzsäure [1]. Die sogenannte „modifizierte direkte Synthese" bietet eine zweite Möglichkeit zur Darstellung der Verbindung. Hierbei werden Zinnspäne unter Zusatz von Spuren Magnesium oder Zink, von geringen Mengen Butanol oder Tetrahydrofuran und von Butyljodid mit sec-Butylchlorid im Autoklaven bei höherer Temperatur umgesetzt [2]. Die Reaktion von $Sn(s\text{-}C_4H_9)_4$ mit $SnCl_4$ führt nicht zum Erfolg [1].

Im IR-Spektrum, aufgenommen von der reinen, flüssigen Verbindung, treten für die νSnC-Schwingung zwei Banden bei 590 und 490 cm^{-1} und für die νSnCl-Schwingung eine Bande bei 355 cm^{-1} auf [1].

Der Siedepunkt der Verbindung wird angegeben mit 78°C/0.25 Torr [1] und 113°C/4 Torr [2], der Brechungsindex mit $n_D^{20} = 1.5199$ [1] und 1.5218 [2], die Dichte mit $D_4^{20} = 1.4357$ g/cm³ [2].

Die Hydrolyse von $(s\text{-}C_4H_9)_2SnCl_2$ mit schwachen Basen führt zur Bildung von $[(s\text{-}C_4H_9)_2ClSn]_2O$, die Hydrolyse mit starken Basen nach kurzzeitigem, intensiven Schütteln zur Bildung von $[(s\text{-}C_4H_9)_2SnO]_x$ [1].

Literatur:

[1] C. K. Chu, J. D. Murray (J. Chem. Soc. A **1971** 360/7). — [2] S. Matsuda, H. Matsuda (Bull. Chem. Soc. Japan **35** [1962] 208/11).

Di-tert-butyltin Dichloride

1.3.2.2.1.8 Di-tert-butylzinndichlorid $(t\text{-}C_4H_9)_2SnCl_2$

$(t\text{-}C_4H_9)_2SnCl_2$ entsteht in 44%iger Ausbeute beim Zutropfen einer ätherischen $t\text{-}C_4H_9Li$-Lösung zur Suspension des $SnCl_4$-Diäthylätherkomplexes bei 0°C und einem Molverhältnis von 3:1.05 [1]. Die Reaktion von $SnCl_4$ in Heptan mit $t\text{-}C_4H_9MgCl$ in Tetrahydrofuran im Molverhältnis 1:2.5 liefert die Verbindung in einer Ausbeute von 58%, wobei nach Abklingen der zu Beginn sehr heftigen Reaktion noch weitere 4 h zum Sieden erhitzt wird [2]. Nur als Nebenprodukt von Tri-tert-butylzinnchlorid [3] bzw. Di-tert-butylzinn [4] entsteht Di-tert-butylzinndichlorid bei der Einwirkung von $t\text{-}C_4H_9MgCl$ auf $SnCl_4$ in Benzol-Diäthyläther als Lösungsmittelgemisch. Zwei weitere Darstellungsverfahren für $(t\text{-}C_4H_9)_2SnCl_2$ beruhen auf der Einwirkung von 15%iger Chlorwasserstoffsäure auf $(t\text{-}C_4H_9)_2Sn(OH)_2$ in Äther [4, 5] bzw. der Einwirkung von Chlor auf $[(t\text{-}C_4H_9)_2Sn]_x$ in siedendem Toluol [5].

Das Dipolmoment von $(t\text{-}C_4H_9)_2SnCl_2$ wurde experimentell zu $\mu = 4.34$ D bestimmt [3] und zu $\mu = 4.14$ D berechnet [6].

Im ^{1}H-NMR-Spektrum der in CCl_4 gelösten Verbindung tritt erwartungsgemäß ein Resonanzsingulett auf, das eine chemische Verschiebung von $\delta = -1.45$ ppm gegen Tetramethylsilan als internem Standard aufweist [2]. Die Kopplungskonstante $^3J(^{117}SnH)$ wurde in zehn verschiedenen Lösungsmitteln bestimmt und variiert von 111.4 Hz (in Cyclohexan) bis 120.4 Hz (in Dimethylsulfoxid) [7]. Für die Kopplungskonstante $^3J(^{119}SnH)$ wird ein Wert von 114 Hz angegeben [8]. Für eine benzolische Lösung der Verbindung erhält man $\tau = 8.66$ und $^3J(^{117/119}SnH) = 112.5/117.0$ Hz [11]. Das ^{119}Sn-NMR-Signal von Di-tert-butylzinndichlorid zeigt eine chemische Verschiebung von $\delta = -52 \pm 5$ ppm gegenüber Tetramethylstannan bei 50°C [9]. — Im Mössbauer-Spektrum findet man für die Isomerieverschiebung δ gegen $Ba^{119}SnO_3$ den Wert 1.79 mm/s, für die Quadrupolaufspaltung den Wert $\Delta = 3.07 \pm 0.12$ mm/s [8].

Von den im IR-Spektrum auftretenden Banden (s. Tabelle 20, S. 107) sind die bei 500 und 515 cm^{-1} (CS_2-Lösung) bzw. bei 570 und 500 cm^{-1} (Kristallfilm) liegenden Banden der νSnC-Schwingung, die bei 355 cm^{-1} (CS_2-Lösung) bzw. bei 340 cm^{-1} (Kristallfilm) liegende Bande der νSnCl-Schwingung zuzuordnen [5].

Der Schmelzpunkt von Di-tert-butylzinndichlorid wird mit 42°C [4], 42 bis 43°C [2, 5] und 42.5 bis 43.5°C [3], der Siedepunkt mit 66°C/3 Torr [2], 92 bis 93.5°C/5.5 Torr [3] und 117°C/14 Torr [4] angegeben. Der Zersetzungspunkt der Verbindung liegt bei 241°C [4]. Zur Polarographie von Di-tert-butylzinndichlorid s. [10].

Die wichtigsten chemischen Reaktionen von Di-tert-butylzinndichlorid sind in Tabelle 21 zusammengestellt.

Tabelle 20
IR-Spektrum von $(t-C_4H_9)_2SnCl_2$.

Zuordnung	ν in cm^{-1} CS_2-Lösung	Nujol
$\nu_{as}CH$	2950 sst	2940 sst
	2930 sst	2930 sst
	2920 sst	2920 sst
ν_sCH	2870 sst	2870 sst
	2850 sst	2850 sst
$\delta_{as}CH_3$	1465 sst	1465 st
	1460 sst	1460 st
δ_sCH_3, $\nu_{as}CC$	1390 Sch	1390 Sch
δ_sCH_3	1370 st	1370 m
δ_sCH_3, $\rho_{as}CH_3$, $\nu_{as}CC$, $\delta_{as}CCC$	1190 Sch	1190 Sch
ρ_sCH_3	1155 sst	1155 sst
$\rho_{as}CH_3$	1010 m	1015 m
$\rho_{as}CH_3$, $\nu_{as}CC$	940 m	940 m
ν_sCC	800 m	790 m
νSnC_2	570 s	
νSnC_2	515 ss	525 ss
	500 ss	500 ss
$\delta_{as}CCC$	390 m	385 ss
$\nu SnCl$	355 m	350 m

Tabelle 21
Reaktionen von $(t-C_4H_9)_2SnCl_2$.

Reaktionspartner	Reaktionsbedingungen	Reaktionsprodukte	Lit.
$LiAlH_4$	—	$[(CH_3)_3C]_2SnH_2$	[12]
C_2H_5MgBr	—	$[(CH_3)_3C]_2Sn(C_2H_5)_2$	[13]
C_6H_5MgBr	Tetrahydrofuran	$[(CH_3)_3C]_2(C_6H_5)SnCl$	[2]
$p-CH_3C_6H_4MgBr$	Äther, 25°C, 2 h Rühren	$[(CH_3)_3C]_2(p-CH_3C_6H_4)SnCl$	[2]
$C_6H_5CH_2MgCl$	Äther, 3 h Rückfluß	$[(CH_3)_3C]_2Sn(CH_2C_6H_5)_2$	[2]
C_4H_9Li	1:1, Heptan-Hexan, 0°C	$[(CH_3)_3C]_2(C_4H_9)SnCl$	[2]
C_4H_9Li	1:2	$[(CH_3)_3C]_2Sn(C_4H_9)_2$	[2]
KF oder NaF	Äther-Äthanol-Wasser	$[(CH_3)_3C]_2SnClF$, $[(CH_3)_3C]_2SnF_2$	[2]
H_2O, verd. NH_3 oder Pyridin	Äthanol-Wasser	$[(CH_3)_3C]_2Sn(OH)Cl$	[5]
5N NaOH	Äthanol-Wasser	$\{[(CH_3)_3C]_2SnO\}_x$, $[(CH_3)_3C]_2Sn(OH)_2$	[2, 5]
$Na_2Fe(CO)_4$	—	$\{[(CH_3)_3C]_2SnFe(CO)_4\}_2$	[14]
$Na_2Cr_2(CO)_{10}$	Tetrahydrofuran	$[(CH_3)_3C]_2SnCr(CO)_5 \cdot THF$, $NaCr(CO)_5Cl$	[15]

Literatur:

[1] R. H. Prince (J. Chem. Soc. **1959** 1783/91). — [2] S. A. Kandil, A. L. Alred (J. Chem. Soc. A **1970** 2987/92). — [3] H. H. Huang, K. M. Hui, K. K. Chiu (J. Organometal. Chem. **11** [1968] 515/24). — [4] E. Krause, K. Weinberg (Ber. Deut. Chem. Ges. **63** [1930] 381/5). — [5] C. K. Chu, J. D. Murray (J. Chem. Soc. A **1971** 360/7).

[6] R. Gupta, B. Majee (J. Organometal. Chem. **33** [1971] 169/73). — [7] M. Gielen, J. Topart (Bull. Soc. Chim. Belges **84** [1975] 13/9). — [8] G. W. Grynkewich, B. Y. K. Ho, T. J. Marks, J. J. Zuckerman (Inorg. Chem. **12** [1973] 2522/5). — [9] J. D. Kennedy, W. McFarlane (Rev. Silicon Germanium Tin Lead Compounds **1** [1974] 235/98). — [10] P. Leroux, M. Devaud (Bull. Soc. Chim. France **1973** 2254/8).

[11] U. Blaukat, W. P. Neumann (J. Organometal. Chem. **63** [1973] 27/39). — [12] W. P. Neumann, J. Pedain, R. Sommer (Liebigs Ann. Chem. **694** [1966] 9/18). — [13] M. Devaud, M. C. Langlois (Bull. Soc. Chim. France **1974** 2759/62). — [14] T. J. Marks, A. R. Newman (J. Am. Chem. Soc. **95** [1973] 769/73). — [15] T. J. Marks (J. Am. Chem. Soc. **93** [1971] 7090/1).

Dipentyl-, Dihexyl-, and Diheptyltin Dichlorides

1.3.2.2.1.9 Dipentyl-, Dihexyl- und Diheptylzinndichloride $(C_nH_{2n+1})_2SnCl_2$ (n = 5, 6, 7)

$(C_5H_{11})_2SnCl_2$

Die Verbindung kann durch Komproportionierung von $Sn(C_5H_{11})_4$ mit $SnCl_4$ bei 220°C nach 2.5 h Reaktionszeit in 46%iger Ausbeute gewonnen werden [1]. Sie entsteht auch bei der Einwirkung von HCl auf $[(C_5H_{11})_2SnO]_x$ in Äthanol [2, 3]. — Die Identifizierung von Dipentylzinndichlorid in Gemischen mit anderen Alkylzinnchloriden oder -carbonsäureestern sowie dessen Abtrennung gelingt durch Papier- [4, 5] und Gaschromatographie [5].

Das NMR-Spektrum der in $CDCl_3$ gelösten Verbindung zeigt gegen Tetramethylsilan als internem Standard Signale bei $\tau(CH_3) = 9.09$ sowie $\tau(CH_2) = 8.61$ und 8.18 [15]. — Im Mössbauer-Spektrum werden für die Isomerieverschiebung δ (in mm/s) die folgenden Werte gefunden: 1.63 ± 0.03 (gegen $BaSnO_3$) [6] und 1.591 (gegen SnO_2) [7]. Die Quadrupolaufspaltung Δ (in mm/s) wird mit 3.50 ± 0.06 [6] bzw. 3.404 [7] angegeben. Korrelationen dieser Mössbauer-spektroskopischen Daten von $(C_5H_{11})_2SnCl_2$ und anderer Organozinnhalogenide mit NQR-spektroskopischen Parametern s. bei [6]. Im Schwingungsspektrum der flüssigen Verbindung treten zwei Sn-C-Valenzschwingungen auf, wobei die bei 598 cm^{-1} erscheinende Bande der νSnC-Schwingung des trans-Isomeren, die bei 514 cm^{-1} auftretende Bande der νSnC-Schwingung des gauche-Isomeren zugeschrieben wird. Gemäß der Annahme, daß die Verbindung im festen Zustand nur in Form eines der beiden Isomeren vorliegt, tritt im IR-Spektrum nur noch eine νSnC-Schwingung bei 590 cm^{-1} auf [8, 9].

Der Schmelzpunkt von $(C_5H_{11})_2SnCl_2$ wird mit 34.5 bis 35.5°C [1], der Siedepunkt mit 163°C/10 Torr [5] angegeben.

Die Reaktion von $(C_5H_{11})_2SnCl_2$ mit $LiAlH_4$ in Diäthyläther liefert $(C_5H_{11})_2SnH_2$ [1]. Mit $(CH_3)_3CCH_2MgCl$ im Molverhältnis 1:2.5 entsteht $(C_5H_{11})_2Sn[CH_2C(CH_3)_3]_2$ in Diäthyläther als Lösungsmittel [10], mit C_3H_7ONa entstehen in Toluol die Verbindungen $(C_5H_{11})_2Sn(OC_3H_7)_2$ und $C_3H_7O[Sn(C_5H_{11})_2O]_{7.5}C_3H_7$ [11 bis 13], mit N_2H_4 in Diäthyläther-Äthanol $[(C_5H_{11})_2ClSn]_2$ [14] und mit 2,7-Dimethyl-1,8-naphthyridin (XII) ein 1:1-Komplex [15].

CH_3 N N CH_3

XII

Untersuchungen der Toxizität von $(C_5H_{11})_2SnCl_2$ zeigten, daß Ratten nach intravenöser, perkutaner und oraler Verabreichung der Verbindung krankhafte Veränderungen im Gallenblasentrakt und Gewichtsverlust erleiden. Bei intravenöser Injektion von 20 mg/kg Körpergewicht tritt der Tod der Ratten meist durch Lungenödem ein [16].

$[(CH_3)_2CHCH_2CH_2]_2SnCl_2$

Diisopentylzinndichlorid entsteht aus Zinn und Isopentylchlorid im Bombenrohr bei höheren Temperaturen in Anwesenheit katalytischer Mengen Magnesium, Butanol und Butyljodid [17]. Es entsteht in 15%iger Ausbeute bei der Reaktion von Tetraisopentylzinn mit CCl_4 und Tetrahydrofuran im Molverhältnis 1:1:1 bei 130 bis 140°C während 30 h [18] sowie beim kurzzeitigen Erhitzen eines Gemisches aus Diisopentylzinnoxid und konzentrierter Salzsäure [19]. — Die Identifizierung der Verbindung in Gemischen mit anderen Alkylzinnchloriden sowie deren Abtrennung ist mit Hilfe von Papier- und Gaschromatographie möglich [5].

Diisopentylzinndichlorid schmilzt bei 28°C [19] und siedet bei 129 bis 135°C/4 Torr [17] bzw. 155°C/10 Torr [5]. Für die Dichte und den Brechungsindex werden folgende Werte angegeben: $D_4^{20} = 1.3402$ g/cm³ und $n_D^{20} = 1.5072$ [17].

$[(CH_3)_3CCH_2]_2SnCl_2$

Dineopentylzinndichlorid wird durch Umsetzung von Trineopentylzinnchlorid mit Brom in CCl_4, anschließende Verseifung des dabei entstehenden Dineopentylzinndibromids mit 10%iger NaOH-Lösung zu Dineopentylzinnoxid und dessen Reaktion mit Salzsäure erhalten. Die Ausbeute beträgt 88% [20].

Die Verbindung schmilzt bei 43°C und siedet bei 65°C/0.1 Torr [20].

Das von einer CCl_4-Lösung der Verbindung aufgenommene ^1H-NMR-Spektrum zeigt folgende chemische Verschiebungen und Kopplungskonstanten (in Hz bei 60 MHz): $\delta(CH_3) = -68.0$, $\delta(CH_2) = -116.2$, $^4J(^{117,119}SnH) = 69.4$, $^2J(^{117,119}SnH) = 55.1$ und $^1J(^{13}CH_3) = 124.5$ [21].

$[C_2H_5C(CH_3)_2]_2SnCl_2$

Di-tert-pentylzinndichlorid entsteht als ölige Flüssigkeit bei der Reaktion von $SnCl_4$ mit tert-Pentylmagnesiumchlorid in Diäthyläther. Die Verbindung siedet bei 153°C/12 Torr. Mit KF setzt sie sich zum entsprechenden Difluorid, mit KOH zum entsprechenden Dihydroxid um [22].

$(C_6H_{13})_2SnCl_2$

Dihexylzinndichlorid ist durch Komproportionierung von Tetrahexylzinn mit $SnCl_4$ in 87.5%iger Ausbeute zu gewinnen. Dazu wird das Reaktionsgemisch 1.5 h auf 100°C und anschließend 3 h auf 225°C erhitzt [23]. Bei 180°C komproportionieren Trihexylzinnchlorid und $SnCl_4$ unter Bildung von Dihexylzinndichlorid [24]. In 50%iger Ausbeute entsteht die Verbindung neben Trihexylzinnchlorid bei der Reaktion von $SnCl_4$ mit Trihexylaluminium in Diäthyläther [25]. In nur 2.9%iger Ausbeute wird es neben Trihexylzinnchlorid und Tetrahexylzinn aus $SnMg_2$ und $C_6H_{13}Cl$ im Bombenrohr bei 150°C bei Verwendung von Cyclohexan als Lösungsmittel und unter Zusatz von Triäthylamin erhalten [26]. — Mit Hilfe der Dünnschichtchromatographie gelingt es, Dihexylzinndichlorid von anderen Organozinnverbindungen abzutrennen und zu identifizieren [27].

Dihexylzinndichlorid schmilzt bei 43 bis 45°C [28] bzw. bei 45 bis 47°C [23] und siedet bei 134 bis 148°C/1.5 Torr [23] bzw. bei 141 bis 143°C/3 Torr [28].

Mit Cyclohexylmagnesiumchlorid reagiert Dihexylzinndichlorid unter Bildung von Dihexyldicyclohexylzinn [29]. Mit Cl_2 erfolgt bei 160 bis 200°C Reaktion zu Hexylzinntrichlorid [30], mit NaOH in Wasser zu polymerem $[(C_6H_{11})_2SnO]_x$ [23]. Mit Maleinsäureanhydrid wird in Anwesenheit von NaOH der Ring XIII gebildet [24].

```
                       O
                       ‖
C6H11      O — C — CH
     \    /            ‖
      Sn               ‖
     /    \            ‖
C6H11      O — C — CH
                       ‖
                       O
```

XIII

Zur Toxizität von Dihexylzinndichlorid gegenüber Ratten s. [16].

$[(CH_3)_3CCH_2CH_2]_2SnCl_2$

Dineohexylzinndichlorid ist durch Umsetzung von Tetraneohexylzinn mit $SnCl_4$ in äquimolaren Mengen bei 200°C über einen Zeitraum von 12 h zu erhalten. Die aus Hexan umkristallisierbare Verbindung schmilzt bei 162 bis 163°C [31].

$(C_7H_{15})_2SnCl_2$

Diheptylzinndichlorid, eine Verbindung, für die kein Darstellungsverfahren beschrieben wird, findet Erwähnung bei der dünnschichtchromatographischen Untersuchung von n-Alkylzinnverbindungen auf silanisiertem Kieselgel [32]. Durch Umsetzung von Diheptylzinndichlorid mit $(C_7H_{15})_2Sn(OC_7H_{15})_2$ soll $(C_7H_{15})_2ClSnOC_7H_{15}$ entstehen, das seinerseits als Katalysator bei der Aushärtung von Organopolysiloxangemischen wirksam sein soll [33].

Literatur:

[1] J. G. Noltes (Diss. T.N.O. Utrecht 1958). — [2] A. Grimm (Liebigs Ann. Chem. **92** [1854] 384/94). — [3] A. Grimm (J. Prakt. Chem. **62** [1854] 385/414). — [4] J. Gasparic, A. Cee (J. Chromatog. **8** [1962] 393/8). — [5] J. Franc, M. Wurst, V. Moudry (Collection Czech. Chem. Commun. **26** [1961] 1313/9).

[6] N. W. G. Debye, M. Linzer (J. Chem. Phys. **61** [1974] 4770/6). — [7] R. H. Herber, H. A. Stöckler, W. T. Reichle (J. Chem. Phys. **42** [1965] 2447/52). — [8] R. A. Cummins (Australian J. Chem. **16** [1963] 985/8). — [9] R. A. Cummins, P. Dunn (Australia Commonwealth Dept. Supply Defense Std. Lab. Rept. **266** [1963] 1/161). — [10] H. Zimmer, O. A. Homberg, M. Jaywant (J. Org. Chem. **31** [1966] 3857/60).

[11] G. P. Mack, E. Parker, Advance Solvents and Chemical Corp. (U.S.P. 2626953 [1953]; C.A. **1953** 11224). — [12] G. P. Mack, E. Parker, Advance Solvents and Chemical Corp. (U.S.P. 2592926 [1952]; C.A. **1952** 11767). — [13] Advance Solvents and Chemical Corp. (B.P. 694944 [1953]; C.A. **1954** 7625). — [14] O. H. Johnson, H. E. Fritz, D. O. Halvorson, R. L. Evans (J. Am. Chem. Soc. **77** [1955] 5857/8). — [15] D. G. Hendricker (Inorg. Chem. **8** [1969] 2328/30).

[16] J. M. Barnes, H. B. Stoner (Brit. J. Ind. Med. **15** [1958] 15/22). — [17] S. Matsuda, H. Matsuda (Bull. Chem. Soc. Japan **35** [1962] 208/11). — [18] G. A. Razuvaev, S. F. Zhiltsov, G. I. Anikanova, T. V. Guseva (Dokl. Akad. Nauk SSSR **225** [1975] 336/7; Dokl. Chem. Proc. Acad. Sci. USSR **225** [1975] 637/8). — [19] P. Pfeiffer, R. Lehnhardt, H. Luftensteiner, R. Prade, K. Schnurmann, P. Truskier (Z. Anorg. Allgem. Chem. **68** [1910] 102/22). — [20] H. Zimmer, I. Hechenbleikner, O. A. Homberg, M. Danzik (J. Org. Chem. **29** [1964] 2632/6).

[21] H. Zimmer, O. A. Homberg, M. Jaywant (J. Org. Chem. **31** [1966] 3857/60). — [22] E. Krause, K. Weinberg (Ber. Deut. Chem. Ges. **63** [1930] 381/5). — [23] G. J. M. van der Kerk, J. G. A. Luijten (J. Appl. Chem. [London] **7** [1957] 369/74). — [24] J. Combarieu, I. Raitzyn, G. Wetroff, Pechiney Compagnie de Produits Chimiques et Electrometallurgiques (F.P. 1399552 [1958/65]; C.A. **63** [1965] 9985). — [25] W. P. Neumann, K. Ziegler (D.P. 1164407 [1959/64]; C.A. **60** [1964] 15910).

[26] T. Katsumura (Nippon Kagaku Zasshi **83** [1962] 724/6 nach C.A. **59** [1963] 5184). — [27] K. Bürger (Z. Anal. Chem. **192** [1963] 280/6). — [28] H. Matsuda, M. Nakamura, S. Matsuda (Kogyo Kagaku Zasshi **64** [1961] 1948/51). — [29] M and T International N.V. (F. Demande 2179552 [1972/73]; C.A. **80** [1974] Nr. 108671). — [30] Y. Hayashi, Y. Adachi, Kureha Chemical Industry Co., Ltd. (Japan. Kokai 73-97818 [1972/73]; C.A. **80** [1974] Nr. 70969).

[31] H. Zimmer, A. Bayless, W. Christopfel (J. Organometal. Chem. **14** [1968] 222/4). — [32] K. Figge (J. Chromatog. **39** [1969] 84/7). — [33] R. N. Chadha, K. C. Pande, Stauffer Chemical Co. (Deut. Offenlegungsschrift 1542495 [1966/70]).

1.3.2.2.1.10 Dioctylzinndichlorid $(C_8H_{17})_2SnCl_2$

Dioctyltin Dichloride

Die am häufigsten angewandte Methode zur Darstellung von $(C_8H_{17})_2SnCl_2$ beruht auf der Reaktion von Sn mit $C_8H_{17}Cl$ bei hohen Temperaturen und unter Zusatz unterschiedlichster Katalysatoren. Über die Art der verwendeten Katalysatoren, die jeweiligen Reaktionsbedingungen sowie die Ausbeute an $(C_8H_{17})_2SnCl_2$ informiert Tabelle 22. Bei dieser Reaktion entstehen fast ausnahmslos $(C_8H_{17})_3SnCl$ und $C_8H_{17}SnCl_3$ als Nebenprodukte. Ein weiteres Verfahren zur Darstellung von Dioctylzinndichlorid basiert auf der Komproportionierung äquimolarer Mengen Tetraoctylzinn und Zinntetrachlorid. Bei 170 bis 230°C und Verwendung von Ton als Oberflächenkatalysator erhält man Ausbeuten von 96.3% [19], bei dreistündigem Erhitzen auf 190°C unter Zugabe von Magnesiumoxid und Zinkoxid Ausbeuten von 95.8% [20]. Ohne Zugabe von Katalysatoren werden bei einstündigem Erhitzen auf 110°C und anschließendem zweistündigen Erhitzen auf 230 bis 240°C Ausbeuten von 83.5% erzielt [21]. Beschreibung des Verfahrens ohne Angaben über die Höhe der Ausbeute s. bei [22 bis 25]. Verwendet man $Sn^{113}Cl_4$, so wird markiertes $(C_8H_{17})_2Sn^{113}Cl_2$ erhalten [26, 27]. Dioctylzinndichlorid wird weiter durch Einwirkung von HCl auf $[(C_8H_{17})_2SnO]_x$ gewonnen [28 bis 33]. An Stelle von HCl kann auch CH_3COCl oder $(CH_3)_3SiCl$ verwendet werden [34]. Weitere Darstellungsverfahren beruhen auf der Umsetzung von $(C_8H_{17})_2Sn(OCH_3)_2$ mit BCl_3 (70% Ausbeute) [35], von $Sn(C_8H_{17})_4$ mit $HgCl_2$ in absolutem Alkohol [36], von $Sn(C_8H_{17})_4$ mit $SnCl_2$ bei 130 bis 135°C mit $AlCl_3$ als Katalysator [37], von $SnCl_4$ mit $C_8H_{17}Cl$ und Mg in Diäthyläther-Heptan (0.6% Ausbeute) [38], von $[C_8H_{17}SnO_{1.5}]_x$ mit NaOH und HCl [39], von $(CH_3)_2SnCl_2$ mit $C_8H_{17}MgCl$ und anschließender Umsetzung des gebildeten $(CH_3)_2Sn(C_8H_{17})_2$ mit $SnCl_4$ [40] sowie von $SnCl_2$ mit $C_8H_{17}MgCl$ und weiterer Behandlung des Reaktionsgemisches zunächst mit wäßriger NaOCl-Lösung und dann mit Salzsäure [41].

Tabelle 22

Darstellung von $(C_8H_{17})_2SnCl_2$ aus Sn und $C_8H_{17}Cl$.

Katalysator	Reaktionsbedingungen	Ausbeute in %	Lit.
SbJ_3, $C_8H_{17}J$	180°C, 70 min Rückfluß	66	[1 bis 3]
$C_8H_{17}NH_2$, H_3BO_3, J_2, $C_8H_{17}OH$, P_{rot}	155°C, 4 h	47	[4]
$Sb(C_4H_9)_3$	16 h, Druck	—	[5]
$C_8H_{17}OH$, J_2, $[(CH_3)_2N]_3PO$	Rückfluß	32.6	[6, 7]
$Ti(C_8H_{17})_4$	170 bis 180°C, 24 h	15 bis 56	[8]
Zn-Staub, Cyclohexanol	135 bis 140°C, 2 h	—	[9]
$SnCl_2$, $[(CH_3)_3NC_8H_{17}]Br$	55 h Rückfluß	—	[10 bis 14]
J_2, $C_4H_8NCH_3$	180°C	55.4	[15]
J_2, $N(C_2H_5)_3$	160°C, 6 h, Autoklav	23	[16]
$C_8H_{17}J$, PCl_3	180 bis 200°C, 6 h	78	[17]
ohne Katalysator	—	—	[18]

Die Identifizierung von Dioctylzinndichlorid in Gemischen mit anderen Organozinnverbindungen sowie dessen Abtrennung gelingt durch Dünnschichtchromatographie [42 bis 51], Papierchromatographie [52 bis 55] und Säulenchromatographie [56]. Für die quantitative Analyse von Dioctylzinndichlorid durch Bestimmung seines Zinngehaltes in Form von SnO_2 ist NH_4NO_3 als Oxidationsmittel hervorragend geeignet [57]. Zur quantitativen Bestimmung der Verbindung kann auch die amperometrische Titration mit Oxalsäure in essigsaurer Lösung herangezogen werden [58]. Zur polarographischen Bestimmung s. [70].

Die chemische Verschiebung $\delta^{119}Sn$ von Dioctylzinndichlorid in CCl_4 gegen $Sn(CH_3)_4$ als Standard beträgt −114 ppm bei 25°C [59]. Im ^{35}Cl-NQR-Spektrum der Verbindung tritt bei 303 K ein Signal bei ν = 15.136 MHz auf [60, 61]. Korrelationen der NQR-Daten mit Mössbauer-spektroskopischen Daten von $(C_8H_{17})_2SnCl_2$ und anderen Organozinnverbindungen s. bei [62]. — Im Mössbauer-Spektrum der Verbindung werden für die Isomerieverschiebung δ (in mm/s) die Werte 1.68 gegen SnO_2 [63] und 1.731 gegen $BaSnO_3$ [62] gefunden. Die Quadrupolaufspaltung Δ (in mm/s) beträgt 3.73 [63] und 3.746 [62]. — Die im IR-Spektrum von flüssigem $(C_8H_{17})_2SnCl_2$ auftretenden zwei SnC-Valenzschwingungen bei 510 und 596 cm^{-1} werden auf das Vorliegen von zwei Isomeren zurückgeführt. Die Isomerie beruht auf unterschiedlicher Konformation der Alkylkette in bezug auf das Sn-Atom. Die höhere Frequenz wird dem trans-Isomeren, die niedrigere dem gauche-Isomeren zugeordnet. Im festen Zustand ist dagegen nur noch ein Isomeres zu erwarten, was durch das Auftreten von nur einer νSnC-Schwingung bei 595 cm^{-1} bestätigt wird [64, 65]. Zuordnung weiterer IR-Frequenzen: νSnC_{as} = 606 cm^{-1}, ν_sSnC = 518 cm^{-1}, ν_{as}SnCl = 354 cm^{-1}, ν_sSnCl = 345 cm^{-1} und δSnCl = 121 cm^{-1} [66]. Weitere Frequenzangaben mit teilweiser Zuordnung s. bei [67].

$(C_8H_{17})_2SnCl_2$ ist eine farblose Verbindung, für die folgende Schmelzpunkte angegeben werden: 45°C [68], 45 bis 47°C [40], 45.5 bis 47°C [37], 46°C [35], 46 bis 47°C [30], 47.5 bis 48.5°C [21], 48°C [28, 29, 69], 48 bis 49°C [33]. — Die Verbindung siedet bei 155 bis 161°C/0.1 Torr [39], 164 bis 165°C/0.1 Torr [21], 175°C/1 Torr [9, 30], 175 bis 185°C/2 Torr [40], 195 bis 198°C/4 Torr [68].

Dioctylzinndichlorid bewirkt bereits in kleinen Konzentrationen in alkoholischen Leitelektrolyten Kapazitätserniedrigungen. Diese sind konzentrations- und zeitabhängig und entsprechen nicht den Gleichgewichtswerten der Oberflächenkonzentration. Unabhängig vom Lösungsmittel (Methanol, Äthanol oder Isopropylalkohol) stellen sich dieselben Werte der Sättigungskapazität ein [71]. Aus dem Vergleich des Wechselstrompolarogramms von Dioctylzinndichlorid mit jenen von Diphenyl-, Dipropyl- und Dimethylzinndichlorid ist zu entnehmen, daß mit wachsender Kettenlänge der Alkylreste die Elektronendichte am Zinn abnimmt, die Reduktion erleichtert wird und die Reduktionspotentiale positivere Werte annehmen. Das Scheitelpotential E_S (in V_{SCE}) von Dioctylzinndichlorid in einer Grundlösung von 0.5 M $LiClO_4$ in CH_3OH bei einer Depolarisatorkonzentration von 10^{-4} M beträgt −0.61 V [72].

Die wichtigsten Reaktionen von $(C_8H_{17})_2SnCl_2$ mit Hydrierungsmitteln, Alkylierungsmitteln, Metall- und Nichtmetallverbindungen sowie mit Komplexbildnern sind in Tabelle 23, S. 113/5, zusammengestellt.

$(C_8H_{17})_2SnCl_2$ wird als Zusatz bei der Herstellung von Hart-PVC-Folien zur Lebensmittelverpackung verwendet, da die toxikologischen und analytischen Untersuchungen sehr günstige Ergebnisse zeigen. So beträgt die akute LD_{50} bei Ratten 5.5 bis 8.5 mg/kg Körpergewicht, während die erwartbare tägliche Aufnahme dieser Substanz durch den Menschen beim Verzehr von in solchen Folien verpackten, fetthaltigen Nahrungsmitteln 0.00005 bis 0.0009 mg/kg Körpergewicht beträgt [102, 103]. Während gegenüber Ratten die intravenöse Toxizität von Dioctylzinndichlorid ebenso groß ist wie die von Dibutylzinndichlorid, ist Dioctylzinndichlorid perkutan oder oral verabreicht völlig ungiftig [104, 105]. Bezüglich der insektiziden Aktivität von Dioctylzinndichlorid gegenüber Hausfliegen und deren Larven s. [106 bis 109], bezüglich der Veränderung der Thymusdrüse und davon abhängiger lymphoider Gewebe von Ratten, die mit Dioctylzinndichlorid gefüttert wurden, s. [110], bezüglich der wurmabtreibenden Wirkung und Toxizität bei Hühnern s. [111].

$(C_8H_{17})_2SnCl_2$ findet Verwendung als Stabilisator bei der PVC-Verarbeitung [4, 69, 112], als Zusatz bei der Darstellung feuerresistenter Polyester [113], als Holzschutzmittel [114] sowie als Katalysator bei der Synthese von Phthalaten [115] und von Polyäthylenterephtalat [116].

Tabelle 23
Reaktionen von $(C_8H_{17})_2SnCl_2$.

Reaktionspartner	Reaktionsbedingungen	Reaktionsprodukte	Lit.
$LiAlH_4$	Diäthyläther, 2 h Rückfluß	$(C_8H_{17})_2SnH_2$	[73]
$(C_8H_{17})_2SnH_2$	1:1	$(C_8H_{17})_2ClSnH$	[74, 75]
$(C_4H_9)_3SnH$	1:1	$(C_8H_{17})_2ClSnH$, $(C_4H_9)_3SnCl$	[75]
	1:2	$(C_8H_{17})_2SnH_2$, $(C_4H_9)_3SnCl$	[75]
$(C_8H_{17})_2SnH_2$, $CH_2{=}CHCH_2OCH_2CH_2OH$	exotherm, AIBN	$(C_8H_{17})_2ClSn(CH_2)_3OCH_2CH_2OH$	[76]
$Al(C_8H_{17})_3$	Isooctan, 13 h Rückfluß	$Sn(C_8H_{17})_4$	[77]
$Al(C_8H_{17})_3$	130°C, 9 h	$(C_8H_{17})_3SnCl$, $Sn(C_8H_{17})_4$	[78]
CH_3MgCl	—	$(C_8H_{17})_2Sn(CH_3)_2$	[79]
$C_8H_{17}Cl$, Na	$Sn(C_8H_{17})_4$	$Sn(C_8H_{17})_4$	[80, 81]
$Sn(C_8H_{17})_4$, $(C_8H_{17})_3SnCl$, NaOH	H_2O, 90°C, 1 h	$[(C_8H_{17})_3Sn]_2O$	[82, 83]
Cl_2	160 bis 200°C	$C_8H_{17}SnCl_3$	[84]
HF	H_2O	$(C_8H_{17})_2SnF_2$	[85]
KF	Äthanol-H_2O	$(C_8H_{17})_2SnF_2$	[86]
$SnCl_4$	12 N HCl	$C_8H_{17}SnCl_3$	[87]
H_2O	—	$(C_8H_{17})_2SnCl_2 \cdot (C_8H_{17})_2SnO$	[21]
NaOH	—	$[(C_8H_{17})_2SnO]_x$	[17, 33]
$HOOC(CH_2)_4COOH$, NaOH	Benzol-H_2O	$[(C_8H_{17})_2SnOOC(CH_2)_4COO]_x$	[88]
Biphenole	CH_2ClCH_2Cl oder $CHCl_2CH_2Cl$	lösliche Polymere	[89]

Tabelle 23 (Fortsetzung)

Reaktionspartner	Reaktionsbedingungen	Reaktionsprodukte	Lit.
$HS(CH_2)_nCOOH$ n = 1 oder 2	Äthanol, Rückfluß	$(C_8H_{17})_2Sn$–S–$(CH_2)_n$–C(=O)–O– (Ring)	[90]
HPO_2F_2	—	$(C_8H_{17})_2Sn(PO_2F_2)_2$	[91]
NaN_3, H_2O	1:2.5, Methanol	$(C_8H_{17})_2Sn[OSn(C_8H_{17})_2N_3]_2$	[92]
$NaOC(CH_3)=CHC(O)CH_3$	Benzol, Rückfluß	$(C_8H_{17})_2Sn[OC(CH_3)=CHC(O)CH_3]_2$	[93]
$NaOC(C_6H_5)=CHC(O)C_6H_5$	Benzol, Rückfluß	$(C_8H_{17})_2Sn[OC(C_6H_5)=CHC(O)C_6H_5]_2$	[93]
$o\text{-}NaOC_6H_4CHO$	Benzol, Rückfluß	$(C_8H_{17})_2Sn[OC_6H_4\text{-}o\text{-}CHO]_2$	[93]
(Chinolin, N)–OH	Benzol, Rückfluß	(Chinolin, N)–O–Sn$(C_8H_{17})_2$–O–(Chinolin, N)	[93]
NaO–C(=O)–C_5H_4–Fe–C_5H_4–C(=O)–ONa	$CHCl_3$-H_2O	$[-Sn(C_8H_{17})_2-O-C(=O)-C_5H_4-Fe-C_5H_4-C(=O)-O-]_x$	[94, 95]
$[NaO-C(=O)-C_5H_4-Co-C_5H_4-C(=O)-ONa]PF_6$	CCl_4-H_2O, starkes Rühren	$[-Sn(C_8H_{17})_2-O-C(=O)-C_5H_4-Co^{\oplus}(PF_6^{\ominus})-C_5H_4-C(=O)-O-]_x$	[96 bis 98]
(Pyridyl, N)–(Pyridyl, N)	Diäthyläther	1:1-Komplex	[31, 99]

Tabelle 23 (Fortsetzung)

Reaktionspartner	Reaktionsbedingungen	Reaktionsprodukte	Lit.
	Benzol	1:1-Komplex	[100]
	Äthanol	1:1-Komplex	[32, 99]
NH_3	Aceton	1:2-Komplex	[101]

Literatur:

[1] Deutsche Advance Produktion G.m.b.H. (Nd. Appl. 65-11702 [1964/66]; C.A. **65** [1966] 5489). — [2] Deutsche Advance Produktion G.m.b.H. (D.P. 1217951 [1964]). — [3] Deutsche Advance Produktion G.m.b.H. (Belg.P. 669340 [1964/66]). — [4] W. Wehner, O. Hermann, Deutsche Advance Produktion G.m.b.H. (Deut. Offenlegungsschrift 2108966 [1970/71]; C.A. **76** [1972] Nr. 14715). — [5] J. W. G. van den Hurk, Nederlandse Centrale Organisatie voor Toegepast-Natuurwetenschappelijk Onderzoek (D.P. 1768914 [1967/72]; C.A. **77** [1972] Nr. 140293).

[6] S. Sagawa, O. Kimura, K. Sekimori, F. Ito, Sumitomo Chemical Co., Ltd. (Deut. Offenlegungsschrift 2321402 [1972/73]; C.A. **80** [1974] Nr. 83248). — [7] Sumitomo Chemical Co., Ltd., Kyodo Chemical Co., Ltd. (F. Demande 2182231 [1972/74]; C.A. **80** [1974] Nr. 121114). — [8] L. J. Lawrence, J. D. Jackson, British Titan, Ltd. (B.P. 1275842 [1970/72]; C.A. **77** [1972] Nr. 62136). — [9] S. Matsuda, H. Matsuda (Japan.P. 63-19115 [1959/63]; C.A. **60** [1964] 3006). — [10] Albright and Wilson, Ltd. (Nd. Appl. 65-12145 [1964/66]; C.A. **65** [1966] 8962).

[11] Albright and Wilson, Ltd. (D.P. 1277255 [1964/66]). — [12] Albright and Wilson, Ltd. (B.P. 1115646 [1964/66]). — [13] Albright and Wilson, Ltd. (F.P. 1446994 [1964/66]). — [14] Albright and Wilson, Ltd. (U.S.P. 3415857 [1964/66]). — [15] S. Sagawa, O. Kimura, S. Okamoto, K. Sekimori, F. Ito, Sumitomo Chemical Co., Ltd. (Japan. Kokai 74-102623 [1973/74]; C.A. **82** [1975] Nr. 73179).

[16] K. Sisido, S. Kozima, T. Tuzi (J. Organometal. Chem. **9** [1967] 109/15). — [17] E. B. Kallandyk, W. L. Mallasnicki, M. Kowalski, A. Pazgan, Instytut Przemyslu Organicznego (Deut. Offenlegungsschrift 2125394 [1970/71]; C.A. **76** [1972] Nr. 59757). — [18] F. Verbeek, E. J. Bulten, J. W. G. van den Hurk, Commer S.r.l. (Deut. Offenlegungsschrift 2552223 [1974/76]; C.A. **85** [1976] Nr. 124154). — [19] M. Umeno, F. Abe, J. Uchida, T. Konami, Hokko Chemical Industry Co., Ltd. (Japan.P. 75-24950 [1969/75]; C.A. **84** [1976] Nr. 105772). — [20] F. Abe, M. Umeno, A. Sato, T. Konami, Hokko Chemical Co., Ltd. (Japan.P. 75-24951 [1969/75]; C.A. **84** [1976] Nr. 165028).

[21] G. J. M. van der Kerk, J. G. A. Luijten (J. Appl. Chem. [London] **7** [1957] 369/74). — [22] W. P. Neumann, G. Burkhardt, Studiengesellschaft Kohle m.b.H. (D.P. 1161893 [1961/64]). — [23] Studiengesellschaft Kohle m.b.H. (B.P. 958085 [1961/64]). — [24] W. P. Neumann, G. Burkhardt, Studiengesellschaft Kohle m.b.H. (U.S.P. 3248411 [1961/64]). — [25] Studiengesellschaft Kohle m.b.H. (F.P. 1318310 [1961/63]; C.A. **59** [1963] 2858).

[26] A. H. Frye, R. W. Horst (Intern. J. Appl. Radiation Isotopes **15** [1964] 169/74). — [27] A. H. Frye, R. W. Horst, M. A. Paliobagis (J. Polymer Sci. A **2** [1964] 1785/99). — [28] J. Nosek (Collection Czech. Chem. Commun. **29** [1964] 597/602). — [29] J. Nosek (Collection Czech. Chem. Commun. **29** [1964] 3173/5). — [30] S. Matsuda, H. Matsuda (Kogyo Kagaku Zasshi **63** [1960] 114/8).

[31] J. L. Wardell (J. Chem. Soc. A **1971** 2628/31). — [32] S. O. Adeosun, U. J. Ekpe (Inorg. Nucl. Chem. Letters **10** [1974] 477/80). — [33] T. Katsumura, H. Kataoka, Y. Mitsuno, Nitto Chemical Industry Co., Ltd. (U.S.P. 3390159 [1963/68]; C.A. **69** [1968] Nr. 77506). — [34] S. Kohama (J. Organometal. Chem. **99** [1975] C44/C46). — [35] W. Gerrard, R. G. Rees (J. Chem. Soc. **1964** 3510/1).

[36] Z. M. Manulkin (Zh. Obshch. Khim. **16** [1946] 235/42 nach C.A. **1947** 90). — [37] A. Takubo, Nitto Chemical Industrial Co., Ltd. (Japan.P. 69-13694 [1966/69]; C.A. **71** [1969] Nr. 124672). — [38] Billiton-M and T Chemische Industrie N.V. (Nd. Appl. 65-07716 [1964/65]; C.A. **64** [1966] 17640). — [39] T. Tahara, T. Takubo, T. Matsunaga, Nitto Chemical Industrial Co., Ltd. (U.S.P. 3496201 [1966/70]; C.A. **72** [1970] Nr. 111617). — [40] S. Matsuda, H. Matsuda, N. Iwamoto, A. Matsumoto (Kogyo Kagaku Zasshi **70** [1967] 1747/50 nach C.A. **68** [1968] Nr. 87373).

[41] C. Gopinathan, S. K. Pandit, S. Gopinathan, I. R. Unni, P. A. Awasarkar (Indian J. Chem. **11** [1973] 605). — [42] H. Wieczorek (Deut. Lebensm. Rundschau **65** [1969] 74/8). — [43] K. Figge (J. Chromatog. **39** [1969] 84/7). — [44] H. Akagi, R. Takeshita, Y. Sakagami (Koshu Eiseiin Kenkyu Hokoku **19** [1970] 185/92). — [45] H. Akagi, M. Fujita, Y. Sakagami (Shokuhin Eiseigaku Zasshi **13** [1972] 85/8).

[46] K. Bürger (Z. Anal. Chem. **192** [1963] 280/6). — [47] J. Koch, K. Figge (J. Chromatog. **109** [1975] 89/100). — [48] G. Neubert (Z. Anal. Chem. **203** [1964] 265/72). — [49] M. Türler, O. Högl (Mitt. Gebiete Lebensmittelunters. Hyg. **52** [1961] 123/30). — [50] H. Woidich, W. Pfannhauser (Z. Lebensm. Untersuch. Forsch. **162** [1976] 49/54).

[51] H. Woidich, W. Pfannhauser, G. Blaicher (Deut. Lebensm. Rundschau **72** [1976] 421/2). — [52] D. J. Williams, J. W. Price (Analyst **89** [1964] 220/2). — [53] D. J. Williams, J. W. Price (Analyst **85** [1960] 579/82). — [54] J. Gasparic, A. Cee (J. Chromatog. **8** [1962] 393/8). — [55] Y. Tanaka, T. Morikawa (Bunseki Kagaku **13** [1964] 753/9 nach C.A. **61** [1964] 11338).

[56] K. Figge, W. D. Bieber (J. Chromatog. **109** [1975] 418/21). — [57] S. Kohama (Bull. Chem. Soc. Japan **36** [1963] 830/2). — [58] L. Haasova, M. Pribyl (Z. Anal. Chem. **249** [1970] 35/8). — [59] P. J. Smith, L. Smith (Inorg. Chim. Acta Rev. **7** [1973] 11/33). — [60] P. J. Green (Diss. West Virginia Univ. 1967, S. 1/139; Diss. Abstr. B **28** [1968] 4897).

[61] P. J. Green, J. D. Graybeal (J. Am. Chem. Soc. **89** [1967] 4305/8). — [62] N. W. G. Debye, M. Linzer (J. Chem. Phys. **61** [1974] 4770/6). — [63] P. J. Smith (Organometal. Chem. Rev. A **5** [1970] 373/402). — [64] R. A. Cummins (Australian J. Chem. **16** [1963] 985/8). — [65] R. A. Cummins, P. Dunn (Australia Commonwealth Dept. Supply Defense Std. Lab. Rept. Nr. 266 [1963] 1/161).

[66] F. K. Butcher, W. Gerrard, E. F. Mooney, R. G. Rees, H. A. Willis, A. Anderson, H. A. Gebbie (J. Organometal. Chem. **1** [1964] 431/4). — [67] T. Morikawa (Kagaku To Kogyo [Osaka] **49** [1975] 98/113 nach C.A. **84** [1976] Nr. 5795). — [68] H. Matsuda, M. Nakamura, S. Matsuda (Kogyo Kagaku Zasshi **64** [1961] 1948/51). — [69] K. S. Minsker, G. T. Fedoseeva, T. B. Zavarova, E. O. Krats (Vysokomol. Soedin. A **13** [1971] 2265/78; Polymer Sci. [USSR] **13** [1971] 2544/60). — [70] V. A. Bork, P. I. Selivokhin (Plasticheskie Massy **1968** 56/7 nach C.A. **69** [1968] Nr. 10519).

[71] H. Jehring, H. Mehner (Z. Anal. Chem. **224** [1967] 136/43). — [72] H. Mehner, H. Jehring, H. Kriegsmann (J. Organometal. Chem. **15** [1968] 97/105). — [73] P. Dunn, T. Norris (Australia Commonwealth Dept. Supply Defense Std. Lab. Rept. Nr. 269 [1964] 1/21 nach C.A. **61** [1961] 3134). — [74] A. K. Sawyer, G. S. May, R. E. Scofield (J. Organometal. Chem. **14** [1968] 213/6). — [75] A. K. Sawyer, J. E. Brown, G. S. May (J. Organometal. Chem. **11** [1968] 192/4).

[76] W. P. Neumann, J. A. Pedain, Studiengesellschaft Kohle m.b.H. (D.P. 1214237 [1964/66]; C.A. **65** [1966] 5490). — [77] W. K. Johnson, Monsanto Chemical Co. (U.S.P. 3036103 [1959/62]; C.A. **57** [1962] 13802). — [78] W. K. Johnson (J. Org. Chem. **25** [1960] 2253/4). — [79] M and T International N.V. (F. Demande 2179552 [1972/73]; C.A. **80** [1974] Nr. 108671). — [80] I. Hechenbleikner, K. R. Molt, Carlisle Chemical Works, Inc. (B.P. 908331 [1960/62]).

[81] I. Hechenbleikner, K. R. Molt, Carlisle Chemical Works, Inc. (U.S.P. 3059012 [1960/62]; C.A. **58** [1963] 6860). — [82] Metal and Thermit Corp. (B.P. 797976 [1958]; C.A. **1959** 3061). — [83] C. R. Gloskey, Metal and Thermit Corp. (U.S.P. 2862944 [1958]; C.A. **1959** 7014). — [84] Y. Hayashi, Y. Adachi, Kureha Chemical Industry Co., Ltd. (Japan. Kokai 73-97818 [1972/73]; C.A. **80** [1974] Nr. 70969). — [85] L. E. Levchuk, J. R. Sams, F. Aubke (Inorg. Chem. **11** [1972] 43/50).

[86] A. G. Davies, H. J. Milledge, D. C. Puxley, P. J. Smith (J. Chem. Soc. A **1970** 2862/6). — [87] W. P. Neumann, Studiengesellschaft Kohle m.b.H. (D.P. 1177158 [1962/64]; C.A. **61** [1964] 14711). — [88] C. E. Carraher, R. L. Dammeier (J. Polymer Sci. Polymer Chem. Ed. **10** [1972] 413/7). — [89] D. G. Borden (Res. Discl. Nr. 143 [1976] 23). — [90] J. D. Collins, T. E. Jones, Albright and Wilson, Ltd. (B.P. 1430933 [1972/76]; C.A. **85** [1976] Nr. 78202).

[91] T. H. Tan, J. R. Dalziel, P. A. Yeats, J. R. Sams, R. C. Thompson, F. Aubke (Can. J. Chem. **50** [1972] 1843/51). — [92] H. Matsuda, F. Mori, A. Kashiwa, S. Matsuda, N. Kasai, K. Jitsumori (J. Organometal. Chem. **34** [1972] 341/5). — [93] S. Gopinathan, C. Gopinathan, J. Gupta (Indian J. Chem. **12** [1974] 626/8). — [94] C. E. Carraher, P. J. Lessek (Angew. Makromol. Chem. **38** [1974] 57/66). — [95] C. E. Carraher, P. J. Lessek (Am. Chem. Soc. Div. Org. Coatings Plastics Chem. Papers **33** [1973] 420/6).

[96] C. E. Carraher, G. F. Peterson, J. E. Sheats (Am. Chem. Soc. Div. Org. Coatings Plastics Chem. Papers **33** [1973] 427/32). — [97] C. E. Carraher, G. F. Peterson, J. E. Sheats, T. Kirsch (J. Macromol. Sci. Chem. **8** [1974] 1009/22). — [98] C. E. Carraher, G. F. Peterson, J. E. Sheats, T. Kirsch (Makromol. Chem. **175** [1974] 3089/96). — [99] D. L. Alleston, A. G. Davies (J. Chem. Soc. **1962** 2050/4). — [100] R. C. Poller, D. L. B. Toley (J. Chem. Soc. A **1967** 1578/80).

[101] W. J. C. Viveen, A. Schröder, Koninklijke Industrieele Maatschaapiy, Noury & van der Lande N.V. (D.A.S. 1167836 [1962/64]). — [102] K. Figge, J. Koch (Verpack. Rundschau **26** [1975] 1/10). — [103] O. R. Klimmer (Arzneimittel-Forsch. **19** [1969] 934/9). — [104] J. M. Barnes, H. B. Stoner (Brit. J. Ind. Med. **15** [1958] 15/22). — [105] J. G. A. Luijten, O. R. Klimmer (Tin Res. Inst. Publ. **501** [1973]).

[106] P. Castel, G. Gras, J. A. Rioux, A. Vidal (Trav. Soc. Pharm. Montpellier **33** [1963] 45/50). — [107] P. Castel, H. Harant, G. Gras (Therapie **13** [1958] 865/72). — [108] G. Gras, J. A. Rioux (Arch. Inst. Pasteur Tunis **42** [1965] 9/22). — [109] M. S. Blum, J. J. Pratt (J. Econ. Entomol. **53** [1960] 445/8). — [110] W. Seinen, M. I. Willems (Toxicol. Appl. Pharmacol. **35** [1976] 63/75).

[111] M. Graber, G. Gras (Rev. Elevage Med. Vet. Pays Trop. **19** [1966] 7/14). — [112] V. Franzen (Ernährungsforschung **11** [1966] 368/74). — [113] K. Raichle, F. Alfes, H. Schnell, K. Prater, Farbenfabriken Bayer A.-G. (D.P. 1266497 [1965/68]; C.A. **69** [1968] Nr. 3448). — [114] H. P. Vind, H. Hochmann (Zinn Verwendung Nr. 57 [1963] 10/2). — [115] K. Tsunawaki, S. Sasama, K. Watanabe, K. Nawata, Teijin, Ltd. (Japan. Kokai 73-28444 [1971/73]; C.A. **79** [1973] Nr. 66032).

[116] I. Teraski, T. Okamoto, M. Sasaki, Asahi Chemical Industry Co., Ltd. (Japan.P. 71-19944 [1968/71]; C.A. **75** [1971] Nr. 152376).

Dibenzyltin Dichloride

1.3.2.2.1.11 Dibenzylzinndichlorid $(C_6H_5CH_2)_2SnCl_2$

Dibenzylzinndichlorid wird aus Zinn und Benzylchlorid dargestellt. Reaktionsbedingungen, Katalysatorzusätze sowie die Ausbeute an $(C_6H_5CH_2)_2SnCl_2$ sind aus Tabelle 24, S. 119, zu ersehen [1 bis 12]. Die Komproportionierung von Zinntetrachlorid mit Tribenzylzinnchlorid im Molverhältnis 1:2, durchgeführt in Benzol, führt nach 3 h Rückflußerhitzen zu 38.4% Dibenzylzinndichlorid [10]. Die Reaktion von $SnCl_2$ mit $(C_6H_5CH_2)_2Hg$ verläuft in siedendem absoluten Äthanol quantitativ unter Bildung von $(C_6H_5CH_2)_2SnCl_2$ [13, 14]. Die Verbindung entsteht auch bei der Umsetzung von $SnCl_2$ mit $C_6H_5CH_2HgCl$ in Äthanol oder Aceton unter Abspaltung von Hg und $SnCl_4$ [13, 14]. Dibenzylzinndichlorid wird gleichfalls zugänglich durch Umsetzung von $SnCl_2$ mit $C_6H_5CH_2MgCl$ in Diäthyläther und anschließender aufeinanderfolgender Zugabe von wäßriger NaOCl- und HCl-Lösung. Die Ausbeute beträgt 50% [15]. Benützt man $(C_6H_5CH_2)_3SnCl$ als Ausgangsmaterial, so ist daraus $(C_6H_5CH_2)_2SnCl_2$ darzustellen, indem man J_2 und HCl [16], J_2 in CCl_4 [17], DCl [18], DCl bzw. HCl und $HgCl_2$ in Dioxan bei 100°C [19, 20] darauf einwirken läßt; mit $(CN)_2C{=}C(CN)_2$ und HCl bildet sich $(C_6H_5CH_2)_2SnCl_2$ neben $C_6H_5CH_2C(CN)_2CH(CN)_2$ [21]. Führt man $(C_6H_5CH_2)_3SnCl$ mit Natronlauge in $(C_6H_5CH_2)_3SnOH$ über und läßt darauf über einen Zeitraum von vier Wochen O_2 einwirken, so entsteht neben C_6H_5CHO auch $(C_6H_5CH_2)_2Sn(OH)_2$, welches seinerseits mit HCl zu $(C_6H_5CH_2)_2SnCl_2$ reagiert [10]. Die Einwirkung von konzentrierter HCl-Lösung auf $[(C_6H_5CH_2)_2SnO]_x$ führt gleichfalls zur Bildung von Dibenzylzinndichlorid [24].

Zur quantitativen Analyse von $(C_6H_5CH_2)_2SnCl_2$ durch Bestimmung seines Zinngehaltes in Form von SnO_2 ist NH_4NO_3 als Oxidationsmittel sehr gut geeignet [22]. Die exakte Abtrennung von $(C_6H_5CH_2)_2SnCl_2$ aus Gemischen mit $(C_6H_5CH_2)_3SnCl$ und $[(C_6H_5CH_2)_2ClSn]_2O$ gelingt durch Zugabe einer Probe zu siedendem Isopropyläther, wobei das Oxid ungelöst zurückbleibt. Fügt man anschließend zum Filtrat 2,2'-Bipyridin hinzu, so fällt der Komplex $(C_6H_5CH_2)_2SnCl_2 \cdot C_5H_4NC_5H_4N$ quantitativ aus, während $(C_6H_5CH_2)_3SnCl$ in Lösung bleibt und seinerseits nach Abtrennung des Komplexes durch Eindampfen des Filtrates isoliert werden kann [12]. Die Identifizierung von Dibenzylzinndichlorid in PVC ist mit Hilfe der Dünnschichtchromatographie möglich [23].

^{1}H-NMR-spektroskopische Untersuchungen an Dibenzylzinndichlorid erbrachten folgende Ergebnisse bezüglich der chemischen Verschiebung der CH_2-Protonen: $\tau CH_2 = 6.8$ ($CHCl_3$-Lösung, Tetramethylsilan als externer Standard) [24] und $\delta CH_2 = -2.14$ ppm (CH_2Cl_2-Lösung, CH_2Cl_2 als Standard) [25]. Die Signale der ortho- bzw. meta- und para-Protonen des Phenylringes liegen gegen $CHCl_3$ als Standard bei höheren Feldern und weisen folgende chemische Verschiebung auf: $\delta H_o = 15.5$ Hz und $\delta H_{m,p} = 5.75$ Hz [24]. Weiter werden folgende Kopplungskonstanten (in Hz) angegeben: $^2J(^{117/119}SnH) = 76.3/79.3$ [24], 74/77 [25] und 76/79 [26] sowie $^1J(^{13}CH)$ der

CH_2-Gruppe mit 136 [24] bzw. 138 [25]. — Die chemische Verschiebung $\delta^{119}Sn$ von Dibenzylzinndichlorid, gemessen an einer gesättigten CH_2Cl_2-Lösung gegen $Sn(CH_3)_4$ als Standard, beträgt −35 ppm [25]. — Im Mössbauer-Spektrum werden für die Isomerieverschiebung δ (in mm/s) folgende Werte gefunden: 1.609 [27] und 1.644 [30] gegen $BaSnO_3$ sowie 1.63 gegen SnO_2 [28]. Die Quadrupolaufspaltung Δ (in mm/s) beträgt: 2.839 [27], 2.84 [29], 2.956 [30] und 3.0 [28].

Tabelle 24
Darstellung von $(C_6H_5CH_2)_2SnCl_2$ aus Sn und $C_6H_5CH_2Cl$.

Reaktionsbedingungen	Katalysator	Ausbeute in %	Lit.
Dibutyläther, 0.5 h, Rückfluß	Cu	69	[1]
Dibutyläther, 0.5 h, Rückfluß	—	66	[1]
Dibutyläther, Rückfluß	—	56.9	[2]
Dibutyläther, 9 h, Rückfluß	—	61	[3]
Propanol oder Butanol	—	7.5 bis 11	[3]
Benzylalkohol, 170°C	$C_6H_5CH_2NH_2$	—	[4]
140°C, 4 h, Autoklav	$C_6H_5CH_2J$, Amin oder Amid	—	[5]
Dibutyläther, 140°C, 1.33 h	KBr, H_3PO_4	60	[6]
25 bis 40°C, Schwingmahlung	—	—	[7, 8]
—	$[R_4N]X$	—	[9]
Toluol, 111°C, 3 h, Rückfluß	H_2O	80.4	[10, 11]
108 bis 114°C, Autoklav, Rühren			[12]
Benzol, 2 bzw. 4 h	—	62 bzw. 59	
Toluol, 4 h	—	68	
Diäthyläther, 1, 2, 4 bzw. 10 h	—	52, 53, 41 bzw. 36	
Tetrahydrofuran, 4 h	—	38	
Dioxan, 4 h	—	33	
Aceton, 4 h	—	34	
Butanol, 4 h	—	3	
Wasser, 1 bzw. 4 h	—	0	

Mit Hilfe der Röntgen-Photoelektronenspektroskopie werden folgende Bindungsenergien bestimmt (in eV): C 1s = 283.7, Sn $3d_{3/2}$ = 494.9 und Sn $3d_{5/2}$ = 486.5 [31].

Im Massenspektrum von $(C_6H_5CH_2)_2SnCl_2$ bei 70 eV erscheinen neben dem Molekül-Ion folgende Ionen: Sn^+, $SnCl^+$, $SnCl_2^+$, $C_6H_5CH_2Sn^+$, $C_6H_5CH_2SnCl^+$, $C_6H_5CH_2SnCl_2^+$, $C_{14}H_{13}Sn^+$ und $(C_6H_5CH_2)_2SnCl^+$. Bei 20, 17.5, 15 und 12.5 eV im Massenspektrum auftretende Ionen sowie deren relative Intensitäten s. im Original [32].

Die zugeordneten Frequenzen der IR- und Raman-Spektren von $(C_6H_5CH_2)_2SnCl_2$ sind in Tabelle 25, S. 120, zusammengestellt. Daneben werden folgende IR-Banden (in cm^{-1}) angegeben: 437(st), 450(m), 549(st), 569(m), 580(st) [34]; 581(s), 580(s) in Nujol [35]. Raman-Banden: 590 und 583 cm^{-1} [35].

Tabelle 25
IR- und Raman-Spektrum von $(C_6H_5CH_2)_2SnCl_2$.

Zuordnung	ν in cm^{-1} IR (Nujol) [2]	IR (Nujol) [33]	Raman [33]
νCC (A_1)	1602 s	—	—
νCC (B_1)	1585 s	—	—
νCC (A_1)	1498 st	—	—
νCC (B_1)	1454 st	—	—
νCC (B_1)	1340 s	—	—
$νCCH_2$, βCH (B_1)	1210 m	—	—
βCH (A_1)	1185 s	—	—
βCH (B_1)	1155 s	—	—
$δ_sSnCH_2$	1115 m	—	—
βCH (B_1)	1058 m	—	—
βCH (A_1)	1032 s	—	—
Ringschwingung (A_1)	1000 s	—	—
γCH (B_2)	905 m	—	—
γCH (A_2)	800 s	—	—
γCH (B_2)	755 st	—	—
Phenyl-CC (B_2)	691 st	—	—
αCCC (A_1)	620 s	620 s	619
νSnC	580	580 st	583 Sch
νSnC	565	566 s	568
αCCC	547	548 st	547
$ν_{as}SnC$, Phenyl-CC	450	450 m	—
$ν_sSnC$, Phenyl-CC	435	433 m	433
νSnCl	—	336 st	341
δSnCC	—	—	325
νSnCl	—	320 st	323
βSnC	—	232 m	—
βSnC	—	227 Sch	202
$δC_2SnCl_2$	—	—	149
$δSnC_2$	—	—	119
γSnC	—	—	91
$δSnCl_2$	—	—	74
CC-Torsion	—	—	58

Weitere, nicht zugeordnete Banden s. in den Originalen.

Für die farblose, kristalline Verbindung werden folgende Schmelzpunkte angegeben: 154°C [3], 155 bis 157°C [2], 156 bis 159°C [6], 158°C [16], 160°C [13, 14], 162°C [32], 162 bis 164°C [11] und 163 bis 164°C [17].

Erhitzt man eine Lösung von Dibenzylzinndichlorid in Isoamylbenzol auf 201 bis 202°C, so zersetzt sich die Verbindung im Verlauf von 3 h thermisch zu $SnCl_2$ (84%) und Dibenzyl (75%). Im gleichen Zeitraum findet beim Erhitzen der Verbindung in Butylbenzol auf 183 bis 184°C keine Thermolyse statt [36]. Die Reaktion von Dibenzylzinndichlorid mit siedendem Wasser führt nach einstündigem Rühren zur Bildung von $[(C_6H_5CH_2)_2ClSn]_2O$ in 82%iger Ausbeute [12]. Mit pulverisiertem Zinn reagiert die Verbindung in siedendem Wasser unter Bildung von $SnCl_2$ und Tribenzylzinnchlorid als Hauptprodukte. In Abhängigkeit von der eingesetzten Menge Zinn sowie von der Reaktionsdauer entstehen als Nebenprodukte $[(C_6H_5CH_2)_2ClSn]_2O$ und $(C_6H_5CH_2)_3SnOH$ in unterschiedlichen Mengen. Der Zusatz von p-Benzochinon, Hydrochinon oder N,N-Dimethylanilin bewirkt keine prinzipielle Veränderung des angegebenen Reaktionsverlaufs, während Zugaben von $SnCl_2$, Benzylchlorid, Nitromethan oder Nitrobenzol die Reaktion zugunsten der Bildung von $[(C_6H_5CH_2)_2ClSn]_2O$ verschieben. Zur Auswirkung des Ersatzes von Zinn durch andere Metalle wie Cd, Mg, Zn, Al, Fe, Ti oder Cu sowie durch $FeCl_2$ in bezug auf die Disproportionierung von Dibenzylzinndichlorid zu Tribenzylzinnchlorid und $SnCl_2$ in wäßriger Lösung s. Original [12]. In Tetrabenzylzinn als Lösungsmittel reagiert Dibenzylzinndichlorid mit Benzylchlorid und Natrium in hohen Ausbeuten zu Tetrabenzylzinn [37, 38]. In Wasser selbstemulgierende Verbindungen der Form $(C_6H_5CH_2)_2Sn[(OCH_2CH_2)_nR]_2$ mit n = 6 bis 8 erhält man bei der Umsetzung von Dibenzylzinndichlorid mit Polyoxyäthylenderivaten von Fettsäuren [39, 40]. Alle weiteren wichtigen Reaktionen von Dibenzylzinndichlorid mit Hydrierungsmitteln, Alkylierungsmitteln, Nichtmetall- und Metallverbindungen sowie mit Komplexbildnern sind aus Tabelle 26, S. 123/4, zu ersehen.

Dibenzylzinndichlorid ist ein sehr wirksames wurmabtreibendes Mittel. Die Wirkung wurde unter anderem an mit Raillietina cesticillus und Choanotaenia infundibulum infizierten Hühnern getestet und mit der Aktivität zahlreicher anderer zinnorganischer Verbindungen verglichen [57 bis 59].

Dibenzylzinndichlorid findet Verwendung als Initiator für die Polymerisation von Methylmethacrylat und Styrol in Benzol bei 60°C [60], als Zusatz bei der Herstellung von Baumaterial aus Epoxidharz [61, 62], als Stabilisator für halogenhaltige Kunststoffe [3] sowie als Stabilisator für Polyolefine [63].

Literatur:

[1] Deutsche Advance Produktion G.m.b.H. (B.P. 902360 [1959/62]; C.A. **58** [1963] 550/1). — [2] C. J. Cattanach, E. F. Mooney (Spectrochim. Acta A **24** [1968] 407/15). — [3] A. Hartmann, Deutsche Advance Produktion G.m.b.H. (D.P. 1069626 [1959]; C.A. **1961** 13375). — [4] J. Safar, J. Tomiska, J. Sulc, E. Cahelova (Tschech.P. 148776 [1968/73]; C.A. **79** [1973] Nr. 137295). — [5] H. Tokunaga, Y. Murayama, I. Kijima, Permachem Asia, Ltd. (Japan.P. 64-24958 [1961/64]; C.A. **62** [1965] 14726).

[6] A. Pazgan, E. Boboli, C. Lato, Zaklady Chemiczne „Boryszew" (Poln.P. 56840 [1967/69]; C.A. **71** [1969] Nr. 39177). — [7] H. Grohn, R. Paudert (Z. Chem. [Leipzig] **3** [1963] 89/97). — [8] H. Grohn, R. Paudert (Wiss. Z. Tech. Hochsch. Chem. Leuna-Merseburg **3** [1960] 203/4 nach C.A. **56** [1962] 4644). — [9] K. Sisido, S. Kozima (Kyoto Daigaku Nippon Kagakuseni Kenkyusho Koenshu Nr. 24 [1967] 29/33 nach C.A. **68** [1968] Nr. 59632). — [10] K. Sisido, Y. Takeda, Z. Kinugawa (J. Am. Chem. Soc. **83** [1961] 538/41).

[11] K. Sisido (Kyoto Daigaku Nippon Kagakuseni Kenkyusho Koenshu Nr. 12 [1955] 116/21 nach C.A. **1960** 956). — [12] K. Sisido, S. Kozima, T. Hanada (J. Organometal. Chem. **9** [1967] 99/107). — [13] A. N. Nesmeyanov, K. A. Kocheshkov (Ber. Deut. Chem. Ges. **63** [1930] 2496/504). — [14] K. A. Kocheshkov, A. N. Nesmeyanov (Zh. Russ. Fiz. Khim. Obshch. **62** [1930] 1795/812 nach C.A. **1931** 3975/7). — [15] C. Gopinathan, S. K. Pandit, S. Gopinathan, I. R. Unni, P. A. Awasarkar (Indian J. Chem. **11** [1973] 605).

[16] F. B. Kipping (J. Chem. Soc. **1928** 2365/73). — [17] T. A. Smith, F. S. Kipping (J. Chem. Soc. **101** [1912] 2553/63). — [18] Yu. G. Bundel, V. A. Nikanorov, M. Abazid, O. A. Reutov (Izv. Akad. Nauk SSSR Ser. Khim. **1973** 233; Bull. Acad. Sci. USSR Div. Chem. Sci. **1973** 248). — [19] V. I. Rozenberg, V. A. Nikanorov, V. I. Salikova, Yu. G. Bundel, O. A. Reutov (J. Organometal. Chem. **102** [1975] 7/11). — [20] V. I. Rozenberg, V. A. Nikanorov, V. I. Salikova, Yu. G. Bundel, O. A. Reutov (Dokl. Akad. Nauk SSSR **223** [1975] 879/82; Dokl. Chem. Proc. Acad. Sci. USSR **223** [1975] 450/3).

[21] V. A. Nikanorov, V. I. Rozenberg, G. V. Gavrilova, Yu. G. Bundel, O. A. Reutov (Izv. Akad. Nauk SSSR Ser. Khim. **1975** 1675/6; Bull. Acad. Sci. USSR Div. Chem. Sci. **1975** 1568). — [22] S. Kohama (Bull. Chem. Soc. Japan **36** [1963] 830/2). — [23] M. Türler, O. Högl (Mitt. Gebiete Lebensmitteluntersuch. Hyg. **52** [1961] 123/30). — [24] L. Verdonck, G. P. van der Kelen (J. Organometal. Chem. **5** [1966] 532/6). — [25] L. Verdonck, G. P. van der Kelen (J. Organometal. Chem. **40** [1972] 139/42).

[26] W. Kitching (Tetrahedron Letters **1966** 3689/93). — [27] R. H. Herber (J. Inorg. Nucl. Chem. **35** [1973] 67/73). — [28] T. Birchall, A. R. Pereira (J. Chem. Soc. Dalton Trans. **1975** 1087/92). — [29] G. M. Bancroft, K. D. Butler (Inorg. Chim. Acta **15** [1975] 57/65). — [30] N. W. G. Debye, M. Linzer (J. Chem. Phys. **61** [1974] 4770/6).

[31] W. E. Morgan, J. R. van Wazer (J. Phys. Chem. **77** [1973] 964/9). — [32] M. Gielen, M. R. Barthels, M. de Clercq, J. Nasielski (Bull. Soc. Chim. Belges **80** [1971] 189/95). — [33] L. Verdonck, Z. Eeckhaut (Spectrochim. Acta A **28** [1972] 433/8). — [34] H. Kriegsmann, H. Hoffmann (Z. Chem. [Leipzig] **3** [1963] 268/9). — [35] L. Verdonck, G. P. van der Kelen (J. Organometal. Chem. **40** [1972] 135/8).

[36] K. Sisido, Y. Takeda, H. Nozaki (J. Org. Chem. **27** [1962] 2411/4). — [37] I. Hechenbleikner, K. R. Molt, Carlisle Chemical Works, Inc. (U.S.P. 3059012 [1960/62]; C.A. **58** [1963] 6860). — [38] I. Hechenbleikner, K. R. Molt, Carlisle Chemical Works, Inc. (B.P. 908331 [1960/62]). — [39] C. R. Cramer, W. F. L. de Bruijn (U.S.P. 3242201 [1959/66]; C.A. **64** [1966] 17640). — [40] Metalorgana Ets. (B.P. 921057 [1959/63]; C.A. **59** [1963] 14022).

[41] W. P. Neumann, K. König (Angew. Chem. **76** [1964] 892). — [42] K. Moedritzer, J. R. van Wazer, Monsanto Co. (U.S.P. 3470220 [1965/69]; C.A. **72** [1970] Nr. 12883). — [43] T. N. Srivastava, M. P. Agarwal, K. L. Saxena (J. Inorg. Nucl. Chem. **35** [1973] 306/8). — [44] D. G. Borden (Res. Discl. Nr. 143 [1976] 23). — [45] U. Kunze, E. Lindner, J. Koola (J. Organometal. Chem. **40** [1972] 327/40).

[46] T. A. Smith, F. S. Kipping (J. Chem. Soc. **103** [1913] 2034/50). — [47] H. Köhler, L. Neef, L. Korecz, K. Burger (J. Organometal. Chem. **90** [1975] 159/71). — [48] R. Okawara, E. G. Rochow (PB-171571 [1960] 1/11 nach C.A. **58** [1963] 3454). — [49] C. E. Carraher, P. J. Lessek (Angew. Makromol. Chem. **38** [1974] 57/66). — [50] C. E. Carraher, P. J. Lessek (Am. Chem. Soc. Div. Org. Coatings Plastics Chem. Papers **33** [1973] 420/6).

[51] C. E. Carraher, G. F. Peterson, J. E. Sheats, T. Kirsch (J. Macromol. Sci. Chem. **8** [1974] 1009/22). — [52] C. E. Carraher, G. F. Peterson, J. E. Sheats, T. Kirsch (Makromol. Chem. **175** [1974] 3089/96). — [53] C. E. Carraher, G. F. Peterson, J. E. Sheats (Am. Chem. Soc. Div. Org. Coatings Plastics Chem. Papers **33** [1973] 427/32). — [54] T. N. Srivastava, M. P. Agarwal (J. Prakt. Chem. **312** [1970] 968/71). — [55] T. N. Srivastava, K. L. Saxena (J. Indian Chem. Soc. **48** [1971] 949/51).

[56] T. N. Srivastava, P. C. Srivastava, K. Srivastava (J. Indian Chem. Soc. **53** [1976] 343/6). — [57] S. A. Edgar, P. A. Teer (Poultry Sci. **36** [1957] 329/34). — [58] K. B. Kerr, A. W. Walde (Exptl. Parasitol. **5** [1956] 560/70). — [59] K. B. Kerr, A. W. Walde, Dr. Salsbury Laboratories (U.S.P. 2702778 [1953/55]; C.A. **1955** 7816). — [60] S. Aoki, C. Shirafuji, Y. Kukusi, T. Otsu (Makromol. Chem. **126** [1969] 8/15).

[61] H. Puchala, P. Schimmelwitz (Deut. Offenlegungsschrift 1804244 [1968/70]; C.A. **73** [1970] Nr. 26219). — [62] J. Sedelmeier, Consortium für Elektrochemische Industrie G.m.b.H. (D.P. 1595396 [1966/72]; C.A. **77** [1972] Nr. 89103). — [63] Y. Kubota, K. Yukita, Toray Industries, Inc. (Japan.P. 71-35492 [1967/71]; C.A. **77** [1972] Nr. 75992).

Tabelle 26
Reaktionen von $(C_6H_5CH_2)_2SnCl_2$.

Reaktionspartner	Reaktionsbedingungen	Reaktionsprodukte	Lit.
$LiAlH_4$	Diäthyläther, 0°C	$(C_6H_5CH_2)_2SnH_2$	[28, 41]
C_2H_5MgBr	Diäthyläther	$(C_6H_5CH_2)_2Sn(C_2H_5)_2$	[17]
$(C_6H_5CH_2)_2Sn(CN)_2$	Xylol, 25°C	$(C_6H_5CH_2)_2ClSnCN$	[42]
N, OH, R R = H, CH_3	Äthanol	N, O—Sn—O, N, R, R; C_6H_5–CH_2 / CH_2–C_6H_5	[43]
Biphenole	—	lösliche Polymere	[44]
NaOH oder KOH	Wasser	$[(C_6H_5CH_2)_2SnO]_x$	[11, 46]
CH_3COONa	—	$(C_6H_5CH_2)_2Sn(OOCCH_3)_2$	[11]
$C_{17}H_{35}COONa$	—	$(C_6H_5CH_2)_2Sn(OOCC_{17}H_{35})_2$	[11]
RSO_2Na R = C_6H_5, p-$CH_3C_6H_4$	Tetrahydrofuran	$(C_6H_5CH_2)_2Sn(O_2SR)_2$	[45]
$RC(O)C(CN)_2Ag$ R = CH_3, C_6H_5	Aceton, Rückfluß	$(C_6H_5CH_2)_2Sn[C(CN)_2C(O)R]_2$	[47]
$C_6H_5C(O)N(CN)Ag$	Aceton, Rückfluß	$(C_6H_5CH_2)_2Sn[N(CN)C(O)C_6H_5]_2$	[47]
Na-Silicat	Aceton	Polymeres	[48]

Tabelle 26 (Fortsetzung)

Reaktionspartner	Reaktionsbedingungen	Reaktionsprodukte	Lit.
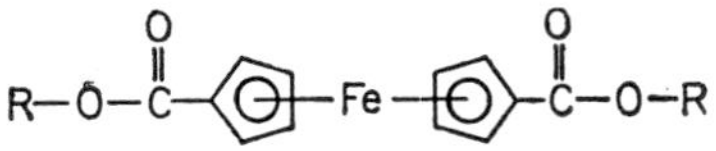 R = H, Na	$CHCl_3$-H_2O	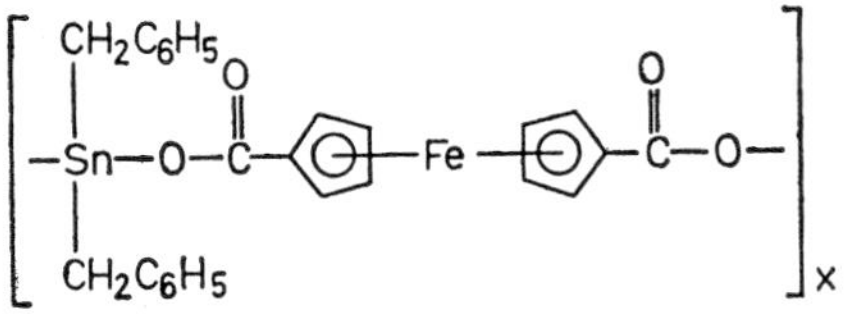	[49, 50]
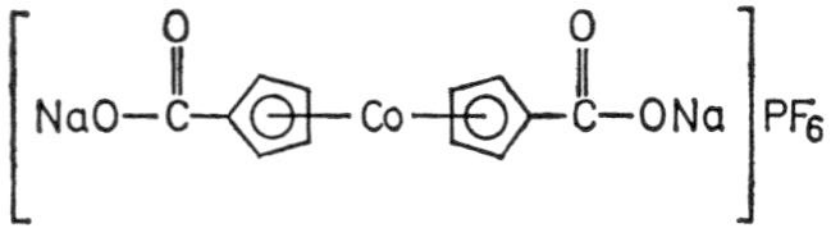	CCl_4-H_2O, starkes Rühren	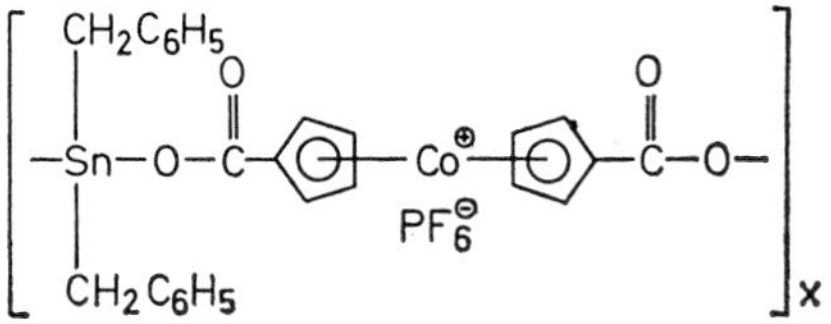	[51 bis 53]
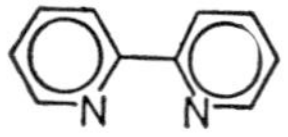	Isopropyläther	1:1-Komplex	[12]
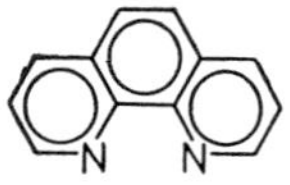	Äthanol	1:1-Komplex	[54]
$(CH_3)_2SO$	ohne Lösungsmittel	1:2-Komplex	[26, 55]
$(C_6H_5CH_2)_2SO$	Aceton	1:2-Komplex	[56]

1.3.2.2.1.12 Dicyclohexylzinndichlorid $(c\text{-}C_6H_{11})_2SnCl_2$

Dicyclohexyltin Dichloride

Dicyclohexylzinndichlorid entsteht bei der Reaktion von $SnCl_2$ mit $c\text{-}C_6H_{11}MgBr$ in Diäthyläther und anschließender aufeinanderfolgender Zugabe von wäßriger NaOCl- und HCl-Lösung [1], unter Abspaltung von Benzol bei der Einwirkung von HCl auf $(c\text{-}C_6H_{11})_2Sn(C_6H_5)_2$ in 85.5%iger Ausbeute [2], bei der Umsetzung von $C_4H_9SnCl_3$ mit äquimolaren Mengen $(c\text{-}C_6H_{11})_3SnC_4H_9$ neben Tricyclohexylzinnchlorid und Dibutylzinndichlorid [3], aus $[(c\text{-}C_6H_{11})_2SnO]_x$ und konzentrierter Salzsäure [1, 4] sowie durch Komproportionierung von $Sn(c\text{-}C_6H_{11})_4$ mit $SnCl_4$ [5].

Die Isomerieverschiebung im Mössbauer-Spektrum von $(c\text{-}C_6H_{11})_2SnCl_2$ beträgt $\delta = 1.76$ mm/s gegen SnO_2, die Quadrupolaufspaltung $\Delta = 3.47$ mm/s [6].

Der Schmelzpunkt der Verbindung wird mit 87 bis 89°C [2] bzw. 88 bis 89°C [4] angegeben. Der Zersetzungspunkt liegt bei 220°C [4].

$(c\text{-}C_6H_{11})_2SnCl_2$ reagiert mit $(c\text{-}C_6H_{11})_2SnH_2$ unter Bildung von $(c\text{-}C_6H_{11})_2ClSnH$. Die gleiche Verbindung wird auch erhalten bei der Einwirkung von $(C_4H_9)_3SnH$ auf $(c\text{-}C_6H_{11})_2SnCl_2$ im Molverhältnis 1:1. Die erneute Zugabe einer gleichgroßen Menge $(C_4H_9)_3SnH$ zu diesem Reaktionsgemisch führt zu $(c\text{-}C_6H_{11})_2SnH_2$. In jedem Fall entsteht gleichzeitig $(C_4H_9)_3SnCl$. Der Verlauf der Reaktionen wurde IR- und ^1H-NMR-spektroskopisch verfolgt [7, 8]. Aus $(c\text{-}C_6H_{11})_2SnCl_2$ und $c\text{-}C_6H_{11}MgCl$ entsteht in Tetrahydrofuran-Xylol nach einstündigem Erhitzen am Rückfluß $(c\text{-}C_6H_{11})_3SnCl$ [9]. In Tetracyclohexylzinn als Lösungsmittel reagieren Dicyclohexylzinndichlorid, Cyclohexylchlorid und Natrium unter Bildung von Tetracyclohexylzinn [10, 11]. Mit C_2H_5Cl entsteht bei 3stündigem Erhitzen auf 130°C in Butanol und Anwesenheit katalytischer Mengen Zink $(c\text{-}C_6H_{11})_2(C_2H_5)SnCl$ [12]. Stöchiometrische Mengen Dicyclohexylzinndichlorid und KF reagieren in Äthanol-Wasser zu Dicyclohexylzinndifluorid [4]. Mit Wasser oder 5%iger wäßriger KOH-Lösung entsteht aus $(c\text{-}C_6H_{11})_2SnCl_2$ das polymere Oxid $[(c\text{-}C_6H_{11})_2SnO]_x$ [3, 4].

Literatur:

[1] C. Gopinathan, S. K. Pandit, S. Gopinathan, I. R. Unni, P. A. Awasarkar (Indian J. Chem. **11** [1973] 605). — [2] C. S. Bobashinskaya, K. A. Kocheshkov (Zh. Obshch. Khim. **8** [1938] 1850/6). — [3] J. D. Collins, D. A. Wood, Albright and Wilson, Ltd. (Deut. Offenlegungsschrift 2725815 [1976/77]; C.A. **88** [1978] Nr. 136789). — [4] E. Krause, R. Pohland (Ber. Deut. Chem. Ges. **57** [1924] 532/45). — [5] H. G. Langer (Tetrahedron Letters **1967** 43/7).

[6] A. G. Maddock, R. H. Platt (J. Chem. Soc. A **1971** 1191/5). — [7] A. K. Sawyer, J. E. Brown, G. S. May (J. Organometal. Chem. **11** [1968] 192/4). — [8] A. K. Sawyer, G. S. May, R. E. Scofield (J. Organometal. Chem. **14** [1968] 213/6). — [9] M and T Chemicals, Inc. (Nd. Appl. 65-05767 [1964/65]; C.A. **64** [1966] 12723). — [10] I. Hechenbleikner, K. R. Molt, Carlisle Chemical Works, Inc. (U.S.P. 3059012 [1960/62]; C.A. **58** [1963] 6860).

[11] I. Hechenbleikner, K. R. Molt, Carlisle Chemical Works, Inc. (B.P. 908331 [1960/62]). — [12] T. Tabara, K. Takubo, I. Hachiya, Nitto Chemical Industry Co., Ltd. (Japan.P. 68-29372 [1966/68]; C.A. **70** [1969] Nr. 78155).

1.3.2.2.1.13 Weitere Dialkylzinndichloride R_2SnCl_2

Other Dialkyltin Dichlorides

Darstellung und Eigenschaften weiterer Dialkylzinndichloride sind in Tabelle 27 auf S. 126/36 zusammengestellt.

Weitere Angaben zu den in der Tabelle aufgeführten Verbindungen (laufende Nummern mit Stern):

$(i\text{-}C_8H_{17})_2SnCl_2$ (Tabelle **27**, Nr. **2**). Die Identifizierung von Diisooctylzinndichlorid in Gemischen mit anderen Organozinnverbindungen sowie dessen Abtrennung aus den Gemischen gelingt durch Dünnschichtchromatographie [3 bis 6] und Papierchromatographie [7]. Mit $(i\text{-}C_8H_{17})_2SnH_2$ und $CH_2{=}CHCH_2OCH_2CH_2OH$ reagiert die Verbindung in Gegenwart von Azoisobuttersäuredinitril zu $(i\text{-}C_8H_{17})_2ClSn(CH_2)_3OCH_2CH_2OH$ [8], mit $i\text{-}C_8H_{17}Cl$ und Na in Tetraisooctylzinn als Lösungsmittel unter Bildung von Tetraisooctylzinn [9, 10], mit wäßriger NaOH-Lösung zu $[(i\text{-}C_8H_{17})_2SnO]_x$ [2]. Zur Toxizität gegenüber Ratten s. [11].

Tabelle 27

Darstellung und Eigenschaften weiterer Verbindungen des Typs R_2SnCl_2.

Nr.	Verbindung R_2SnCl_2 Schmelzpunkt in °C Siedepunkt in °C/Torr	Darstellung	Reaktionsbedingungen Weitere Eigenschaften	Ausbeute in %	Lit.
1	$[C_4H_9CH(C_2H_5)CH_2]_2SnCl_2$ 160 bis 165/0.5	$[C_4H_9CH(C_2H_5)CH_2]_2SnJ_2$	—	—	[1]
2*	$(i\text{-}C_8H_{17})_2SnCl_2$ 154 bis 162/0.3	$Sn(i\text{-}C_8H_{17})_4 + SnCl_4$	225 bis 230°C, 3 h	65	[2]
3	$[(CH_3)_3C(CH_2)_5]_2SnCl_2$	—	Toxizität gegenüber Ratten	—	[11]
4	$[(CH_3)_3CCH_2CH(CH_3)(CH_2)_2]_2SnCl_2$ 154 bis 157/0.1	$Sn[(CH_3)_3CCH_2CH(CH_3)(CH_2)_2]_4 +$ $SnCl_4$	225 bis 230°C, 3 h; reagiert mit NaOH zu $\{[(CH_3)_3CCH_2CH(CH_3)\text{-}(CH_2)_2]_2SnO\}_x$	75	[2]
5	$(C_{10}H_{21})_2SnCl_2$	$Sn(C_{10}H_{21})_4 + SnCl_4$	190°C, [MgO, ZnO]	—	[12]
	45 bis 48 220 bis 223/3.5	$Sn + C_{10}H_{21}Cl$	[Mg, C_4H_9OH]	—	[13, 14]
	46 bis 48 215 bis 220/1.5	$(CH_3)_2SnCl_2 + C_{10}H_{21}MgCl + SnCl_4$	—	—	[15]
	44 bis 47 210/1	$(C_{10}H_{21})_2SnJ_2$	—	—	[1]
		—	reagiert mit Cl_2 zu $C_{10}H_{21}SnCl_3$	—	[16]
6*	$(C_{12}H_{25})_2SnCl_2$	$Sn(C_{12}H_{25})_4 + SnCl_4$	190°C, [MgO, ZnO]	—	[12]
	19.4; 218/Normaldruck (Zers.)	$C_{12}H_{25}MgBr + SnCl_4$	Diäthyläther; reagiert mit NaOH zu $[(C_{12}H_{25})_2SnO]_x$	—	[17]
	235/1.5	$(CH_3)_2SnCl_2 + C_{12}H_{25}MgCl + SnCl_4$	—	—	[15]
		—	^{1}H-NMR: $\tau CH_2 = 8.72$	—	[21]
7	$(C_{14}H_{29})_2SnCl_2$	—	reagiert mit Cl_2 zu $C_{14}H_{29}SnCl_3$	—	[16]
8	$(C_{16}H_{33})_2SnCl_2$	—	$LD_{50} > 10000$ mg/kg Ratte	—	[24]

Tabelle 27 (Fortsetzung)

Nr.	Verbindung R_2SnCl_2 Schmelzpunkt in °C Siedepunkt in °C/Torr	Darstellung	Reaktionsbedingungen Weitere Eigenschaften	Ausbeute in %	Lit.
9	$(C_{18}H_{37})_2SnCl_2$	—	reagiert mit Na und $C_{18}H_{37}Cl$ zu $Sn(C_{18}H_{37})_4$	—	[10]
10	$(c\text{-}C_3H_5)_2SnCl_2$ 60 bis 60.5 105 bis 106/0.1	$Sn(c\text{-}C_3H_5)_4 + SnCl_4$	225°C, 5 h; reagiert mit NaJ zu $(c\text{-}C_3H_5)_2SnJ_2$	81	[25, 26]
11	$(p\text{-}CH_3C_6H_4CH_2)_2SnCl_2$ 214 (Zers.)	$Sn + p\text{-}CH_3C_6H_4CH_2Cl$	Toluol, $[H_2O]$, 111°C, 2 h	87.1	[27]
12	$(m\text{-}CH_3C_6H_4CH_2)_2SnCl_2$ 133 bis 135	$Sn + m\text{-}CH_3C_6H_4CH_2Cl$	Toluol, $[H_2O]$, 111°C, 2 h	80	[27]
13	$(o\text{-}CH_3C_6H_4CH_2)_2SnCl_2$ 128 bis 130	$Sn + o\text{-}CH_3C_6H_4CH_2Cl$	Toluol, $[H_2O]$, 111°C, 2 h	84.5	[27]
14*	$[(CH_3)_2C(C_6H_5)CH_2]_2SnCl_2$ 50.5 bis 51.5	$Sn[CH_2C(C_6H_5)(CH_3)_2]_4 + Br_2$	—	71	[28]
15	$[p\text{-}(CH_3)_2CHC_6H_4CH_2]_2SnCl_2$ 135	$Sn + p\text{-}(CH_3)_2CHC_6H_4CH_2Cl$	Toluol; reagiert mit NaOH zu $\{[p\text{-}(CH_3)_2CHC_6H_4CH_2]_2SnO\}_x$, mit Na_2S zu $\{[p\text{-}(CH_3)_2CHC_6H_4CH_2]_2SnS\}_3$	31	[29]
16	$(1\text{-}C_{10}H_7CH_2)_2SnCl_2$ 170 bis 175	$1\text{-}C_{10}H_7CH_2Cl + Sn$	Wasser, 2 h, Rückfluß	—	[30]

Tabelle 27 (Fortsetzung)

Nr.	Verbindung R_2SnCl_2 Schmelzpunkt in °C Siedepunkt in °C/Torr	Darstellung	Reaktionsbedingungen Weitere Eigenschaften	Ausbeute in %	Lit.
17	$[(C_6H_5)_2CH]_2SnCl_2$ 115 bis 117	$[(C_6H_5)_2CH]_2Sn(C_6H_5)_2 + HCl$	Äthanol, 50°C, 3 h; IR: 1450 (st), 1035 (m), 850 (s), 820 (m), 757 (st), 747 (st), 700 (sst) cm^{-1}; reagiert mit Xylol (2 h Rückfluß) zu $SnCl_2$ und $[(C_6H_5)_2CH]_2$	80	[31]
18	$(NO_2CH_2)_2SnCl_2$	$SnCl_4 + CH_3NO_2 + RNH_2$ $R = i\text{-}C_3H_7, C_6H_5$	—	—	[32]
19*	$(CH_2Cl)_2SnCl_2$ 89.5 bis 90	$SnCl_4 + CH_2{=}N_2$	Benzol	—	[33 bis 35]
	88 bis 89	$SnCl_4 + CH_2{=}N_2$	Benzol, bei 3 bis 6°C 4 h Zutropfen, 25°C, 1.5 h	22.14	[36]
20	$(Cl_3SiCH_2)_2SnCl_2$ 147 bis 150/7	$SnCl_2 + Cl_3SiCH_2Cl$	150°C, 6 h, Bombenrohr, $[C_4H_9N(C_2H_5)_3]Cl$; $n_D^{20} = 1.5381$, $D_4^{20} = 1.8970$, $R_{mol} = 80.23$ (ber.: 80.54); reagiert mit CH_3MgBr zu $[(CH_3)_3SiCH_2]_2Sn(CH_3)_2$	25	[41]
		$SnCl_2 + Cl_3SiCH_2Cl$	180°C, 5 h, $[SnJ_4, (C_2H_5)_3N]$	5.2	[42]
21	$(O_3NCH_2CHCl)_2SnCl_2$	$(CH_2{=}CH)_2SnCl_2 + ClNO_3$	nicht destillierbar	87	[43, 44]
22	$(CH_3N{=}CCl)_2SnCl_2$ Sublimationspunkt 120 bis 130/0.001 Zersetzungspunkt >180	$SnCl_4 + CH_3N{\equiv}C$	CH_2Cl_2, 25°C, 8 h, Rühren; IR: $\nu CN = 1645\ cm^{-1}$	—	[45]

Tabelle 27 (Fortsetzung)

Nr.	Verbindung R_2SnCl_2 Schmelzpunkt in °C Siedepunkt in °C/Torr	Darstellung	Reaktionsbedingungen Weitere Eigenschaften	Ausbeute in %	Lit.
23	$(CH_3CHCl)_2SnCl_2$ 12; 112/4	$SnCl_4 + CH_3CH{=}N_2$	Benzol, 4°C	—	[33]
		$SnCl_4 + CH_3CH{=}N_2$	$n_D^{20} = 1.5535$, $D_4^{20} = 1.829$	—	[33, 34]
		$SnCl_4 + CH_3CH{=}N_2$	reagiert mit $CH_3CH{=}N_2$ zu $Sn(CHClCH_3)_4$, mit NH_3 zu $[(CH_3CHCl)_2SnO]_x$, mit C_2H_5MgBr zu $(CH_3CHCl)_2Sn(C_2H_5)_2$	—	[34]
24	$(CH_3OCH_2)_2SnCl_2$ 98.5 bis 100 (Zers.)	$Sn + CH_3OCH_2Cl$	1:4; 55 bis 60°C, 2 h	17	[46]
25	$(HOCH_2CH_2)_2SnCl_2$	$Sn + HOCH_2CH_2Cl$	Tetrahydrofuran, 140°C, 3 h, $[Mg, C_4H_9J]$	70	[47]
26	$[CH_3SiCl_2CH_2]_2SnCl_2$ 35 bis 36 140 bis 143/0.6	$Sn + CH_3SiCl_2CH_2Cl$	180°C, 5 h, $[SnJ_4, (C_2H_5)_3N]$; ^{1}H-NMR: $\delta CH_3 = -0.56$ ppm, $\delta CH_2 = -1.04$ ppm, $^2J(^{117/119}SnH) = 95.5/100.0$ Hz	47.5	[42]
27*	$(CF_3CH_2CH_2)_2SnCl_2$	—	spektroskopische Daten	—	[48 bis 50]
28	$(NCCH_2CH_2)_2SnCl_2$	$Sn + NCCH_2CH_2Cl$	140°C, 3 h, $[Mg, C_4H_9J]$	50	[47]
		$Sn + NCCH_2CH_2Cl$	Tetrahydrofuran, 145 bis 160°C, 3 h, $[Mg, C_4H_9J]$	—	[51]
	186 bis 188	$[(NCCH_2CH_2)_2SnO]_x + HCl$	—	—	[51]
29	$(HOOCCH_2CH_2)_2SnCl_2$ 157	$Sn + CH_2{=}CHCOOH + HCl$	verschiedene Lösungsmittel, −30 bis +120°C; IR: $\nu CO = 1676$ cm^{-1}; ^{1}H-NMR: $\tau H_\alpha = 8.25$, $\tau H_\beta = 7.08$, $\tau HOOC = -1.04$, $^2J(^{117,119}SnH) = 104$ Hz, $^3J(^{117/119}SnH) = 135$ Hz	—	[52]

Tabelle 27 (Fortsetzung)

Nr.	Verbindung R_2SnCl_2 Schmelzpunkt in °C Siedepunkt in °C/Torr	Darstellung	Reaktionsbedingungen Weitere Eigenschaften	Ausbeute in %	Lit.
29	$(HOOCCH_2CH_2)_2SnCl_2$ 153 bis 161	$Sn(CH_2CH_2COO)_2 + SOCl_2$	—	—	[53]
30	$[CH_3C(O)CH_2]_2SnCl_2$	$Sn + CH_3C(O)CH_2Cl$	Tetrahydrofuran, 140°C, 3 h, $[Mg, C_4H_9J]$	40	[47]
31*	$[H_2NC(O)CH_2CH_2]_2SnCl_2$ 240 bis 250	$Sn + CH_2{=}CHC(O)NH_2$	verschiedene Lösungsmittel, −30 bis +120°C	—	[52]
	244 bis 245	$Sn(CH_2CH_2CN)_4 + HCl + NaNO_2$	Wasser, 0°C, 1.5 h; 25°C, 12 h	32	[54]
		$(NCCH_2CH_2)_3SnCl + HCl + NaNO_2$	Wasser, 0°C, 1.5 h; 25°C, 12 h	—	[54]
32	$(C_2H_5OCH_2)_2SnCl_2$	$Sn + C_2H_5OCH_2Cl$	—	—	[46]
33	$(HOCH_2CH_2CH_2)_2SnCl_2$	$Sn + HOCH_2CH_2CH_2Cl$	Tetrahydrofuran, 140°C, 3 h, $[Mg, C_4H_9J]$	50	[47]
34*	$[(CH_3)_2ClSiCH_2]_2SnCl_2$ 118 bis 122/0.35	$Sn + (CH_3)_2ClSiCH_2Cl$	180°C, 5 h, $[SnJ_4, (C_2H_5)_3N]$; $n_D^{20} = 1.5232$, $D_4^{20} = 1.5084$, $R_{mol} = 82.11$ (ber.: 82.02)	65	[42]
35	$[CH_3C(O)CH_2CH_2]_2SnCl_2$ 112 bis 113	$Sn + CH_3C(O)CH_2CH_2Cl$	$[Mg, C_4H_9J, C_4H_9OH]$	—	[53, 55]
36	$[HOOCCH(CH_3)CH_2]_2SnCl_2$ 180 bis 183	$Sn[CH_2CH(CH_3)COO]_2 + HCl$	reagiert mit ROH zu $[ROOCCH(CH_3)CH_2]_2SnCl_2$ ($R = CH_3, C_2H_5, C_3H_7$)	—	[56]
37	$(CH_3OOCCH_2CH_2)_2SnCl_2$	$Sn + CH_2ClCH_2COOCH_3$	Tetrahydrofuran, 140°C, 3 h, $[Mg, C_4H_9J]$	—	[47]
	132	$Sn + CH_2{=}CHCOOCH_3 + HCl$	Diäthyläther, 20°C	98	[57]
		$Sn + CH_2{=}CHCOOCH_3 + HCl$	Stabilisator für PVC, weißer Farbstoff	37	[58, 59]

Tabelle 27 (Fortsetzung)

Nr.	Verbindung R_2SnCl_2 Schmelzpunkt in °C Siedepunkt in °C/Torr	Darstellung	Reaktionsbedingungen Weitere Eigenschaften	Ausbeute in %	Lit.
37	$(CH_3OOCCH_2CH_2)_2SnCl_2$ 135	$Sn + CH_2{=}CHCOOCH_3 + HCl$	verschiedene Lösungsmittel, −30 bis +120°C; IR: $\nu CO = 1677\ cm^{-1}$; ^1H-NMR: $\tau H_\alpha = 8.07$, $\tau H_\beta = 7.07$, $\tau CH_3 = 6.18$, $^2J(^{117,119}SnH) = 98$ Hz, $^3J(^{117,119}SnH) = 150$ Hz	—	[52]
	131 bis 132	$[(NCCH_2CH_2)_2SnO]_x + NaOH + HCl + CH_3OH$	—	—	[51]
		$Sn + CH_3Cl + ClCH_2CH_2COOCH_3$	—	—	[60]
38	$[H_2NC(O)CH_2CH(CH_3)]_2SnCl_2$ 284 (Zers.)	$[H_2NC(O)CH_2CH(CH_3)]_2SnBr_2 + NaOH + HCl$	—	—	[61]
39	$[H_2NC(O)CH(CH_3)CH_2]_2SnCl_2$ 243 bis 244	$[H_2NC(O)CH(CH_3)CH_2]_2SnBr_2 + NaOH + HCl$	—	—	[61]
40	$(C_3H_7CHCl)_2SnCl_2$ 53; 134/5	$SnCl_4 + C_3H_7CH{=}N_2$	Benzol, 1°C	—	[33, 34]
41	$[CH_3O(CH_3)_2SiCH_2]_2SnCl_2$ 120 bis 126/0.45	$Sn + CH_3O(CH_3)_2SiCH_2Cl$	120 bis 130°C, 10 h, [Piperidin]; $n_D^{20} = 1.4940$, $D_4^{20} = 1.3556$, $R_{mol} = 85.02$ (ber.: 84.52)	68	[62]
42	$[CH_3(CH_3O)_2SiCH_2]_2SnCl_2$ 58 bis 59 138 bis 140/0.4	$Sn + CH_3(CH_3O)_2SiCH_2Cl$	145 bis 150°C, 4.5 h, [Piperidin]	62	[62]

Tabelle 27 (Fortsetzung)

Nr.	Verbindung R_2SnCl_2 Schmelzpunkt in °C Siedepunkt in °C/Torr	Darstellung	Reaktionsbedingungen Weitere Eigenschaften	Ausbeute in %	Lit.
43	$[(CH_3O)_3SiCH_2]_2SnCl_2$ 149 bis 150/0.35	$Sn + (CH_3O)_3SiCH_2Cl$	150 bis 160°C, 6 h, [Piperidin]; $n_D^{20} = 1.4725$, $D_4^{20} = 1.4676$, $R_{mol} = 87.86$ (ber.: 87.73)	35.5	[62]
44	$[(CH_3)_3SiCH_2]_2SnCl_2$ 85 bis 86 129 bis 130/0.7	$Sn + (CH_3)_3SiCH_2Cl$	170°C, 5 h, [SnJ_4, Piperidin]; ^1H-NMR: $\delta CH_3 = -0.03$ ppm, $\delta CH_2 = -0.47$ ppm, $^2J(^{117/119}SnH) = 87.5/91.5$ Hz; reagiert mit CH_3MgBr zu $[(CH_3)_3SiCH_2]_2Sn(CH_3)_2$, mit KOH zu $\{[(CH_3)_3SiCH_2]_2SnO\}_x$	59.5	[42]
45	$[C_2H_5C(O)CH_2CH_2]_2SnCl_2$ 91 bis 93	$Sn + C_2H_5C(O)CH_2CH_2Cl$	[Mg, C_4H_9J, C_4H_9OH]	—	[55, 63]
46	$[CH_3C(O)(CH_2)_3]_2SnCl_2$ 77 bis 79	$CH_3-C(OCH_2CH_2O)-(CH_2)_3-Sn(C_6H_5)_2-(CH_2)_3-C(OCH_2CH_2O)-CH_3$ + HCl	Diäthyläther-Wasser, 20°C, 20 h, Schütteln; IR: $\nu CO = 1680\ cm^{-1}$; bildet mit 2,2'-$C_5H_4NC_5H_4N$ einen 1:1-Komplex;	—	[64]
		—	^1H-NMR: $\tau CH_3 = 7.74$, $\tau CH_2CO = 7.23$	—	[64, 65]
47	$[HOOC(CH_2)_4]_2SnCl_2$ 146 bis 148	$\{[HOOC(CH_2)_4]_2SnO\}_x + HCl$	IR-Spektrum	—	[51, 66]
48	$[CH_3OOCCH(CH_3)CH_2]_2SnCl_2$ 111	$Sn + CH_2{=}C(CH_3)COOCH_3 + HCl$	Diäthyläther, 11 h	85	[57]
	122 bis 124	$[HOOCCH(CH_3)CH_2]_2SnCl_2 + CH_3OH$	—	—	[56]

Tabelle 27 (Fortsetzung)

Nr.	Verbindung R_2SnCl_2 Schmelzpunkt in °C Siedepunkt in °C/Torr	Darstellung	Reaktionsbedingungen Weitere Eigenschaften	Ausbeute in %	Lit.
49	$[CH_3OOCCH_2CH(CH_3)]_2SnCl_2$	$Sn + CH_3OOCCH{=}CHCH_3 + HCl$	Diäthyläther, 17 h	55	[57]
	83.5 bis 85.0	$[CH_3OOCCH_2CH(CH_3)]_2SnJ_2 + Cl_2$	—	—	[67]
50	$(C_2H_5OOCCH_2CH_2)_2SnCl_2$	$Sn + CH_2{=}CHCOOC_2H_5 + HCl$	Diäthyläther, 25 h	94	[57]
		$Sn + ClCH_2CH_2COOC_2H_5$	—	—	[60]
51	$[CH_3HNC(O)CH_2CH(CH_3)]_2SnCl_2$ 218.5 bis 220	$[CH_3HNC(O)CH_2CH(CH_3)]_2SnJ_2 +$ $NaOH + HCl$	—	—	[61]
52	$[CH_3HNC(O)CH(CH_3)CH_2]_2SnCl_2$ 214 bis 216	$[CH_3HNC(O)CH(CH_3)CH_2]_2SnJ_2 +$ $NaOH + HCl$	—	—	[61]
53	$(C_4H_9OCH_2)_2SnCl_2$	$Sn + C_4H_9OCH_2Cl$	—	—	[46]
54	$[(CH_3)_2(CH_3COO)SiCH_2]_2SnCl_2$ 74 bis 75; 150 bis 155/0.5	$Sn + (CH_3)_2(CH_3COO)SiCH_2Cl$	170°C, 4 h, [Piperidin]	72.5	[62]
55	$[(CH_3)_2(C_2H_5O)SiCH_2]_2SnCl_2$ 144 bis 145/0.7	$Sn + (CH_3)_2(C_2H_5O)SiCH_2Cl$	160°C, 7 h, [Piperidin]; $n_D^{20} = 1.4908$, $D_4^{20} = 1.3130$, $R_{mol} = 93.67$ (ber.: 93.55)	69	[62]
56	$[CH_3C(O)CH_2C(CH_3)_2]_2SnCl_2$ 158	$Sn + (CH_3)_2C{=}CHC(O)CH_3 + HCl$	IR: $\nu CO = 1671\ cm^{-1}$; ^1H-NMR: $\tau CH_2 = 7.01$, $\tau COCH_3 = 7.07$, $^3J(SnH)$ $= 138$ Hz	—	[52]
	158	$Sn + (CH_3)_2C{=}CHC(O)CH_3$	Diäthyläther, 10 h	46	[57]
	155 bis 156	$Sn + CH_3C(O)CH_2C(CH_3)_2Cl$	[Mg, C_4H_9J, C_4H_9OH]	—	[55, 63]
57	$[C_3H_7C(O)CH_2CH_2]_2SnCl_2$ 31 bis 32	$Sn + C_3H_7C(O)CH_2CH_2Cl$	[Mg, C_4H_9J, C_4H_9OH]	—	[55, 63]
58	$[C_2H_5OOCCH_2CH(CH_3)]_2SnCl_2$ 68 bis 70	$[C_2H_5OOCCH_2CH(CH_3)]_2SnJ_2 + Cl_2$	—	—	[67]

Tabelle 27 (Fortsetzung)

Nr.	Verbindung R_2SnCl_2 Schmelzpunkt in °C Siedepunkt in °C/Torr	Darstellung	Reaktionsbedingungen Weitere Eigenschaften	Ausbeute in %	Lit.
59	$[C_2H_5OOCCH(CH_3)CH_2]_2SnCl_2$ 79 bis 82	$[HOOCCH(CH_3)CH_2]_2SnCl_2 + C_2H_5OH$	—	—	[56]
60	$[CH_3OOC(CH_2)_4]_2SnCl_2$ 182 bis 186/0.001	Sn(Folie) + $CH_3OOC(CH_2)_4Cl$	$n_D^{20} = 1.5285$, IR, NMR	—	[68]
61	$[C_2H_5NHC(O)CH(CH_3)CH_2]_2SnCl_2$ 177 bis 179	$[C_2H_5NHC(O)CH(CH_3)CH_2]_2SnJ_2$ + NaOH + HCl	—	—	[61]
62	$[(CH_3)_2NC(O)CH_2CH(CH_3)]_2SnCl_2$ 213 bis 215	$[(CH_3)_2NC(O)CH_2CH(CH_3)]_2SnBr_2$ + NaOH + HCl	—	—	[61]
63	$[(CH_3)_2NC(O)CH(CH_3)CH_2]_2SnCl_2$ 215 bis 217	$[(CH_3)_2NC(O)CH(CH_3)CH_2]_2SnBr_2$ + NaOH + HCl	—	—	[61]
64	$[(C_2H_5O)_2CH_3SiCH_2]_2SnCl_2$ 155 bis 160/0.6	Sn + $(C_2H_5O)_2CH_3SiCH_2Cl$	180°C, 4.5 h, [Piperidin]; $n_D^{20} = 1.4779$, $D_4^{20} = 1.3138$, $R_{mol} = 104.3$ (ber.: 104.6)	78	[62]
65	$(C_6H_5N{=}CCl)_2SnCl_2$ 115 (Zers.) Sublimationspunkt 80/0.001	$SnCl_4 + C_6H_5NC$	CH_2Cl_2, 0 bis 20°C, 8 h; IR: $\nu CN = 1635\ cm^{-1}$	—	[69]
66	$(3,4\text{-}Cl_2C_6H_3CH_2)_2SnCl_2$	—	getestet als Wurmmittel	—	[23]
67	$(p\text{-}BrC_6H_4CH_2)_2SnCl_2$	Sn + p-$BrC_6H_4CH_2Cl$ —	Schwingmahlung; getestet als Wurmmittel	— —	[70] [23]
68*	$(p\text{-}FC_6H_4CH_2)_2SnCl_2$ 179 bis 180	Sn + p-$FC_6H_4CH_2Cl$	Toluol, 111°C, 4 h, Rückfluß, $[H_2O]$	72.8	[27]
69	$(m\text{-}ClC_6H_4CH_2)_2SnCl_2$ 116 bis 118	Sn + m-$ClC_6H_4CH_2Cl$	Toluol, 111°C, 4 h, Rückfluß, $[H_2O]$	69.7	[27]
70*	$(o\text{-}ClC_6H_4CH_2)_2SnCl_2$	Sn + o-$ClC_6H_4CH_2Cl$	Dibutyläther	52.5	[73]

Tabelle 27 (Fortsetzung)

Nr.	Verbindung R_2SnCl_2 Schmelzpunkt in °C Siedepunkt in °C/Torr	Darstellung	Reaktionsbedingungen Weitere Eigenschaften	Ausbeute in %	Lit.
71*	$(p\text{-}ClC_6H_4CH_2)_2SnCl_2$	Sn + $p\text{-}ClC_6H_4CH_2Cl$	Schwingmahlung	—	[70]
	205	Sn + $p\text{-}ClC_6H_4CH_2Cl$	Dibutyläther	38.3	[73]
	205 (Zers.)	Sn + $p\text{-}ClC_6H_4CH_2Cl$	Toluol, 111°C, 4 h, Rückfluß, $[H_2O]$	74.1	[27]
		—	getestet als Wurmmittel	—	[23, 74]
72	$(p\text{-}O_2NC_6H_4CH_2)_2SnCl_2$	Sn + $p\text{-}O_2NC_6H_4CH_2Cl$	Tetrahydrofuran, 140°C, 3 h, $[Mg, C_4H_9J]$	50	[47]
73	$[NC(CH_2)_6]_2SnCl_2$	Sn + $NC(CH_2)_6Cl$	Tetrahydrofuran, 140°C, 3 h, $[Mg, C_4H_9J]$	40	[47]
74	$[C_3H_7OOCCH(CH_3)CH_2]_2SnCl_2$ 83 bis 85.5	$[HOOCCH(CH_3)CH_2]_2SnCl_2$ + C_3H_7OH	—	—	[56]
75	$[C_3H_7OOCCH_2CH(CH_3)]_2SnCl_2$ 65.5 bis 67.5	$[C_3H_7OOCCH_2CH(CH_3)]_2SnJ_2 + Cl_2$	—	—	[67]
76	$[(C_2H_5O)_3SiCH_2]_2SnCl_2$ 146 bis 147/0.15	Sn + $(C_2H_5O)_3SiCH_2Cl$	180°C, 4 h, [Piperidin]; n_D^{20} = 1.4617, D_4^{20} = 1.3001, R_{mol} = 115.0 (ber.: 115.6)	39.5	[62]
77	$[(CH_3)_2C_4H_9SiCH_2]_2SnCl_2$ 140 bis 144/0.25	Sn + $(CH_3)_2C_4H_9SiCH_2Cl$	180°C, 5 h, [Piperidin, SnJ_4]; n_D^{20} = 1.4988, D_4^{20} = 1.1918, R_{mol} = 110.41 (ber.: 110.40); reagiert mit CH_3MgBr zu $[(CH_3)_2C_4H_9SiCH_2]_2Sn(CH_3)_2$, mit KOH zu $\{[(CH_3)_2C_4H_9SiCH_2]_2SnO\}_4$	69.5	[42]

Tabelle 27 (Fortsetzung)

Nr.	Verbindung R_2SnCl_2 Schmelzpunkt in °C Siedepunkt in °C/Torr	Darstellung	Reaktionsbedingungen Weitere Eigenschaften	Ausbeute in %	Lit.
78	$\{[(CH_3)_3Si]_2CH\}_2SnCl_2$	$Sn\{CH[Si(CH_3)_3]_2\}_2 + CCl_4$	Hexan-Benzol, 20°C; ^1H-NMR: $\tau(CH_3)_3Si = 9.51$ (in Benzol), IR: $\nu SnCl = 340$ und $320\ cm^{-1}$ (Nujol)	—	[75]
		$Sn\{CH[Si(CH_3)_3]_2\}_2 + Cl_2$	Hexan	—	[75]
79	$(p\text{-}CH_3OC_6H_4CH_2)_2SnCl_2$ 117 (Zers.)	$Sn + p\text{-}CH_3OC_6H_4CH_2Cl$	Toluol, 111°C, 2 h, Rückfluß, $[H_2O]$	87.2	[27]
80	$[C_2H_5O\overset{\overset{O}{\|}}{C}CH_2NH\overset{\overset{O}{\|}}{C}\overset{\overset{OCH_3}{\vert}}{C}HCH_2]_2SnCl_2$ 195 bis 197	$[C_2H_5O\overset{\overset{O}{\|}}{C}CH_2NH\overset{\overset{O}{\|}}{C}\overset{\overset{OCH_3}{\vert}}{C}HCH_2]_2SnJ_2$ $+ Cl_2$	—	—	[76]
81	$[C_6H_5C(O)CH_2CH_2]_2SnCl_2$ 140 bis 141	$Sn + C_6H_5C(O)CH_2CH_2Cl$	$[Mg, C_4H_9J, C_4H_9OH]$; reagiert mit NaOH (in C_2H_5OH) zu $\{[C_6H_5C(O)CH_2CH_2]_2SnO\}_x$	—	[55, 63]
82	$[C_6H_5NHC(O)CH_2CH(CH_3)]_2SnCl_2$ 227 bis 228	$[C_6H_5NHC(O)CH_2CH(CH_3)]_2SnJ_2$ $+ NaOH + HCl$	—	—	[61]
83	$[CF_3(CF_2)_9CH_2CHJ]_2SnCl_2$	$(CH_2{=}CH)_2SnCl_2 + CF_3(CF_2)_8CF_2J$ $+ CH_3ONa$	Isopropyläther-Methanol, UV, 48 h; reagiert mit Na und NaHg in Methanol nach Zugabe von $Cl_2C{=}CHCl$ zu $(C_{10}F_{21}CH_2CH_2)_2Sn(OCH_3)_2$	—	[77]

$(C_{12}H_{25})_2SnCl_2$ (Tabelle **27**, Nr. **6**). Im IR-Spektrum der flüssigen Verbindung treten entsprechend dem Vorliegen von trans/gauche-Isomerie zwei νSnC-Schwingungen bei 510 und 596 cm^{-1} auf. Die einzige im Spektrum der festen Verbindung auftretende νSnC-Schwingung bei 600 cm^{-1} wird dem trans-Isomeren zugeschrieben [18, 19]. Mit Chlor reagiert $(C_{12}H_{25})_2SnCl_2$ bei erhöhten Temperaturen zu $C_{12}H_{25}SnCl_3$ [16], mit NH_3 in Aceton zu $(C_{12}H_{25})_2SnCl_2 \cdot 2NH_3$ [20] sowie mit 2,7-Dimethyl-1,8-naphthyridin unter Bildung eines 1:1-Komplexes [21]. Die Verbindung wurde im Hinblick auf ihre Verwendbarkeit als Holzschutzmittel [22] und als wurmabtreibendes Mittel bei Hühnern [23] getestet.

$[(CH_3)_2C(C_6H_5)CH_2]_2SnCl_2$ (Tabelle **27**, Nr. **14**). Zur Darstellung der Verbindung werden äquimolare Mengen Tetraneophylzinn und Brom in CCl_4 4.5 h am Rückfluß erhitzt, das Gemisch nach dem Abkühlen mit Diäthyläther verdünnt und anschließend in der angegebenen Reihenfolge mit einer verdünnten $NaHSO_3$-Lösung, mit einer 10%igen NaOH-Lösung, mit destilliertem Wasser, mit 10%iger Salzsäure und zuletzt wieder mit Wasser versetzt. Nach dem Trocknen mit $CaCl_2$ und Entfernen der Lösungsmittel erhält man Dineophylzinndichlorid in 71%iger Ausbeute. Es wird aus Ligroin umkristallisiert. Aus dem ^1H-NMR-Spektrum der Verbindung in $CDCl_3$-Lösung gegen Tetramethylsilan als internen Standard sind folgende Parameter zu entnehmen (in Hz): $\delta CH_3 = -82.1$, $J(^{13}CH) = 125.5$, $^4J(^{117/119}SnH) = 96.4$, $\delta CH_2 = -110.0$, $^2J(^{117/119}SnH) = 57.3$, $\delta C_6H_5 = -435.3$ [28].

$(CH_2Cl)_2SnCl_2$ (Tabelle **27**, Nr. **19**). Die Verbindung kristallisiert orthorhombisch in Form farbloser, in Richtung der c-Achse gestreckter Plättchen mit den Gitterkonstanten a = 7.754, b = 10.106 und c = 4.835 Å; Z = 2. Raumgruppe D_{2h}^{13}-Pmmn (Nr. 59). Die röntgenographisch bestimmte Dichte beträgt 2.53 g/cm^3. Nach den Strukturuntersuchungen (R = 0.18) ist der Kristall aus unendlichen Ketten entlang der c-Achse aufgebaut, die durch Koordination zwischen den Sn-Atomen und den Cl-Atomen der Nachbarmoleküle entstehen, vgl. hierzu **Fig. 2**. Der entsprechende Abstand

Fig. 2

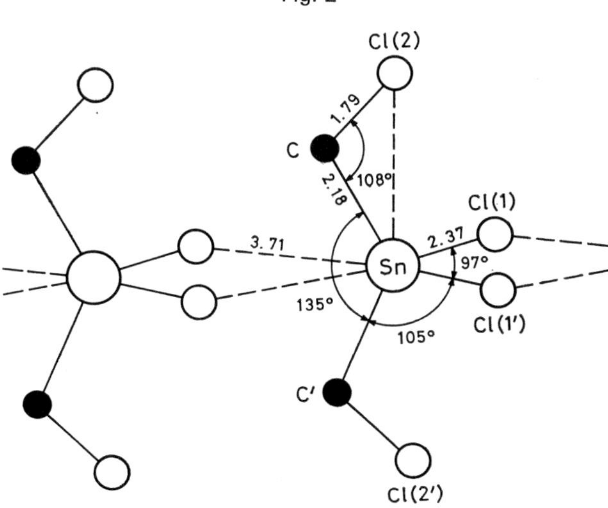

Struktur der $[(CH_2Cl)_2SnCl_2]_x$-Kette im Kristall.
Bindungsabstände in Å.

Sn···Cl beträgt 3.71 Å. Die Ligandenanordnung um das Sn-Atom unterscheidet sich wesentlich von der idealen tetraedrischen Anordnung. Es liegt keine intramolekulare Sn···Cl-Koordination vor. Im einzelnen werden folgende Abstände und Bindungswinkel angegeben: Sn-Cl = 2.37, Sn-C = 2.18 und C-Cl = 1.79 Å, Winkel Cl-Sn-Cl = 97°, Winkel Cl-Sn-C = 105°, Winkel C-Sn-C = 135° und Winkel Sn-C-Cl = 108° [37]. Das Dipolmoment von $(CH_2Cl)_2SnCl_2$ beträgt in Benzol $\mu = 3.17$ D, in Äthylacetat $\mu = 8.32$ D [38]. Im IR-Spektrum der Verbindung wird die νCH-Schwingung bei 3018 und 2953 cm^{-1} gefunden [36]. Im ^{1}H-NMR-Spektrum erscheint ein Singulett-Signal für die CH_2-Protonen bei $\delta = -3.77$ ppm mit $^2J(^{117/119}SnH) = 19.8$ Hz in $CHCl_3$-Lösung bzw. bei $\delta = -2.71$ ppm mit $^2J(^{117/119}SnH) = 19.2$ Hz in Benzol [36] sowie bei $\tau = 6.17$ mit $^2J(^{117/119}SnH) = 18.7$ Hz und $^1J(^{13}CH) = 158$ Hz [35]. Vergleiche der Frequenzen aus dem NQR-Spektrum mit der Quadrupolaufspaltung aus dem Mössbauer-Spektrum bei verschiedenen Organozinnchloriden s. bei [39]. ^{35}Cl-NQR-Daten bei 77 K: $\nu_{CCl} = 36.714$ MHz und $\nu_{SnCl} = 18.030$ MHz [40]. Mit $CH_3CH{=}N_2$ reagiert die Verbindung in Benzol bei 12°C unter Bildung von $(CH_2Cl)_2Sn(CHClCH_3)_2$ [34].

$(CF_3CH_2CH_2)_2SnCl_2$ (Tabelle **27**, Nr. **27**). Für die Verbindung ist bisher kein Darstellungsverfahren in der Literatur beschrieben. Im ^{1}H-NMR- und ^{19}F-NMR-Spektrum werden gefunden: $\tau H_\alpha = 8.48$, $\tau H_\beta = 7.77$, $\delta^{19}F = 68.4$ ppm gegen CCl_3F, $^2J(^{119}SnH_\alpha) = +65.5$ Hz, $^3J(^{119}SnH_\beta) = -107.1$ Hz, $^4J(^{119}SnF) = 5.0$ Hz, $^3J(HH) = 8.0$ Hz und $^3J(H_\beta F) = 9.9$ Hz [48, 50]. Die Isomerieverschiebung im Mössbauer-Spektrum beträgt $\delta = -0.03 \pm 0.01$ mm/s gegen Pd_3Sn, die Quadrupolaufspaltung 3.04 ± 0.01 mm/s [49].

$[H_2NC(O)CH_2CH_2]_2SnCl_2$ (Tabelle **27**, Nr. **31**). Die νCO-Schwingung liegt bei 1669 cm^{-1}. Im ^{1}H-NMR-Spektrum werden gefunden: $\tau H_\alpha = 8.65$, $\tau H_\beta = 7.36$, $\tau H_2N = 1.53$ und 1.75, $^2J(^{117,119}SnH) = 114$ Hz und $^3J(^{117,119}SnH) = 141$ Hz [52].

$[(CH_3)_2ClSiCH_2]_2SnCl_2$ (Tabelle **27**, Nr. **34**). Im ^{1}H-NMR-Spektrum werden folgende chemische Verschiebungen und Kopplungskonstanten gefunden: $\delta CH_3 = -0.32$ ppm, $\delta CH_2 = -0.84$ ppm und $^2J(^{117/119}SnH) = 91.8/100.3$ Hz. Die Verbindung reagiert in Diäthyläther mit langsam und unter Rühren bei 25°C zugegebenem Wasser quantitativ unter Bildung des Sechsringes XIV. Mit 20%iger wäßriger KOH-Lösung setzt sich die Verbindung in benzolischer Lösung im Verlauf von 3 h bei 60°C zu 79% zu $\{[-OSi(CH_3)_2CH_2]_2SnO-\}_x$ um [42].

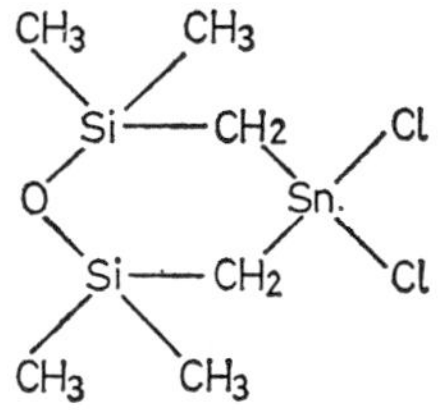

XIV

$(p\text{-}FC_6H_4CH_2)_2SnCl_2$ (Tabelle **27**, Nr. **68**). Chemische Verschiebung und Kopplungskonstanten im ^{1}H-NMR-Spektrum: $\delta CH_2 = -2.14$ ppm (gegen CH_2Cl_2), $^2J(^{117/119}SnH) = 75/78$ Hz, $^1J(^{13}CH) = 139$ Hz [71]. Das IR- und Raman-Spektrum der Verbindung in Nujol, Benzol und in Aceton ist mit den Zuordnungen in Tabelle 28 wiedergegeben [72].

Tabelle 28

IR- und Raman-Spektren von $(p\text{-}FC_6H_4CH_2)_2SnCl_2$.

Zuordnung	ν in cm^{-1}					
	IR (Nujol)	Raman (Nujol)	IR (Aceton)	Raman (Aceton)	IR (Benzol)	Raman (Benzol)
α(CCC)	635 s	634	635 s	638 p	—	—
α(CCC)	633 Sch	—	—	—	—	—
ν(SnC)	571 st	—	573 m	580	570 s	—
ν(SnC)	560 Sch	564	565 Sch	567 p	560 s	—
Phenyl(CC), νSnC	508 s	—	506 st	511	—	—

Tabelle 28 (Fortsetzung)

Zuordnung	ν in cm^{-1}					
	IR (Nujol)	Raman (Nujol)	IR (Aceton)	Raman (Aceton)	IR (Benzol)	Raman (Benzol)
Phenyl(CC), νSnC	493 st	494	498 Sch	500 p	—	—
α(CCC)	466 st	469	465 m	470 p	—	—
δ(CF)	418 m	—	416 m	—	—	—
δ(CF)	340 Sch	340 Sch	—	350	—	—
ν(SnCl)	332 st	—	337 st	329	349 st	351 p
ν(SnCl)	327 st	324	325 Sch	—	—	—
ν(SnCl)	318 Sch	—	—	—	—	—
δ(CF)	304 Sch	300 Sch	299 s	—	—	—
δ(CF)	—	—	—	153	—	—
CC-Torsion	—	—	—	57	—	—

$(o\text{-}ClC_6H_4CH_2)_2SnCl_2$ (Tabelle **27**, Nr. **70**). Die im IR-Spektrum der Verbindung, aufgenommen in Nujol, auftretenden Banden sowie deren Zuordnung sind in Tabelle 29 zusammengefaßt [73].

Tabelle 29
IR-Spektrum von $(o\text{-}ClC_6H_4CH_2)_2SnCl_2$.

Zuordnung	ν in cm^{-1}
νCC ($A_1 + B_1$)	1570
νCC (A_1)	1477 st
νCC (B_1)	1445 st
	1409 st
	1280 s
$νCCH_2$	1210
βCH (B_1)	1145 s
	1125 Sch
$δCH_2Sn$	1115
	1085 m
νCCl	1051
βCH (A_1)	1030

Zuordnung	ν in cm^{-1}
γCH (B_2)	942
γCH (A_2)	860 s
	830 s
	820 m
γCH (B_2)	759 sst
	722 st
δCCl	680 st
	585 m
	567 m
	487 s
$ν_{as}SnCH_2$	475
	440 m
$ν_sSnCH_2$	428

$(p\text{-}ClC_6H_4CH_2)_2SnCl_2$ (Tabelle **27**, Nr. **71**). Chemische Verschiebung und Kopplungskonstanten im ^1H-NMR-Spektrum: $δCH_2 = -2.14$ ppm (gegen CH_2Cl_2), $^2J(^{117/119}SnH) = 76/79$ Hz, $^1J(^{13}CH) = 138$ Hz [71]. Die Schwingungsspektren sind in Tabelle 30, S. 140, zusammengestellt.

Tabelle 30

IR- und Raman-Spektren von $(p\text{-}ClC_6H_4CH_2)_2SnCl_2$.

Zuordnung	ν in cm^{-1} IR [72] Nujol	Raman [72] Nujol	IR [72] Aceton	Raman [72] Aceton	IR [73] Nujol
$\nu(CC)$ $(A_g + B_{1g})$	—	—	—	—	1595
$\nu(CC)$ (B_{2u})	—	—	—	—	1485 sst
$\nu(CCH_2Sn)$	—	—	—	—	1205
$\delta_s(CH_2Sn)$	—	—	—	—	1095
$\nu(CCl)$	—	—	—	—	1075
βCH (B_{2u})	—	—	—	—	1015
γCH (A_u)	—	—	—	—	950
γCH (B_{3g})	—	—	—	—	935
γCH (B_{1u})	—	—	—	—	805 st
Cl-sens. Phenyl-Schw.	651 s	651	646 s	652 p	652
$\alpha(CCC)$	630 s	633	630 s	635 Sch	630 ss
$\nu(SnC)$	567 st	—	—	—	570
$\nu(SnC)$	558 Sch	562	—	564 p	560
$\nu_{as}SnC$, Phenyl(CC)	479 m	—	482 st	—	480
ν_sSnC, Phenyl(CC)	464 st	465	472 Sch	473 p	465
$\alpha(CCC)$	397 m	398	395 s	—	—
$\delta(CCl)$	361 s	362	360 Sch	355 p	—
$\nu(SnCl)$	324 st	329	328 st	325	—
$\delta(CCl)$	303 m	292	300 s	300 p	—
$\delta(CCl)$	—	—	245 s	253	—
$\delta(CCl)$	—	—	—	132	—
CC-Torsion	—	—	—	63	—

Weitere, nicht zugeordnete Banden s. in den Originalen.

Literatur:

[1] S. Matsuda, H. Matsuda (Kogyo Kagaku Zasshi **63** [1960] 114/8 nach C.A. **56** [1962] 7342). — [2] G. J. M. van der Kerk, J. G. Luijten (J. Appl. Chem. **7** [1957] 369/74). — [3] K. Figge (J. Chromatog. **39** [1969] 84/7). — [4] H. Wieczorek (Deut. Lebensm. Rundschau **65** [1969] 74/8). — [5] G. Neubert (Z. Anal. Chem. **203** [1964] 265/72).

[6] K. Bürger (Z. Anal. Chem. **192** [1963] 280/6). — [7] J. Gasparic, A. Cee (J. Chromatog. **8** [1962] 393/8). — [8] W. P. Neumann, J. A. Pedain, Studiengesellschaft Kohle m.b.H. (D.P. 1214237 [1964/66]; C.A. **65** [1966] 5490). — [9] I. Hechenbleikner, K. R. Molt, Carlisle Chemical Works, Inc. (U.S.P. 3059012 [1960/62]; C.A. **58** [1963] 6860). — [10] I. Hechenbleikner, K. R. Molt, Carlisle Chemical Works, Inc. (B.P. 908331 [1960/62]).

[11] J. M. Barnes, H. B. Stoner (Brit. J. Ind. Med. **15** [1958] 15/22). — [12] F. Abe, M. Umeno, A. Sato, T. Konami, Hokko Chemical Industry Co., Ltd. (Japan.P. 75-24951 [1969/75]; C.A. **84** [1976] Nr. 165028). — [13] S. Matsuda, H. Matsuda (Bull. Chem. Soc. Japan **35** [1962] 208/11). — [14] H. Matsuda, M. Nakamura, S. Matsuda (Kogyo Kagaku Zasshi **64** [1961] 1948/51 nach C.A. **57** [1962] 2239). — [15] S. Matsuda, H. Matsuda, N. Iwamoto, A. Matsumoto (Kogyo Kagaku Zasshi **70** [1967] 1747/50 nach C.A. **68** [1968] Nr. 87373).

[16] Y. Hayashi, Y. Adachi, Kureha Chemical Industry Co., Ltd. (Japan. Kokai 73-97818 [1972/73]; C.A. **80** [1974] Nr. 70969). — [17] A. Solerio (Gazz. Chim. Ital. **81** [1951] 664/7). — [18] R. A. Cummins (Australian J. Chem. **16** [1963] 985/8). — [19] R. A. Cummins, P. Dunn (Australia Commonwealth Dept. Supply Defense Std. Lab. Rept. Nr. 266 [1963] 1/106). — [20] W. J. C. Vireen, A. Schröder, Koninklijke Industrieele Maatschappij, Noury & van der Lande N.V. (D.A.S. 1167836 [1962/64]).

[21] D. G. Hendricker (Inorg. Chem. **8** [1969] 2328/30). — [22] H. P. Vind, H. Hochmann (Zinn Verwendung Nr. 57 [1963] 10/2). — [23] K. B. Kerr, A. W. Walde (Exptl. Parasitol. **5** [1956] 560/70). — [24] O. R. Klimmer (Arzneimittel-Forsch. **19** [1969] 934/9). — [25] D. Seyferth, H. M. Cohen (Inorg. Chem. **2** [1963] 652/3).

[26] D. Seyferth, Dow Chemical Co. (U.S.P. 3347888 [1963/67]; C.A. **68** [1968] Nr. 59726). — [27] K. Sisido, Y. Takeda, Z. Kinugawa (J. Am. Chem. Soc. **83** [1961] 538/41). — [28] H. Zimmer, O. A. Homberg, M. Jaywant (J. Org. Chem. **31** [1966] 3857/60). — [29] O. Danek (Collection Czech. Chem. Commun. **26** [1961] 2035/9). — [30] A. Hartmann, D. Pirck, Deutsche Advance Produktion G.m.b.H. (D.P. 1119863 [1960/61]; C.A. **57** [1962] 866).

[31] K. Sisido, Y. Takeda, H. Nozaki (J. Org. Chem. **27** [1962] 2411/4). — [32] I. G. Litvyak, T. N. Sumarokova (Zh. Obshch. Khim. **34** [1964] 3677/82; J. Gen. Chem. USSR **34** [1964] 3727/30). — [33] A. Yu. Yakubovich, S. P. Makarov, V. A. Ginsburg, G. I. Gavrilov, Yu. N. Merkulova (Dokl. Akad. Nauk SSSR **72** [1950] 69/72 nach C.A. **1951** 2856). — [34] A. Yu. Yakubovich, S. P. Makarov, G. I. Gavrilov (Zh. Obshch. Khim. **22** [1952] 1788/93 nach C.A. **1953** 9257). — [35] L. Verdonck, G. P. van der Kelen, Z. Eeckhaut (J. Organometal. Chem. **11** [1968] 487/90).

[36] R. G. Kostyanovskii, A. K. Prokofev (Izv. Akad. Nauk SSSR Ser. Khim. **1968** 274/9; Bull. Acad. Sci. USSR Div. Chem. Sci. **1968** 270/4). — [37] N. G. Bokii, Yu. T. Struchkov, A. K. Prokofev (Zh. Strukt. Khim. **13** [1972] 665/70; J. Struct. Chem. [USSR] **13** [1972] 619/23). — [38] T. Ya. Melnikova, Yu. V. Kolodyazhnyi, A. K. Prokofev, O. A. Dsipov (Zh. Obshch. Khim. **46** [1976] 1812/6; J. Gen. Chem. USSR **46** [1976] 1759/61). — [39] Yu. K. Maksyutin, V. V. Khrapov, L. S. Melnichenko, G. K. Semin, N. N. Zemlyanskii, K. A. Kocheshkov (Izv. Akad. Nauk SSSR Ser. Khim. **1972** 602/4; Bull. Acad. Sci. USSR Div. Chem. Sci. **1972** 562/3). — [40] G. K. Semin, T. A. Babushkina, A. K. Prokofev, R. G. Kostyanovskii (Izv. Akad. Nauk SSSR Ser. Khim. **1968** 1401/4; Bull. Acad. Sci. USSR Div. Chem. Sci. **1968** 1326/8).

[41] V. F. Mironov, V. I. Shiryaev, V. V. Yankov, A. F. Gladchenko, A. D. Naumov (Zh. Obshch. Khim. **44** [1974] 806/12; J. Gen. Chem. USSR **44** [1974] 776/82). — [42] V. F. Mironov, E. M. Stepina, V. I. Shiryaev (Zh. Obshch. Khim. **42** [1972] 631/6; J. Gen. Chem. USSR **42** [1972] 627/32). — [43] W. Fink (Angew. Chem. **73** [1961] 532). — [44] W. Fink, Monsanto Co. (U.S.P. 3127431 [1960/64]; C.A. **61** [1964] 3148). — [45] A. G. Meller, G. Maresch, W. Maringgele (Monatsh. Chem. **104** [1973] 557/63).

[46] V. I. Shiryaev, E. M. Stepina, V. F. Mironov (Zh. Prikl. Khim. **45** [1972] 2124/5; J. Appl. Chem. USSR **45** [1972] 2229). — [47] S. Matsuda, S. Kikkawa (U.S.P. 3440255 [1964/69]; C.A. **71** [1969] Nr. 39175). — [48] D. E. Williams, L. H. Toporcer, G. M. Ronk (J. Phys. Chem. **74** [1970] 2139/42). — [49] D. E. Williams, C. W. Kocher (J. Chem. Phys. **52** [1970] 1480/8). — [50] M. Barnard, P. J. Smith, R. F. M. White (J. Organometal. Chem. **77** [1974] 189/97).

[51] S. Matsuda, S. Kikkawa, T. Hayashi (Technol. Rept. Osaka Univ. **17** [1967] 193/203). — [52] J. W. Burley, R. E. Hutton, V. Oakes (J. Chem. Soc. Chem. Commun. **1976** 803/4). — [53] S. Matsuda, S. Kikkawa, M. Nomura (Kogyo Kagaku Zasshi **69** [1966] 649/53 nach C.A. **65** [1966] 18612). — [54] L. V. Kaabak, A. P. Tomilov (Zh. Obshch. Khim. **33** [1963] 2808/10; J. Gen. Chem. USSR **33** [1963] 2734). — [55] S. Matsuda (Asahi Garasu Kogyo Gijutsu Shoreikai Kenkyo Hokoku **12** [1966] 329/38 nach C.A. **68** [1968] Nr. 39756).

[56] M. Nomura, S. Matsuda, S. Kikkawa (Kogyo Kagaku Zasshi **70** [1967] 710/4 nach C.A. **68** [1968] Nr. 13108). — [57] R. E. Hutton, V. Oakes (Advan. Chem. Ser. **157** [1976] 123/33). — [58] AKZO N.V. (Belg.P. 843387 [1976/76]; C.A. **87** [1977] Nr. 6982). — [59] AKZO N.V. (Nd. Appl. 75-03116 [1975/76]; C.A. **86** [1977] Nr. 44403). — [60] M. Nomura, M. Matsui, S. Matsuda (Kogyo Kagaku Zasshi **71** [1968] 1526/9 nach C.A. **70** [1969] Nr. 47572).

[61] T. Hayashi, S. Kikkawa, S. Matsuda (Kogyo Kagaku Zasshi **70** [1967] 1389/93 nach C.A. **68** [1968] Nr. 59672). — [62] V. F. Mironov, V. I. Shiryaev, E. M. Stepina, V. V. Yankov, V. P. Kochergin (Zh. Obshch. Khim. **45** [1975] 2448/51; J. Gen. Chem. USSR **45** [1975] 2404/6). — [63] S. Matsuda, S. Kikkawa, N. Kashiwa (Kogyo Kagaku Zasshi **69** [1966] 1036/9 nach C.A. **65** [1966] 20160). — [64] S. Z. Abbas, R. C. Poller (J. Chem. Soc. Dalton Trans. **1974** 1769/71). — [65] S. Z. Abbas, R. C. Poller (Polymer **15** [1974] 543).

[66] S. Matsuda, S. Kikkawa, T. Hayashi (Kogyo Kagaku Zasshi **69** [1966] 256/9 nach C.A. **65** [1966] 5492). — [67] M. Nomura, S. Kashiwagi, S. Kikkawa, S. Matsuda (Kogyo Kagaku Zasshi **71** [1968] 1021/4 nach C.A. **70** [1969] Nr. 11785). — [68] M. Nomura, N. Matsui, S. Matsuda (Kogyo Kagaku Zasshi **72** [1969] 1206/8 nach C.A. **71** [1969] Nr. 101949). — [69] A. G. Meller, G. Maresch, W. Maringgele (Monatsh. Chem. **104** [1973] 557/63). — [70] H. Grohn, R. Paudert (Z. Chem. [Leipzig] **3** [1963] 89/97).

[71] L. Verdonck, G. P. van der Kelen (J. Organometal. Chem. **40** [1972] 139/42). — [72] L. Verdonck, G. P. van der Kelen (J. Organometal. Chem. **40** [1972] 135/8). — [73] C. J. Cattanach, E. F. Mooney (Spectrochim. Acta A **24** [1968] 407/15). — [74] Dr. Salsburys Laboratories (B.P. 711563 [1950/51]; C. **1955** 5375). — [75] J. D. Cotton, P. J. Davidson, M. F. Lappert (J. Chem. Soc. Dalton Trans. **1976** 2275/86).

[76] T. Hayashi, S. Kikkawa, S. Matsuda, K. Fujita (Kogyo Kagaku Zasshi **70** [1967] 2298/301 nach C.A. **68** [1968] Nr. 87363). — [77] W. Bloechl (Nd. Appl. 65-09546 [1964/66]; C.A. **65** [1966] 750).

Dialkenyl- and Dialkinyltin Dichlorides

1.3.2.2.1.14 Dialkenyl- und Dialkinylzinndichloride R_2SnCl_2

$(CH_2{=}CH)_2SnCl_2$

Divinylzinndichlorid wird durch Komproportionierung von Tetravinylzinn mit Zinntetrachlorid dargestellt. Bei Durchführung der Reaktion bei 30°C während 2 h werden 98% Ausbeute [1], bei 30 bis 35°C während 2.25 h und anschließendem zweistündigen Rühren ebenfalls 98% Ausbeute [2, 3], bei 100°C während 3.5 h 69% Ausbeute erzielt [4]. Zur Darstellung der Verbindung nach der gleichen Methode s. auch [5]. In 35%iger Ausbeute wird $(CH_2{=}CH)_2SnCl_2$ durch Umsetzung von $SnCl_4$ mit $CH_2{=}CHMgCl$ in Pentan-Tetrahydrofuran [6] bzw. nur in Tetrahydrofuran [7, 8] erhalten. Ebenfalls zur Darstellung von Divinylzinndichlorid herangezogen wurden die Reaktion von $SnCl_2$ mit $(CH_2{=}CH)_2TlCl$ in Aceton bei erhöhter Temperatur [9] und die Reaktion von $Sn(CH{=}CH_2)_4$ mit $TlCl_3$ in Diäthyläther bei Raumtemperatur [10]. Die Verbindung bildet sich beim Aufbewahren ihres Dihydrates an trockner Luft [11].

Das Dipolmoment von Divinylzinndichlorid wurde in Benzol bei 25°C zu $\mu = 4.06$ D [12] bzw. 3.83 ± 0.05 D [11] ermittelt. Der nach der Del Re- und Hückel-LCAO-MO-Methode berechnete Wert beträgt $\mu = 3.65$ D [13].

Chemische Verschiebungen im ^{13}C-NMR-Spektrum gegen Benzol: $\delta C_\alpha = -6.5$ ppm und $\delta C_\beta = -11.9$ ppm [14]. Die chemische Verschiebung des ^{119}Sn-NMR-Signals der reinen Verbindung beträgt $\delta Sn = +40.9$ ppm gegen $Sn(CH_3)_4$ [15].

Die Auswertung der Mössbauer-Spektren von $(CH_2{=}CH)_2SnCl_2$ ergibt folgende Werte für die Isomerieverschiebung δ (in mm/s): 1.35 ± 0.06 [16], 1.46 [17], 1.45 [11, 18] gegen SnO_2 bzw. 1.467 ± 0.007 gegen $BaSnO_3$ [19]; Quadrupolaufspaltung Δ (in mm/s): 3.08 ± 0.12 [16], 3.08 [17], 3.34 [11, 18] und 3.38 ± 0.01 [19].

Diskrete IR-Frequenzen der festen und gelösten Verbindung sowie Raman-Frequenzen der festen Verbindung sind mit den Zuordnungen in Tabelle 31 zusammengestellt. Abbildungen des IR-Spektrums von $(CH_2{=}CH)_2SnCl_2$ finden sich bei [5, 20].

Tabelle 31

IR- und Raman-Frequenzen von $(CH_2{=}CH)_2SnCl_2$.

Zuordnung	ν in cm^{-1} IR [21]	Raman [21]	IR [22]	IR [11]
νC=C	1587 st (Nujol)	—	1602 (CH_2Cl_2)	—
			1588 [$(CH_3)_2SO$]	—
νSnC	557 m (KBr)	561 m	—	557
	528 m (KBr)	524 st	—	513
	490 m (KBr)	514 m	—	480
νSnCl	366 m (Hexan)	374 st	—	—
		356	—	—

Der Schmelzpunkt der Verbindung wird mit 13.2°C [1] und 14.8 bis 15°C [5] angegeben. Die frühere Angabe [4], daß die Verbindung bei 74.5 bis 75.5°C schmilzt, ist nicht richtig. Sie beruht entweder auf einem Druckfehler oder aber bezieht sich auf an feuchter Luft gebildete Hydratkomplexe der Verbindung [5]. Für den Siedepunkt von Divinylzinndichlorid werden folgende Daten angegeben: 45 bis 60°C/1 bis 3 Torr [2, 3], 46°C/1 Torr [7, 8], 53 bis 55°C/2 Torr [9], 54 bis 56°C/3 Torr [1]. Der Brechungsindex wird mit $n_D^{25} = 1.5490$ [1], $n_D^{20} = 1.5500$ [9] und $n_D^{20} = 1.5510$ [23], die Dichte mit $D_4^{20} = 1.7621$ [9] bzw. 1.7645 [1] g/cm^3 und $D_4^{15.7} = 1.7645\ g/cm^3$ angegeben [23]. Die Molrefraktion wurde zu $R_{mol} = 44.066$ ermittelt [23].

Über die wichtigsten Reaktionen von $(CH_2{=}CH)_2SnCl_2$ mit Alkylierungsmittel, Nichtmetall- und Metallverbindungen sowie mit Komplexbildnern informiert Tabelle 32, S. 144/6.

$(C_5H_5)_2SnCl_2$

Dicyclopentadienylzinndichlorid entsteht durch Umsetzung von $SnCl_4$ mit $Sn(C_5H_5)_4$ in CCl_4 bei 5°C während 24 h in 80%iger Ausbeute [32], in Toluol bei −20°C in quantitativer Ausbeute [33] sowie in Benzol nach halbstündigem Rühren bei Raumtemperatur und anschließendem Ersatz von Benzol durch Petroläther in 57%iger Ausbeute [34]. Weiter eignet sich zur Darstellung der Verbindung die Komproportionierung von $(C_5H_5)_3SnCl$ mit $SnCl_4$ (100% Ausbeute) bzw. mit $C_5H_5SnCl_3$ (100% Ausbeute) [33], die Reaktion von $Sn(C_5H_5)_2$ mit Cl_2 bei 5 bis 10°C ohne Lösungsmittel [35] oder in Benzol [33] bzw. mit $SnCl_4$ [33]. Ebenfalls zur Darstellung von Dicyclopentadienylzinndichlorid heranziehbar sind die Reaktionen von $SnCl_4$ mit C_5H_5Na oder C_5H_5MgBr in Benzol [33] bzw. mit C_5H_5Tl in Diäthyläther [36].

Im ^1H-NMR-Spektrum verursachen die Protonen der Cyclopentadienylreste ein Resonanzsingulett, das bei Aufnahme des Spektrums in Benzol bei $\tau = 4.05$ liegt [35]. Die Kopplungskonstante $^2J(^{117}SnH)$ beträgt 43.2 Hz [35], die Kopplungskonstante $^2J(^{119}SnH)$ beträgt 43.8 [35] bzw. 41.8 Hz [34]. Im Mössbauer-Spektrum erhält man für die Isomerieverschiebung δ den Wert 1.51 ± 0.06 mm/s, für die Quadrupolaufspaltung den Wert $\Delta = 1.83$ mm/s ($BaSnO_3$ als Standard) [34].

Die Verbindung schmilzt bei 38 bis 40°C [34] bzw. 42 bis 43°C [32]. In der Patentliteratur wird auch ein Schmelzpunkt von 290°C unter Zersetzung angegeben [36].

Mit $SnCl_4$ reagiert Dicyclopentadienylzinndichlorid unter Komproportionierung zu Cyclopentadienylzinntrichlorid, mit Tetracyclopentadienylzinn entsprechend zu Tricyclopentadienylzinnchlorid [33]. Die Umsetzung mit Triäthylzinnacetat führt zu den Verbindungen $(C_5H_5)_nSn(OOCCH_3)_{4-n}$ (n = 1, 2 und 3) [32]. Mit Pyridin bildet $(C_5H_5)_2SnCl_2$ in Petroläther einen 1:2-Komplex, mit 2,2'-Bipyridin bzw. 1,10-Phenanthrolin in Benzol den jeweiligen 1:1-Komplex. Mit Terpyridin $C_{15}H_{11}N_3$ entsteht der Komplex $[(C_5H_5)_2SnCl \cdot C_{15}H_{11}N_3][(C_5H_5)_2SnCl_3]$ [34].

R_2SnCl_2

Darstellung und Eigenschaften weiterer Dialkenyl- und Dialkinylzinndichloride sind in Tabelle 33 auf S. 147/9 zusammengestellt.

Tabelle 32
Reaktionen von $(CH_2{=}CH)_2SnCl_2$.

Reaktionspartner	Reaktionsbedingungen	Reaktionsprodukte	Lit.
C_4H_9MgCl	Heptan-Tetrahydrofuran	$(CH_2{=}CH)_2(C_4H_9)SnCl$	[6]
C_6H_5MgCl	Heptan-Tetrahydrofuran	$(CH_2{=}CH)_2(C_6H_5)SnCl$	[6]
$C_6H_5(Li)C{=}C(C_6H_5)-C(C_6H_5){=}C(Li)C_6H_5$	1:2, Diäthyläther, 1 h Rühren	1,1-Di($CH_2{=}CH$)-2,3,4,5-tetra(C_6H_5)-stannol	[17]
o-Li-C_6H_4-$C(C_4H_9){=}C(Li)C_6H_5$	Tetrahydrofuran, Rückfluß	Spiro-Sn-bis[benzostannol] mit C_4H_9, C_6H_5	[24]
$CF_3(CF_2)_8CF_2J$	Isopropyläther, UV, 48 h	$(C_{10}F_{21}CH_2CHJ)_2SnCl_2$	[25]
NO_3Cl	indifferentes Lösungsmittel, −70 bis −30°C	$(O_3NCH_2CHCl)_2SnCl_2$	[26]
$NaOH$	H_2O	$[(CH_2{=}CH)_2SnO]_x$	[1]
$NaO_2SC_6H_5$	Tetrahydrofuran-H_2O, 20°C, 3 bis 4 h	$(CH_2{=}CH)_2Sn(O_2SC_6H_5)_2$	[21]
$NaO_2SC_6H_4$-p-CH_3	Tetrahydrofuran-H_2O, 20°C, 10 min	$(CH_2{=}CH)_2Sn(O_2SC_6H_4$-p-$CH_3)_2$	[21]
Tropolon-ONa	Methanol, Rückfluß	$(CH_2{=}CH)_2Sn$(O-Tropolon)$_2$	[11]

Tabelle 32 (Fortsetzung)

Reaktionspartner	Reaktionsbedingungen	Reaktionsprodukte	Lit.
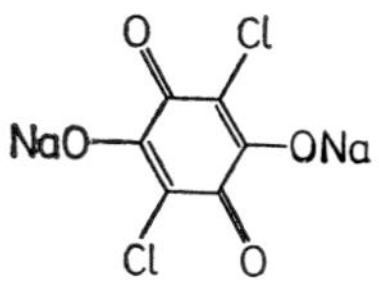	Methanol, 2 h, Rühren	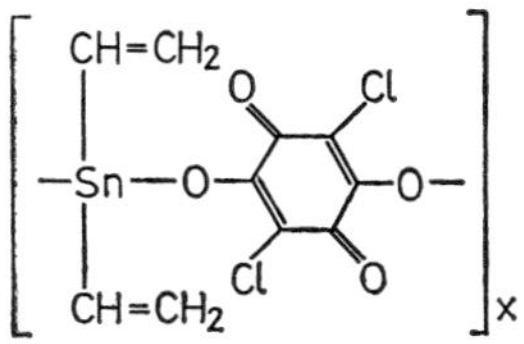	[11]
R_2NCS_2Na $R = CH_3, C_2H_5$	Äthanol	$(CH_2{=}CH)_2Sn(S_2CNR_2)_2$	[11]
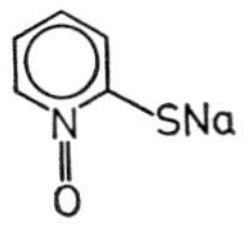	Äthanol	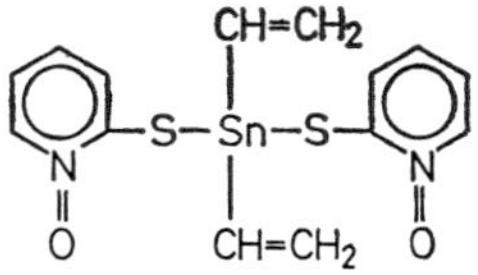	[11]
$NaSCH{=}CHSNa$	H_2O, Rühren	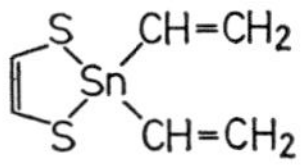	[27]
$NaSC(CN){=}C(CN)SNa$	H_2O, Rühren	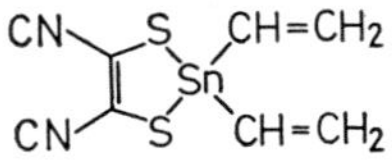	[27]
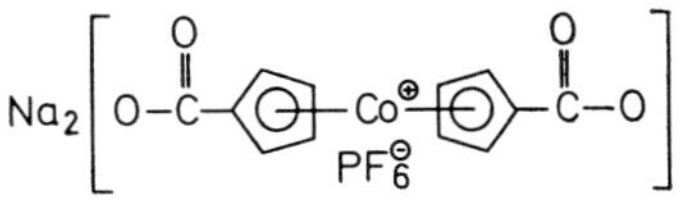 Na_2	CCl_4-H_2O, Rühren	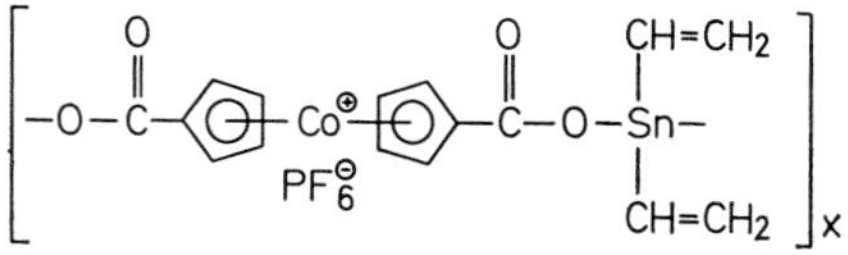	[28, 29]
$[(CH_3)_4N]Cl$	1:2, Äthanol	$[(CH_3)_4N]_2[(CH_2{=}CH)_2SnCl_4]$	[11]
H_2O	feuchte Luft	1:2-Komplex	[5, 11]
$(CH_3)_2SO$	Diäthyläther	1:2-Komplex	[11, 22]
C_5H_5N	Diäthyläther	1:2-Komplex	[11]

Tabelle 32 (Fortsetzung)

Reaktionspartner	Reaktionsbedingungen	Reaktionsprodukte	Lit.
C_5H_5NO	Diäthyläther	1:2-Komplex	[11]
$[(CH_3)_2N]_3PO$	Diäthyläther	1:2-Komplex	[11]
$[(CH_3)_2N]_2CS$	Äthanol	1:1-Komplex	[11]
	Äthanol	1:1-Komplex	[11]
	Äthanol	1:1-Komplex	[11]
X = H, Cl, NO_2 und CH_3	CH_3COOH; Ionenaustausch	$[(CH_2{=}CH)_2Sn(OOCCH_3)L]^+$	[30]
$[(NaOOCCH_2)(HOOCCH_2)NCH_2]_2$	Aceton-H_2O	Chelatkomplex	[31]

Tabelle 33
Darstellung und Eigenschaften weiterer Dialkenyl- und Dialkinylzinndichloride.

Nr.	Verbindung R_2SnCl_2 Schmelzpunkt in °C Siedepunkt in °C/Torr	Darstellung	Reaktionsbedingungen Weitere Eigenschaften	Ausbeute in %	Lit.
1	$(cis\text{-}CHCl{=}CH)_2SnCl_2$	$(cis\text{-}CHCl{=}CH)_2Hg + SnCl_2$	—	—	[39]
	100 bis 102/3	$(cis\text{-}CHCl{=}CH)_2Hg + SnCl_2$	abs. Äthanol, HCl, 65 bis 70°C, 7 h; $n_D^{20} = 1.5675$, $D_4^{20} = 1.7494$	50	[38]
		$(cis\text{-}CHCl{=}CH)_2Hg + SnCl_2$	Aceton, HCl, 50 bis 55°C, 7 h	—	[40]
		$(cis\text{-}CHCl{=}CH)_2Hg + Sn$	Äthanol, HCl, 50°C, 4.5 h	—	[37]
		—	^{1}H-NMR: $\delta H_\alpha = -7.00$ ppm, $\delta H_\beta = -7.55$ ppm, $^3J(HH) = 6.8$ Hz	—	[39, 41]
		—	IR: 680, 770, 920, 943, 1270, 1517 und 1575 cm^{-1}	—	[39]
		—	IR: 425, 442, 590, 695, 773, 915, 1125 und 1275 cm^{-1}	—	[43]
		—	reagiert mit KOH (50%) zu C_2H_2	—	[38]
		—	reagiert mit $HgCl_2$ zu cis-CHCl=CHHgCl	—	[38, 39, 42]
		—	$R_{mol} = 53.93$ (ber.: 53.94)	—	[44]
		—	$R_{mol} = 53.93$ (ber.: 54.19)	—	[45]
2	$(trans\text{-}CHCl{=}CH)_2SnCl_2$ 76 bis 78	$(trans\text{-}CHCl{=}CH)_2Hg + Sn$	Äthanol, HCl, 50°C, 4.5 h	2 bis 30	[37]
	77.5 bis 78.5	$(trans\text{-}CHCl{=}CH)_2Hg + SnCl_2$	abs. Äthanol, HCl, 45 bis 50°C, 10 min, 25°C, 1 h Stehen	58	[38]

Tabelle 33 (Fortsetzung)

Nr.	Verbindung R_2SnCl_2 Schmelzpunkt in °C Siedepunkt in °C/Torr	Darstellung	Reaktionsbedingungen Weitere Eigenschaften	Ausbeute in %	Lit.
2	(trans-CHCl=CH)$_2$SnCl$_2$ 78	(trans-CHCl=CH)$_2$Hg + SnCl$_2$	—	—	[39]
		(trans-CHCl=CH)$_2$TlCl + SnCl$_2$	^{1}H-NMR (40% in Aceton): $\delta H_\alpha = -6.52$, $\delta H_\beta = -6.79$ ppm, $^3J(HH) = 15.4$ Hz, IR: 740, 785, 936, 1145, 1295, 1535 und 1578 cm^{-1}	—	[39]
		—	reagiert mit C_5H_5N zu 1:2-Komplex	—	[37]
		—	reagiert mit KOH (15%) zu C_2H_2	—	[38]
		—	reagiert mit $HgCl_2$ zu trans-CHCl=CHHgCl	—	[38, 39]
		—	reagiert mit $TlCl_3 \cdot 4H_2O$ zu (trans-CHCl=CH)$_2$TlCl	—	[46]
3	(cis-CH$_3$CH=CH)$_2$SnCl$_2$ 101 bis 103/10	(cis-CH$_3$CH=CH)$_2$TlCl + SnCl$_2$	Aceton; $n_D^{20} = 1.5444$, $D_4^{20} = 1.6275$; reagiert mit $TlCl_3$ zu (cis-CH$_3$CH=CH)$_2$TlCl	—	[47]
4	(trans-CH$_3$CH=CH)$_2$SnCl$_2$ 66.5 bis 67.5	(trans-CH$_3$CH=CH)$_2$TlCl + SnCl$_2$	Aceton; reagiert mit $TlCl_3$ zu (cis-CH$_3$CH=CH)$_2$TlCl	—	[47]
5*	(CH$_2$=CHCH$_2$)$_2$SnCl$_2$	Sn(CH$_2$CH=CH$_2$)$_4$ + SnCl$_4$	Benzol, 0 bis 25°C	100	[48]
6	[CH$_3$C(=CH$_2$)]$_2$SnCl$_2$	CH$_3$C(=CH$_2$)MgCl + SnCl$_4$	Tetrahydrofuran	—	[8]
7	(CH$_3$CCl=CHCH$_2$)$_2$SnCl$_2$ 103 bis 106/1	CH$_3$CCl=CHCH$_2$Cl + Sn	80 bis 110°C, [Cu, H$_2$O]; reagiert mit 2,2'-Bipyridin zu 1:1-Komplex	—	[49]

Tabelle 33 (Fortsetzung)

Nr.	Verbindung R_2SnCl_2 Schmelzpunkt in °C Siedepunkt in °C/Torr	Darstellung	Reaktionsbedingungen Weitere Eigenschaften	Ausbeute in %	Lit.
8	$[CH_3CH{=}C(CH_3)]_2SnCl_2$	$CH_3CH{=}C(CH_3)MgCl + SnCl_4$	Tetrahydrofuran	—	[8]
9	$[CH_2{=}CHCH(CH_3)CH_2]_2SnCl_2$	—	reagiert mit $CH_2{=}CHMgCl$ zu $[CH_2{=}CHCH(CH_3)CH_2]_2Sn(CH{=}CH_2)_2$; Stabilisator	—	[6]
10	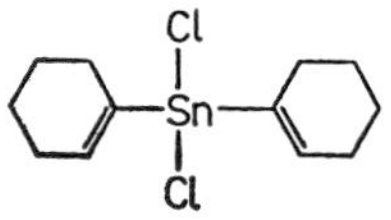 Cl–Sn–Cl	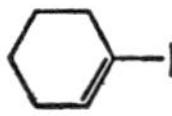 –MgCl + $SnCl_4$	Tetrahydrofuran	—	[8]
11	$[(CH_3)_2CHCH_2C({=}CH_2)]_2SnCl_2$	$(CH_3)_2CHCH_2C({=}CH_2)MgCl + SnCl_4$	Tetrahydrofuran	—	[8]
12	$[CH_3(CH_2)_7CH{=}CH(CH_2)_7CH_2]_2SnCl_2$	—	reagiert mit $CH_3(CH_2)_7CH{=}CH(CH_2)_7CH_2Cl$ und Na zu $Sn[CH_2(CH_2)_7CH{=}CH(CH_2)_7CH_3]_4$	—	[50, 51]
13	$(CH{\equiv}C)_2SnCl_2$	$(C_4H_9)_3SnC{\equiv}CH + SnCl_4$	1:1; im Gemisch mit $(CH{\equiv}C)_{4-n}SnCl_n$ (n = 0, 1, 3); ^1H-NMR: $\delta H = -2.80$ ppm, $^3J(^{117/119}SnH) = 70.5/74.0$ Hz; Destillation: $(CH{\equiv}C)_2SnCl_2 \rightleftharpoons (CH{\equiv}C)_3SnCl \rightleftharpoons Sn(C{\equiv}CH)_4$	—	[52]

Weitere Angaben zu den in der Tabelle aufgeführten Verbindungen (laufende Nummern mit Stern):

$(CH_2{=}CHCH_2)_2SnCl_2$ (Tabelle **33**, Nr. **5**). An Hand von Diagrammen, die den Zusammenhang zwischen der chemischen Verschiebung der aliphatischen CH_2-Protonen, der Kopplungskonstanten $^2J(^{119}SnH)$, der chemischen Verschiebung der Vinyl-CH_2-Protonen sowie der Vinyl-CH-Protonen der Verbindungen $(C_3H_5)_{4-n}SnCl_n$ und der Zahl der Cl-Atome im Molekül darstellen, werden Rückschlüsse auf die Elektronegativität des Halogenatoms in der jeweiligen Verbindung gezogen [48]. Ein gemischtes Polykondensationsprodukt aus Siloxanen und Zinnsäuren wird bei der Umsetzung der Verbindung mit $CF_3(CF_2)_8CF_2J$ bei 300°C und anschließender Zugabe von CH_3OH, NH_4Cl, Zn, $CCl_2{=}CHCl$ und $(CH_3)_3SiCl$ erhalten [25].

Literatur:

[1] S. D. Rosenberg, A. J. Gibbons (J. Am. Chem. Soc. **79** [1957] 2138/40). — [2] S. D. Rosenberg, A. J. Gibbons, Metal and Thermit Corp. (U.S.P. 2873288 [1959]; C.A. **1959** 13054). — [3] Metal and Thermit Corp. (B.P. 815954 [1959]; C.A. **1959** 19880). — [4] D. Seyferth, F. G. A. Stone (J. Am. Chem. Soc. **79** [1957] 515/7). — [5] H. G. Langer (J. Inorg. Nucl. Chem. **21** [1961] 297/9).

[6] H. E. Ramsden, Metal and Thermit Corp. (U.S.P. 2873287 [1959]; C.A. **1959** 13108). — [7] H. E. Ramsden, Metal and Thermit Corp. (U.S.P. 2965661 [1960]; C.A. **1961** 6377). — [8] H. E. Ramsden, Metal and Thermit Corp. (B.P. 832338 [1960]; C.A. **1961** 3521). — [9] A. N. Nesmeyanov, A. E. Borisov, I. S. Salveleva, E. I. Golubeva (Izv. Akad. Nauk SSSR Otd. Khim. Nauk **1958** 1490/1 nach C.A. **1959** 7973). — [10] A. E. Borisov, N. V. Novikova (Izv. Akad. Nauk SSSR Otd. Khim. Nauk **1959** 1670/2 nach C.A. **1960** 8608).

[11] D. V. Naik, C. Curran (J. Organometal. Chem. **81** [1974] 177/85). — [12] H. H. Huang, K. M. Hui, K. K. Chiu (J. Organometal. Chem. **11** [1968] 515/24). — [13] R. Gupta, B. Majee (J. Organometal. Chem. **33** [1971] 169/73). — [14] G. E. Maciel (J. Phys. Chem. **69** [1965] 1947/51). — [15] B. K. Hunter, L. W. Reeves (Can. J. Chem. **46** [1968] 1399/414).

[16] J. J. Zuckerman (Advan. Organometal. Chem. **9** [1970] 21/134). — [17] J. G. Zavistoski, J. J. Zuckerman (J. Org. Chem. **34** [1969] 4197/9). — [18] R. V. Parish, R. H. Platt (Inorg. Chim. Acta **4** [1970] 65/72). — [19] N. W. G. Debye, M. Linzer (J. Chem. Phys. **61** [1974] 4770/6). — [20] R. A. Cummins, P. Dunn (Australia Commonwealth Dept. Supply Defense Std. Lab. Rept. Nr. 266 [1963] 1/106).

[21] U. Kunze, E. Lindner, J. Koola (J. Organometal. Chem. **57** [1973] 319/27). — [22] H. C. Clark, R. C. Poller (Can. J. Chem. **48** [1970] 2670/3). — [23] R. Sayre (J. Chem. Eng. Data **6** [1961] 560/4). — [24] M. D. Rausch, L. P. Klemann (J. Am. Chem. Soc. **89** [1967] 5732/3). — [25] W. Bloechl (Nd. Appl. 65-09546 [1964/66]; C.A. **65** [1966] 750/1).

[26] W. Fink (Angew. Chem. **73** [1961] 532). — [27] E. W. Abel, C. R. Jenkins (J. Chem. Soc. A **1967** 1344/6). — [28] C. E. Carraher, G. F. Peterson, J. E. Sheats, T. Kirsch (J. Macromol. Sci. Chem. **8** [1974] 1009/22). — [29] C. E. Carraher, G. F. Peterson, J. E. Sheats, T. Kirsch (Makromol. Chem. **175** [1974] 3089/96). — [30] J. Affolter, A. Jacot-Guillarmod, K. Bernauer (Helv. Chim. Acta **51** [1968] 293/300).

[31] H. G. Langer, Dow Chemical Co. (U.S.P. 3120550 [1960/64]; C.A. **60** [1964] 12051). — [32] N. D. Kolosova, N. N. Zemlyanskii, Yu. A. Ustynyuk, K. A. Kocheshkov (Izv. Akad. Nauk SSSR Ser. Khim. **1976** 625/8; Bull. Acad. Sci. USSR Div. Chem. Sci. **1976** 608/11). — [33] U. Schröer, H. J. Albert, W. P. Neumann (J. Organometal. Chem. **102** [1975] 291/5). — [34] D. L. Tomaja, J. J. Zuckerman (Syn. Reactiv. Inorg. Metal-Org. Chem. **6** [1976] 323/35). — [35] H. J. Albert, U. Schröer (J. Organometal. Chem. **60** [1973] C6/C8).

[36] G. O. Schenk, E. Körner v. Gustorf, Studiengesellschaft Kohle m.b.H. (F.P. 1343770 [1961/63]; C.A. **60** [1964] 8062). — [37] A. N. Nesmeyanov, A. E. Borisov, A. N. Abramova (Izv. Akad. Nauk SSSR Otd. Khim. Nauk **1949** 570/7 nach C.A. **1950** 7759). — [38] A. N. Nesmeyanov, A. E. Borisov, A. N. Abramova (Izv. Akad. Nauk SSSR Otd. Khim. Nauk **1946** 647/50 nach C.A. **1948** 6316). — [39] A. N. Nesmeyanov, A. E. Borisov, N. V. Novikova, E. I. Fedin (J. Organometal. Chem. **15** [1968] 279/85). — [40] A. N. Nesmeyanov, A. E. Borisov, N. V. Novikova (Izv. Akad. Nauk SSSR Ser. Khim. **1970** 857/60; Bull. Acad. Sci. USSR Div. Chem. Sci. **1970** 804/6).

[41] A. N. Nesmeyanov, A. E. Borisov, N. V. Novikova, E. I. Fedin (Dokl. Akad. Nauk SSSR **183** [1968] 118/21; Dokl. Chem. Proc. Acad. Sci. USSR **183** [1968] 967/70). — [42] A. N. Nesmeyanov, A. E. Borisov (Tetrahedron **1** [1957] 158/68). — [43] A. E. Borisov, V. V. Klinkova, N. A. Chumaevskii (Dokl. Akad. Nauk SSSR **200** [1971] 64/7). — [44] R. West, E. G. Rochow (J. Am. Chem. Soc. **74** [1952] 2490/1). — [45] A. I. Vogel, W. T. Cresswell, J. Leicester (J. Phys. Chem. **58** [1954] 174/7).

[46] A. K. Kocheshkov, R. K. Freidlina (Uch. Zap. Mosk. Gos. Univ. Org. Khim. **7** Nr. 132 [1950] 144/50 nach C.A. **1956** 7728). — [47] A. N. Nesmeyanov, A. E. Borisov, N. V. Novikova (Izv. Akad. Nauk SSSR Otd. Khim. Nauk **1959** 1216/24; Bull. Acad. Sci. USSR Div. Chem. Sci. **1959** 1174/88). — [48] M. Fishwick, M. G. H. Wallbridge (J. Organometal. Chem. **25** [1970] 69/79). — [49] A. A. Gevorkyan, Z. G. Sarksyan (Arm. Khim. Zh. **21** [1968] 269/70 nach C.A. **69** [1968] Nr. 106832). — [50] I. Hechenbleikner, K. R. Molt, Carlisle Chemical Works, Inc. (U.S.P. 3059012 [1960/62]; C.A. **58** [1963] 6860).

[51] Carlisle Chemical Works, Inc. (B.P. 908331 [1960/62]). — [52] E. T. Bogoradovskii, V. P. Novikov, V. S. Zavgorodnii, A. A. Petrov (Zh. Obshch. Khim. **45** [1975] 1650/1; J. Gen. Chem. USSR **45** [1975] 1620/1).

1.3.2.2.1.15 Diphenylzinndichlorid $(C_6H_5)_2SnCl_2$

Diphenyltin Dichloride

1.3.2.2.1.15.1 Bildung und Darstellung

Formation. Preparation

Das gebräuchlichste Verfahren zur Synthese von $(C_6H_5)_2SnCl_2$ ist die Komproportionierung von $SnCl_4$ mit $Sn(C_6H_5)_4$ in Xylol [1] oder bei Temperaturen zwischen 210 und 240°C [2, 3]. Bei dreistündiger Reaktion bei 180°C werden so 83% Ausbeute erzielt [4], bei 2 h zwischen 190 und 200°C ungefähr 90% [5]. Quantitativ ist die Ausbeute bei der Umsetzung im Bombenrohr nach 1 bis 2 h bei 220°C [6, 7] oder bei UV-Bestrahlung des Reaktionsgemisches im Quarzrohr bis zu dessen Homogenisierung [8].

Diphenylzinndichlorid entsteht durch Grignardierung von $SnCl_4$ mit C_6H_5MgCl in Tetrahydrofuran [9] oder mit C_6H_5MgBr in Tetrahydrofuran-Xylol in 17.6%iger Ausbeute [10 bis 14]. In 35%iger Ausbeute wird $(C_6H_5)_2SnCl_2$ gebildet, wenn man $SnCl_2$ in Diäthyläther bei 0°C mit C_6H_5MgBr behandelt, die Mischung anschließend 1 h unter Rückfluß erhitzt, nacheinander mit wäßrigem NaOCl, wäßrigem HCl, wäßrigem NaOH und nochmals HCl behandelt [15].

Technisch wichtig ist die Arylierung von $SnCl_4$ mit Aluminiumorganylen. So entsteht $(C_6H_5)_2SnCl_2$ bei der Umsetzung von $SnCl_4$ mit $(C_6H_5)_3Al_2Cl_3$ [16] und bei der Reaktion von Al mit Chlorbenzol (24 h bei 130 bis 140°C unter N_2) und nachheriger dreistündiger Reaktion mit $SnCl_4$ bei 120°C [17].

Die älteste Methode zur Synthese von $(C_6H_5)_2SnCl_2$ besteht in der Phenylierung von $SnCl_4$ mit $Hg(C_6H_5)_2$ [18, 19]. Auch $SnCl_2$ wird von $Hg(C_6H_5)_2$ in Äthanol oder Aceton im Verlauf von etwa 1 h oder auch ohne Lösungsmittel zu $(C_6H_5)_2SnCl_2$ phenyliert. Die Ausbeuten betragen dabei 71% [20] bzw. 80% [21, 22]. $(C_6H_5)_2SnCl_2$ entsteht auch bei der Umsetzung von $SnCl_2$ mit C_6H_5HgCl in Äthanol [21] oder in Aceton nach 30 min Rückflußkochen in 75%iger Ausbeute [22]. — $SnCl_4$ reagiert mit $Pb(C_6H_5)_4$ und Wasser in Toluol nach 2.5stündigem Rückfluß ebenfalls unter Bildung von Diphenylzinndichlorid [24]. Bei der Zersetzung der aus $SnCl_4$ sowie $[(C_6H_5)_2Cl]Cl$ und $[(C_6H_5)_2Br]Cl$ entstehenden Doppelsalze $[(C_6H_5)_2Cl]_2SnCl_6$ bzw. $[(C_6H_5)_2Br]_2SnCl_6$ mit Sn-Pulver entsteht $(C_6H_5)_2SnCl_2$ in Ausbeuten von 57 bzw. 55% [23].

$Sn(C_6H_5)_4$ wird von Cl_2 gespalten unter Bildung von $(C_6H_5)_2SnCl_2$ [25]. Auch HCl reagiert mit $Sn(C_6H_5)_4$ in Wasser beim Kochen innerhalb von 10 min unter Bildung von $(C_6H_5)_2SnCl_2$ [26]. Entsprechende Spaltungsreaktionen laufen auch mit CH_3COCl bei 50°C unter Bildung von $(C_6H_5)_2SnCl_2$ ab, während mit dem gleichen Reagenz bei 130°C nur $SnCl_4$ erhalten werden kann [27, 28].

In 53.3%iger Ausbeute kann $(C_6H_5)_2SnCl_2$ dargestellt werden durch Umsetzung von Sn mit C_6H_5Cl und ZnJ_2 bei 130 bis 160°C [29]. — Durch ^{113}Sn-markiertes $(C_6H_5)_2SnCl_2$ wird erhalten bei der Komproportionierung von 2 g unmarkierter Verbindung mit 2 mg $(C_6H_5)_3{}^{113}SnCl$ [30].

In Wasser gelöstes $(C_6H_5)_2SnCl_2$ kann quantitativ wiedergewonnen werden, wenn der gesättigten wäßrigen Lösung $CaCl_2$ hinzugefügt wird und die Lösung erhitzt wird [31, 32].

$(C_6H_5)_2SnCl_2$ entsteht außerdem bei den in Tabelle 34 zusammengestellten Reaktionen zwischen Diphenylzinnderivaten und chlorhaltigen Substanzen, durch Komproportionierung verschiedener Zinnverbindungen mit Diphenylzinn- und Phenylmetallderivaten sowie im Verlauf verschiedener Zersetzungs- und Zerfallsreaktionen.

Tabelle 34
Bildung von $(C_6H_5)_2SnCl_2$.

Ausgangskomponenten	Reaktionsbedingungen	Ausbeute in %	Lit.
$[(C_6H_5)_3Sn]_2$	s-C_4H_9Cl, UV	—	[33]
$Sn(C_6H_5)_4$, BCl_3	C_6H_6, 3 h, Rückfluß	—	[34, 35]
$Sn(C_6H_5)_4$, $C_6H_5BCl_2$	—	—	[36]
$Sn(C_6H_5)_4$, $TlCl_3$	Diäthyläther, Xylol	—	[37]
$Sn(C_6H_5)_4$, $SbCl_3$	—	—	[38]
$Sn(C_6H_5)_4$, $TeCl_4$	Toluol, 2 h, 25°C	—	[39]
$Sn(C_6H_5)_4$, JCl	CCl_4, 1 bis 2 h, 25°C	70 bis 88	[40]
$Sn(C_6H_5)_4$, JCl	CCl_4, 1.5 h, 20°C	92	[41]
$Sn(C_6H_5)_4$, JCl_3	$CHCl_3$, 5 h, Rückfluß	—	[42]
$SnCl_2$, $(C_6H_5)_2TlCl$	200°C, 7 min	69	[43]
$SnCl_2$, $(C_6H_5)_2PbCl_2$	Äthanol	—	[44]
$SnCl_2$, $(C_6H_5)_2PbCl_2$	Aceton, 50 h, Rückfluß	13.6	[45]
$SnCl_2$, Sn, p-$CH_3OC_6H_4(C_6H_5)JCl$	Aceton, 5 h, 25°C	—	[46, 47]
$SnCl_2$, $Ti(C_6H_5)_4$	25°C	15	[48]
$SnCl_4$, $[(C_6H_5)_2Sn]_x$	Diäthyläther, 25°C	58	[49]
$SnCl_4$, $[(C_6H_5)_2Sn]_x$	Benzol, 0°C	76	[49]
$SnCl_4$, $Bi(C_6H_5)_3$	—	—	[50]
Sn, C_6H_5HgCl	Xylol	—	[51]
$(C_6H_5)_2SnH_2$, HCl	Diäthyläther	85	[52]
$(C_6H_5)_3SnCl$, SO_2	20°C	—	[53]
$(C_6H_5)_3SnCl$, $TeCl_4$	Toluol, 2 h, 25°C	—	[39]
$(C_6H_5)_3SnCl$, $SeCl_4$	CCl_4-CH_2Cl_2, −10°C	—	[39]
$(C_6H_5)_3SnCl$, JCl	CCl_4, 1 h, 25°C	80	[40]
$(C_6H_5)_3SnCl$, $Pd[P(C_6H_5)_3][C_6H_5NC]Cl_2$	—	—	[54]
$C_6H_5SnCl_3$, $(C_4H_9)_3SnC_6H_5$	2 h, 140°C	—	[55]
$[(C_6H_5)_2Sn]_x$, Cl_2	CCl_4	97	[49]
$[(C_6H_5)_2SnO]_x$, $(CH_3)_3SiCl$	—	50	[56]
$(C_6H_5)_3SnSC_6H_5$, HCl	o-$Cl_2C_6H_4$, 180°C	70	[57]
$(C_6H_5)_2Sn(SC_6H_5)_2$	o-$Cl_2C_6H_4$, 180°C	25	[57]
$(C_6H_5)_2Sn(C_{10}H_{11})_2$, HCl	—	87	[58]
$(C_6H_5)_2Sn(Cl)OC_9H_6N$, $HgCl_2$	Diäthyläther, 8 h, 25°C	—	[59]
$SnCl_4 \cdot 2\,C_6H_5N_2Cl$, M	M = Sn, Zn, Mg, Al, Cu, $SnCl_2 \cdot 2\,H_2O$	—	[60]

Analyse. Zur Abtrennung von Diphenylzinndichlorid aus verschiedenen Mischungen und zur nachfolgenden analytischen Bestimmung werden vornehmlich chromatographische Methoden genutzt, wie Säulenchromatographie [19], Papierchromatographie [61 bis 63] und Dünnschichtchromatographie [64 bis 71]. Weitere Bestimmungsmethoden bedienen sich der Potentiometrie [72] und der Polarographie [73].

Ein Verfahren zur vollständigen Elementaranalyse von Diphenylzinndichlorid und anderen Organozinnverbindungen nach Verbrennung der Verbindungen s. bei [74]. Zur Bestimmung von Sn durch Lösungsspektralanalyse über Chromatographie an Kohlestäben s. [75]. Ein Trennverfahren für zinnorganische Verbindungen unter Einschluß von $(C_6H_5)_2SnCl_2$ verläuft in schwefelsaurer Lösung über die Komplexierung mit Tartrat [76]. Diphenylzinndichlorid und andere Diphenylzinnverbindungen werden mit 1-(2-Pyridylazo)-2-naphthal-$CHCl_3$, Diphenylcarbazon-$CHCl_3$, Dithizon-$CHCl_3$, α-Benzoinoxim-$CHCl_3$, 2-Pyridylazoresorcin (als Dinatriumsalz)-Isoamylalkohol u.a. ausgeschüttelt. Bei verschiedenen dünnschichtchromatographischen Verfahren erfolgt die Bestimmung von $(C_6H_5)_2SnCl_2$ entweder radiometrisch oder photometrisch [30].

Zur fluorimetrischen Bestimmung von $(C_6H_5)_2SnCl_2$ in Kartoffeln s. [77], zum Nachweis der Verbindung in PVC mit Hilfe von Dithizon s. [78].

Literatur:

[1] E. Reindl, H. Gelbert, Farbwerke Hoechst A.-G. (D.P. 1100630 [1961]; C.A. **1961** 24679). — [2] M. Lesbre (Bull. Soc. Chim. France [5] **2** [1935] 1189/200). — [3] H. Polkinhorne, C. G. Tapley, Albright and Wilson, Ltd. (B.P. 736822 [1955]; C.A. **1956** 8725). — [4] H. Gilman, L. A. Gist (J. Org. Chem. **22** [1957] 368/71). — [5] F. W. Johnson, J. M. Church, Metal and Thermit Corp. (U.S.P. 2599557 [1962]; C.A. **1953** 1728).

[6] K. A. Kocheshkov (Ber. Deut. Chem. Ges. **62** [1929] 996/9). — [7] K. A. Kocheshkov (Zh. Russ. Fiz. Khim. Obshch. **61** [1929] 1385/91). — [8] G. A. Razuvaev (Akad. Nauk SSSR Inst. Organ. Khim. Sintezy Organ. Soedin. **1** [1950] 41/2 nach C.A. **1953** 8004). — [9] H. E. Ramsden, Metal and Thermit Corp. (B.P. 825039 [1959]; C.A. **1960** 18438). — [10] M and T Chemicals, Inc. (Nd. Appl. 65-04500 [1964/65]; C.A. **64** [1966] 8240).

[11] M and T Chemicals, Inc. (D.P. 1693112 [1965]). — [12] M and T Chemicals, Inc. (B.P. 1084076 [1965]). — [13] M and T Chemicals, Inc. (F.P. 1434534 [1965]). — [14] M and T Chemicals, Inc. (U.S.P. 3355468 [1965]). — [15] C. Gopinathan, S. K. Pandit, S. Gopinathan, I. R. Unni, P. A. Awarsakar (Indian J. Chem. **11** [1973] 605).

[16] D. Wittenberg (Liebigs Ann. Chem. **654** [1962] 23/6). — [17] D. Wittenberg, Badische Anilin- und Soda-Fabrik A.-G. (D.P. 1124947 [1960/62]; C.A. **57** [1962] 7309). — [18] B. Aronheim (Liebigs Ann. Chem. **194** [1878] 145/75). — [19] R. Barbieri, U. Belluco, G. Tagliavini (Ann. Chim. [Rome] **48** [1958] 940/9). — [20] I. T. Eskin, A. N. Nesmeyanov, K. A. Kocheshkov (Zh. Obshch. Khim. **8** [1938] 35/41 nach C.A. **1938** 5386).

[21] K. A. Kocheshkov, A. N. Nesmeyanov (Zh. Russ. Fiz. Khim. Obshch. **62** [1930] 1795/812 nach C.A. **1931** 3975/7). — [22] A. N. Nesmeyanov, K. A. Kocheshkov (Ber. Deut. Chem. Ges. **63** [1930] 2496/504). — [23] A. N. Nesmeyanov, O. A. Reutov, I. P. Tolstaya, O. A. Ptitsyna, L. S. Isaeva, M. F. Turchinskii, G. P. Bochkareva (Dokl. Akad. Nauk SSSR **125** [1959] 1265/8 nach C.A. **1959** 21757). — [24] A. E. Goddard, J. N. Ashley, R. B. Evans (J. Chem. Soc. **121** [1922] 978/82). — [25] A. Polis (Ber. Deut. Chem. Ges. **22** [1889] 2915/9).

[26] F. B. Kipping (J. Chem. Soc. **1928** 2365/73). — [27] M. M. Koton (J. Gen. Chem. USSR **26** [1956] 3581/3). — [28] M. M. Koton (Zh. Obshch. Khim. **26** [1956] 3212/4). — [29] R. D. Gray, S. E. Mayer, Societe Anon. Argus Chemical N.V. (F.P. 1456268 [1964/66]; C.A. **66** [1967] Nr. 115806). — [30] K. D. Freitag, R. Bock (Z. Anal. Chem. **270** [1974] 337/46).

[31] J. W. Bouchoux, W. A. Larkin, M and T Chemicals, Inc. (Belg.P. 836831 [1975/76]; C.A. **86** [1977] Nr. 55584). — [32] W. A. Larkin, J. W. Bouchoux, M and T Chemicals, Inc. (U.S.P. 3931264 [1974/76]; C.A. **84** [1976] Nr. 105773). — [33] L. Wilputte-Steinert, J. Nasielski (J. Organometal. Chem. **24** [1970] 113/8). — [34] K. Niedenzu, J. W. Dawson (J. Am. Chem. Soc. **82** [1960] 4223/8). — [35] K. Niedenzu, H. Beyer, J. W. Dawson (Inorg. Chem. **1** [1962] 738/42).

[36] W. L. Cook, K. Niedenzu (Syn. Reactiv. Inorg. Metal-Org. Chem. **4** [1974] 53/60). — [37] D. Goddard, A. E. Goddard (J. Chem. Soc. **121** [1922] 256/61). — [38] Z. M. Manulkin, A. N. Tatarenko, V. Yu. Yusupov (Tr. Tashkent. Farm. Inst. **1** [1957] 291/5 nach C.A. **57** [1962] 9869). — [39] R. C. Paul, K. K. Bhasin, R. K. Chadha (J. Inorg. Nucl. Chem. **37** [1975] 2337/9). — [40] S. N. Bhattacharya, P. Raj, R. C. Srivastava (J. Organometal. Chem. **105** [1976] 45/9).

[41] A. Folaranmi, R. A. N. McLean, N. Wadibia (J. Organometal. Chem. **73** [1974] 59/66). — [42] Z. M. Manulkin (Uzbeksk. Khim. Zh. **4** [1960] 66/8 nach C.A. **1961** 12330). — [43] A. N. Nesmeyanov, A. E. Borisov, N. V. Novikova (Izv. Akad. Nauk SSSR Otd. Khim. Nauk **1959** 644/6 nach C.A. **1959** 21626). — [44] K. A. Kocheshkov, R. K. Freidlina (Uch. Zap. Mosk. Gos. Univ. Org. Khim. Nr. 132 [1950] 144/50 nach C.A. **1956** 7728). — [45] K. A. Kocheshkov, R. K. Freidlina (Izv. Akad. Nauk SSSR Otd. Khim. Nauk **1950** 203/8 nach C.A. **1950** 9342).

[46] O. A. Reutov (Theoret. Org. Chem. Papers Kekule Symp., London 1958 [1959], S. 176/8 nach C.A. **1959** 21725). — [47] O. A. Ptitisyna, O. A. Reutov, M. F. Turchinskii (Nauchn. Dokl. Vysshei Shkoly Khim. i Khim. Tekhnol. **1959** Nr. 1, S. 138/40 nach C.A. **1959** 17030). — [48] G. A. Razuvaev, G. A. Kilyakova, A. P. Batalov, V. N. Latyaeva (Tr. po Khim. i Khim. Tekhnol. **1973** 117/8 nach C.A. **80** [1974] Nr. 83179). — [49] H. G. Kuivila, E. R. Jakusik (J. Org. Chem. **26** [1961] 1430/3). — [50] F. K. Solomakhina (Tr. Tashkent. Farm. Inst. **1** [1957] 321/33 nach C.A. **1961** 15389).

[51] M. M. Nad, K. A. Kocheshkov (Zh. Obshch. Khim. **8** [1938] 42/50 nach C.A. **1938** 5387). — [52] H. G. Kuivila, A. K. Sawyer, A. G. Armour (J. Org. Chem. **26** [1961] 1426/9). — [53] U. Kunze, E. Lindner, J. Koola (J. Organometal. Chem. **40** [1972] 327/40). — [54] B. Crociani, M. Nicolini, T. Boschi (J. Organometal. Chem. **33** [1971] C81/C83). — [55] L. S. Melnichenko, N. N. Zemlyanskii, V. A. Chernoplekova, K. A. Kocheshkov (Izv. Akad. Nauk SSSR Ser. Khim. **1972** 1384/6; Bull. Acad. Sci. USSR Div. Chem. Sci. **1972** 1332/4).

[56] L. S. Melnichenko, N. N. Zemlyanskii, I. V. Karandi, N. D. Kolosova, K. A. Kocheshkov (Dokl. Akad. Nauk SSSR **200** [1971] 346/7; Dokl. Chem. Proc. Acad. Sci. USSR **200** [1971] 775/6). — [57] B. W. Rockett, M. Hadlington, W. R. Poyner (J. Appl. Polymer Sci. **18** [1974] 745/52). — [58] C. S. Bobashinskaya, K. A. Kocheshkov (Zh. Obshch. Khim. **8** [1938] 1850/6). — [59] D. Datta, B. Majee, A. K. Gosh (J. Organometal. Chem. **84** [1975] 231/8). — [60] A. N. Nesmeyanov, K. A. Kocheshkov, V. A. Klimova (Ber. Deut. Chem. Ges. **68** [1935] 1877/83).

[61] D. J. Williams, J. W. Price (Analyst **85** [1960] 579/82). — [62] D. J. Williams, J. W. Price (Analyst **89** [1964] 220/2). — [63] D. J. Williams, J. W. Price (Z. Anal. Chem. **182** [1961] 461/2). — [64] H. Akagi, R. Takeshita, Y. Sakagami (Koshu Eiseiin Kenkyu Kokoku **19** [1970] 185/92). — [65] H. Akagi, M. Fujita, Y. Sakagami (Shokuhin Eiseigaku Zasshi **13** [1972] 85/8 nach C.A. **77** [1972] Nr. 124877).

[66] D. Simpson, B. R. Curell (Analyst **96** [1971] 515/21). — [67] K. Bürger (Z. Lebensm. Untersuch. Forsch. **114** [1961] 1/10). — [68] K. Bürger (Z. Anal. Chem. **192** [1963] 280/6). — [69] V. D. Nefedov, V. E. Zhuravlev, N. G. Molchanova, N. N. Kalinina (Zh. Obshch. Khim. **38** [1968] 1219/21; J. Gen. Chem. USSR **38** [1968] 1175/7). — [70] H. Woidich, W. Pfannhauser (Z. Lebensm. Untersuch. Forsch. **162** [1976] 49/54).

[71] H. Woidich, W. Pfannhauser, G. Blaicher (Deut. Lebensm. Rundschau **72** [1976] 421/2). — [72] G. Tagliavini, P. Zanella (Anal. Chim. Acta **40** [1968] 33/9). — [73] E. A. Terenteva, N. N. Smirnova (Zh. Analit. Khim. **31** [1976] 1950/3; J. Anal. Chem. USSR **31** [1976] 1412/5). — [74] N. E. Gelman, V. I. Skorobogatora, Yu. M. Faershtein, I. M. Korotaeva (Zh. Analit. Khim. **28** [1973] 611/4; J. Anal. Chem. USSR **28** [1973] 545/7). — [75] R. Rautschke, O. Heinrich (Spectrochim. Acta B **27** [1972] 143/8).

[76] R. Bock, S. Gorbach, H. Oeser (Angew. Chem. **70** [1958] 272). — [77] F. Vernon (Anal. Chim. Acta **71** [1974] 192/5). — [78] A. H. Chapman, M. W. Duckworth, J. W. Price (Brit. Plastics **32** [1959] 78).

1.3.2.2.1.15.2 Struktur. Spektren

Structure. Spectra

$(C_6H_5)_2SnCl_2$ kristallisiert in farblosen triklinen Kristallen mit den Gitterkonstanten a = 15.905(2) Å, b = 9.367(1) Å, c = 9.034(1) Å, α = 76.89(1)°, β = 93.21(1)° und γ = 94.78(1)°; Z = 4. Raumgruppe C_i^1-$P\bar{1}$ (Nr. 2). Die kristallographische Dichte beträgt 1.750 g/cm³. Molvolumen V_{mol} = 1305 Å³. Die Strukturuntersuchung (Atomkoordinaten und Strukturfaktoren s. im Original) zeigt, daß der Kristall aus diskreten Molekülen mit tetraedrischer Koordination am Zinn aufgebaut ist (s. Figur im Original). Als Bindungsabstände wurden gefunden: Sn-Cl = 2.346(2) Å, Sn-C = 2.114(3) Å, C-C = 1.387(13) Å; Bindungswinkel Cl-Sn-Cl = 100°, Cl-Sn-C = 107° und C-Sn-C = 125.5°. Weitere Bindungsabstände und -winkel s. im Original. In der Elementarzelle sind zwei kristallographisch unabhängige Moleküle mit identischer Geometrie enthalten. Eine molekulare Assoziation kann nicht beobachtet werden. Der kürzeste intermolekulare Sn-Cl-Kontakt beträgt 3.77 Å. Mössbauer-spektroskopische Untersuchungen, die eine sechsfache Koordination am Zinn nahelegen, sind demnach falsch interpretiert worden [1].

Im ^{1}H-NMR-Spektrum von $(C_6H_5)_2SnCl_2$ in benzolischer Lösung erscheint ein Multiplett-Signal für die Phenylprotonen. Folgende Verschiebungswerte können für die einzelnen Protonenarten zugeordnet werden: $\delta H_o = -28.8$ Hz, $\delta H_p = -18.2$ Hz gegen Benzol [2], $\delta H_o = -0.48$ ppm, $\delta H_{m,p} = -0.31$ ppm gegen Benzol [3]. Ein Spektrum bei 45°C ohne Lösungsmittel zeigt folgende Parameter: $\delta H_o = -6$ Hz gegen 10%iges Tetramethylsilan in $CHCl_3$ extern bei 56.4 MHz, $\delta H_{m,p} = 5.5$ Hz, $^3J(H^{117/119}Sn) = 78.6/81.8$ Hz, $^3J(HH)_{o,m} = 8$ Hz, $^4J(HH) = 1.5$ Hz [4]. Ein 100-MHz-Spektrum einer Lösung (5 Mol-%) in Hexadeuteriobenzol zeigt folgende Werte für die chemischen Verschiebungen und Kopplungskonstanten: $\delta H_o = -738.47$ Hz gegen Tetramethylsilan, $\delta H_m = -704.06$ Hz, $\delta H_p = -706.94$ Hz, $^3J(HH)_{2,3} = 7.55$ Hz, $^4J(HH)_{2,4} = 1.35$ Hz, $^5J(HH)_{2,5} = 0.65$ Hz, $^6J(HH)_{2,6} = 1.28$ Hz, $^3J(HH)_{3,4} = 7.54$ Hz, $^4J(HH)_{3,5} = 1.41$ Hz [5]. — $(C_6H_5)_2SnCl_2$ zeigt im ^{13}C-NMR-Spektrum in CH_2Cl_2 folgende Verschiebungswerte gegen Tetramethylsilan: $\delta C_\alpha = -137.0$ ppm, $\delta C_\beta = -134.9$ ppm, $\delta C_\gamma = -129.7$ ppm, $\delta C_\delta = -131.8$ ppm. Kopplungskonstanten: $^1J(CSn)$ = 785 Hz, $^2J(CSn)$ = 63 Hz, $^3J(CSn)$ = 90 Hz, $^4J(CSn)$ = 16 Hz [6]. — Die chemische Verschiebung im ^{119}Sn-Spektrum wurde in CH_2Cl_2 mit Hilfe von ^{1}H-^{119}Sn-Doppelresonanzuntersuchungen zu 32 ppm gegen $Sn(CH_3)_4$ bestimmt [7].

Das ^{35}Cl-NQR-Spektrum von $(C_6H_5)_2SnCl_2$ zeigt bei 77 K 4 Linien bei 17.440, 17.902, 18.020 und 18.722 MHz, bei 200 K bei 17.390, 17.798, 17.985 und 18.530 MHz und bei 303 K bei 17.337, 17.724, 17.995 und 18.340 MHz [8, 9]. Aus anderen Untersuchungen werden folgende Frequenzen angegeben: 16.947 MHz [10, 11] sowie 16.947 MHz bei 77 K, 16.579 MHz bei 201 K und 16.317 MHz bei 300 K [12]. Die Kernquadrupolkopplungskonstanten wurden zu 33.894 MHz [12], 35.687 MHz [9] und 35.7 MHz [13] berechnet. Korrelationen der NQR-Daten mit der Quadrupolaufspaltung aus dem Mössbauer-Spektrum s. bei [14].

Im Mössbauer-Spektrum von $(C_6H_5)_2SnCl_2$ erscheint ein asymmetrisches Dublett mit Linienbreiten von 1.25 und 1.4 mm/s, das auf Verunreinigungen aus der Darstellung der Verbindung zurückgeführt wurde [15]. In verschiedenen Arbeiten werden folgende Isomerieverschiebungen δ (in mm/s) angegeben: −0.15 gegen PdSn [16]; −0.68 [17, 18], −0.7 gegen α-Sn [19]; 1.310 [20], 1.34 [21, 22], 1.37 [23, 24], 1.38 [25, 26], 1.387 [14], 1.4 [27], 1.40 ± 0.05 [28], 1.48 [29], 1.52 [30] gegen SnO_2; 1.339 ± 0.015 bei 84 K und 1.359 ± 0.015 bei 78 K [31], 1.36 gegen $BaSnO_3$ [32]. Für die Quadrupolaufspaltung Δ (in mm/s) werden gefunden: 2.656 [20], 2.75 [26], 2.76 [16, 32], 2.80 [19, 27 bis 29], 2.812 ± 0.015 bei 78 K [31], 2.82 (ber.: 2.90) [33], 2.83 [23, 24], 2.853 ± 0.015 bei 84 K [31], 2.860 [14, 34], 2.89 [21, 22], 2.90 [25], 2.98 [17, 18, 30]. Weitere Werte der Isomerieverschiebung sowie Quadrupolkopplungskonstanten in verschiedenen Lösungsmitteln s. bei [28, 31, 35]. — Die Dublett-Struktur des Mössbauer-Spektrums von $(C_6H_5)_2SnCl_2$ wurde mehrfach diskutiert: Diskussion der Einflüsse eines Magnetfeldes auf einen Absorber aus polykristallinem $(C_6H_5)_2SnCl_2$ s. bei [36], Diskussionen der Temperaturabhängigkeit des rückstoßfreien Anteils s. bei [22, 31, 37, 38]. Untersuchungen über die Temperaturabhängigkeit der Mössbauer-Spektren und den langwelligen Bereich der Schwingungsspektren aus Laser-Raman-Spektren, wobei Aussagen über die Schwingungen im Kristall gemacht werden, s. bei [39, 40]. Zur Berechnung der Elektronendichte am Zinn mit Hilfe der Del Re-Methode s. [41], zur Berechnung der Orbitalpopulation aus Mössbauer- und NQR-Daten s. [14, 27, 34].

Abbildungen der IR-Spektren von $(C_6H_5)_2SnCl_2$ zwischen 3600 und 800 cm^{-1} s. bei [42], zwischen 2 und 15 μm s. bei [43], zwischen 2 und 35 μm s. bei [44]. Zuordnungen der IR-Banden sind in Tabelle 35 zusammengestellt [45 bis 48]. Außerdem wurden die Banden bei 350 und 356 cm^{-1} im IR-Spektrum der νSnCl-Schwingung zugeordnet [23]. Weitere Zuordnungen von Teilen des IR-Spektrums von $(C_6H_5)_2SnCl_2$ s. bei [49 bis 52], speziell der CH-out-of-plane-Schwingungen s. bei [53] und des Raman-Spektrums s. bei [35]. Eine Abbildung des Raman-Spektrums zwischen 0 und 700 cm^{-1} ist bei [39] zu finden. Beziehungen zwischen den Gitterschwingungen im Raman-Spektrum von festem $(C_6H_5)_2SnCl_2$ und dem Debye-Waller-Faktor im entsprechenden ^{119}Sn-Mössbauer-Spektrum s. bei [39, 40].

Tabelle 35
IR-Spektren von $(C_6H_5)_2SnCl_2$.

Zuordnung	ν in cm^{-1}			
	CS_2 [45]	CCl_4 [46]	Nujol [47]	Nujol [48]
$\rho SnCl_2$	—	—	—	95 m
$\delta_s SnCl_2$	—	—	106 s	115 st
$\nu_s SnC_6H_5$	—	230 st 226 st	234 m	235 st
$\nu_{as} SnC_6H_5$	—	279 st 276 st 274 st	279 st	273 st
$\nu_s SnCl$	—	356 350	356 st	360 st
$\nu_{as} SnCl$	—	364 st	364 st	360 st
νSnC_6H_5	1069 st	—	—	—

Nicht zugeordnete Banden sowie Zuordnung der Phenylschwingungen und von weiteren, substituentenunabhängigen Schwingungen der Phenylringe und Angabe und Zuordnung von Kombinations- und Oberschwingungen s. im Original [45].

Das UV-Spektrum von $(C_6H_5)_2SnCl_2$ gleicht dem von Benzol und anderen monosubstituierten Benzolderivaten. Abbildung des Spektrums in Cyclohexan und Chloroform zwischen 200 und 380 nm, Zuordnung und Diskussion der Schwingungsfeinstrukturen der B-Bande um 260 nm und der K-Bande um 210 nm s. bei [54]. Eine Bande bei etwa 290 nm kann entweder auf einen Elektronenübergang in der Sn-Cl-Bindung oder auf Absorptionen von Fotozersetzungsprodukten zurückgeführt werden [54]. Außerdem werden angegeben: λ_{max} = 264.5 nm (ε = 367), 252.4 (807), 258.5 (636), 263.0 (695), 269.6 (524) [55], 253.0 (600), 259 (800), 264 (900), 270 (700) [56]. Zum Vergleich der Bandenintensität und der Oszillatorstärke solcher Verbindungen s. [55, 57].

Bei der Photolyse von $(C_6H_5)_2SnCl_2$ werden Phenylradikale gebildet, die nach Abfangen mit $C_6H_5CH{=}N(O)C(CH_3)_3$ durch ESR-Spektroskopie des Additionsproduktes nachgewiesen werden können [58].

Literatur:

[1] P. T. Greene, R. F. Bryan (J. Chem. Soc. A **1971** 2549/54). — [2] J. M. Angelelli, J. C. Maire (Bull. Soc. Chim. France **1969** 1858/61). — [3] J. C. Maire, F. Hemmert (Bull. Soc. Chim. France **1963** 2785/7). — [4] L. Verdonck, G. P. van der Kelen (Bull. Soc. Chim. Belges **74** [1965] 361/9). — [5] P. N. Preston, L. H. Sutcliffe, B. Taylor (Spectrochim. Acta A **28** [1972] 197/210).

[6] T. N. Mitchell (J. Organometal. Chem. **59** [1973] 189/97). — [7] A. G. Davies, P. G. Harrison, J. D. Kennedy, T. N. Mitchell, R. J. Puddephatt, W. McFarlane (J. Chem. Soc. C **1969** 1136/41). — [8] P. J. Greene (Diss. West Virginia Univ., Morgantown 1967, S. 1/139; Diss. Abstr. B **28** [1968] 489). — [9] P. J. Greene, J. D. Graybeal (J. Am. Chem. Soc. **89** [1967] 4305/8). — [10] I. P. Goldshtein, E. N. Guryanova, L. S. Melnichenko, N. N. Zemlyanskii, T. I. Perepelkova, Yu. K. Maksyutin, K. A. Kocheshkov (Dokl. Akad. Nauk SSSR **201** [1971] 105/7; Dokl. Chem. Proc. Acad. Sci. USSR **201** [1971] 895/6).

[11] Yu. K. Maksyutin, V. V. Khrapov, L. S. Melnichenko, G. K. Semin, N. N. Zemlyanskii, K. A. Kocheshkov (Izv. Akad. Nauk SSSR Ser. Khim. **1972** 602/4; Bull. Acad. Sci. USSR Div. Chem. Sci. **1972** 562/3). — [12] E. D. Swiger, J. D. Graybeal (J. Am. Chem. Soc. **87** [1965] 1464/6). — [13] J. D. Graybeal, S. D. Ing, M. W. Hsu (Inorg. Chem. **9** [1970] 678/9). — [14] N. W. G. Debye, M. Linzer (J. Chem. Phys. **61** [1974] 4770/6). — [15] V. S. Shpinel, A. Yu. Aleksandrov, G. K. Ryasnyi, O. Yu. Okhlobystin (Zh. Eksperim. i Teor. Fiz. **48** [1965] 69/71; Soviet Phys.-JETP **21** [1965] 47/8).

[16] M. A. Mullins, C. Curran (Inorg. Chem. **7** [1968] 2584/8). — [17] M. Cordey-Hayes (J. Inorg. Nucl. Chem. **26** [1964] 2306/8). — [18] M. Cordey-Hayes (Tech. Rept. Ser. Intern. At. Energy Agency Nr. 50 [1966] 156/63). — [19] V. I. Goldanskii, B. V. Borshagovskii, E. F. Makarov, R. A. Stukan, K. A. Anisimov, N. E. Kolobova, V. V. Skrpkin (Teor. i Eksperim. Khim. **3** [1967] 478/82; Theor. Exptl. Chem. [USSR] **3** [1967] 275/7). — [20] R. H. Herber, H. A. Stöckler, W. T. Reichle (J. Chem. Phys. **42** [1965] 2447/52).

[21] H. A. Stöckler, H. Sano (Trans. Faraday Soc. **64** [1968] 577/81). — [22] H. A. Stöckler, H. Sano, R. H. Herber (J. Chem. Phys. **47** [1967] 1567/71). — [23] R. S. Randall, R. W. J. Wedd, J. R. Sams (J. Organometal. Chem. **30** [1971] C19/C21). — [24] B. V. Liengme, J. R. Sams, J. C. Scott (Bull. Chem. Soc. Japan **45** [1972] 2956/7). — [25] R. V. Parish, R. H. Platt (Inorg. Chim. Acta **4** [1970] 65/72).

[26] N. W. G. Debye, E. Rosenberg, J. J. Zuckerman (J. Am. Chem. Soc. **90** [1968] 3234/6). — [27] V. A. Bryukhanov, V. I. Goldanskii, N. N. Delyagin, L. A. Korytko, E. F. Makarov, I. P. Suzdalev, V. S. Shpinel (Zh. Eksperim. i Teor. Fiz. **43** [1962] 448/52; Soviet Phys.-JETP **16** [1963] 321/3). — [28] A. Yu. Aleksandrov, Ya. G. Dorfman, O. L. Lependina, K. P. Mitrofanov, M. V. Plotnikova, L. S. Polak, A. Ya. Temkin, V. S. Shpinel (Zh. Fiz. Khim. **38** [1964] 2190/7; Russ. J. Phys. Chem **38** [1964] 1185/8). — [29] P. J. Smith (Organometal. Chem. Rev. A **5** [1970] 373/402). — [30] J. G. Zavistoski, J. J. Zuckerman (J. Org. Chem. **34** [1969] 4197/9).

[31] R. H. Herber (J. Inorg. Nucl. Chem. **35** [1973] 67/73). — [32] M. Mishima, M. Nakamura, M. Izawa, M. Idogaki (Shimane Daigaku Bunrigakubu Kiyo Rigakka Hen Nr. 7 [1974] 79/84 nach C.A. **82** [1975] Nr. 105053). — [33] G. M. Bancroft, K. D. Butler (Inorg. Chim. Acta **15** [1975] 57/65). — [34] D. E. Williams, C. W. Kocher (J. Chem. Phys. **52** [1970] 1480/8). — [35] M. F. Leahy (Diss. Rutgers State Univ., New Brunswick, N.J., 1976, S. 1/167; Diss. Abstr. Intern. B **37** [1976] 2879).

[36] G. A. Bykov, G. K. Ryasnyl, V. S. Shpinel (Fiz. Tverd. Tela **7** [1965] 1657/62; Soviet Phys.-Solid State **7** [1965] 1343/7). — [37] H. A. Stöckler, H. Sano (Chem. Commun. **1969** 954/5). — [38] N. P. Balabanov, B. A. Komissarova, A. A. Sorokin, V. S. Shpinel (Nauchn. Tr. Vissh. Pedagog. Inst. Plovdiv Mat. Fiz. Khim. Biol. **5** [1967] 49/58 nach C.A. **69** [1968] Nr. 48278). — [39] Y. Hazony, R. H. Herber (Moessbauer Eff. Methodol. **8** [1973] 107/26). — [40] A. J. Rein, R. H. Herber (Proc. 5th Intern. Conf. Raman Spectry., Freiburg/Br. 1976, S. 66/7).

[41] R. Gupta, B. Majee (J. Organometal. Chem. **49** [1973] 203/11). — [42] C. E. Carraher, G. A. Scherubel (J. Polymer Sci. Chem. Ed. **9** [1971] 983/9). — [43] R. A. Cummins, P. Dunn (Australia Commonwealth Dept. Supply Defense Std. Lab. Rept. Nr. 266 [1963] 1/106). — [44] L. A. Harrah, M. T. Ryan, C. Tamborski (Spectrochim. Acta **18** [1962] 21/37). — [45] V. S. Griffith, G. A. W. Derwish (J. Mol. Spectry. **5** [1960] 148/69).

[46] R. C. Poller (Spectrochim. Acta **22** [1966] 935/9). — [47] J. R. May, W. R. McWhinnie, R. C. Poller (Spectrochim. Acta A **27** [1971] 969/74). — [48] A. L. Smith (Spectrochim. Acta A **24** [1968] 695/706). — [49] R. C. Poller (J. Inorg. Nucl. Chem. **24** [1962] 593/600). — [50] T. N. Srivastava (Indian J. Chem. **12** [1974] 98/9).

[51] J. C. Maire, J. Cassan, B. Lepretre, J. Marrot (Compt. Rend. **260** [1965] 5290/2). — [52] K. L. Jaura, K. K. Sharma (J. Indian Chem. Soc. **48** [1971] 965/7). — [53] V. S. Griffith, G. A. W. Derwish (J. Mol. Spectry. **13** [1964] 393/8). — [54] V. S. Griffith, G. A. W. Derwish (J. Mol. Spectry. **3** [1959] 165/76). — [55] J. Marrot, J. C. Maire, J. Cassan (Compt. Rend. **260** [1965] 3931/4).

[56] O. A. Zasyadko, R. G. Mirskov, N. P. Ivanova, Yu. L. Frolov (Zh. Prikl. Spektroskopii **15** [1971] 718/23). — [57] B. G. Ramsay (Electronic Transitions in Organometalloids, New York 1969). — [58] E. G. Janzen, B. J. Blackburn (J. Am. Chem. Soc. **91** [1969] 4481/90).

Physical Properties

1.3.2.2.1.15.3 Physikalische Eigenschaften

$(C_6H_5)_2SnCl_2$ stellt bei Normalbedingungen farblose Kristalle dar. Als Schmelzpunkt werden angegeben: 36 bis 41°C [1], 38°C [2], 40 bis 41°C [3], 40 bis 41.5°C [4], 40.5°C [5], 41 bis 42°C [6 bis 8], 42°C [9 bis 22], 42 bis 44°C [23], 43°C [24]. Als Siedepunkte werden gefunden: 100 bis 120°C/5×10^{-4} Torr [25], 134°C/0.1 Torr [5], 333 bis 337°C/Normaldruck unter Zersetzung [19].

Für das Dipolmoment μ in D der Verbindung wird gefunden in Benzol: 3.65 [26], 3.59 [27], 4.06 [28], 4.23 [5], 4.31 [29], in Hexan: 3.65 [27], in Dioxan: 4.34 [27]. Aus einer Del Re-Berechnung wird ein Wert von 3.64 D erhalten [30].

Zur Untersuchung der Leitfähigkeit von $(C_6H_5)_2SnCl_2$ in $H_2S_2O_7$ s. [31]. Für die diamagnetische Suszeptibilität wird ein Wert von $\chi_{mol} = -164 \pm 2 \times 10^{-6}$ cm^3/mol im Pulver bzw. von $183 \pm 2 \times 10^{-6}$ cm^3/mol (36.4%ige Lösung in Äthanol) gefunden [26].

Literatur:

[1] M. M. Koton (Zh. Obshch. Khim. **26** [1956] 3212/4). — [2] H. Polkinhorne, C. G. Tapley, Albright and Wilson, Ltd. (B.P. 736822 [1955]; C.A. **1956** 8725). — [3] H. G. Kuivila, E. R. Jakusik (J. Org. Chem. **26** [1961] 1430/3). — [4] R. C. Poller (J. Inorg. Nucl. Chem. **24** [1962] 593/600). — [5] J. Lorberth, H. Nöth (Chem. Ber. **98** [1965] 969/76).

[6] M. M. McGrady, R. S. Tobias (J. Am. Chem. Soc. **87** [1965] 1909/16). — [7] H. G. Kuivila, A. K. Sawyer, A. G. Armour (J. Org. Chem. **26** [1961] 1426/9). — [8] S. N. Bhattacharya, P. Raj, R. C. Srivastava (J. Organometal. Chem. **105** [1976] 45/9). — [9] P. J. Green, J. D. Graybeal (J. Am. Chem. Soc. **89** [1967] 4305/8). — [10] P. Pfeiffer, B. Friedmann, R. Lehnhardt, H. Luftensteiner, R. Prade, K. Schnurmann (Z. Anorg. Allgem. Chem. **71** [1911] 97/120).

[11] K. A. Kocheshkov, R. K. Freidlina (Uch. Zap. Mosk. Gos. Univ. Org. Khim. **7** Nr. 132 [1950] 144/50 nach C.A. **1956** 7728). — [12] Z. M. Manulkin (Uzbeksk. Khim. Zh. **4** [1960] 66/8 nach C.A. **1961** 12330). — [13] K. A. Kocheshkov, R. K. Freidlina (Izv. Akad. Nauk SSSR Otd. Khim. Nauk **1950** 203/8 nach C.A. **1950** 9342). — [14] F. B. Kipping (J. Chem. Soc. **1928** 2365/73). — [15] A. E. Goddard, J. N. Ashley, R. B. Evans (J. Chem. Soc. **121** [1922] 978/82).

[16] K. A. Kocheshkov, A. N. Nesmeyanov (Zh. Russ. Fiz. Khim. Obshch. **62** [1930] 1795/812 nach C.A. **1931** 3975/7). — [17] A. N. Nesmeyanov, K. A. Kocheshkov (Ber. Deut. Chem. Ges. **63** [1930] 2496/504). — [18] I. T. Eskin, A. N. Nesmeyanov, K. A. Kocheshkov (Zh. Obshch. Khim. **8** [1938] 35/41 nach C.A. **1938** 5386). — [19] B. Aronheim (Liebigs Ann. Chem. **194** [1878] 145/75). — [20] G. A. Razuvaev (Akad. Nauk SSSR Inst. Organ. Khim. Sintezy Organ. Soedin. **1** [1950] 41/2 nach C.A. **1953** 8004).

[21] K. A. Kocheshkov (Ber. Deut. Chem. Ges. **62** [1929] 996/9). — [22] K. A. Kocheshkov (Zh. Russ. Fiz. Khim. Obshch. **61** [1929] 1385/91). — [23] H. Gilman, L. A. Gist (J. Org. Chem. **22** [1957] 368/71). — [24] D. Datta, B. Majee, A. K. Gosh (J. Organometal. Chem. **84** [1975] 231/8). — [25] D. Wittenberg, Badische Anilin- und Soda-Fabrik A.-G. (D.P. 1124947 [1960/62]; C.A. **57** [1962] 7309).

[26] A. Yu. Aleksandrov, Ya. G. Dorfman, O. L. Lependina, K. P. Mitrofanov, M. V. Plotnikova, L. S. Polak, A. Ya. Temkin, V. S. Shpinel (Zh. Fiz. Khim. **38** [1964] 2190/7; Russ. J. Phys. Chem. **38** [1964] 1185/8). — [27] I. P. Goldshtein, E. N. Guryanova, E. D. Delinskaya, K. A. Kocheshkov

(Dokl. Akad. Nauk SSSR **136** [1961] 1079/81; Dokl. Chem. Proc. Acad. Sci. USSR **136** [1961] 173/5). — [28] D. V. Naik, C. Curran (J. Organometal. Chem. **81** [1974] 177/85). — [29] H. H. Huang, K. M. Hui, K. K. Chiu (J. Organometal. Chem. **11** [1968] 515/24). — [30] R. Gupta, B. Majee (J. Organometal. Chem. **33** [1971] 169/73).

[31] R. C. Paul, J. K. Puri, K. C. Malhotra (J. Inorg. Nucl. Chem. **35** [1973] 403/12).

1.3.2.2.1.15.4 Polarographie

Polarography

$(C_6H_5)_2SnCl_2$ wird bei der Polarographie in Lösung in zwei Einelektronenschritten erst bei −1.6 V unter Bildung von $[(C_6H_5)_2SnCl]_2$, dann bei −2.7 V unter Bildung von $[(C_6H_5)_2Sn]_x$ reduziert [1]. Dieses Verhalten wird auch in Methanol [2] und Dimethylformamid bestätigt [3, 4]. Bei der Wechselstrompolarographie von $(C_6H_5)_2SnCl_2$ in Methanol wird ein Scheitelpotential von −0.52 V angegeben [5].

Literatur:

[1] R. E. Dessy, W. Kitching, T. Chivers (J. Am. Chem. Soc. **88** [1966] 453/9). — [2] M. Devaud, E. Laviron (Rev. Chim. Minerale **5** [1968] 427/58). — [3] R. A. Baker (Diss. Univ. of New Hampshire 1959, S. 1/70; Diss. Abstr. **20** [1959] 897). — [4] M. Devaud, Y. Le Moullec (J. Electroanal. Chem. Interfacial Electrochem. **68** [1976] 223/35). — [5] H. Mehner, H. Jehring, H. Kriegsmann (J. Organometal. Chem. **15** [1968] 97/105).

1.3.2.2.1.15.5 Chemisches Verhalten

Chemical Reactions

Diphenylzinndichlorid ist das zur Synthese anderer Diphenylzinnverbindungen am häufigsten verwendete Ausgangsmaterial. Die in den folgenden Kapiteln beschriebenen Reaktionen von Diphenylzinndichlorid sind aus der Fülle des experimentellen Materials gezielt ausgewählt und stellen einen repräsentativen Querschnitt des chemischen Verhaltens der Verbindung dar.

1.3.2.2.1.15.5.1 Neutronenaktivierung. Elektrolyse

Neutron Activation. Electrolysis

Der β-Zerfall von durch Neutronenaktivierung von Diphenylzinndichlorid erhaltenem $(C_6H_5)_2{}^{125}SnCl_2$ führt vornehmlich zur Bildung von $C_6H_5{}^{125}Sb^{2+}$-Aktivität neben $(C_6H_5)_5{}^{125}Sb$- und $(C_6H_5)_2{}^{125}Sb^+$-Aktivitäten. Die Trennung der Bestrahlungsprodukte erfolgt durch Säulenchromatographie [1].

Die Elektrolyse methanolischer Lösungen von $(C_6H_5)_2SnCl_2$ ergibt ein pulvriges, gelbes Polymeres [2].

Literatur:

[1] O. H. Wheeler, J. E. Trabal (Intern. J. Appl. Radiation Isotopes **21** [1970] 241/4). — [2] L. Riccoboni (Atti Ist. Veneto Sci. **96** II [1937] 183/92; C.A. **1939** 7207).

1.3.2.2.1.15.5.2 Reaktionen mit Hydrierungsmitteln

Reactions with Hydrogenating Agents

$(C_6H_5)_2SnCl_2$ reagiert mit $(C_2H_5)_2AlH$ in Diäthyläther [1], mit $LiAlH_4$ in Diäthyläther [2], mit einem Gemisch aus $Al(C_2H_5)_3$ und $(C_2H_5)_2AlH$ [3] sowie mit $(C_4H_9)_3SnH$ im Molverhältnis 1:2 unter Bildung von $(C_6H_5)_2SnH_2$ [4]. Das Hydridchlorid $(C_6H_5)_2SnHCl$ wird sowohl bei der Umsetzung von $(C_6H_5)_2SnCl_2$ mit $(C_4H_9)_3SnH$ im Molverhältnis 1:1 unter gleichzeitiger Bildung von $(C_4H_9)_3SnCl$ erhalten [4] als auch durch Komproportionierung von $(C_6H_5)_2SnCl_2$ mit $(C_6H_5)_2SnH_2$ [4, 5], $(C_4H_9)_2SnH_2$, $(i\text{-}C_4H_9)_2SnH_2$ bzw. $(C_8H_{17})_2SnH_2$ [5]. Diphenylzinndichlorid und Triäthylzinnhydrid setzen sich im Molverhältnis 1:2 in Heptan bei 100°C im Verlauf von 4.5 h unter H_2-Abspaltung zu Triäthylzinnchlorid, Tetraphenylzinn, Triphenylzinnchlorid und Zinn um [6]. Mit $(C_6H_5)_2SnH_2$ und $C_6H_5C(CH_3){=}CH_2$ bildet Diphenylzinndichlorid bei Zugabe von Azoisobuttersäuredinitril oder Benzylhyponitrit in exothermer Reaktion in 87%iger Ausbeute die Verbindung $(C_6H_5)_2ClSnCH_2CH(CH_3)C_6H_5$ [7]. Die Einwirkung von $LiAlH_4$ und c-$C_6H_{11}Br$ auf Diphenylzinndichlorid in Diäthyläther führt zur Isolierung von Cyclohexan [8], die Einwirkung von $NaHAl(OC_2H_5)_3$ in Diäthyläther bei −50°C zur Bildung von $(C_6H_5)_2Sn[HAl(OC_2H_5)_3]_2$ [9, 10]. Aus $(C_6H_5)_2SnCl_2$, $LiAlH_4$ und 2-Pyridincarbonsäure entstehen in Diäthyläther im Verlauf von 24 h 95.3% $(C_6H_5)_2Sn(OOC\text{-}C_5H_4N)_2$, aus $(C_6H_5)_2SnCl_2$, $LiAlH_4$ und Ferrocencarbonsäure unter analogen Bedingungen 40% der Verbindung $[(C_{10}H_9Fe\text{-}COO)(C_6H_5)_2Sn]_2$ [11].

Literatur:

[1] W. P. Neumann, H. Niermann (Liebigs Ann. Chem. **653** [1962] 164/72). — [2] N. A. Adrova, M. M. Koton, V. A. Klages (Vysokomol. Soedin. **3** [1961] 1041/3 nach C.A. **56** [1962] 4940). — [3] Studiengesellschaft Kohle m.b.H. (B.P. 951150 [1960/64]; C.A. **60** [1964] 13271). — [4] A. K. Sawyer, J. E. Brown, G. S. May (J. Organometal. Chem. **11** [1968] 192/4). — [5] A. K. Sawyer, G. S. May, R. E. Scofield (J. Organometal. Chem. **14** [1968] 213/6).

[6] N. S. Vyazankin, G. A. Razuvaev, S. P. Korneva (Zh. Obshch. Khim. **34** [1964] 2787/91; J. Gen. Chem. USSR **34** [1964] 2809/12). — [7] W. P. Neumann, J. A. Pedain, Studiengesellschaft Kohle m.b.H. (D.P. 1214237 [1964/66]; C.A. **65** [1966] 5490). — [8] H. G. Kuivila, L. W. Menapace (J. Org. Chem. **28** [1963] 2165/7). — [9] O. Schmitz-Du Mont, G. Bungard (Angew. Chem. **67** [1955] 208/9). — [10] O. Schmitz-Du Mont, G. Bungard (Chem. Ber. **92** [1959] 2399/404).

[11] E. J. Kupchik, R. J. Kiesel (J. Org. Chem. **31** [1966] 456/61).

Reactions with Metals

1.3.2.2.1.15.5.3 Reaktionen mit Metallen

Diphenylzinndichlorid reagiert mit Zinn in Xylol im Verlauf von 18 h zu Triphenylzinnchlorid [1]. Das gleiche Reaktionsprodukt entsteht bei der Umsetzung von Diphenylzinndichlorid mit Natriumamalgam [2] bzw. mit Zink in Tetrahydrofuran bei 20°C im Verlauf von 3 Tagen [3]. Mit Zn-Cu-Gemischen setzt sich Diphenylzinndichlorid in Tetrahydrofuran bei 20°C unter Abscheidung von Sn zu $Sn(C_6H_5)_4$ [3, 4], in Tetrahydrofuran-Methanol bei 20°C zu C_6H_6 und Sn um [3]. Diphenylzinndichlorid reagiert mit vier Äquivalenten Lithium in Tetrahydrofuran unter N_2 zu $(C_6H_5)_2SnLi_2$, das jedoch nicht isoliert werden kann, dessen Existenz aber durch Überführung in $(C_6H_5)_2Sn(SLi)_2$ und weiter zu $(C_6H_5)_2Sn[SC(O)C_6H_5]_2$ mittels schrittweiser Zugabe von S_8 und Benzoylchlorid nachweisbar ist [5].

Literatur:

[1] M. M. Nad, K. A. Kocheshkov (J. Gen. Chem. USSR **8** [1938] 42/50 nach C.A. **1938** 5387). — [2] B. Aronheim (Liebigs Ann. Chem. **194** [1878] 145/75). — [3] F. J. A. des Tombe, G. J. M. van der Kerk, J. G. Noltes (J. Organometal. Chem. **51** [1973] 173/80). — [4] F. J. A. des Tombe, G. J. M. van der Kerk, J. G. Noltes (J. Organometal. Chem. **13** [1968] P9/P12). — [5] H. Schumann, K. F. Thom, M. Schmidt (J. Organometal. Chem. **2** [1964] 97/8).

Reactions with Metal Alkyls and Aryls

1.3.2.2.1.15.5.4 Reaktionen mit Metallalkylen und -arylen

Die Umsetzung von $(C_6H_5)_2SnCl_2$ mit Zn und CH_3Cl in C_4H_9OH bei 125 bis 130°C hat die Bildung von $(C_6H_5)_2CH_3SnCl$ zur Folge [1]. Mit der Grignard-Verbindung XV entsteht nach 3stündigem Erhitzen in Tetrahydrofuran die entsprechende Sn-Verbindung XVI [2], mit p-c-$C_6H_{11}C_6H_4MgBr$ entsteht $(C_6H_5)_2Sn(C_6H_4\text{-p-c-}C_6H_{11})_2$ [3]. Mit c-$C_6H_{11}MgBr$ oder mit p-$CH_3OC_6H_4MgBr$ in Diäthyläther bildet sich $(C_6H_5)_2Sn(\text{c-}C_6H_{11})_2$ in 50.1% Ausbeute bzw. $(C_6H_5)_2Sn(C_6H_4\text{-p-}OCH_3)_2$ in 88.5% Ausbeute [4]. Mit 2,4,6-$(CH_3)_3C_6H_2MgBr$ setzt sich

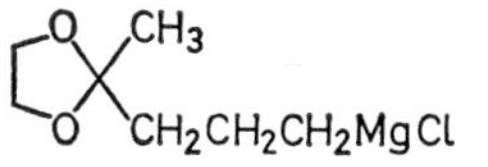

XV

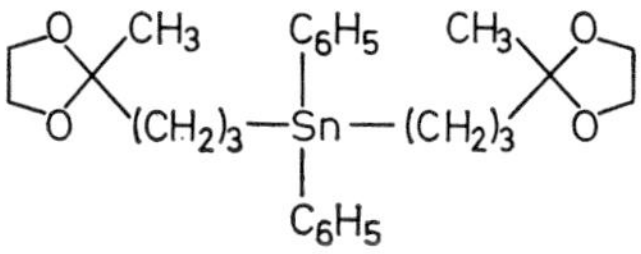

XVI

$(C_6H_5)_2SnCl_2$ in Diäthyläther zu $[2,4,6\text{-}(CH_3)_3C_6H_2]_2Sn(C_6H_5)_2$ um [5]. Die Reaktion von Diphenylzinndichlorid mit p-$Li_2C_6H_4$ in Diäthyläther ergibt nach halbstündiger Reaktionszeit bei −25°C und anschließendem 24stündigen Rühren bei 25°C die polymere Verbindung $[p\text{-}(C_6H_5)_2Sn\text{-}C_6H_4]_n$ mit n = 2 bis 3 [6]. Als Produkt der Reaktion von $(C_6H_5)_2SnCl_2$ mit 2,2'-Dilithiumdiphenyläther entsteht $Sn(C_6H_5)_4$ [7]. 9,10-Dihydro-9,10-dinatrium-anthracen reagiert mit $(C_6H_5)_2SnCl_2$ unter Bildung der bicyclischen Sn-Verbindung XVII [8]. Durch Umsetzung von Diphenylzinndichlorid mit m-$LiC\text{-}B_{10}H_{10}\text{-}CLi$ in Diäthyläther bei 25°C erhält man nach 12 h die Verbindung $(C_6H_5)_2ClSnC\text{-}B_{10}H_{10}\text{-}CSnCl(C_6H_5)_2$, durch Reaktion mit m-$LiC\text{-}B_{10}H_{10}\text{-}CCH_3$ in Diäthyläther

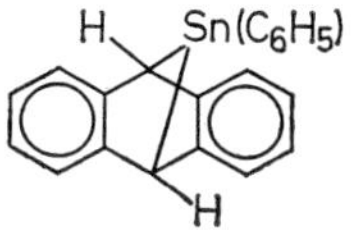

XVII

nach 10 h die Verbindung $(m\text{-}CH_3C\text{-}B_{10}H_{10}\text{-}C)_2Sn(C_6H_5)_2$ [9]. Die Reaktion zwischen Diphenylzinndichlorid und $(CO)_3MnC_5H_4MgBr$ bzw. $C_5H_5FeC_5H_4MgBr$ in Tetrahydrofuran bei niedrigen Temperaturen liefert $(C_6H_5)_2Sn[C_5H_4Mn(CO)_3]_2$ in 53%iger Ausbeute bzw. $(C_6H_5)_2Sn(C_5H_4FeC_5H_5)_2$ in 90%iger Ausbeute [10].

Literatur:

[1] T. Tadashi, K. Takubo, I. Isao, Nitto Chemical Industry Co., Ltd. (Japan.P. 68-29372 [1966/68]; C.A. **70** [1969] Nr. 78155). — [2] S. Z. Abbas, R. C. Poller (J. Chem. Soc. Dalton Trans. **1974** 1769/71). — [3] E. A. Puchinyan, Z. M. Manulkin (Dokl. Akad. Nauk Uz.SSR **18** Nr. 12 [1961] 51/5 nach C.A. **58** [1963] 543). — [4] C. S. Bobashkinskaya, K. A. Kocheshkov (Zh. Obshch. Khim. **8** [1938] 1850/6). — [5] I. I. Lapkin, V. A. Dumler (Zh. Obshch. Khim. **34** [1964] 3690/3; J. Gen. Chem. USSR **34** [1964] 3739/42).

[6] N. A. Adrova, M. M. Koton, L. K. Prokhorova (Vysokomol. Soedin. Geterotsepnye Vysokomol. Soedin. **1964** 9/10 nach C.A. **61** [1964] 5784). — [7] J. A. Ursino (Diss. St. John's Univ., Jamaica, N.Y., 1967, S. 1/99 nach Diss. Abstr. B **28** [1968] 3662). — [8] H. E. Ramsden, Esso Engineering and Research Co. (U.S.P. 3240795 [1962/66]; C.A. **64** [1966] 14220). — [9] S. Bresadola, F. Rosetto, I. Tagliavini (Ann. Chim. [Rome] **58** [1968] 597/602). — [10] A. N. Nesmeyanov, T. P. Tolstaya, V. V. Korolkov, A. N. Yarkevich (Dokl. Akad. Nauk SSSR **221** [1975] 1337/40).

1.3.2.2.1.15.5.5 Reaktionen mit Organosilicium-, Organogermanium- und Organozinnverbindungen

Reactions with Organo-silicon-, Organo-germanium, and Organotin Compounds

$(C_6H_5)_2SnCl_2$ reagiert mit $(C_6H_5)_2Si(OH)_2$ bzw. $(C_6H_5)_2Si(SH)_2$ unter Bildung polymerer Stannosiloxane bzw. Stannosilthiane [1].

Die Umsetzung von Diphenylzinndichlorid mit $(C_2H_5)_3GeOSO_2C_2H_5$ führt unter Abspaltung von $(C_2H_5)_3GeCl$ zu $(C_6H_5)_2Sn(OSO_2C_2H_5)_2$ [2].

Aus $(C_6H_5)_2SnCl_2$ und $(CH_3)_3SnOOCC_6H_5$ entstehen in Ligroin die beiden Verbindungen $(C_6H_5)_2ClSnOOCC_6H_5$ und $(C_6H_5)_2Sn(OOCC_6H_5)_2$ [3]. Bei der Reaktion mit $[(CH_3)_2SnNC_2H_5]_3$ entsteht die zweikernige Verbindung $(C_6H_5)_2ClSnN(C_2H_5)SnCl(CH_3)_2$ [4]. Aus $(C_6H_5)_2SnCl_2$ und $[(C_5H_5)_2Sn]_x$ im Molverhältnis 1:1 entstehen bei 90°C im Verlauf von 40 min die Verbindung

$(C_6H_5)_2ClSnC_5H_5$ [5], aus $(C_6H_5)_2SnCl_2$ und $[(C_6H_5)_2Sn]_x$ bei 140°C nach 5 h Reaktionszeit die Produkte $[(C_6H_5)_2ClSn]_2$, $(C_6H_5)_3SnCl$ und $SnCl_2$ [6]. Durch Zugabe einer Lösung von $(C_6H_5)_2SnCl_2$ in niedrig siedendem Petroläther zu einer mehr als doppelt molaren Lösung von Triphenyl[2-(4-pyridyl)äthyl]zinn im gleichen Lösungsmittel entsteht ein 1:2-Komplex [7]. Diphenylzinndichlorid und Diphenylzinn-bis(8-hydroxychinolinat) komproportionieren zu Diphenylchlorozinn-8-hydroxychinolinat. Als Lösungsmittel dient Benzol [8].

Literatur:

[1] W. E. Foster, P. E. König, Ethyl Corp. (U.S.P. 2998407 [1956]; C.A. **56** [1962] 6170). — [2] H. H. Anderson (Inorg. Chem. **3** [1964] 910/2). — [3] A. D. Cohen, C. R. Dillard (J. Organometal. Chem. **25** [1970] 421/8). — [4] A. G. Davies, J. D. Kennedy (J. Chem. Soc. C **1970** 759/65). — [5] N. D. Kolosova, N. N. Zemlyanskii, A. A. Azizov, Yu. A. Ustynyuk, N. P. Barminova, K. A. Kocheshkov (Dokl. Akad. Nauk SSSR **218** [1974] 117/9; Dokl. Chem. Proc. Acad. Sci. USSR **218** [1974] 614/6).

[6] H. G. Kuivila, E. R. Jakusik (J. Org. Chem. **26** [1961] 1430/3). — [7] R. C. Poller, D. L. B. Toley (J. Organometal. Chem. **14** [1968] 453/6). — [8] A. H. Westlake, D. F. Martin (J. Inorg. Nucl. Chem. **27** [1965] 1579/89).

Reactions with Nonmetal and Metal Compounds

1.3.2.2.1.15.5.6 Reaktionen mit Nichtmetall- und Metallverbindungen

Die wichtigsten Reaktionen von Diphenylzinndichlorid mit Nichtmetall- und Metallverbindungen sind in Tabelle 36, S. 164/73, zusammengestellt. Besonders hingewiesen sei auf zwei Versuche, die wider Erwarten nicht zum Erfolg führen. So reagiert $(C_6H_5)_2SnCl_2$ bei 23°C während 24 h nicht mit SO_2 [1] und bei 55°C im Verlauf von 18 h nicht mit $(CH_3)_3CC(O)F$ [2].

Literatur:

[1] R. C. Edmondson, D. S. Field, M. J. Newlands (Can. J. Chem. **49** [1971] 618/23). — [2] J. D. Citron (J. Organometal. Chem. **30** [1971] 21/6). — [3] A. G. Davies, H. J. Milledge, D. C. Puxley, P. J. Smith (J. Chem. Soc. A **1970** 2862/6). — [4] B. Aronheim (Liebigs Ann. Chem. **194** [1878] 145/75). — [5] F. B. Kipping (J. Chem. Soc. **1928** 2365/73).

[6] W. T. Reichle (J. Polymer Sci. **49** [1961] 521/32). — [7] C. E. Carraher, J. D. Piersma (Angew. Makromol. Chem. **28** [1973] 153/60). — [8] C. E. Carraher, G. A. Scherubel (J. Polymer Sci. Polymer Chem. Ed. **9** [1971] 983/9). — [9] C. E. Carraher, G. A. Scherubel (Makromol. Chem. **152** [1972] 61/6). — [10] E. F. Jason, E. K. Fields, Standard Oil Co. (U.S.P. 3262915 [1962/66]; C.A. **65** [1966] 12359).

[11] C. E. Carraher, G. A. Scherubel (Makromol. Chem. **160** [1972] 259/61). — [12] W. H. Nelson, D. F. Martin (J. Organometal. Chem. **4** [1965] 67/73). — [13] M. M. McGrady, R. S. Tobias (J. Am. Chem. Soc. **87** [1965] 1909/16). — [14] N. Serpone, K. A. Hersh (Inorg. Nucl. Chem. Letters **7** [1971] 115/8). — [15] D. F. Martin, P. C. Maybury, R. D. Walton (J. Organometal. Chem. **7** [1967] 362/4).

[16] D. F. Martin, R. D. Walton (J. Organometal. Chem. **5** [1966] 57/62). — [17] F. Huber, R. Kaiser (J. Organometal. Chem. **6** [1966] 126/32). — [18] T. Tanaka, M. Komura, Y. Kawasaki, R. Okawara (J. Organometal. Chem. **1** [1964] 484/9). — [19] A. H. Westlake, D. F. Martin (J. Inorg. Nucl. Chem. **27** [1965] 1579/89). — [20] M. A. Mullins, C. Curran (Inorg. Chem. **7** [1968] 2584/8).

[21] T. N. Srivastava, M. P. Agarwal, K. L. Saxena (J. Inorg. Nucl. Chem. **35** [1973] 306/8). — [22] R. H. Herber, R. Barbieri (Gazz. Chim. Ital. **101** [1971] 149/58). — [23] H. B. Stegmann, K. Scheffler (Chem. Ber. **103** [1970] 1279/85). — [24] C. E. Carraher, R. L. Dammeier (Polymer Prepr. Am. Chem. Soc. Div. Polymer Chem. **11** [1970] 606/12). — [25] C. E. Carraher, R. L. Dammeier (J. Polymer Sci. Polymer Chem. Ed. **10** [1972] 413/7).

[26] C. E. Carraher, J. D. Piersma (J. Appl. Polymer Sci. **16** [1972] 1851/8). — [27] H. G. Langer, Dow Chemical Co. (U.S.P. 3120550 [1960/64]; C.A. **60** [1964] 12051). — [28] E. J. Kupchik, R. J. Kiesel (J. Org. Chem. **31** [1966] 456/61). — [29] C. E. Carraher, P. J. Lessek (Am. Chem. Soc. Div. Org. Coatings Plastics Chem. Papers **33** [1973] 420/6). — [30] C. E. Carraher, P. J. Lessek (Angew. Makromol. Chem. **38** [1974] 57/66).

[31] C. E. Carraher, G. F. Peterson, J. E. Sheats (Am. Chem. Soc. Div. Org. Coatings Plastics Chem. Papers **33** [1973] 427/32). — [32] C. E. Carraher, G. F. Peterson, J. E. Sheats, T. Kirsch (J. Macromol. Sci. Chem. **8** [1974] 1009/22). — [33] C. E. Carraher, G. F. Peterson, J. E. Sheats, T. Kirsch (Makromol. Chem. **175** [1974] 3089/96). — [34] E. F. Jason, E. K. Fields, Standard Oil Co. (U.S.P. 3247167 [1962/66]; C.A. **65** [1966] 9053). — [35] A. P. Skoldinov, K. A. Kocheshkov (Zh. Obshch. Khim. **12** [1942] 398/401).

[36] H. Köhler, L. Neef, L. Korecz, K. Burger (J. Organometal. Chem. **90** [1975] 159/71). — [37] H. Köhler, U. Lange, B. Eichler (J. Organometal. Chem. **35** [1972] C17/C19). — [38] C. E. Carraher, L.-S. Wang (Makromol. Chem. **152** [1972] 43/7). — [39] U. Kunze, E. Lindner, J. Koola (J. Organometal. Chem. **40** [1972] 327/40). — [40] H. Schumann, M. Schmidt (Chem. Ber. **96** [1963] 3017/20).

[41] I. T. Eskin, A. N. Nesmeyanov, K. A. Kocheshkov (Zh. Obshch. Khim. **8** [1938] 35/41 nach C.A. **1938** 5386). — [42] R. C. Poller, J. A. Spillman (J. Organometal. Chem. **7** [1967] 259/62). — [43] S. Migdal, D. Gertner, A. Zilkha (Can. J. Chem. **45** [1967] 2987/92). — [44] E. S. Bretschneider, C. W. Allen (Inorg. Chem. **12** [1973] 623/7). — [45] D. Petridis, F. P. Mullins, C. Curran (Inorg. Chem. **9** [1970] 1270/2).

[46] O. H. Johnson, H. E. Fritz, D. O. Halvorson, R. L. Evans (J. Am. Chem. Soc. **77** [1955] 5857/8). — [47] M. V. George, P. B. Talukdar, H. Gilman (J. Organometal. Chem. **5** [1966] 397/404). — [48] A. G. Meller, G. Maresch, W. Maringgele (Monatsh. Chem. **104** [1973] 557/63). — [49] K. Kramer, N. Wright (Chem. Ber. **96** [1963] 1877/80). — [50] C. E. Carraher, D. O. Winter (Makromol. Chem. **141** [1971] 237/44).

[51] C. E. Carraher, D. O. Winter (J. Macromol. Sci. Chem. **7** [1973] 1349/57). — [52] B. Aronheim (Ber. Deut. Chem. Ges. **12** [1879] 509/11). — [53] L. G. Makarova, A. N. Nesmeyanov (Zh. Obshch. Khim. **9** [1939] 771/9 nach C.A. **1940** 391). — [54] D. Hänssgen, W. Roelle (J. Organometal. Chem. **71** [1974] 231/8). — [55] M. Shindo, Y. Matsumura, R. Okawara (J. Organometal. Chem. **11** [1968] 299/305).

[56] M. Shindo, Y. Matsumura, R. Okawara (Bull. Chem. Soc. Japan **42** [1969] 265/6). — [57] R. Okawara, E. G. Rochow (U.S. Dept. Com. Office Tech. Serv. PB Rept. 171571 [1960] 1/11; C.A. **58** [1963] 3454). — [58] K. A. Kocheshkov (Ber. Deut. Chem. Ges. **62** [1929] 996/9). — [59] K. A. Kocheshkov (Zh. Russ. Fiz. Khim. Obshch. **61** [1929] 1385/91). — [60] A. N. Nesmeyanov, K. A. Kocheshkov (Ber. Deut. Chem. Ges. **67** [1934] 317/24).

[61] K. A. Kocheshkov, A. N. Nesmeyanov (Zh. Obshch. Khim. **4** [1934] 1102/13). — [62] A. N. Nesmeyanov, K. N. Anisimov, N. E. Kolobova, V. N. Khandozhko (Dokl. Akad. Nauk SSSR **156** [1964] 383/5; Dokl. Chem. Proc. Acad. Sci. USSR **156** [1964] 502/4). — [63] T. J. Marks, A. R. Newman (J. Am. Chem. Soc. **95** [1973] 769/73). — [64] D. S. Field, M. J. Newlands (J. Organometal. Chem. **27** [1971] 213/20). — [65] A. J. Cleland, S. A. Fieldhouse, B. H. Freeland, C. D. M. Mann, R. J. O'Brien (J. Chem. Soc. A **1971** 736/8).

[66] M. Casey, A. R. Manning (J. Chem. Soc. A **1971** 256/9). — [67] A. N. Nesmeyanov, K. N. Anisimov, N. E. Kolobova, V. N. Khandozhko (Zh. Obshch. Khim. **44** [1974] 1287/93; J. Gen. Chem. USSR **44** [1974] 1265/70).

Tabelle 36
Reaktionen von $(C_6H_5)_2SnCl_2$ mit Nichtmetall- und Metallverbindungen.

Reaktionspartner	Reaktionsbedingungen	Reaktionsprodukte	Lit.
KF	Äthanol-H_2O	$(C_6H_5)_2SnF_2$	[3]
HCl	100°C	$SnCl_4$, C_6H_6	[4]
HJ	—	$(C_6H_5)_2ClSnJ$	[4]
H_2O	—	$(C_6H_5)_2ClSnOH$	[4]
	100°C	$(C_6H_5)_2ClSnOH$	[5]
	Benzol, $(C_2H_5)_3N$	$[(C_6H_5)_2SnO]_x$	[6]
NaOH	Aceton bzw. Benzol-H_2O	$[(C_6H_5)_2SnO]_x$	[6]
$(-CH_2CH-)_x$ mit OH an CH	Diäthyläther-H_2O, NaOH, 25°C, Rühren	$(-CH_2CH-)_x$ und $(-CHCH_2-)_x$, über $O-Sn(C_6H_5)_2-O$ verbunden	[7]
$HO(CH_2)_4OH$	Hexan, $(C_2H_5)_3N$, 30°C, schnelles Rühren	$[-Sn(C_6H_5)_2O(CH_2)_4O-]_x$	[8]
$HOCH_2CH{=}CHCH_2OH$	Hexan, $(C_2H_5)_3N$, 30°C, schnelles Rühren	$[-Sn(C_6H_5)_2OCH_2CH{=}CHCH_2O-]_x$	[8]
	Hexan-Acetonitril, $(C_2H_5)_3N$, 25°C, schnelles Rühren	$[-Sn(C_6H_5)_2OCH_2CH{=}CHCH_2O-]_x$	[9]
$HOCH_2CH_2OH$	Hexan-Acetonitril, $(C_2H_5)_3N$, 25°C, schnelles Rühren	$[-Sn(C_6H_5)_2OCH_2CH_2O-]_x$	[9]
$HOCH_2CH_2OCH_2CH_2OH$	wie oben	$[-Sn(C_6H_5)_2OCH_2CH_2OCH_2CH_2O-]_x$	[9]
$(CH_2)_7COOCH_2CH_2OH$ mit $COOCH_2CH_2OH$ am $(CH_2)_7$	wie oben	$[-Sn(C_6H_5)_2OCH_2CH_2OOC(CH_2)_7COOCH_2CH_2O-]_x$	[9]

Tabelle 36 (Fortsetzung)

Reaktionspartner	Reaktionsbedingungen	Reaktionsprodukte	Lit.
CH_2–N(piperidin-4-yl)–CH_2CH_2OH | CH_2 | CH_2–N(piperidin-4-yl)–CH_2CH_2OH	wie oben	[–Sn(C_6H_5)$_2$–O–CH_2CH_2–(piperidin-4-yl)N–$(CH_2)_3$–N(piperidin-4-yl)–CH_2CH_2–O–]$_x$	[9]
HO–C_6H_4–C(CH_3)$_2$–C_6H_4–OH	wie oben	[–Sn(C_6H_5)$_2$–O–C_6H_4–C(CH_3)$_2$–C_6H_4–O–]$_x$	[9]
	H_2O, NaOH, Terephthaloylchlorid	[–Sn(C_6H_5)$_2$–O–C_6H_4–C(CH_3)$_2$–C_6H_4–O–]$_x$	[10]
$NaO(CH_2)_3ONa$	o-Xylol-Hexan	$[-Sn(C_6H_5)_2O(CH_2)_3O-]_x$	[11]
$NaOCH_2CH{=}CHCH_2ONa$	o-Xylol-Hexan	$[-Sn(C_6H_5)_2OCH_2CH{=}CHCH_2O-]_x$	[11]
NaO–C_6H_4–C(CH_3)$_2$–C_6H_4–ONa	o-Xylol-Hexan	[–Sn(C_6H_5)$_2$–O–C_6H_4–C(CH_3)$_2$–C_6H_4–O–]$_x$	[11]
$RC(O)CH_2C(O)R'$ $R = R' = CH_3$; $R = R' = C_6H_5$; $R = CH_3$, $R' = C_6H_5$	170 bis 210°C, ohne Lösungsmittel	$Cl_2Sn[OC(R)CHC(R')O]_2$ (Chelat)	[12]
$NaOC(CH_3){=}CHC(O)CH_3$	Äthanol	$(C_6H_5)_2Sn[OC(CH_3){=}CHC(O)CH_3]_2$	[13]
	CH_2Cl_2	$(C_6H_5)_2Sn[OC(CH_3){=}CHC(O)CH_3]_2$	[14]

Tabelle 36 (Fortsetzung)

Reaktionspartner	Reaktionsbedingungen	Reaktionsprodukte	Lit.
$CH_2N{=}C(CH_3)CH_2C(O)C_6H_5$ $CH_2N{=}C(CH_3)CH_2C(O)C_6H_5$	180 bis 190°C, ohne Lösungsmittel, 20 min	$CH_2{-}N{=}C(CH_3){-}CH{=}C(C_6H_5){-}O{-}SnCl_2{-}O{-}C(C_6H_5){=}CH{-}C(CH_3){=}N{-}CH_2$ (ring)	[12]
o-HOC_6H_4CHO	200°C, ohne Lösungsmittel, 1 h	$Cl_2Sn(OC_6H_4\text{-o-}CHO)_2$	[12]
$CH_2{-}N{=}CH{-}C_6H_3(OH)(CH_3)$ $CH_2{-}N{=}CH{-}C_6H_3(OH)(CH_3)$	175 bis 180°C, ohne Lösungsmittel, 5 min	$CH_2{-}N{=}CH{-}C_6H_3(CH_3){-}O{-}SnCl_2{-}O{-}C_6H_3(CH_3){-}CH{=}N{-}CH_2$ (ring)	[12]
8-Hydroxychinolin ($C_9H_6N{-}OH$)	170°C, ohne Lösungsmittel, 15 min	$(C_9H_6NO){-}SnCl_2{-}(ONC_9H_6)$	[12]
	$(CH_3)_2SO$, Kinetik	$(C_9H_6NO){-}SnCl_2{-}(ONC_9H_6)$	[15, 16]

Tabelle 36 (Fortsetzung)

Reaktionspartner	Reaktionsbedingungen	Reaktionsprodukte	Lit.
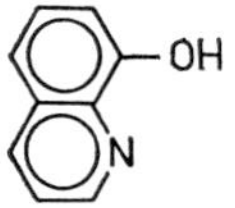 OH, N	Methanol oder Äthanol, NH_3, 25°C	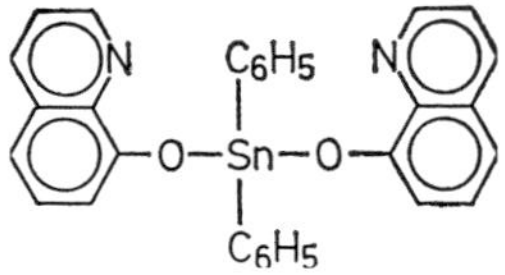 N, C_6H_5, N; O–Sn–O; C_6H_5	[17 bis 19]
	1:1, Äthanol, NH_3	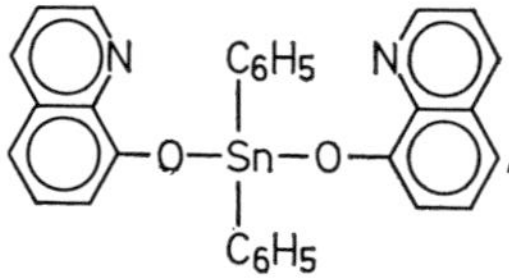 N, C_6H_5, N; O–Sn–O; C_6H_5, $[(C_6H_5)_2SnO]_x$	[18]
	1:1, Äthanol	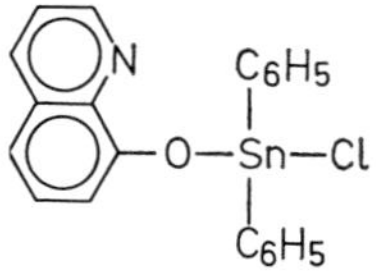 N, C_6H_5; O–Sn–Cl; C_6H_5	[20]
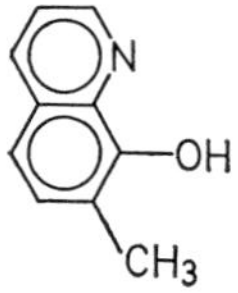 N, OH, CH_3	1:2, Äthanol	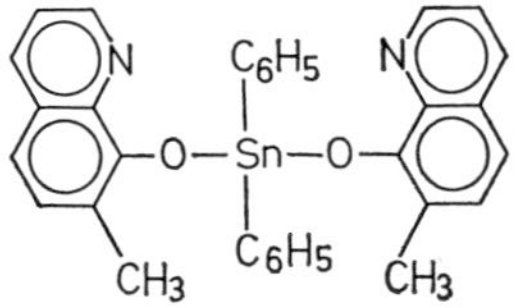 N, C_6H_5, N; O–Sn–O; CH_3, C_6H_5, CH_3	[21]
	1:1, Äthanol	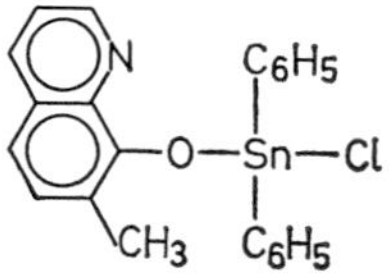 N, C_6H_5; O–Sn–Cl; CH_3, C_6H_5	[21]

Tabelle 36 (Fortsetzung)

Reaktionspartner	Reaktionsbedingungen	Reaktionsprodukte	Lit.
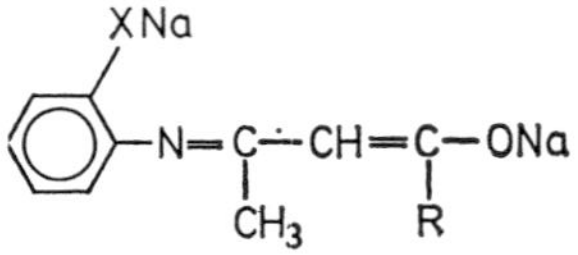 $C_6H_4(XNa)$–N=C(CH₃)–CH=C(R)–ONa $R = CH_3$, $X = S$; $R = C_6H_5$, $X = O$	Methanol, 25 °C	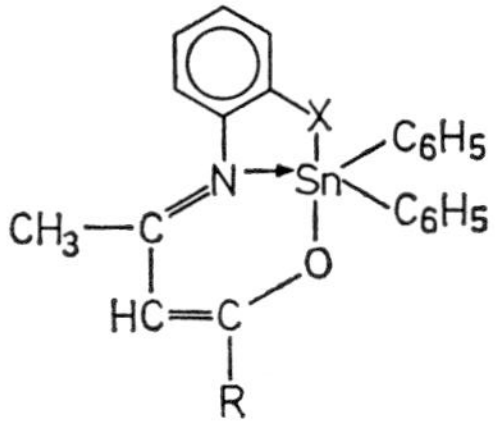	[22]
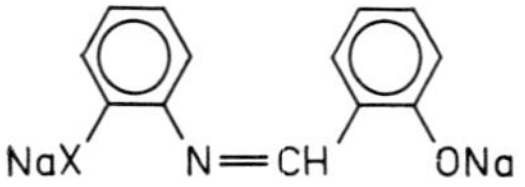 NaX–C_6H_4–N=CH–C_6H_4–ONa X = O, S	Methanol, 25 °C	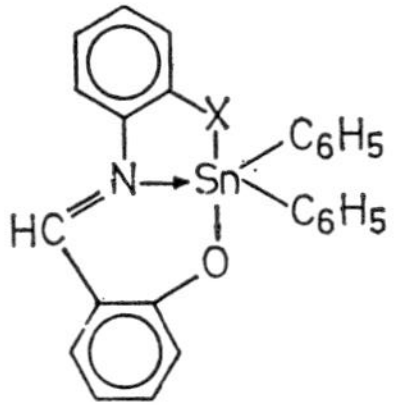	[22]
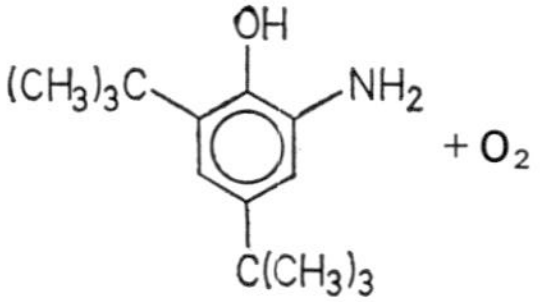 $(CH_3)_3C$, OH, NH_2, $C(CH_3)_3$ + O_2	Äthanol, 25 °C, einige Tage	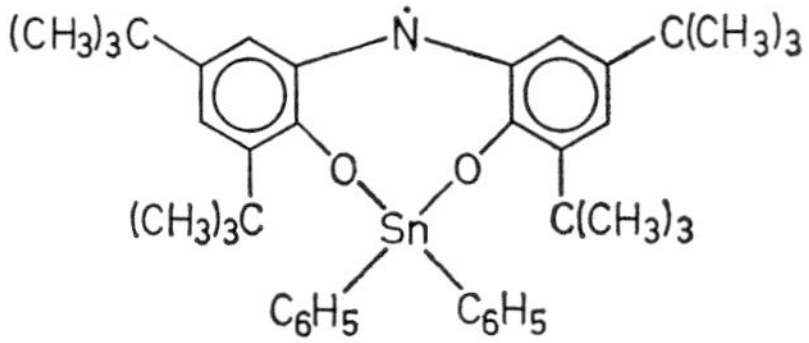	[23]
$HOOC(CH_2)_4COOH + NaOH$	Benzol-H_2O, 25 °C, 1 min	$[-Sn(C_6H_5)_2OOC(CH_2)_4COO-]_x$	[24, 25]
$[-CH_2CH(COONa)-]_x$	$CHCl_3$-H_2O, 25 °C, 0.5 min	$[-CH_2CH-]_x$ / $[-CHCH_2-]_x$ verbrückt durch $COOSn(C_6H_5)_2OOC$	[26]
Na-Salz von $CH_2N(CH_2COOH)_2$–$CH_2N(CH_2COOH)_2$	Aceton-H_2O, einige Stunden, Rühren	Chelat	[27]

Tabelle 36 (Fortsetzung)

Reaktionspartner	Reaktionsbedingungen	Reaktionsprodukte	Lit.
$C_5H_4N\text{-}C(=O)\text{-}ONa$	Äthanol, 24 h, Rückfluß	$C_5H_4N\text{-}C(=O)\text{-}O\text{-}Sn(C_6H_5)_2\text{-}O\text{-}C(=O)\text{-}C_5H_4N$	[28]
$C_5H_5\text{-}Fe\text{-}C_5H_4\text{-}C(=O)\text{-}ONa$	Äthanol, 24 h, Rückfluß	$C_5H_5\text{-}Fe\text{-}C_5H_4\text{-}C(=O)\text{-}O\text{-}Sn(C_6H_5)_2\text{-}O\text{-}C(=O)\text{-}C_5H_4\text{-}Fe\text{-}C_5H_5$	[28]
$NaO\text{-}C(=O)\text{-}C_5H_4\text{-}Fe\text{-}C_5H_4\text{-}C(=O)\text{-}ONa$	$CHCl_3$-H_2O	$[\text{-}Sn(C_6H_5)_2\text{-}O\text{-}C(=O)\text{-}C_5H_4\text{-}Fe\text{-}C_5H_4\text{-}C(=O)\text{-}O\text{-}]_x$	[29, 30]
$Na_2[O\text{-}C(=O)\text{-}C_5H_4\text{-}Co^{\oplus}\text{-}C_5H_4\text{-}C(=O)\text{-}O]\ PF_6^{\ominus}$	CCl_4-H_2O, Rühren	$[\text{-}Sn(C_6H_5)_2\text{-}O\text{-}C(=O)\text{-}C_5H_4\text{-}Co^{\oplus}\text{-}C_5H_4\text{-}C(=O)\text{-}O\text{-}]_x\ PF_6^{\ominus}$	[31 bis 33]
$ClCO(CH_2)_4COCl$ + $NH_2(CH_2)_6NH_2$	NaOH	Diphenylzinnpolyamid	[34]
C_6H_5COCl	$[AlCl_3]$	$(C_6H_5)_2CO$	[35]
$AgOC(C_6H_5){=}C(CN)_2$	Aceton, Rückfluß	$(C_6H_5)_2Sn[OC(C_6H_5){=}C(CN)_2]_2$	[36]
$AgOCR{=}NCN$ $R = CH_3$ oder C_6H_5	Aceton, Rückfluß	$(C_6H_5)_2Sn(OCR{=}NCN)_2$	[36]
$AgON{=}C(CN)_2$	CH_3CN	$(C_6H_5)_2Sn[ON{=}C(CN)_2]_2$	[37]

Tabelle 36 (Fortsetzung)

Reaktionspartner	Reaktionsbedingungen	Reaktionsprodukte	Lit.
$[-CH_2CH-]_x$ + NaOH (CH substituiert mit $C(NH_2){=}NOH$)	1:1:1, $CHCl_3$-H_2O, 25°C, 1 min, Rühren	$[-CH_2CH-]_x$ (CH substituiert mit $C(NH_2){=}NOSnCl(C_6H_5)_2$)	[38]
	1:2:2, $CHCl_3$-H_2O, 25°C, 1 min, Rühren	$[-CH_2CH-]_x$ / $[-CHCH_2-]_x$ verbrückt über $C(NH_2){=}NOSn(C_6H_5)_2ON{=}CNH_2$	[38]
NaO_2SR $R = C_6H_5$, p-$CH_3C_6H_4$	Tetrahydrofuran	$(C_6H_5)_2Sn(O_2SR)_2$	[39]
S_8	180 bis 190°C	$C_6H_5SnCl_3$, SnS_2, C_6H_6, Thianthren (Strukturformel)	[40]
H_2S	5%ige alkoholische KOH-Lösung	$[(C_6H_5)_2SnS]_3$	[41]
$Na_2S \cdot 9\,H_2O$	Benzol, 2 h, Rückfluß	$[(C_6H_5)_2SnS]_3$	[42]
Na_2S	Petroläther-H_2O, 0°C, einige Stunden, Rühren	$[(C_6H_5)_2SnS]_3$	[43]
Na_2S_4	CH_2Cl_2-H_2O, 0°C, 6 h, Rühren	$Cl[Sn(C_6H_5)_2S_4]_xSn(C_6H_5)_2Cl$	[43]
$(NaS)(NC)C{=}C(CN)(SNa)$	Methanol	Ring: $(NC)C{=}C(CN)$, beide C über S an $Sn(C_6H_5)_2$ gebunden	[44]
$(NaS)(NC)C{=}C(CN)(SNa)$ + $[R_4N]Cl$ $R = C_2H_5$, C_4H_9	Äthanol	$[R_4N]_2$ $[(C_6H_5)_2Sn(S_2C_2(CN)_2)_2]$ (zwei Ringe $(NC)C{=}C(CN)$, jeweils über zwei S an Sn gebunden)	[44]

Tabelle 36 (Fortsetzung)

Reaktionspartner	Reaktionsbedingungen	Reaktionsprodukte	Lit.
$C_5H_4N(O)$–SNa	Methanol	$C_5H_4N(O)$–S–Sn$(C_6H_5)_2$–S–$C_5H_4N(O)$	[45]
$H_2NNH_2 + C_2H_5OH$	Diäthyläther, 1 h, Rühren	$[(C_6H_5)_2ClSn]_2$	[46]
$LiN(C_6H_5)N(C_6H_5)Li$	Diäthyläther, 0 bis 25°C, Rühren	$[(C_6H_5)_2Sn]_x$	[47]
CH_3NC	CH_2Cl_2, 0 bis 25°C, 8 h, Rühren	$(C_6H_5)_2ClSnC(Cl)=NCH_3$	[48]
C_6H_5NC	CH_2Cl_2, 0 bis 25°C, 8 h, Rühren	$[(C_6H_5)_2ClSnC(Cl)=NC_6H_5]_2$	[48]
$CH_2=N_2$	Diäthyläther	$(C_6H_5)_2ClSnCH_2Cl$	[49]
p-$NH_2C_6H_4NH_2$	2,5-Hexandion-Hexan, $(C_2H_5)_3N$, 25°C, 1 min, Rühren	$[-Sn(C_6H_5)_2-NH-C_6H_4-NH-]_x$	**[50]**
$H_2N-C_6H_4-CH_2-C_6H_4-NH_2$	wie oben	$[-Sn(C_6H_5)_2-NH-C_6H_4-CH_2-C_6H_4-NH-]_x$	[50]
$H_2NC_6H_4CH_2C_6H_4NH_2$	wie oben	$[-Sn(C_6H_5)_2NHC_6H_4CH_2C_6H_4NH-]_x$	[50]
HN(CH₂CH₂)₂NH	Decan-Nitrobenzol, $(C_2H_5)_3N$, 25°C, 1 min, Rühren	$[-Sn(C_6H_5)_2-N(CH_2CH_2)_2N-]_x$	[51]

Tabelle 36 (Fortsetzung)

Reaktionspartner	Reaktionsbedingungen	Reaktionsprodukte	Lit.
$HN\langle\rangle-(CH_2)_3-\langle\rangle NH$	Decan-Nitrobenzol, $(C_2H_5)_3N$, 25°C, 1 min, Rühren	$[-Sn(C_6H_5)_2-N\langle\rangle-(CH_2)_3-\langle\rangle N-]_x$	[51]
$HN\langle\rangle NH$ mit CH_3, CH_3	wie oben	$[-Sn(C_6H_5)_2-N\langle\rangle N-]_x$ mit CH_3, CH_3	[51]
$NaNO_2$	Essigsäure	$(C_6H_5)_3SnCl$	[52]
N_2O_3 + NO	—	$C_6H_5N_2NO_3$	[53]
$CH_3S(=NCH_3)_2NHCH_3$	Benzol, $(C_2H_5)_3N$, 100°C, 1 h	$(C_6H_5)_2ClSnN(CH_3)S(=NCH_3)_2CH_3$	[54]
R_3SbS $R = CH_3, C_6H_{11}$	Gleichgewicht, Kinetik	R_3SbCl_2, $[(C_6H_5)_2SnS]_3$	[55, 56]
Natriumsilicat	Aceton	Polymeres	[57]
$SnCl_4$	220°C, 1 h, Bombenrohr	$C_6H_5SnCl_3$	[58, 59]
$HgCl_2$	1:1, kochender Alkohol	C_6H_5HgCl, $C_6H_5SnCl_3$, $SnCl_4$	[60]
	1:2, kochender Alkohol	C_6H_5HgCl, $SnCl_4$	[60, 61]
	NaOH	$Hg(C_6H_5)_2$	[61]
C_6H_5HgOH	1:2, NaOH	$Hg(C_6H_5)_2$	[61]
$NaRe(CO)_5$	Tetrahydrofuran, 20 bis 25°C, 2.5 h	$(C_6H_5)_2Sn[Re(CO)_5]_2$	[62]

Tabelle 36 (Fortsetzung)

Reaktionspartner	Reaktionsbedingungen	Reaktionsprodukte	Lit.
$Na_2Fe(CO)_4$	Tetrahydrofuran, −60 bis +25°C, 7 h	$[(C_6H_5)_2SnFe(CO)_4]_2$	[63]
$NaFe(CO)_2C_5H_5$	—	$(C_6H_5)_2ClSnFe(CO)_2C_5H_5$	[64]
$NaFe(CO)_3NO$	Diäthyläther, 25°C, 0.5 h, Rühren	$(C_6H_5)_2Sn[Fe(CO)_3NO]_2$	[65, 66]
$Hg[Fe(CO)_3NO]_2$	Benzol, Rückfluß	$(C_6H_5)_2ClSnFe(CO)_3NO$	[66]
$NaFe(CO)_2(NO)L$ $L = P(OC_6H_5)_3$, $C_6H_5As(C_2H_5)_2$	—	$(C_6H_5)_2Sn[Fe(CO)_2(NO)L]_2$	[66]
$Co_2(CO)_8$	4:3, Methanol	$(C_6H_5)_2ClSnCo(CO)_4$	[67]
	2:3, Methanol	$(C_6H_5)_2Sn[Co(CO)_4]_2$	[67]

Reactions with Lewis Bases Forming Complexes with Higher Tin Coordination Number

1.3.2.2.1.15.5.7 Reaktionen mit Lewis-Basen unter Bildung von Komplexen mit Erweiterung der Koordinationszahl am Zinn

$(C_6H_5)_2SnCl_2$ bildet mit Lewis-Basen Addukte unter Ausbildung der Koordinationszahlen 5 oder 6 am zentralen Zinnatom. In Tabelle 37, S. 175/8, ist eine Auswahl der wichtigsten bei diesen Reaktionen gebildeten Komplexe aufgeführt.

Die kalorimetrischen Titrationskurven der Reaktion von Diphenylzinndichlorid mit Pyridin bzw. 4-Methylpyridin lassen sich nicht in Einklang bringen mit der Bildung reiner 1:1- oder 1:2-Komplexe. Sie sprechen vielmehr dafür, daß beide Addukte nebeneinander entstehen. Mit 2,2'-Bipyridin und 1,10-Phenanthrolin sowie mit 2-Methylpyridin und Tributylphosphin entstehen in Benzol bei 30°C dagegen reine 1:1-Komplexe. Mit Tributylamin reagiert Diphenylzinndichlorid unter Bildung von Tetraphenylzinn und dem 1:1-Komplex von Zinntetrachlorid [1].

Literatur:

[1] Y. Farhangi, D. P. Graddon (J. Organometal. Chem. **87** [1975] 67/82). — [2] I. Wharf, J. Z. Lobos, M. Onyszchuk (Can. J. Chem. **48** [1970] 2787/90). — [3] P. Zanella, G. Tagliavini (J. Organometal. Chem. **12** [1968] 355/62). — [4] P. Zanella, G. Plazzogna (Ann. Chim. [Rome] **59** [1969] 1152/9). — [5] P. C. Srivastava (Indian J. Chem. A **14** [1976] 708/9).

[6] P. C. Srivastava (J. Indian Chem. Soc. **53** [1976] 523/4). — [7] Yu. V. Kolodyazhnyi, S. D. Lesnykh, L. S. Baturina, G. S. Goldin, O. A. Osipov (Zh. Obshch. Khim. **46** [1976] 1587/9; J. Gen. Chem. USSR **46** [1976] 1546/7). — [8] W. H. Nelson, D. F. Martin (J. Organometal. Chem. **4** [1965] 67/73). — [9] G. Faraglia, F. Maggio, R. Cefalu, R. Bosco, R. Barbieri (Inorg. Nucl. Chem. Letters **5** [1969] 177/81). — [10] B. Bajpai (Indian J. Chem. A **14** [1976] 347/8).

[11] P. Pfeiffer, B. Friedmann, R. Lehnhardt, H. Luftensteiner, R. Prade, K. Schnurmann (Z. Anorg. Allgem. Chem. **71** [1911] 97/120). — [12] K. A. Kocheshkov (Uch. Zap. Mosk. Gos. Univ. Nr. 3 [1934] 297/303 nach C. **1935** II 3760). — [13] D. L. Alleston, A. G. Davies (Chem. Ind. [London] **1961** 551/2). — [14] D. L. Alleston, A. G. Davies (J. Chem. Soc. **1962** 2050/4). — [15] T. Tanaka, M. Komura, Y. Kawasaki, R. Okawara (J. Organometal. Chem. **1** [1964] 484/9).

[16] M. Mishima, M. Nakamura, M. Izawa, M. Idogaki (Shimane Daigaku Bunrigakubu Kiyo Rigakka Hen Nr. 7 [1974] 79/84; C.A. **82** [1975] Nr. 105053). — [17] R. Waack, Dow Chemical Co. (U.S.P. 3242105 [1962/66]; C.A. **64** [1966] 17825). — [18] R. C. Poller, D. L. B. Toley (J. Chem. Soc. A **1967** 1578/80). — [19] T. N. Srivastava, M. P. Agarwal (J. Prakt. Chem. **312** [1970] 968/71). — [20] D. G. Hendricker (Inorg. Chem. **8** [1969] 2328/30).

[21] T. N. Srivastava, P. C. Srivastava (J. Indian Chem. Soc. **53** [1976] 365/7). — [22] V. G. K. Das (Inorg. Nucl. Chem. Letters **9** [1973] 155/60). — [23] Y. Kawasaki, M. Hori, K. Uenaka (Bull. Chem. Soc. Japan **40** [1967] 2463/7). — [24] T. N. Srivastava, D. C. Rupainwar, J. S. Gaur (J. Inorg. Nucl. Chem. **36** [1974] 733/6). — [25] R. Barbieri, G. Alonzo, A. Silvestri, N. Burriesci, N. Bertazzi, G. Stocco, L. Pellerito (Gazz. Chim. Ital. **104** [1974] 885/95).

[26] A. Gianguzza, L. Pellerito, R. Cefalu (Atti Accad. Sci. Lettere Arti Palermo I [4] **31** [1972] 161/5). — [27] L. Pellerito, R. Cefalu, A. Gianguzza, R. Barbieri (J. Organometal. Chem. **70** [1974] 303/8). — [28] A. Cassol, L. Magon (J. Inorg. Nucl. Chem. **27** [1965] 1297/303). — [29] B. V. Liengme, R. S. Randall, J. R. Sams (Can. J. Chem. **50** [1972] 3212/22). — [30] I. P. Goldshtein, N. N. Zemlyanskii, T. I. Perepelkova, L. S. Melnichenko, E. N. Guryanova, K. A. Kocheshkov (Dokl. Akad. Nauk SSSR **217** [1974] 849/51; Dokl. Phys. Chem. Proc. Acad. Sci. USSR **217** [1974] 717/9).

[31] T. Tanaka (Inorg. Chim. Acta **1** [1967] 217/21). — [32] T. Tanaka, T. Kamitani (Inorg. Chim. Acta **2** [1968] 175/8). — [33] K. L. Jaura, R. K. Chadha, K. K. Sharma (Indian J. Chem. **12** [1974] 766/7). — [34] T. N. Srivastava, P. C. Srivastava, K. Srivastava (J. Indian Chem. Soc. **53** [1976] 343/6). — [35] R. C. Poller, D. L. B. Toley (J. Chem. Soc. A **1967** 2035/6).

[36] R. H. Abu-Samn, H. P. Latscha (U.A.R. J. Chem. **16** [1973] 373/8). — [37] N. P. Balabanov, B. A. Komissarova, A. A. Sorokhin, V. S. Shpinel (Proc. Conf. Appl. Moessbauer Eff., Tihany, Hung., 1969 [1971], S. 235/8 nach C.A. **75** [1971] Nr. 27963). — [38] H. Zimmer, G. Singh (Advan. Chem. Ser. **42** [1964] 17/22).

Tabelle 37

Reaktionen von $(C_6H_5)_2SnCl_2$ mit Lewis-Basen unter Bildung von Komplexen.

Reaktionspartner	Reaktionsbedingungen	Reaktionsprodukte	Lit.
$[R_4N]Cl$ $R = CH_3, C_2H_5, C_4H_9$	1:1, Propanol, 90°C	$[R_4N][(C_6H_5)_2SnCl_3]$	[2]
$[(CH_3)_4N]Cl + HCl$	1:2, Propanol, 90°C	$[(CH_3)_4N]_2[(C_6H_5)_2SnCl_4]$	[2]
$[(C_6H_5)_4As]Cl$	H_2O-Äthanol, HCl	$[(C_6H_5)_4As][(C_6H_5)_2SnCl_3]$	[3, 4]
$(C_6H_5)_3CCl$	CH_3CN	$[(C_6H_5)_3C][(C_6H_5)_2SnCl_3]$	[3]
$(CH_3)_2NH$	Diäthyläther, Überschuß an Amin	1:2-Komplex	[5]
$(C_2H_5)_2NH$	Diäthyläther, Überschuß an Amin	1:2-Komplex	[6]
$CH_2N(CH_3)Si(CH_3)_3$ | $CH_2N(CH_3)Si(CH_3)_3$	Äthanol	1:1-Komplex	[7]
$CH_2N{=}C(CH_3)CH_2C(O)C_6H_5$ | $CH_2N{=}C(CH_3)CH_2C(O)C_6H_5$	1:1, Benzol	2:1-Komplex	[8]
$CH_2NHCH_2C(O)CH_2C(O)CH_3$ | $CH_2NHCH_2C(O)CH_2C(O)CH_3$	1:1, Aceton	1:1-Komplex	[9]
$CH_3CHNHCH_2C(O)CH_2C(O)CH_3$ | $CH_2NHCH_2C(O)CH_2C(O)CH_3$	—	1:1-Komplex	[9]
$RC(O)NHR'$ $R = H$ oder CH_3, $R' = C_2H_5$; $R = CH_3$, $R' = C_4H_9$	1:1, Petroläther	1:1-Komplexe	[10]
$RC(O)NR'_2$ $R = H$, $R' = C_2H_5$; $R = C_2H_5$, $R' = CH_3$ oder C_3H_7	1:1, Petroläther	1:1-Komplexe	[10]
$RC(O)NHR'$ $R = H$ oder CH_3, $R' = C_2H_5$	1:2, Petroläther	1:2-Komplexe	[10]
$RC(O)NR'_2$ $R = H$ oder CH_3, $R' = C_2H_5$; $R = CH_3$, $R' = C_3H_7$	1:2, Petroläther	1:2-Komplexe	[10]

Tabelle 37 (Fortsetzung)

Reaktionspartner	Reaktionsbedingungen	Reaktionsprodukte	Lit.
N	Benzol	1:1- und 1:2-Komplex	[1]
	Pyridin	1:2- und 1:4-Komplex	[11]
	Pyridin	1:4-Komplex	[12]
N CH_3	Benzol	1:1-Komplex	[1]
CH_3 N	Benzol	1:1- und 1:2-Komplex	[1]
N N	organisches Lösungsmittel	1:1-Komplex	[1, 13 bis 17]
N N	Benzol	1:1-Komplex	[18]
N N	organisches Lösungsmittel	1:1-Komplex	[1, 13, 14, 16, 19]
CH_3 N N CH_3	—	1:1-Komplex	[20]
N N N = terpy	Petroläther	$[(C_6H_5)_2SnCl \cdot terpy][(C_6H_5)_2SnCl_3]$	[21]
N N	Benzol	1:1-Komplex	[18]

Tabelle 37 (Fortsetzung)

Reaktionspartner	Reaktionsbedingungen	Reaktionsprodukte	Lit.
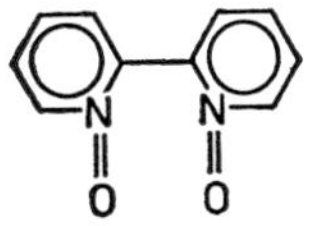	Äthanol	1:1-Komplex	[22]
	Benzol 1:1, Methanol 1:4, Methanol	1:2-Komplex 1:1-Komplex 1:2-Komplex	[23] [29] [29]
$H_2NCH_2CH_2OH$	CH_3CN	1:1-Komplex	[24]
$HN(CH_2CH_2OH)_2$	CH_3CN	1:1-Komplex	[24]
$N(CH_2CH_2OH)_3$	CH_3CN	1:2-Komplex	[24]
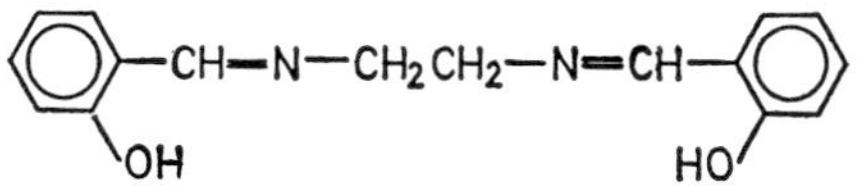 CH—N—CH_2CH_2—N=CH, OH, HO	1:1, Hexan, Rückfluß	1:1-Komplex	[25]
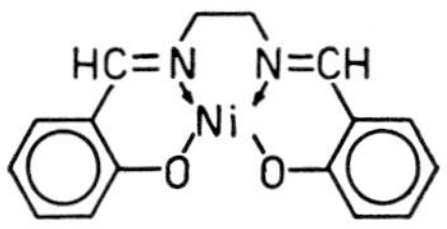 HC=N, N=CH, Ni, O, O	1:1, CH_2Cl_2, N_2, 1 h Rückfluß	1:1-Komplex	[26, 27]
Na-3-Alizarinsulfonat	H_2O-Äthanol	1:1-Komplex	[28]
$(CH_3)_2CO$	—	1:1-Komplex	[30]
$(CH_3)_2SO$	1:1, Petroläther 1:4, $CHCl_3$	1:1-Komplex 1:2-Komplex	[29] [29, 31, 32]
R_2SO $R = C_2H_5, C_3H_7, C_4H_9$	1:1, $CHCl_3$ oder Petroläther 1:4, $CHCl_3$ oder Petroläther	1:1-Komplex 1:2-Komplex	[29] [29]

Tabelle 37 (Fortsetzung)

Reaktionspartner	Reaktionsbedingungen	Reaktionsprodukte	Lit.
$(C_6H_5)_2SO$	1:1, Petroläther	1:1-Komplex	[29]
	1:4, Petroläther	1:2-Komplex	[29, 33]
$(CH_2)_5S{=}O$ (cyclisch)	1:1, Petroläther	1:1-Komplex	[29]
	1:4, Petroläther	1:2-Komplex	[29]
$(C_6H_5CH_2)_2SO$	Aceton	1:2-Komplex	[34]
$(CH_3)_2NCHO$	1:4, $CHCl_3$	1:2-Komplex	[29]
O=S(CH₂CH₂)₂S (cyclisch)	—	1:2-Komplex	[35]
O=S(CH₂CH₂)₂S=O (cyclisch)	—	1:1-Komplex	[35]
$(CH_3NH)_2C{=}S$	Benzol	1:2-Komplex	[36]
H_2O	—	$(C_6H_5)_2SnCl_2 \cdot n\,H_2O$; $n \leqq 6$	[37]
$(C_4H_9)_3P$	Benzol	1:1-Komplex	[1]
$(C_6H_5)_3P{=}NC_2H_5$	Diäthyläther, Rückfluß	1:1-Komplex	[38]
$(C_6H_5)_3PO$	Methanol	1:1-Komplex	[29]

1.3.2.2.1.15.6 Physiologische Wirkung

Physiology

$(C_6H_5)_2SnCl_2$ beeinflußt weit weniger als $(C_6H_5)_3SnCl$ die oxidative Phosphorylierung in Mitochondrien negativ, wie in Experimenten an Rattenleber gezeigt werden konnte [1]. Gleiche Beobachtungen werden auch beim Verfüttern an Meerschweinchen gemacht [2]. Auch Mäuse verlieren nach dem Genuß von Diphenylzinndichlorid weniger an Gewicht als nach dem von triphenylzinnhaltigen Verbindungen [3]. Entsprechende Untersuchungen zur Inhibierung von Glutathion-S-Aryltransferase s. bei [4], von Enzymen in Larven von Tribolium confusum s. bei [5]. Zur Hemmung von Adenosin-Phosphatase an weiblichen Stubenfliegen s. [6]. In allen Fällen zeigt sich, daß Diphenylzinndichlorid weit weniger wirksam ist als die Triphenylzinnverbindung.

Bei Versuchen an Hühnern wurden folgende anthelmintisch effektive Dosen im Futter festgestellt: 151 bis 200 mg/kg Körpergewicht gegen Raillietina cesticillus und 51 bis 75 mg/kg gegen Ascaridia galli, in einer einzelnen Kapsel jeweils 200 mg/kg [7]. Weitere Untersuchungen zur anthelmintischen Aktivität bei Hühnern, die infiziert sind mit Arten von Raillietina, Choanotaenia, Stronglyoides, Ascaridia und Subulura, s. bei [8, 9]. $(C_6H_5)_2SnCl_2$ dient zum Sterilisieren von weiblichen Stubenfliegen [10]. Die LD_{50} beträgt 290×10^{-10} mol/Fliege [11]. Entsprechende Untersuchungen an Larven von Moskitos Culex pipiens berbericus ergaben für $(C_6H_5)_2SnCl_2$ eine LD_{50} von 1.30 ppm [12, 13]. Auch gegenüber Larven von Kleidermotten ist $(C_6H_5)_2SnCl_2$ wenig wirksam [14].

$(C_6H_5)_2SnCl_2$ hemmt das Wachstum von Epidermophyton floccosum und Curvularia lunata bei einer Konzentration >2000 µg/ml und von Pellicularia sasakii bei einer Konzentration von 100 µg/ml [15]. Die Minimalkonzentration (in µg/ml) zur Wachstumshemmung von Pilzen und Bakterien beträgt bei Aspergillus niger 25, bei Candida albicans >100, bei Cryptococcus neoformans >100, bei Trichophyton mentagrophytes 25, bei Microsporum canis >100, bei Bacillus subtilis 25, bei Staphylococcus aureus 6.25, bei Salmonella typhi >100 und bei Escherichia coli >100 [16].

Literatur:

[1] R. G. Wulf, K. H. Byington (Arch. Biochem. Biophys. **167** [1975] 176/85). — [2] H. B. Stoner (Brit. J. Ind. Med. **23** [1966] 222/9). — [3] I. Ishaaya, J. L. Engel, J. E. Casida (Pestic. Biochem. Physiol. **6** [1976] 270/9). — [4] R. A. Henry, K. H. Byington (Biochem. Pharmacol. **25** [1976] 2291/5). — [5] I. Ishaaya, J. E. Casida (Pestic. Biochem. Physiol. **5** [1975] 350/8).

[6] G. R. Pieper, J. E. Casida (J. Econ. Entomol. **58** [1965] 392/400). — [7] K. B. Kerr, A. W. Walde (Exptl. Parasitol. **5** [1956] 560/70). — [8] M. Graber, G. Gras (Rev. Elevage Med. Vet. Pays Trop. **18** [1965] 405/14 nach C.A. **65** [1966] 4498). — [9] M. Graber, G. Gras (Rev. Elevage Med. Vet. Pays Trop. **19** [1966] 7/14 nach C.A. **65** [1966] 4327). — [10] S. Byrdy, Z. Ejmocki, Z. Eckstein (Bull. Acad. Polon. Sci. Ser. Sci. Biol. **18** [1970] 15/9).

[11] N. S. Blum, J. J. Pratt (J. Econ. Entomol. **53** [1960] 445/8). — [12] G. Gras, J. A. Rioux (Arch. Inst. Pasteur Tunis **42** [1965] 9/22). — [13] P. Castel, G. Gras, J. A. Rioux, A. Vidal (Trav. Soc. Pharm. Montpellier **23** [1963] 45/50). — [14] B. G. Gardner, R. C. Poller (Bull. Entomol. Res. **55** [1964] 17/21). — [15] R. L. Khosa, S. N. Dixit (Sci. Cult. [Calcutta] **35** [1969] 637/8).

[16] B. Bajpal, K. K. Bajpal (Current Sci. [India] **44** [1975] 847/8).

1.3.2.2.1.15.7 Verwendung

Uses

Diphenylzinndichlorid wird wegen seiner bioziden Eigenschaften als Fungizid eingesetzt [1 bis 3], speziell im Holzschutz [4], an Zuckerrohr [5] und gegen Kartoffelmehltau [6].

Die Verbindung katalysiert im Gemisch mit WCl_6 die Metathese von Olefinen, beispielsweise von 2-Penten zu 2-Buten und 3-Hexen [7], und von ungesättigten Fettsäuren [8]. Außerdem katalysiert $(C_6H_5)_2SnCl_2$ die Polymerisation von Nitrilen [9], in Gegenwart von $AlCl_3$ die Polymerisation von Vinyläthern [13] und im Gemisch mit $AlBr_3$ und VCl_4 als Ziegler-Katalysator die Polymerisation von Olefinen [14].

$(C_6H_5)_2SnCl_2$ dient als nichtentfärbendes Antioxidans von vulkanisiertem natürlichen und synthetischen Gummi [10], als Schmiermittelzusatz [11] und als Extraktionsmittel für Fluorid-Ionen [12].

Literatur:

[1] Farbwerke Hoechst A.-G. (B.P. 797073 [1953]; C.A. **1959** 22714). — [2] K. B. Kerr, A. W. Walde, Dr. Salsbury's Laboratories, Iowa (U.S.P. 2702777 [1953/55]; C.A. **1955** 7816). — [3] H. E. Ramsden, Esso Research and Engineering Co. (U.S.P. 3389157 [1965/68]; C.A. **69** [1968] Nr. 77500). — [4] H. P. Vind, H. Hochmann (Zinn Verwendung Nr. 57 [1963] 10/2). — [5] T. N. Srivastava, M. P. Agarwal, S. R. Misra, K. Singh (Indian Phytopathol. **25** [1972] 570/4 nach C.A. **80** [1974] Nr. 44616).

[6] A. H. McIntosh (Ann. Appl. Biol. **69** [1971] 43/6). — [7] P. B. van Dam, C. Boelhouwer (React. Kinet. Catal. Letters **1** [1974] 165/8). — [8] P. B. van Dam, M. C. Mittelmeijer, C. Boelhouwer (Fette Seifen Anstrichmittel **76** [1974] 264/6). — [9] R. Minke, S. Freireich, A. Zilkha (Israel J. Chem. **13** [1975] 212/20). — [10] L. A. Tomka, Metal and Thermit Corp. (U.S.P. 2798863 [1957]; C.A. **1957** 15166).

[11] B. H. Lincoln, Lubri-Zol Development Co. (U.S.P. 2334566 [1940/43]; C.A. **1944** 3828). — [12] M. Benmalek, H. Chermette, C. Martelet, D. Sandino, J. Tousset (J. Inorg. Nucl. Chem. **36** [1974] 1359/63). — [13] M. F. Shostakovskii, V. Z. Annenkova, A. K. Khaliullin, R. G. Mirskov, A. I. Inyutkin (Vysokomol. Soedin. A **13** [1971] 753/60 nach C.A. **75** [1971] Nr. 36822). — [14] H. J. De Liefde Meijer, J. W. G. van den Hurk, G. J. M. van der Kerk (Rec. Trav. Chim. **85** [1966] 1018/24).

Other Diaryl and Other Diorganyltin Dichlorides

1.3.2.2.1.16 Weitere Diaryl- und sonstige Diorganylzinndichloride R_2SnCl_2

$(o\text{-}CH_3C_6H_4)_2SnCl_2$

Für die Darstellung der Verbindung bestehen mehrere Möglichkeiten. So erhält man beispielsweise $(o\text{-}CH_3C_6H_4)_2SnCl_2$ durch Umsetzung von $SnCl_2$ mit $Hg(C_6H_4\text{-}o\text{-}CH_3)_2$ in Ligroin bei 90 bis 95°C über einen Zeitraum von 13 h in 66%iger Ausbeute [1], in absolutem Äthanol nach halbstündigem Rückflußkochen in 14%iger Ausbeute [2, 3] und in Aceton ebenfalls in 14%iger Ausbeute [3]. Die Verbindung entsteht auch bei der Komproportionierung von $SnCl_4$ mit $Sn(C_6H_4\text{-}o\text{-}CH_3)_4$ in äquimolaren Mengen im Bombenrohr bei 210°C [4] bzw. 250 bis 255°C [5]. Die Reaktion von $Sn(C_6H_4\text{-}o\text{-}CH_3)_4$ mit $TlCl_3$ in Diäthyläther bei 25°C führt ebenfalls zu $(o\text{-}CH_3C_6H_4)_2SnCl_2$ [6]. In der Patentliteratur wird die Darstellung der Verbindung durch Umsetzung von $SnCl_4$ mit $o\text{-}CH_3C_6H_4MgCl$ in Tetrahydrofuran beschrieben [7]. In 20%iger Ausbeute entsteht die Verbindung aus Sn und $SnCl_4 \cdot 2\,o\text{-}CH_3C_6H_4N_2Cl$ [8, 9]. Ebenso reagiert $(p\text{-}CH_3OC_6H_4)(o\text{-}CH_3C_6H_4)JCl$ mit Sn und $SnCl_2$ in Aceton nach 5stündigem Rühren und anschließendem 12stündigem Stehen unter Bildung von $(o\text{-}CH_3C_6H_4)_2SnCl_2$, welches in Form seines Oxids $[(o\text{-}CH_3C_6H_4)_2SnO]_x$ nachgewiesen wurde [10].

Im ^{1}H-NMR-Spektrum beträgt die chemische Verschiebung der Methylprotonen $\delta = -2.47$ ppm und die Kopplungskonstante $^4J(SnH_{CH_3}) = 9.1$ Hz (20°C, 6%ige Lösung in CCl_4) [11]. Im IR-Spektrum der Verbindung treten Phenylringschwingungen bei 428(st), 263(m) und 235(s) cm^{-1} auf. Die $\nu_{as}SnCl$-Schwingung liegt bei 350(sst) cm^{-1} (Nujol) [12]. Für die Verbindung wird ein Schmelzpunkt von 49 bis 50°C [4, 5] bzw. 49.5 bis 50°C [1] angegeben.

Mit Mesitylmagnesiumbromid reagiert $(o\text{-}CH_3C_6H_4)_2SnCl_2$ im Molverhältnis 10:1 in Diäthyläther bei 12stündigem Erhitzen unter Bildung von Di(o-tolyl)-di(mesityl)zinn [13], mit KOH unter Bildung von polymerem $[(o\text{-}CH_3C_6H_4)_2SnO]_x$ [2]. Mit 8-Chinolinol und 7-Methyl-8-chinolinol entstehen in Äthanol bei einem Molverhältnis von 1:2 die Verbindungen XVIII bzw. XIX, bei einem Molverhältnis von 1:1 die Verbindungen XX bzw. XXI [14]. — Mit 1,10-Phenanthrolin [15], Äthanolamin und Diäthanolamin [16] bildet $(o\text{-}CH_3C_6H_4)_2SnCl_2$ jeweils einen 1:1-Komplex, mit Triäthanolamin [16], Diäthylamin [18], Dimethylsulfoxid [17] und Dimethylamin [19] jeweils einen 1:2-Komplex.

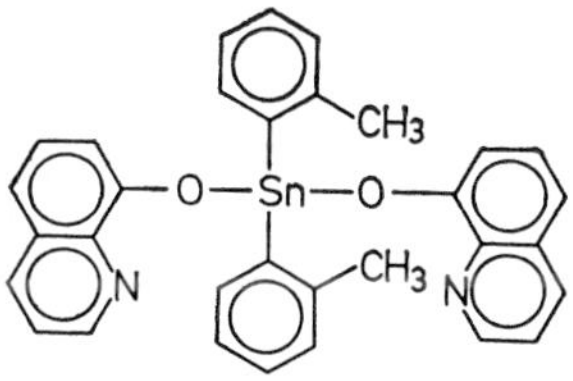

XVIII

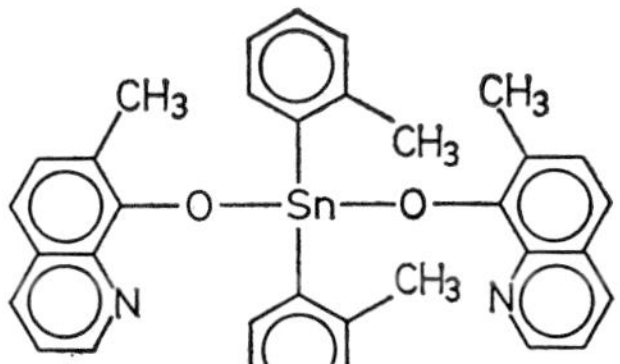

XIX

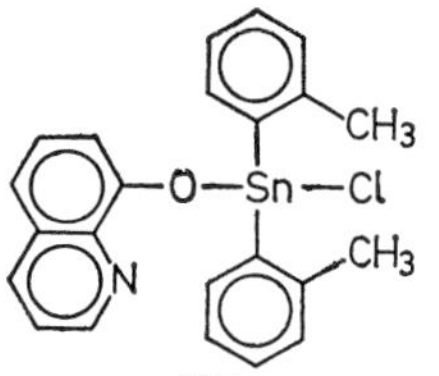

XX

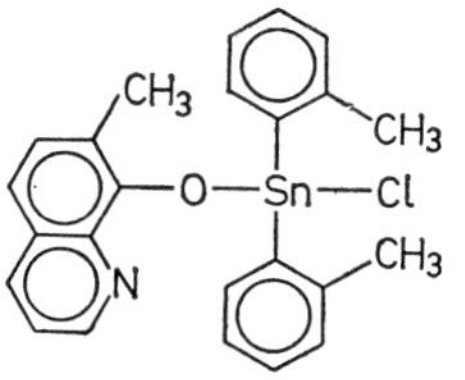

XXI

$(m\text{-}CH_3C_6H_4)_2SnCl_2$

Di-m-tolylzinndichlorid ist durch Komproportionierung von Tetra-m-tolylzinn mit Zinntetrachlorid im Bombenrohr bei 205°C darzustellen [20]. Neben $(m\text{-}CH_3C_6H_4)_2Sn(O_2SC_6H_4\text{-}m\text{-}CH_3)_2$ bildet sich die Verbindung bei der Reaktion von $(m\text{-}CH_3C_6H_4)_3SnCl$ mit flüssigem SO_2 bei 20°C [21].

$(m\text{-}CH_3C_6H_4)_2SnCl_2$ schmilzt bei 39 bis 40°C [20].

Mit NaOH, Na_2S bzw. $SnCl_4$ reagiert die Verbindung unter Bildung von $[(m\text{-}CH_3C_6H_4)_2SnO]_x$, $[(m\text{-}CH_3C_6H_4)_2SnS]_3$ bzw. $m\text{-}CH_3C_6H_4SnCl_3$ [20]. Mit 2-Amino-4,6-di-t-butyl-phenol und O_2 bildet sich das Radikal XXII [22]. Die Reaktion von $(m\text{-}CH_3C_6H_4)_2SnCl_2$ mit 7-Methyl-8-chinolinol in Äthanol führt bei Verwendung äquimolarer Mengen zu der Verbindung XXIII, mit 8-Chinolinol und 7-Methyl-8-chinolinol im Molverhältnis 1:2 zu den Verbindungen XXIV bzw. XXV [14]. Mit

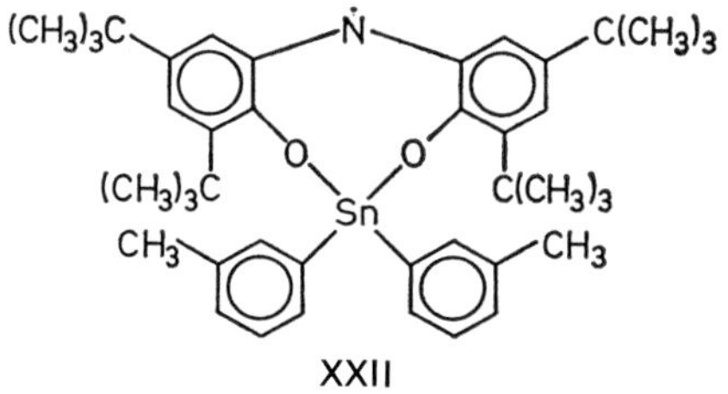

XXII

1,10-Phenanthrolin [15], Äthanolamin bzw. Diäthanolamin [16] entstehen 1:1-Komplexe, mit Dimethylamin [19], Diäthylamin [18], Triäthanolamin [16] bzw. Dimethylsulfoxid [17] bilden sich 1:2-Komplexe.

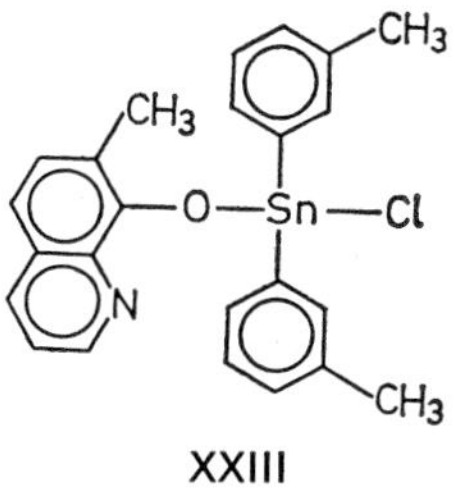

XXIII

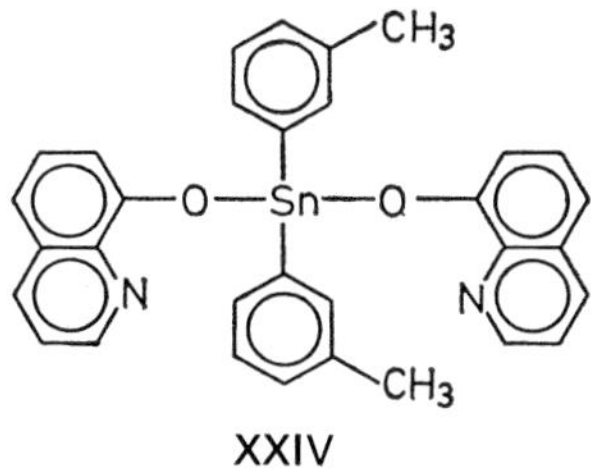

XXIV

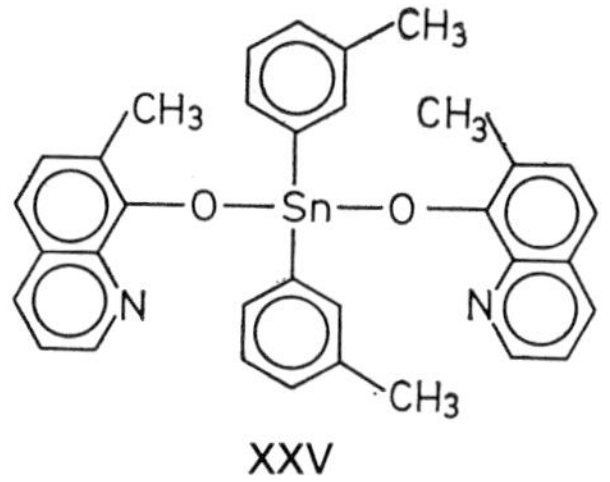

XXV

$(p\text{-}CH_3C_6H_4)_2SnCl_2$

Die Verbindung entsteht in 72%iger Ausbeute durch Umsetzung von $SnCl_2$ mit $Hg(C_6H_4\text{-}p\text{-}CH_3)_2$ in Ligroin bei 90 bis 95°C und einer Reaktionszeit von 13 h [1]. Quantitative Ausbeuten werden erzielt, wenn die genannten Ausgangsverbindungen in siedendem Aceton für nur eine halbe Stunde zur Reaktion gebracht werden [2] oder unter eben diesen Bedingungen $SnCl_2$ und $p\text{-}CH_3C_6H_4HgCl$ miteinander umgesetzt werden, wobei $(p\text{-}CH_3C_6H_4)_2SnCl_2$ nicht als solches, sondern in Form seines durch alkalische Hydrolyse entstehenden Oxids $[(p\text{-}CH_3C_6H_4)_2SnO]_x$ isoliert wird [2, 3]. 60% Ausbeute werden beim Erhitzen von $SnCl_2$ und $(p\text{-}CH_3C_6H_4)_2TlCl$ über offener Flamme erzielt [23]. Gleichfalls zugänglich wird $(p\text{-}CH_3C_6H_4)_2SnCl_2$ durch Komproportionierung von $SnCl_4$ mit $Sn(C_6H_4\text{-}p\text{-}CH_3)_4$ bei 200 bis 205°C im Bombenrohr über einen Zeitraum von 2 bis 3 h [4, 5, 24], durch Umsetzung von $TlCl_3$ mit $Sn(C_6H_4\text{-}p\text{-}CH_3)_4$ in Diäthyläther bei Raumtemperatur [6], durch Einwirkung von HCl auf $Sn(C_6H_4\text{-}p\text{-}CH_3)_4$ [25], durch Reaktion von JCl mit $Sn(C_6H_4\text{-}p\text{-}CH_3)_4$ in CCl_4 bei 25°C und 1 h Reaktionszeit (Ausbeute 92%) [27] sowie durch Zugabe einer Lösung von Br_2 in CCl_4 zu $Sn(C_6H_4\text{-}p\text{-}CH_3)_4$ und Überführung des dabei entstehenden Dibromidderivates über die Stufe des Oxids zum Dichlorid durch aufeinanderfolgende Zugabe von NaOH und HCl [26]. $(p\text{-}CH_3C_6H_4)_2SnCl_2$ und $(p\text{-}CH_3C_6H_4)_2Sn(O_2SC_6H_4\text{-}p\text{-}CH_3)_2$ entstehen bei der Einwirkung von flüssigem SO_2 auf $(p\text{-}CH_3C_6H_4)_3SnCl$ bei 20°C [21].

Die ^1H-NMR-spektroskopischen Untersuchungen an $(p\text{-}CH_3C_6H_4)_2SnCl_2$ dienten der Bestimmung der Lösungsmittelabhängigkeit der chemischen Verschiebung des o- bzw. m-Wasserstoffs des Phenylringes sowie der Kopplungskonstanten zwischen $^{117,119}Sn$ und den Protonen der Methylgruppe [24]. Die Ergebnisse sind aus Tabelle 38 zu ersehen.

Tabelle 38

Lösungsmittelabhängigkeit von δH_o und δH_m (in ppm) sowie von $^6J(^{117,119}SnH_{CH_3})$ (in Hz) von $(p\text{-}CH_3C_6H_4)_2SnCl_2$ (0.25 mol/ml, 21°C, Tetramethylsilan als interner Standard).

Lösungsmittel	δ_o	δ_m	$^6J(^{117,119}SnH_{CH_3})$
Cyclohexan	−7.46	−7.18	4.5
Dichlormethan	−7.54	−7.33	5.3
Aceton	−7.71	−7.34	6.2
Nitromethan	−7.65	−7.41	6.0
Acetonitril	−7.70	−7.36	6.0
Dimethylsulfoxid	−7.77	−7.14	—

Im IR-Spektrum der Verbindung treten Phenylringschwingungen bei 470(sst), 274(m) und 260(m) cm^{-1} auf. Die $\nu_{as}SnCl$-Schwingung liegt bei 340(sst), die ν_sSnCl-Schwingung bei 310(s) cm^{-1} [12].

Für $(p\text{-}CH_3C_6H_4)_2SnCl_2$ werden folgende Schmelzpunkte angegeben: 38 bis 40°C [25, 26], 42.5 bis 43.5°C [24], 47 bis 49°C [27], 49 bis 50°C [4, 5] und 49.5°C [1].

Mit $(C_2H_5)_2AlH$ reagiert $(p\text{-}CH_3C_6H_4)_2SnCl_2$ bei −40°C im Verlauf einer Stunde in Diäthyläther und bei einem Molverhältnis von etwa 3:1 unter Bildung von $(p\text{-}CH_3C_6H_4)_2SnH_2$ in 94%iger Ausbeute [28]. Mit $(p\text{-}CH_3C_6H_4)_2SnH_2$ und $C_6H_5C(CH_3)=CH_2$ reagiert $(p\text{-}CH_3C_6H_4)_2SnCl_2$ unter Bildung von $(p\text{-}CH_3C_6H_4)_2ClSnCH_2CH(CH_3)C_6H_5$ [29]. Die Umsetzung mit Mesitylmagnesiumbromid im Molverhältnis 1:8 in Diäthyläther-Toluol führt nach 18stündigem Erhitzen zu Di(p-tolyl)-di(mesityl)zinn [13]. Mit KOH bildet die Verbindung das entsprechende Oxid $[(p\text{-}CH_3C_6H_4)_2SnO]_x$ [2, 26]. Die Reaktion mit 7-Methyl-8-chinolinol in Äthanol führt bei einem Molverhältnis von 1:1 zu der Verbindung XXVI, mit 8-Chinolinol und 7-Methyl-8-chinolinol im Molverhältnis 1:2 zu den Verbindungen XXVII bzw. XXVIII [14]. Mit O_2 und 2-Amino-4,6-di-t-butyl-phenol reagiert $(p\text{-}CH_3C_6H_4)_2SnCl_2$ unter Abspaltung von HCl zu dem Radikal XXIX [22]. — Mit $SnCl_4$ entsteht im Bombenrohr bei 210°C $p\text{-}CH_3C_6H_4SnCl_3$ [4], mit $HgCl_2$ in Äthanol $p\text{-}CH_3C_6H_4HgCl$ bzw. mit

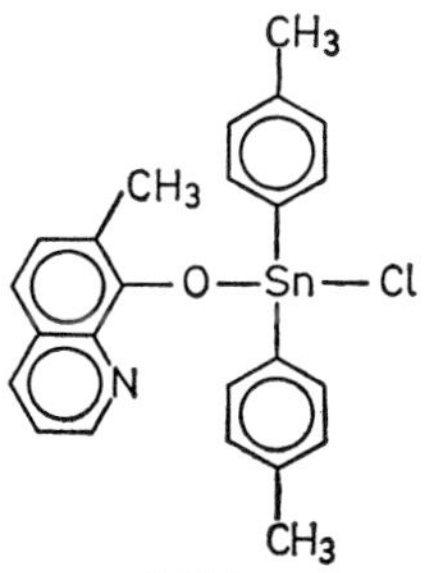

XXVI 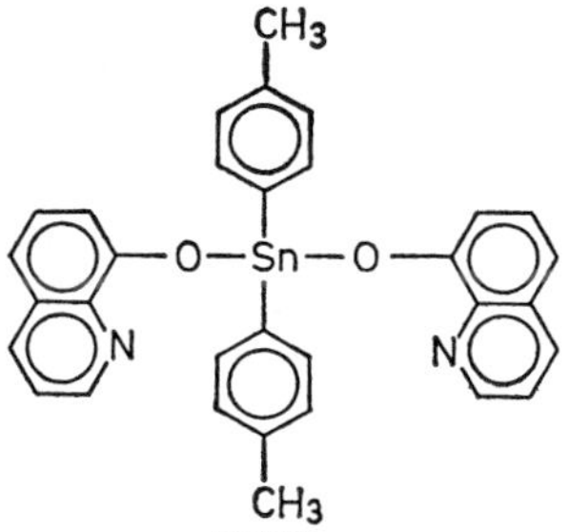 XXVII 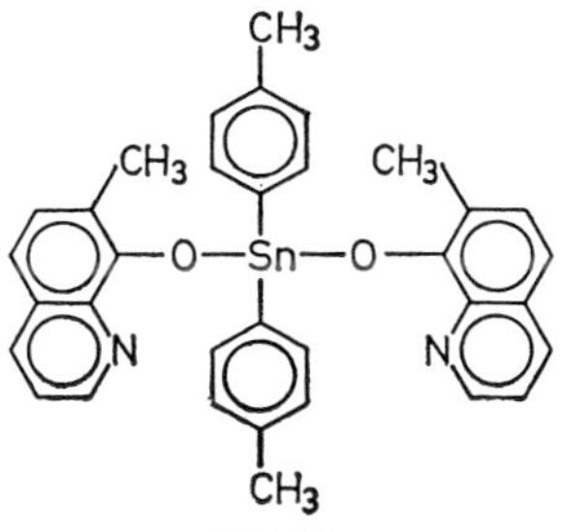 XXVIII

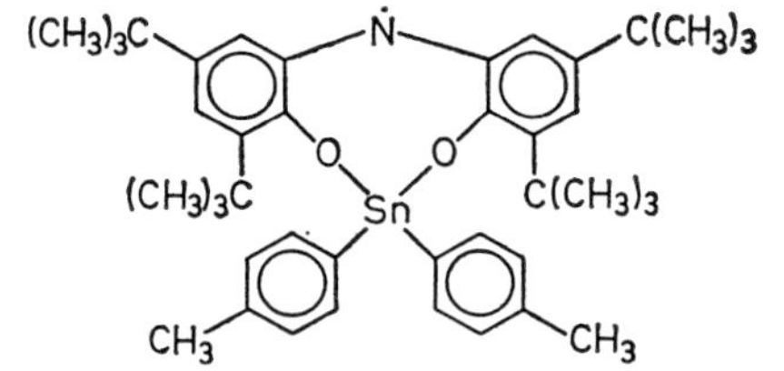

XXIX

$HgCl_2$ und KOH in Äthanol $(p\text{-}CH_3C_6H_4)_2Hg$ [5], mit $TlCl_3 \cdot 4\,H_2O$ in Äthanol-Wasser entsteht $(p\text{-}CH_3C_6H_4)_2TlCl$ (62% Ausbeute) [30, 31], mit flüssigem SO_2 im Bombenrohr bei 60°C $(p\text{-}CH_3C_6H_4SO_2)_2SnCl_2$ und bei 20°C mit NaO_2SR in Tetrahydrofuran $(p\text{-}CH_3C_6H_4)_2Sn(O_2SR)_2$ mit $R = C_6H_5$ und $p\text{-}CH_3C_6H_4$ [21]. Mit 1,10-Phenanthrolin [15], Äthanolamin bzw. Diäthanolamin bildet $(p\text{-}CH_3C_6H_4)_2SnCl_2$ jeweils einen 1:1-Komplex [16], mit Triäthanolamin [16], Dimethylamin [19], Diäthylamin [18], Dimethylsulfoxid [17] und Dibenzylsulfoxid [32] den jeweiligen 1:2-Komplex.

Darstellung und Eigenschaften aller weiteren wichtigen, unter dieses Kapitel fallenden Verbinbindungen sind in Tabelle 39 auf S. 186/94 angegeben.

Weitere Angaben zu den in der Tabelle aufgeführten Verbindungen (laufende Nummern mit Stern):

$(p\text{-}FC_6H_4)_2SnCl_2$ (Tabelle **39**, Nr. **3**). Untersuchungen der Kernresonanzspektren der Verbindung führten zu folgenden Parametern, bezogen auf H_1 und H_2 als ortho-Protonen und H_3 und H_4 als meta-Protonen: $\delta H_{1,2} = -26$ Hz und $\delta H_{3,4} = 0.0$ Hz (gegen Benzol), $J_{2,3} = 8.02$ Hz, $J_{1,3} = 0.40$ Hz, $J_{1,2} = 2.57$ Hz und $J_{3,4} = 1.77$ Hz, $^4J(HF) = 5.70$ Hz und $^3J(HF) = 8.64$ Hz [38, 39]. $\delta^{19}F = -333$ Hz gegen C_6H_5F bei 56.4 MHz [38].

$(p\text{-}CH_3OC_6H_4)_2SnCl_2$ (Tabelle **39**, Nr. **7**). Im ^1H-NMR-Spektrum besitzen die CH_3O-Protonen eine chemische Verschiebung von $\delta = -3.80$ ppm (CCl_4, 30°C, Tetramethylsilan als interner Standard) [43]. Die Verbindung reagiert mit CH_3MgJ und $\alpha\text{-}C_{10}H_7MgBr$ in Benzol-Diäthyläther unter Bildung von Di(p-anisyl)methyl-α-naphthylzinn [43], mit CH_3MgJ und $(CH_3)_3CCH_2MgBr$ unter Bildung von $(p\text{-}CH_3OC_6H_4)_2(CH_3)SnCH_2C(CH_3)_3$ [44]. Mit H_2O bzw. H_2S setzt sich die Verbindung in Äthanol bei Zugabe einer wäßrigen KOH-Lösung unter Bildung von $[(p\text{-}CH_3OC_6H_4)_2SnO]_x$ bzw. von $[(p\text{-}CH_3OC_6H_4)_2SnS]_3$ um [42]. Mit Sauerstoff und 2-Amino-4,6-di-t-butyl-phenol bildet sich das Radikal XXX [22].

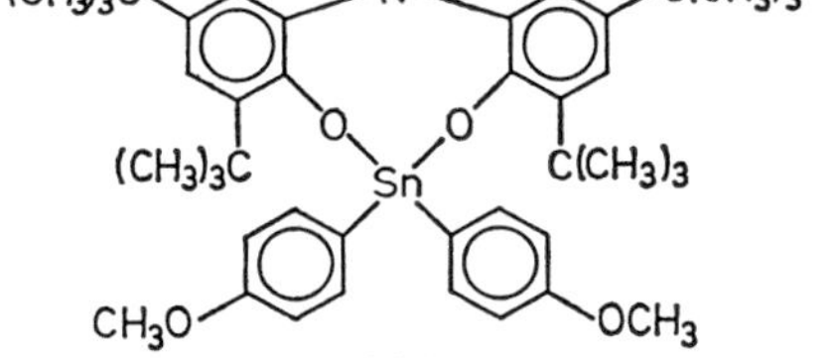

XXX

$(p\text{-}C_2H_5OOCC_6H_4)_2SnCl_2$ (Tabelle **39**, Nr. **13**). Die Verbindung reagiert mit $HgCl_2$ in absolutem Alkohol unter quantitativer Bildung von $p\text{-}C_2H_5OOCC_6H_4HgCl$, mit C_6H_5MgBr in Diäthyläther unter Bildung von 72% $[p\text{-}HO(C_6H_5)_2CC_6H_4]_2Sn(C_6H_5)_2$, mit H_2S zu $[(p\text{-}C_2H_5OOCC_6H_4)_2SnS]_3$ in 87%iger Ausbeute, mit 8-Chinolinol zu $(p\text{-}C_2H_5OOCC_6H_4)_2Sn(OC_9H_6N)_2$ [45] sowie mit $TlCl_3 \cdot 4H_2O$ und Na_2CO_3 beim Erhitzen in Äthanol und anschließender Zugabe von HCl zu $(p\text{-}C_2H_5OOCC_6H_4)_2TlCl$ in 55%iger Ausbeute [31].

$(1\text{-}C_{10}H_7)_2SnCl_2$ (Tabelle **39**, Nr. **28**). Die Verbindung reagiert mit $p\text{-}CH_3OC_6H_4MgBr$, mit C_6H_5MgBr oder $2\text{-}C_4H_3SMgJ$ in Diäthyläther in Ausbeuten zwischen 70 und 90% unter Bildung von $(1\text{-}C_{10}H_7)_2Sn(C_6H_4\text{-}p\text{-}OCH_3)_2$, $(1\text{-}C_{10}H_7)_2Sn(C_6H_5)_2$ bzw. $(1\text{-}C_{10}H_7)_2Sn(2\text{-}C_4H_3S)_2$ [41]. Mit $(C_2H_5)_2AlH$ bildet sich bei $-30\,^{\circ}C$ und einem Molverhältnis von 1:2.5 in 84%iger Ausbeute $(1\text{-}C_{10}H_7)_2SnH_2$ [28]. Die Umsetzung mit Mesitylmagnesiumbromid führt in Toluol bei höheren Temperaturen und einem 5fachen Überschuß an Grignard-Verbindung im Verlauf von 12 h zu $[2,4,6\text{-}(CH_3)_3C_6H_2]_2Sn(1\text{-}C_{10}H_7)_2$ [13]. Die Reaktion von $(1\text{-}C_{10}H_7)_2SnCl_2$ mit $1\text{-}C_{10}H_7MgBr$ führt zur Bildung von $Sn(1\text{-}C_{10}H_7)_4$, mit $HgCl_2$ zu $1\text{-}C_{10}H_7HgCl$, mit NH_3 zu $[(1\text{-}C_{10}H_7)_2SnO]_x$, mit NaOH und $HgCl_2$ in Äthanol-Wasser zu $Hg(1\text{-}C_{10}H_7)_2$, mit H_2S und KOH in Äthanol zu $[(1\text{-}C_{10}H_7)_2SnS]_3$, mit HBr zu $(1\text{-}C_{10}H_7)_2SnBr_2$, mit NaJ zu $(1\text{-}C_{10}H_7)_2SnJ_2$ und mit $SnCl_4$ im Bombenrohr bei $150\,^{\circ}C$ im Verlauf von 3 h zu $1\text{-}C_{10}H_7SnCl_3$ [60].

$(9\text{-}C_{14}H_9)_2SnCl_2$ (Tabelle **39**, Nr. **30**). Die Verbindung reagiert mit O_2 und 2-Amino-4,6-di-t-butyl-phenol unter Abspaltung von HCl und Bildung des Radikals XXXI [22].

XXXI

Literatur:

[1] A. N. Nesmeyanov, A. E. Borisov, N. V. Novikova, M. A. Osipova (Izv. Akad. Nauk SSSR Otd. Khim. Nauk **1959** 263/6 nach C.A. **1959** 17890). — [2] A. N. Nesmeyanov, K. A. Kocheshkov (Ber. Deut. Chem. Ges. **63** [1930] 2496/504). — [3] K. A. Kocheshkov, A. N. Nesmeyanov (Zh. Russ. Fiz. Khim. Obshch. **62** [1930] 1795/812 nach C.A. **1931** 3975/7). — [4] K. A. Kocheshkov, M. M. Nad (Ber. Deut. Chem. Ges. **67** [1934] 717/21). — [5] K. A. Kocheshkov, M. M. Nad (Zh. Obshch. Khim. **5** [1935] 1158/67).

[6] A. E. Borisov, N. V. Novikova (Izv. Akad. Nauk SSSR Otd. Khim. Nauk **1959** 1670/2 nach C.A. **1960** 8608). — [7] H. E. Ramsden, Metal and Thermit Corp. (B.P. 825039 [1959]; C.A. **1960** 18438). — [8] K. A. Kocheshkov, A. N. Nesmeyanov, V. A. Klimova (Zh. Obshch. Khim. **6** [1936] 167/71). — [9] A. N. Nesmeyanov, K. A. Kocheshkov, V. A. Klimova (Ber. Deut. Chem. Ges. **68** [1935] 1877/83). — [10] O. A. Ptitsyna, O. A. Reutov, M. F. Turchinskii (Nauchn. Dokl. Vysshei Shkoly Khim. i Khim. Tekhnol. **1959** Nr. 1, S. 138/40 nach C.A. **1959** 17030).

[11] M. Donadille, M. A. Delmas, J. C. Maire, T. N. Srivastava (J. Organometal. Chem. **15** [1968] 244/6). — [12] T. N. Srivastava (Indian J. Chem. **12** [1974] 98/9). — [13] I. I. Lapkin, V. A. Dumler (Zh. Obshch. Khim. **34** [1964] 3690/3; J. Gen. Chem. USSR **34** [1964] 3739). — [14] T. N. Srivastava, M. P. Agarwal, K. L. Saxena (J. Inorg. Nucl. Chem. **35** [1973] 306/8). — [15] T. N. Srivastava, M. P. Agarwal (J. Prakt. Chem. **312** [1970] 968/71).

[16] T. N. Srivastava, D. C. Rupainwar, J. S. Gaur (J. Inorg. Nucl. Chem. **36** [1974] 733/6). — [17] T. N. Srivastava, K. L. Saxena (J. Indian Chem. Soc. **48** [1971] 949/51). — [18] P. C. Srivastava (J. Indian Chem. Soc. **53** [1976] 523/4). — [19] P. C. Srivastava (Indian J. Chem. A **14** [1976] 708/9). — [20] K. A. Kocheshkov, M. M. Nad (Zh. Obshch. Khim. **4** [1934] 1434/9).

[21] U. Kunze, E. Lindner, J. Koola (J. Organometal. Chem. **40** [1972] 327/40). — [22] H. B. Stegmann, K. Scheffler (Chem. Ber. **103** [1970] 1279/85). — [23] A. N. Nesmeyanov, A. E. Borisov, N. V. Novikova (Izv. Akad. Nauk SSSR Otd. Khim. Nauk **1959** 644/6 nach C.A. **1959** 21626). — [24] G. Matsubayashi, H. Koezuka, T. Tanaka (Org. Magn. Resonance **5** [1973] 529/32). — [25] F. B. Kipping (J. Chem. Soc. **131** [1928] 2365/73).

[26] T. A. Smith, F. S. Kipping (J. Chem. Soc. **103** [1913] 2034/50). — [27] S. N. Bhattacharya, P. Raj, R. C. Srivastava (J. Organometal. Chem. **105** [1976] 45/9). — [28] W. P. Neumann, K. König (Liebigs Ann. Chem. **677** [1964] 12/8). — [29] W. P. Neumann, J. A. Pedain, Studiengesellschaft Kohle m.b.H. (D.P. 1214237 [1964/66]; C.A. **65** [1966] 5490). — [30] K. A. Kocheshkov, R. K. Freidlina (Uch. Zap. Mosk. Gos. Univ. Org. Khim. **7** Nr. 132 [1950] 144/50 nach C.A. **1956** 7728).

[31] K. A. Kocheshkov, R. K. Freidlina (Izv. Akad. Nauk SSSR Otd. Khim. Nauk **1950** 203/8 nach C.A. **1950** 9342). — [32] T. N. Srivastava, P. C. Srivastava, K. Srivastava (J. Indian Chem. Soc. **53** [1976] 343/6). — [33] J. M. Holmes, R. D. Peacock, J. C. Tatlow (Proc. Chem. Soc. **1963** 108). — [34] J. M. Holmes, R. D. Peacock, J. C. Tatlow (J. Chem. Soc. A **1966** 150/3). — [35] R. R. Nyholm, P. Royo (Chem. Commun. **1969** 421).

[36] K. A. Kocheshkov, A. N. Nesmeyanov (Ber. Deut. Chem. Ges. **64** [1931] 628/36). — [37] A. N. Nesmeyanov, K. A. Kocheshkov (Zh. Obshch. Khim. **1** [1931] 219/32 nach C.A. **1932** 2182). — [38] J. C. Maire (J. Organometal. Chem. **9** [1967] 271/84). — [39] J. M. Angelelli, J. C. Maire (Bull. Soc. Chim. France **1969** 1858/61). — [40] A. N. Nesmeyanov, T. P. Tolstaya, V. V. Korolkov (Izv. Akad. Nauk SSSR Ser. Khim. **1975** 652/4; Bull. Acad. Sci. USSR Div. Chem. Sci. **1975** 574/5).

[41] C. S. Bobashinskaya, K. A. Kocheshkov (Zh. Obshch. Khim. **8** [1938] 1850/6). — [42] T. V. Talalaeva, N. A. Zaitseva, K. A. Kocheshkov (Zh. Obshch. Khim. **16** [1946] 901/6 nach C.A. **1947** 2014). — [43] M. Gielen, H. Mokhtar-Jamai (Bull. Soc. Chim. Belges **84** [1975] 197/202). — [44] M. F. Gielen, H. M. Jamai (Ann. N.Y. Acad. Sci. **239** [1974] 208/12). — [45] I. T. Eskin, A. N. Nesmeyanov, K. A. Kocheshkov (Zh. Obshch. Khim. **8** [1938] 35/41 nach C.A. **1938** 5386).

[46] G. Bähr, R. Gelius (Chem. Ber. **91** [1958] 812/8). — [47] R. Gelius (Chem. Ber. **93** [1960] 1759/68). — [48] R. C. Poller (J. Chem. Soc. **1963** 706/9). — [49] E. A. Puchinyan, Z. M. Manulkin (Dokl. Akad. Nauk Uz.SSR **18** Nr. 12 [1961] 51/5 nach C.A. **58** [1963] 543). — [50] A. P. Tupciauskas, N. M. Sergeev, Yu. A. Ustynyuk (Org. Magn. Resonance **3** [1971] 655/9).

[51] A. N. Nesmeyanov, T. P. Tolstaya, V. V. Korolkov, A. N. Yarkevich (Dokl. Akad. Nauk SSSR **221** [1975] 1337/40; Dokl. Chem. Proc. Acad. Sci. USSR **221** [1975] 267/70). — [52] A. N. Nesmeyanov, T. P. Tolstaya, V. V. Korolkov (Dokl. Akad. Nauk SSSR **209** [1973] 1113/6; Dokl. Chem. Proc. Acad. Sci. USSR **209** [1973] 305/8). — [53] E. A. Terenteva, N. N. Smirnova (Zh. Analit. Khim. **31** [1976] 1950/3; J. Anal. Chem. USSR **31** [1976] 1412/5). — [54] V. I. Goldanskii, V. V. Khrapov, O. Yu. Okhlobystin, V. Ya. Rochev (in: V. I. Goldanskii, R. H. Herber, Chemical Application of Mössbauer Spectroscopy, New York 1968, S. 336/76). — [55] L. I. Zakharkin, V. I. Bregadze, O. Yu. Okhlobystin (J. Organometal. Chem. **4** [1965] 211/6).

[56] V. I. Bregadze, O. Yu. Okhlobystin (Izv. Akad. Nauk SSSR Ser. Khim. **1967** 2084/6; Bull. Acad. Sci. USSR Div. Chem. Sci. **1967** 2002/4). — [57] A. Yu. Aleksandrov, V. I. Bregadze, V. I. Goldanskii, L. I. Zakharkin, O. Yu. Okhlobystin, V. V. Khrapov (Dokl. Akad. Nauk SSSR **165** [1965] 593/6; Dokl. Phys. Chem. Proc. Acad. Sci. USSR **165** [1965] 804/6). — [58] A. Yu. Aleksandrov, V. I. Bregadze, V. I. Goldanskii, L. I. Zakharkin, O. Yu. Okhlobystin, V. V. Khrapov (Tech. Rept. Ser. Intern. At. Energy Agency Nr. 50 [1966] 168/73). — [59] C. Quintin (Ingr. Chimiste **14** [1930] 205/18). — [60] J. I. Pikina, T. W. Talalaeva, K. A. Kocheshkov (Zh. Obshch. Khim. **8** [1938] 1844/9 nach C.A. **1939** 5839).

[61] H. Rosenberg, United States Dept. of the Air Force (U.S.P. 3426053 [1966/69]; C.A. **70** [1969] Nr. 78551). — [62] N. G. Bokii, Yu. T. Struchkov, V. V. Korolkov, T. P. Tolstaya (Koord. Khim. **1** [1975] 1144/6 nach C.A. **83** [1975] Nr. 193484). — [63] G. Bähr, R. Gelius (Chem. Ber. **91** [1958] 818/24).

Tabelle 39

Darstellung und Eigenschaften weiterer Diaryl- und sonstiger Diorganylzinndichloride.

Nr.	Verbindung R_2SnCl_2 Schmelzpunkt in °C Siedepunkt in °C/Torr	Darstellung	Reaktionsbedingungen Weitere Eigenschaften	Ausbeute in %	Lit.
1	$(C_6F_5)_2SnCl_2$ 61/0.15; 113/3	$SnCl_4 + C_6F_5MgBr$	1:2.5, Pentan, 10 h, Rückfluß; $D_4^{20} = 2.4$	—	[34]
	130/2	$SnCl_4 + C_6F_5MgCl$	—	—	[33]
		$(C_6F_5)_2Sn(CH_3)_2 + SnCl_4$	Bombenrohr, 150°C, 3 Tage	—	[33, 34]
		$(C_6F_5)_3SnCl + SnCl_4$	≈2:1, Bombenrohr, 150°C, 5 Wochen	—	[34]
		$(C_6F_5)_2Sn(C_6H_4\text{-o-}CH_3)_2 + HCl$	Bombenrohr, 25°C, 12 h	—	[34]
		$SnCl_4 + (C_6F_5)_2TlBr$	—	—	[35]
		—	reagiert mit H_2O zu $[(C_6F_5)_2ClSn]_2O$, mit $[(CH_3)_4N]Cl$ zu $[(CH_3)_4N]_2[SnCl_6]$	—	[34]
2	$(p\text{-}BrC_6H_4)_2SnCl_2$ 103	$SnCl_2 + Hg(C_6H_4\text{-p-}Br)_2$	Äthanol, 1 h Rückfluß; reagiert mit $SnCl_4$ zu $p\text{-}BrC_6H_4SnCl_3$, mit NaJ zu $(p\text{-}BrC_6H_4)_2SnJ_2$, mit KOH zu $[(p\text{-}BrC_6H_4)_2SnO]_x$, mit H_2S zu $[(p\text{-}BrC_6H_4)_2SnS]_3$	85	[36, 37]
		$Sn + SnCl_4 \cdot 2\,p\text{-}BrC_6H_4N_2Cl$	Äthanol, Rückfluß	—	[8, 9]
3*	$(p\text{-}FC_6H_4)_2SnCl_2$ 51	$Sn(C_6H_4\text{-p-}F)_4 + SnCl_4$	25 bis 220°C im Verlauf von 6 h	—	[38]
4	$(p\text{-}JC_6H_4)_2SnCl_2$ 147	$Hg(C_6H_4\text{-p-}J)_2 + SnCl_2$	Aceton, 0.75 h, Rückfluß	75	[36]
		$Hg(C_6H_4\text{-p-}J)_2 + SnCl_2$	Äthanol	—	[37]
		—	reagiert mit $SnCl_4$ zu $p\text{-}JC_6H_4SnCl_3$, mit Cl_2 zu $(p\text{-}Cl_2JC_6H_4)_2SnCl_2$, mit NaJ zu	—	[36, 37]

Tabelle 39 (Fortsetzung)

Nr.	Verbindung R_2SnCl_2 Schmelzpunkt in °C Siedepunkt in °C/Torr	Darstellung	Reaktionsbedingungen Weitere Eigenschaften	Ausbeute in %	Lit.
			$(p-JC_6H_4)_2SnJ_2$, mit KOH zu $[(p-JC_6H_4)_2SnO]_x$, mit H_2S zu $[(p-JC_6H_4)_2SnS]_3$		
5	$(p-ClC_6H_4)_2SnCl_2$ 86.5	$Hg(C_6H_4-p-Cl)_2 + SnCl_2$	Äthanol, 1 h, Rückfluß; reagiert mit $SnCl_4$ zu $p-ClC_6H_4SnCl_3$, mit NaJ zu $(p-ClC_6H_4)_2SnJ_2$, mit KOH zu $[(p-ClC_6H_4)_2SnO]_x$, mit H_2S zu $[(p-ClC_6H_4)_2SnS]_3$	75	[36, 37]
		$SnCl_4 + p-ClC_6H_4MgCl$	Tetrahydrofuran	—	[7]
		$Sn + SnCl_4 \cdot 2\,p-ClC_6H_4N_2Cl$	Essigsäureäthylester	5	[8, 9]
		—	reagiert mit $TlCl_3 \cdot 4\,H_2O$ zu $(p-ClC_6H_4)_2TlCl$	—	[30, 31]
6	$(p-Cl_2JC_6H_4)_2SnCl_2$ 82 bis 82.5	$(p-JC_6H_4)_2SnCl_2 + Cl_2$	$CHCl_3$, −15°C	—	[36, 37]
7*	$(p-CH_3OC_6H_4)_2SnCl_2$ 75.5 bis 76.5	$Hg(C_6H_4-p-OCH_3)_2 + SnCl_2$	Dimethoxyäthan, 0.25 h, Rückfluß	72	[40]
	76	$Sn(C_6H_4-p-OCH_3)_4 + SnCl_4$	Bombenrohr, 80 bis 185°C, 3.25 h	87	[42]
	73 bis 74	$Sn(C_6H_4-p-OCH_3)_4 + SnCl_4$	—	85	[43, 44]
		$SnCl_4 + p-CH_3OC_6H_4MgCl$	Tetrahydrofuran	—	[7]
		$(p-CH_3OC_6H_4)_2Sn(2-C_4H_3S)_2 +$ HCl	—	—	[41]
		—	Massenspektrum	—	[43]
8	$(o-CH_3OC_6H_4)_2SnCl_2$	$Sn(C_6H_4-o-OCH_3)_4 + TlCl_3$	Diäthyläther, 25°C	—	[6]
	113	$Sn + SnCl_4 \cdot 2\,o-CH_3OC_6H_4N_2Cl$	Essigsäureäthylester, Äthanol bzw. Methanol	2.7, 4 bzw. 7.5	[8, 9]

Tabelle 39 (Fortsetzung)

Nr.	Verbindung R_2SnCl_2 Schmelzpunkt in °C Siedepunkt in °C/Torr	Darstellung	Reaktionsbedingungen Weitere Eigenschaften	Ausbeute in %	Lit.
9	$[2,5\text{-}(CH_3)_2C_6H_3]_2SnCl_2$ 72	$Sn[C_6H_3\text{-}2,5\text{-}(CH_3)_2]_4 + SnCl_4$	reagiert mit $2,4,6\text{-}(CH_3)_3C_6H_2MgBr$ zu $[2,5\text{-}(CH_3)_2C_6H_3]_2\text{-}Sn[C_6H_2\text{-}2,4,6\text{-}(CH_3)_3]_2$	—	[13]
10	$(p\text{-}C_2H_5OC_6H_4)_2SnCl_2$ 46	$Sn(C_6H_4\text{-}p\text{-}OC_2H_5)_4 + SnCl_4$	Bombenrohr; reagiert mit H_2O zu $[(p\text{-}C_2H_5OC_6H_4)_2SnO]_x$, mit H_2S zu $[(p\text{-}C_2H_5OC_6H_4)_2SnS]_3$	66	[42]
		—	reagiert mit $(C_2H_5)_2AlH$ zu $(p\text{-}C_2H_5OC_6H_4)_2SnH_2$, mit $C_{10}H_7Na$ zu $[(p\text{-}C_2H_5OC_6H_4)_2Sn]_6$ und höheren Polymeren	—	[28]
11	$[p\text{-}(CH_3)_2NC_6H_4]_2SnCl_2$ 72 bis 73	$Hg[C_6H_4\text{-}p\text{-}N(CH_3)_2]_2 + SnCl_2$	Dimethoxyäthan, Rückfluß, 5 min	66	[40]
		$SnCl_4 + p\text{-}(CH_3)_2NC_6H_4MgCl$	Tetrahydrofuran	—	[7]
12	$(m\text{-}C_2H_5OOCC_6H_4)_2SnCl_2$ 95 bis 96	$C_6H_5(m\text{-}C_2H_5OOCC_6H_4)JCl + Sn + SnCl_2$	Aceton; reagiert mit $H_2O\text{-}NH_3$ zu $[(m\text{-}C_2H_5OOCC_6H_4)_2SnO]_x$	40	[10]
		$[(m\text{-}C_2H_5OOCC_6H_4)_2SnO]_x + HCl$	Eisessig	—	[10]
13*	$(p\text{-}C_2H_5OOCC_6H_4)_2SnCl_2$ 102 bis 103	$Hg(C_6H_4\text{-}p\text{-}OOCC_2H_5)_2 + SnCl_2$	Äthanol, 1 h, Rückfluß	86	[45]
		$(p\text{-}CH_3OC_6H_4)\text{-}(p\text{-}C_2H_5OOCC_6H_4)JCl + Sn + SnCl_2$	Aceton	—	[10]
14	$[p\text{-}(CH_3)_3CC_6H_4]_2SnCl_2$ 145 bis 146	$Sn[C_6H_4\text{-}p\text{-}C(CH_3)_3]_4 + SnCl_4$	Bombenrohr, 200°C, 3 h	—	[24]

Tabelle 39 (Fortsetzung)

Nr.	Verbindung R_2SnCl_2 Schmelzpunkt in °C Siedepunkt in °C/Torr	Darstellung	Reaktionsbedingungen Weitere Eigenschaften	Ausbeute in %	Lit.
15	$[p\text{-}(C_2H_5)_2NC_6H_4]_2SnCl_2$ 80 bis 81	$Hg[C_6H_4\text{-}p\text{-}N(C_2H_5)_2]_2 + SnCl_2$	Dimethoxyäthan, 5 min, Rückfluß	60	[40]
16	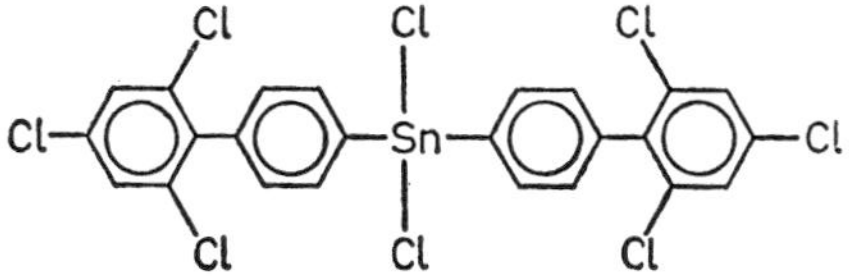	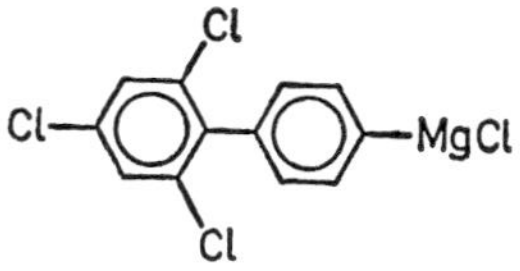 MgCl + $SnCl_4$	Tetrahydrofuran	—	[7]
17	$(p\text{-}C_6H_5C_6H_4)_2SnCl_2$ 140	$Sn(C_6H_4\text{-}p\text{-}C_6H_5)_4 + SnCl_4$	Bombenrohr; reagiert mit H_2O zu $[(p\text{-}C_6H_5C_6H_4)_2SnO]_x$, mit H_2S zu $[(p\text{-}C_6H_5C_6H_4)_2SnS]_3$	80	[42]
		$Sn(C_6H_4\text{-}p\text{-}C_6H_5)_4 + SnCl_4$	reagiert mit $(C_2H_5)_2AlH$ zu $(p\text{-}C_6H_5C_6H_4)_2SnH_2$	—	[28]
18	$(o\text{-}C_6H_5C_6H_4)_2SnCl_2$	$Sn(C_6H_4\text{-}o\text{-}C_6H_5)_4 + HCl$	$CHCl_3$	83.4	[46]
	169.5 bis 170.5	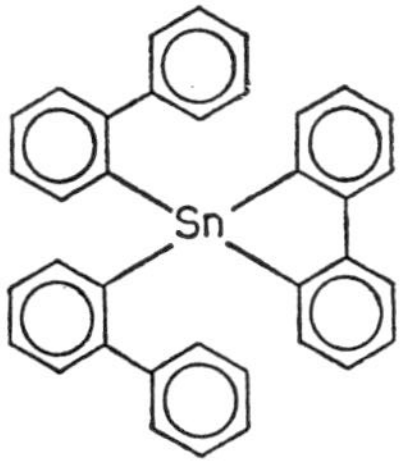 + HCl	Äthanol	83.4	[47]
	165 bis 168	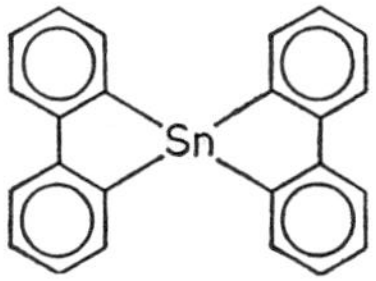 + HCl	Äthanol	13.5	[47]

Tabelle 39 (Fortsetzung)

Nr.	Verbindung R_2SnCl_2 Schmelzpunkt in °C Siedepunkt in °C/Torr	Darstellung	Reaktionsbedingungen Weitere Eigenschaften	Ausbeute in %	Lit.
19	$(o\text{-}C_6H_5OC_6H_4)_2SnCl_2$ 98 bis 99	$Sn(C_6H_4\text{-}o\text{-}OC_6H_5)_4 + SnCl_4$	Xylol, 1 h, Rückfluß; reagiert mit NaOH zu $(o\text{-}C_6H_5OC_6H_4)_2Sn(OH)_2$, mit $NaHCO_3$ und H_2O zu $[(o\text{-}C_6H_5OC_6H_4)_2Sn(OH)]_2O$	79	[48]
20	$(p\text{-}c\text{-}C_6H_{11}C_6H_4)_2SnCl_2$ 198	$Sn(C_6H_4\text{-}p\text{-}c\text{-}C_6H_{11})_4 + SnCl_4$	reagiert mit OH^- und H_2O zu $(p\text{-}c\text{-}C_6H_{11}C_6H_4)_2Sn(OH)_2$	72	[49]
21	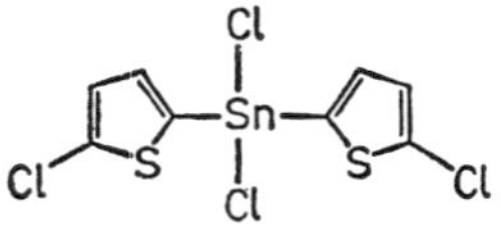	$SnCl_4$ + 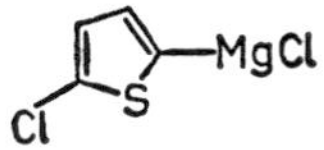	Tetrahydrofuran	—	[7]
22	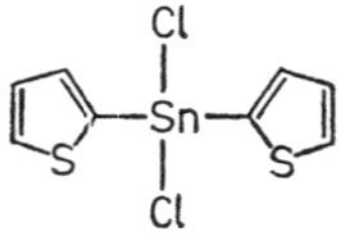	$SnCl_4$ + 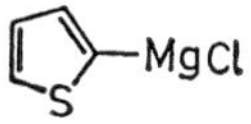	Tetrahydrofuran	—	[7]
	58 bis 59 (Zers.)	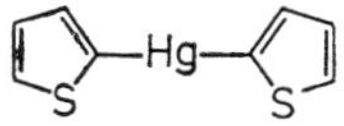 + $SnCl_2$	Dimethoxyäthan, 0.5 h, Rückfluß	92	[40]
		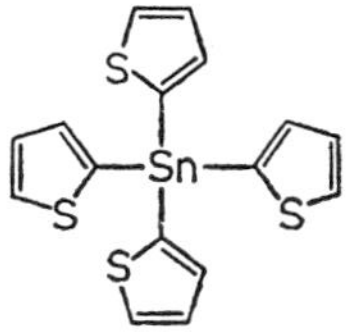 + $SnCl_4$	reagiert mit $p\text{-}CH_3OC_6H_4MgBr$ zu 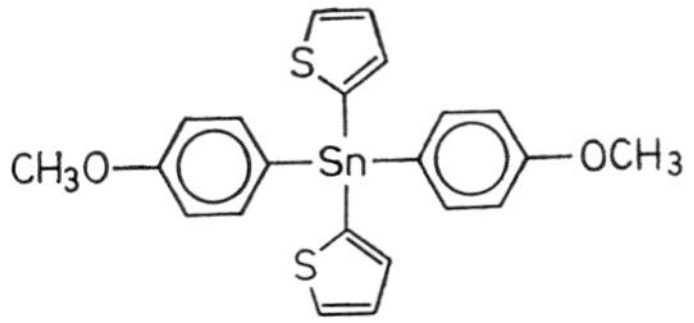	—	[41]
		—	NMR: $\delta^{119}Sn = 38.4$ ppm (in CCl_4)	—	[50]

Tabelle 39 (Fortsetzung)

Nr.	Verbindung R_2SnCl_2 Schmelzpunkt in °C Siedepunkt in °C/Torr	Darstellung	Reaktionsbedingungen Weitere Eigenschaften	Ausbeute in %	Lit.
23	$(CO)_3Mn{-}C_5H_4{-}SnCl_2{-}C_5H_4{-}Mn(CO)_3$ 104 bis 105.5	$Hg[C_5H_4Mn(CO)_3]_2 + SnCl_2$	Dimethoxyäthan, 2.5 h, Rückfluß	80	[40, 52]
		$(CO)_3MnC_5H_4HgCl + SnCl_2$	Dimethoxyäthan, 2.5 h, Rückfluß; reagiert mit HCl zu $(CO)_3MnC_5H_5$, mit H_2O zu $\{[(CO)_3MnC_5H_4]_2SnO\}_x$, mit NaJ zu $[(CO)_3MnC_5H_4]_2SnJ_2$, mit J_2 zu $[(CO)_3MnC_5H_4]_2SnJ_2$, mit $(CH_3)_2NCHO$ zu 1:1-Komplex	54	[52]
		—	reagiert mit $C_5H_5FeC_5H_4Li$ zu $[(CO)_3MnC_5H_4]_2$-$Sn(C_5H_4FeC_5H_5)_2$	—	[51]
		—	polarographische Analyse	—	[53]
24	$C_6H_5{-}C(B_{10}H_{10})C{-}SnCl_2{-}C(B_{10}H_{10})C{-}C_6H_5$ 216.5 bis 217.5	$C_6H_5{-}C(B_{10}H_{10})C{-}Li + SnCl_4$	Diäthyläther	37	[55]
		—	reagiert mit KOH zu $[(C_6H_5{-}C(B_{10}H_{10})C{-})_2SnO]_x$	—	[56]

Tabelle 39 (Fortsetzung)

Nr.	Verbindung R_2SnCl_2 Schmelzpunkt in °C Siedepunkt in °C/Torr	Darstellung	Reaktionsbedingungen Weitere Eigenschaften	Ausbeute in %	Lit.
		—	Mössbauer: $\delta = -0.85$ mm/s (α-Sn), $\Delta = 0.90$ mm/s	—	[54]
		—	Mössbauer: $\delta = 1.25$ mm/s (SnO_2), $\Delta = 0.90$ mm/s	—	[57, 58]
25		6-$C_9H_6NMgCl + SnCl_4$	Tetrahydrofuran	—	[7]
26		2-$C_9H_6NMgCl + SnCl_4$	Tetrahydrofuran	—	[7]
27	110 bis 111	$Hg(2\text{-}C_{10}H_7)_2 + SnCl_2$	Aceton, 0.75 h, Rückfluß	62 bis 70	[2, 3]
		—	Löslichkeit	—	[2]
		—	reagiert mit $(C_2H_5)_2AlH$ zu $(2\text{-}C_{10}H_7)_2SnH_2$	—	[28]
28*	137 bis 137.5	$Hg(1\text{-}C_{10}H_7)_2 + SnCl_2$	Aceton, 0.5 h, Rückfluß	66	[2, 3]

Tabelle 39 (Fortsetzung)

Nr.	Verbindung R_2SnCl_2 Schmelzpunkt in °C Siedepunkt in °C/Torr	Darstellung	Reaktionsbedingungen Weitere Eigenschaften	Ausbeute in %	Lit.
	136 bis 137	$Hg(1\text{-}C_{10}H_7)_2 + SnCl_2$	Ligroin, 90 bis 95°C, 20 h	53	[1]
	134.5	$Sn(1\text{-}C_{10}H_7)_4 + Cl_2$	—	18.5	[59]
	136 bis 137	$(p\text{-}CH_3OC_6H_4)_2Sn(1\text{-}C_{10}H_7)_2 +$ HCl	—	89	[41]
	137.5	$Sn(1\text{-}C_{10}H_7)_4 + SnCl_4$	Xylol, Bombenrohr, 150°C, 3 h	—	[60]
		—	Löslichkeit	—	[2]
29	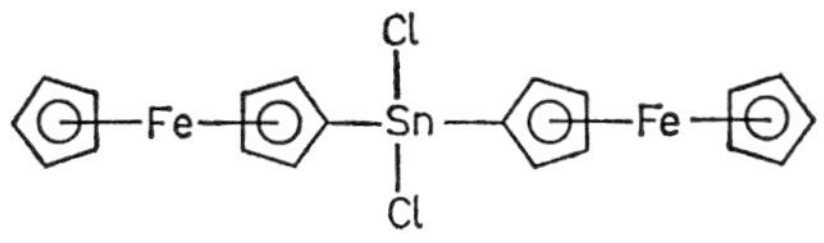 Fe—Sn(Cl)(Cl)—Fe 148 bis 149	$Hg(C_5H_4FeC_5H_5)_2 + SnCl_2$	Dimethoxyäthan, 0.5 bis 2 h, Rückfluß	69	[40, 52]
	157 bis 158	$C_5H_5FeC_5H_4Li + SnCl_4$	Tetrahydrofuran, 25°C, 12 h; reagiert mit C_6H_5Li zu $(C_5H_5FeC_5H_4)_2Sn(C_6H_5)_2$	62.5	[61]
		—	Thermolyse bei 150°C ergibt Ferrocen; reagiert mit HCl zu Ferrocen	—	[52]
		—	reagiert mit $C_5H_4Mn(CO)_3Li$ zu $(C_5H_5FeC_5H_4)_2Sn[C_5H_4Mn(CO)_3]_2$, mit C_6H_5MgBr zu $(C_5H_5FeC_5H_4)_2Sn(C_6H_5)_2$	—	[51]
		—	polarographische Analyse	—	[53]
		—	Kristall- und Molekülstruktur	—	[62]

Tabelle 39 (Fortsetzung)

Nr.	Verbindung R_2SnCl_2 Schmelzpunkt in °C Siedepunkt in °C/Torr	Darstellung	Reaktionsbedingungen Weitere Eigenschaften	Ausbeute in %	Lit.
30*	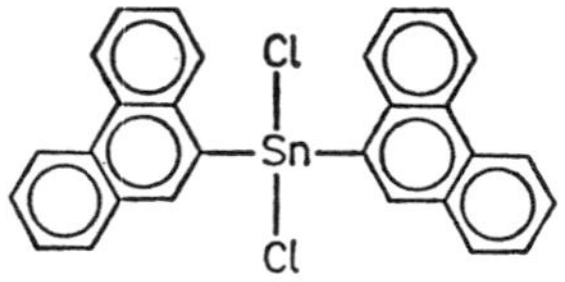 Cl, Sn, Cl	$Sn(9\text{-}C_{14}H_9)_4 + HCl$	$CHCl_3$, 45 min, Rückfluß	—	[63]
	247 bis 250	$Sn(9\text{-}C_{14}H_9)_4 + HCl$	$CHCl_3$, 45 min, Rückfluß, Extraktion mit Äther	51	[22]

1.3.2.2.2 Diorganozinndichloride des Typs $RR'SnCl_2$

Diorganotin Dichlorides of the $RR'SnCl_2$ Type

Darstellung und Eigenschaften der Verbindungen des Typs $RR'SnCl_2$, wobei R und R' Alkyl, Alkenyl, Aryl oder sonstige heterocyclische Liganden bedeuten, sind in Tabelle 40 auf S. 196/203 angegeben.

Weitere Angaben zu den in der Tabelle aufgeführten Verbindungen (laufende Nummern mit Stern):

$(CH_3)(CH_3OOCCH_2CH_2)SnCl_2$ (Tabelle **40**, Nr. **5**). ^{1}H-NMR-Spektrum: $\tau CH_3Sn = 8.69$, $^3J(H^{117/119}Sn) = 77.4/80.4$ Hz, $\tau CH_2CH_2Sn = 7.14$, $^3J(HH) = 7.2$ Hz, $\tau CH_3O = 6.16$. IR-Spektrum (in cm^{-1}): 577 m, 560 st, 522 m, 461 m, 377 st, 319 st, 294 st [7]. Die Verbindung reagiert mit CH_3MgCl unter Bildung von $(CH_3)_3SnCH_2CH_2COOCH_3$ [6].

$(CH_3)(C_4H_9)SnCl_2$ (Tabelle **40**, Nr. **6**). Die Verbindung entsteht auch durch Komproportionierung von $Sn(CH_3)_4$ mit $C_4H_9SnCl_3$ im Molverhältnis 1:1 bei 0°C in 37%iger Ausbeute neben viel $(CH_3)_3SnCl$ sowie etwas $(CH_3)_2(C_4H_9)SnCl$ und $(CH_3)_2SnCl_2$, ferner aus $(CH_3)_3SnCl$ und $C_4H_9SnCl_3$ nach 3.5 h bei 180 bis 190°C in 88%iger Ausbeute neben $(CH_3)_2SnCl_2$ [8]. ^{1}H-NMR-Spektrum: $\delta CH_3Sn = -1.15$ ppm, $^3J(H^{119}Sn) = 66$ Hz; ^{13}C-NMR-Spektrum: $\delta CH_3Sn = -6.1$ ppm, $^1J(CSn) = 406$ Hz, $\delta C_1 = -26.0$ ppm, $^1J(CSn) = 490$ Hz, $\delta C_2 = -26.8$ ppm, $^2J(CSn) = 37$ Hz, $\delta C_3 = -26.1$ ppm, $^3J(CSn) = 82$ Hz, $\delta C_4 = -13.5$ ppm; ^{119}Sn-NMR-Spektrum: $\delta = -128.5$ ppm gegen $Sn(CH_3)_4$ [9]. Die Verbindung reagiert mit $Sn(CH_3)_4$ bei 75 bis 85°C unter Bildung von $(CH_3)_2(C_4H_9)SnCl$ und $(CH_3)_3SnCl$, mit $(CH_3)_3SnCl$ bei 150°C in einer Gleichgewichtsreaktion unter Bildung von $(CH_3)_2(C_4H_9)SnCl$ und $(CH_3)_2SnCl_2$ sowie mit $Sn(CH{=}CH_2)_4$ bei 60 bis 70°C in einer Gleichgewichtsreaktion unter Bildung von $(CH_2{=}CH)_3SnCl$ und $(CH_3)(C_4H_9)(CH_2{=}CH)SnCl$ [8].

$(CH_3)(c\text{-}C_5H_5)SnCl_2$ (Tabelle **40**, Nr. **8**). ^{1}H-NMR-Spektrum: $\delta CH_3 = -0.44$ ppm, $\delta C_5H_5 = -6.66$ ppm [11], $\delta C_5H_5 = -6.36$ ppm, $J(H^{117/119}Sn) = 41.9/43.8$ Hz in $CDCl_3$ [12].

$(CH_3)(C_5H_{11})SnCl_2$ (Tabelle **40**, Nr. **11**). ^{1}H-NMR-Spektrum: $\delta CH_3Sn = -1.15$ ppm, $^2J(H^{119}Sn) = 66$ Hz; ^{13}C-NMR-Spektrum: $\delta CH_3Sn = -5.8$ ppm, $\delta C_1 = -26.1$ ppm, $^1J(CSn) = 490$ Hz, $\delta C_2 = -24.5$ ppm, $^2J(CSn) = 37$ Hz, $\delta C_3 = -35.1$ ppm, $^3J(CSn) = 84$ Hz, $\delta C_4 = -22.2$ ppm, $\delta C_5 = -13.9$ ppm; ^{119}Sn-NMR-Spektrum: $\delta = -128.4$ ppm gegen $Sn(CH_3)_4$ [9].

$(CH_3)(C_6H_5)SnCl_2$ (Tabelle **40**, Nr. **12**). Die Verbindung entsteht auch aus $(CH_3)_3SnC_6H_5$ und CH_3SnCl_3 im Verlauf von 1.5 h bei 140°C in 89.3%iger Ausbeute [18], aus $Sn(CH_3)_4$ und $C_6H_5SnCl_3$ nach 1.5 h bei 0°C in 85%iger Ausbeute neben viel $(CH_3)_3SnCl$ [8], aus CH_3SnCl_3 und $(CH_3)_3SiC_6H_5$ in Gegenwart von $AlCl_3$ [2] und aus $[(CH_3)(C_6H_5)SnO]_x$ und $(CH_3)_3SiCl$ bei Zimmertemperatur in 100%iger Ausbeute [19]. Schmelzpunkt: 43°C [8, 18]. ^{1}H-NMR-Spektrum: $\delta CH_3 = -1.35$ ppm, $^3J(H^{117/119}Sn) = 68.8/72.1$ Hz [20], $\delta CH_3 = -1.23$ ppm, $^3J(H^{117}Sn) = 68$ Hz, $\delta C_6H_5 = -7.5$ ppm in $CDCl_3$ [15]. — ^{35}Cl-NQR-Spektrum: $\nu = 16.365$ und 16.870 MHz [21]. Mössbauer-Spektrum: $\delta = 1.35 \pm 0.05$ mm/s gegen $BaSnO_3$, $\Delta = 3.25 \pm 0.10$ mm/s [22]. IR-Spektrum (in cm^{-1}): $\nu SnC_6H_5 = 255$ st, $\nu SnCH_3 = 545$ st, $\nu SnCl = 340$ m und 320 m [14, 17, 23].

$(CH_3)(C_6H_5)SnCl_2$ reagiert nach alkalischer Hydrolyse mit $t\text{-}C_8H_{17}SH$ in Benzol nach zweistündigem Rückflußkochen unter Bildung von $(CH_3)(C_6H_5)Sn(S\text{-}t\text{-}C_8H_{17})_2$ [19], mit $Na_2Fe(CO)_4$ bzw. dessen Dioxankomplex in Benzol bei Zimmertemperatur unter Bildung von $[(CH_3)(C_6H_5)SnFe(CO)_4]_2$ [15, 24]. $(CH_3)(C_6H_5)SnCl_2$ bildet mit folgenden Lewis-Basen 1:1-Komplexe: Aceton [25], 2,2'-Bipyridyl [17, 22], 1,10-Phenanthrolin [17], mit folgenden Basen 1:2-Komplexe: Dimethylsulfoxid [22, 23], Pyridin [14, 22], Chinolin [14], Isochinolin [14], α-, β- und γ-Picolin [14], Morpholin [14], Piperidin [14] und Anilin [14].

$(CH_3)(C_6H_{13})SnCl_2$ (Tabelle **40**, Nr. **13**). ^{1}H-NMR-Spektrum: $\delta CH_3Sn = -1.15$ ppm, $^2J(H^{119}Sn) = 66$ Hz; ^{13}C-NMR-Spektrum: $\delta CH_3Sn = -6.5$ ppm, $^1J(CSn) = 415$ Hz, $\delta C_1 = -26.6$ ppm, $^1J(CSn) = 490$ Hz, $\delta C_2 = -24.8$ ppm, $^2J(CSn) = 37$ Hz, $\delta C_3 = -32.7$ ppm, $^3J(CSn) = 88$ Hz, $\delta C_4 = -31.3$ ppm, $\delta C_5 = -22.6$ ppm, $\delta C_6 = -14.1$ ppm; ^{119}Sn-NMR-Spektrum: $\delta = -124.4$ ppm gegen $Sn(CH_3)_4$ [9].

Tabelle 40
Darstellung und Eigenschaften der Verbindungen $RR'SnCl_2$.

Nr.	Verbindung $RR'SnCl_2$ Schmelzpunkt in °C Siedepunkt in °C/Torr	Darstellung	Reaktionsbedingungen Weitere Eigenschaften	Ausbeute in %	Lit.
1	$(CH_3)(CCl_3)SnCl_2$	$(CH_3)_3SnCCl_3 + SnCl_4$	CCl_4, 10 d, Zimmertemperatur, durch NMR nachgewiesen	—	[1]
2	$(CH_3)(CH_2{=}CH)SnCl_2$	$CH_3SnCl_3 + (CH_3)_3SnCH{=}CH_2$	Gegenwart von $AlCl_3$	—	[2]
3	$(CH_3)(C_2H_5)SnCl_2$ 51.5	$(CH_3)_2Sn(C_2H_5)_2 + HCl$	—	—	[3]
	52	$(CH_3)_2Sn(C_2H_5)_2 + HCl$	2 h bis 140°C und 2 h 140 bis 145°C; reagiert mit Na und CH_3J in flüssigem NH_3 zu $(CH_3)_3SnC_2H_5$, mit NaOH zu $[(CH_3)(C_2H_5)SnO]_x$	86.7	[4]
4	$(CH_3)(i\text{-}C_3H_7)SnCl_2$	—	reagiert mit $NaB_{10}H_{13}$ zu $(CH_3)(i\text{-}C_3H_7)SnB_{10}H_{12}$	—	[5]
5*	$(CH_3)(CH_3OOCCH_2CH_2)SnCl_2$	$Sn + CH_3Cl + CH_2ClCH_2COOCH_3$	—	—	[6]
	84 bis 85	—	—	—	[6, 7]
		$(CH_3)(CH_3OOCCH_2CH_2)SnBr_2 + AgNO_3 + HCl$	Methanol	—	[7]
6*	$(CH_3)(C_4H_9)SnCl_2$ 42 bis 43 117 bis 119/16	$Sn(CH_3)_4 + C_4H_9SnCl_3$	1 h 0°C, 1 h 20°C, 2 h 180°C	99.4	[8]
7	$(CH_3)(i\text{-}C_4H_9)SnCl_2$	$Sn(CH_3)_4 + i\text{-}C_4H_9SnCl_3$	2 h, 0°C	32	[8]
	41 124 bis 125/27	$(CH_3)_3SnCl + i\text{-}C_4H_9SnCl_3$	3.5 h, 180 bis 190°C	80	[8]
8*	$(CH_3)(c\text{-}C_5H_5)SnCl_2$ 45 bis 48/0.05	$(c\text{-}C_5H_5)_3SnCH_3 + CH_3SnCl_3$	1:2, 20°C	94.4	[10, 11]
		$Sn(c\text{-}C_5H_5)_2 + CH_3SnCl_3$	1:2	—	[12]

Tabelle 40 (Fortsetzung)

Nr.	Verbindung $RR'SnCl_2$ Schmelzpunkt in °C Siedepunkt in °C/Torr	Darstellung	Reaktionsbedingungen Weitere Eigenschaften	Ausbeute in %	Lit.
9	$(CH_3)[Cl(CH_2)_3CH{=}CH]SnCl_2$	$(CH_3)_2[Cl(CH_2)_3CH{=}CH]SnCl$	durch Disproportionierung neben $(CH_3)_3SnCH{=}CH(CH_2)_3Cl$	—	[13]
10	$(CH_3)(C_2H_5OOCCH_2CH_2)SnCl_2$ 62 bis 63	$Sn + CH_3Cl + CH_2ClCH_2COOC_2H_5$	reagiert mit CH_3MgBr zu $(CH_3)_3SnCH_2CH_2COOC_2H_5$ und $(CH_3)_2(C_2H_5OOCCH_2CH_2)SnCl$	—	[6]
	62 bis 63	$(CH_3)(C_2H_5OOCCH_2CH_2)SnBr_2 + AgNO_3 + HCl$	Methanol	—	[7]
11*	$(CH_3)(C_5H_{11})SnCl_2$	—	—	—	[9]
12*	$(CH_3)(C_6H_5)SnCl_2$ 43	$(CH_3)_3SnC_6H_5 + HCl$	—	—	[14]
	46 bis 47.5	$(CH_3)_3SnC_6H_5 + HCl$	Diäthyläther	68	[15]
	41 bis 43	$(CH_3)_3SnC_6H_5 + HCl$	Diäthyläther, 5 h, 20°C	100	[16]
	43	$CH_3Sn(C_6H_5)_3 + HCl$	Benzol, Rückfluß	—	[17]
13*	$(CH_3)(C_6H_{13})SnCl_2$	$Sn(CH_3)_4 + C_6H_{13}SnCl_3$	3 h, 80°C; farbloses Öl	—	[9]
14*	$(CH_3)(C_7H_{15})SnCl_2$	—	—	—	[9]
15*	$(CH_3)(C_8H_{17})SnCl_2$ 32 bis 33.5 121 bis 122/1	$(CH_3)_2SnCl_2 + SnCl_4 + CH_3MgCl + C_8H_{17}MgCl$	Äther	—	[26]
16	$(CH_3)(C_{10}H_{21})SnCl_2$ 39 bis 41	$(CH_3)_2SnCl_2 + SnCl_4 + CH_3MgCl + C_{10}H_{21}MgCl$	Äther	—	[26]
17	$(CH_3)(C_{12}H_{25})SnCl_2$ 46 bis 47.5	$(CH_3)_2SnCl_2 + SnCl_4 + CH_3MgCl + C_{12}H_{25}MgCl$	Äther	—	[26]

Tabelle 40 (Fortsetzung)

Nr.	Verbindung $RR'SnCl_2$ Schmelzpunkt in °C Siedepunkt in °C/Torr	Darstellung	Reaktionsbedingungen Weitere Eigenschaften	Ausbeute in %	Lit.
18	$(C_2H_5)(C_3H_7)SnCl_2$ 53	$(C_2H_5)_2Sn(C_3H_7)_2 + HCl$	100°C, 4 h	68.9	[4]
	57 bis 58	$(C_2H_5)(C_3H_7)Sn(CH_2C_6H_5)_2 + H_2SO_4 + ClSO_3H + HCl$	Wasser, NH_3	—	[27]
19*	$(C_2H_5)(C_4H_9)SnCl_2$	$Sn(C_2H_5)_4 + C_4H_9SnCl_3$	3 h, 90 bis 110°C	86	[8]
	39	—	—	—	[8, 18]
	136 bis 137/17	$(C_2H_5)_3SnC_4H_9 + C_4H_9SnCl_3$	1.5 h, 205°C	92.7	[18]
	38 bis 39	$(C_2H_5)(C_4H_9)SnH_2 + HCl$	Äthanol, 0°C	—	[28]
20	$(C_2H_5)(c\text{-}C_5H_5)SnCl_2$	$C_2H_5SnCl_3 + C_2H_5Sn(c\text{-}C_5H_5)_3$	2:1, 25°C	93.7	[10, 11]
	53 bis 56/10^{-2}	$C_2H_5SnCl_3 + (C_2H_5)_3Sn\text{-}c\text{-}C_5H_5$	1:1	—	[10, 11]
		—	NMR: $\delta C_2H_5 = -1.21$, $\delta C_5H_5 = -6.36$ ppm	—	[11]
21	$(C_2H_5)[(CH_3)_3CCH_2]SnCl_2$ 63/0.1	$(C_2H_5)[(CH_3)_3CCH_2]SnBr_2 + KOH + HCl$	Wasser; $D_4^{25} = 1.4410$ g/cm³, $n_D^{25} = 1.5067$; reagiert mit $(CH_3)_3CCH_2MgCl$ zu $[(CH_3)_3CCH_2]_3SnC_2H_5$	63	[29]
22*	$(C_2H_5)(C_6H_5)SnCl_2$ 45	$(C_2H_5)_3SnC_6H_5 + SnCl_4$	Rückfluß	—	[30, 31]
	54.5 bis 60	$(C_6H_5)_3SnC_2H_5 + HCl$	Äther, 4 h, 25°C	100	[16]
	60	$(C_6H_5)_3SnC_2H_5 + HCl$	Benzol, Rückfluß	—	[17]
	66	$Sn(C_2H_5)_4 + C_6H_5SnCl_3$	1.5 h, 0°C und 1 h, 20°C	98	[8]
23	$(C_3H_7)(C_4H_9)SnCl_2$ 46 bis 47 140 bis 142/15	$Sn(C_3H_7)_4 + C_4H_9SnCl_3$	1:1; 1 h, 180 bis 190°C	63	[8]
	67 bis 68	$(C_3H_7)_3SnC_4H_9 + BiCl_3$	120°C	37	[35]

Tabelle 40 (Fortsetzung)

Nr.	Verbindung $RR'SnCl_2$ Schmelzpunkt in °C Siedepunkt in °C/Torr	Darstellung	Reaktionsbedingungen Weitere Eigenschaften	Ausbeute in %	Lit.
24*	$(C_3H_7)(C_6H_5)SnCl_2$ 35 bis 37	$(C_6H_5)_3SnC_3H_7 + HCl$	Äther, 4 h, 25°C	100	[16]
	38 bis 39	$(C_6H_5)_3SnC_3H_7 + HCl$	Benzol, Rückfluß	—	[17, 36]
	40	$Sn(C_3H_7)_4 + C_6H_5SnCl_3$	1:1; 1 h, 25°C und 3 h, 60°C	69	[8]
25	$(i\text{-}C_3H_7)(C_6H_5)SnCl_2$ 153 bis 157/10	$(C_6H_5)_3Sn\text{-}i\text{-}C_3H_7 + HCl$	Diäthyläther, 2 h, 20°C	100	[16]
26	$(i\text{-}C_3H_7)(2\text{-}C_{10}H_7)SnCl_2$	—	reagiert mit $(C_6H_5)_2SiCl_2$ unter Bildung eines Polymeren	—	[37]
27*	$(C_4H_9)(CH_2{=}CH)SnCl_2$	$C_4H_9SnCl_3 + CH_2{=}CHMgCl$	Tetrahydrofuran	—	[38]
	27 bis 28 99 bis 101/3	$C_4H_9SnCl_3 + CH_2{=}CHMgCl$	Tetrahydrofuran-Heptan, 3 h, 25 bis 40°C; $D_4^{25} = 1.533$ g/cm³, $n_D^{25} = 1.5254$	53.5	[39]
		$CH_2{=}CHSnCl_3 + C_4H_9MgCl$	Tetrahydrofuran-Heptan	—	[40, 41]
28	$(C_4H_9)(CH_2{=}CHCH_2)SnCl_2$ 97/2	$(CH_2{=}CHCH_2)_3SnC_4H_9 + C_4H_9SnCl_3$	2 h, 140°C, Ar; $n_D^{20} = 1.5380$	95.2	[18]
29	$(C_4H_9)(2\text{-}C_4H_3S)SnCl_2$ 230 (Zersetzung)	$(2\text{-}C_4H_3S)_3SnC_4H_9 + C_4H_9SnCl_3$	3 h, UV	78.7	[18]
30*	$(C_4H_9)(C_6H_5)SnCl_2$ 50	$(C_6H_5)_3SnC_4H_9 + HCl$	kurzes Erhitzen; farblose Prismen	—	[45]
	43.5 bis 45	$(C_6H_5)_3SnC_4H_9 + HCl$	Diäthyläther, 3.5 h, 25°C	100	[16]
	50	$(C_6H_5)_3SnC_4H_9 + HCl$	Benzol, Rückfluß	—	[17]

Tabelle 40 (Fortsetzung)

Nr.	Verbindung RR'$SnCl_2$ Schmelzpunkt in °C Siedepunkt in °C/Torr	Darstellung	Reaktionsbedingungen Weitere Eigenschaften	Ausbeute in %	Lit.
31	$(C_4H_9)(C_8H_{17})SnCl_2$ 144 bis 165/1	$(CH_3)_2SnCl_2 + C_8H_{17}MgCl + C_4H_9MgCl + SnCl_4$	—	—	[26]
		—	reagiert mit $(CH_3)_2(C_4H_9)SnC_8H_{17}$ zu $(CH_3)(C_4H_9)(C_8H_{17})SnCl$, mit $(CH_3)(C_4H_9)_2SnC_8H_{17}$ zu $(CH_3)(C_4H_9)(C_8H_{17})SnCl$ und $(C_4H_9)_2(C_8H_{17})SnCl$	—	[48]
32	$(C_4H_9)(C_{10}H_{21})SnCl_2$ 26.5 bis 28 178 bis 181/3	$(CH_3)_2SnCl_2 + C_4H_9MgCl + C_{10}H_{21}MgCl + SnCl_4$	—	—	[26]
33	$(C_4H_9)(C_{10}F_{21}CH_2CH_2)SnCl_2$	$(C_4H_9)_3SnH + CH_2{=}CHC_{10}F_{21} + SnCl_4$	Diisopropyläther, 6 h, 60°C und AIBN + $AlCl_3$, 6 h, 110°C	—	[49]
34	$(C_4H_9)(C_{12}H_{25})SnCl_2$ 33 bis 35 182 bis 185/1	$(CH_3)_2SnCl_2 + C_4H_9MgCl + C_{12}H_{25}MgCl + SnCl_4$	—	—	[26]
35	$(C_6H_5)(CH_2Cl)SnCl_2$ 115/0.1	$C_6H_5SnCl_3 + CH_2{=}N_2$	Diäthyläther, 0°C, [Cu]; $n_D^{20} = 1.5900$	16	[50]
36	$(C_6H_5)(CNCH_2)SnCl_2$ 136 bis 138	$(C_6H_5)_3SnCH_2CN + JCl$	CCl_4, 30 min; IR: 2226 m, 446 m, 400 s, 335 s, 284 st, 268 st, 225 s cm^{-1}	—	[51]
37	$(C_6H_5)(CH_2{=}CH)SnCl_2$	$C_6H_5SnCl_3 + CH_2{=}CHMgCl$	Tetrahydrofuran	—	[38]
		$CH_2{=}CHSnCl_3 + C_6H_5MgCl$	Tetrahydrofuran-Heptan; Stabilisator	—	[40, 41]
		$C_6H_5SnCl_3 + (CH_3)_3SiCl$	[$AlCl_3$]	—	[2]
		$CH_2{=}CHSnCl_3 + (CH_3)_3SiC_6H_5$	[$AlCl_3$]	—	[2]

Tabelle 40 (Fortsetzung)

Nr.	Verbindung $RR'SnCl_2$ Schmelzpunkt in °C Siedepunkt in °C/Torr	Darstellung	Reaktionsbedingungen Weitere Eigenschaften	Ausbeute in %	Lit.
38	$\{(C_6H_5)[(CH_3)_2NHCH_2CH_2]SnCl_2\}Cl$ 177 bis 180	$(C_6H_5)_3SnCH_2CH_2N(CH_3)_2 + HCl$	Diäthyläther, 4 h, 25°C; NMR: $\delta SnCH_2 = -1.50$ bis -2.0, $\delta NCH_2 = -3.1$ bis -3.6, $\delta C_6H_5 = -6.8$ bis -7.8 ppm	100	[16]
39	$(C_6H_5)(c\text{-}C_5H_5)SnCl_2$ 80 bis 90/7 × 10^{-4}	$C_6H_5SnCl_3 + C_6H_5Sn(c\text{-}C_5H_5)_3$	2:1, 25°C; gelbe Flüssigkeit; NMR: $\delta C_6H_5 = -7.18$, $\delta C_5H_5 = -6.20$ ppm	—	[11]
40	$(C_6H_5)[CH_3CO(CH_2)_3]SnCl_2$ 102 bis 104	$(C_6H_5)_3Sn-CH_2CH_2CH_2-C(OCH_2CH_2O)-CH_3$ + HCl	Petroläther, 20 h, Schütteln; IR: $\nu CO = 1670\ cm^{-1}$; NMR: $\tau CH_2CO = 7.30$; bildet mit 2,2'-Bipyridyl ein 1:1-Addukt	—	[52]
41	$[C_6H_5-SnCl_2-CH_2CH_2-NH(CH_2CH_2)_2O]Cl$ 201 bis 203	$(C_6H_5)_3Sn-CH_2CH_2-N(CH_2CH_2)_2O$ + HCl	Diäthyläther, 14 d, 20°C; NMR: $\delta SnCH_2 = -1.7$ bis -2.2, $\delta C_6H_5 = -6.7$ bis -7.8 ppm	100	[16]
42	$[(C_2H_5)_2NHCH_2CH_2Sn(C_6H_5)Cl_2]Cl$ 177 bis 178	$(C_6H_5)_3SnCH_2CH_2N(C_2H_5)_2 + HCl$	Diäthyläther, 17 h, 25°C; NMR: $\delta SnCH_2 = -1.6$ bis -2.2, $\delta C_6H_5 = -7.0$ bis -8.0 ppm	100	[16]
43*	$(C_6H_5)(C_6H_5CH_2)SnCl_2$ 82 bis 84	$(C_6H_5)_3SnCH_2C_6H_5 + HCl$	Diäthyläther, 2 h, 25°C	100	[16]

Tabelle 40 (Fortsetzung)

Nr.	Verbindung $RR'SnCl_2$ Schmelzpunkt in °C Siedepunkt in °C/Torr	Darstellung	Reaktionsbedingungen Weitere Eigenschaften	Ausbeute in %	Lit.
44	C_6H_5–$SnCl_2$–$C_5H_4Mn(CO)_3$	$(C_6H_5)_3Sn$–$C_5H_4Mn(CO)_3$ + HCl	Petroläther, 4 h, 20 °C; nach Reaktion mit $NaMn(CO)_5$ als C_6H_5–$Sn[Mn(CO)_5]_2$–$C_5H_4Mn(CO)_3$ isoliert	—	[53]
45	$[C_6H_5NH_2CH_2CH_2Sn(C_6H_5)Cl_2]Cl$ 95 bis 100 (Zersetzung)	$(C_6H_5)_3SnCH_2CH_2NHC_6H_5 + HCl$	Diäthyläther, 20 h, 25 °C; reagiert mit CH_3MgJ zu $(CH_3)_2(C_6H_5)SnCH_2CH_2NHC_6H_5$	100	[16]
46	$(C_6H_5)(C_6H_5N(COCH_3)CH_2CH_2)SnCl_2$ 149 bis 150	$(C_6H_5)_3SnCH_2CH_2N(C_6H_5)COCH_3$ + HCl	Diäthyläther, 5 h, 25 °C; NMR: $\delta SnCH_2 = -1.9$ bis -2.3, $\delta NCH_2 = -4.0$ bis -4.4, $\delta C_6H_5 = -7.0$ bis -8.3 ppm; reagiert mit CH_3MgJ zu $(CH_3)_2(C_6H_5)SnCH_2CH_2N(C_6H_5)COCH_3$	100	[16]
47	$(CH_2{=}CH)(2\text{-}C_4H_3S)SnCl_2$	$CH_2{=}CHSnCl_3 + 2\text{-}C_4H_3SMgCl$	Tetrahydrofuran-Heptan; Stabilisator	—	[40, 41, 54]
48	$(CH_2{=}CH)(c\text{-}C_5H_5)SnCl_2$	$c\text{-}C_5H_5SnCl_3 + CH_2{=}CHMgCl$	2-Äthoxytetrahydropyran-Octan; Stabilisator	—	[40]

Tabelle 40 (Fortsetzung)

Nr.	Verbindung RR'$SnCl_2$ Schmelzpunkt in °C Siedepunkt in °C/Torr	Darstellung	Reaktionsbedingungen Weitere Eigenschaften	Ausbeute in %	Lit.
49	$CH_2{=}CH{-}SnCl_2{-}$(5-Methyl-2-thienyl) (Strukturformel: $CH_2{=}CH{-}Sn(Cl)(Cl){-}C_4H_2S{-}CH_3$)	$CH_2{=}CHSnCl_3 + CH_3C_4H_2SMgCl$	Tetrahydrofuran-Heptan; Stabilisator	—	[40, 41]
50	$(CH_2{=}CH)(c\text{-}C_5H_9)SnCl_2$	$c\text{-}C_5H_9SnCl_3 + CH_2{=}CHMgCl$	Tetrahydrofuran, Rückfluß	—	[41]
51	$(C_2H_5OC_2H_4)(p\text{-}C_2H_5OC_6H_4)SnCl_2$	—	Schmiermittelzusatz	—	[34]

$(CH_3)(C_7H_{15})SnCl_2$ (Tabelle **40**, Nr. **14**). ^{1}H-NMR-Spektrum: $\delta CH_3Sn = -1.15$ ppm, $^2J(H^{119}Sn) = 66$ Hz; ^{13}C-NMR-Spektrum: $\delta CH_3Sn = -7.1$ ppm, $\delta C_1 = -27.1$ ppm, $^1J(CSn) = 491$ Hz, $\delta C_2 = -24.8$ ppm, $^2J(CSn) = 37$ Hz, $\delta C_3 = -32.9$ ppm, $^3J(CSn) = 88$ Hz, $\delta C_4 = -28.7$ ppm, $\delta C_5 = -31.7$ ppm, $\delta C_6 = -22.7$ ppm, $\delta C_7 = -14.1$ ppm; ^{119}Sn-NMR-Spektrum: $\delta = -124.8$ ppm gegen $Sn(CH_3)_4$ [9].

$(CH_3)(C_8H_{17})SnCl_2$ (Tabelle **40**, Nr. **15**). ^{1}H-NMR-Spektrum: $\delta CH_3Sn = -1.15$ ppm, $^2J(H^{119}Sn) = 66$ Hz; ^{13}C-NMR-Spektrum: $\delta CH_3Sn = -7.0$ ppm, $\delta C_1 = -27.0$ ppm, $^1J(CSn) = 491$ Hz, $\delta C_2 = -24.8$ ppm, $^2J(CSn) = 37$ Hz, $\delta C_3 = -33.0$ ppm, $^3J(CSn) = 85$ Hz, $\delta C_4 = -29.2$ ppm, $\delta C_5 = -29.2$ ppm, $\delta C_6 = -31.9$ ppm, $\delta C_7 = -22.8$ ppm, $\delta C_8 = -14.2$ ppm; ^{119}Sn-NMR-Spektrum: $\delta = -126.3$ ppm gegen $Sn(CH_3)_4$ [9].

$(C_2H_5)(C_4H_9)SnCl_2$ (Tabelle **40**, Nr. **19**). Die Verbindung entsteht auch bei der Komproportionierung zwischen $C_2H_5SnCl_3$ und $(C_4H_9)_3SnC_2H_5$ nach 1.5 h bei 205°C neben $(C_2H_5)_2SnCl_2$ und $(C_4H_9)_2SnCl_2$ im gleichen Mengenverhältnis [18]. Sie reagiert mit $LiAlH_4$ in Diäthyläther erst bei 0°C und dann bei 2stündigem Rückflußkochen unter Bildung von $(C_2H_5)(C_4H_9)SnH_2$ [28]. Bei der Reaktion mit $Sn(CH_3)_4$ wird nach 4 h bei 120 bis 130°C ein Gemisch aus 91% $(CH_3)_3SnCl$ und 76% $(CH_3)(C_2H_5)(C_4H_9)SnCl$ erhalten. Mit $Sn(CH{=}CH_2)_4$ entsteht entsprechend nach 2 h bei 60°C ein Gemisch aus $(CH_2{=}CH)_3SnCl$ und $(C_2H_5)(CH_2{=}CH)(C_4H_9)SnCl$, das nicht durch Destillation getrennt werden kann [8].

$(C_2H_5)(C_6H_5)SnCl_2$ (Tabelle **40**, Nr. **22**). Die Verbindung entsteht auch bei der Reaktion zwischen $(C_2H_5)(C_6H_5)SnH_2$ und HCl bei 0°C in Äthanol in 99.8%iger Ausbeute [28], bei der Umsetzung von $[(C_2H_5)(C_6H_5)SnO]_x$ mit $(CH_3)_3SiCl$ in quantitativer Ausbeute [19], bei den Komproportionierungen zwischen $(C_6H_5)_3SnC_2H_5$ und $C_2H_5SnCl_3$ im Molverhältnis 1:2 nach 1.5 h bei 140°C in 91.1%iger Ausbeute [18, 32] oder nach 3 h unter UV-Bestrahlung bei 35°C in 90.9%iger Ausbeute [32] und zwischen $(C_2H_5)(C_6H_5)_2SnCl$ und $C_2H_5SnCl_3$ nach 2 h bei 140°C in 90.1%iger Ausbeute [18].

IR-Spektrum (in cm^{-1}): $\nu SnC_6H_5 = 255$ st, $\nu SnC_2H_5 = 520$ st, $\nu SnCl = 320$ st, 305 m [17, 23]. NQR-Spektrum: $\nu^{35}Cl = 16.405$ und 16.936 MHz [20]. Mössbauer-Spektrum: $\delta = 1.47 \pm 0.05$ mm/s gegen $BaSnO_3$, $\Delta = 3.25 \pm 0.10$ mm/s [22].

Die Verbindung reagiert mit $LiAlH_4$ in Diäthyläther, erst bei 0°C, dann bei 2stündigem Rückflußkochen unter Bildung von $(C_2H_5)(C_6H_5)SnH_2$ [28]. Die gleiche Verbindung entsteht auch bei der Umsetzung von $(C_2H_5)(C_6H_5)SnCl_2$ mit $(C_4H_9)_3SnCl$ [28]. Bei der Hydrolyse mit wäßrigem Ammoniak wird polymeres $[(C_2H_5)(C_6H_5)SnO]_x$ gebildet [31]. $(C_2H_5)(C_6H_5)SnCl_2$ reagiert mit KF in wäßrigem Alkohol unter Bildung von $(C_2H_5)(C_6H_5)SnF_2$ [32], mit $(C_2H_5)_2NLi$ in Diäthyläther-Hexan unter Bildung von $(C_2H_5)(C_6H_5)Sn[N(C_2H_5)_2]_2$ [19] und mit Diazomethan in Diäthyläther bei −10 bis −5°C unter Bildung von $(C_2H_5)(C_6H_5)(ClCH_2)SnCl$ neben $(C_2H_5)(C_6H_5)Sn(CH_2Cl)_2$ [19]. Mit folgenden Basen reagiert $(C_2H_5)(C_6H_5)SnCl_2$ unter Bildung von 1:1-Komplexen: Aceton [25], 2,2'-Bipyridyl [17, 22], 1,10-Phenanthrolin [17], unter Bildung von 1:2-Komplexen: Dimethylsulfoxid [23], Pyridin [22, 33], Chinolin [33], Isochinolin [33], α-, β- und γ-Picolin [33], Morpholin [33], Piperidin [33] und Anilin [33].

$(C_2H_5)(C_6H_5)SnCl_2$ wird Schmiermitteln zugesetzt [34].

$(C_3H_7)(C_6H_5)SnCl_2$ (Tabelle **40**, Nr. **24**). IR-Spektrum (in cm^{-1}): $\nu SnC_6H_5 = 260$ st, 250 Sch, $\rho CH_2 = 695$ st, $\nu SnC_3H_7 = 595$ m, 515 s, $\nu SnCl = 330$ st, 295 m [17, 23, 36]. Mössbauer-Spektrum: $\delta = 1.75 \pm 0.05$ mm/s gegen $BaSnO_3$, $\Delta = 3.10 \pm 0.10$ mm/s [22]. — Die Verbindung reagiert mit folgenden Basen unter Bildung von 1:1-Komplexen: 2,2'-Bipyridyl [17, 22], 1,10-Phenanthrolin [17], unter Bildung von 1:2-Komplexen: Amine [36], Pyridin [22], Dimethylsulfoxid [23].

$(C_4H_9)(CH_2{=}CH)SnCl_2$ (Tabelle **40**, Nr. **27**). Die Verbindung entsteht auch bei der Reaktion zwischen $(CH_2{=}CH)_3SnC_4H_9$ und $SnCl_4$ [42], zwischen $(CH_2{=}CH)_3SnC_4H_9$ und $C_4H_9SnCl_3$ [42] sowie zwischen $(CH_3)_3SnCH{=}CH_2$ und $C_4H_9SnCl_3$ in Gegenwart von $AlCl_3$ [2]. Bei der Reaktion von $(C_4H_9)(CH_2{=}CH)SnCl_2$ mit C_6H_5MgBr wird $(C_4H_9)(CH_2{=}CH)Sn(C_6H_5)_2$ gebildet [43]. $(C_4H_9)(CH_2{=}CH)SnCl_2$ wird als Komponente von Kunststoffstabilisatoren verwendet [40, 41]. Steigende Mengen von $(C_4H_9)(CH_2{=}CH)SnCl_2$ bewirken bei der Copolymerisation mit Vinylchlorid eine Abnahme der Reaktionsgeschwindigkeit und des Molekulargewichtes des Copolymeren [44].

$(C_4H_9)(C_6H_5)SnCl_2$ (Tabelle **40**, Nr. **30**). Die Verbindung entsteht auch bei der Reaktion zwischen $(C_4H_9)(C_6H_5)SnH_2$ und HCl in Äthanol in quantitativer Ausbeute [28], zwischen $C_4H_9SnCl_3$ und $(CH_3)_3SiC_6H_5$ in Gegenwart von $AlCl_3$ [2] sowie zwischen $[(C_4H_9)(C_6H_5)SnO]_x$ und $(CH_3)_3SiCl$ bei Zimmertemperatur in 100%iger Ausbeute [19], ferner bei den Komproportionierungen zwischen $(C_6H_5)_3SnC_4H_9$ und $C_4H_9SnCl_3$ bei 140°C oder bei Temperaturen um 40°C unter UV-Bestrahlung in Ausbeuten zwischen 65 und 91% [18, 32] sowie zwischen $(C_4H_9)_3SnC_6H_5$ und $C_6H_5SnCl_3$ bei 140°C [18]. — IR-Spektrum (in cm^{-1}): $\nu SnC_6H_5 = 260$ st, $\nu SnC_4H_9 = 602$ m, 520 m, $\nu SnCl = 335$ st, 308 m [17, 23, 46]. Mössbauer-Spektrum: $\delta = 1.47 \pm 0.05$ mm/s gegen $BaSnO_3$, $\Delta = 3.25 \pm 0.10$ mm/s [22]. ^{119}Sn-NMR-Spektrum: $\delta = -22.2$ ppm gegen $Sn(CH_3)_4$ in CCl_4 [47]. — $(C_4H_9)(C_6H_5)SnCl_2$ reagiert mit $LiAlH_4$ in Diäthyläther zunächst bei 0°C, dann bei 2stündigem Rückflußkochen unter Bildung von $(C_4H_9)(C_6H_5)SnH_2$ [28], mit KF in wäßrigem Alkohol unter Bildung von $(C_4H_9)(C_6H_5)SnF_2$ [32], mit Basen und anschließend t-$C_8H_{17}SH$ in Benzol beim Rückflußkochen unter Bildung von $(C_4H_9)(C_6H_5)Sn(S\text{-}t\text{-}C_8H_{17})_2$ [19], mit LiC_6H_5 zwischen −30 und −25°C unter Bildung von $(C_6H_5)_3SnC_4H_9$ [32]. Mit folgenden Basen bildet die Verbindung 1:1-Komplexe: Aceton [25], 2,2'-Bipyridyl [17, 22], 1,10-Phenanthrolin [17] bzw. 1:2-Komplexe: Dimethylsulfoxid [23], Pyridin [22, 46], Chinolin [46], Isochinolin [46], α-, β- und γ-Picolin [46], Morpholin [46], Piperidin [46] und Anilin [46].

$(C_6H_5)(C_6H_5CH_2)SnCl_2$ (Tabelle **40**, Nr. **43**). Die Synthese der Verbindung durch Umsetzung von $(C_6H_5)_3SnCH_2C_6H_5$ mit gasförmigem Chlorwasserstoff wird auch bei [14, 17, 45] beschrieben. Als Schmelzpunkte werden dort angegeben: 83 bis 84°C [17, 45] und 84°C [14, 22]. — IR-Spektrum (in cm^{-1}): $\nu SnC_6H_5 = 260$ st, 250 st, $\nu SnCl = 332$ m, 320 m, 302 m [14, 17, 23]. Mössbauer-Spektrum: $\delta = 1.45 \pm 0.05$ mm/s gegen $BaSnO_3$, $\Delta = 2.74 \pm 0.10$ mm/s [22]. Die Verbindung reagiert mit p-$CH_3C_6H_4MgBr$ unter Bildung von $(p\text{-}CH_3C_6H_4)_2(C_6H_5)SnCH_2C_6H_5$ [45]. Mit folgenden Basen erfolgt Bildung von 1:1-Komplexen: 2,2'-Bipyridyl [17, 22], 1,10-Phenanthrolin [17] bzw. Bildung von 1:2-Komplexen: Dimethylsulfoxid [23], Pyridin [14, 22], Chinolin [14], Isochinolin [14], α-, β- und γ-Picolin [14], Morpholin [14], Piperidin [14] und Anilin [14].

Literatur:

[1] A. G. Davies, T. N. Mitchell (J. Chem. Soc. C **1969** 1896/901). — [2] G. Bakassian, M. Gay, M. Lefort, Rhone-Poulenc S.A. (Deut. Offenlegungsschrift 2340668 [1972/74]; C.A. **80** [1974] Nr. 146313). — [3] M. Lesbre, R. Buisson (Bull. Soc. Chim. France **1957** 1204/6). — [4] R. H. Bullard, F. R. Holden (J. Am. Chem. Soc. **53** [1931] 3150/3). — [5] C. A. Turner (Diss. Univ. of Colorado 1975, S. 1/143; Diss. Abstr. Intern. B **36** [1976] 5580/1).

[6] M. Nomura, M. Matsui, S. Matsuda (Kogyo Kagaku Zasshi **71** [1968] 1526/9 nach C.A. **70** [1969] Nr. 47572). — [7] S. Matsuda, M. Nomura (J. Organometal. Chem. **25** [1970] 101/9). — [8] H. G. Kuivila, R. Sommer, D. C. Green (J. Org. Chem. **33** [1968] 1119/22). — [9] T. N. Mitchell (Org. Magn. Resonance **8** [1976] 34/9). — [10] K. A. Kocheshkov, N. N. Zemlyanskii, N. D. Kolosova, A. A. Azizov, Yu. A. Ustynyuk (Izv. Akad. Nauk SSSR Ser. Khim. **1974** 1208; Bull. Acad. Sci. USSR Div. Chem. Sci. **1974** 1141).

[11] N. D. Kolosova, N. N. Zemlyanskii, A. A. Azizov, Yu. A. Ustynyuk, N. P. Barminova, K. A. Kocheshkov (Dokl. Akad. Nauk SSSR **218** [1974] 117/9; Dokl. Chem. Proc. Acad. Sci. USSR **218** [1974] 614/6). — [12] K. D. Bos, E. J. Bulten, J. G. Noltes (J. Organometal. Chem. **67** [1974] C13/C15). — [13] E. Rosenberg, J. J. Zuckerman (J. Organometal. Chem. **33** [1971] 321/36). — [14] K. L. Jaura, N. S. Khurana, B. D. Gupta, V. K. Verma (J. Indian Chem. Soc. **49** [1972] 537/42). — [15] G. W. Grynkewich, T. J. Marks (Inorg. Chem. **15** [1976] 1307/14).

[16] Y. Sato, Y. Ban, H. Shirai (J. Org. Chem. **38** [1973] 4373/8). — [17] K. L. Jaura, S. K. Bhalla, B. D. Gupta, V. K. Verma (Indian J. Chem. **11** [1973] 49/51). — [18] L. S. Melnichenko, N. N. Zemlyanskii, V. A. Chernoplekova, K. A. Kocheshkov (Izv. Akad. Nauk SSSR Ser. Khim. **1972** 1384/6; Bull. Acad. Sci. USSR Div. Chem. Sci. **1972** 1332/4). — [19] L. S. Melnichenko, N. N. Zemlyanskii, N. D. Kolosova, K. A. Kocheshkov (Dokl. Akad. Nauk SSSR **200** [1971] 346/7; Dokl. Chem. Proc. Acad. Sci. USSR **200** [1971] 775/6). — [20] I. P. Goldshtein, E. N. Guryanova, L. S. Melnichenko, N. N. Zemlyanskii, T. I. Perepelkova, Yu. K. Maksyutin, K. A. Kocheshkov (Dokl. Akad. Nauk SSSR **201** [1971] 105/7; Dokl. Chem. Proc. Acad. Sci. USSR **201** [1971] 895/6).

[21] Yu. K. Maksyutin, V. V. Khrapov, L. S. Melnichenko, G. K. Semin, N. N. Zemlyanskii, K. A. Kocheshkov (Izv. Akad. Nauk SSSR Ser. Khim. **1972** 602/4; Bull. Acad. Sci. USSR Div. Chem. Sci. **1972** 562/3). — [22] K. L. Jaura, V. K. Verma (J. Inorg. Nucl. Chem. **35** [1973] 2361/4). — [23] K. L. Jaura, V. K. Verma (Indian J. Chem. **10** [1972] 536/7). — [24] T. J. Marks, G. W. Grynkewich (J. Organometal. Chem. **91** [1975] C9/C12). — [25] I. P. Goldshtein, N. N. Zemlyanskii, T. I. Perepelkova, L. S. Melnichenko, E. N. Guryanova, K. A. Kocheshkov (Dokl. Akad. Nauk SSSR **217** [1974] 849/51; Dokl. Phys. Chem. Proc. Acad. Sci. USSR **217** [1974] 717/9).

[26] S. Matsuda, H. Matsuda, N. Iwamoto, A. Matsumoto (Kogyo Kagaku Zasshi **70** [1967] 1747/50 nach C.A. **68** [1968] Nr. 87373). — [27] T. A. Smith, F. S. Kipping (J. Chem. Soc. **101** [1912] 2553/63). — [28] L. S. Melnichenko, N. N. Zemlyanskii, K. A. Kocheshkov (Dokl. Akad. Nauk SSSR **197** [1971] 1335/6; Dokl. Chem. Proc. Acad. Sci. USSR **197** [1971] 341/2). — [29] H. Zimmer, I. Hechenbleikner, O. A. Homberg, M. Danzik (J. Org. Chem. **29** [1964] 2632/6). — [30] A. Ladenburg (Liebigs Ann. Chem. **159** [1871] 251/8).

[31] A. Ladenburg (Ber. Deut. Chem. Ges. **4** [1871] 17/8). — [32] L. S. Melnichenko, N. N. Zemlyanskii, K. A. Kocheshkov (Dokl. Akad. Nauk SSSR **190** [1970] 597/9 nach C.A. **72** [1970] Nr. 111594). — [33] K. L. Jaura, N. S. Khurana, V. K. Verma (Proc. 1st Chem. Symp., Chandigarh, India, 1969 [1970], Bd. 2, S. 19/24). — [34] B. H. Lincoln, Lubri-Zoh Development Co. (U.S.P. 2334566 [1940/43]; C.A. **1944** 3828). — [35] Z. M. Manulkin (Zh. Obshch. Khim. **20** [1950] 2004/8; C.A. **1951** 5611).

[36] K. L. Jaura, S. K. Bhalla, V. K. Verma (Indian J. Chem. **8** [1970] 1130/2). — [37] W. E. Foster, P. E. König, Ethyl Corp. (U.S.P. 2998407 [1956]; C.A. **56** [1962] 6170). — [38] H. E. Ramsden, Metal and Thermit Corp. (B.P. 832338 [1960]; C.A. **1961** 3521). — [39] S. D. Rosenberg, A. J. Gibbons, H. E. Ramsden (J. Am. Chem. Soc. **79** [1957] 2137/8). — [40] H. E. Ramsden, Metal and Thermit Corp. (U.S.P. 2873287 [1959]; C.A. **1959** 13108).

[41] H. E. Ramsden, Metal and Thermit Corp. (U.S.P. 2965661 [1960]; C.A. **1961** 6377). — [42] V. A. Yashkov, N. A. Plate (UdSSR P. 352905 [1971/72]; C.A. **78** [1973] Nr. 43712). — [43] N. A. Plate, V. A. Yashkov, V. V. Maltsev (Vysokomol. Soedin. B **14** [1972] 780/2). — [44] V. A. Yashkov, V. V. Maltsev, N. A. Plate (Vysokomol. Soedin. B **13** [1971] 866/70). — [45] F. B. Kipping (J. Chem. Soc. **1928** 2365/73).

[46] K. L. Jaura, N. S. Khurana, V. K. Verma (Indian J. Chem. **8** [1970] 186/8). — [47] A. P. Tupciauskas, N. M. Sergeev, Yu. A. Ustynyuk (Org. Magn. Resonance **3** [1971] 655/9). — [48] H. W. Wehner, H. G. Köstler, Ciba-Geigy A.-G. (Deut. Offenlegungsschrift 2608698 [1975/76]; C.A. **86** [1977] Nr. 72884). — [49] W. Bloechl (Nd. Appl. 65-09546 [1964/66]; C.A. **65** [1966] 750). — [50] K. H. Kramer, N. Wright (Chem. Ber. **96** [1963] 1877/80).

[51] A. A. Mesubi, M. O. Afolabi, K. O. Falase (Inorg. Nucl. Chem. Letters **12** [1976] 469/74). — [52] S. Z. Abbas, R. C. Poller (J. Chem. Soc. Dalton Trans. **1974** 1769/71). — [53] A. N. Nesmeyanov, K. N. Anisimov, N. E. Kolobova, Yu. V. Makarov (Izv. Akad. Nauk SSSR Ser. Khim. **1973** 2815/7; Bull. Acad. Sci. USSR Div. Chem. Sci. **1973** 2752/4). — [54] H. E. Ramsden, Metal and Thermit Corp. (B.P. 829243 [1960]; C.A. **1960** 21139).

Heterocyclic Organotin Dichlorides

1.3.2.2.3 Heterocyclische Organozinndichloride R⊃SnCl₂

$C_5H_{10}SnCl_2$

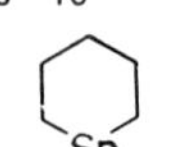
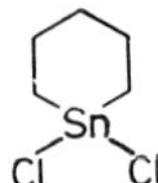

Für die Verbindung wird in der Literatur kein Darstellungsverfahren angegeben. Im IR-Spektrum erscheinen Banden bei 2650, 990 und 910 cm^{-1} [1]. Die Verbindung reagiert mit $CH_2{=}CHMgCl$ in Heptan-Tetrahydrofuran unter Bildung von $(CH_2)_5(CH_2{=}CH)SnCl$ [2]. Sie wird als Bestandteil von Fungiziden [3] und als Stabilisator für Kunststoffe verwendet [2].

$C_6H_{16}OSi_2SnCl_2$

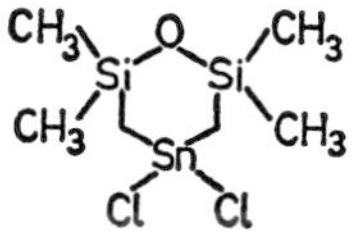

Die Verbindung entsteht bei der Hydrolyse von $[(CH_3)_2ClSiCH_2]_2SnCl_2$ bei Zimmertemperatur in 91.7%iger Ausbeute [4]. Sie wird durch direkte Synthese aus $[(CH_2ClSi(CH_3)_2]_2O$ und Sn nach 4 h bei 180 bis 185°C in Gegenwart von $(C_2H_5)_3N$ in 48.5%iger Ausbeute [4], im Bombenrohr in Heptan in Gegenwart von $(C_2H_5)_3N$ und J_2 nach 5stündigem Schütteln bei 180°C in 54.5%iger Ausbeute zusammen mit Nebenprodukten erhalten [5]. Auf analogem Weg, aber mit „white spirit" an Stelle von Heptan entsteht $C_6H_{16}OSi_2SnCl_2$ in 70.5% Ausbeute [5]. Als Schmelzpunkt der farblosen Verbindung werden 76 bis 77.5°C und als Siedepunkt 100 bis 102°C/0.5 Torr angegeben [4, 5].

^{1}H-NMR-Spektrum: $\delta CH_3Si = 0.04$ ppm, $\delta CH_2Sn = -0.49$ ppm, $^2J(H^{117/119}Sn) = 108.8/113.8$ Hz [4]. Zum IR-Spektrum s. [4], zum Massenspektrum s. [5].

Während die Verbindung bei der sauren Hydrolyse den Heterocyclus XXXII ergibt [5], findet bei den Reaktionen mit Alkalilaugen [4, 5], mit KF [5], NaOCOR' [5], $NaON{=}C(CH_3)_2$ [5], Na_2S [5] und Grignard-Verbindungen [4, 5] Substitution der Cl-Atome statt. Dabei werden die Derivate

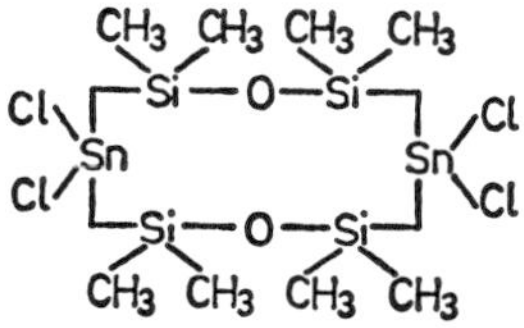

XXXII

$[R{\subset}SnO]_x$ [4, 5], $R{\subset}SnF_2$ [5], $R{\subset}Sn(OCOR')_2$ [5], $R{\subset}Sn[ON{=}C(CH_3)_2]_2$ [5], $[R{\subset}SnS]_x$ [5] und $R{\subset}SnR'_2$ mit $R' = CH_3$, C_2H_5, C_4H_9, C_6H_5 erhalten [4, 5].

$C_8H_{22}O_2Si_3SnCl_2$

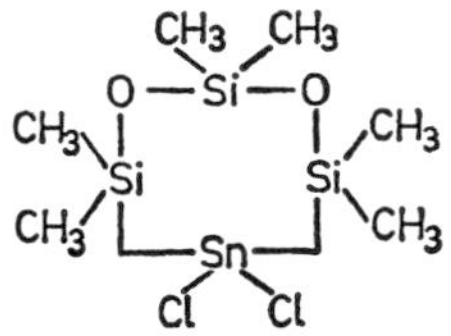

Die Verbindung entsteht als Nebenprodukt in nur 2.5%iger Ausbeute neben obigem Derivat bei der Reaktion von $[CH_2ClSi(CH_3)_2]_2O$ mit Sn im Bombenrohr in Heptan nach 5 h bei 180°C in Gegenwart von $N(C_2H_5)_3$ und J_2. Sie schmilzt bei 62 bis 63°C. Für Rückschlüsse aus dem Massenspektrum s. Original [5].

$C_{12}H_8OSnCl_2$

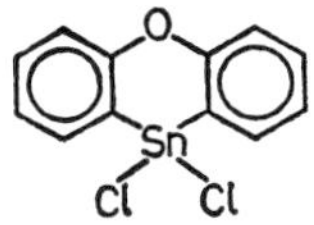

Das Oxastannadihydroantharazen-Derivat entsteht bei der Komproportionierung zwischen der Verbindung XXXIII und $SnCl_4$ nach 75 min bei 220°C und anschließend 2 h bei 180 bis 210°C in 31% Ausbeute sowie zwischen der Verbindung XXXIV und $SnCl_4$ nach 3 h bei 190 bis 210°C in 74% Ausbeute [6, 7].

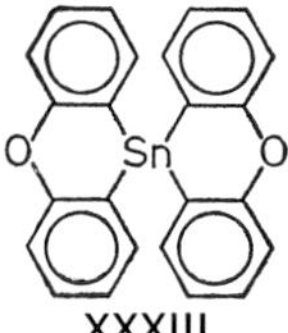
XXXIII

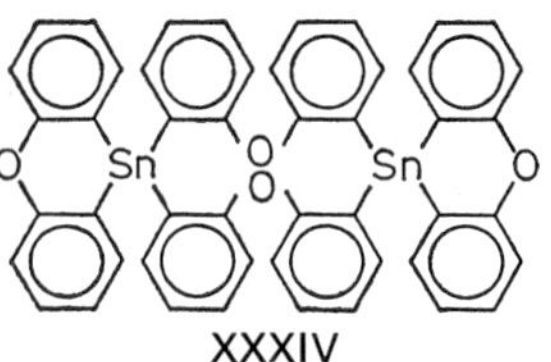
XXXIV

Für die Verbindung wird als Schmelzpunkt 239 bis 241°C und 243 bis 244°C angegeben [6, 7]. IR-Spektrum (in cm^{-1}): 3030 (νCH), 1570, 1464, 1437 (νCC), 1266, 1222 (νCOC), 1164, 1124, 1056, 889, 803, 757, 724, 654, 626, 584, 520, 433, 344. ^{1}H-NMR-Spektrum: $\tau = 2.2$ bis 3.6 (Multiplett). UV-Spektrum: 245 nm ($\varepsilon = 6500$), 285 nm ($\varepsilon = 2890$) [7].

Die Verbindung reagiert mit Lithiumalkylen und auch mit Phenyllithium unter Bildung der entsprechenden Dialkyl- bzw. Diphenylderivate [6, 7]. Die Elektronenstoßionisation führt, wie man aus den relativen Intensitäten der Massenlinien im Massenspektrum schließen kann, überwiegend zur Abspaltung von $SnCl_2$ als Neutralteilchen [8, 9].

$C_{13}H_9Br_2NSnCl_2$

Die Verbindung entsteht bei der Komproportionierung zwischen der Verbindung XXXV und $SnCl_4$ in Xylol nach 3 h Rückflußkochen in 63%iger Ausbeute sowie zwischen der Verbindung XXXVI und $SnCl_4$ in 68%iger Ausbeute [10].

XXXV

XXXVI

Die aus Benzol-Petroläther umkristallisierten Kristalle schmelzen zwischen 164.5 und 166.5°C. IR-Spektrum (in cm^{-1}): 872, 824, 641, 576, 516, 472, 435, 369 und 356. ^{1}H-NMR-Spektrum: $\tau CH_3N = 6.60$, $\tau C_6H_3 = 2.2$ bis 3.0. UV-Spektrum: 243 nm ($\varepsilon = 14.500$), 283 nm ($\varepsilon = 18.500$), 350 nm ($\varepsilon = 5820$) [10].

Die Verbindung reagiert mit Methyllithium oder CH_3MgCl unter Substitution von Cl gegen CH_3 und entsprechend mit C_6H_5Li oder C_6H_5MgBr unter Bildung des Derivates $(C_6H_5)_2Sn$⊃R [10].

$C_{14}H_{10}SnCl_2$

Die Verbindung entsteht aus Anthracen, Natrium und $SnCl_4$ in Tetrahydrofuran unter N_2 beim Rückflußkochen [11, 12]. Sie schmilzt unzersetzt bei 310°C [11]. Bei der Hydrolyse entsteht eine durch Sn-O-Brücken vernetzte polymere Verbindung [11, 12].

$C_{14}H_{12}SnCl_2$

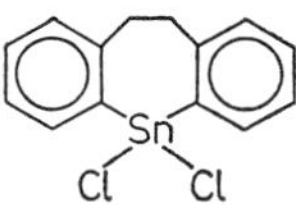

Die Darstellung der Verbindung erfolgt entweder aus o-$BrC_6H_4CH_2CH_2C_6H_4$-o-Br durch Reaktion mit C_4H_9Li in Diäthyläther, dann mit $SnCl_4$ unter Rückflußkochen in Benzol und anschließendem 3stündigen Erhitzen auf 150°C, wobei Ausbeuten von 35.7% erzielt werden, oder aus Verbindung XXXVII durch Reaktion mit Cl_2 in CH_2Cl_2 in 81%iger Ausbeute. Die farblosen Kristalle schmelzen bei 106 bis 107°C. Bei der Reaktion mit Alkalilaugen entsteht das polymere Oxid $R\supset SnO$.

XXXVII

UV-Spektrum der Verbindung s. im Original [13, 14]. Zur Polarographie der Verbindung s. [15]. Mit LiC_6H_5 wird in Diäthyläther $(C_6H_5)_2Sn\subset R$ gebildet [14].

Literatur:

[1] F. J. Bajer, H. W. Post (J. Org. Chem. **27** [1962] 1422/4). — [2] H. E. Ramsden, Metal and Thermit Corp. (U.S.P. 2873287 [1959]; C.A. **1959** 13108). — [3] H. E. Ramsden, Esso Research and Engineering Co. (U.S.P. 3389157 [1965/68]; C.A. **69** [1968] Nr. 77500). — [4] V. F. Mironov, E. M. Stepina, V. I. Shiryaev (Zh. Obshch. Khim. **42** [1972] 631/6; J. Gen. Chem. USSR **42** [1972] 627/32). — [5] V. F. Mironov, V. I. Shiryaev, E. M. Stepina, L. V. Makhalkina, A. I. Lapina, V. N. Bochkarev, A. I. Nechaeva (Zh. Obshch. Khim. **46** [1976] 1043/8; J. Gen. Chem. USSR **46** [1976] 1039/43).

[6] J. A. Ursino (Diss. St. John's Univ. 1967, S. 1/99 nach Diss. Abstr. B **28** [1968] 3662). — [7] E. J. Kupchik, J. A. Ursino, P. R. Boudjouk (J. Organometal. Chem. **10** [1967] 269/78). — [8] I. Lengyel, M. J. Aaronson, J. P. Dillon (J. Organometal. Chem. **25** [1970] 403/20). — [9] I. Lengyel, M. J. Aaronson (Angew. Chem. **82** [1970] 182). — [10] E. J. Kupchik, V. A. Perciaccante (J. Organometal. Chem. **10** [1967] 181/7).

[11] Esso Research and Engineering Co. (F.P. 1467549 [1966/67]; C.A. **68** [1968] Nr. 49769). — [12] H. E. Ramsden, Esso Research and Engineering Co. (U.S.P. 3240795 [1962/66]; C.A. **64** [1966] 14220). — [13] O. F. Beumel (Diss. Univ. of New Hampshire 1960, S. 1/120; Diss. Abstr. **21** [1960] 1370). — [14] H. G. Kuivila, O. F. Beumel (J. Am. Chem. Soc. **80** [1958] 3250/3). — [15] R. A. Baker (Diss. Univ. of New Hampshire 1959, S. 1/70; Diss. Abstr. **20** [1959] 897).

Organotin Trichlorides

1.3.2.3 Organozinntrichloride $RSnCl_3$

Methyltin Trichloride

1.3.2.3.1 Methylzinntrichlorid CH_3SnCl_3

Formation. Preparation

1.3.2.3.1.1 Bildung und Darstellung

Zur Synthese von Methylzinntrichlorid eignet sich die Komproportionierung zwischen $SnCl_4$ und $Sn(CH_3)_4$, die beim Erhitzen der Komponenten [1, 2] oder in Benzol im Verlauf einer halben Stunde abläuft, wobei auch $(CH_3)_2SnCl_2$ gebildet wird [3 bis 6]. Auch bei der Komproportionierung zwischen $SnCl_4$ und $(CH_3)_3SnCl$ oder $(CH_3)_2SnCl_2$ wird in einer Gleichgewichtsreaktion CH_3SnCl_3 gebildet [2]. Die Reaktion zwischen $SnCl_4$ und $(CH_3)_2SnCl_2$ wird dabei durch Katalysatoren beschleunigt, wobei gut geeignet sind $[(CH_3)_4N]Cl$ [7], $[(C_4H_9)_3PC_2H_5]Cl$, $[(CH_3)_3PC_{18}H_{37}]Cl$, $[(i\text{-}C_3H_7)_3PC_{12}H_{25}]Cl$, $[(C_4H_9)_3NCH_3]J$, $[(C_2H_5)_4Sb]J$, $[(C_4H_9)_4As]J$ [8]. — Auch bei der Umsetzung zwischen $SnCl_4$ und $Pb(CH_3)_4$ in Toluol, erst 2 h bei Zimmertemperatur, dann 5 h bei 100°C, entsteht CH_3SnCl_3 in guten Ausbeuten [9].

Technisch wichtig ist die direkte Synthese von CH_3SnCl_3 aus Sn und CH_3Cl, die bei erhöhter Temperatur in der Regel im Autoklaven und in Gegenwart von speziellen Katalysatoren abläuft, wobei allerdings immer Gemische aus CH_3SnCl_3, $(CH_3)_2SnCl_2$ und $(CH_3)_3SnCl$ entstehen. So werden bei 450°C 10% Ausbeute an CH_3SnCl_3 erzielt, durch Zusatz von Cu (Bildung von Cu_3Sn) steigt bei 300°C die Ausbeute auf 17% an [10]. Technische Prozesse werden durchgeführt im Autoklaven mit 6 h Reaktionszeit bei 100°C und LiJ, NaJ oder KJ als Katalysator [11], mit $SnCl_4$ und R_3PCl_2 als Katalysator [12], zwischen 175 und 200°C in Gegenwart von Sulfonen, $P(C_4H_9)_3$ und $FeCl_3$ [13], im Verlauf von 6 h bei 210°C und mit $[(C_4H_9)_3NCH_3]Cl$ als Katalysator [14], im Einschlußrohr im Verlauf von 2 h zwischen 170 und 175°C mit CH_3J und $N(C_2H_5)_3$ als Katalysator [15 bis 20].

Ein weiteres wichtiges technisches Verfahren zur Herstellung von CH_3SnCl_3 besteht in der Reaktion zwischen $SnCl_2$ und CH_3Cl. Diese Reaktion läuft ab bei 365°C im Verlauf von 4 Tagen [21], oberhalb 100°C mit Antimontriorganylen als Katalysator [22] oder im Verlauf von 18 h zwischen 160 und 170°C mit $[(C_4H_9)_4P]Cl$ als Katalysator [23]. Mit $FeCl_3$, J_2 und $P(C_4H_9)_3$ als Katalysatoren und cyclischen Sulfonen als Lösungsmittel werden bei 160 bis 180°C Ausbeuten zwischen 82.7 und 90.0% erzielt [24]. Mit Mg, J_2 und Toluol entstehen im Autoklaven nach 3 h zwischen 210 und 220°C 91% CH_3SnCl_3 [25], mit Mg und J_2 werden in Tetrahydrofuran-Toluol sogar 95% Ausbeute erzielt [26].

$SnCl_4$ reagiert mit CH_3Cl in einer Schmelze aus Metallchloriden wie $NaAlCl_4$, $CuAlCl_4$, $KAlCl_4$, $KZnCl_3$ oder $ZnCl_2$ unter Bildung von CH_3SnCl_3 [27]. Auch aus SnO_2 und CH_3Cl entsteht im Verlauf von 10 bis 20 h in Gegenwart von Cu als Katalysator in einer Ausbeute von 58% eine Mischung, die bei einer Reaktionstemperatur von 240°C zu 98% aus $(CH_3)_2SnCl_2$ und zu 2% aus CH_3SnCl_3 besteht, bei 300°C dagegen aus 75% $(CH_3)_2SnCl_2$ und 25% CH_3SnCl_3 [28].

In Wasser gelöstes CH_3SnCl_3 kann quantitativ wiedergewonnen werden, wenn der gesättigten wäßrigen Lösung $CaCl_2$ hinzugefügt und die Lösung erhitzt wird [29, 30].

CH_3SnCl_3 entsteht ferner bei den in Tabelle 41 zusammengestellten Reaktionen als Haupt- oder Nebenprodukt.

Tabelle 41
Bildung von CH_3SnCl_3.

Ausgangskomponenten	Reaktions-bedingungen	Ausbeute in %	Lit.
Sn, CH_2Cl_2	Bombenrohr, 80 h, 190°C und 40 h, 220°C	wenig	[31, 32]
$SnCl_2$, Al_4C_3	verdünnte HCl-Lösung	—	[33]
$SnCl_4$, Al_4C_3	verdünnte HCl-Lösung	—	[33]
$SnCl_4$, $[(CH_3)_3Si]_2O$	30 h, 270°C	—	[34]

T a b e l l e 41 (Fortsetzung)

Ausgangskomponenten	Reaktions-bedingungen	Ausbeute in %	Lit.
$SnCl_4$, $(CH_3)_3GeC_4H_9$	CH_3NO_2	98	[35, 36]
$SnCl_4$, $(CH_3)_2(C_3H_7)GeC_4H_9$	CH_3NO_2	98	[35, 36]
$SnCl_4$, $(CH_3)(C_2H_5)(C_3H_7)GeC_4H_9$	CH_3NO_2	98	[35, 36]
$SnCl_4$, $(CH_3)_3GeGe(C_2H_5)_3$	CH_3NO_2	98	[35, 36]
$SnCl_4$, $[(C_2H_5)_3Ge]_2Ge(CH_3)_2$	CH_3NO_2 oder CH_3COCl	90	[36]
$SnCl_4$, $(CH_3)_2Ge(CH_2)_5$-CO └─$(CH_2)_4$─┘	CH_3NO_2	—	[37]
$SnCl_4$, $(CH_3)_3SnC_4H_9$	Pentan, Rückfluß	—	[38]
$SnCl_2$, $(CH_3)_2Sn(C_4H_9)_2$	Pentan, Rückfluß	—	[38]
$SnCl_4$, $(CH_3)_2Sn(C_4H_9)_2$	2.5 h, 0°C und 4 h, 25°C	91.7	[39]
$SnCl_4$, $CH_3Sn(C_6H_5)_3$	1.5 h, 185 bis 190°C	65	[40]
$SnCl_4$, $(CH_3)_3SnCCl_3$	CCl_4, 10 d, Zimmertemperatur	—	[41]
$SnCl_4$, $(CH_3)_3SnMn(CO)_5$	40 d, 60°C	—	[42]
$SnCl_4$, CH_3 O CH_3 CH_3 Si Si CH_3 Sn CH_3 CH_3	—	76	[43]
$[CH_3Sn(O)OH]_x$, HCl	gasförmiges oder gelöstes HCl	—	[44 bis 48]
$[CH_3Sn(O)OH]_x$, PCl_3	—	—	[46, 47]
$[CH_3Sn(O)OH]_x$, $SOCl_2$	—	—	[49]
$(CH_3)_2Sn(SC_6H_5)_2$, HCl	$C_{18}H_{37}OH$, o-Dichlor-benzol, 180°C	10	[50]
$CH_3Sn(SC_6H_5)_3$, HCl	o-Dichlorbenzol, 180°C	100	[50]
$(CH_3)_2Sn(SCOC_6H_5)_2$, HCl	$C_{18}H_{37}OH$, o-Dichlor-benzol, 180°C	15	[50]
$[CH_3Sn(S)SH]_x$, HCl	gasförmiges oder gelöstes HCl	—	[48]
$SnCl_4$, CD_3Cl	350°C; ergibt CD_3SnCl_3	—	[62]

A n a l y s e. Zur potentiometrischen Titration von CH_3SnCl_3 mit $[(C_6H_5)_4As]Cl$ s. [51]. Weitere Studien der Potentiometrie von CH_3SnCl_3 unter spezieller Berücksichtigung von Komplexbildungskonstanten s. bei [52]. Zur Analyse von CH_3SnCl_3 und Trennung dieser Verbindung von anderen zinnorganischen Verbindungen mit Hilfe der Säulenchromatographie s. [53, 54], mit Hilfe der Dünnschichtchromatographie s. [55, 56], mit Hilfe der Gaschromatographie s. [57, 58].

T h e r m o d y n a m i s c h e D a t e n d e r B i l d u n g. Bildungsenthalpie ΔH° in kcal/mol bei der Bildung der gasförmigen Verbindung aus den Elementen unter Standardbedingungen: $\Delta H^\circ_{298} = -96.5$ bis -94.8 (aus massenspektroskopischen Daten) [59]. Für die Bildung der flüssigen Verbindung aus den Elementen werden angegeben: $\Delta H^\circ_{298} = -105.9 \pm 2.5$ [60] und -112.0 ± 3 [61].

Literatur:

[1] P. Taimsalu, J. L. Wood (Spectrochim. Acta **20** [1964] 1043/51). — [2] D. Grant, J. R. van Wazer (J. Organometal. Chem. **4** [1965] 229/36). — [3] W. P. Neumann, G. Burkhardt, Studiengesellschaft Kohle m.b.H. (D.P. 1161893 [1961/64]). — [4] Studiengesellschaft Kohle m.b.H. (F.P. 1318310 [1961/63]; C.A. **59** [1963] 2858). — [5] Studiengesellschaft Kohle m.b.H. (B.P. 958085 [1961/64]).

[6] W. P. Neumann, G. Burkhardt, Studiengesellschaft Kohle m.b.H. (U.S.P. 3248411 [1961/64]). — [7] T. G. Kugele, D. H. Parker, Cincinnati Milacron Chemicals, Inc. (U.S.P. 3862198 [1974/75]; C.A. **82** [1975] Nr. 171205). — [8] H. W. Jung, R. Maul, S. Kintopf, W. Kloss, R. Knapp, Ciba-Geigy A.-G. (Deut. Offenlegungsschrift 2437586 [1973/75]; C.A. **83** [1975] Nr. 10404). — [9] Cosan Chemical Corp. (Japan. Kokai 74-126628 [1973/74]; C.A. **85** [1976] Nr. 5885). — [10] F. A. Smith, Union Carbide and Carbon Corp. (U.S.P. 2625559 [1963]; C.A. **1953** 11224).

[11] K. Yajima, T. Kawai, Sankyo Organic Chemicals Co., Ltd. (Japan. Kokai 76-82231 [1975/76]; C.A. **86** [1977] Nr. 29942). — [12] W. Wehner, R. Maul, H. W. Jung, Ciba-Geigy A.-G. (Deut. Offenlegungsschrift 2445308 [1973/75]; C.A. **83** [1975] Nr. 59050). — [13] H. W. Jung, R. Maul, H. W. Wehner, Ciba-Geigy Marienburg G.m.b.H. (Deut. Offenlegungsschrift 2225322 [1972/73]; C.A. **80** [1974] Nr. 83247). — [14] R. C. Witman, T. G. Kugele, Cincinnati Milacron Chemicals, Inc. (Ö.P. 327943 [1974/76]; C.A. **85** [1976] Nr. 22187). — [15] Nitto Chemical Industry Co., Ltd. (Belg.P. 646676 [1963/65]).

[16] Nitto Chemical Industry Co., Ltd. (F.P. 1393779 [1963/65]; C.A. **63** [1965] 9985). — [17] Nitto Chemical Industry Co., Ltd. (D.P. 1240081 [1963/65]). — [18] Nitto Chemical Industry Co., Ltd. (D.P. 1274580 [1963/65]). — [19] Nitto Chemical Industry Co., Ltd. (B.P. 1053996 [1963/65]). — [20] Nitto Chemical Industry Co., Ltd. (Nd.P. 64-04649 [1963/65]).

[21] A. C. Smith, E. G. Rochow (J. Am. Chem. Soc. **75** [1953] 4105/6). — [22] E. J. Bulten, Nederlandse Centrale Organisatie voor Toegepast-Natuurwetenschappelijk Onderzoek (Deut. Offenlegungsschrift 2228855 [1971/72]; C.A. **78** [1973] Nr. 97810). — [23] K. R. Molt, I. Hechenbleikner, Carlisle Chemical Works, Inc. (U.S.P. 3519667 [1968/70]; C.A. **73** [1970] Nr. 66732). — [24] H. W. Jung, R. Maul, Ciba-Geigy A.-G. (Deut. Offenlegungsschrift 2263305 [1972/74]; C.A. **81** [1974] Nr. 91734). — [25] S. Matsuda, H. Kudura, Chugoku Marine Paints, Ltd. (Japan. Kokai 76-118730 [1975/76]; C.A. **86** [1977] Nr. 106784).

[26] S. Matsuda, H. Kudura, Chugoku Marine Paints, Ltd. (Deut. Offenlegungsschrift 2545065 [1975/76]; C.A. **86** [1977] Nr. 106782). — [27] W. Sundermeyer, A. von Rumohr, W. Towae, M. Buschhoff, Schering A.-G. (Deut. Offenlegungsschrift 2425770 [1974/75]; C.A. **84** [1976] Nr. 90306). — [28] K. A. Andrianov, T. V. Vasileva, Z. N. Nudelman, L. M. Khananashvili, A. S. Kochetkova, A. G. Cherednikova (Zh. Obshch. Khim. **32** [1962] 2307/11; J. Gen. Chem. USSR **32** [1961] 2275/9). — [29] J. W. Bouchoux, W. A. Larkin, M and T Chemicals, Inc. (Belg.P. 836831 [1975/76]; C.A. **86** [1977] Nr. 55584). — [30] A. W. Larkin, J. W. Bouchoux, M and T Chemicals, Inc. (U.S.P. 3931264 [1974/76]; C.A. **84** [1976] Nr. 105773).

[31] K. A. Kocheshkov (Ber. Deut. Chem. Ges. **61** [1928] 1659/63). — [32] K. A. Kocheshkov (Zh. Russ. Fiz. Khim. Obshch. **60** [1928] 1191/7 nach C.A. **1929** 2931/2). — [33] S. Hilpert, M. Ditmar (Ber. Deut. Chem. Ges. **46** [1913] 3738/41). — [34] V. V. Yastrebov, A. I. Chernyshev (Zh. Obshch. Khim. **37** [1967] 2140/1; J. Gen. Chem. USSR **37** [1967] 2032). — [35] E. J. Bulten, J. G. Noltes (J. Organometal. Chem. **15** [1968] P18/P20).

[36] E. J. Bulten, W. Drenth (J. Organometal. Chem. **61** [1973] 179/90). — [37] P. Mazerolles, A. Faucher (J. Organometal. Chem. **63** [1973] 195/203). — [38] M. and T. International N.V. (F. Demande 2179552 [1972/73]; C.A. **80** [1974] Nr. 108671). — [39] L. S. Melnichenko, N. N. Zemlyanskii, K. A. Kocheshkov (Izv. Akad. Nauk SSSR Ser. Khim. **1972** 184/5; Bull. Acad. Sci. USSR Div. Chem. Sci. **1972** 175/6). — [40] M. E. Pavlovskaya, K. A. Kocheshkov (Dokl. Akad. Nauk SSSR [2] **49** [1945] 263/4).

[41] A. G. Davies, T. N. Mitchell (J. Chem. Soc. C **1969** 1896/901). — [42] R. A. Burnham, F. Glockling, S. R. Stobart (J. Chem. Soc. Dalton Trans. **1972** 1991/4). — [43] V. F. Mironov, V. I. Shiryaev, E. M. Stepina, L. V. Makhalkina, A. I. Lapina, V. N. Bochkarev, A. I. Nechaeva (Zh. Obshch. Khim. **46** [1976] 1043/8; J. Gen. Chem. USSR **46** [1976] 1039/43). — [44] J. G. Druce (Chem. News **120** [1920] 229/30). — [45] A. Cassol, L. Magon, R. Barbieri (J. Chromatog. **19** [1965] 57/63).

[46] W. J. Pope, S. J. Peachy (Chem. News **87** [1903] 253/4). — [47] W. J. Pope, S. J. Peachy (Proc. Roy. Soc. [London] **72** [1904] 7/11). — [48] G. Meyer (Ber. Deut. Chem. Ges. **16** [1883] 1439/43). — [49] I. R. Beattie, F. C. Stockes, L. E. Alexander (J. Chem. Soc. Dalton Trans. **1973** 465/9). — [50] B. W. Rockett, M. Hadlington, W. R. Poyner (J. Appl. Polymer Sci. **18** [1974] 745/52).

[51] G. Tagliavini, P. Zanella (Anal. Chim. Acta **40** [1968] 33/9). — [52] L. Magon, R. Portanova, A. Cassol, G. Rizzardi (Ric. Sci. **38** [1968] 782/6). — [53] K. Figge, W. D. Bieber (J. Chromatog. **109** [1975] 418/21). — [54] W. D. Bieber, J. Koch, K. Figge (Plaste Kautschuk **23** [1976] 355/6). — [55] A. Vastagh (Z. Anal. Chem. **279** [1976] 366).

[56] J. Koch, K. Figge (J. Chromatog. **109** [1975] 89/100). — [57] V. A. Chernoplekova, N. N. Zemlyanskii, N. D. Kolosova, K. A. Kocheshkov (Izv. Akad. Nauk SSSR Ser. Khim. **1975** 2803/5; Bull. Acad. Sci. USSR Div. Chem. Sci. **1975** 2691/3). — [58] G. Neubert, H. O. Wirth (Z. Anal. Chem. **273** [1975] 19/23). — [59] T. R. Spalting (J. Organometal. Chem. **55** [1973] C65/C67). — [60] J. D. Cox, G. Pilcher (Thermochemistry of Organic and Organometallic Compounds, London – New York 1970).

[61] G. A. Nash, H. A. Skinner, W. F. Stack (Trans. Faraday Soc. **61** [1965] 640/8). — [62] H. Kimmel, C. R. Dillard (Spectrochim. Acta A **24** [1968] 909/19).

1.3.2.3.1.2 Struktur. Molekül. Spektren

Structure. The Molecule. Spectra

CH_3SnCl_3 kristallisiert in Form weißer Kristalle, die an Luft rauchen. Mit Hilfe von Elektronenbeugungsuntersuchungen wurden folgende Strukturparameter bestimmt: Abstand Sn-C = 2.19 ± 0.05 Å, Abstand Sn-Cl = 2.32 ± 0.03 Å, Winkel Cl-Sn-Cl = 108 ± 4° [1]. In einer neueren Arbeit wird angegeben: Abstand Sn-C = 2.104 ± 0.016 Å, Abstand Sn-Cl = 2.304 ± 0.003 Å, Abstand C-H = 1.100 Å, Winkel C-Sn-Cl = 113.9 ± 0.7°, Winkel Cl-Sn-Cl = 104.7 ± 0.4°, Winkel Sn-C-H = 107.5 ± 2.0° [2]. Vergleiche von Strukturdaten metallorganischer Verbindungen, wobei für CH_3SnCl_3 eine Bindungslänge Sn-Cl von 2.30 ± 0.03 Å zugrunde gelegt wird, s. bei [3]. Aus Vergleichen der Element-Halogen-Bindungen in C-, Si-, Ge- und Sn-Verbindungen mit Hilfe der Gasphasenradiospektroskopie-Daten wird für CH_3SnCl_3 eine Bindungslänge Sn-Cl von 2.295 Å entnommen [4]. Vergleiche der Bindungswinkel um das Sn-Zentralatom und der Bindungsabstände im Molekül mit berechneten Werten unter Verwendung eines stereochemischen Modells, wobei auch andere Organozinnhalogenide in die Diskussion einbezogen werden, s. bei [5].

Für das Dipolmoment von CH_3SnCl_3 werden folgende Werte angegeben: 3.62 D [6], 3.64 D [7], 3.74 D [8], jeweils in Benzol. Berechnet werden 3.52 D [9] und 3.63 D [10]. Berechnungen der molekularen Polarisierbarkeit s. bei [44].

Im ^{1}H-NMR-Spektrum von CH_3SnCl_3 erscheint für die drei Protonen der Methylgruppe ein Singulett-Signal. Folgende chemischen Verschiebungen werden angegeben: τ = 8.07 [11], 8.353 in CCl_4 [12, 13], 8.39 in CCl_4 [14], 8.71 in C_7H_8 [14], 9.68 in Toluol [13], 9.479 in Mesitylen [13], 9.70 in Benzol [14], 9.785 in Benzol [13]; δ = −0.92 ppm [15], −0.96 ppm in Dimethylsulfoxid [16], −1.53 ppm [17], −1.69 ppm [18], −1.71 ppm in $CDCl_3$ [16]; δ = −68 Hz bis −61 Hz in H_2O, abhängig von der Konzentration [19], −74.4 Hz in D_2O [20, 21], −92.4 Hz in CCl_4 [22], −92.5 Hz in CCl_4 [23], −94.5 Hz in $CDCl_3$ [20, 21], −95 Hz in $CHCl_3$ [7, 22]. Beim Übergang von CCl_4 zu Benzol als Lösungsmittel wird das Signal um 1.43 ppm nach höherem Feld verschoben [24]. Folgende Kopplungskonstanten wurden bestimmt: J($H^{13}C$) = 141.2 Hz [25], 143 Hz [7, 13, 26 bis 28]; ^{3}J($H^{115}Sn$) = 85.0 Hz [29]; ^{3}J($H^{117}Sn$) = 92.7 Hz [29], 93.4 Hz in $CDCl_3$ [21], 93.5 Hz in $CHCl_3$ [20], 94 Hz [11], 94.5 Hz in CCl_4 [23], 95.3 Hz in CCl_4 [30], 95.4 Hz in Benzol [30], 95.5 Hz [7], 95.6 Hz [18], 95.7 Hz in Substanz [30], 97.72 Hz in $CDCl_3$ [16], 122.5 Hz in D_2O [20, 21], 123 Hz in H_2O [19], 125.4 Hz in H_2O [30], 127 Hz [15], 129.75 Hz in Dimethylsulfoxid [16]; ^{3}J($H^{119}Sn$) = 96.9 Hz in CCl_4 [14], 97.0 Hz [29], 98 Hz in CCl_4 [7, 23], 98.5 Hz Hz in $CDCl_3$ [20, 21], 98.7 Hz in Benzol [14], 98.8 Hz in Toluol, [14], 99 Hz [11], 99.2 Hz [17], 99.3 Hz in Toluol [13], 99.4 Hz in CCl_4 [13], 99.5 Hz in Benzol [13], in CCl_4 [30], 99.9 Hz in Benzol [30],

100.0 Hz in Substanz [13, 18, 30, 31], in CCl_4 [27], 101.2 Hz in Mesitylen [13], 101.47 Hz in $CDCl_3$ [16], 127.5 Hz in D_2O [20, 21], 128 Hz in H_2O [19], 131.1 Hz in H_2O [30], 133 Hz [15], 137.25 Hz in Dimethylsulfoxid [16]. Vergleiche der ^{1}H-NMR-Spektren verschiedener Organozinnhalogenide unter Diskussion der Bindungsverhältnisse und von Substituenten-Effekten s. bei [25, 26, 32 bis 35].

Die chemische Verschiebung δ^{119}Sn beträgt −21 ppm gegen $Sn(CH_3)_4$ in CH_2Cl_2 [36], −20.03 ± 0.47 ppm in Benzol [37], −19 ppm in Benzol [38 bis 42], −16.23 ± 0.9 ppm in Benzol [37], −18.73 ± 0.04 ppm in Benzol [37], −6.03 ± 1.2 ppm im geschmolzenen Zustand [37], +4.4 ppm in CH_2Cl_2 [17], +67 ppm in Dimethylsulfid [42], zwischen 103.6 und 151.2 ppm je nach Konzentration in Aceton [43], zwischen 474 und 481 ppm in Wasser [43], 457 ppm in Dimethylsulfoxid [42]. Die Kopplungskonstante $^3J(SnH)$ beträgt 96.9 Hz in CH_2Cl_2 oder CCl_4, 108 Hz in Dimethylsulfid und 132.5 Hz in Dimethylsulfoxid [42]. Untersuchungen von Spin-Gitter-Relaxationen s. bei [45].

NQR-Untersuchungen ergaben folgende Parameter für ^{35}Cl: ν = 20.82 MHz, e^2Qq = 41.64 [46], ν = 19.398 und 21.848 MHz [47], ν = 19.43 und 21.85 MHz bei 77 K und ν = 19.14 und 20.92 MHz bei 293 K [48]. Vergleiche der NQR-Daten verschiedener Organozinnchloride s. bei [49].

Die Isomerieverschiebung im Mössbauer-Spektrum beträgt 1.253 ± 0.006 mm/s gegen SnO_2, die Quadrupolaufspaltung 2.052 ± 0.008 mm/s [50]. Ferner werden angegeben: δ = 1.32 mm/s und Δ = 2.07 mm/s in Substanz, 1.36 und 1.94 mm/s in CH_2Cl_2. Weitere Werte für die Isomerieverschiebung und die Quadrupolaufspaltung bei verschiedenen Konzentrationen von CH_3SnCl_3 in Diäthyläther, Dimethoxyäthan, Tetrahydrofuran, Dioxan, Aceton, Dimethylformamid, Dimethylsulfoxid, Hexamethylphosphorsäuretriamid, Tetramethyläthylendiamin und Pyridin als Lösungsmittel s. im Original [51].

Die gemessenen und zugeordneten IR- und Raman-Spektren von CH_3SnCl_3 sind in Tabelle 42, S. 216, zusammengestellt. Daneben werden Banden bei 557 und 525 [52], bei 562 und 525 [53] sowie bei 565 und 521 cm^{-1} [54] Komplexen von CH_3SnCl_3 mit Sn der Koordinationszahl 6, die in der Probe vorhanden sind, zugeordnet. Weitere Angaben von IR- und Raman-Frequenzen s. bei [28, 56 bis 62]. IR- und Raman-Frequenzen von CH_3SnCl_3 gelöst in Benzol, CCl_4, Methanol, Äthanol, Butanol, Wasser, HCl-, KOH- und NaCl-Lösung s. bei [52], in Nitromethan s. bei [63]. Lösungsmitteleinflüsse auf das FIR-Spektrum der Verbindung s. bei [64]. Vergleiche mit NMR-spektroskopischen Daten s. bei [33]. Del Re-Berechnungen s. bei [65]. Beziehungen zwischen schwingungsspektroskopischen Daten und MO-Energien s. bei [34, 35].

Mit Hilfe eines Iterationsverfahrens werden vollständige Sätze von Kraftkonstanten berechnet. Ausgewählte Werte (in mdyn/Å): f(Sn-C) = 2.381, f(Sn-Cl) = 2.121 [66] bzw. f(Sn-C) = 2.3, f(Sn-Cl) = 2.75 [55].

Das ESR-Spektrum des $SnCl_3$-Radikals, das durch γ-Bestrahlung von CH_3SnCl_3 in Adamantan-Matrix bei 77 K gebildet wird, zeigt ein Signal mit einem g_{iso}-Faktor von 1.9974 [67].

Literatur:

[1] H. A. Skinner, L. E. Sutton (Trans. Faraday Soc. **40** [1944] 164/85). — [2] B. Beagley, K. McAloon, J. M. Freeman (Acta Cryst. B **30** [1974] 444/9). — [3] A. F. Wells (J. Chem. Soc. **1949** 55/67). — [4] V. F. Volkov, N. K. Rudnevskii (Tr. po Khim. i Khim. Tekhnol. **1975** Nr. 2, S. 3/5 nach C.A. **86** [1977] Nr. 105275). — [5] R. F. Zahrobsky (J. Solid State Chem. **8** [1973] 101/8).

[6] E. G. Clayes, G. P. van der Kelen, Z. Eeckhaut (Bull. Soc. Chim. Belges **70** [1961] 462/7). — [7] E. V. van den Berghe, G. P. van der Kelen (J. Organometal. Chem. **6** [1966] 515/21). — [8] J. Lorberth, H. Nöth (Chem. Ber. **98** [1965] 969/76). — [9] H. H. Huang, K. M. Hui, K. K. Chiu (J. Organometal. Chem. **11** [1968] 515/24). — [10] R. Gupta, B. Majee (J. Organometal. Chem. **33** [1971] 169/73).

[11] R. A. Burnham, F. Glockling, S. R. Stobart (J. Chem. Soc. Dalton Trans. **1972** 1991/4). — [12] M. P. Brown, D. E. Webster (J. Phys. Chem. **64** [1960] 698/9). — [13] T. L. Brown, K. Stark (J. Phys. Chem. **69** [1965] 2679/83). — [14] H. G. Kuivila, J. D. Kennedy, R. Y. Tien, I. J. Tyminski, F. L. Pelczar, O. R. Kahn (J. Org. Chem. **36** [1971] 2083/8). — [15] L. Pellerito, R. Cefalu, A. Gianguzza, R. Barbieri (J. Organometal. Chem. **70** [1974] 303/8).

[16] G. Barbieri, F. Taddei (J. Chem. Soc. Perkin Trans. II **1972** 1327/31). — [17] E. V. van den Berghe, G. P. van der Kelen (J. Organometal. Chem. **72** [1974] 65/9). — [18] J. Lorberth,

H. Vahrenkamp (J. Organometal. Chem. **11** [1968] 111/24). — [19] E. V. van den Berghe, G. P. van der Kelen (Bull. Soc. Chim. Belges **74** [1965] 479/80). — [20] E. V. van den Berghe, G. P. van der Kelen (Ber. Bunsenges. Physik. Chem. **68** [1964] 652/6).

[21] G. P. van der Kelen (Nature **193** [1962] 1069/71). — [22] L. Verdonck, G. P. van der Kelen (Bull. Soc. Chim. Belges **76** [1967] 258/72). — [23] E. V. van den Berghe, G. P. van der Kelen, Z. Eeckhaut (Bull. Soc. Chim. Belges **76** [1967] 79/91). — [24] A. Mackor, H. A. Meinema (Rec. Trav. Chim. **91** [1972] 911/22). — [25] E. V. van den Berghe, G. P. van der Kelen (J. Organometal. Chem. **59** [1973] 175/87).

[26] R. Gupta, B. Majee (J. Organometal. Chem. **40** [1972] 97/105). — [27] L. A. Fedorov, E. I. Fedin (Izv. Akad. Nauk SSSR Ser. Khim. **1971** 787/94; Bull. Acad. Sci. USSR Div. Chem. Sci. **1971** 705/10). — [28] T. L. Brown, J. C. Puckett (J. Chem. Phys. **44** [1966] 2238/43). — [29] H. Schumann, H. J. Kroth (Z. Naturforsch. **29b** [1974] 573/4). — [30] J. R. Holmes, H. D. Kaesz (J. Am. Chem. Soc. **83** [1961] 3903/4).

[31] I. P. Goldshtein, E. N. Guryanova, L. S. Melnichenko, N. N. Zemlyanskii, T. I. Perepelkova, Yu. K. Maksyutin, K. A. Kocheshkov (Dokl. Akad. Nauk SSSR **201** [1971] 105/7; Dokl. Chem. Proc. Acad. Sci. USSR **196/201** [1971] 895/6). — [32] Yu. P. Egorov (Teor. i Eksperim. Khim. **1** [1965] 30/40; Theor. Exptl. Chem. [USSR] **1** [1965] 17/23). — [33] M. E. Krasnyanskii, A. O. Litinskii, E. I. Shifrovich (Teor. i Eksperim. Khim. **10** [1974] 536/8). — [34] M. E. Krasnyanskii, Yu. A. Lysenko, A. O. Litinskii, E. I. Shifrovich (Zh. Strukt. Khim. **15** [1974] 711/2; J. Struct. Chem. [USSR] **15** [1974] 614/5). — [35] T. Vladimirov, E. R. Malinovski (J. Chem. Phys. **42** [1965] 440/2).

[36] E. V. van den Berghe, G. P. van der Kelen (J. Organometal. Chem. **26** [1971] 207/13). — [37] A. G. Davies, L. Smith, P. J. Smith (J. Organometal. Chem. **39** [1972] 279/88). — [38] A. G. Davies, P. G. Harrison, J. D. Kennedy, T. N. Mitchel, R. J. Puddephatt, W. McFarlane (J. Chem. Soc. C **1969** 1136/41). — [39] R. Radeglia, G. Engelhardt (Z. Chem. [Leipzig] **14** [1974] 319/20). — [40] A. P. Tupciauskas, N. M. Sergeev, Yu. A. Ustynyuk (Org. Magn. Resonance **3** [1971] 655/9).

[41] A. P. Tupciauskas, N. M. Sergeev, Yu. A. Ustynyuk (Lietuvos Fiz. Rinkinys **11** [1971] 93/105). — [42] J. D. Kennedy, W. McFarlane (J. Chem. Soc. Perkin Trans. II **1974** 146/9). — [43] B. K. Hunter, L. W. Reeves (Can. J. Chem. **46** [1968] 1399/414). — [44] G. Nagarajan (Z. Naturforsch. **21a** [1966] 238/43). — [45] J. Puskar, T. Saluvere, E. Lippmaa, A. B. Permin, V. S. Petrosyan (Magn. Resonance Relat. Phenomena Proc. 18th Congr. AMPERE, Nottingham, Engl., 1974 [1975], S. 509/10).

[46] D. F. van de Vondel, H. Willemen, G. P. van der Kelen (J. Organometal. Chem. **63** [1973] 205/11). — [47] Yu. K. Maksyutin, V. V. Khrapov, L. S. Melnichenko, G. K. Semin, N. N. Zemlyanskii, K. A. Kocheshkov (Izv. Akad. Nauk SSSR Ser. Khim. **1972** 602/4; Bull. Acad. Sci. USSR Div. Chem. Sci. **1972** 562/3). — [48] V. S. Petrosyan, N. S. Yashina, O. A. Reutov, E. V. Bryuchova, G. K. Semin (J. Organometal. Chem. **52** [1973] 321/31). — [49] P. J. Green, J. D. Graybeal (J. Am. Chem. Soc. **89** [1967] 4305/8). — [50] N. W. G. Debye, M. Linzer (J. Chem. Phys. **61** [1974] 4770/6).

[51] V. S. Petrosyan, N. S. Yashina, S. G. Sacharov, O. A. Reutov, V. Ya. Rochev, V. I. Goldanskii (J. Organometal. Chem. **52** [1973] 333/42). — [52] H. Kriegsmann, S. Pauly (Z. Anorg. Allgem. Chem. **330** [1964] 275/89). — [53] W. F. Edgell, C. H. Ward (J. Mol. Spectry. **8** [1962] 343/64). — [54] P. Taimsalu, J. L. Wood (Spectrochim. Acta **20** [1964] 1043/51). — [55] C. la Lau (Rec. Trav. Chim. **84** [1965] 429/35).

[56] R. J. H. Clark, A. G. Davies, R. J. Puddephatt (J. Chem. Soc. A **1968** 1828/34). — [57] R. J. H. Clark, C. S. Williams (Spectrochim. Acta **21** [1965] 1861/8). — [58] N. A. Chumaevskii (Usp. Khim. **32** [1963] 1152/75). — [59] W. F. Edgell, P. W. Moore, C. H. Ward (TID-15200 [1962] 1/119 nach C. A. **58** [1963] 12087). — [60] P. W. Moore (Diss. Purdue Univ. 1961, S. 1/313 nach Diss. Abstr. **23** [1963] 4550/1).

[61] I. R. Beattie, G. P. McQuillan (J. Chem. Soc. **1963** 1519/23). — [62] R. Okawara, D. E. Webster, E. G. Rochow (J. Am. Chem. Soc. **82** [1960] 3287/90). — [63] I. R. Beattie, F. C. Stokes, L. E. Alexander (J. Chem. Soc. Dalton Trans. **1973** 465/9). — [64] P. Taimsalu, J. L. Wood (Spectrochim. Acta **20** [1964] 1357/68). — [65] R. Gupta, B. Majee (J. Organometal. Chem. **36** [1972] 71/6).

[66] V. Galasso, G. de Alti, A. Bigotto (Z. Physik. Chem. [Frankfurt] **57** [1968] 132/7). — [67] R. V. Lloyd, M. T. Robers (J. Am. Chem. Soc. **95** [1973] 2459/64).

Tabelle 42

IR- und Raman-Spektren von CH_3SnCl_3.

Schwingungs-typ	Zuordnung	ν in cm^{-1}							
		Raman [52] fest	Raman [52] Schmelze	Raman [52] CS_2	IR [52] CS_2	Raman [53] flüssig	IR [53] flüssig	IR [54] Nujol	Raman [55] flüssig
ν_7 (E)	$\nu_{as}CH_3$	3023 (1)	3023 (0)	3017 (1)		3024 (2)	3033 st		3024
ν_1 (A_1)	ν_sCH_3	2928 (3)	2926 (3)	2923 (3)		2932 (3)	2940 st		2932
ν_8 (E)	$\delta_{as}CH_3$				1408 s		1402 st		1402
ν_2 (A_1)	δ_sCH_3	1194 (3)	1199 (2)	1201 (2)	1201 m	1200 (3)	1200 st		1200
ν_9 (E)	ρCH_3				789 st		800 st	781 st	800
ν_3 (A_1)	νSnC	546 (6)	548 (5)	552 (4)	546 st	550 (5)	548 st	542 st	550
ν_{10} (E)	$\nu_{as}SnCl_3$	370 (4)	376 (2)	372 (7)		363		384 st	363
ν_4 (A_1)	ν_sSnCl_3	352 (5)	358 (6)			363 (10)		366 m	363
ν_{11} (E)	$\delta_{as}SnCl_3$					142		152 s	142
ν_5 (A_1)	δ_sSnCl_3		113 (4)			142 (6)		132 st	142
ν_{12} (E)	$\rho SnCl_3$		133 (4)			112 (6)		123 m	112

Kombinations- und Oberschwingungen s. in den Originalen.

1.3.2.3.1.3 Physikalische Eigenschaften

Physical Properties

CH_3SnCl_3 kristallisiert in Form farbloser Nadeln. Folgende Schmelzpunkte werden in der Literatur angegeben: 40°C [1], 42 bis 43°C [2 bis 4], 42 bis 44°C [5, 6], 43°C [7 bis 9], 45°C [10], 45 bis 46°C [11], 47°C [12], 48.0°C [13], 50 bis 53°C [14], 52 bis 53°C [15], 53°C [16], 105 bis 107°C (!) [17, 18]. Als Siedebereiche werden genannt: 61 bis 62°C/12 Torr [16], 67 bis 68°C/15 Torr [15], 172 bis 175°C/Normaldruck [10], 176°C/Normaldruck [12], 179 bis 180°C/Normaldruck [17, 18].

Zur Berechnung der thermodynamischen Größen $(H_0 - E_0^\circ)/T$, $(G_0 - E_0^\circ)/T$, S_0 und C_p° zwischen 100 und 1500 K s. [19].

Literatur:

[1] J. G. F. Druce (Chem. News **120** [1920] 229/30). — [2] H. A. Skinner, L. E. Sutton (Trans. Faraday Soc. **40** [1944] 164/85). — [3] K. A. Kocheshkov (Ber. Deut. Chem. Ges. **61** [1928] 1659/63). — [4] K. A. Kocheshkov (Zh. Russ. Fiz. Khim. Obshch. **60** [1928] 1191/7 nach C.A. **23** [1929] 2931/2). — [5] J. Lorberth, H. Nöth (Chem. Ber. **98** [1965] 969/76).

[6] I. R. Beattie, G. P. McQuillan (J. Chem. Soc. **1963** 1519/23). — [7] P. Pfeiffer, R. Lehnhardt, H. Luftensteiner, R. Prade, K. Schnurmann, P. Truskier (Z. Anorg. Allgem. Chem. **68** [1910] 102/22). — [8] P. Pfeiffer, B. Friedmann, R. Lehnhardt, H. Luftensteiner, R. Prade, K. Schnurmann (Z. Anorg. Allgem. Chem. **71** [1911] 97/120). — [9] A. Cassol, L. Magon, R. Barbieri (J. Chromatog. **19** [1965] 57/63). — [10] H. G. Kuivila, J. D. Kennedy, R. Y. Tien, I. J. Tyminski, F. L. Pelczar, O. R. Kahn (J. Org. Chem. **36** [1971] 2083/8).

[11] M. E. Pavlovskaya, K. A. Kocheshkov (Dokl. Akad. Nauk SSSR [2] **49** [1965] 263/4). — [12] P. Taimsalu, J. L. Wood (Spectrochim. Acta **20** [1964] 1043/51). — [13] V. V. Yastrebov, A. I. Chernyshev (Zh. Obshch. Khim. **37** [1967] 2140/1; J. Gen. Chem. USSR **37** [1967] 2032). — [14] K. R. Molt, I. Hechenbleikner, Carlisle Chemical Works, Inc. (U.S.P. 3519667 [1968/70]; C.A. **73** [1970] Nr. 66732). — [15] L. S. Melnichenko, N. N. Zemlyanskii, K. A. Kocheshkov (Izv. Akad. Nauk SSSR Ser. Khim. **1972** 184/5; Bull. Acad. Sci. USSR Div. Chem. Sci. **1972** 175/6).

[16] H. Kriegsmann, S. Pauly (Z. Anorg. Allgem. Chem. **330** [1964] 275/89). — [17] W. J. Pope, S. J. Peachy (Chem. News **87** [1903] 253/4). — [18] W. J. Pope, S. J. Peachy (Proc. Roy. Soc. [London] **72** [1904] 7/11). — [19] V. Galasso, G. de Alti, A. Bigotto (Z. Physik. Chem. [Frankfurt] **57** [1968] 132/7).

1.3.2.3.1.4 Polarographie

Polarography

CH_3SnCl_3 wird bei der Polarographie in Benzol-Methanol in 2 Schritten über einen Zweielektronen- und einen Einelektronenschritt unter Bildung von $[CH_3Sn]_x$ oder $[CH_3SnOOH]_x$ in Abhängigkeit vom pH-Wert der Lösung reduziert [1]. Dabei spielen Adsorptionsvorgänge eine geringe Rolle [2]. Als Scheitelpotentiale werden −0.41 und −0.56 V angegeben [3].

Literatur:

[1] M. Devaud, Y. Le Moullec (Electrochim. Acta **21** [1976] 395/400). — [2] M. Devaud, P. Souchay (J. Chim. Phys. **64** [1967] 1778/90). — [3] H. Mehner, H. Jehring, H. Kriegsmann (J. Organometal. Chem. **15** [1968] 97/105).

1.3.2.3.1.5 Chemisches Verhalten

Chemical Reactions

1.3.2.3.1.5.1 Reaktionen mit Hydrierungsmitteln

Reactions with Hydrogenating Agents

CH_3SnCl_3 reagiert mit $LiAlH_4$ bzw. $LiAlD_4$ unter Bildung von CH_3SnH_3 bzw. CH_3SnD_3 [1, 2]. CD_3SnCl_3 und $LiAlH_4$ setzen sich zu CD_3SnH_3 um [1].

Literatur:

[1] H. Kimmel, C. R. Dillard (Spectrochim. Acta A **24** [1968] 909/19). — [2] A. E. Finholt, A. C. Bond, K. E. Wilzbach, H. I. Schlesinger (J. Am. Chem. Soc. **69** [1947] 2692/6).

Reactions with Metal Alkyls and Aryls

1.3.2.3.1.5.2 Reaktionen mit Metallalkylen und -arylen

CH_3SnCl_3 und C_4H_9MgX (X = Halogen) reagieren in Diäthyläther unter Bildung von $CH_3Sn(C_4H_9)_3$ [1], CH_3SnCl_3 und C_6H_5Li im Molverhältnis 1:3 in Diäthyläther unter Bildung von $CH_3Sn(C_6H_5)_3$ [2].

Literatur:

[1] G. Neubert, H. O. Wirth (Z. Anal. Chem. **273** [1975] 19/23). — [2] M. E. Pavlovskaya, K. A. Kocheshkov (Dokl. Akad. Nauk SSSR [2] **49** [1945] 263/4).

Reactions with Organosilicon Compounds

1.3.2.3.1.5.3 Reaktionen mit Organosiliciumverbindungen

Die Umsetzung von CH_3SnCl_3 mit $(CH_3)_3SiSeCH_3$ im Molverhältnis 1:3 ohne Lösungsmittel und bei Raumtemperatur liefert $CH_3Sn(SeCH_3)_3$ in Ausbeuten von 95% [1]. Äquimolare Mengen von $(t\text{-}C_4H_9)_2PSi(CH_3)_3$ und CH_3SnCl_3 reagieren in Benzol bei 25°C unter Abspaltung von $(CH_3)_3SiCl$ und Bildung von $CH_3Cl_2SnP(t\text{-}C_4H_9)_2$. Im Molverhältnis 1:3 reagiert CH_3SnCl_3 mit $(t\text{-}C_4H_9)_2PSi(CH_3)_3$ jedoch nicht unter Substitution aller drei Chloratome durch Di-tert-butylphosphin-Gruppen, sondern unter Bildung von $CH_3ClSn[P(t\text{-}C_4H_9)_2]_2$. Mit Trimethylsilyldiphenylphosphin tritt zwar eine Reaktion unter Abspaltung von Trimethylsilylchlorid ein, daneben kann aber lediglich ein Festkörper von gummiartiger Konsistenz isoliert werden. Es findet offensichtlich keine einfache Substitutionsreaktion am Zinn statt [2].

Literatur:

[1] J. W. Anderson, G. K. Barker, J. E. Drake, M. Rodger (J. Chem. Soc. Dalton Trans. **1973** 1716/24). — [2] H. Schumann, W. W. du Mont, H.-J. Kroth (Chem. Ber. **109** [1976] 237/45).

Reactions with Organotin Compounds

1.3.2.3.1.5.4 Reaktionen mit Organozinnverbindungen

^1H-NMR-spektroskopische Untersuchungen an äquivalenten Mischungen von CH_3SnCl_3 und CH_3SnBr_3 ergeben, daß in dem Gleichgewichtssystem $CH_3SnCl_3 \rightleftharpoons CH_3SnBrCl_2 \rightleftharpoons CH_3SnBr_2Cl \rightleftharpoons CH_3SnBr_3$ ein sehr rascher Halogenaustausch stattfindet. Man beobachtet nur ein scharfes Hauptsignal mit entsprechenden Sn-Satelliten-Signalen. Die Werte der chemischen Verschiebung und der Kopplungskonstanten liegen zwischen den entsprechenden Werten der reinen Verbindungen. Im Gegensatz dazu zeigt das ^1H-NMR-Spektrum eines 1:1-Gemisches von CH_3SnCl_3 und CH_3SnJ_3 vier Hauptsignale mit jeweils dazugehörigen Sn-Satelliten-Signalen, die folgenden Verbindungen zugeordnet werden können: CH_3SnCl_3, CH_3SnCl_2J, CH_3SnClJ_2 und CH_3SnJ_3. Demzufolge bilden CH_3SnCl_3 und CH_3SnJ_3 ein Gleichgewichtssystem aus, in welchem dann kein weiterer Halogenaustausch mehr stattfindet, außer mit extrem geringer Geschwindigkeit. Erhöht man die Temperatur auf 100°C, so verbreitern sich die vier Signale etwas, bleiben aber als solche erhalten [1]. ^1H- und ^{119}Sn-NMR-Untersuchungen an dem binären System CH_3SnCl_3-$CH_3Sn(SCH_3)_3$ (Molverhältnis 1:1) ergeben, daß in CH_2Cl_2-Lösung ein rascher Austausch zwischen SCH_3-Gruppen und Cl-Atomen im Rahmen folgenden Gleichgewichtes stattfindet: $CH_3SnCl_3 \rightleftharpoons CH_3SnCl_2(SCH_3) \rightleftharpoons CH_3SnCl(SCH_3)_2 \rightleftharpoons CH_3Sn(SCH_3)_3$ [2]. Äquimolare Mengen CH_3SnCl_3 und $(CH_3)_3SnCl$ reagieren ab 90°C sehr rasch unter Bildung von $(CH_3)_2SnCl_2$. Nach einer Stunde bei 120°C bestätigen ^1H-NMR-Messungen am Reaktionsgemisch das alleinige Vorliegen von $(CH_3)_2SnCl_2$ [3, 4]. Mit $(CH_3)_3SnC_6H_5$ reagiert CH_3SnCl_3 beim Erhitzen zu $CH_3Cl_2SnC_6H_5$ [5], mit $(C_4H_9)_3SnCH_3$ bei 140°C im Verlauf von 2 h zu $(CH_3)_3SnCl$ und $(C_4H_9)_3SnCl$ [6], mit $CH_3Sn(C_5H_5)_3$ im Molverhältnis 1:2 bei 20°C zu $CH_3ClSn(C_5H_5)_2$ und im Molverhältnis 2:1 zu $CH_3Cl_2SnC_5H_5$ [7, 8]. In warmem Benzol setzt sich CH_3SnCl_3 innerhalb von 5 min mit $[(C_4H_9)_2SnS]_3$ in Ausbeuten von 64% zu $CH_3Cl_2SnSSnCl(C_4H_9)_2$ um [9]. Mit $[(CH_3)_2SnNC_2H_5]_3$ reagiert CH_3SnCl_3 unter Bildung von $(CH_3Cl_2Sn)_2NC_2H_5$ [10]. CH_3SnCl_3 und $(CH_3)_2Sn{\supset}R$ (mit HRH = 3-(o-Hydroxyphenylamino)-crotonophenon, N-(2-Hydroxyphenyl)salicylaldimin, 4-(2-Benzothiazolinyl)2-pentanon, 2-(o-

Hydroxyphenyl)benzothiazolin) reagieren in Hexan unter Rückfluß zu $CH_3ClSn\supset R$ [11]. In Chloroform bildet CH_3SnCl_3 mit $CH_3SnCl(SO_3F)_2$ bei einem Molverhältnis von 2:1, einer Temperatur von 25°C und einer Reaktionszeit von 8 h das Produkt $CH_3SnCl_2(SO_3F)$ [12].

Literatur:

[1] E. V. van den Berghe, G. P. van der Kelen, Z. Eeckhaut (Bull. Soc. Chim. Belges **76** [1967] 79/91). — [2] E. V. van den Berghe, G. P. van der Kelen (J. Organometal. Chem. **72** [1974] 65/9). — [3] E. V. van den Berghe, G. P. van der Kelen (J. Organometal. Chem. **6** [1966] 522/7). — [4] D. Grant, J. R. van Wazer (J. Organometal. Chem. **4** [1965] 229/36). — [5] L. S. Melnichenko, N. N. Zemlyanskii, V. A. Chernoplekova, K. A. Kocheshkov (Izv. Akad. Nauk SSSR Ser. Khim. **1972** 1384/6; Bull. Acad. Sci. USSR Div. Chem. Sci. **1972** 1332/4).

[6] V. A. Chernoplekova, N. N. Zemlyanskii, N. D. Kolosova, K. A. Kocheshkov (Izv. Akad. Nauk SSSR Ser. Khim. **1975** 2803/5; Bull. Acad. Sci. USSR Div. Chem. Sci. **1975** 2691/3). — [7] N. D. Kolosova, N. N. Zemlyanskii, A. A. Azizov, Yu. A. Ustynyuk, N. P. Barminova, K. A. Kocheshkov (Dokl. Akad. Nauk SSSR Ser. Khim. **218** [1974] 117/9; Dokl. Chem. Proc. Acad. Sci. USSR **214/219** [1974] 614/6). — [8] K. A. Kocheshkov, N. N. Zemlyanskii, N. D. Kolosova, A. A. Azizov, Yu. A. Ustynyuk (Izv. Akad. Nauk SSSR Ser. Khim. **1974** 1208; Bull. Acad. Sci. USSR Div. Chem. Sci. **1974** 1141). — [9] A. G. Davies, P. G. Harrison (J. Chem. Soc. C **1970** 2035/8). — [10] A. G. Davies, J. D. Kennedy (J. Chem. Soc. **1970** 759/65).

[11] L. Pellerito, R. Cefalu, A. Silvestri, F. Di Bianca, R. Barbieri, H.-J. Haupt, H. Preut, F. Huber (J. Organometal. Chem. **78** [1974] 101/6). — [12] P. A. Yeats, J. R. Sams, F. Aubke (Inorg. Chem. **11** [1972] 2634/41).

1.3.2.3.1.5.5 Reaktionen mit Nichtmetall- und Metallverbindungen

Reactions with Nonmetal and Metal Compounds

Die wichtigsten Reaktionen von CH_3SnCl_3 mit Nichtmetall- und Metallverbindungen sind in Tabelle 43, S. 220/1, aufgeführt.

Literatur:

[1] L. E. Levchuk, J. R. Sams, F. Aubke (Inorg. Chem. **11** [1972] 43/50). — [2] E. V. van den Berghe, G. P. van der Kelen (Ber. Bunsenges. Physik. Chem. **68** [1964] 652/6). — [3] T. Birchall, P. K. H. Chan, A. R. Pereira (J. Chem. Soc. Dalton Trans. **1974** 2157/60). — [4] P. A. Yeats, J. R. Sams, F. Aubke (Inorg. Chem. **11** [1972] 2634/41). — [5] H. Eggensperger, V. Andreas, V. Franzen, G. Neubert, Deutsche Advance Produktion G.m.b.H. (F.P. 1529957 [1966/68]; C.A. **70** [1969] Nr. 115906).

[6] T. G. Kugele, R. E. Bresser, Cincinnati Milacron Chemicals, Inc. (U.S.P. 3869487 [1973/75]; C.A. **82** [1975] Nr. 172052). — [7] T. G. Kugele, R. E. Bresser, Cincinnati Milacron Chemicals, Inc. (U.S.P. 3890277 [1973/75]; C.A. **83** [1975] Nr. 148458). — [8] T. G. Kugele, A. F. Königer, Cincinnati Milacron Chemicals, Inc. (Deut. Offenlegungsschrift 2550507 [1974/76]; C.A. **85** [1976] Nr. 79039). — [9] C. Dörfelt, Farbwerke Hoechst A.-G. (D.P. 1078772 [1960]; C.A. **1961** 13927). — [10] M. F. Lappert, D. E. Palmer (J. Chem. Soc. Dalton Trans. **1973** 157/8).

[11] J. H. Holloway, G. P. McQuillan, D. S. Ross (J. Chem. Soc. A **1969** 2505/8). — [12] J. R. Ferraro, D. Potts, A. Walker (Can. J. Chem. **48** [1970] 711/6). — [13] J. D. Cotton, S. A. R. Knox, I. Paul, F. G. A. Stone (J. Chem. Soc. A **1967** 264/9). — [14] R. Kummer, W. A. G. Graham (Inorg. Chem. **7** [1968] 523/6). — [15] H. Nöth, H. Schäfer, G. Schmid (Z. Naturforsch. **26b** [1971] 497/503).

[16] C. B. Dammann, J. L. Hughey, D. C. Jicha, T. J. Meyer, P. E. Rakita, T. R. Weaver (Inorg. Chem. **12** [1973] 2206/9). — [17] E. S. Bretschneider, C. W. Allen (J. Organometal. Chem. **38** [1972] 43/9).

Tabelle 43

Reaktionen von CH_3SnCl_3 mit Nichtmetall- und Metallverbindungen.

Reaktionspartner	Reaktions-bedingungen	Reaktionsprodukte	Lit.
HF (wasserfrei)	1:55, 130°C, 18 h	CH_3SnF_3	[1]
	1:1, CCl_3F, 25°C, 4 h	CH_3SnCl_2F	[1]
HCl (verdünnt)	H_2O-$CHCl_3$, 25°C	CH_3SnCl^{2+}, CH_3Sn^{3+}	[2]
H_2SO_4	NMR, Mössbauer	CH_3SnCl^{2+}, $CH_3SnCl_2^+$	[3]
HSO_3F	NMR, Mössbauer	CH_3SnCl^{2+}, $CH_3SnCl_2^+$	[3]
HSO_3F	4.2:500, 140°C, 120 h	$Cl_2Sn(SO_3F)_2$	[4]
	2.1:250, 25°C, 2 h	$CH_3SnCl(SO_3F)_2$	[4]
NaOH	H_2O	$(CH_3SnO_{1.5})_x$	[5]
$HSCH_2COO$-i-C_8H_{17} + NaOH	H_2O	$[CH_3Sn(SCH_2COO\text{-i-}C_8H_{17})_2S\text{-}]_2$	[6]
$HSCH_2COO$-i-C_8H_{17} + Na_2S	H_2O, NaOH	$[CH_3Sn(SCH_2COO\text{-i-}C_8H_{17})_2S\text{-}]_2$	[7]
$HSCH_2CH_2OOCC_7H_{15}$ + $HSCH_2CH_2OOC(CH_2)_4COOCH_2CH_2SH$	H_2O	$COOCH_2CH_2SSn(CH_3)(SCH_2CH_2OOCC_7H_{15})_2$ – $(CH_2)_4$ – $COOCH_2CH_2SSn(CH_3)(SCH_2CH_2OOCC_7H_{15})_2$	[8]
$Na_2S \cdot 9\,H_2O$	H_2O-Toluol	Polymeres	[9]
$LiN{=}C(CF_3)_2$	Diäthyläther, 0 bis 25°C	$CH_3Sn[N{=}C(CF_3)_2]_3$	[10]
KNCS	Aceton, 25°C	$CH_3Sn(NCS)_3$	[11]
N_2O_5	CCl_4, 24 h, Rühren	$CH_3Sn(NO_3)_3$	[12]
$Na_2Fe(CO)_4$	Tetrahydrofuran	$(CH_3)_4Sn_3Fe_4(CO)_{16}$	[13]

Tabelle 43 (Fortsetzung)

Reaktionspartner	Reaktions-bedingungen	Reaktionsprodukte	Lit.
$C_5H_5Co(CO)_2$	Benzol, 55°C, 5 d	$(CH_3Cl_2Sn)_2Co(CO)C_5H_5$	[14]
$[(C_6H_5)_2PCH_2CH_2P(C_6H_5)_2]_2Co[B(C_6H_5)_2]_2$	Benzol, 25°C, 4 h, Rühren	$CH_3Sn[B(C_6H_5)_2]_3$	[15]
$(C_6H_5)_2PCH_2CH_2P(C_6H_5)_2$ + $[(C_6H_5)_2PCH_2CH_2P(C_6H_5)_2]_2Co(BBr_2)_2$	Benzol	$CH_3Sn(BBr_2)_3 \cdot 4(C_6H_5)_2PCH_2CH_2P(C_6H_5)_2$	[15]
$[(C_6H_5)_3P]_2IrCl(CO)$	CCl_4, 25°C, 20 min, Rühren	$CH_3Cl_3SnIrCl(CO)[P(C_6H_5)_3]_2$	[16]
$[NaSC(CN)]_2 + [(C_2H_5)_4N]Cl$	1:1:1; Äthanol	$[(C_2H_5)_4N]_2[Cl_2Sn(SC(CN){=}C(CN)S)_2]$	[17]
	1:2:1; Äthanol	$[(C_2H_5)_4N]_2[Sn(SC(CN){=}C(CN)S)_3]$	[17]

Reactions with Lewis Bases Forming Complexes with Higher Tin Coordination Number

1.3.2.3.1.5.6 Reaktionen mit Lewis-Basen unter Bildung von Komplexen mit Erweiterung der Koordinationszahl am Zinn

CH_3SnCl_3 bildet mit Lewis-Basen Komplexe unter Ausbildung der Koordinationszahlen 5 oder 6 am zentralen Zinnatom. In Tabelle 44 sind die wichtigsten Verbindungen dieses Typs zusammengestellt.

Zur Bestimmung von Methylzinnchlorid-Komplexen mit Hilfe von Anionenaustauschern s. [1, 2]. Über das Reaktionsgleichgewicht von Methylzinntrichlorid mit einigen Nitroanilin- und Diaminonitrobenzol-Derivaten in Diäthyläther bei 25°C s. [3]. Die untersuchten 1:1-Komplexe sind mit in die Tabelle 44 aufgenommen. Bezüglich der Gleichgewichtskonstanten sowie der stöchiometrischen Zusammensetzung von Komplexen von Methylzinntrichlorid mit Phosphorsäureestern, bestimmt mit Hilfe IR-spektroskopischer Messungen, vgl. [4].

Tabelle 44
Reaktionen von CH_3SnCl_3 mit Lewis-Basen unter Bildung von Komplexen.

Reaktionspartner	Reaktions-bedingungen	Reaktionsprodukte	Lit.
HCl	NMR	$H_2[CH_3SnCl_5]$	[5]
$[(C_2H_5)_4N]Cl$	CH_3NO_2	$[(C_2H_5)_4N]_2[CH_3SnCl_5]$	[6]
$[C_6H_5NH_3]Cl$	H_2O-HCl	$[C_6H_5NH_3]_2[CH_3SnCl_5]$	[7]
$[(C_6H_5)_4As]Cl$	Äthanol	$[(C_6H_5)_4As][CH_3SnCl_4]$	[6, 8]
C_5H_5N	CCl_4	1:2-Komplex	[9 bis 12]
$[C_5H_5NH]Cl$	$CHCl_3$	$[C_5H_5NH]_2[CH_3SnCl_5]$	[10]
2,2'-Bipyridin	CCl_4	1:1-Komplex	[10]
1,10-Phenanthrolin	CS_2	1:1-Komplex	[10]
$HC(O)N(CH_3)_2$	—	1:1-Komplex	[12]
$(CH_3)_2NCH_2CH_2N(CH_3)_2$	—	1:2-Komplex	[12]
1,2-Diamino-4-nitrobenzol	Diäthyläther	1:1-Komplex	[3]
1,3-Diamino-4-nitrobenzol	Diäthyläther	1:1-Komplex	[3]
1,4-Diamino-3-nitrobenzol	Diäthyläther	1:1-Komplex	[3]
4-Methyl-3-nitrobenzol	Diäthyläther	1:1-Komplex	[3]
3-Nitrobenzol	Diäthyläther	1:1-Komplex	[3]
2-Methyl-5-nitrobenzol	Diäthyläther	1:1-Komplex	[3]
$C_6H_5CH=CHCOOC_2H_5$	ohne Lösungsmittel	1:1-Komplex	[13]
$CH_3OCH_2CH_2OCH_3$	—	1:1-Komplex	[12]
Dioxan	—	1:1-Komplex	[12]
$(CH_3)_2CO$	—	1:1-Komplex	[12]
$(CH_3)_2SO$	—	1:1-Komplex	[12, 14]
$[(CH_3)_2N]_3PO$	—	1:1-Komplex	[12]
$(CH_3)_2S(=NH)_2$	CH_2Cl_2	1:1-Komplex	[15]
$(CH_3)_2P(O)Cl$	Pentan	1:2-Komplex	[16]
$(CH_3)_2P(O)OCH_3$	—	1:2-Komplex	[16]

Tabelle 44 (Fortsetzung)

Reaktionspartner	Reaktions-bedingungen	Reaktionsprodukte	Lit.
$R_2P(O)SCH_3$ $R = CH_3, C_2H_5$	Pentan oder Hexan	1:2-Komplex	[17]
3-Na-Alizarinsulfonat	H_2O-Äthanol	1:1-Komplex	[18]
HC=N N=CH OH HO	Hexan	1:1-Komplex	[19]
HC=N N=CH Ni O O	CH_2Cl_2, N_2, 1 h, Rückfluß	1:1-Komplex	[20, 21]
$IrCl(CO)[P(C_6H_5)_3]_2$	CCl_4	1:1-Komplex	[22]

Literatur:

[1] A. Cassol, L. Magon, R. Barbieri (Inorg. Nucl. Chem. Letters **3** [1967] 25/9). — [2] A. Cassol, R. Portanova, L. Magon (Ric. Sci. **36** [1966] 1180/6). — [3] J. L. Wardell (J. Organometal. Chem. **9** [1967] 89/98). — [4] A. N. Pudovik, A. A. Muratova, N. P. Safiullina, E. G. Yarkova, V. P. Plekhov, (Zh. Obshch. Khim. **45** [1975] 520/5; J. Gen. Chem. USSR **45** [1975] 515/9). — [5] E. V. van den Berghe, G. P. van der Kelen (Ber. Bunsenges. Physik. Chem. **68** [1964] 652/6).

[6] I. R. Beattie, F. C. Stokes, L. E. Alexander (J. Chem. Soc. Dalton Trans. **1973** 465/9). — [7] J. G. F. Druce (Chem. News **120** [1920] 229/30). — [8] P. Zanella, G. Plazzogna (Ann. Chim. [Rome] **59** [1969] 1152/9). — [9] P. Pfeiffer, B. Friedmann, R. Lenhardt, H. Luftensteiner, R. Prade, K. Schnurmann (Z. Anorg. Allgem. Chem. **71** [1911] 97/120). — [10] I. R. Beattie, G. P. McQuillan (J. Chem. Soc. **1963** 1519/23).

[11] K. A. Kocheshkov (Uch. Zap. Mosk. Gos. Univ. **3** [1934] 297/303 nach C. **1935** II 3760). — [12] V. S. Petrosyan, N. S. Yashina, V. I. Bakhmutov, A. B. Permin, O. A. Reutov (J. Organometal. Chem. **72** [1974] 71/8). — [13] P. Pfeiffer, O. Halperin (Z. Anorg. Allgem. Chem. **87** [1914] 335/52). — [14] H. G. Langer (Tetrahedron Letters **1967** 43/7). — [15] D. Hänssgen, R. Appel (Chem. Ber. **105** [1972] 3271/9).

[16] A. N. Pudovik, I. Ya. Kuramshin, E. G. Yarkova, A. A. Muratova, A. A. Musina, R. A. Manopov (Zh. Obshch. Khim. **43** [1973] 1229/36; J. Gen. Chem. USSR **43** [1973] 1220/5). — [17] I. Ya. Kuramshin, A. A. Muratova, E. G. Yarkova, A. A. Musina, F. K. Izmailov, A. N. Pudovik (Zh. Obshch. Khim. **43** [1973] 1456/66; J. Gen. Chem. USSR **43** [1973] 1446/55). — [18] A. Cassol, L. Magon (J. Inorg. Nucl. Chem. **27** [1965] 1297/303). — [19] R. Barbieri, G. Alonzo, A. Silvestri, N. Burriesci, N. Bertazzi, G. Stocco, L. Pellerito (Gazz. Chim. Ital. **104** [1974] 885/95). — [20] L. Pellerito, R. Cefalu, A. Gianguzza, R. Barbieri (J. Organometal. Chem. **70** [1974] 303/8).

[21] A. Gianguzza, L. Pellerito, R. Cefalu (Atti Accad. Sci. Lettere Arti Palermo I [4] **31** [1972] 161/5). — [22] C. B. Dammann, J. L. Hughey, D. C. Jicha, T. J. Meyer, P. E. Rakita, T. R. Weaver (Inorg. Chem. **12** [1973] 2206/9).

1.3.2.3.1.6 Physiologische Wirkung *Physiology*

Im Zusammenhang mit den technisch wichtigen Methylzinnstabilisatoren wurde die toxische Wirkung von CH_3SnCl_3 untersucht. Dabei wurde eine Inhalationstoxizität von 600 $mg \cdot l^{-1} \cdot h^{-1}$ gegenüber Ratten festgestellt [1]. Versuche zur Migration von CH_3SnCl_3 aus Kunststoffolien mit Hilfe von ^{14}C-Markierungen s. bei [2].

Literatur:

[1] L. B. Weisfeld (Kunststoffe **65** [1975] 298/9). — [2] K. Figge, J. Koch (Verpack. Rundschau **26** [1975] 1/10).

Uses

1.3.2.3.1.7 Verwendung

CH_3SnCl_3 wird als Bestandteil von Holzschutzmitteln angewandt [1]. Außerdem dient es als Stabilisator für Maleinsäureanhydrid, um die Entfärbung zu verhindern [2] und im Gemisch mit CH_3AlCl_2 als Zusatz zu Treibstoffen [3].

Literatur:

[1] J. L. Bennett, R. E. C. Hawkins, Albright and Wilson, Ltd. (Deut. Offenlegungsschrift 2351188 [1972/74]; C.A. **83** [1975] Nr. 92356). — [2] R. E. Stenseth, Monsanto Co. (Deut. Offenlegungsschrift 2239054 [1971/73]; C.A. **78** [1973] Nr. 148427). — [3] T. Wartik, R. L. Barnes, Koppers Co., Ltd. (U.S.P. 3288828 [1963/66]; C.A. **66** [1967] Nr. 28882).

Ethyltin Trichloride

1.3.2.3.2 Äthylzinntrichlorid $C_2H_5SnCl_3$

Formation. Preparation

1.3.2.3.2.1 Bildung und Darstellung

$C_2H_5SnCl_3$ wird dargestellt durch Komproportionierung von $SnCl_4$ und $Sn(C_2H_5)_4$ bei Zimmertemperatur [1 bis 4], beim Rückflußkochen der Reaktionsmischung [5] oder auch in exothermer Reaktion nach Zusammengeben der Reaktionspartner bei 0°C [3, 4]. Bei einem Molverhältnis $SnCl_4:Sn(C_2H_5)_4=1:1$ werden bei 0°C 48% Ausbeute erzielt, beim Molverhältnis 2:1 bei 0°C nach 2stündiger Reaktion 65% und bei 20°C in Benzol nach 24stündiger Reaktion 64.6%. Eine Reaktionsmischung aus 0.6 mol $SnCl_4$, 0.1 mol $Sn(C_2H_5)_4$, 1.2 mol $POCl_3$ und 0.15 mol P_2O_5 bildet bei 48stündiger Reaktion bei 130°C sogar 94.3% an $C_2H_5SnCl_3$ [6]. $SnCl_4$ reagiert zwischen 20 und 60°C auch mit $(C_2H_5)_3SnCl$ unter Bildung von $C_2H_5SnCl_3$. Als Nebenprodukt entsteht $(C_2H_5)_2SnCl_2$ [3, 4]. Bei einstündiger Komproportionierung dieser Komponenten im Molverhältnis 1:1 bei 0°C werden 49.0% Ausbeute erzielt [6]. Ein Gemisch aus 0.057 mol $(C_2H_5)_2SnCl_2$, 0.228 mol $SnCl_4$, 0.171 mol $POCl_3$ und 0.085 mol P_2O_5 reagiert zwischen 120 und 130°C im Verlauf von 24 h unter Bildung von $C_2H_5SnCl_2$ in 83.3%iger Ausbeute, im Verlauf von 42 h in 93.5%iger Ausbeute [6, 7]. Ohne P_2O_5 werden weniger als 92.7% erhalten [7].

$C_2H_5SnCl_3$ entsteht in 94%iger Ausbeute bei der Umsetzung von $SnCl_4$ mit $Al(C_2H_5)_3$ [7] und in 82%iger Ausbeute bei der Äthylierung von $SnCl_4$ mit $(C_2H_5)_2AlOC_2H_5$ in Diäthyläther [8]. In 88%iger Ausbeute wird $C_2H_5SnCl_3$ bei der Spaltung von $(C_2H_5)_2SnCl_2$ mit 12 N HCl erhalten [7].

Äthylzinntrichlorid entsteht ferner bei der Umsetzung von $SnCl_4$ mit verschiedenen Äthylverbindungen, beispielsweise bei der Umsetzung mit $Ge(C_2H_5)_4$ [10], $(C_2H_5)_2Ge(C_3H_7)C_4H_9$ in Nitromethan in 98%iger Ausbeute [10, 11], $(CH_3)_3SiGe(C_2H_5)_3$ [10, 11], $[(C_2H_5)_3Ge]_2$ [10, 11], $(C_2H_5)_3GeGe(C_2H_5)_2C_4H_9$ [10, 11], $[(C_2H_5)_3Ge]_2Ge(CH_3)_2$ [10, 11], $[(C_2H_5)_3Ge]_2Ge(C_2H_5)_2$ [10, 11], $(C_2H_5)_2TiCl\cdot Al(C_2H_5)Cl_2$ [12]. Auch bei der Reaktion zwischen $[C_2H_5SnOOH]_x$ und HCl wird $C_2H_5SnCl_3$ gebildet [13, 14].

In Wasser gelöstes $C_2H_5SnCl_3$ kann quantitativ wiedergewonnen werden, wenn der gesättigten Lösung $CaCl_2$ zugefügt wird und die Lösung erhitzt wird [15, 16].

Analyse. Bei einem Verfahren zur Reinigung von C_2H_5SnCl bedient man sich der Bildung von $[(C_2H_5)_2Sn_2S_3]_4$ als Zwischenverbindung zur Trennung von anderen Äthylzinnderivaten [17]. Zur Trennung und Analyse von Äthylzinntrichlorid mit Hilfe der Gaschromatographie s. [18, 19], mit Hilfe der Papierchromatographie s. [20, 21], mit Hilfe der Dünnschichtchromatographie s. [22], mit Hilfe der Potentiometrie s. [23 bis 25], mit Hilfe der Amperometrie s. [26].

Thermodynamische Daten der Bildung. Die Bildungsenthalpie bei der Bildung der flüssigen Verbindung aus den Elementen unter Standardbedingungen beträgt $\Delta H_{298}=-114.7$ kcal/mol [27].

Literatur:

[1] W. P. Neumann, G. Burkhardt, Studiengesellschaft Kohle m.b.H. (U.S.P. 3248411 [1961/64]). — [2] Studiengesellschaft Kohle m.b.H. (F.P. 1318310 [1961/63]; C.A. **59** [1963] 2858). — [3] W. P. Neumann, G. Burkhardt, Studiengesellschaft Kohle m.b.H. (D.P. 1161893 [1961/64]). — [4] Studiengesellschaft Kohle m.b.H. (B.P. 958085 [1961/64]). — [5] W. J. Jones, W. C. Davies, S. T. Bowden, C. Edwards, V. E. Davis, L. H. Thomas (J. Chem. Soc. **1947** 1446/51).

[6] W. P. Neumann, G. Burkhardt (Liebigs Ann. Chem. **663** [1963] 11/21). — [7] W. P. Neumann, Studiengesellschaft Kohle m.b.H. (D.P. 1177158 [1962/64]; C.A. **61** [1964] 14711). — [8] W. P. Neumann, K. Ziegler (D.P. 1157617 [1959/63]; C.A. **60** [1964] 3008). — [9] W. P. Neumann (Liebigs Ann. Chem. **653** [1962] 157/63). — [10] E. J. Bulten, W. Drenth (J. Organometal. Chem. **61** [1973] 179/90).

[11] E. J. Bulten, J. G. Noltes (J. Organometal. Chem. **15** [1968] P18/P20). — [12] P. E. Matkovskii, T. I. Larkina, T. S. Dzhaview, L. N. Russiyan, G. A. Beikhold, K. M. A. Brikenshtein, N. M. Chirkov (Izv. Akad. Nauk SSSR Ser. Khim. **1971** 2407/12; Bull. Acad. Sci. USSR Div. Chem. Sci. **1971** 2287/91). — [13] J. G. F. Druce (J. Chem. Soc. **119** [1921] 758/63). — [14] S. Kenichi, Y. Ozaki, N. Laneko, Yoshitomi Pharmaceutical Industries, Ltd. (Japan.P. 69-08489 [1966/69]; C.A. **71** [1969] Nr. 39185). — [15] J. W. Bouchoux, W. A. Larkin, M and T Chemicals, Inc. (Belg.P. 836831 [1975/76]; C.A. **86** [1977] Nr. 55584).

[16] W. A. Larkin, J. W. Bouchoux, M and T Chemicals, Inc. (U.S.P. 3931264 [1974/76]; C.A. **84** [1976] Nr. 105773). — [17] J. W. Bridges, D. S. Davies, R. T. Williams (Biochem. J. **105** [1967] 1261/7). — [18] V. A. Chernoplekova, N. N. Zemlyanskii, N. D. Kolosova, K. A. Kocheshkov (Izv. Akad. Nauk SSSR Ser. Khim. **1975** 2803/5; Bull. Acad. Sci. USSR Div. Chem. Sci. **1975** 2691/3). — [19] J. Franc, M. Wurst, V. Moudry (Collection Czech. Chem. Commun. **26** [1961] 1313/9). — [20] D. J. Williams, J. W. Price (Analyst **85** [1960] 579/82).

[21] D. J. Williams, J. W. Price (Analyst **89** [1964] 220/2). — [22] J. Koch, K. Figge (J. Chromatog. **109** [1975] 89/100). — [23] G. Tagliavini, P. Zanella (Anal. Chim. Acta **40** [1968] 33/9). — [24] M. Devaud (J. Chim. Phys. **67** [1970] 270/8). — [25] M. C. Langlois, M. Devaud (Bull. Soc. Chim. France **1974** 789/92).

[26] A. P. Kreshkov, V. A. Bork, P. I. Selivokhin (Zh. Analit. Khim. **25** [1970] 1202/5; J. Anal. Chem. USSR **25** [1970] 1039/41). — [27] G. A. Nash, H. A. Skinner, W. F. Stack (Trans. Faraday Soc. **61** [1965] 640/8).

1.3.2.3.2.2 Molekül. Spektren

The Molecule. Spectra

Für das Dipolmoment von $C_2H_5SnCl_3$ werden folgende Werte in der Literatur angegeben: 3.73 D (berechnet aus Del Re-Rechnungen) [1], 3.80 D [2], 4.08 D [3].

Die Atomisierungsenthalpie ΔH°_{298} wird mit Hilfe der Del Re-Methode zu 876.5 kcal/mol berechnet [4].

Das ^{1}H-NMR-Spektrum von $C_2H_5SnCl_3$ zeigt ein kompliziertes Multiplett vom Typ A_3B_2X, für das folgende chemische Verschiebungen und Kopplungskonstanten angegeben werden: $\tau CH_3 = 8.04$, $^3J(H^{117/119}Sn) = 231.2/242$ Hz, $\tau CH_2 = 7.05$, $^2J(H^{117/119}Sn) = 81.5/83.35$ Hz, $^3J(HH) = 7.6$ Hz in Substanz, $\tau CH_3 = 8.455$, $^3J(H^{117/119}Sn) = 278.5/292.2$ Hz, $\tau CH_2 = 7.908$, $^2J(H^{117/119}Sn) = 119/125$ Hz, $^3J(HH) = 7.7$ Hz in Wasser [5], $\tau CH_3 = 8.38$, $^2J(H^{117/119}Sn) = 232/233.5$ Hz, $\tau CH_2 = 7.56$, $^2J(H^{117/119}Sn) = 81.5/85.5$ Hz [6], $\tau CH_3 = 8.04$, $^2J(H^{119}Sn) = 83.35$ Hz [7], $\delta CH_3 = -1.55$ ppm, $\delta CH_2 = -2.34$ ppm in CCl_4 [8], $\delta CH_3 = -91.2$ Hz, $^3J(H^{117/119}Sn) = 231.5/242.3$ Hz, $\delta CH_2 = -147.8$ Hz [9], $\delta CH_3 = -1.36$ ppm, $^3J(H^{117/119}Sn) = 218/227$ Hz, $\delta CH_2 = -2.32$ ppm, $^2J(H^{117/119}Sn) = 82.9/86.8$ Hz, $^3J(HH) = 7.8$ Hz [10]. Vergleiche der ^{1}H-NMR-Spektren mit denen anderer Organozinnhalogenide und Diskussion der Bindungsverhältnisse in diesen Verbindungen s. bei [6, 7, 9, 10].

$\delta^{117}Sn$ beträgt -7.7 ± 1.2 ppm gegen $Sn(CH_3)_4$ in CCl_4 [11]. Für $\delta^{119}Sn$ werden angegeben: -6.5 ± 1.2 ppm in CCl_4 [11, 12], -6 ppm in CCl_4 [13], -4.2 ppm in CCl_4 [14], -2.0 ± 1.5 ppm bei -5°C, -3.0 ± 2.0 ppm bei 25°C und -2.0 ± 2.0 ppm bei 50°C, jeweils in Substanz mit etwas CH_2Cl_2, um die Probe flüssig zu halten [15].

Im ^{35}Cl-NQR-Spektrum von $C_2H_5SnCl_3$ erscheinen 3 Linien bei $\nu = 18.905$, 20.664 und 21.428 MHz [16].

Die Isomerieverschiebung im Mössbauer-Spektrum beträgt $\delta = 1.22$ mm/s gegen SnO_2, die Quadrupolaufspaltung $\Delta = 1.86$ mm/s [17].

Das IR- und Raman-Spektrum von flüssigem $C_2H_5SnCl_3$, zugeordnet mit Hilfe einer Normalkoordinatenanalyse unter Zugrundelegung eines modifizierten Valenzkraftfeldes, ist in Tabelle 45 zusammengestellt [18]. Daneben wird in benzolischer Lösung der Verbindung eine IR-Bande bei 522 cm^{-1} der νSnC-Schwingung und eine starke Bande bei 377 cm^{-1} mit einer Schulter bei 366 cm^{-1} der νSnCl-Schwingung zugeordnet [19]. Weitere Zuordnungen von IR-Banden des $C_2H_5SnCl_3$ s. bei [20 bis 22].

Tabelle 45
IR- und Raman-Spektrum von $C_2H_5SnCl_3$.

Zuordnung			ν in cm^{-1} IR	Raman	berechnet
ν_{16}	A'	$\rho SnCl_3$, gek. mit $\delta SnCl_3$	—	98 Sch	100
ν_{15}	A'	$\delta SnCl_3$	—	118(4) dp	110
ν_{25}	A''	$\delta SnCl_3$	—	—	117
ν_{14}	A'	$\delta SnCl_3$, gek. mit $\rho SnCl_3$	—	132(4) dp	128
ν_{24}	A''	$\rho SnCl_3$	—		134
ν_{13}	A'	δSnCC	—	259(4) p	257
ν_{12}	A'	$\nu SnCl_3$	—	356(10) p	344
ν_{23}	A''	$\nu SnCl_3$	—	370 Sch	363
ν_{11}	A'	$\nu SnCl_3$			365
ν_{10}	A'	νSnC	520 m	520(5) p	510
ν_{22}	A''	ρCH_2	690 st	—	679
ν_{21}	A''	ρCH_2, gek. mit τCH_2	964 st	964(1) dp	952
ν_9	A'	ρCH_3, gek. mit wCH_2			964
ν_8	A'	νCC	1017 st	1018(0)	1019
ν_7	A'	wCH_2	1186 st	1186(4) p	1183
ν_{20}	A''	τCH_2	1232 Sch	—	1232
ν_6	A'	δCH_3	1386 m	1387(1)	1387
ν_5	A'	δCH_2	1420 m	1420(1)	1408
ν_{19}	A''	δCH_3	1454 st	1454(1)	1460
ν_4	A'	δCH_3	1462 Sch	—	1460
ν_3	A'	νCH_3	2879 m	2877(1) p	2871
ν_2	A'	νCH_2	2937 m	2935(3) p	2921
ν_{18}	A''	νCH_3	—	—	2945
ν_1	A'	νCH_3	2971 st	2970(2) dp	2948
ν_{17}	A''	νCH_2	—	—	2962

Kombinations- und Oberschwingungen sowie nicht zugeordnete Banden s. im Original.

Literatur:

[1] R. Gupta, B. Majee (J. Organometal. Chem. **33** [1971] 169/73). — [2] H. H. Huang, K. M. Hui, K. K. Chiu (J. Organometal. Chem. **11** [1968] 515/24). — [3] J. Lorberth, H. Nöth (Chem. Ber. **98** [1965] 969/76). — [4] R. Gupta, B. Majee (J. Organometal. Chem. **29** [1971] 419/25). — [5] L. Verdonck, G. P. van der Kelen (Ber. Bunsenges. Physik. Chem. **69** [1965] 478/84).

[6] L. Verdonck, G. P. van der Kelen (Bull. Soc. Chim. Belges **76** [1967] 258/72). — [7] R. Gupta, B. Majee (J. Organometal. Chem. **40** [1972] 97/105). — [8] B. Gassenheimer, R. H. Herber (Inorg. Chem. **8** [1969] 1120/5). — [9] J. Lorberth, M. R. Kula (Chem. Ber. **97** [1964] 3444/51). — [10] J. Lorberth, H. Vahrenkamp (J. Organometal. Chem. **11** [1968] 111/24).

[11] A. P. Tupciauskas, N. M. Sergeev, Yu. A. Ustynyuk (Mol. Phys. **21** [1971] 179/81). — [12] A. P. Tupciauskas, N. M. Sergeev, Yu. A. Ustynyuk (Org. Magn. Resonance **3** [1971] 655/9). — [13] W. McFarlane, J. C. Maire, M. Delmas (J. Chem. Soc. Dalton Trans. **1972** 1862/5). — [14] A. Tupciauskas, N. M. Sergeev, Yu. A. Ustynyuk (Lietuvos Fiz. Rinkinys **11** [1971] 93/105). — [15] A. G. Davies, L. Smith, P. J. Smith (J. Organometal. Chem. **39** [1972] 279/88).

[16] Yu. K. Maksyutin, V. V. Khrapov, L. S. Melnichenko, G. K. Semin, N. N. Zemlyanskii, K. A. Kocheshkov (Izv. Akad. Nauk SSSR Ser. Khim. **1972** 602/4; Bull. Acad. Sci. USSR Div. Chem. Sci. **1972** 562/3). — [17] R. V. Parish, R. H. Platt (Inorg. Chim. Acta **4** [1970] 65/72). — [18] H. Kriegsmann, C. Peuker, R. Hees, H. Geissler (Z. Naturforsch. **24a** [1969] 778/86). — [19] R. J. H. Clark, C. S. Williams (Spectrochim. Acta **21** [1965] 1861/8). — [20] D. H. Lohmann (J. Organometal. Chem. **4** [1965] 382/91).

[21] E. V. van den Berghe, L. Verdonck, G. P. van der Kelen (J. Organometal. Chem. **16** [1969] 497/9). — [22] R. J. H. Clark, A. G. Davies, R. J. Puddephatt (J. Chem. Soc. A **1968** 1828/34).

1.3.2.3.2.3 Physikalische Eigenschaften

Physical Properties

Für die farblose Verbindung wird ein Schmelzpunkt von −10°C angegeben [1]. Als Siedepunkte werden gefunden: 34°C/0.8 Torr [2], 36 bis 38°C/1 Torr [3], 38°C/1 Torr [3 bis 7], 47 bis 50°C [8], 68°C/6 Torr [9], 76°C/12 Torr [9], 76 bis 78°C/12 Torr [3, 10], 86°C/12 Torr [11, 12], 94°C/13 Torr [13], 94 bis 97°C/30 Torr [14], 196 bis 198°C/760 Torr [15 bis 17]. Dichte D_4^{20} = 1.965 g/cm³, Brechungsindex $n_D^{20} = 1.5408$, Molrefraktion $R_{mol} = 40.61$ [1].

Der Dampfdruck gehorcht der Gleichung $\lg p = -2554/T + 8.377$ [1] bzw. $\lg p = -1590.528/(T - 83.50) + 9.10979$ [18]. Die Trouton-Konstante beträgt 25.1 cal · mol⁻¹ · K⁻¹ [1], die Verdampfungswärme $\Delta H_v = 11.672$ kcal/mol [1, 19]. Werte für die Verdampfungsenthalpie und -entropie, gewonnen nach isotensikopischen und ebullioskopischen Methoden, s. bei [18].

Für die diamagnetische Suszeptibilität wird ein Wert von $\chi_{mol} = -124.5 \times 10^{-6}$ cm³/mol gefunden [20].

Literatur:

[1] C. R. Dillard, E. H. McNeill, D. E. Simmons, J. B. Yeldell (J. Am. Chem. Soc. **80** [1958] 3607/9). — [2] H. Kriegsmann, C. Peuker, R. Hees, H. Geissler (Z. Naturforsch. **24a** [1969] 778/86). — [3] W. P. Neumann, G. Burkhardt (Liebigs Ann. Chem. **663** [1963] 11/21). — [4] W. P. Neumann, G. Burkhardt, Studiengesellschaft Kohle m.b.H. (U.S.P. 3248411 [1961/64]). — [5] Studiengesellschaft Kohle m.b.H. (F.P. 1318310 [1961/63]; C.A. **59** [1963] 2858).

[6] W. P. Neumann, G. Burkhardt, Studiengesellschaft Kohle m.b.H. (D.P. 1161893 [1961/64]). — [7] Studiengesellschaft Kohle m.b.H. (B.P. 958085 [1961/64]). — [8] J. Lorberth, H. Nöth (Chem. Ber. **98** [1965] 969/76). — [9] J. W. Bridges, D. S. Davies, R. T. Williams (Biochem. J. **105** [1967] 1261/7). — [10] W. P. Neumann, Studiengesellschaft Kohle m.b.H. (D.P. 1177158 [1962/64]; C.A. **61** [1964] 14711).

[11] W. P. Neumann (Liebigs Ann. Chem. **653** [1962] 157/63). — [12] W. P. Neumann, K. Ziegler (D.P. 1157617 [1959/63]; C.A. **60** [1964] 3008). — [13] A. G. Davies, L. Smith, P. J. Smith (J. Organometal. Chem. **39** [1972] 279/88). — [14] K. Saruto, Y. Ozaki, N. Kaneko, Yoshitomi

Pharmaceutical Industries, Ltd. (Japan.P. 69-08489 [1966/69]; C.A. **71** [1969] Nr. 39185). — [15] J. Franc, M. Wurst, V. Moudry (Collection Czech. Chem. Commun. **26** [1961] 1313/9).

[16] W. J. Jones, W. C. Davies, S. T. Boeden, C. Edwards, V. E. Davis, L. H. Thomas (J. Chem. Soc. **1947** 1446/51). — [17] V. A. Chernoplekova, N. N. Zemlyanskii, N. D. Kolosova, K. A. Kocheshkov (Izv. Akad. Nauk SSSR Ser. Khim. **1975** 2803/5; Bull. Acad. Sci. USSR Div. Chem. Sci. **1975** 2691/3). — [18] G. P. Bragin, M. Kh. Karapet'yants (Tr. po Khim. i Khim. Tekhnol. **1975** Nr. 4, S. 76/7). — [19] W. F. Lautsch, A. Tröber, H. Körner, K. Wagner, R. Kaden, S. Blase (Z. Chem. [Leipzig] **4** [1964] 441/54). — [20] E. W. Abel, R. P. Bush, C. R. Jenkins, T. Zobel (Trans. Faraday Soc. **60** [1964] 1214/9).

Polarography

1.3.2.3.2.4 Polarographie

Der Verlauf der Polarographie von $C_2H_5SnCl_3$ ist in wäßriger Lösung abhängig von Hydrolysereaktionen, der Art der Puffersubstanzen, die in der Lösung vorliegen, und der Adsorption am Reduktionsprodukt. In verdünnt saurem Medium werden Polykondensate mit Sn-O-Sn-Bindungen beobachtet, in neutralem Medium wird $[C_2H_5SnOOH]_x$ gebildet und in stark alkalischem Medium $C_2H_5SnO_2^-$-Anionen. Die Reduktion ist irreversibel und erfordert 3 Coulomb/g-Atom Sn. Das Reduktionsprodukt besteht aus $[C_2H_5Sn]_x$. Die Anzahl der Wellen ist ebenfalls abhängig vom pH-Wert und der Konzentration; eine Proportionalität zwischen der Konzentration und der Höhe der Welle existiert allerdings nicht [1]. Weitere Untersuchungen mit Hilfe der Polarographie an $C_2H_5SnCl_3$ im wäßrigen Medium unter Zusatz verschiedener Salze s. bei [2 bis 7], Untersuchungen in Benzol-Methanol-LiCl s. bei [8], in Dimethoxyäthan s. bei [9], in sulfidhaltigen Lösungen s. bei [10], unter dem Einfluß von Ag^+-Ionen s. bei [11]. Das Scheitelpotential beträgt −0.55 V in 0.5 und 1 N HCl-Lösung in 9.6- bis 40%igem wäßrigen Methanol, Äthanol oder Isopropylalkohol. In einer auf pH = 10 bis 12 gepufferten Lösung oder in 2 bis 5 N HCl-Lösung in 30%igem Äthanol existieren 2 Wellen [12]. In 1 N NaOH-Lösung in Äthanol wird ein Reduktionspotential von −1.7 V angegeben [13]. Außerdem wird ein Scheitelpotential von −0.50 V mitgeteilt [14].

Literatur:

[1] M. Devaud (J. Chim. Phys. **64** [1967] 646/57). — [2] M. Devaud (J. Chim. Phys. **69** [1972] 460/9). — [3] M. Devaud, P. Souchay (J. Chim. Phys. **64** [1967] 1778/90). — [4] M. Devaud (J. Chim. Phys. **68** [1971] 1043/54). — [5] M. Devaud (J. Chim. Phys. **66** [1969] 302/12).

[6] M. Devaud (Compt. Rend. C **262** [1966] 702/5). — [7] D. Joisson, M. Devaud (Bull. Soc. Chim. France **1972** 1278/88). — [8] M. Devaud, Y. Le Moullec (Electrochim. Acta **21** [1976] 395/400). — [9] M. Devaud, Y. Le Moullec (J. Electroanal. Chem. Interfacial Electrochem. **68** [1976] 223/35). — [10] M. C. Langlois, M. Devaud (Bull. Soc. Chim. France **1974** 789/92).

[11] D. Joissons, M. Devaud (Bull. Soc. Chim. France **1976** 71/3). — [12] V. A. Bork, P. I. Selivokhin (Tr. Mosk. Khim. Tekhnol. Inst. Nr. 62 [1969] 249/52 nach C.A. **73** [1970] Nr. 94407). — [13] M. Devaud, E. Laviron (Rev. Chim. Minerale **5** [1968] 427/58). — [14] H. Mehner, H. Jehring, H. Kriegsmann (J. Organometal. Chem. **15** [1968] 97/105).

Chemical Reactions

1.3.2.3.2.5 Chemisches Verhalten

Oxidation. Thermal Decomposition

1.3.2.3.2.5.1 Oxidation. Thermische Zersetzung

Die Ozonolyse von $C_2H_5SnCl_3$ in CCl_4 verläuft nach einer Reaktion erster Ordnung in bezug auf Ozon und in bezug auf $C_2H_5SnCl_3$. Die Geschwindigkeitskonstante beträgt in CCl_4 bei 20°C $k = 2.1 \times 10^{-2}\ l \cdot mol^{-1} \cdot s^{-1}$ [1, 2]. Reines $C_2H_5SnCl_3$ zerfällt in Ar-Atmosphäre bei 200°C innerhalb von 8 h fast völlig zu $SnCl_2$ und C_2H_5Cl. Die Disproportionierung zu $SnCl_4$ und $(C_2H_5)_2SnCl_2$ ist daneben nur gering [3].

Literatur:

[1] Yu. A. Aleksandrov, B. J. Tarunin (Zh. Obshch. Khim. **41** [1971] 241/2; J. Gen. Chem. USSR **41** [1971] 239). — [2] S. V. Zelentsov, B. I. Tarunin, R. N. Shchukin, Yu. A. Aleksandrov (Zh. Obshch. Khim. **46** [1976] 2158/9; J. Gen. Chem. USSR **46** [1976] 2078/9). — [3] W. P. Neumann, G. Burkhardt (Liebigs Ann. Chem. **663** [1963] 11/21).

1.3.2.3.2.5.2 Elektrolytische und chemische Reduktion

Electrolytic and Chemical Reduction

Die elektrolytische Reduktion von $C_2H_5SnCl_3$ in einer Lösung bestehend aus einem 1:1-Gemisch aus Äthanol und wäßriger Sodalösung (2N) verläuft in inerter Atmosphäre an einer Hg-Kathode mit einer Spannung von −1.6 bis −1.7 V unter Abscheidung von $[C_2H_5Sn]_x$. Die Reduktion von $C_2H_5SnCl_3$ mit $LiAlH_4$ in Diäthyläther bei 0°C unter Zugabe von Diäthylamin liefert ebenfalls $[C_2H_5Sn]_x$ als Reduktionsprodukt [1]. Mit $(i\text{-}C_4H_9)_2AlH$ reagiert $C_2H_5SnCl_3$ in Dibutyläther bei −10°C im Verlauf von 2 h unter Bildung von $C_2H_5SnH_3$ [2].

Literatur:

[1] M. Devaud, P. Souchay (J. Chim. Phys. **64** [1967] 1778/90). — [2] W. P. Neumann, H. Niermann (Liebigs Ann. Chem. **653** [1962] 164/72).

1.3.2.3.2.5.3 Reaktionen mit Organozinnverbindungen

Reactions with Organotin Compounds

Die Reaktionen von $C_2H_5SnCl_3$ mit Organozinnverbindungen beschränken sich in der Hauptsache auf Umsetzungen mit Tetraorganozinnderivaten, Organozinnoxiden und Organozinnalkoxiden. Die wichtigsten Reaktionen sind in Tabelle 46 zusammengestellt.

Tabelle 46
Reaktionen von $C_2H_5SnCl_3$ mit Organozinnverbindungen.

Reaktionspartner	Reaktions-bedingungen	Reaktionsprodukte	Lit.
$Sn(C_2H_5)_4$	1:2; 200°C, 1 h	$(C_2H_5)_3SnCl$	[1]
$(C_6H_5)_3SnC_2H_5$	2:1; UV, 35°C, 3 h	$(C_6H_5)(C_2H_5)SnCl_2$	[2]
	2:1; 140°C, 1.5 h	$(C_6H_5)(C_2H_5)SnCl_2$	[2]
	1:1; 140°C, 2 h	$(C_6H_5)(C_2H_5)SnCl_2$, $(C_6H_5)_2(C_2H_5)SnCl$	[3]
	1:2; 120°C, 0.5 h; 210°C, 4 h; 150°C, 3 h	$(C_6H_5)_2(C_2H_5)SnCl$	[4]
$(C_4H_9)_3SnC_2H_5$	205°C, 1.5 h	$(C_4H_9)(C_2H_5)SnCl_2$, $(C_4H_9)_2SnCl_2$, $(C_2H_5)_2SnCl_2$	[3]
	140°C, 2 h	$(C_2H_5)_3SnCl$, $(C_4H_9)_3SnCl$, $(C_2H_5)_2(C_4H_9)SnCl$, $(C_4H_9)_2(C_2H_5)SnCl$	[5]
$(C_5H_5)_3SnC_2H_5$	2:1; 20°C	$(C_2H_5)(C_5H_5)SnCl_2$	[6, 7]
	1:2; 20°C	$(C_5H_5)_2(C_2H_5)SnCl$	[6, 7]
$(C_2H_5)_3SnC_5H_5$	1:2	$(C_5H_5)_2(C_2H_5)SnCl$, $(C_2H_5)_3SnCl$	[6]
	1:1	$(C_5H_5)(C_2H_5)SnCl_2$, $(C_2H_5)_3SnCl$	[6]
$(C_6H_5)_2(C_2H_5)SnCl$	140°C, 2 h	$(C_6H_5)(C_2H_5)SnCl_2$	[3]

Tabelle 46 (Fortsetzung)

Reaktionspartner	Reaktions-bedingungen	Reaktionsprodukte	Lit.
$C_2H_5Sn(O\text{-}i\text{-}C_3H_7)_3$	1:2; ohne Lösungsmittel	$C_2H_5SnCl(O\text{-}i\text{-}C_3H_7)_2$	[8]
	2:1; ohne Lösungsmittel	$C_2H_5SnCl_2(O\text{-}i\text{-}C_3H_7)$	[8]
$[(CH_3)_2SnO]_x$	Benzol, Rückfluß	$(C_2H_5)Cl_2SnOSnCl(CH_3)_2$	[9, 10]
$[(C_4H_9)_2SnO]_x$	Benzol, Rückfluß	$(C_2H_5)Cl_2SnOSnCl(C_4H_9)_2$	[9]

Literatur:

[1] W. P. Neumann, G. Burkhardt (Liebigs Ann. Chem. **663** [1963] 11/21). — [2] L. S. Melnichenko, N. N. Zemlyanskii, K. A. Kocheshkov (Dokl. Akad. Nauk SSSR **190** [1970] 597/9 nach C.A. **72** [1970] Nr. 111594). — [3] L. S. Melnichenko, N. N. Zemlyanskii, V. A. Chernoplekova, K. A. Kocheshkov (Izv. Akad. Nauk SSSR Ser. Khim. **1972** 1384/6; Bull. Acad. Sci. USSR Div. Chem. Sci. **1972** 1332/4). — [4] L. S. Melnichenko, N. N. Zemlyanskii, N. D. Kolosova, I. V. Karandi, K. A. Kocheshkov (Dokl. Akad. Nauk SSSR **198** [1971] 1094/5; Dokl. Chem. Proc. Acad. Sci. USSR **196/201** [1971] 500/1). — [5] V. A. Chernoplekova, N. N. Zemlyanskii, N. D. Kolosova, K. A. Kocheshkov (Izv. Akad. Nauk SSSR Ser. Khim. **1975** 2803/5; Bull. Acad. Sci. USSR Div. Chem. Sci. **1975** 2691/3).

[6] N. D. Kolosova, N. N. Zemlyanskii, A. A. Azizov, Yu. A. Ustynyuk, N. P. Barminova, K. A. Kocheshkov (Dokl. Akad. Nauk SSSR **218** [1974] 117/9; Dokl. Chem. Proc. Acad. Sci. USSR **214/219** [1974] 614/6). — [7] K. A. Kocheshkov, N. N. Zemlyanskii, N. D. Kolosova, A. A. Azizov, Yu. A. Ustynyuk (Izv. Akad. Nauk SSSR Ser. Khim. **1974** 1208; Bull. Acad. Sci. USSR Div. Chem. Sci. **1974** 1141). — [8] D. P. Agur, G. Srivastava, R. C. Mehrotra (Indian J. Chem. **12** [1974] 1193/6). — [9] A. G. Davies, P. G. Harrison, P. R. Palan (J. Chem. Soc. C **1970** 2030/4). — [10] A. G. Davies, P. G. Harrison (J. Organometal. Chem. **7** [1967] P13/P14).

Reactions with Nonmetal and Metal Compounds

1.3.2.3.2.5.4 Reaktionen mit Nichtmetall- und Metallverbindungen

Das Studium der Reaktionen zwischen $C_2H_5SnCl_3$ und Acetat-Ionen in Wasser-Methanol unter Zugabe von NaCl ($9 < pH < 4.7$) zeigt, daß in verdünnten Acetatlösungen vier Spezies der Art $[(C_2H_5Sn)_{10}(OOCCH_3)(OH)_{29}]$, $[(C_2H_5Sn)_{14}(OOCCH_3)(OH)_{39}]^{2+}$, $[(C_2H_5Sn)_7(OOCCH_3)(OH)_{20}]$ und $[(C_2H_5Sn)_3(OOCCH_3)(OH)_8]$ vorliegen, während in konzentrierteren Acetatlösungen noch die zwei Kationen $[(C_2H_5Sn)_4(OOCCH_3)_{25}(OH)_4]^{3+}$ und $[(C_2H_5Sn)_4(OOCCH_3)_2(OH)_9]^+$ hinzukommen [1, 5]. In chloridhaltigen Lösungen treten folgende Komplexe und Komplex-Ionen auf: $[C_2H_5SnCl_2]^+$, $[C_2H_5SnCl_2OH]$, $[(C_2H_5Sn)_3(OH)_6Cl]^{2+}$ und $[(C_2H_5Sn)_6(OH)_{15}Cl_2]^+$ [2]. Die Untersuchung des Verhaltens von $C_2H_5SnCl_3$ in wäßrig-alkoholischer Lösung nach Zugabe von NaOH zeigt, daß in neutralem Milieu das Polykation $[(C_2H_5Sn)_{10}(OH)_{28}]^{2+}$ vorliegt, welches mit steigendem pH-Wert der Lösung depolymersiert. Mit Hilfe der Potentiometrie konnten das Kation $[(C_2H_5Sn)_8(OH)_{23}]^+$, die Säure $[(C_2H_5Sn)_m(OH)_{3m}]$ und das Anion $[(C_2H_5Sn)_3(OH)_{10}]^-$ nachgewiesen werden. Der Wert von m ist von der Konzentration und vom pH-Wert abhängig. In verdünnten Lösungen ist die Säure mono- und octamer. In 1N NaOH-Lösung bestätigen polarographische Messungen die Bildung von $C_2H_5Sn(OH)_3$ und $C_2H_5Sn(OH)_4^-$ [3]. Zum Ablauf der Hydrolyse von $C_2H_5SnCl_3$ in wäßrig-alkoholischem Milieu und unter Zusatz von KCl sowie die Bildung von Mannitolkomplexen s. [4]. Bezüglich des Studiums der Hydrolyse von $C_2H_5SnCl_3$ in Gegenwart der Ionen Hg^{2+}, H^+ und CH_3COO^- s. [5].

Alle weiteren wichtigen Reaktionen sind in Tabelle 47 zusammengestellt.

Tabelle 47

Reaktionen von $C_2H_5SnCl_3$ mit Nichtmetall- und Metallverbindungen.

Reaktionspartner	Reaktionsbedingungen	Reaktionsprodukte	Lit.
NaOH	H_2O, pH = 7	$(C_2H_5SnO_2H)_x$	[6]
feuchte Luft	5 bis 10 Tage	$C_2H_5Sn(OH)Cl_2 \cdot H_2O$	[7]
NaOH	1:1	$C_2H_5Sn(OH)_2Cl \cdot H_2O$	[7]
	1:2	$C_2H_5Sn(OH)_2Cl \cdot H_2O$	[7]
basische Anionenaustauscher	—	$HO[C_2H_5Sn(OH)O]_xH$	[7]
NaOR R = CH_3, C_2H_5, i-C_3H_7, C_4H_9 und t-C_4H_9	1:3, Benzol, 3 bis 4 h, Rückfluß	$C_2H_5Sn(OR)_3$	[8]
$C_5H_{11}COONa$	Benzol	$C_2H_5Sn(OOCC_5H_{11})_3$	[9]
$Na_2S_2O_3 \cdot 5H_2O$	—	$(C_2H_5SnHS)_3$	[10]
$HSCH_2COOH$	H_2O; pH = 3 bis 5.5, NaCl oder $NaClO_4$	$C_2H_5SnCl(SCH_2COONa)_2$	[11]
	H_2O; pH = 6 bis 9, NaCl oder $NaClO_4$	$C_2H_5Sn(OH)(SCH_2COOH)_2$	[11]
$HSCH(COOH)CH_2COOH$	H_2O, Na^+	$C_2H_5Sn(SCH(COONa)CH_2COOH)_2$	[11]
	alkalisches Milieu	$C_2H_5Sn(SCH(COONa)CH_2COONa)_2 \cdot H_2O$	[11]
S^{2-}	H_2O, pH = 11	$(C_2H_5SnS_3)^{3-}$	[12]
	H_2O, pH = 8	$[(C_2H_5Sn)_3(OH)_6(SH)_8]^{5-}$	[12]
	H_2O, pH < 9	$(C_2H_5SnS_{1.5})_x$	[12]
	H_2O, pH > 12	$[C_2H_5Sn(OH)_4]^-$	[12]
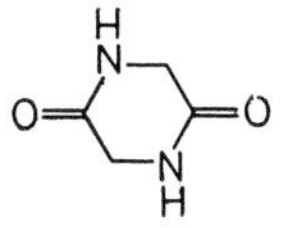	$(CH_3)_2SO$, 80°C, 24 h	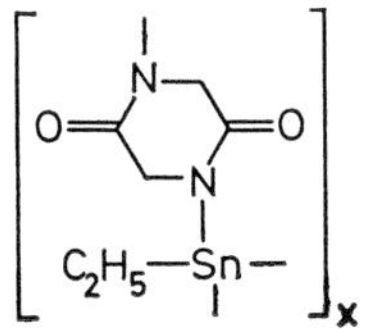	[13]
$(C_2H_5)_3Al_2Cl_3$	Isooctan, N_2, 13 h, Rückfluß	$(C_2H_5)_3SnCl$	[14]
$AgNO_3$	H_2O	$C_2H_5Sn(NO_3)_3$	[15]

Literatur:

[1] M. Devaud (J. Chim. Phys. **68** [1971] 1043/54). — [2] M. Devaud (J. Chim. Phys. **67** [1970] 270/8). — [3] M. Devaud (J. Chim. Phys. **69** [1972] 460/9). — [4] M. Devaud (J. Chim. Phys. **66** [1969] 302/12). — [5] D. Joisson, M. Devaud (Bull. Soc. Chim. France **1972** 1278/88).

[6] K. Saruto, Y. Ozaki, N. Kaneko, Yoshitomi Pharmaceutical Industries, Ltd. (Japan.P. 69-08489 [1966/69]; C.A. **71** [1969] Nr. 39185). — [7] J. G. A. Luijten (Rec. Trav. Chim. **85** [1966] 873/8). — [8] D. P. Gaur, G. Srivastava, R. C. Mehrotra (J. Organometal. Chem. **63** [1973] 221/31). — [9] V. I. Shiryaev, L. V. Makhalkina, T. T. Kuzmina, V. D. Krylov, V. G. Osipov, V. F. Mironov (Zh.

Obshch. Khim. **43** [1973] 2232/5; J. Gen. Chem. USSR **43** [1973] 2223/6). — [10] T. Mino, Y. Suenobe, M. Kasaoki, Yoshitomi Pharmaceutical Industries, Ltd. (Japan.P. 73-37252 [1969/73]; C.A. **80** [1974] Nr. 121115).

[11] M. C. Langlois, M. Devaud (J. Chim. Phys. **71** [1974] 605/11). — [12] M. C. Langlois, M. Devaud (Bull. Soc. Chim. France **1974** 789/92). — [13] U. Haberthuer, H. G. Elias (Makromol. Chem. **144** [1971] 183/92). — [14] W. K. Johnson, Monsanto Chemical Co. (U.S.P. 3036103 [1959/62]; C.A. **57** [1962] 13802). — [15] D. Joisson, M. Devaud (Bull. Soc. Chim. France **1976** 71/3).

Reactions with Lewis Bases Forming Complexes with Higher Tin Coordination Number

1.3.2.3.2.5.5 Reaktionen mit Lewis-Basen unter Bildung von Komplexen mit Erweiterung der Koordinationszahl am Zinn

$C_2H_5SnCl_3$ reagiert mit Lewis-Basen unter Bildung von Addukten mit der Koordinationszahl 5 oder 6 am Sn-Atom. Eine Auswahl der bisher bekannten Komplexe ist in Tabelle 48 zusammengestellt.

Zur Diskussion des Effektes der Struktur der Donormoleküle auf die Energie der koordinativen Sn-O-Bindung s. [1].

Tabelle 48

Reaktionen von $C_2H_5SnCl_3$ mit Lewis-Basen unter Bildung von Komplexen.

Reaktionspartner	Reaktionsprodukte	Lit.
$(C_6H_5)_3CCl$	$[(C_6H_5)_3C][C_2H_5SnCl_4]$	[2]
$[(C_6H_5)_4As]Cl$	$[(C_6H_5)_4As][C_2H_5SnCl_4]$	[2, 3]
$(CH_3)_2CO$	1:1-Komplex	[1, 4]
$(C_6H_{13})_2SO$	1:1-Komplex	[1]
$(C_6H_5)_2SO$	1:2-Komplex	[5]
2,2'-Bipyridin	1:1-Komplex	[6]
N_2H_4	1:2-Komplex	[7]
HO OH N N=N	1:1-Komplex	[8]
$(C_2H_5O)_3P$	$C_2H_5SnCl_3 \cdot OP(OC_2H_5)_2C_2H_5$, $C_2H_5SnCl_3 \cdot 2OP(OC_2H_5)_2C_2H_5$	[9]
$CH_3S(C_2H_5)_2PO$	1:2-Komplex	[10]
$CH_3O(CH_3)_2PO$	1:2-Komplex	[11]
$Cl(CH_3)_2PO$	1:2-Komplex	[11]
$(CH_3)_3PO$	1:1-Komplex	[1]
$(C_4H_9)_3PO$	1:1-Komplex	[1]
$C_4H_9(C_4H_9O)_2PO$	1:1-Komplex	[1]
$(C_4H_9O)_3PO$	1:1-Komplex	[1]

Tabelle 48 (Fortsetzung)

Reaktionspartner	Reaktionsprodukte	Lit.
$CH_3S(C_4H_9O)_2PO$	1:1-Komplex	[1]
$[(CH_3)_2N]_3PO$	1:1-Komplex	[1]
$TiCl_4$	1:2-Komplex	[12]
HC=N N=CH, Ni, O O	1:1-Komplex	[13]

Literatur:

[1] I. P. Goldshtein, L. V. Kucheruk, I. Ya. Kuramshin, E. D. Kremer, E. N. Guryanova, A. N. Pudovik (Dokl. Akad. Nauk SSSR **231** [1976] 123/5; Dokl. Phys. Chem. Proc. Acad. Sci. USSR **226/231** [1976] 1014/7). — [2] P. Zanella, G. Tagliavini (J. Organometal. Chem. **12** [1968] 355/62). — [3] P. Zanella, G. Plazzogna (Ann. Chim. [Rome] **59** [1969] 1152/9). — [4] I. P. Goldshtein, N. N. Zemlyanskii, T. I. Perepelkova, L. S. Melnichenko, E. N. Guryanova, K. A. Kocheshkov (Dokl. Akad. Nauk SSSR **217** [1974] 849/51; Dokl. Phys. Chem. Proc. Acad. Sci. USSR **214/219** [1974] 717/9). — [5] K. L. Jaura, R. K. Chadha, K. K. Sharma (Indian J. Chem. **12** [1974] 766/7).

[6] J. W. Bridges, D. S. Davies, R. T. Williams (Biochem. J. **105** [1967] 1261/7). — [7] K. L. Jaura, B. Singh, R. K. Chadha (Indian J. Chem. **12** [1974] 1304/5). — [8] M. H. Longchamp, M. Devaud (Compt. Rend. C **279** [1974] 171/4). — [9] A. N. Pudovik, A. A. Muratova, M. D. Medvedeva, L. N. Yamalieva (Zh. Obshch. Khim. **42** [1972] 2402/7; J. Gen. Chem. USSR **42** [1972] 2397/401). — [10] I. Ya. Kuramshin, A. A. Muratova, E. G. Yarkova, A. A. Musina, F. K. Izmailov, A. N. Pudovik (Zh. Obshch. Khim. **43** [1973] 1456/66; J. Gen. Chem. USSR **43** [1973] 1446/55).

[11] A. N. Pudovik, I. Ya. Kuramshin, E. G. Yarkova, A. A. Muratova, A. A. Musina, R. A. Manopov (Zh. Obshch. Khim. **43** [1973] 1229/36; J. Gen. Chem. USSR **43** [1973] 1220/5). — [12] O. A. Osipov, O. E. Kashireniov (Zh. Obshch. Khim. **32** [1962] 1717/23 nach C.A. **58** [1963] 4590). — [13] A. Gianguzza, L. Pellerito, R. Cefalu (Atti Accad. Sci. Lettere Arti Palermo I **31** [1972] 161/5).

1.3.2.3.2.6 Physiologische Wirkung

Physiology

$C_2H_5SnCl_3$ ist nur wenig giftig. Gegenüber Ratten beträgt die LD_{100} 200 mg/kg Körpergewicht [1 bis 3]. Die Verbindung scheint in der Ratte nicht metabolisiert zu werden. Nach oraler Verfütterung erscheint sie nahezu vollständig im Kot und nach intraperitonealer Anwendung ausschließlich im Urin [4, 5]. Untersuchungen der Adenosintriphosphatasehemmung durch $C_2H_5SnCl_3$ und andere Organozinnverbindungen s. bei [6]. Während die Larven des Baumwollspinners Heliothis zea kaum von $C_2H_5SnCl_3$ vergiftet werden [7], beträgt die zu 50% letale Konzentration an $C_2H_5SnCl_3$ gegenüber Larven von Culex pipiens $LC_{50} = 1.97$ ppm und die $LC_{90} = 9.22$ ppm [8, 9]. Die Minimalkonzentration, die zur Wachstumshemmung der Pilze Botrytis allii, Penicillium italicum, Aspergillus niger und Rhizopus nigricans notwendig ist, beträgt mehr als 1000 mg/l Fungizidlösung [10 bis 14].

Literatur:

[1] H. B. Stoner, J. M. Barnes, J. I. Duff (Brit. J. Pharmacol. **10** [1955] 16/25). — [2] A. M. Ivanitzki (Farmakol. i Toksikol. **26** [1963] 629/32 nach C.A. **60** [1964] 13774). — [3] J. G. A. Luijten, O. R. Klimmer (Tin Res. Inst. Publ. **501** [1973]). — [4] J. W. Bridges, D. S. Davies, R. T. Williams (Biochem. J. **98** [1966] 14P/15P). — [5] J. W. Bridges, D. S. Davies, R. T. Williams (Biochem. J. **105** [1967] 1261/7).

[6] G. R. Pieper, J. E. Casida (J. Econ. Entomol. **58** [1965] 392/400). — [7] D. A. Wolfenbarger, A. A. Guerra, W. L. Lowry (J. Econ. Entomol. **61** [1968] 78/81). — [8] P. Castel, G. Gras, J. A. Rioux, A. Vidal (Trav. Soc. Pharm. Montpellier **23** [1963] 45/50). — [9] G. Gras, J. A. Rioux (Arch. Inst. Pasteur Tunis **42** [1965] 9/22). — [10] W. R. Lewis (Chem. Prod. **21** [1958] 431/2).

[11] J. G. A. Luijten (TNO Nieuws **10** [1955] 179/83). — [12] A. K. Sijpesteijn, F. Rijkens, J. G. A. Luijten, L. C. Willemsens (Antonie van Leeuwenhoek J. Microbiol. Serol. **28** [1962] 346/56). — [13] G. J. M. van der Kerk, J. G. A. Luijten (J. Appl. Chem. [London] **4** [1954] 314/9). — [14] N. N. Melnikov (in: F. A. Gunther, J. D. Gunther, Chemistry of Pesticides, New York 1971, S. 297/302).

Uses

1.3.2.3.2.7 Verwendung

Äthylzinntrichlorid findet als Textilschutzmittel Verwendung [1]. Außerdem dient die Verbindung als Bestandteil eines Katalysators zur Bildung und Härtung von Polyurethanen [2 bis 4] und im Gemisch mit Estern von Phosphorsauerstoffsäuren als Katalysator zur Polymerisation von Alkylenoxiden [5].

Literatur:

[1] H. J. Hueck, J. G. A. Luijten (J. Soc. Dyers Colourists **74** [1958] 476/80). — [2] S. G. Entelis, O. V. Nesterov, R. P. Tiger (J. Cell. Plast. **3** [1967] 360/3). — [3] L. Thiele, R. Becker, H. Schimpfle, H. Frommelt (Plaste Kautschuk **23** [1976] 558/60). — [4] L. Thiele, R. Becker, H. Frommelt (D.P. [DDR] 115913 [1974/75]; C.A. **86** [1977] Nr. 156550). — [5] T. Nakata, K. Kawamata, Osaka Soda Co., Ltd. (Deut. Offenlegungsschrift 1941690 [1968/70]; C.A. **72** [1970] Nr. 133372).

Propyltin Trichloride

1.3.2.3.3 Propylzinntrichlorid $C_3H_7SnCl_3$

$C_3H_7SnCl_3$ entsteht bei der Umsetzung von $SnCl_4$ mit C_3H_7MgCl in Diäthyläther in 24%iger Ausbeute [1] und bei der Komproportionierung zwischen $SnCl_4$ und $Sn(C_3H_7)_4$ im Molverhältnis 3.5:1 nach 8 h bei 160°C in 35%iger Ausbeute [2]. Ferner wird die Verbindung bei der Reaktion zwischen $SnCl_4$ und $(C_3H_7)_3SnC_8H_{17}$ beim Rückflußkochen in Pentan erhalten [3]. In kristalliner Form entsteht sie beim Kochen von $(C_3H_7SnOOH)_x$ mit HCl in Benzol [4].

Das ^{1}H-NMR-Spektrum ist vom $A_3B_2C_2X$-Typ. Folgende Signale werden zugeordnet: $\tau_\alpha = 7.55$, $^2J(H^{117/119}Sn) = 81/85$ Hz, $\tau_\beta = 7.97$, $^3J(H^{117/119}Sn) = 217.5/227.5$ Hz, $\tau_\gamma = 8.68$ [5].

Die IR- und Raman-Spektren von flüssigem $C_3H_7SnCl_3$ und das IR-Spektrum der Verbindung im festen Zustand sind in Tabelle 49 zusammengestellt. Mit Hilfe von Normalkoordinatenanalysen für das gauche- und das trans-Isomere können die Spektren zugeordnet werden. Die Sn-C-Valenzschwingungen werden für das gauche-Isomere bei 523 cm^{-1}, für das trans-Isomere bei 599 cm^{-1} berechnet. In der flüssigen Verbindung liegen beide Isomere, im festen Zustand nur das gauche-Isomere vor [6]. In einer anderen Arbeit werden Banden bei 360, 350, 310 und 305 cm^{-1} Sn-Cl-Schwingungen zugeordnet [7].

Tabelle 49

IR- und Raman-Spektrum von $C_3H_7SnCl_3$.

Zuordnung		ν in cm^{-1} Raman (flüssig)	IR (flüssig)	IR (fest, −175°C)
νCH_2, as zu C, in phase	ν_1	2973(2) dp	2971 st	2986 m
νCH_2, as zu C, out of phase	ν_2			2972 m
νCH_3, as zu C	ν_3, ν_4		2960 st	2952 st

Tabelle 49 (Fortsetzung)

Zuordnung		ν in cm^{-1} Raman (flüssig)	IR (flüssig)	IR (fest, −175°C)
νCH_2, s zu C, in phase νCH_2, s zu C, out of phase	ν_5 ν_6	2927(4) p	2933 st	2934 st 2928 Sch
νCH_3, s zu C	ν_7	2866(3) p	2875 st	2872 st
δCH_3, as zu C	ν_8	1460 Sch	1461 st	1463 m
δCH_3, as zu C	ν_9	1446(1) dp	1450 Sch	1444 s
δCH_2, in phase	ν_{10}	1412 Sch	1410 Sch	
δCH_2, out of phase	ν_{11}	1403(1) teilp.	1402 m	1404 m
δCH_3, s zu C, gek. mit ρCH_2	ν_{12}	1384(0)	1385 m	1386 m
$wCH_2(C)$	ν_{13}	1331(1) teilp.	1338 m	1335 m
$\tau CH_2(C)$	ν_{14}	1273(1) p	1275 st	1269 m
$wCH_2(Sn)$	ν_{15}	1160(3) p	1158 st	1183 st
$\tau CH_2(Sn)$	ν_{16}	1176(3) p	1175 st	1170 st
$\nu CC(Sn)$, gek. mit $\nu CC(H)$, ρCH_3, $wCH_2(Sn)$	ν_{17}	1064(1) teilp.	1069 st	1064 m
ρCH_3, gek. mit $\rho CH_2(C)$, $\tau CH_2(Sn)$	ν_{18}	1020(2) teilp.	1026 s	1020 s
$\nu CC(H)$, gek. mit ρCH_3, $\rho CH_2(Sn)$, δCH_3	ν_{19}		1001 st	1000 st
ρCH_3, gek. mit $\nu CC(H)$, $\nu CC(Sn)$	ν_{20}	872(1) dp	870 s	871 s
$\rho CH_2(Sn)$, gek. mit ρCH_3	ν_{21}	802(1) dp	802 m	804 st
$\rho CH_2(C)$, gek. mit $\rho CH_2(Sn)$ ρCH_3	ν_{22}	728(1) p	729 st 686 st	742 st 701 s
νSnC, gek. mit $\delta CCSn$, δCCC	ν_{23}	598(4) teilp. 520(4) teilp.	600 m 523 m	591 s 523 st
δCCC, gek. mit νSnC, $\nu SnCl_3$ $\nu SnCl_3$, as zu Sn $\nu SnCl_3$, as zu Sn, gek. mit δCCC $\nu SnCl_3$, s zu Sn, gek. mit δCCC	ν_{24} ν_{25} ν_{26} ν_{27}	 363 Sch 353(10) p 285(2) p	376 st 364 Sch 353 st 	
$\delta CCSn$, gek. mit δCCC	ν_{28}	213(2) p	214 s	
$\rho SnCl_3$	ν_{29}	132(4) dp	131 st	
$\delta SnCl_3$, as zu Sn	ν_{30}		120 s	
$\delta SnCl_3$, as zu Sn	ν_{31}	118(4) dp	115 Sch	
$\rho SnCl_3$	ν_{33}	83(2) dp		

Weitere Banden, Kombinations- und Oberschwingungen sowie berechnete Zuordnungen und Schwingungsformen für die trans-Form (C_s) und die gauche-Form (C_1) s. im Original [6].

Für die farblose Verbindung werden als Siedepunkt angegeben: 52°C/1 Torr [6], 98 bis 99°C/12 Torr [1], 102 bis 103°C/12 Torr [2]. In Nitrobenzol wird eine molekulare Leitfähigkeit von 7.65 $\Omega^{-1} \cdot cm^2 \cdot mol^{-1}$ gefunden [2]. Das polarographische Scheitelpotential beträgt −0.50 V [8].

$C_3H_7SnCl_3$ reagiert mit $LiAlH_4$ in Diäthyläther bei 30°C unter Bildung von $C_3H_7SnH_3$ [1]. Mit N_2H_4 bildet Propylzinntrichlorid in Diäthyläther einen 1:2-Komplex [9], ebenso wie mit Pyridin, α- und β-Picolin, Isochinolin, Piperidin, Anilin und Benzylanilin, während mit γ-Picolin und Morpholin in Petroläther bei Zimmertemperatur 1:4-Komplexe entstehen [2].

Literatur:

[1] J. G. Noltes, G. J. M. van der Kerk (Functionally Substituted Organotin Compounds, Tin Research Institute, Greenford 1958, S. 1/128). — [2] K. L. Jaura, K. Chander, K. K. Sharma (Z. Anorg. Allgem. Chem. **376** [1970] 303/7). — [3] M. and T. International N.V. (F. Demande 2179552 [1972/73]; C.A. **80** [1974] Nr. 108671). — [4] J. G. F. Druce (Chem. News **127** [1923] 306/8). — [5] L. Verdonck, G. P. van der Kelen (J. Organometal. Chem. **11** [1968] 491/7).

[6] H. Geissler, C. Peuker, R. Heess, H. Kriegsmann (Z. Anorg. Allgem. Chem. **393** [1972] 230/40). — [7] K. L. Jaura, K. K. Sharma (J. Indian Chem. Soc. **48** [1971] 965/7). — [8] H. Mehner, H. Jehring, H. Kriegsmann (J. Organometal. Chem. **15** [1968] 97/105). — [9] K. L. Jaura, B. Singh, R. K. Chadha (Indian J. Chem. **12** [1974] 1304/5).

Isopropyltin Trichloride

1.3.2.3.4 Isopropylzinntrichlorid $i\text{-}C_3H_7SnCl_3$

Die Verbindung wird durch Umsetzung von $KSnCl_3$ mit $i\text{-}C_3H_7J$ bei 110°C erhalten [1]. Ferner entsteht $i\text{-}C_3H_7SnCl_3$ aus $(i\text{-}C_3H_7)_2Sn(SCH_2C_6H_5)_2$ und HCl-Gas in Gegenwart von $C_{18}H_{37}OH$ in o-Dichlorbenzol bei 180°C in 5%iger Ausbeute [2], aus $HSnCl_3$ und $CH_3CH{=}CH_2$ nach 3 h bei 0°C in 7.9%iger Ausbeute [3] sowie aus $(i\text{-}C_3H_7SnOOH)_x$ und HCl [4]. Für die Verbindung wird ein Zersetzungspunkt von 75°C bei 16 Torr angegeben [1]. — $i\text{-}C_3H_7SnCl_3$ wird als Schmiermittelzusatz verwendet [5].

Literatur:

[1] A. Tchakirian, M. Lesbre, M. Lewinsohn (Compt. Rend. **202** [1936] 138/40). — [2] B. W. Rockett, M. Hadlington, W. R. Poyner (J. Appl. Polymer Sci. **18** [1974] 745/52). — [3] H. G. Reifenberg, W. J. Considine, Billiton-M en T Chemische Industrie N.V. (Deut. Offenlegungsschrift 1963569 [1968/70]; C.A. **73** [1970] Nr. 45600). — [4] K. Ando, K. Tsubone, M. Suenobu, Yoshitomi Pharmaceutical Industries, Ltd. (Japan. Kokai 74-14428 [1972/74]; C.A. **81** [1974] Nr. 4075). — [5] B. H. Lincoln, Lubri-Zoe Development Co. (U.S.P. 2334566 [1940/43]; C.A. **1944** 3828).

Butyltin Trichloride

1.3.2.3.5 Butylzinntrichlorid $C_4H_9SnCl_3$

Formation. Preparation

1.3.2.3.5.1 Bildung und Darstellung

Butylzinntrichlorid entsteht bei der Reaktion von $SnCl_4$ mit C_4H_9MgBr in Diäthyläther [1], mit Butylmagnesiumchlorid in Tetrahydrofuran und Xylol in 19.5%iger Ausbeute [2 bis 6] und in Diäthyläther und anschließend in Benzol unter Rückflußkochen in 13%iger Ausbeute [7]. Die Alkylierung von $SnCl_4$ kann auch durch C_4H_9Cl und Na in Kohlenwasserstoffen bei 60°C vorgenommen werden [8]. Auf diese Weise gelingt die Darstellung von in 1-Stellung ^{14}C-markiertem $C_4H_9SnCl_3$ aus $SnCl_4$, C_4H_9Br und Na in Heptan bei 60 bis 80°C, wobei nach 20 h 6% Ausbeute erzielt werden. Aus $C_4H_9SnCl_3$, ^{14}C-markiertem C_4H_9Br und Na werden unter gleichen Bedingungen 3% Ausbeute erhalten. Daneben werden markierte Produkte vom Typ $Sn(C_4H_9)_4$, $(C_4H_9)_3SnCl$ und $(C_4H_9)_2SnCl_2$ als Hauptprodukte gebildet [9, 10]. Bei der Alkylierung von $SnCl_4$ mit $Al(C_4H_9)_3$ in Äthern werden zwischen 16 und 90% an $C_4H_9SnCl_3$ erhalten [11]. Mit $(C_4H_9)_2AlOCH(CH_3)_2$ kann $SnCl_4$ unter Rückflußkochen butyliert werden, wobei Ausbeuten an $C_4H_9SnCl_3$ zwischen 72 und 97% beobachtet werden [12].

Auch die Komproportionierung zwischen $SnCl_4$ und $Sn(C_4H_9)_4$ führt bei Einhaltung der notwendigen Stöchiometrie zur Bildung von $C_4H_9SnCl_3$. Die Reaktionstemperaturen liegen zwischen 0°C [13 bis 18], 100°C [14, 16], 135 bis 140°C [19], 200°C bei 10 Torr [20, 21] und Rückflußkochen für 12 h [22]. Als Ausbeuten werden genannt: 16% nach 6 h bei 100°C in Gegenwart von $AlCl_3$ [23], 38% nach 6stündigem Rückflußkochen bei 160°C [24], 63% nach 3 h bei 100°C [25], 96% nach 8 h bei 203°C im Bombenrohr und einem Molverhältnis $SnCl_4:Sn(C_4H_9)_4=3:1$ [26], 97% neben $(C_4H_9)_3SnCl$ und etwas $(C_4H_9)_2SnCl_2$ bei einem Molverhältnis von 1:1 zwischen 0 und 20°C [27]. $C_4H_9{}^{113}SnCl_3$ entsteht analog aus $SnCl_4$ und $^{113}Sn(C_4H_9)_4$ [28]. Auch bei der Komproportionierung zwischen $(C_4H_9)_3SnCl$ und $SnCl_4$ bei 100°C entsteht $C_4H_9SnCl_3$ [14, 16]. Nach 3 h werden 48% Ausbeute erzielt [25]. $(C_4H_9)_2SnCl_2$ reagiert mit $SnCl_4$ in Gegenwart von $[(CH_3)_4N]Cl$ [29] oder in 12 N HCl unter Bildung von $C_4H_9SnCl_3$. Im letzteren Fall wird eine Ausbeute von 62.6% angegeben [30].

Die direkte Synthese von $C_4H_9SnCl_3$ aus Sn und C_4H_9Cl wird in Gegenwart verschiedener Katalysatoren und bei unterschiedlichen Temperaturen ausgeführt. So entsteht ein Gemisch aus $C_4H_9SnCl_3$, $(C_4H_9)_2SnCl_2$ und $(C_4H_9)_3SnCl$ in mehr als 87% Ausbeute bei 140 bis 170°C in Hexamethylphosphorsäuretriamid in Gegenwart eines Jod-haltigen Katalysators [31]. Weitere Methoden sind: 55stündiges Rückflußkochen in Gegenwart von $SnCl_2$ und $[(C_4H_9)_4N]Br$ [32 bis 36], 32 h bei 170 bis 180°C in Gegenwart von $As(C_6H_5)_3$ und J_2 [37], im Autoklaven in Tetrahydrofuran oder Butanol in Gegenwart von Mg und C_4H_9J [38], 16 h unter Druck in Gegenwart von $Sb(C_4H_9)_3$ [39], 16 h bei 180°C in Gegenwart von $SnCl_2$ und $Sb(C_4H_9)_3$ [40], 16 h bei 160 bis 200°C in Gegenwart von $Sb(C_4H_9)_3$ und C_4H_9J [41].

$SnCl_2$ reagiert mit C_4H_9Cl im Autoklaven bei 200°C und in Toluol als Lösungsmittel unter Bildung von $C_4H_9SnCl_3$ in Ausbeuten zwischen 40 und 95% [42, 43]. 96% Ausbeute an einer Mischung aus $C_4H_9SnCl_3$ und $C_4H_9SnJ_3$ werden erreicht bei der Reaktion zwischen $SnCl_2$ und C_4H_9J in Butanol in Gegenwart von Mg nach 15stündigem Rückflußkochen [44]. An weiteren Bedingungen für die Synthese von $C_4H_9SnCl_3$ aus $SnCl_2$ und C_4H_9Cl werden angegeben: Autoklav, 12 h bei 175°C, Mg, J_2 und $S_2(C_4H_9)_2$ als Katalysator [45], Autoklav, 5 h bei 200°C in Anilin [46], oberhalb 100°C mit Antimontriorganylen als Katalysator [47].

Butylzinntrichlorid entsteht ferner als Abbauprodukt bei der UV-Bestrahlung von $(C_4H_9)_3SnCl$ [48], bei der Komproportionierung zwischen $SnCl_4$ und $Ge(C_4H_9)_4$ ohne Lösungsmittel bei 210°C [49, 50] und zwischen $GeCl_4$ und $Sn(C_4H_9)_4$ [50], bei der Reaktion von $C_4H_9SnJ_3$ mit Cl_2 bei 100°C [51], von $(C_4H_9SnOOH)_x$ mit HCl [52, 53], von $[(C_4H_9)_2SnO]_x$ mit HCl und $CH_3C(O)OC_6H_5$ im Verlauf von 5 h bei 160°C [54], von $(C_4H_9)_3SnOOCCH_3$ mit konzentrierter Salzsäure beim Erhitzen [55], von $C_4H_9Sn(SCH_2C_6H_5)_3$ mit gasförmigem Chlorwasserstoff bei 180°C in o-Dichlorbenzol in 100%iger Ausbeute [56].

$C_4H_9SnCl_3$ kann mit $(C_4H_9O)_3PO$ aus wäßriger Phase extrahiert werden [57]. In Wasser gelöstes $C_4H_9SnCl_3$ kann quantitativ wiedergewonnen werden, wenn der gesättigten Lösung $CaCl_2$ hinzugefügt wird und die Lösung erhitzt wird [58, 59].

Analyse. Zur Analyse und Trennung von Butylzinntrichlorid in bzw. aus Gemischen mit anderen Organozinnverbindungen werden viele Methoden angewandt. So entsteht beim Versetzen eines Gemisches aus $C_4H_9SnCl_3$ und $(C_4H_9)_2SnCl_2$ bei einem pH-Wert zwischen 1.2 und 2.2 mit Brenzkatechinviolett nur der blaue Monobutylzinnbrenzkatechinviolett-Komplex. Durch Titration mit Chelaplex III wird dieser Komplex zerstört. Der Endpunkt wird durch Farbumschlag nach Rot kenntlich [60]. $C_4H_9SnCl_3$ kann in Wasser im ppm- und ppb-Bereich durch Ionenaustauschchromatographie bestimmt werden [61]. Weitere Bestimmungs- und Trennungsverfahren mit Hilfe der Papierchromatographie s. bei [62 bis 64], mit Hilfe der Dünnschichtchromatographie s. bei [48, 65 bis 69], speziell in PVC s. bei [70], mit Hilfe der Radiodünnschichtchromatographie s. bei [9, 10], mit Hilfe der Gaschromatographie s. bei [71 bis 77], mit Hilfe der Potentiometrie s. bei [78], mit Hilfe der Amperometrie s. bei [79], mit Hilfe der Oszillopolarographie s. bei [80], ganz allgemein mit Hilfe der Polarographie s. bei [81, 82].

Literatur:

[1] K. C. Eberly, G. E. P. Smith, H. E. Alberty, Firestone Tire and Rubber Co. (U.S.P. 2560042 [1951]; C.A. **1952** 1581). — [2] M and T Chemicals, Inc. (D.P. 1693112 [1966]). — [3] M and T Chemicals, Inc. (B.P. 1084076 [1965]). — [4] M and T Chemicals, Inc. (F.P. 1434534 [1965]). — [5] M and T Chemicals, Inc. (Neth. Appl. 65-04500 [1964/65]; C.A. **64** [1966] 8240).

[6] M and T Chemicals, Inc. (U.S.P. 3355468 [1965]). — [7] G. J. M. van der Kerk, J. G. Noltes, J. G. A. Luijten (J. Appl. Chem. [London] **7** [1957] 366/9). — [8] R. Kuschk (D.P. [DDR] 20270 [1960]; C.A. **56** [1962] 3514). — [9] D. Klötzer (ZfK-294 [1975] 98/9). — [10] D. Klötzer (Isotopenpraxis **12** [1976] 128/32).

[11] M. Buschhoff, K. H. Müller, Schering A.-G. (Deut. Offenlegungsschrift 2444786 [1974/76]; C.A. **85** [1976] Nr. 33188). — [12] M. Buschhoff, K. H. Müller, Schering A.-G. (Deut. Offenlegungsschrift 2304617 [1973/74]; C.A. **81** [1974] Nr. 152418). — [13] W. P. Neumann, G. Burkhardt, Studiengesellschaft Kohle m.b.H. (U.S.P. 3248411 [1961/64]). — [14] Studiengesellschaft Kohle m.b.H. (B.P. 958085 [1961/64]). — [15] Studiengesellschaft Kohle m.b.H. (F.P. 1318310 [1961/63]; C.A. **59** [1963] 2858).

[16] W. P. Neumann, G. Burkhardt, Studiengesellschaft Kohle m.b.H. (D.P. 1161893 [1961/64]). — [17] V. Oakes, C. Jankowski, Pure Chemicals, Ltd. (D.P. 1222503 [1963/66]; C.A. **65** [1966] 13763). — [18] C. R. Gloskey, Metal and Thermit Corp. (U.S.P. 2718522 [1955]; C.A. **1956** 8709). — [19] E. W. Johnson, J. M. Church, Metal and Thermit Corp. (U.S.P. 2599557 [1952]; C.A. **1953** 1728). — [20] E. W. Johnson, J. M. Church, Metal and Thermit Corp. (U.S.P. 2672471 [1954]; C.A. **1955** 2483).

[21] E. W. Johnson, J. M. Church, Metal and Thermit Corp. (B.P. 710224 [1954]; C.A. **1955** 5512). — [22] B. Mathiasch (Z. Anorg. Allgem. Chem. **403** [1974] 225/30). — [23] C. K. Banks, M and T Chemicals, Inc. (U.S.P. 3297732 [1963/67]; C.A. **66** [1967] Nr. 115807). — [24] J. G. Noltes, G. J. M. van der Kerk (Functionally Substituted Organotin Compounds, Tin Research Institute, Greenford 1958, S. 1/128). — [25] W. P. Neumann, G. Burkhardt (Liebigs Ann. Chem. **663** [1963] 11/31).

[26] Carlisle Chemical Works, Inc. (Neth. Appl. 65-13659 [1964/66]; C.A. **65** [1966] 7218). — [27] Metal and Thermit Corp. (B.P. 739883 [1955]; C.A. **1956** 13986). — [28] W. P. Tucker (Inorg. Nucl. Chem. Letters **4** [1968] 83/6). — [29] T. G. Kugele, D. H. Parker, Cincinnati Milacron Chemicals, Inc. (U.S.P. 3862198 [1974/75]; C.A. **82** [1975] Nr. 171205). — [30] W. P. Neumann, Studiengesellschaft Kohle m.b.H. (D.P. 1177158 [1962/64]; C.A. **61** [1964] 14711).

[31] V. I. Shiryaev, E. M. Stepina, L. V. Makhalkina, V. F. Mironov (Zh. Prikl. Khim. **48** [1975] 2107 nach C.A. **83** [1975] Nr. 206389). — [32] Albright and Wilson, Ltd. (Neth. Appl. 65-12145 [1964/66]; C.A. **65** [1966] 8962). — [33] Albright and Wilson, Ltd. (F.P. 1446994 [1964/66]). — [34] Albright and Wilson, Ltd. (D.P. 1277255 [1964/66]). — [35] Albright and Wilson, Ltd. (U.S.P. 3415857 [1964/66]).

[36] Albright and Wilson, Ltd. (B.P. 1115646 [1964/66]). — [37] T. Onuma, T. Inone, O. Uno, Y. Kawai, Sanko Co., Ltd. (Japan.P. 72-41337 [1967/72]; C.A. **78** [1973] Nr. 29999). — [38] H. Matsuda, H. Taniguchi, S. Matsuda (Kogyo Kagaku Zasshi **64** [1961] 541/3 nach C.A. **57** [1962] 3469). — [39] J. W. G. van den Hurk, Nederlandse Centrale Organisatie voor Toegepast-Natuurwetenschappelijk Onderzoek (D.P. 1768914 [1967/72]; C.A. **77** [1972] Nr. 140293). — [40] Nederlandse Centrale Organisatie voor Toegepast-Natuurwetenschappelijk Onderzoek (Neth. Appl. 67-09983 [1967/69]; C.A. **70** [1969] Nr. 115338).

[41] J. W. G. van den Hurk, Nederlandse Centrale Organisatie voor Toegepast-Natuurwetenschappelijk Onderzoek (U.S.P. 3595892 [1967/71]). — [42] S. Matsuda, H. Kudara, Chugoku Marine Paints, Ltd. (Deut. Offenlegungsschrift 2545065 [1975/76]; C.A. **86** [1977] Nr. 106782). — [43] S. Matsuda, H. Kudara, Chugoku Marine Paints, Ltd. (Japan. Kokai 76-118730 [1975/76]; C.A. **86** [1977] Nr. 106784). — [44] Y. Ozaki, H. Hagiwara, K. Tsubone, A. Matsuoka, Yoshitomi Pharmaceutical Industries, Ltd. (Japan. Kokai 75-32130 [1973/75]; C.A. **83** [1975] Nr. 164376). — [45] Albright and Wilson, Ltd. (Neth. Appl. 65-04226 [1964/65]; C.A. **64** [1966] 8240).

[46] M and T Chemicals, Inc. (Neth. Appl. 65-06444 [1964/65]; C.A. **64** [1966] 11251). — [47] E. J. Bulten, Nederlandse Centrale Organisatie voor Toegepast-Natuurwetenschappelijk Onderzoek (Deut. Offenlegungsschrift 2228855 [1971/72]; C.A. **78** [1973] Nr. 97810). — [48] H. Wog-

gon, D. Jehle (Nahrung **17** [1973] 739/48). — [49] E. J. Bulten, W. Drenth (J. Organometal. Chem. **61** [1973] 179/90). — [50] J. G. A. Luijten, F. Rijkens (Rec. Trav. Chim. **83** [1964] 857/62).

[51] H. Kodama, T. Akira, T. Sasakura, Toyama Chemical Industry Co., Ltd. (Japan.P. 63-11975 [1960/63]; C.A. **59** [1963] 14023). — [52] K. Saruto, Y. Ozaki, N. Kaneko, Yoshitomi Pharmaceutical Industries, Ltd. (Japan.P. 69-08489 [1966/69]; C.A. **71** [1969] Nr. 39185). — [53] K. Ando, K. Tsubone, M. Suenobu, Yoshitomi Pharmaceutical Industries, Ltd. (Japan. Kokai 74-14428 [1972/74]; C.A. **81** [1974] Nr. 4075). — [54] S. Matsuda, H. Matsuda (Japan.P. 69-04967 [1966/69]; C.A. **71** [1969] Nr. 124673). — [55] Y. Yamaji, Y. Nakagawa, H. Matsuda, S. Matsuda (Kogyo Kagaku Zasshi **74** [1971] 735/8 nach C.A. **75** [1971] Nr. 49257).

[56] B. W. Rockett, M. Hadlington, W. R. Poyner (J. Appl. Polymer Sci. **18** [1974] 745/52). — [57] K. Winkler, I. Korsch (Z. Chem. [Leipzig] **7** [1967] 112/3). — [58] W. A. Larkin, J. W. Bouchoux, M and T Chemicals, Inc. (U.S.P. 3931264 [1974/76]; C.A. **84** [1976] Nr. 105773). — [59] J. W. Bouchoux, W. A. Larkin, M and T Chemicals, Inc. (Belg.P. 836831 [1975/76]; C.A. **86** [1977] Nr. 55584). — [60] J. Efer, D. Quaas, W. Spichale (Z. Chem. [Leipzig] **5** [1965] 390/1).

[61] G. Neubert, H. Andreas (Z. Anal. Chem. **280** [1976] 31). — [62] D. J. Williams, J. W. Price (Analyst **89** [1964] 220/2). — [63] D. J. Williams, J. W. Price (Analyst **85** [1960] 579/82). — [64] Y. Tanaka, T. Morikawa (Bunseki Kagaku **13** [1964] 753/9 nach C.A. **61** [1964] 11338). — [65] J. Koch, K. Figge (J. Chromatog. **109** [1975] 89/100).

[66] H. Akagi, R. Takeshita, Y. Sakagami (Koshu Eiseiin Kenkyu Hokoku **19** [1970] 185/92). — [67] P. P. H. L. Otto, H. M. J. C. Cremers, J. G. A. Luijten (J. Labelled Compounds **2** [1967] 339/48). — [68] H. Akagi, M. Fujita, Y. Sakagami (Shokuhin Eiseigaku Zasshi **13** [1972] 85/8 nach C.A. **77** [1972] Nr. 124877). — [69] K. Bürger (Z. Anal. Chem. **192** [1963] 280/6). — [70] H. Woggon, H. Säuberlich, W. J. Uhde (Z. Anal. Chem. **206** [1972] 268/74).

[71] H. Geißler, H. Kriegsmann (Proc. 3rd Anal. Chem. Conf., Budapest 1970, Bd. 2, S. 21/5 nach C.A. **74** [1971] Nr. 38136). — [72] H. Geißler, H. Kriegsmann (Z. Chem. [Leipzig] **5** [1965] 423/4). — [73] H. Geißler, H. Kriegsmann (Z. Chem. [Leipzig] **4** [1964] 354/5). — [74] J. Franc, M. Wurst, V. Moudry (Collection Czech. Chem. Commun. **26** [1961] 1313/9). — [75] G. G. Devyatykh, V. A. Umilin, Yu. N. Tsinovoi (Tr. po Khim. i Khim. Tekhnol. **1968** Nr. 2, S. 82/5).

[76] M. Barnard, P. J. Smith, R. F. M. White (J. Organometal. Chem. **77** [1974] 189/97). — [77] V. A. Chernoplekova, N. N. Zemlyanskii, N. D. Kolosova, K. A. Kocheshkov (Izv. Akad. Nauk SSSR Ser. Khim. **1975** 2803/5; Bull. Acad. Sci. USSR Div. Chem. Sci. **1975** 2691/3). — [78] G. Tagliavini, P. Zanella (Anal. Chim. Acta **40** [1968] 33/9). — [79] A. P. Kreshkov, V. A. Bork, P. I. Selivokhin (Zh. Analit. Khim. **25** [1970] 1202/5; J. Anal. Chem. USSR **25** [1970] 1039/41). — [80] T. Geyer, U. Rotermund (Acta Chim. [Budapest] **59** [1969] 201/10).

[81] K. Issleib, H. Matschiner, S. Naumann (Talanta **15** [1968] 379/84). — [82] V. A. Bork, P. I. Selivokhin (Plasticheskie Massy **1969** Nr. 10, S. 60/1 [englisch S. 62/4]).

1.3.2.3.5.2 Molekül. Spektren

The Molecule. Spectra

Für das Dipolmoment von $C_4H_9SnCl_3$ werden 4.27 D [1] und 4.32 D angegeben [2].

Das ^{1}H-NMR-Spektrum von $C_4H_9SnCl_3$ ist vom $A_3B_2C_2D_2X$-Typ. Die Signale der B- und C-Protonen ergeben ein nicht aufgelöstes Multiplett. Angegeben werden: $\tau_\alpha = 7.70$, mit $^2J(H^{117/119}Sn) = 85/88$ Hz und $\tau_\beta = 8.14$ mit $^3J(H^{117/119}Sn) = 200/210$ Hz [3]. Für die Differenz der chemischen Verschiebung $\delta CH_3 - \delta CH_2$ werden in Substanz 1.25 ppm und in den Lösungsmitteln H_2O, CCl_4, HCl- und KCl-Lösung Werte zwischen 0.74 und 1.43 ppm angegeben [4].

^{13}C-NMR-Parameter: $\delta C_\alpha = -33.7$ ppm, $^1J(CSn) = 645$ Hz, $\delta C_\beta = -26.7$ ppm, $^2J(CSn) = 40$ Hz, $\delta C_\gamma = -25.4$ ppm, $^3J(CSn) = 120$ Hz, $\delta C_\delta = -13.1$ ppm in Substanz, $\delta C_\alpha = -44.8$ ppm, $^1J(CSn) = 1120$ Hz, $\delta C_\beta = -28.8$ ppm, $^2J(CSn) = 72$ Hz, $\delta C_\gamma = -26.2$ ppm, $^3J(CSn) = 230$ Hz, $\delta C_\delta = -14.8$ ppm [5, 6].

Die chemische Verschiebung $\delta^{119}Sn$ beträgt in Substanz, jeweils gegen $Sn(CH_3)_4$: 1.4 ± 0.2 ppm [7], 3 ± 1 ppm bei 27°C [8, 9], 4.6 ppm [6] und in CCl_4: −6 ppm [10, 11].

Im ^{35}Cl-NQR-Spektrum erscheinen drei Linien um 20.327 MHz [12]. Als genaue Werte werden angegeben: 20.012 MHz, 20.448 MHz und 20.521 MHz mit $|e^2Qq_{zz}|=40.654$ MHz [13]. Von anderen Autoren werden bei 77 K zwei Linien bei 21.688 und 21.436 MHz beobachtet mit einer Kopplungskonstante von 43.124 MHz [14]. Vergleiche der Ladung auf dem Cl-Atom in verschiedenen Organozinnhalogeniden mit den NQR-Kooplungskonstanten s. bei [15], Korrelation der NQR-Daten mit Mössbauer-Daten s. bei [16].

Für die Isomerieverschiebung δ im Mössbauer-Spektrum werden angegeben: 1.31 mm/s [17], 1.3210 ± 0.006 mm/s [16], 1.37 mm/s [18], 1.38 mm/s [19], 1.70 ± 0.10 mm/s [20], jeweils gegen SnO_2. Quadrupolkopplungskonstante $\Delta=1.83$ mm/s [17], 1.86 mm/s [19], 1.945 ± 0.009 mm/s [16], 1.95 mm/s [18] und 3.40 ± 0.10 mm/s [20]. Korrelationen mit NQR-Daten s. bei [16]. Del Re-Berechnungen s. bei [21].

Das IR- und das Raman-Spektrum von $C_4H_9SnCl_3$ ist mit den Zuordnungen in Tabelle 50 zusammengestellt [22]. Im fernen IR wurden außerdem Banden für die νSnCl-Schwingung bei 378 cm^{-1} (st) und 367 cm^{-1} (Sch) gefunden [23, 24]. Eine Abbildung des IR-Spektrums zwischen 4000 und 650 cm^{-1} s. bei [25]. Weitere Angaben über die IR- und Raman-Spektren von $C_4H_9SnCl_3$ s. bei [26]. Vergleiche von einzelnen Banden in den in Wasser, HCl-Lösung, Dioxan und Benzol gemessenen Spektren s. bei [4]. Diskussion der Zuordnungen zu den einzelnen Schwingungen der trans- und gauche-Isomeren s. bei [27 bis 29]. Aus dem IR-Spektrum geht hervor, daß die Stärke der Sn-C-Bindung in Butylzinnchloriden von der Anzahl der Halogenatome abhängig ist. Bei Einführung von Halogen wird die Sn-C-Bindung gefestigt [29].

Tabelle 50

IR- und Raman-Spektrum von $C_4H_9SnCl_3$.

Zuordnung	ν in cm^{-1} IR (flüssig)	Raman (flüssig)
$\delta(CSnCl_3)$, ν_6	—	117(4)
δ_s und $\delta_{as}(SnCl_3)$, ν_2, ν_5	—	128(5)
δ(Butylskelett)	—	211(3)
	—	245(3)
	—	267(1)
ν_{as} und $\nu_s(SnCl_3)$, ν_1, ν_4	—	355(10)
δ(Butylskelett)	409 s	411(0)
	432 s	—
	453 s	452(1)
ν(SnC), ν_3, Isomer I	519 m	521(5)
ν(SnC), ν_3, Isomer II	596 s	599(6)
$\rho(CH_2)$, Isomer II	685 st	—
$\rho(CH_2)$, Isomer I	715 st	713(1)
$\rho(CH_2)$	751 m	750(0)
	771 s	772(0)
	780 Sch	—
	850 s	850(1)
$\rho(CH_3)$	875 Sch	866(1)
	883 st	885(1)

Tabelle 50 (Fortsetzung)

Zuordnung	ν in cm^{-1} IR (flüssig)	Raman (flüssig)
ν(CC)	961 st	956(1)
	989 s	994(1)
	1000 s	—
	1027 m	—
	1051 s	1045(1)
	1083 st	1083(1)
$\tau(CH_2)$, $w(CH_2)$	1150 st	1151(5)
	1176 st	1175(4)
	1195 Sch	—
	1249 st	1247(1)
	1290 Sch	—
	1296 m	1294(1)
	—	1310(1)
	1346 m	1338(1)
	1367 s	1355(1)
$\delta_s(CH_3)$	1385 st	1379(0)
$\delta(CH_2)$	1402 m	1400(0)
	1416 m	—
$\delta_{as}(CH_3)$ und $\delta(CH_2)$	1456 Sch	1445(2)
	1467 st	1461(1)
$\nu_s(CH_2)$	2860 st	2863(3)
$\nu_s(CH_3)$	2877 st	2877(3)
$\nu_{as}(CH_2)$	2931 st	2925(5)
	—	2934(5)
$\nu_{as}(CH_3)$	2963 st	2970(3)

Nicht zugeordnete Banden sowie Kombinations- und Oberschwingungen s. im Original [22].

Bei der Photolyse von $C_4H_9SnCl_3$ werden n-Butyl-Radikale erzeugt, wie ESR-spektroskopisch gezeigt werden konnte [30].

Eine massenspektroskopische Untersuchung von $C_4H_9SnCl_3$ ist im Zusammenhang mit der Diskussion der relativen Stärke der Sn-C-Bindungen in n-Butylzinnhalogeniden angestellt worden. Aus der relativen Häufigkeit der Molekül-Ionen und verschiedener Fragment-Ionen geht hervor, daß, wie bereits aus den Raman-Spektren entnommen, die Wahrscheinlichkeit der Spaltung der Sn-C-Bindung mit höherer Halogenierung abnimmt [29].

Literatur:

[1] J. Lorberth, H. Nöth (Chem. Ber. **98** [1965] 969/76). — [2] H. H. Huang, K. M. Hui, K. K. Chiu (J. Organometal. Chem. **11** [1968] 515/24). — [3] L. Verdonck, G. P. van der Kelen (J. Organometal. Chem. **11** [1968] 491/7). — [4] H. Geißler, R. Radeglia, H. Kriegsmann (J. Organometal. Chem. **15** [1968] 349/57). — [5] T. N. Mitchell (J. Organometal. Chem. **59** [1973] 189/97).

[6] T. N. Mitchell (Org. Magn. Resonance **8** [1976] 34/9). — [7] A. G. Davies, L. Smith, P. J. Smith (J. Organometal. Chem. **39** [1972] 279/88). — [8] J. J. Burke, P. C. Lauterbur (J. Am. Chem. Soc. **83** [1961] 326/31). — [9] B. K. Hunter, L. W. Reeves (Can. J. Chem. **46** [1968] 1399/414). — [10] A. P. Tupciauskas, N. M. Sergeev, Yu. A. Ustynyuk (Org. Magn. Resonance **3** [1971] 655/9).

[11] A. P. Tupciauskas, N. M. Sergeev, Yu. A. Ustynyuk (Lietuvos Fiz. Rinkinys **11** [1971] 93/105). — [12] P. J. Green (Diss. West Virginia Univ. 1967, S. 1/139 nach Diss. Abstr. B **28** [1968] 4897). — [13] P. J. Green, J. D. Graybeal (J. Am. Chem. Soc. **89** [1967] 4305/8). — [14] E. D. Swiger, J. D. Graybeal (J. Am. Chem. Soc. **87** [1965] 1464/6). — [15] R. Gupta, B. Majee (J. Organometal. Chem. **33** [1971] 169/73).

[16] N. W. G. Debye, M. Linzer (J. Chem. Phys. **61** [1974] 4770/6). — [17] N. W. G. Debye, E. Rosenberg, J. J. Zuckerman (J. Am. Chem. Soc. **90** [1968] 3234/6). — [18] F. P. Mullins (Can. J. Chem. **48** [1970] 1677/81). — [19] A. G. Davies, L. Smith, P. J. Smith (J. Organometal. Chem. **23** [1970] 135/42). — [20] A. Yu. Aleksandrov, N. N. Delyagin, K. P. Mitrofanov, L. S. Polak, V. S. Shpinel (Dokl. Akad. Nauk SSSR **148** [1963] 126/8; Dokl. Phys. Chem. Proc. Acad. Sci. USSR **148/153** [1963] 1/3).

[21] R. Gupta, B. Majee (J. Organometal. Chem. **49** [1973] 203/11). — [22] H. Geißler, H. Kriegsmann (J. Organometal. Chem. **11** [1968] 85/95). — [23] R. J. H. Clark, C. S. Williams (Spectrochim. Acta **21** [1965] 1861/8). — [24] R. J. H. Clark, A. G. Davies, R. S. Puddephatt (J. Chem. Soc. A **1968** 1828/34). — [25] R. A. Cummins, P. Dunn (Australia Commonwealth Dept. Supply Defense Std. Lab. Rept. Nr. 266 [1963] 106 S.).

[26] H. Geißler, H. Kriegsmann (Z. Chem. [Leipzig] **5** [1965] 423/4). — [27] R. A. Cummins (Australian J. Chem. **16** [1963] 985/8). — [28] R. A. Cummins (Australian J. Chem. **18** [1965] 985/92). — [29] B. Matthiasch (Z. Anorg. Allgem. Chem. **403** [1974] 225/30). — [30] E. G. Janzen, B. J. Blackburn (J. Am. Chem. Soc. **91** [1969] 4481/90).

Physical Properties

1.3.2.3.5.3 Physikalische Eigenschaften

$C_4H_9SnCl_3$ ist eine farblose Flüssigkeit, für die sehr unterschiedliche Siedepunkte angegeben werden. Die niedrigeren Werte sind wohl auf Verunreinigungen durch $(C_4H_9)_2SnCl_2$, $(C_4H_9)_3SnCl$ oder $Sn(C_4H_9)_4$ zurückzuführen. Folgende Siedepunkte werden angegeben: 44 bis 45°C/0.1 Torr [1, 2], 45°C/1 Torr [3], 45°C/0.1 Torr [4 bis 7], 48 bis 50°C/0.2 Torr [8], 68°C/1 Torr [9], 88 bis 90°C/8 Torr [10], 90°C/0.2 Torr [11], 92 bis 93°C/10 Torr [12], 93°C/10 Torr [13 bis 16], 94°C/11 Torr [17], 96 bis 104°C/2 Torr [18], 97.5 bis 98.5°C/11 Torr [19], 100 bis 102°C/14 Torr [18], 101°C/10 Torr [20], 102 bis 103°C/12 Torr [21], 102 bis 104°C/19 Torr [18], 109°C/10 Torr [22], 111°C/16 Torr [23], 111 bis 120°C/15 Torr [24] und 121 bis 129°C/29 Torr [25].

Der Brechungsindex beträgt n_D^{20} = 1.520 [18], 1.521 [18], 1.5220 [10], 1.523 [18], 1.5233 [11].

Die Oberflächenspannung beträgt bei 20°C 32.6 dyn/cm, bei 50°C 30.2 und bei 100°C 26.1 dyn/cm [26]. Für die diamagnetische Suszeptibilität wird ein Wert von $\chi_{mol} = -144.0 \times 10^{-6}$ cm³/mol gefunden [27].

Literatur:

[1] J. Lorberth, H. Nöth (Chem. Ber. **98** [1965] 969/76). — [2] W. P. Neumann, G. Burkhardt (Liebigs Ann. Chem. **663** [1963] 11/21). — [3] W. P. Neumann, Studiengesellschaft Kohle m.b.H. (D.P. 1177158 [1962/64]; C.A. **61** [1964] 14711). — [4] W. P. Neumann, G. Burkhardt, Studiengesellschaft Kohle m.b.H. (D.P. 1161893 [1961/64]). — [5] Studiengesellschaft Kohle m.b.H. (B.P. 958085 [1961/64]).

[6] W. P. Neumann, G. Burkhardt, Studiengesellschaft Kohle m.b.H. (U.S.P. 3248411 [1961/64]). — [7] Studiengesellschaft Kohle m.b.H. (F.P. 1318310 [1961/63]; C.A. **59** [1963] 2858). — [8] M. Barnard, P. J. Smith, R. F. M. White (J. Organometal. Chem. **77** [1974] 189/97). — [9] H. Geißler, R. Radeglia, H. Kriegsmann (J. Organometal. Chem. **15** [1968] 349/57). — [10] K. S. Minsker, G. T. Fedoseeva, T. B. Zavarova, E. O. Krats (Vysokomol. Soedin. A **13** [1971] 2265/78; Polymer Sci. [USSR] A **13** [1971] 2544/60).

[11] P. Dunn, T. Norris (Australia Commonwealth Dept. Supply Defense Std. Lab. Rept. Nr. 269 [1964] 1/21 nach C.A. **61** [1964] 3134). — [12] H. Kodama, T. Akira, S. Toshisuke, Toyama Chemical Industry Co., Ltd. (Japan.P. 63-11975 [1960/63]; C.A. **59** [1963] 14023). — [13] J. Franc, M. Wurst, V. Moudry (Collection Czech. Chem. Commun. **26** [1961] 1313/9). — [14] E. W. Johnson, J. M. Church, Metal and Thermit Corp. (U.S.P. 2599557 [1952]; C.A. **1953** 1728). — [15] E. W. Johnson, J. M. Church, Metal and Thermit Corp. (U.S.P. 2672471 [1954]; C.A. **1955** 2483).

[16] E. W. Johnson, J. M. Church, Metal and Thermit Corp. (B.P. 710224 [1954]; C.A. **1955** 5512). — [17] V. Oakes, C. Jankowski, Pure Chemicals, Ltd. (D.P. 1222503 [1963/66]; C.A. **65** [1966] 13763). — [18] J. G. A. Luijten, F. Rijkens (Rec. Trav. Chim. **83** [1964] 857/62). — [19] A. G. Davies, L. Smith, P. J. Smith (J. Organometal. Chem. **23** [1970] 135/42). — [20] Carlisle Chemical Works, Inc. (Neth. Appl. 65-13659 [1964/66]; C.A. **65** [1966] 7218).

[21] G. J. M. van der Kerk, J. G. Noltes, J. G. A. Luijten (J. Appl. Chem. [London] **7** [1957] 366/9). — [22] V. A. Chernoplekova, N. N. Zemlyanskii, N. D. Kolosova, K. A. Kocheshkov (Izv. Akad. Nauk SSSR Ser. Khim. **1975** 2803/5; Bull. Acad. Sci. USSR Div. Chem. Sci. **1975** 2691/3). — [23] B. Mathiasch (Z. Anorg. Allgem. Chem. **403** [1974] 225/30). — [24] J. G. Noltes, G. J. M. van der Kerk (Functionally Substituted Organotin Compounds, Tin Research Institute, Greenford 1958, S. 1/128). — [25] K. Saruto, Y. Ozaki, N. Kaneko, Yoshitomi Pharmaceutical Industries, Ltd. (Japan.P. 69-08489 [1966/69]; C.A. **71** [1969] Nr. 39185).

[26] W. Spichale, H. Kapitza, H. Utschick (Z. Chem. [Leipzig] **7** [1967] 442). — [27] E. W. Abel, R. P. Bush, C. R. Jenkins (Trans. Faraday Soc. **60** [1964] 1214/9).

1.3.2.3.5.4 Polarographie

Polarography

Butylzinntrichlorid zeigt in einer Grundlösung von 0.5 M $NaClO_4$ drei polarographische Stufen, und zwar bei −0.67 V, −1.10 V und −1.65 V. Bei der Reduktion der Verbindung an der Quecksilberoberfläche wird $(C_4H_9Sn)_x$ gebildet [1]. Untersuchungen des elektrochemischen Adsorptionsverhaltens an der Hg-Tropfelektrode s. bei [2]. Untersuchungen zur Kapazitätserniedrigung in alkoholischen Leitelektrolyten s. bei [3]. Das Scheitelpotential beträgt −0.50 V [4].

Literatur:

[1] H. Mehner, H. Jehring, H. Kriegsmann (J. Organometal. Chem. **15** [1968] 107/15). — [2] H. Jehring, H. Mehner, H. Kriegsmann (J. Organometal. Chem. **17** [1969] 53/63). — [3] H. Jehring, H. Mehner (Z. Anal. Chem. **224** [1967] 136/43). — [4] H. Mehner, H. Jehring, H. Kriegsmann (J. Organometal. Chem. **15** [1968] 97/105).

1.3.2.3.5.5 Chemisches Verhalten

Chemical Reactions

1.3.2.3.5.5.1 Radiolyse

Radiolysis

Die γ-Bestrahlung von Lösungen von $C_4H_9SnCl_3$ in Hexan führt zur Bildung eines schwarzen, teerigen Stoffes. Ein ebenso beschaffener Rückstand wird erhalten, wenn $C_4H_9SnCl_3$ in Gegenwart von C_6HF_5 der γ-Bestrahlung ausgesetzt wird [1]. Bestrahlt man Lösungen von Di-tert-butylperoxid und $C_4H_9SnCl_3$ in Toluol bei −30°C mit UV-Licht, so greift das entstehende tert-Butoxy-Radikal direkt am Sn-Atom unter Abspaltung eines Butyl-Radikals an, das durch ESR-Spektroskopie nachgewiesen werden kann [2].

Literatur:

[1] P. Dunn, D. Oldfield (J. Organometal. Chem. **54** [1973] C11/C12). — [2] A. G. Davies, J. C. Scaiano (J. Chem. Soc. Perkin Trans. II **1973** 1777/80).

Reactions with Hydrogenating Agents

1.3.2.3.5.5.2 Reaktionen mit Hydrierungsmitteln

Die Umsetzung von $C_4H_9SnCl_3$ mit $LiAlH_4$ [1] oder $(C_2H_5)_2AlH$ [2] in Diäthyläther bzw. mit $NaBH_4$ in Diglyme [3] verläuft unter Bildung von $C_4H_9SnH_3$. Als Wasserstoffüberträger wurde $C_4H_9SnCl_3$ bei der Reaktion von Cyclohexylbromid mit Lithiumalanat benützt. Es wird angenommen, daß primär $C_4H_9SnH_3$ entsteht, welches seinerseits die Bildung von Cyclohexan bewirkt [4].

Literatur:

[1] J. G. Noltes, G. J. M. van der Kerk (Functionally Substituted Organotin Compounds, Tin Research Institute, Greenford 1958, S. 1/128). — [2] W. P. Neumann, H. Niermann (Liebigs Ann. Chem. **653** [1962] 164/72). — [3] E. R. Birnbaum, P. H. Javora (J. Organometal. Chem. **9** [1967] 379/82). — [4] H. G. Kuivila, L. W. Menapace (J. Org. Chem. **28** [1963] 2165/7).

Reactions with Alkylating Agents

1.3.2.3.5.5.3 Reaktionen mit Alkylierungsmitteln

Die Überführung von $C_4H_9SnCl_3$ in $Sn(C_4H_9)_4$ gelingt besonders gut durch eine verbesserte Wurtz-Synthese. Hierbei wird $Sn(C_4H_9)_4$ als Lösungsmittel und Natrium in Form eines speziellen Granulates eingesetzt. Die Reaktion von $C_4H_9SnCl_3$ mit Na und C_4H_9Cl verläuft so mit Ausbeuten von etwa 90% an $Sn(C_4H_9)_4$ [1]. Die Umsetzung von $C_4H_9SnCl_3$ mit Mg und C_4H_9Cl in Toluol unter Zugabe geringer Mengen an C_2H_5Br und Diäthyläther ergibt bei Temperaturen zwischen 65 und 185°C große Ausbeuten an $(C_4H_9)_3SnCl$ neben wenig $(C_4H_9)_2SnCl_2$ und $Sn(C_4H_9)_4$ [2, 3]. $Al(C_4H_9)_3$ und $C_4H_9SnCl_3$ reagieren exotherm zu $(C_4H_9)_3SnCl$ und $Sn(C_4H_9)_4$ [4]. In Isooctan und in N_2-Atmosphäre entsteht nur $(C_4H_9)_3SnCl$ [5]. Mit $CH_2{=}CHMgBr$ wird eine vollständige Alkylierung von $C_4H_9SnCl_3$ unter Bildung von $C_4H_9Sn(CH{=}CH_2)_3$ erreicht [6]. $CH_2{=}N_2$ setzt sich mit $C_4H_9SnCl_3$ in Diäthyläther bei −5°C zu $C_4H_9SnCl(CH_2Cl)_2$ um [7]. Die Umsetzung von 2-$C_7H_{11}MgBr$ mit C_4H_9SnCl im Molverhältnis 3:1 liefert $C_4H_9Sn(2\text{-}C_7H_{11})_3$ [8].

Literatur:

[1] G. Rulewicz, K. Trautner, U. Thust (Chem. Tech. [Leipzig] **25** [1973] 284/6). — [2] H. E. Ramsden, C. R. Gloskey, Metal and Thermit Corp. (U.S.P. 2675399 [1954]; C.A. **1955** 5512). — [3] H. E. Ramsden, C. R. Gloskey (B.P. 740274 [1955]; C.A. **1956** 7132). — [4] W. K. Johnson (J. Org. Chem. **25** [1960] 2253/4). — [5] W. K. Johnson, Monsanto Chemical Co. (U.S.P. 3036103 [1959/62]; C.A. **57** [1962] 13802).

[6] V. A. Yashkov, N. A. Plate (UdSSR P. 352905 [1971/72]; C.A. **78** [1973] Nr. 43712). — [7] D. Seyferth, E. G. Rochow (J. Am. Chem. Soc. **77** [1955] 1302/4). — [8] M. H. Gitlitz, M and T Chemicals, Inc. (U.S.P. 3781316 [1972/73]; C.A. **80** [1974] Nr. 60042).

Reactions with Organotin Compounds

1.3.2.3.5.5.4 Reaktionen mit Organozinnverbindungen

Die Reaktionen von $C_4H_9SnCl_3$ mit $(C_4H_9)_3SnH$, $(C_4H_9)_2SnH_2$ bzw. $(C_4H_9)_2SnHCl$ führen bei einem großen Überschuß an Organozinnhydrid in jedem Falle zu $C_4H_9SnH_3$. Wendet man umgekehrt in allen drei Fällen $C_4H_9SnCl_3$ in großem Überschuß an, so wird immer $C_4H_9SnHCl_2$ erhalten. Versucht man durch Umsetzung der jeweiligen stöchiometrischen Mengen an Butylzinntrichlorid und Butylzinnhydrid die Verbindung $C_4H_9SnH_2Cl$ darzustellen, so gelingt dies nicht. Lediglich bei der NMR-spektroskopischen Verfolgung der Reaktionsabläufe konnte das vorübergehende Auftauchen eines Signales beobachtet werden, das dieser kurzlebigen Verbindung zuzuschreiben sein könnte [1].

Weitere wichtige Reaktionen von $C_4H_9SnCl_3$ mit Organozinnverbindungen sind aus Tabelle 51 zu entnehmen.

Tabelle 51
Reaktionen von $C_4H_9SnCl_3$ mit Organozinnverbindungen.

Reaktionspartner	Reaktions-bedingungen	Reaktionsprodukte	Lit.
$Sn(CH_3)_4$	2:1; 180°C, 2 h	$(C_4H_9)(CH_3)SnCl_2$, $(CH_3)_2SnCl_2$	[2]
	1:2; 75 bis 85°C, 3 h	$(C_4H_9)(CH_3)_2SnCl$, $(CH_3)_3SnCl$	[2]
$Sn(C_2H_5)_4$	1:1; 90 bis 100°C, 3 h	$(C_4H_9)(C_2H_5)SnCl_2$, $(C_2H_5)_3SnCl$	[2]
$Sn(C_3H_7)_4$	1:1; 180 bis 190°C, 1 h	$(C_4H_9)(C_3H_7)SnCl_2$, $(C_3H_7)_3SnCl$	[2]
$(CH_3)_3SnC_4H_9$	1:2; 140°C, 2 h	$(C_4H_9)(CH_3)_2SnCl$	[3]
$(C_2H_5)_3SnC_4H_9$	1:2; 140°C, 2 h	$(C_4H_9)(C_2H_5)_2SnCl$	[3]
	2:1; 205°C, 1.5 h	$(C_4H_9)(C_2H_5)SnCl_2$	[4]
$(CH_2{=}CHCH_2)_3SnC_4H_9$	2:1; Ar, 140°C, 2 h	$(C_4H_9)(CH_2{=}CHCH_2)SnCl_2$	[4]
$(CH_2{=}CH)_3SnC_4H_9$	2:1	$(C_4H_9)(CH_2{=}CH)SnCl_2$	[5]
$(C_6H_5)_3SnC_4H_9$	2:1; 140°C, 1.5 bis 2.5 h	$(C_4H_9)(C_6H_5)SnCl_2$	[4, 6]
	2:1; UV, 4 h	$(C_4H_9)(C_6H_5)SnCl_2$	[4, 6]
	2:1; Bombenrohr, 25°C, 5 d	$(C_4H_9)(C_6H_5)SnCl_2$	[6]
	1:2; 120°C, 0.5 h; 210°C, 4 h; 150°C, 3 h	$(C_4H_9)(C_6H_5)_2SnCl$	[7]
$(2\text{-}C_4H_3S)_3SnC_4H_9$	2:1, UV, 3 h	$(C_4H_9)(2\text{-}C_4H_3S)SnCl_2$	[4]
$(CH_3)_3SnCl$	1:1; 180 bis 190°C, 3.5 h	$(C_4H_9)(CH_3)SnCl_2$, $(CH_3)_2SnCl_2$	[2]
$(CH_3O)_3SnC_4H_9$	Xylol, 50°C	$(C_4H_9)(CH_3O)_2SnCl$, $(C_4H_9)(CH_3O)SnCl_2$	[8]
$(i\text{-}C_3H_7O)_3SnC_4H_9$	1:2	$(C_4H_9)(i\text{-}C_3H_7O)_2SnCl$	[9]
	2:1	$(C_4H_9)(i\text{-}C_3H_7O)SnCl_2$	[9]
$[(C_2H_5)_3Sn]_2O$	—	$[C_4H_9SnO_{1.5}]_x$	[10]
$[R_2SnO]_x$ $R = CH_3, C_2H_5, C_6H_5$	Benzol, Rückfluß	$Cl_2(C_4H_9)SnOSnR_2Cl$	[11]
$R = C_4H_9, C_8H_{17}$	Benzol, Rückfluß	$Cl_2(C_4H_9)SnOSnR_2Cl$	[11, 12]
$(CH_3S)_3SnC_4H_9$	Benzol, 50°C	$(C_4H_9)(CH_3S)_2SnCl$, $(C_4H_9)(CH_3S)SnCl_2$	[8]
$(RS)_3SnC_4H_9$ $R = CH_2COO\text{-}i\text{-}C_8H_{17}$, $CH_2CH_2COOC_7H_{15}$	25°C	$(C_4H_9)(RS)_2SnCl$, $(C_4H_9)(RS)SnCl_2$	[13]
$[(C_4H_9)_2SnS]_3$	1:2	$(C_4H_9)_2ClSnSSn(C_4H_9)_2SSn(C_4H_9)Cl_2$	[14]
	1:1	$(C_4H_9)_2ClSnSSn(C_4H_9)Cl_2$	[14]
$[(C_2H_5)_2N]_3SnC_4H_9$	Hexan, 25°C	$(C_4H_9)[(C_2H_5)_2N]_2SnCl$, $(C_4H_9)[(C_2H_5)_2N]SnCl_2$	[8]

Literatur:

[1] A. K. Sawyer, J. E. Brown (J. Organometal. Chem. **5** [1966] 438/45). — [2] H. G. Kuivila, R. Sommer, D. C. Green (J. Org. Chem. **33** [1968] 1119/22). — [3] V. A. Chernoplekova, N. N. Zemlyanskii, N. D. Kolosova, K. A. Kocheshkov (Izv. Akad. Nauk SSSR Ser. Khim. **1975** 2803/5; Bull. Acad. Sci. USSR Div. Chem. Sci. **1975** 2691/3). — [4] L. S. Melnichenko, N. N. Zemlyanskii, V. A. Chernoplekova, K. A. Kocheshkov (Izv. Akad. Nauk SSSR Ser. Khim. **1972** 1384/6; Bull. Acad. Sci. USSR Div. Chem. Sci. **1972** 1332/4). — [5] V. A. Yashkov, N. A. Plate (UdSSR P. 352905 [1971/72]; C.A. **78** [1973] Nr. 43712).

[6] L. S. Melnichenko, N. N. Zemlyanskii, K. A. Kocheshkov (Dokl. Akad. Nauk SSSR **190** [1970] 597/9 nach C.A. **72** [1970] Nr. 111594). — [7] L. S. Melnichenko, N. N. Zemlyanskii, N. D. Kolosova, I. V. Karandi, K. A. Kocheshkov (Dokl. Akad. Nauk SSSR **198** [1971] 1094/5; Dokl. Chem. Proc. Acad. Sci. USSR **196/201** [1971] 500/1). — [8] K. Mödritzer, J. R. van Wazer, Monsanto Co. (U.S.P. 3470220 [1965/69]; C.A. **72** [1970] Nr. 12883). — [9] D. P. Gaur, G. Srivastava, R. C. Mehrotra (J. Organometal. Chem. **63** [1973] 221/31). — [10] H. H. Anderson (J. Org. Chem. **19** [1954] 1766/9).

[11] A. G. Davies, P. G. Harrison, P. R. Palan (J. Chem. Soc. C **1970** 2030/4). — [12] A. G. Davies, P. G. Harrison (J. Organometal. Chem. **7** [1967] P13/P14). — [13] R. E. Hutton, J. W. Burley (J. Organometal. Chem. **105** [1976] 61/71). — [14] A. G. Davies, P. G. Harrison (J. Chem. Soc. C **1970** 2035/8).

Reactions with Nonmetal and Metal Compounds

1.3.2.3.5.5.5 Reaktionen mit Nichtmetall- und Metallverbindungen

Die überwiegende Zahl der Arbeiten über Reaktionen von Butylzinntrichlorid mit Nichtmetallverbindungen liegt auf dem Gebiet der Hydrolyse der Verbindung. An Hand der Raman- und ^{1}H-NMR-Spektren sowie durch Messungen der Wasserstoff- und Chlor-Ionenkonzentrationen konnte nachgewiesen werden, daß Butylzinntrichlorid in Wasser stufenweise dissoziiert und hydrolisiert und dabei hydratisierte, einfach positiv geladene Ionen und neutrale Verbindungen gebildet werden. Der Gesamtvorgang in stark verdünnten Lösungen ist folgender: $C_4H_9SnCl_3 + (x+2)H_2O \rightleftharpoons C_4H_9Sn(OH)_3 \cdot (x-1)H_2O + 3H^+ + 3Cl^-$. Die Gleichgewichtskonzentrationen mehrfach positiv geladener Ionen sind wahrscheinlich vernachlässigbar klein. In konzentrierter Salzsäure liegen hauptsächlich $[C_4H_9SnCl_5]^{2-}$-Anionen vor [1]. Setzt man $C_4H_9SnCl_3$ für 5 bis 10 Tage feuchter Luft aus, so bildet sich das hydratisierte Butylzinnhydroxydichlorid $C_4H_9Sn(OH)Cl_2 \cdot H_2O$. Bringt man $C_4H_9SnCl_3$ in Wasser, so löst es sich auf und ergibt eine stark saure Lösung. Die dabei stattfindende Hydrolyse ist jedoch reversibel. Bei der Destillation geht zunächst Wasser und anschließend unverändertes Butylzinntrichlorid über. Ein oder zwei Äquivalente NaOH enthaltende kalte wäßrige Lösungen bewirken die Überführung von $C_4H_9SnCl_3$ in $C_4H_9Sn(OH)_2Cl$. Die Reaktion mit KOH in Wasser im Molverhältnis 1:4.8 führt zur Bildung von unschmelzbarem $[C_4H_9Sn(OH)O]_x$ [2]. $C_4H_9Sn(OH)_2Cl$ wird auch erhalten bei der Hydrolyse von $C_4H_9SnCl_3$ unter Zugabe von NaOH bei 35°C und einem pH-Wert von 1.4 [3] bzw. nach zweistündigem Rückflußerhitzen [4], während $[C_4H_9Sn(OH)O]_x$ als Produkt der Umsetzung von $C_4H_9SnCl_3$ mit wäßrigem NaOH bei 20°C und pH = 7 [5], bei Zugabe von Diäthyläther und Schütteln bei 25°C [6] sowie durch Zusatz von NH_3 erhalten wird [7, 8]. Zur Bildung von $[C_4H_9SnO_{1.5}]_x$ aus $C_4H_9SnCl_3$ und NaOH s. [9]. Die Umsetzung von $C_4H_9SnCl_3$ mit t-C_4H_9OOH und $NaOCH_3$ in Methanol im Molverhältnis 1:4:3 ergibt ein Öl, das die Hälfte der für $C_4H_9Sn(OO\text{-}t\text{-}C_4H_9)_3$ theoretisch zu erwartenden Menge an Peroxid enthält. Mit $CH_3C(CH_3)(C_6H_5)OOH$ und $NaOCH_3$ wird ebenfalls ein Öl erhalten, das wahrscheinlich teilweise hydrolysiertes $C_4H_9Sn[OOC(CH_3)(C_6H_5)CH_3]_3$ darstellt [10]. Mit Verbindungen des Typs NaOR reagiert $C_4H_9SnCl_3$ unter Bildung von $C_4H_9Sn(OR)_3$ mit R = CH_3, C_2H_5, i-C_3H_7, t-C_4H_9 [11] und $(CH_3)_2CH$ [12]. Mit Acetylaceton und Pyridin entsteht in Methylenchlorid als Lösungsmittel und unter N_2-Schutzgasatmosphäre die Verbindung $C_4H_9SnCl_2[OC(CH_3){=}CHC(O)CH_3] \cdot C_5H_5N$ [13]. $C_4H_9SnCl_3$ und $(C_4H_9)(C_2H_5)CHCOONa$ reagieren in Benzol zu $C_4H_9Sn[OOCCH(C_4H_9)(C_2H_5)]_3$ [14]. Die Reaktion von Butylzinntrichlorid mit 8-Hydroxychinolin bzw. 2-Mercaptopyridin-N-oxid verläuft in Äthanol bei Zugabe von NaOH unter Bildung der über O bzw. S gebundenen Derivate $C_4H_9SnClR_2$ [15].

S_8 setzt sich mit Butylzinntrichlorid im Verlauf von 9 h bei 200 bis 230°C zu H_2S, $(C_4H_9)_2S$, SnS und $SnCl_2$ um [16]. Mit $Na_2S \cdot 9H_2O$ bildet sich in 2N wäßriger NaOH-Lösung innerhalb 1 h ein Niederschlag, der durch Erhitzen in Toluol in Lösung gebracht wird. Die nach dem Eindampfen der Toluollösung vorliegende Substanz entspricht der Zusammensetzung $[C_4H_9SnS_{1.5}]_x$ [7]. Durch Umsetzung von $C_4H_9SnCl_3$ mit RR'P(S)SH in Methylenchlorid bei 25°C über 24 h entsteht bei einem Molverhältnis der Reaktanten von 1:1 der Verbindungstyp $C_4H_9Sn[SP(S)RR']Cl_2$ mit $R = R' = CH_3O$, $R = R' = C_2H_5O$ und $R = CH_3$, $R' = CH_3O$ [17]. $C_4H_9SnCl_3$ und $(CH_3)_3SbS$ bzw. $(C_6H_{11})_3SbS$ stehen im Lösungsmittelgemisch Methanol-Aceton im Gleichgewicht mit den Verbindungen $[C_4H_9SnS_{1.5}]_x$ und $(CH_3)_3SbCl_2$ bzw. $(C_6H_{11})_3SbCl_2$ [18]. Im Sinne einer Redoxreaktion verläuft die Umsetzung von $C_4H_9SnCl_3$ mit $GeCl_2$, wobei $SnCl_2$ und $C_4H_9GeCl_3$ gebildet werden [19].

Literatur:

[1] H. Geißler, R. Radeglia, H. Kriegsmann (J. Organometal. Chem. **15** [1968] 349/57). — [2] J. G. A. Luijten (Rec. Trav. Chim. **85** [1966] 873/8). — [3] M and T Chemicals, Inc. (U.S.P. 3480655 [1967/69]). — [4] Billiton-M en T Chemische Industrie N.V. (Neth. Appl. 68-12359 [1967/69]; C.A. **71** [1969] Nr. 39182). — [5] K. Saruto, Y. Ozaki, N. Kaneko, Yoshitomi Pharmaceutical Industries, Ltd. (Japan.P. 69-08489 [1966/69]; C.A. **71** [1969] Nr. 39185).

[6] P. Dunn, T. Norris (Australia Commonwealth Dept. Supply Defense Std. Lab. Rept. Nr. 269 [1964] 1/21 nach C.A. **61** [1964] 3134). — [7] C. Dörfelt, Farbwerke Hoechst A.-G. (D.P. 1078772 [1960]; C.A. **1961** 13927). — [8] S. M. Zhivukhin, E. D. Dudikova, N. B. Pshiyalkovskaya (Zh. Obshch. Khim. **33** [1963] 2958/61; J. Gen. Chem. USSR **33** [1963] 2886/9). — [9] H. Eggensperger, H. Andreas, V. Franzen, G. Neubert, Deutsche Advance Produktion G.m.b.H. (F.P. 1529957 [1966/68]; C.A. **70** [1969] Nr. 115906). — [10] D. L. Alleston, A. G. Davies (J. Chem. Soc. **1962** 2465/71).

[11] D. P. Gaur, G. Srivastava, R. C. Mehrotra (J. Organometal. Chem. **63** [1973] 221/31). — [12] Solvay et Cie. (Belg.P. 786463 [1972/72]; C.A. **78** [1973] Nr. 160534). — [13] D. W. Thompson, F. J. Lefelhocz (J. Organometal. Chem. **47** [1973] 103/11). — [14] V. I. Shiryaev, L. V. Makhalkina, T. T. Kuzmina, V. D. Krylov, V. G. Osipov, V. F. Mironov (Zh. Obshch. Khim. **43** [1973] 2232/5; J. Gen. Chem. USSR **43** [1973] 2223/6). — [15] F. P. Mullins (Can. J. Chem. **48** [1970] 1677/81).

[16] H. Schumann, M. Schmidt (Chem. Ber. **96** [1963] 3017/20). — [17] A. N. Pudovik, A. A. Muratova, I. Y. Kuramshin, E. G. Yarkova (Zh. Obshch. Khim. **42** [1972] 2408/12; J. Gen. Chem. USSR **42** [1972] 2402/5). — [18] M. Shindo, Y. Matsumura, R. Okawara (J. Organometal. Chem. **11** [1968] 299/305). — [19] M. Massol, J. Barrau, J. Satge (Inorg. Nucl. Chem. Letters **7** [1971] 895/9).

1.3.2.3.5.5.6 Reaktionen mit Lewis-Basen unter Bildung von Komplexen mit Erweiterung der Koordinationszahl am Zinn

Reactions with Lewis Bases Forming Complexes with Higher Tin Coordination Number

$C_4H_9SnCl_3$ reagiert mit Lewis-Basen unter Koordination am elektrophilen Sn-Atom. Es kommt zur Ausbildung von 1:1- und 1:2-Komplexen, was eine Erhöhung der Koordinationszahl von 4 auf 5 oder 6 bedeutet. Die wichtigsten Addukte von Butylzinntrichlorid mit Halogeniden, Sauerstoff-, Schwefel-, Stickstoff- und Phosphorverbindungen sind in Tabelle 52, S. 248, zusammengefaßt.

Literatur:

[1] P. Zanella, G. Plazzogna (Ann. Chim. [Rome] **59** [1969] 1152/9). — [2] P. Zanella, G. Tagliavini (J. Organometal. Chem. **12** [1968] 355/62). — [3] I. P. Goldshtein, N. N. Zemlyanskii, T. I. Perepelkova, L. S. Melnichenko, E. N. Guryanova, K. A. Kocheshkov (Dokl. Akad. Nauk SSSR **217** [1974] 849/51; Dokl. Phys. Chem. Proc. Acad. Sci. USSR **214/219** [1974] 717/9). — [4] M. E. Krasnyanskii, E. S. Tkachenko (Izv. Vysshikh Uchebn. Zavedenii Khim. i Khim. Tekhnol. **17** [1974] 1864/5 nach C.A. **82** [1975] Nr. 116899). — [5] D. G. Brown, R. S. Drago, T. F. Bolles (J. Am. Chem. Soc. **90** [1968] 5706/12).

[6] T. N. Srivastava, P. C. Srivastava, K. Srivastava (J. Indian Chem. Soc. **53** [1976] 343/6). — [7] P. Dunn, T. Norris (Australia Commonwealth Dept. Supply Defense Std. Lab. Rept. Nr. 269 [1964] 1/21 nach C.A. **61** [1964] 3134). — [8] Y. Farhangi, D. P. Graddon (J. Organometal. Chem. **87** [1975] 65/82). — [9] D. L. Alleston, A. G. Davies (J. Chem. Soc. **1962** 2050/4). — [10] G. Matsubayashi, Y. Kawasaki, T. Tanaka, R. Okawara (J. Inorg. Nucl. Chem. **28** [1966] 2937/43).

[11] G. E. Matsubayashi, T. Tanaka (J. Organometal. Chem. **120** [1976] 347/53). — [12] F. P. Mullins (Can. J. Chem. **48** [1970] 1677/81). — [13] J. L. Wardell (J. Organometal. Chem. **9** [1967] 89/98). — [14] T. N. Srivastava, P. C. Srivastava (J. Indian Chem. Soc. **53** [1976] 365/7). — [15] A. N. Pudovik, I. Ya. Kuramshin, E. G. Yarkova, A. A. Muratova, A. A. Musina, R. A. Manapov (Zh. Obshch. Khim. **43** [1973] 1229/36; J. Gen. Chem. USSR **43** [1973] 1220/5).

[16] A. N. Pudovik, A. A. Muratova, I. Ya. Kuramshin, E. G. Yarkova (Zh. Obshch. Khim. **42** [1972] 2408/12; J. Gen. Chem. USSR **42** [1972] 2402/5). — [17] I. P. Goldshtein, A. A. Muratova, E. N. Guryanova, V. P. Plekhov, T. A. Pestova, E. S. Shcherbakova, R. R. Shifrina, A. N. Pudovik (Zh. Obshch. Khim. **45** [1975] 1685/92; J. Gen. Chem. USSR **45** [1975] 1653/8).

Tabelle 52

Reaktionen von $C_4H_9SnCl_3$ mit Lewis-Basen unter Bildung von Komplexen.

Reaktionspartner	Reaktionsprodukte	Lit.
$[(C_6H_5)_4As]Cl$	$[(C_6H_5)_4As][C_4H_9SnCl_4]$	[1, 2]
$(C_6H_5)_3CCl$	$[(C_6H_5)_3C][C_4H_9SnCl_4]$	[2]
$(CH_3)_2CO$	1:1-Komplex	[3]
$CH_3COOC_4H_9$	1:2-Komplex	[4]
$HCOOC_4H_9$	1:2-Komplex	[4]
$CH_3COOC_2H_5$	wahrscheinlich 1:1-Komplex	[5]
$(C_6H_5CH_2)_2SO$	1:2-Komplex	[6]
C_5H_5N	1:2-Komplex	[7, 8]
2-$CH_3C_5H_4N$	1:1- und 1:2-Komplex	[8]
4-$CH_3C_5H_4N$	1:2-Komplex	[8]
2,2'-Bipyridin	1:1-Komplex	[8 bis 12]
o-Phenanthrolin	1:1-Komplex	[8,11,12]
8-Aminochinolin	1:1-Komplex	[12]
1,2-Diamino-4-nitrobenzol	1:1-Komplex	[13]
1,3-Diamino-4-nitrobenzol	1:1-Komplex	[13]
1,4-Diamino-3-nitrobenzol	1:1-Komplex	[13]
4-Methyl-3-nitroanilin	1:1-Komplex	[13]
3-Nitroanilin	1:1-Komplex	[13]
2,2',2''-Terpyridin (= terpy)	$[C_4H_9SnCl_2 \cdot terpy]$-$[C_4H_9SnCl_4]$	[14]
$(C_4H_9)_3P$	1:1-Komplex	[8]
$(CH_3)_2P(O)Cl$	1:2-Komplex	[15]
$(CH_3O)_2P(O)CH_3$	1:2-Komplex	[16]
$(C_2H_5O)_2P(O)H$	1:1-Komplex	[17]

1.3.2.3.5.6 Physiologische Wirkung

Physiology

Die toxische Wirkung von $C_4H_9SnCl_3$ wurde an weißen Mäusen klinisch, makroskopisch und histologisch verfolgt. Nach einmaliger oraler Gabe von 4000 mg/kg Lebendgewicht entwickelten sich Anzeichen einer akuten Intoxikation. Im histologischen Bild wurden zahlreiche Hämorrhagien in der Schleimhaut und auch in den tieferen Schichten des Magens und Darms nachgewiesen [1]. Untersuchungen an Mitochondrien aus Rattenleber ergaben eine sehr geringe Beeinflussung durch Butylzinntrichlorid im Vergleich zu anderen Organozinnverbindungen, speziell zu Tributylzinnchlorid [2]. Als orale LD_{50} wird für Ratten ein Wert von 2200 bis 2395 mg/kg angegeben [3]. Zur hemmenden Wirkung auf Adenosintriphosphatase bei Stubenfliegen s. [4]. Die benötigte Konzentration an $C_4H_9SnCl_3$ zur vollständigen Verhinderung des Wachstums von Bacillus Mycoides beträgt 250 ppm, von Aerobacter aerogenes, Pseudomonas aeruginosa, Candida albicans, Aspergillus flavus und Penicillium funiculosum >500 ppm [5]. Zur Wirkung von $C_4H_9SnCl_3$ auf verschiedene Pilze der Saccharomyctetes s. [6].

Literatur:

[1] Z. Pelikan, E. Cerny (Arch. Toxicol. **27** [1970] 79/84). — [2] R. G. Wulf, K. H. Byington (Arch. Biochem. Biophys. **167** [1975] 176/85). — [3] J. G. A. Luijten, O. R. Klimmer (Tin Res. Inst. Publ. **501** [1973]). — [4] G. R. Pieper, J. E. Casida (J. Econ. Entomol. **58** [1965] 392/400). — [5] C. B. Beiter (Chem. Spec. Mfr. Ass. Proc. Mid-Year Meet. **53** [1967] 216/22).

[6] M. Polster, H. Vrablikova (Czech. Hyg. **21** [1976] 198/201).

1.3.2.3.5.7 Verwendung

Uses

Butylzinntrichlorid wird als Bestandteil von Fungiziden [1] und Holzschutzmitteln eingesetzt [2].

$C_4H_9SnCl_3$ ist in Verbindung mit verschiedenen Zusätzen Stabilisator für PVC [3, 4], Härter für Epoxyfasern [5 bis 8], Katalysator zur Polymerisation von Isocyanaten und Bildung von Polyurethanen [9 bis 12] und Bestandteil von Flammschutzmitteln [13, 14]. Außerdem dient die Verbindung zusammen mit p-$ClC_6H_4SnCl_3$ und Na_2CO_3 zur Herstellung eines Überzuges, der die Ölabsorption stark herabsetzt [15], und in Verbindung mit Polystyrol, Butyllithium, Dibromäthan und Di-iso-butylaluminiumhydrid als polymeres Reagenz zur Reduktion von 4-Phenylcyclohexanon [16].

Literatur:

[1] Farbwerke Hoechst A.-G. (B.P. 797073 [1953]; C.A. **1959** 22714). — [2] J. L. Bennett, R. E. C. Hawkins, Albright and Wilson, Ltd. (Deut. Offenlegungsschrift 2351188 [1972/74]; C.A. **83** [1975] Nr. 92356). — [3] C. Dörfelt, Farbwerke Hoechst A.-G. (D.P. 1227658 [1963/66]; C.A. **66** [1967] Nr. 46483). — [4] K. S. Minsker, G. T. Fedoseyeva, T. B. Zavarova, E. O. Krats (Vysokomol. Soedin. A **13** [1971] 2265/78; Polymer Sci. [USSR] A **13** [1971] 2544/59). — [5] K. Nakao, Osaka Prefecture (Japan.P. 72-01113 [1968/72]; C.A. **79** [1973] Nr. 6170).

[6] Nederlandse Organisatie voor Toegepast-Natuurwetenschappelijk Onderzoek (Neth. Appl. 70-05967 [1970/71]). — [7] P. E. Bost, M. Costatini, Rhone-Poulenc S.A. (Deut. Offenlegungsschrift 2428559 [1973/75]; C.A. **83** [1975] Nr. 43169). — [8] J. Robins, Ashland Oil and Refining Co. (Deut. Offenlegungsschrift 2001103 [1969/70]; C.A. **73** [1970] Nr. 100155). — [9] A. Farkas, G. A. Mills (Advan. Catalysis **13** [1962] 363/446). — [10] E. Dyer, R. B. Pinkerzon (J. Appl. Polymer Sci. **9** [1965] 1713/29).

[11] Wyandotte Chemicals Corp. (B.P. 994348 [1961/65]; C.A. **63** [1965] 5904). — [12] L. Thiele, R. Becker, H. Frommelt (D.P. [DDR] 115913 [1974/75]; C.A. **86** [1977] Nr. 156550). — [13] K. Raichle, F. Alfes, H. Schnell, K. Prater, Farbenfabriken Bayer A.-G. (D.P. 1266497 [1965/68]; C.A. **69** [1968] Nr. 3448). — [14] M. Miyake, S. Kidooka, T. Hori, Sankyo Organic Chemicals Co., Ltd. (Japan.P. 74-08838 [1970/74]; C.A. **81** [1974] Nr. 79346). — [15] D. Bitzer (D.P. 1169060 [1963/64]; C.A. **61** [1964] 5905).

[16] N. M. Weinshenker, Dynapol (U.S.P. 3975334 [1974/75]; C.A. **85** [1976] Nr. 161485).

Other Alkyltin Trichlorides

1.3.2.3.6 Weitere Alkylzinntrichloride $RSnCl_3$

i-$C_4H_9SnCl_3$

Das wichtigste Verfahren zur Synthese von i-$C_4H_9SnCl_3$ besteht in der Komproportionierung von Sn(i-$C_4H_9)_4$ mit $SnCl_4$ [1 bis 4]. Bei einem Molverhältnis 1:1 werden bei 0°C 43.4% Ausbeute erhalten, bei 2:1 und 1 h bei 200°C 61% Ausbeute, bei 1:1 und 20 h bei 200°C nur 4.3% [5]. Als Nebenprodukt entsteht immer (i-$C_4H_9)_2SnCl_2$ [1 bis 5]. Auch die Komproportionierung zwischen (i-$C_4H_9)_3SnCl$ und $SnCl_4$ führt bei 200°C zur Bildung von i-$C_4H_9SnCl_3$ [1, 2]. Bei der Umsetzung von $SnCl_4$ mit (i-$C_4H_9)_2SnCl_2$ in 12 N HCl wird i-$C_4H_9SnCl_3$ mit 85.5% Ausbeute erhalten [6]. Schließlich entsteht die Verbindung beim Rückflußkochen von $SnCl_4$ mit (i-$C_4H_9)_2AlOCH(CH_3)_2$ in Ausbeuten zwischen 72 und 97% [7]. — Als Siedepunkte werden angegeben: 34 bis 35°C/0.25 Torr [5], 35°C/0.25 Torr [5, 6] und 37°C/0.1 Torr [1 bis 4]. ^{13}C-NMR-Spektrum: $\delta C_\alpha = -44.1$ ppm, $^1J(CSn) = 627$ Hz, $\delta C_\beta = -26.2$ ppm, $^2J(CSn) = 50$ Hz, $\delta C_\gamma = -24.9$ ppm, $^3J(CSn) = 106$ Hz [8].

s-$C_4H_9SnCl_3$

Die Verbindung entsteht bei dreistündiger Umsetzung von $HSnCl_3$ mit $C_2H_5CH{=}CH_2$ bei 0°C [9].

t-$C_4H_9SnCl_3$

Für die Verbindung werden kein Darstellungsverfahren und keine Eigenschaften beschrieben. Sie wird lediglich im Zusammenhang mit Del Re-Berechnungen von Zinn-Kohlenstoff-Bindungspolaritäten an Organozinnchloriden erwähnt [10].

$C_5H_{11}SnCl_3$

Für die Verbindung wird kein Darstellungsverfahren angegeben. ^{13}C-NMR-Spektrum in Substanz: $\delta C_1 = -33.3$ ppm, $^1J(CSn) = 644$ Hz, $\delta C_2 = -24.4$ ppm, $^2J(CSn) = 60$ Hz, $\delta C_3 = -34.3$ ppm, $^3J(CSn) = 107$ Hz, $\delta C_4 = -21.8$ ppm, $\delta C_5 = -13.6$ ppm; in Wasser: $\delta C_1 = -43.3$ ppm, $^1J(CSn) = 1155$ Hz, $\delta C_2 = -25.9$ ppm, $^2J(CSn) = 71$ Hz, $\delta C_3 = -35.0$ ppm, $^3J(CSn) = 209$ Hz, $\delta C_4 = -22.9$ ppm, $\delta C_5 = -14.6$ ppm. ^{119}Sn-NMR-Spektrum: $\delta = -5.3$ ppm gegen $Sn(CH_3)_4$ [11].

i-$C_5H_{11}SnCl_3$

Für die Verbindung wird kein Darstellungsverfahren angegeben. Sie wird lediglich im Rahmen einer Studie über das chromatographische Verhalten zinnorganischer Verbindungen erwähnt [12].

$C_6H_{13}SnCl_3$

Die Verbindung entsteht beim Rückflußkochen von $SnCl_4$ mit $(C_6H_{13})_2Sn(c\text{-}C_6H_{11})_2$ in Pentan [13] oder bei der Reaktion von $(C_6H_{13})_2SnCl_2$ mit Cl_2 bei 160 bis 200°C [14]. Von $(C_6H_{13})_3SnCl$ kann das Trichlorid durch Extraktion mit Wasser und Destillation der Lösung abgetrennt werden. Siedepunkt 127 bis 128°C (keine Druckangabe) [15]. ^{13}C-NMR-Spektrum in Substanz: $\delta C_1 = -33.5$ ppm, $^1J(CSn) = 649$ Hz, $\delta C_2 = -24.8$ ppm, $^2J(CSn) = 62$ Hz, $\delta C_3 = -32.0$ ppm, $^3J(CSn) = 109$ Hz, $\delta C_4 = -30.9$ ppm, $\delta C_5 = -22.2$ ppm, $\delta C_6 = -13.9$ ppm; in Wasser: $\delta C_1 = -44.0$ ppm, $^1J(CSn) = 1103$ Hz, $\delta C_2 = -26.1$ ppm, $^2J(CSn) = 74$ Hz, $\delta C_3 = -32.2$ ppm, $^3J(CSn) = 212$ Hz, $\delta C_4 = -31.9$ ppm, $\delta C_5 = -23.0$ ppm, $\delta C_6 = -14.4$ ppm. ^{119}Sn-NMR-Spektrum: $\delta = -2.0$ ppm in Substanz und -5.9 ppm in Hexan [11].

Die Verbindung reagiert mit NaOH unter Bildung von $(C_6H_{13}SnO_2H)_x$ [16], mit $Na_2S \cdot 9H_2O$ unter Bildung einer hochmolekularen Zinnverbindung, die als Stabilisator für PVC eingesetzt wird [17].

$C_7H_{15}SnCl_3$

Für die Verbindung wird kein Darstellungsverfahren angegeben. ^{13}C-NMR-Spektrum in Substanz: $\delta C_1 = -33.4$ ppm, $^1J(CSn) = 650$ Hz, $\delta C_2 = -24.8$ ppm, $^2J(CSn) = 60$ Hz, $\delta C_3 = -32.3$ ppm, $^3J(CSn) = 107$ Hz, $\delta C_4 = -28.4$ ppm, $\delta C_5 = -31.4$ ppm, $\delta C_6 = -22.6$ ppm, $\delta C_7 = -14.0$ ppm;

in Wasser: $\delta C_1 = -43.2$ ppm, $^1J(CSn) = 1100$ Hz, $\delta C_2 = -26.1$ ppm, $^2J(CSn) = 72$ Hz, $\delta C_3 = -32.7$ ppm, $^3J(CSn) = 218$ Hz, $\delta C_4 = -29.4$ ppm, $\delta C_5 = -32.3$ ppm, $\delta C_6 = -23.1$ ppm, $\delta C_7 = -14.4$ ppm [11].

$C_8H_{17}SnCl_3$

Zur Synthese von Octylzinntrichlorid eignet sich die Komproportionierung zwischen $Sn(C_8H_{17})_4$ und $SnCl_4$, wobei je nach Stöchiometrie mehr oder weniger $C_8H_{17}SnCl_3$ neben dem Hauptprodukt $(C_8H_{17})_2SnCl_2$ entsteht. Die Synthese wird bei Zimmertemperatur durchgeführt [1 bis 4]. Nach 1 h bei 20°C kann eine Ausbeute von 78% isoliert werden [18]. Komproportionierungsreaktionen dieser Art werden auch bei 190°C in Gegenwart von MgO und ZnO beschrieben. Nach 3 h können aber nur 0.7% Ausbeute an $C_8H_{17}SnCl_3$ neben dem Hauptprodukt $(C_8H_{17})_2SnCl_2$ erhalten werden [19]. Bei fast vierfachem Überschuß an $SnCl_4$ steigt die Ausbeute an Octylzinntrichlorid bei der Umsetzung im Bombenrohr nach 3 h zwischen 210 und 215°C aber beträchtlich an [20]. Bei der Umsetzung von $(C_8H_{17})_2SnCl_2$ mit $SnCl_4$ in 12 N HCl werden sogar 90% Ausbeute erreicht [6]. Eine weitere Synthesemethode für $C_8H_{17}SnCl_3$ besteht in der Alkylierung von $SnCl_4$ durch Aluminiumorganyle. So entsteht die Verbindung in Ausbeuten zwischen 16 und 90% aus $SnCl_4$ und $Al(C_8H_{17})_3$ in Äthern oder Aminen [21]. In 97%iger Ausbeute wird sie erhalten aus $SnCl_4$ und $(C_8H_{17})_2AlOCH(CH_3)_2$ nach 15 min bei 40°C in Dibutyläther [7].

Zur Darstellung von $C_8H_{17}SnCl_3$ eignen sich auch die Umsetzung von $(C_8H_{17})_2SnCl_2$ mit Cl_2 bei 160 bis 200°C [14] sowie die Reaktion zwischen $(C_8H_{17}SnOOH)_x$ und HCl in Hexan unter Rückflußkochen [22, 23]. Die technische Synthese von $C_8H_{17}SnCl_3$ erfolgt auch durch Reaktion von $SnCl_2$ mit $C_8H_{17}Cl$. In Tetrahydrofuran als Reaktionsmedium werden bis zu 95% Ausbeute möglich [24]. Auch in Gegenwart von Antimontriorganylen bei Temperaturen oberhalb 100°C [25, 26], nach 24stündigem Rückflußkochen in $(C_2H_5OCH_2CH_2)_2O$ in Gegenwart von $[(C_4H_9)_4N]Br$ [27] oder im Autoklaven nach 12 h bei 135°C in Gegenwart von $C_{12}H_{25}SH$, Mg und J_2 entsteht $C_8H_{17}SnCl_3$ [28]. Die direkte Synthese aus Sn und $C_8H_{17}Cl$ gelingt unter verschiedenen Bedingungen [29]. Die in Tabelle 53 aufgeführten Verfahren sind in der Patentliteratur aufgeführt. Über eine Methode zur Wiedergewinnung von $C_8H_{17}SnCl_3$ aus wäßrigen Lösungen durch Aussalzen mit $CaCl_2$ s. [38].

Tabelle 53
Verfahren zur Herstellung von $C_8H_{17}SnCl_3$ aus Sn und $C_8H_{17}Cl$.

Katalysatoren	Reaktions-bedingungen	Ausbeute in %	Lit.
$SnCl_2$, $[R_4N]Br$	55 h, Rückfluß	—	[30]
RJ, SbJ_3	180°C, 70 min	—	[31]
$Sb(C_4H_9)_3$	16 h, Druck	—	[32]
J_2, N-Methylpyrrolidon	5 h, 180°C	13.7	[33]
RJ, PCl_3	6 h, 180 bis 200°C	16	[34]
P_{rot}, J_2, RNH_2, H_3BO_3	Octanol, 4 h, 155°C	34	[35]
J_2, $[(CH_3)_2N]_3PO$	Alkohol, Rückfluß	45.5	[36]
J_2, $[(CH_3)_2N]_3PO$, C_4H_9Cl	Alkohol, Rückfluß	45.5	[37]

$C_8H_{17}SnCl_3$ kann in Nanogramm-Mengen mit Hilfe der MECA-Atomabsorptionsspektroskopie nachgewiesen werden [39]. Für die Abtrennung von anderen zinnorganischen Verbindungen und aus anderen Produktgemischen sowie für quantitative Analysen eignen sich die Gaschromatographie [12], Säulenchromatographie [40] und Dünnschichtchromatographie [41 bis 43]. Nach dünnschichtchromatographischer Trennung kann nach Reaktion mit Quercetin [44, 45] oder mit Brenzkatechinviolett colorimetriert werden [46]. Über eine Methode zur quantitativen Direktauswertung mit einem Chromatogrammspektrometer s. [47].

^{13}C-NMR-Spektrum in Substanz: $\delta C_1 = -33.5$ ppm, $^1J(CSn) = 650$ Hz, $\delta C_2 = -24.8$ ppm, $^2J(CSn) = 60$ Hz, $\delta C_3 = -32.4$ ppm, $^3J(CSn) = 110$ Hz, $\delta C_4 = -28.7$ ppm, $\delta C_5 = -28.8$ ppm, $\delta C_6 = -31.7$ ppm, $\delta C_7 = -22.6$ ppm, $\delta C_8 = -14.0$ ppm; in Wasser: $\delta C_1 = -42.6$ ppm, $^1J(CSn) = 1156$ Hz, $\delta C_2 = -25.9$ ppm, $^2J(CSn) = 71$ Hz, $\delta C_3 = -32.6$ ppm, $^3J(CSn) = 218$ Hz, $\delta C_4 = -29.6$ ppm, $\delta C_5 = -29.6$ ppm, $\delta C_6 = -32.2$ ppm, $\delta C_7 = -22.9$ ppm, $\delta C_8 = -14.2$ ppm [11]. Vergleiche der ^{13}C-NMR-spektroskopischen Daten mit denen anderer Organozinnhalogenide s. bei [8]. ^{119}Sn-NMR-Spektrum: $\delta = -5.3$ ppm gegen $Sn(CH_3)_4$ [11], -0.5 ppm gegen $Sn(CH_3)_4$ [48].

Siedepunkt 102 bis 110°C/0.1 Torr [18], 125 bis 135°C/1.0 Torr [20], 154 bis 156°C/2 Torr [29], 182 bis 185°C/29 Torr [23]. Brechungsindex $n_D^{20} = 1.5037$ [18] und 1.5069 [29]. Für die diamagnetische Suszeptibilität wird ein Wert von -191.8×10^{-6} cm^3/mol gefunden [49].

Bei der Hydrolyse von $C_8H_{17}SnCl_3$ in alkalischer Lösung bildet sich $(C_8H_{17}SnOOH)_x$ [23, 34, 50]. Zwischen pH = 0.9 und 2.1 wird dagegen in 90%iger Ausbeute $C_8H_{17}Sn(OH)_2Cl$ erhalten [51]. Bei genauer Untersuchung der Hydrolyse konnte gezeigt werden, daß an feuchter Luft aus $C_8H_{17}SnCl_3$ im Verlauf von 5 bis 10 Tagen in etwa 60%iger Ausbeute erst einmal $C_8H_{17}Sn(OH)Cl_2 \cdot H_2O$ gebildet wird. Mit Wasser findet man 100% an $C_8H_{17}Sn(OH)_2Cl$, mit KOH in 100%iger Ausbeute $C_8H_{17}(OH)_2SnOSn(Cl)(OH)C_8H_{17}$ und mit NaOH nach knapp 3stündigem Rückflußkochen in 95%iger Ausbeute $(C_8H_{17}SnOOH)_x$ [18]. Zur elektrochemischen Reduktion in wäßriger Lösung s. [52]. $C_8H_{17}SnCl_3$ reagiert mit CH_3MgCl in Diäthyläther unter Bildung von $(CH_3)_3SnC_8H_{17}$ [13].

Mit Schiffschen Basen wie N,N'-Äthylenbis(salicylidenimin) (XXXVIII) [53] oder mit 3-(o-Hydroxyphenylamino)crotonophenon (XXXIX) [54] und 2-(o-Hydroxyphenyl)benzothiazolin (XL) [54] bildet $C_8H_{17}SnCl_3$ stabile 1:1-Komplexe, in denen die mehrzähnigen Liganden unter Chelatbildung die Koordinationszahl am Zinn auf 6 erweitern. — Mit Tripolyphosphat-Ionen

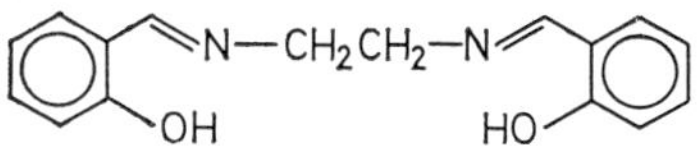

XXXVIII 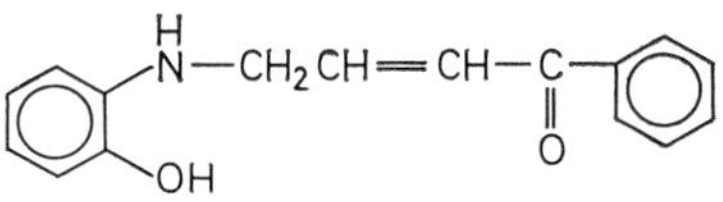 XXXIX 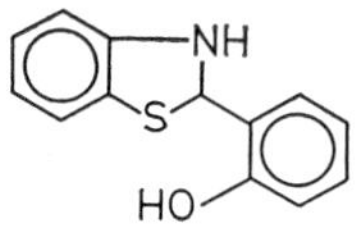 XL

bildet $C_8H_{17}SnCl_3$ einen löslichen Komplex, der zur polarographischen Bestimmung von Polyphosphat herangezogen werden kann [55].

n-Octylzinntrichlorid ist praktisch ungiftig. Als akute orale Toxizität für Ratten werden angegeben: $LD_{50} = 2126$ bis 4676 mg/kg Körpergewicht [56, 57].

$C_8H_{17}SnCl_3$ ist Bestandteil von Holzschutzmitteln [58]. Die Verbindung wird als Flammschutzmittel auf Seidefasern aufgezogen [59]. Sie wird zur Hydrophobierung von organischen und anorganischen Pigmenten verwendet [60] und dient als Bestandteil von Stabilisatorsystemen für PVC [17, 35].

i-$C_8H_{17}SnCl_3$

Während für die Verbindung kein Syntheseverfahren und keinerlei physikalische oder chemische Eigenschaften berichtet werden, wird die Abtrennung von anderen zinnorganischen Verbindungen mit Hilfe der Dünnschichtchromatographie in einem Lösungsmittelgemisch aus 2-Chloräthanol-Salzsäure-Tetrahydrofuran-Isoamylalkohol-Cyclohexan beschrieben [41].

$C_{10}H_{21}SnCl_3$

Die Verbindung ist durch Umsetzung von $(C_{10}H_{21})_2SnCl_2$ mit Cl_2 bei 160 bis 200°C [14] oder durch Komproportionierung zwischen $Sn(C_{10}H_{21})_4$ und $SnCl_4$ bei 190°C in Gegenwart von MgO und ZnO zugänglich [19].

$C_{12}H_{25}SnCl_3$

Dodecylzinntrichlorid wird auf folgende Weise mit einer Ausbeute von 62% dargestellt: Aus $SnBr_2$ und $C_{12}H_{25}Br$ wird in N_2-Atmosphäre in Gegenwart von $Sb(C_2H_5)_3$ im Verlauf von 48 h bei 150°C $C_{12}H_{25}SnBr_3$ dargestellt. Dieses wird mit NaOH in die entsprechende Stannonsäure übergeführt, die mit HCl unter Bildung von $C_{12}H_{25}SnCl_3$ reagiert [61]. Ferner ist die Verbindung aus $(C_{12}H_{25})_2SnCl_2$ und Cl_2 im Temperaturbereich zwischen 160 und 200°C [14] sowie aus $Sn(C_{12}H_{25})_4$ und $SnCl_4$ bei 190°C in Gegenwart von MgO und ZnO darzustellen [19]. Siedepunkt 93 bis 95°C/5 × 10^{-4} Torr, Brechungsindex $n_D^{20} = 1.4987$ [61]. — Bei der alkalischen Hydrolyse wird $(C_{12}H_{25}SnOOH)_x$ gebildet [50, 61].

$C_{14}H_{29}SnCl_3$

Die Verbindung entsteht bei der Reaktion zwischen $SnCl_4$ und $(C_{14}H_{29})_2AlOCH(CH_3)_2$ in Dibutyläther bei 40°C in Ausbeuten zwischen 72 und 97% [7] oder bei der Reaktion zwischen $(C_{14}H_{29})_2SnCl_2$ und Cl_2 bei 160 bis 200°C [14].

$C_{18}H_{37}SnCl_3$

Darstellung erfolgt durch Alkylierung von $SnCl_4$ mit $Al(C_{18}H_{37})_3$ in Äthern in Ausbeuten zwischen 16 und 90% [21], mit $(C_{18}H_{37})_2AlCH(CH_3)_2$ bei 40°C in Dibutyläther in Ausbeuten zwischen 72 und 97% [7], durch Reaktion zwischen $SnCl_2$ und $C_{18}H_{37}Cl$ in Gegenwart von SbR_3 oberhalb 100°C [25] oder aus $(C_6H_5)_3SnC_{18}H_{37}$ und der dreifachen Menge $SnCl_4$ [61]. Siedepunkt etwa 110°C/5 × 10^{-4} Torr, Brechungsindex $n_D^{20} = 1.498$ [61]. — Die Verbindung reagiert mit NaOH unter Bildung von $(C_{18}H_{37}SnOOH)_x$ [50].

c-$C_3H_5SnCl_3$

Cyclopropylzinntrichlorid entsteht bei der Umsetzung von $(C_6H_5)_3Sn$-c-C_3H_5 mit $HgCl_2$ in Diäthyläther nach dreitägigem Rückflußkochen in 82%iger Ausbeute. Siedepunkt 59 bis 61°C/1 Torr, Brechungsindex $n_D^{25} = 1.5447$ [62, 63].

c-$C_6H_{11}SnCl_3$

Die Darstellung der Verbindung erfolgt durch Umsetzung von $(c\text{-}C_6H_{11})_3SnCl$ mit Cl_2 in CCl_4 im Verlauf von 16 h bei Zimmertemperatur [64] oder durch Addition von $HSnCl_3$ an Cyclohexen bei 0°C im Verlauf von 3 h [9].

$C_6H_5CH_2SnCl_3$

Die Verbindung bildet sich bei der Reaktion zwischen $SnCl_4$ und $Hg(CH_2C_6H_5)_2$ in Benzol bei 20°C. ^{1}H-NMR-Spektrum: $\delta CH_2 = -4.65$ ppm, $^2J(H^{119}Sn) = 108$ Hz [65]. Vergleiche des UV-Spektrums mit denen der analogen Silicium- und Germaniumverbindungen s. bei [66].

$RSnCl_3$

Darstellung und Eigenschaften weiterer Alkylzinntrichloride sind in Tabelle 54 auf S. 255/60 angegeben.

Weitere Angaben zu den in der Tabelle aufgeführten Verbindungen (laufende Nummern mit Stern):

$CH_2ClSnCl_3$ (Tabelle **54**, Nr. **2**). Die Synthese der Verbindung unter gleichen Bedingungen wird auch bei [69 bis 71] beschrieben. — Mittels Elektronenbeugungsuntersuchungen wurde die Struktur der Verbindung als verzerrter Tetraeder ermittelt. Folgende Abstände und Winkel werden angegeben: d(Sn-C) = 2.23 ± 0.01 Å, d(Sn-Cl) = 2.340 ± 0.005 Å, d(C-Cl) = 1.74 ± 0.02 Å, Winkel ClSnCl = 105° ± 1°, Winkel CSnCl = 113° ± 1.5°, Winkel SnCCl = 113° ± 1°. Es wird gehinderte Rotation um die Sn-C-Bindung angenommen [72].

Das Dipolmoment der Verbindung beträgt in Benzol 3.67 D und in Äthylacetat 8.36 D [73]. ^1H-NMR-Spektrum: $\delta CH_2 = -4.0$ ppm, $^2J(HSn) = 18.0$ Hz in Substanz; $\delta CH_2 = -3.96$ ppm, $^2J(HSn) = 20.4$ Hz in CCl_4; $\delta CH_2 = -2.82$ ppm, $^2J(HSn) = 18.6$ Hz in Benzol [68]; $\tau CH_2 = 5.92$, $^2J(HSn) = 19.4$ Hz, $^1J(HC) = 162$ Hz in $CHCl_3$ [71]. NQR-Spektrum: $\nu SnCl_3 = 23.072$ und 21.832 MHz, $\nu CH_2Cl = 37.870$ MHz [74]. Vergleiche mit den NQR-Spektren anderer Organozinnchloride s. bei [75, 76]. Im IR-Spektrum werden die Banden bei 3027 und 2960 cm^{-1} der νCH-Schwingung zugeordnet [68]. Zum Massenspektrum s. [68]. Als weitere Siedepunkte werden angegeben: 70 bis 78°C/5 Torr [70], 72 bis 73°C/5 Torr [71], 72.5 bis 73.0°C/5 Torr [69]. Dichte $D_4^{20} = 2.21$ g/cm³, Brechungsindex $n_D^{20} = 1.5689$ [69].

Die Verbindung reagiert mit CH_3MgBr in Diäthyläther unter Bildung von $(CH_3)_3SnCH_2Cl$ [77]. Mit $CH_2{=}N_2$ reagiert sie in Benzol bei 6°C unter Bildung von $Sn(CH_2Cl)_4$, mit $CH_3CH{=}N_2$ in Benzol bei 3°C unter Bildung von $(CH_3CHCl)_2(CH_2Cl)SnCl$ [70].

$Cl_3SiCH_2SnCl_3$ (Tabelle **54**, Nr. **3**). Für die Molrefraktion wird ein Wert von 58.09 berechnet und ein Wert von 58.12 gefunden. Die Verbindung zersetzt sich bei der Destillation unter Bildung von $SnCl_4$ und $(Cl_3SiCH_2)_2SnCl_2$. Bei der Reaktion der Verbindung mit CH_3MgBr in Äther entsteht $(CH_3)_3SnCH_2Si(CH_3)_3$ [78].

$Cl_2BCH_2CH(BCl_2)SnCl_3$ (Tabelle **54**, Nr. **5**). ^1H-NMR-Spektrum: $\delta CH_2 = -2.71$ ppm, $^2J(HH) = 7$ Hz, $\delta CH = -3.65$ ppm, $^2J(HH) = 7$ Hz. IR-Spektrum (in cm^{-1}): 495 s, 559 m, 575 m, 636 m, 654 m, 669 m, 776 st, 922 st, 950 st, 1035 m, 1105 m, 1142 m, 1165 m, 1233 m, 1268 m, 1312 m, 1380 m, 2860 m, 2900 s. Die Verbindung zersetzt sich langsam schon bei Zimmertemperatur unter Abgabe von $SnCl_2$. Bei 100°C zerfällt sie im Verlauf von 17 h quantitativ unter Bildung von $SnCl_2$, BCl_3 und $CH_2{=}CHBCl_2$ [80].

$CF_3CH_2CH_2SnCl_3$ (Tabelle **54**, Nr. **8**). ^1H-NMR-Spektrum: $\tau H_{gem} = 8.48$, $^2J(H^{119}Sn) = 93.6$ Hz, $\tau H_{vic} = 8.00$, $^3J(H^{119}Sn) = -180.2$ Hz, $^3J(HH) = 7.5$ Hz, $^3J(HF) = 9.7$ Hz [82]. ^{19}F-NMR-Spektrum: $\delta = 67.5$ ppm gegen CCl_3F, $^4J(F^{119}Sn) = 2.3$ Hz [82, 83]. Mössbauer-Spektrum: $\delta = -0.27 \pm 0.01$ mm/s gegen Pd_3Sn, $\Delta = 1.83 \pm 0.01$ mm/s [84].

$CH_3OOCCH_2CH_2SnCl_3$ (Tabelle **54**, Nr. **14**). IR-Spektrum: $\nu CO = 1660$ cm^{-1}. ^1H-NMR-Spektrum: $\tau CH_2^{\alpha} = 7.73$, $^2J(HSn) = 102$ Hz, $\tau CH_2^{\beta} = 7.01$, $^3J(HSn) = 186$ Hz, $\tau CH_3O = 6.03$ [87]. Die Verbindung reagiert mit NaOH und i-$C_8H_{17}OOCCH_2SH$ in Butanol unter Bildung von $CH_3OOCCH_2CH_2Sn(SCH_2COO\text{-i-}C_8H_{17})_3$, mit Na_2CO_3 und $C_{12}H_{25}SH$ in Wasser unter Bildung von $CH_3OOCCH_2CH_2Sn(SC_{12}H_{25})_3$ [86]. Die Verbindung wird als Bestandteil von Stabilisatorsystemen für PVC eingesetzt [88, 89].

$(CH_3)_3SiCH_2SnCl_3$ (Tabelle **54**, Nr. **16**). Ohne Lösungsmittel, aber in Gegenwart von $[(C_2H_5)_3NC_4H_9]Cl$ als Katalysator und im Verlauf von 6.5 h zwischen 150 und 155°C im Bombenrohr entsteht die Verbindung in 66.7%iger Ausbeute [78]. Sie entsteht ferner zusammen mit anderen Verbindungen der allgemeinen Zusammensetzung $(CH_3)_3SiCH_2SnCl_xJ_{3-x}$ bei der Umsetzung von $SnCl_2$ mit $(CH_3)_3SiCH_2J$ [90]. — Für die Molrefraktion der Verbindung wird ein Wert von 59.41 berechnet und ein Wert von 59.14 gefunden [78]. Mit CH_3MgBr reagiert $(CH_3)_3SiCH_2SnCl_3$ unter Bildung von $(CH_3)_3SiCH_2Sn(CH_3)_3$ [78, 90].

$CH_3^dCH_2^bOOCCH_2CH(COOCH_2^aCH_3^c)SnCl_3$ (Tabelle **54**, Nr. **35**). ^1H-NMR-Spektrum: $\tau H^a = 5.65$, $\tau H^b = 5.52$, $\tau H^c = 8.66$ und $\tau H^d = 8.56$, $J(H^a\text{-}H^c) = 7.0$ Hz, $J(H^b\text{-}H^d) = 7.5$ Hz. Im IR-Spektrum der festen Verbindung beobachtet man bei 1634 und 1692 cm^{-1}, im Spektrum der in Benzol gelösten Verbindung bei 1718 und 1651 cm^{-1} jeweils starke Absorptionen [98].

$C_6H_5(CH_3)ClSiCH_2Si(CH_3)(C_6H_5)CH_2SnCl_3$ (Tabelle **54**, Nr. **47**). ^1H-NMR-Spektrum: $\tau = 2.56$ (10 H, Multiplett, 2 SiC_6H_5), $\tau = 8.43$ bis 8.52 (2 H, AB, $SnCH_2$), $\tau = 9.15$ (2 H, Singulett, $SiCH_2Si$), $\tau = 9.36$ bis 9.41 (6 H, Multiplett, 2 $SiCH_3$). Massenspektrum: m/e = 515 und 513 (84%, $[M - CH_3]^+$) und 291 und 289 (100%, $[M - CH_2SnCl_3]^+$) [93].

Tabelle 54

Darstellung und Eigenschaften weiterer Alkylzinntrichloride $RSnCl_3$.

Nr.	Verbindung $RSnCl_3$ Schmelzpunkt in °C Siedepunkt in °C/Torr	Darstellung	Reaktionsbedingungen Weitere Eigenschaften	Ausbeute in %	Lit.
1	$O_2NCH_2SnCl_3$	$SnCl_4 + i\text{-}C_3H_7NH_2 + CH_3NO_2$	$N(C_2H_5)_3$	—	[67]
2*	$CH_2ClSnCl_3$ 67 bis 70/2	$SnCl_4 + CH_2{=}N_2$	Benzol, 4 h, 3 bis 6°C; $D_4^{20} = 2.2092$, $n_D^{20} = 1.5730$	24.3	[68]
3*	$Cl_3SiCH_2SnCl_3$ 118 bis 120/20	$SnCl_2 + Cl_3SiCH_2Cl$	$[(C_2H_5)_3NC_4H_9]Cl$, 6 h, 150°C, Bombenrohr; $D_4^{20} = 2.0001$, $n_D^{20} = 1.5348$	51	[78]
4	$H_3SiCH_2SnCl_3$	$SnCl_2 + H_3SiCH_2Cl$	140 bis 180°C	—	[79]
5*	$Cl_2BCH_2CH(BCl_2)SnCl_3$	$CH_2{=}CHSnCl_3 + B_2Cl_4$	24 h, 25°C	—	[80]
6	$CH_3CHClSnCl_3$ 69 bis 71/4	$SnCl_4 + CH_3CH{=}N_2$	Benzol, 4°C	—	[70]
7	$CH_3SiCl_2CH_2SnCl_3$ 119 bis 122/15	$Sn + CH_3SiCl_2CH_2Cl$ $SnCl_2 + CH_3SiCl_2CH_2Cl$	$[N(C_2H_5)_3]$, $[SnJ_4]$, 180°C, 5 h $[(C_2H_5)_3NC_4H_9]Cl$, 6 h, 150°C, Bombenrohr; $D_4^{20} = 1.8536$, $n_D^{20} = 1.5299$ $R_{mol} = 58.88$ (ber.: 58.53)	2.0 73.5	[81] [78]
8*	$CF_3CH_2CH_2SnCl_3$	—	NMR, Mössbauer	—	[82 bis 84]
9	$ClC(O)CH_2CH_2SnCl_3$ 42	$SnCl_2 + CH_2{=}CHCOCl + HCl$	Diäthyläther, 20°C	90.5	[85, 86]
10	$HOOCCH_2CH_2SnCl_3$ 123 bis 127	$SnCl_2 + CH_2{=}CHCOOH + HCl$ $SnCl_2 + CH_2{=}CHCOOH + HCl$	Diäthyläther, 20°C IR: $\nu CO = 1665\ cm^{-1}$; NMR: $\tau CH_2^{\alpha} = 7.80$, $^2J(HSn) = 88$ Hz, $\tau CH_2^{\beta} = 6.92$, $^3J(HSn) = 207$ Hz, $\tau OH = -1.25$	74 —	[86] [87]

Tabelle 54 (Fortsetzung)

Nr.	Verbindung $RSnCl_3$ Schmelzpunkt in °C Siedepunkt in °C/Torr	Darstellung	Reaktionsbedingungen Weitere Eigenschaften	Ausbeute in %	Lit.
11	$Cl(CH_3)_2SiCH_2SnCl_3$ 104 bis 107/7	$SnCl_2 + Cl(CH_3)_2SiCH_2Cl$	Bombenrohr, 6.5 h, 150°C, $[(C_2H_5)_3NC_4H_9]Cl$; $D_4^{20} = 1.7317$ g/cm³, $n_D^{20} = 1.5288$; $R_{mol} = 59.13$ (ber.: 58.97)	72.3	[78]
12	$CH_3COCH_2CH_2SnCl_3$ 70	$SnCl_2 + CH_3COCH{=}CH_2 + HCl$	Diäthyläther	80	[85, 86]
13	$HOOCCH_2CH(CH_3)SnCl_3$	$SnCl_2 + CH_3CH{=}CHCOOH + HCl$	Diäthyläther, 20°C	41	[86]
14*	$CH_3OOCCH_2CH_2SnCl_3$ 69 bis 70	$SnCl_2 + CH_2{=}CHCOOCH_3 + HCl$	Dimethoxyäthan, 2 h, 20°C	89	[86, 87]
		$SnCl_2 + CH_2{=}CHCOOCH_3 + HCl$	Dimethoxyäthan, 3.5 h, 35°C	98	[85 bis 87]
	174/4	$Sn + CH_2{=}CHCOOCH_3 + HCl$	Diäthyläther, 3 h, 20°C	27	[85, 86, 88, 89]
15	$CH_3O(CH_3)_2SiCH_2SnCl_3$ 99 bis 101	$SnCl_2 + CH_3O(CH_3)_2SiCH_2Cl$	Diglyme, Bombenrohr, 6 h, 165°C	10	[78]
		$SnCl_2 + Cl(CH_3)_2SiCH_2Cl$	Diglyme, Bombenrohr, 6 h, 165°C (Reaktion mit dem Lösungsmittel)	3.5	[78]
16*	$(CH_3)_3SiCH_2SnCl_3$ 119 bis 120/20	$SnCl_2 + (CH_3)_3SiCH_2Cl$	Diglyme, Bombenrohr, 6 h, 170°C; $D_4^{20} = 1.5920$ g/cm³, $n_D^{20} = 1.5150$	61.2	[78]
17	$CH_3OOCCH(CH_3)CH_2SnCl_3$ 86	$SnCl_2 + CH_2{=}C(CH_3)COOCH_3 + HCl$	Diäthyläther, 20°C	62	[85, 86]
18	$CH_3OOCCH_2CH(CH_3)SnCl_3$ 81	$SnCl_2 + CH_3CH{=}CHCOOCH_3 + HCl$	Diäthyläther, 20°C	30	[85, 86]
19	$C_2H_5OOCCH_2CH_2SnCl_3$ 68	$SnCl_2 + CH_2{=}CHCOOC_2H_5 + HCl$	Diäthyläther, 20°C	79	[85, 86]
20	$CH_3COO(CH_3)_2SiCH_2SnCl_3$	$SnCl_2 + CH_3COO(CH_3)_2SiCH_2Cl$	3 h, 170°C, $[(C_2H_5)_3NC_4H_9]Cl$	61.0	[90]

Tabelle 54 (Fortsetzung)

Nr.	Verbindung RSnCl$_3$ Schmelzpunkt in °C Siedepunkt in °C/Torr	Darstellung	Reaktionsbedingungen Weitere Eigenschaften	Ausbeute in %	Lit.
21	$C_2H_5O(CH_3)_2SiCH_2SnCl_3$ 45 104 bis 105/0.5	$SnCl_2$ + $C_2H_5O(CH_3)_2SiCH_2Cl$	3 h, 170°C, $[(C_2H_5)_3NC_4H_9]Cl$	69	[90]
22	$CH_3COCH_2C(CH_3)_2SnCl_3$	$SnCl_2$ + $CH_3COCH{=}C(CH_3)_2 + HCl$	Diäthyläther, 2 h, 25°C	51	[85 bis 87]
	123	—	IR: $\nu CO = 1665\ cm^{-1}$; NMR: $\tau CH_2 = 6.85$, $^3J(HSn) = 210$ Hz, $\tau CH_3C = 8.77$, $^3J(HSn) = 204$ Hz, $\tau CH_3CO = 7.43$	—	[87]
23	$i\text{-}C_3H_7OCH(CH_3)CH_2SnCl_3$	—	Schmiermittelzusatz	—	[91]
24	$\{[(CH_3)_2N]_2CCH_2SnCl_3\}Cl$ 119.5 (Zersetzung)	$SnCl_4 + CH_2{=}C[N(CH_3)_2]_2$	NMR: $\tau CH_2 = 6.57$, $\tau CH_3 = 6.80$	—	[92]
25	$CH_3(C_2H_5O)_2SiCH_2SnCl_3$ 118 bis 119/1	$SnCl_2 + CH_3(C_2H_5O)_2SiCH_2Cl$	3 h, 170°C, $[(C_2H_5)_3NC_4H_9]Cl$; $D_4^{20} = 1.5410\ g/cm^3$, $n_D^{20} = 1.4912$, $R_{mol} = 70.01$ (ber.: 70.34)	76	[90]
26	$Cl(CH_3)_2SiCH_2Si(CH_3)_2CH_2SnCl_3$ 109 bis 112/12	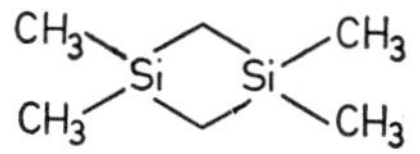 $(CH_3)_2Si(CH_2)_2Si(CH_3)_2$ + $SnCl_4$	Nitromethan, 2 h, 20°C; $n_D^{20} = 1.5252$; NMR: $\tau CH_2Sn = 8.48$, $\tau CH_3SiCl = 9.52$, $\tau CH_2Si = 9.60$, $\tau CH_3Si = 9.63$	79	[93]
27	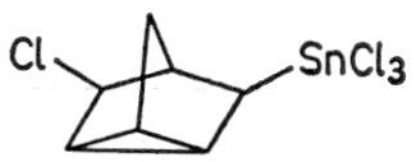 Cl, SnCl$_3$ 60.5 bis 61.5	$SnCl_4$  +	1:1, Isopentan, 0°C; IR: νCH (Propanring) = 3070, 1020, 800 bis 818 cm^{-1}; reagiert mit Basen B^- zu $BSnCl_3$, Cl^- und 	—	[94]

Tabelle 54 (Fortsetzung)

Nr.	Verbindung $RSnCl_3$ Schmelzpunkt in °C Siedepunkt in °C/Torr	Darstellung	Reaktionsbedingungen Weitere Eigenschaften	Ausbeute in %	Lit.
28	$(C_2H_5)_3SiCH_2SnCl_3$ 149 bis 152/15	$SnCl_2 + (C_2H_5)_3SiCH_2Cl$	Diglyme, 165°C, 6.5 h; $D_4^{20} = 1.4609$ g/cm³, $n_D^{20} = 1.5165$, $R_{mol} = 73.32$ (ber.: 73.27)	40	[78]
29	$C_4H_9(CH_3)_2SiCH_2SnCl_3$ 114 bis 116/2.5	$SnCl_2 + C_4H_9(CH_3)_2SiCH_2Cl$	Diglyme, 165 bis 170°C, 6 h; $D_4^{20} = 1.4414$ g/cm³, $n_D^{20} = 1.5055$, $R_{mol} = 73.02$ (ber.: 73.35)	28.6	[78]
		$Sn + C_4H_9(CH_3)_2SiCH_2Cl$	180°C, 5 h, [Piperidin], $[SnJ_4]$; IR; reagiert mit CH_3MgBr zu $C_4H_9(CH_3)_2SiCH_2Sn(CH_3)_3$	2.6	[81]
30	$C_4H_9O(CH_3)_2SiCH_2SnCl_3$ 91 bis 92/1	$SnCl_2 + C_4H_9O(CH_3)_2SiCH_2Cl$	Diglyme, 165°C, 6 h; $D_4^{20} = 1.5132$ g/cm³, $n_D^{20} = 1.5030$, $R_{mol} = 75.47$ (ber.: 74.20)	51	[78]
31	$(C_2H_5O)_3SiCH_2SnCl_3$ 120 bis 130/4	$SnCl_2 + (C_2H_5O)_3SiCH_2Cl$	170°C, 3 h, $[(C_2H_5)_3NC_4H_9]Cl$; $D_4^{20} = 1.4924$ g/cm³, $n_D^{20} = 1.4748$, $R_{mol} = 75.87$ (ber.: 75.81)	73	[90]
32	$[(CH_3)_3Si]_2CHSnCl_3$	$Sn\{CH[Si(CH_3)_3]_2\}_2 + Cl_2$	Hexan, 0 bis −30°C; ¹H-NMR	—	[95]
33	$CF_3(CF_2)_5CH_2CH_2SnCl_3$	UV-Bestrahlung von $Sn(CH{=}CH_2)_4$ und $CF_3(CF_2)_4CF_2J$, dann Zugabe von $SnCl_4$, Zn und NH_4Br	Isopropyläther, 110°C, 8 h	—	[96]
34	$(CO)_3Mn-C_5H_4-SnCl_3$	—	Polarographische Bestimmung des Sn-Gehaltes	—	[97]
35*	$C_2H_5OC(=O)CH_2CH(COOC_2H_5)-SnCl_3$ 108.5 bis 110.5	$(C_2H_5OC(=O)CH_2CH(COOC_2H_5))_2SnBr_2$ $+ SnCl_4$	1:2; CCl_4, 4.5 h Rückfluß, 12 h Stehen	94	[98]

Tabelle 54 (Fortsetzung)

Nr.	Verbindung $RSnCl_3$ Schmelzpunkt in °C Siedepunkt in °C/Torr	Darstellung	Reaktionsbedingungen Weitere Eigenschaften	Ausbeute in %	Lit.
36	$(CH_3)_2Si(O(CH_2CH_2O)_2CH_3)CH_2SnCl_3$ 112 bis 117/0.25	$SnCl_2 + Cl(CH_3)_2SiCH_2Cl +$ Lösungsmittel	Diglyme, 165°C, 6 h, Bombenrohr; $D_4^{20} = 1.2137$ g/cm³, $n_D^{20} = 1.5152$, $R_{mol} = 82.20$ (ber.: 82.39)	7	[78]
37	$C_6H_5(CH_3)_2SiCH_2SnCl_3$ 140 bis 142/3	$SnCl_2 + C_6H_5(CH_3)_2SiCH_2Cl$	Diglyme, 165°C, 6.5 h; $D_4^{20} = 1.5386$ g/cm³, $n_D^{20} = 1.5669$, $R_{mol} = 79.22$ (ber.: 79.30)	40	[78]
38	$CClF_2(CF_2)_7CH_2CH_2SnCl_3$	UV-Bestrahlung von $Sn(CH{=}CH_2)_4$ und $CF_2J(CF_2)_6CClF_2$, dann Zugabe von $SnCl_4$, Zn, NH_4Br und i-C_3H_7OH	Aceton, UV, 10 h, dann 110°C, 8 h; reagiert mit C_4H_9OH zu $CClF_2(CF_2)_7CH_2CH_2Sn(OC_4H_9)_3$	—	[96]
39	$CHF_2(CF_2)_7CH_2CH_2SnCl_3$	UV-Bestrahlung von $Sn(CH{=}CH_2)_4$ und $CJF_2(CF_2)_6CHF_2$, dann Zugabe von $SnCl_4$ und Na-Hg	Aceton, UV, 10 h, dann 100°C, 8 h	—	[96]
40	$CH_3(C_4H_9)_2SiCH_2SnCl_3$ 118 bis 121/1	$SnCl_2 + CH_3(C_4H_9)_2SiCH_2Cl$	Diglyme, 165°C, 6 h, Bombenrohr; $D_4^{20} = 1.3190$ g/cm³, $n_D^{20} = 1.5005$, $R_{mol} = 88.47$ (ber.: 87.29)	26.5	[78]
41	$CF_3(CF_2)_9CH_2CHJSnCl_3$	UV-Bestrahlung von $(CH_2{=}CH)_2SnCl_2$, $CH_2{=}CHSnCl_3$ und $CF_3(CF_2)_8CF_2J$, dann Zugabe von $NaOCH_3$	Isopropyläther, UV, 48 h, dann Methanol	—	[96]
42	$CF_3(CF_2)_9CH_2CH_2SnCl_3$	$(C_4H_9)_3SnH + CH_2{=}CH(CF_2)_9CF_3$, dann Zugabe von $SnCl_4$	Isopropyläther, 50 bis 60°C, 6 h, dann 110°C, 6 h, [AIBN], [$AlCl_3$]	—	[96]

Tabelle 54 (Fortsetzung)

Nr.	Verbindung $RSnCl_3$ Schmelzpunkt in °C Siedepunkt in °C/Torr	Darstellung	Reaktionsbedingungen Weitere Eigenschaften	Ausbeute in %	Lit.
43	$(C_4H_9)_3SiCH_2SnCl_3$	$SnCl_2 + (C_4H_9)_3SiCH_2Cl$	Diglyme, 165 bis 170°C, 6 h; $D_4^{20} = 1.2562$ g/cm³, $n_D^{20} = 1.4932$, $R_{mol} = 101.52$ (ber.: 101.24)	10	[78]
44	$CF_3(CF_2)_{11}CH_2CH_2SnCl_3$	UV-Bestrahlung von $Sn(CH{=}CH_2)_4$ und $CJF_2(CF_2)_{10}CF_3$, dann Zugabe von $SnCl_4$ und Zn	Isopropyläther	—	[96]
45	$CF_3(CF_2)_9(CH_2)_6SnCl_3$	$(C_4H_9)_3SnH + CH_2{=}CHCH_2CH_2CH{=}CH_2 + CF_3(CF_2)_8CF_2J + Na\text{-}Hg + SnCl_4$	Isopropyläther, 26 h, 50 bis 120°C, [AIBN]	—	[96]
46	$CF_3(CF_2)_9(CH_2)_3O(CH_2)_3SnCl_3$	$(C_4H_9)_3SnH + (CH_2{=}CHCH_2)_2O + CF_3(CF_2)_8CF_2J + Na\text{-}Hg + SnCl_4$	Isopropyläther, 26 h, 50 bis 120°C, [AIBN]	—	[96]
47*	$C_6H_5(CH_3)SiClCH_2Si(C_6H_5)(CH_3)CH_2SnCl_3$	$SnCl_4$ + 1,3-Dimethyl-1,3-diphenyl-1,3-disilacyclobutan (CH_3, C_6H_5 an Si)	CH_2NO_2, 25°C, 3 h, Rühren; dimer in Benzol	96	[93]

Literatur:

[1] W. P. Neumann, G. Burkhardt, Studiengesellschaft Kohle m.b.H. (D.P. 1161893 [1961/64]). — [2] Studiengesellschaft Kohle m.b.H. (B.P. 958085 [1961/64]). — [3] W. P. Neumann, G. Burkhardt, Studiengesellschaft Kohle m.b.H. (U.S.P. 3248411 [1961/64]). — [4] Studiengesellschaft Kohle m.b.H. (F.P. 1318310 [1961/63]; C.A. **59** [1963] 2858). — [5] W. P. Neumann, G. Burkhardt (Liebigs Ann. Chem. **663** [1963] 11/21).

[6] W. P. Neumann, Studiengesellschaft Kohle m.b.H. (D.P. 1177158 [1962/64]; C.A. **61** [1964] 14711). — [7] M. Buschhoff, K. H. Müller, Schering A.-G. (Deut. Offenlegungsschrift 2304617 [1973/74]; C.A. **81** [1974] Nr. 152418). — [8] T. N. Mitchell (J. Organometal. Chem. **59** [1973] 189/97). — [9] G. H. Reifenberg, W. J. Considine, Billiton-M en T Chemische Industrie N.V. (Deut. Offenlegungsschrift 1963569 [1968/70]; C.A. **73** [1970] Nr. 45600). — [10] R. Gupta, B. Majee (J. Organometal. Chem. **33** [1971] 169/73).

[11] T. N. Mitchell (Org. Magn. Resonance **8** [1976] 34/9). — [12] J. Franc, M. Wurst, V. Moudry (Collection Czech. Chem. Commun. **26** [1961] 1313/9). — [13] M. and T. International N.V. (F. Demande 2179552 [1972/73]; C.A. **80** [1974] Nr. 108671). — [14] Y. Hayashi, Y. Adachi, Kureha Chemical Industry Co., Ltd. (Japan. Kokai 73-97818 [1972/73]; C.A. **80** [1974] Nr. 70969). — [15] C. Dörfelt, Farbwerke Hoechst A.-G. (D.P. 1152693 [1961/63]; C.A. **60** [1964] 552).

[16] C. Dörfelt, Farbwerke Hoechst A.-G. (D.P. 1078772 [1960]; C.A. **1961** 13927). — [17] C. Dörfelt, Farbwerke Hoechst A.-G. (D.P. 1227658 [1963/66]; C.A. **66** [1967] Nr. 46483). — [18] J. G. A. Luijten (Rec. Trav. Chim. **85** [1966] 873/8). — [19] F. Abe, M. Umeno, A. Sato, T. Konami, Hokko Chemical Industry Co., Ltd. (Japan.P. 75-24951 [1969/75]; C.A. **84** [1976] Nr. 165028). — [20] Carlisle Chemical Works, Inc. (Neth. Appl. 65-13659 [1964/66]; C.A. **65** [1966] 7218).

[21] M. Buschhoff, K. H. Müller, Schering A.-G. (Deut. Offenlegungsschrift 2444786 [1974/76]; C.A. **85** [1976] Nr. 33188). — [22] K. Ando, K. Tsubone, M. Suenobu, Yoshitomi Pharmaceutical Industries, Ltd. (Japan. Kokai 74-14428 [1972/74]; C.A. **81** [1974] Nr. 4075). — [23] K. Saruto, Y. Ozaki, N. Kaneko, Yoshitomi Pharmaceutical Industries, Ltd. (Japan.P. 69-08489 [1966/69]; C.A. **71** [1969] Nr. 39185). — [24] S. Matsuda, H. Kudara, Chugoku Marine Paints, Ltd. (Deut. Offenlegungsschrift 2545065 [1975/76]; C.A. **86** [1977] Nr. 106782). — [25] E. J. Bulten, Nederlandse Centrale Organisatie voor Toegepast-Natuurwetenschappelijk Onderzoek (Deut. Offenlegungsschrift 2228855 [1971/72]; C.A. **78** [1973] Nr. 97810).

[26] E. J. Bulten, Cosan Chemical Corp. (U.S.P. 3824264 [1972/74]; C.A. **83** [1975] Nr. 10405). — [27] Albright and Wilson, Ltd. (Neth. Appl. 66-14326 [1965/67]; C.A. **67** [1967] Nr. 100247). — [28] Albright and Wilson, Ltd. (Neth. Appl. 65-04226 [1964/65]; C.A. **64** [1966] 8240). — [29] H. Matsuda, M. Nakamura, S. Matsuda (Kogyo Kagaku Zasshi **64** [1961] 1948/51). — [30] Albright and Wilson, Ltd. (Neth. Appl. 65-12145 [1964/66]; C.A. **65** [1966] 8962; D.P. 1277255; B.P. 1115646; F.P. 1446994; U.S.P. 3415857).

[31] Deutsche Advance Produktion G.m.b.H. (Neth. Appl. 65-11702 [1964/66]; C.A. **65** [1966] 5489; D.P. 1217951; Belg.P. 669340). — [32] J. W. G. van den Hurk, Nederlandse Centrale Organisatie voor Toegepast-Natuurwetenschappelijk Onderzoek (D.P. 1768914 [1967/72]; C.A. **77** [1972] Nr. 140293). — [33] S. Sagawa, O. Kimura, S. Okamoto, K. Sekimori, F. Itoh, Sumitomo Chemical Co., Ltd. (Japan. Kokai 74-102623 [1973/74]; C.A. **82** [1975] Nr. 73179). — [34] E. B. Kallandyk, W. L. Mallasnicki, M. Kowalski, A. Pazgan, Instytut Przemyslu Organicznego (Deut. Offenlegungsschrift 2125394 [1970/71]; C.A. **76** [1972] Nr. 59757). — [35] W. Wehner, O. Hermann, Deutsche Advance Produktion G.m.b.H. (Deut. Offenlegungsschrift 2108966 [1970/71]; C.A. **76** [1972] Nr. 14715).

[36] S. Sagawa, O. Kimura, K. Sekimori, F. Itoh, Sumitomo Chemical Co., Ltd. (Deut. Offenlegungsschrift 2321402 [1972/73]; C.A. **80** [1974] Nr. 83248). — [37] Sumitomo Chemical Co., Ltd. und Kyodo Chemical Co., Ltd. (F. Demande 2182231 [1972/74]; C.A. **80** [1974] Nr. 121114). — [38] J. W. Bouchoux, W. A. Larkin, M and T Chemicals, Inc. (Belg.P. 836831 [1975/76]; C.A. **86** [1977] Nr. 55584; U.S.P. 3931264 [1974/76]; C.A. **84** [1976] Nr. 105773). — [39] C. O. Akpofure, R. Belcher, S. L. Bogdanski, A. Townshend (Anal. Letters **8** [1975] 921/9). — [40] K. Figge, W. D. Bieber (J. Chromatog. **109** [1975] 418/21).

[41] K. Figge (J. Chromatog. **39** [1969] 84/7). — [42] H. Akagi, R. Takeshita, Y. Sakagami (Koshu Eiseiin Kenkyu Hokoku **19** [1970] 185/92). — [43] H. Akagi, M. Fujita, Y. Sakagami (Shokuhin Eiseigaku Zasshi **13** [1972] 85/8 nach C.A. **77** [1972] Nr. 124877). — [44] H. Wieczorek (Deut. Lebensm. Rundschau **65** [1969] 74/8). — [45] J. Koch, K. Figge (J. Chromatog. **109** [1975] 89/100).

[46] H. Woidich, W. Pfannhauser, G. Blaicher (Deut. Lebensm. Rundschau **72** [1976] 421/2). — [47] H. Woidich, W. Pfannhauser (Z. Lebensm. Untersuch. Forsch. **162** [1976] 49/54). — [48] A. G. Davies, L. Smith, P. J. Smith (J. Organometal. Chem. **39** [1972] 279/88). — [49] E. W. Abel, R. P. Bush, C. R. Jenkins, T. Zobel (Trans. Faraday Soc. **60** [1964] 1214/9). — [50] H. Eggensperger, H. Andreas, V. Franzen, G. Neubert, Deutsche Advance Produktion G.m.b.H. (F.P. 1529957 [1966/68]; C.A. **70** [1969] Nr. 115906).

[51] M. and T. Chemicals, Inc. (U.S.P. 3480655 [1967/69]). — [52] H. Mehner, H. Jehring, H. Kriegsmann (J. Organometal. Chem. **15** [1968] 97/105). — [53] R. Barbieri, G. Alonzo, A. Silvestri, N. Burriesci, N. Bertazzi, G. Stocco, L. Pellerito (Gazz. Chim. Ital. **104** [1974] 885/95). — [54] L. Pellerito, R. Cefalu, A. Silvestri, F. Di Bianca, R. Barbieri, H. J. Haupt, H. Preut, F. Huber (J. Organometal. Chem. **78** [1974] 101/6). — [55] S. Shaw, A. Townshend (Talanta **20** [1973] 332/5).

[56] O. R. Klimmer (Arzneimittel-Forsch. **19** [1969] 934/9). — [57] J. G. A. Luijten, O. R. Klimmer (Tin Res. Inst. Publ. **501** [1973]). — [58] J. L. Bennett, R. E. C. Hawkins, Albright and Wilson, Ltd. (Deut. Offenlegungsschrift 2351188 [1972/74]; C.A. **83** [1975] Nr. 92356). — [59] M. Miyake, S. Kidooka, T. Hori, Sankyo Organic Chemicals Co., Ltd. (Japan.P. 74-08838 [1970/74]; C.A. **81** [1974] Nr. 79346). — [60] D. Bitzer (D.P. 1169060 [1963/64]; C.A. **61** [1964] 5905).

[61] E. J. Bulten (J. Organometal. Chem. **97** [1975] 167/72). — [62] D. Seyferth, H. M. Cohen (Inorg. Chem. **2** [1963] 652/3). — [63] D. Seyferth, Dow Chemical Co. (U.S.P. 3347888 [1963/67]; C.A. **68** [1968] Nr. 59726). — [64] H. G. Langer, T. P. Brady, Dow Chemical Co. (U.S.P. 3557172 [1968/71]; C.A. **75** [1971] Nr. 6107). — [65] V. S. Petrosyan, S. G. Sakharov, O. A. Reutov (Izv. Akad. Nauk SSSR Ser. Khim. **1974** 743; Bull. Acad. Sci. USSR Div. Chem. Sci. **1974** 715).

[66] E. G. Ermakova, T. L. Krasnova, A. M. Mosin, M. I. Onoprienko, E. A. Chernyshev, M. T. Shpak (Ukr. Fiz. Zh. **16** [1971] 900/8 nach C.A. **75** [1971] Nr. 135294). — [67] I. G. Litvyak, T. N. Sumarokova (Zh. Obshch. Khim. **34** [1964] 3677/82; J. Gen. Chem. USSR **34** [1964] 3727/30). — [68] R. G. Kostyanovskii, A. K. Prokofev (Izv. Akad. Nauk SSSR Ser. Khim. **1968** 274/9; Bull. Acad. Sci. USSR Div. Chem. Sci. **1968** 270/4). — [69] A. Yu. Yakubovich, S. P. Makarov, V. A. Ginsburg, G. I. Gavrilov, Yu. N. Merkulova (Dokl. Akad. Nauk SSSR [2] **72** [1950] 69/72 nach C.A. **1951** 2856). — [70] A. Yu. Yakubovich, S. P. Makarov, G. I. Gavrilov (Zh. Obshch. Khim. **22** [1952] 1788/93 nach C.A. **1953** 9257).

[71] L. Verdonck, G. P. van der Kelen, Z. Eeckhaut (J. Organometal. Chem. **11** [1968] 487/90). — [72] I. A. Renova, N. A. Sinitsyna, Yu. T. Struchkov, O. Yu. Okhlobystin, A. K. Prokofev (Zh. Strukt. Khim. **13** [1972] 15/9; J. Struct. Chem. [USSR] **13** [1972] 11/5). — [73] T. Ya. Melnikova, Yu. V. Kolodyazhnyi, A. K. Prokofev, O. A. Dsipov (Zh. Obshch. Khim. **46** [1976] 1812/6; J. Gen. Chem. USSR **46** [1976] 1759/61). — [74] G. K. Semin, T. A. Babushkina, A. K. Prokofev, R. G. Kostyanovskii (Izv. Akad. Nauk SSSR Ser. Khim. **1968** 1401/4; Bull. Acad. Sci. USSR Div. Chem. Sci. **1968** 1326/8). — [75] M. G. Voronkov, V. P. Feshin, V. F. Mironov, S. A. Mikhailyants, T. K. Gar (Zh. Obshch. Khim. **41** [1971] 2211/7; J. Gen. Chem. USSR **41** [1971] 2237/42).

[76] Yu. K. Maksyutin, V. V. Khrapov, L. S. Melnichenko, G. K. Semin, N. N. Zemlyanskii, K. A. Kocheshkov (Izv. Akad. Nauk SSSR Ser. Khim. **1972** 602/4; Bull. Acad. Sci. USSR Div. Chem. Sci. **1972** 562/3). — [77] R. W. Bott, C. Eaborn, T. W. Swaddle (J. Organometal. Chem. **5** [1966] 233/40). — [78] V. F. Mironov, V. I. Shiryaev, V. V. Yankov, A. F. Gladchenko, A. D. Naumov (Zh. Obshch. Khim. **44** [1974] 806/12; J. Gen. Chem. USSR **44** [1974] 776/82). — [79] V. F. Mironov, V. I. Shiryaev, V. V. Yankov, N. F. Gladchenko (UdSSR P. 396340 [1972/73]; C.A. **80** [1974] Nr. 15075). — [80] T. D. Coyle, J. J. Ritter (J. Organometal. Chem. **12** [1968] 269/80).

[81] V. F. Mironov, E. M. Stepina, V. I. Shiryaev (Zh. Obshch. Khim. **42** [1972] 631/6; J. Gen. Chem. USSR **42** [1972] 627/32). — [82] D. E. Williams, L. H. Toporcher, G. M. Ronk (J. Phys. Chem. **74** [1970] 2139/42). — [83] M. Barnard, P. J. Smith, R. F. M. White (J. Organometal. Chem. **77** [1974] 189/97). — [84] D. E. Williams, C. W. Kocher (J. Chem. Phys. **52** [1970] 1480/8). — [85] R. E. Hutton, V. Oakes (Advan. Chem. Ser. **157** [1976] 123/33).

[86] J. W. Burley, R. E. Hutton, B. R. Iles, Akzo G.m.b.H. (Deut. Offenlegungsschrift 2540210 [1974/76]; C.A. **85** [1976] Nr. 109442). — [87] J. W. Burley, R. E. Hutton, V. Oakes (J. Chem. Soc. Chem. Commun. **1976** 803/4). — [88] Akzo N.V. (Belg.P. 843387 [1976/76]; C.A. **87** [1977] Nr. 6982). — [89] Akzo N.V. (Neth. Appl. 75-03116 [1975/76]; C.A. **86** [1977] Nr. 44403). — [90] V. F. Mironov, V. I. Shiryaev, E. M. Stepina, V. V. Yankov, V. P. Kochergin (Zh. Obshch. Khim. **45** [1975] 2448/51; J. Gen. Chem. USSR **45** [1975] 2404/6).

[91] B. H. Lincoln, Lubri-Zol Development Co. (U.S.P. 2334566 [1940/43]; C.A. **1944** 3828). — [92] H. Weingarten, J. S. Wager (Chem. Commun. **1970** 584). — [93] A. M. Devine, R. N. Haszeldine, A. E. Tipping (J. Chem. Soc. Dalton Trans. **1975** 1832/6). — [94] F. M. Rabel, R. West (J. Am. Chem. Soc. **84** [1962] 4169). — [95] J. D. Cotton, P. J. Davidson, M. F. Lappert (J. Chem. Soc. Dalton Trans. **1976** 2275/86).

[96] W. Bloechl (Neth. Appl. 65-09545 [1964/66]; C.A. **65** [1966] 750/1). — [97] E. A. Terenteva, N. N. Smirnova (Zh. Analit. Khim. **31** [1976] 1950/3; J. Anal. Chem. USSR **31** [1976] 1412/5). — [98] I. Omae, K. Yamaguchi, S. Matsuda (J. Organometal. Chem. **24** [1970] 663/6).

1.3.2.3.7 Alkenyl- und Alkinylzinntrichloride $RSnCl_3$

Alkenyl- and Alkinyltin Trichlorides

CH_2=$CHSnCl_3$

Vinylzinntrichlorid entsteht bei der Komproportionierung von $Sn(CH{=}CH_2)_4$ mit $SnCl_4$ nach 3.5 h bei 100°C in 77%iger Ausbeute [1], nach 2 h bei 30°C und anschließend 70°C in 86%iger Ausbeute [2] sowie nach 2 h bei 35°C und 2 h bei 90°C in 92%iger Ausbeute [3, 4]. In 98%iger Ausbeute wird Vinylzinntrichlorid durch Komproportionierung von $(CH_2{=}CH)_3SnCl$ mit $SnCl_4$ bei 25°C nach 2 h erhalten [3, 4]. Die Verbindung ist auch durch Umsetzung von $SnCl_4$ mit CH_2=CHMgCl in Tetrahydrofuran [5, 6] bzw. in Pentan-Tetrahydrofuran (49% Ausbeute) [7] sowie durch Umsetzung von $SnCl_4$ mit $Hg(CH{=}CH_2)_2$ zugänglich [8].

Im IR-Spektrum von Vinylzinntrichlorid treten folgende Schwingungen auf (in cm^{-1}): 3045 m, 2975 m, 1934 m bis s, 1609 bis 1602 m, 1460 s, 1391 st, 1283 s, 1269 m bis s, 1232 bis 1224 st, 1075 m, 981 sst und 811 m [9]. Die Isomerieverschiebung im Mössbauer-Spektrum wurde zu δ = 1.22 mm/s gegen SnO_2 bestimmt. Die Quadrupolaufspaltung beträgt Δ = 1.86 mm/s [10]. Zur Diskussion eines $d_\pi p_\pi$-Konjugationseffektes im Sn-CH=CH_2-System an Hand von NMR- und IR-Daten s. [11].

Die Verbindung siedet bei 48 bis 50°C/5.2 bis 5.3 Torr [1], 48 bis 50°C/5 Torr [8], 64 bis 65°C/15 Torr [2]. Dichte D_4^{25} = 1.9981 g/cm^3 [2, 12]. Brechungsindex n_D^{20} = 1.5381 [12], n_D^{25} = 1.5361 [2, 12]. Molrefraktion R_{mol} = 39.350 (ber.: 39.359) [12]. Dipolmoment μ = 3.77 D [13, 14], berechnetes Dipolmoment μ = 3.34 D [14].

CH_2=$CHSnCl_3$ reagiert mit $LiAlH_4$ in Diglyme bei −5 bis −10°C unter Bildung des äußerst instabilen Vinylzinntrihydrids CH_2=$CHSnH_3$ in Ausbeuten von 2% neben H_2, CH_2=CH_2 und SnH_4 [9]. Mit C_4H_9MgCl bzw. C_6H_5MgCl setzt sich CH_2=$CHSnCl_3$ in Heptan-Tetrahydrofuran in Abhängigkeit vom gewählten Molverhältnis zu $C_4H_9(CH_2{=}CH)SnCl_2$ bzw. $C_6H_5(CH_2{=}CH)SnCl_2$ oder $(C_4H_9)_2(CH_2{=}CH)SnCl$ bzw. $(C_6H_5)_2(CH_2{=}CH)SnCl$ um. Mit 2-Thienylmagnesiumchlorid oder dessen 5-Methyl-Derivat reagiert Vinylzinntrichlorid unter Bildung von 2-$C_5H_3S(CH_2{=}CH)SnCl_2$ oder 2-(5-$CH_3C_5H_2S)(CH_2{=}CH)SnCl_2$ [7]. Die Umsetzung von CH_2=$CHSnCl_3$ mit $C_5H_{11}COONa$ in Benzol führt zur Bildung von $(C_5H_{11}COO)_3SnCH{=}CH_2$ [15], die Umsetzung mit Cl_2BBCl_2 bei Raumtemperatur zu $Cl_2BCH_2CH(BCl_2)SnCl_3$ [16], die Umsetzung mit $C_5H_5Co(CO)_2$ in Benzol bei 40 bis 50°C über 3 h zu $C_5H_5Co(CO)(SnCl_3)(CH_2{=}CHSnCl_2)$ [17] und die Reaktion mit CH_2=CHCH=CH_2 in CCl_4 bei 100°C im Bombenrohr im Verlauf von 15 h zu der Cyclohexenverbindung XLI, die, ohne isoliert zu werden, mit CH_3MgJ zum Trimethylzinnderivat XLII weiter umgesetzt wird [18]. Die Reaktionen von CH_2=$CHSnCl_3$ mit perhalogenierten Kohlenwasserstoffen sind in Tabelle 55, S. 264, zusammengestellt. Alle Reaktionen wurden unter UV-Bestrahlung oder unter Zusatz von Azoisobuttersäuredinitril durchgeführt.

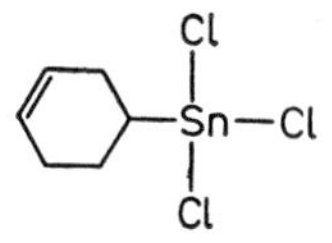

XLI 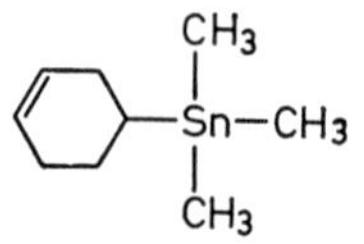 XLII

Zur Verwendung von $CH_2{=}CHSnCl_3$ als Stabilisator sowie zur Darstellung von Polymeren und Copolymeren s. [3, 4].

Tabelle 55

Reaktionen von $CH_2{=}CHSnCl_3$ mit perhalogenierten Kohlenwasserstoffen.

Reaktionspartner	Reaktionsprodukte	Lit.
$(CH_2{=}CH)_2SnCl_2$, $CF_3(CF_2)_8CF_2J$, CH_3ONa	$CF_3(CF_2)_9CH_2CHJSnCl_3$, $[CF_3(CF_2)_9CH_2CHJ]_2SnCl_2$	[19]
$CF_3(CF_2)_6CF_2J$, CH_3OH, Zn	$CF_3(CF_2)_7CH_2CH_2Sn(OCH_3)_3$	[19]
$CF_3(CF_2)_8CF_2J$, CH_3OH, Zn	$CF_3(CF_2)_9CH_2CH_2Sn(OCH_3)_3$	[19]
$CF_2J(CF_2)_8CF_2Cl$, C_2H_5OH, Zn	$CF_3(CF_2)_9CH_2CH_2Sn(OC_2H_5)_3$	[19]
$CF_2J(CF_2)_8CF_2Cl$, C_2H_5OH, Na-Hg	$CF_2Cl(CF_2)_9CH_2CH_2Sn(OC_2H_5)_3$	[19]
$CF_2J(CF_2)_8CF_2Cl$, C_2H_5OH, Na-Hg, Na_2S	$CF_2Cl(CF_2)_9CH_2CH_2Sn(S)SH$	[19]
$CF_3(CF_2)_6CF_2J$, $CF_3(CF_2)_8CF_2J$, $(C_4H_9)_2SnCl_2$, C_2H_5OH, Zn	$CF_3(CF_2)_9CH_2CH_2Sn(OC_2H_5)_2(C_4H_9)$	[19]
$CF_3(CF_2)_{10}CF_2J$, H_2S	$CF_3(CF_2)_{11}CH_2CH_2Sn(S)SH$	[19]

$RSnCl_3$

Darstellung und Eigenschaften weiterer Alkenyl- und Alkinylzinntrichloride $RSnCl_3$ sind in Tabelle 56 auf S. 265/6 zusammengestellt.

Weitere Angaben zu den in der Tabelle aufgeführten Verbindungen (laufende Nummern mit Stern):

$C_6H_5CH{=}C(C_6H_5)SnCl_3$ (Tabelle **56**, Nr. **10**). Bei der Hydrolyse der Verbindung wird $[C_6H_5CH{=}C(C_6H_5)SnOOH]_x$ gebildet. Mit $HgCl_2$ reagiert $C_6H_5CH{=}C(C_6H_5)SnCl_3$ in Äthanol unter Bildung von $C_6H_5CH{=}C(C_6H_5)HgCl$ in cis-Konfiguration, mit HgO, das aus $HgCl_2$ und NaOH in situ dargestellt wurde, entsteht $Hg[C(C_6H_5){=}CHC_6H_5]_2$, mit Br_2 wird die Verbindung in Dioxan unter Bildung von $C_6H_5CH{=}C(C_6H_5)Br$ gespalten [27].

$c\text{-}C_5H_5SnCl_3$ (Tabelle **56**, Nr. **12**). Die Verbindung reagiert mit $(c\text{-}C_5H_5)_3SnCl$ unter Bildung von $(c\text{-}C_5H_5)_2SnCl_2$ [30], mit $CH_2{=}CHMgCl$ in Octan-2-Äthoxytetrahydropyran unter Bildung von $(c\text{-}C_5H_5)(CH_2{=}CH)SnCl_2$ [7], mit $Rh(C_8H_6N)(CO)(CS_2)$ in Toluol bei 40°C unter Bildung von polymerem $Rh(C_8H_6N)(CO)Sn(Cl)(c\text{-}C_5H_5)$ (C_8H_6N = 2-Indenyl) [29]. — Die Verbindung ist Bestandteil von Stabilisatoren [7].

Tabelle 56

Darstellung und Eigenschaften weiterer Alkenyl- und Alkinylzinntrichloride $RSnCl_3$.

Nr.	Verbindung	Darstellung	Reaktionsbedingungen Eigenschaften	Ausbeute in %	Lit.
1	$CH_2{=}CFSnCl_3$	$SnCl_4 + CH_2{=}CFMgCl$	Pentan-Tetrahydrofuran; Stabilisator	—	[5, 7]
2	$CHCl{=}CHSnCl_3$	$Sn + Hg(CH{=}CHCl)_2$	Äthanol, 50°C, 4.5 h, [HCl]; $t_s = 63$ bis 65°C/4 Torr, $n_D^{29} = 1.5602$, $D_4^{29} = 2.0362$ g/cm³	1.3	[20]
		—	R_{mol}(trans) = 43.61 (ber.: 44.59)	—	[32]
		—	R_{mol}(trans) = 43.61 (ber.: 44.91)	—	[33]
3	$CH_2{=}C(CH_3)SnCl_3$	$SnCl_4 + CH_2{=}C(CH_3)MgCl$	Tetrahydrofuran	—	[6]
4	$CH_2{=}CHCH_2SnCl_3$	$SnCl_4 + Sn(CH_2CH{=}CH_2)_4$	Benzol, 25°C; ¹H-NMR;	—	[21]
		—	reagiert mit $CF_2J(CF_2)_8CF_2Cl$, Zn und CH_3OH zu $CF_2Cl(CF_2)_9(CH_2)_3Sn(OCH_3)_3$	—	[19]
5	$CH_3CH{=}C(CH_3)SnCl_3$	$SnCl_4 + CH_3CH{=}C(CH_3)MgCl$	Tetrahydrofuran	—	[6]
6	$(CH_3)_2CHCH_2C({=}CH_2)SnCl_3$	$SnCl_4 +$ $(CH_3)_2CHCH_2C({=}CH_2)MgCl$	Tetrahydrofuran	—	[6]
7	$C_6H_5CH{=}CHSnCl_3$	$SnCl_4 + Sn(CH{=}CHC_6H_5)_4$	1:3; 25°C, ohne Lösungsmittel; $t_f = 40$ bis 42°C; extrem hydrolyse-empfindlich, reagiert mit $C_6H_5JCl_2$ zu $[C_6H_5JCH{=}CHC_6H_5]J$	100	[22]
8	(Cyclohexenyl)–$CH_2CH_2SnCl_3$	$SnCl_4 +$ $(C_6H_9\text{-}CH_2CH_2)_2AlOCH(CH_3)_2$	Dibutyläther, 40°C	72 bis 97	[23]
9	$(CH_3)_2C{=}CHC(O)CH_2C(CH_3)_2SnCl_3$	$SnCl_2 + HCl +$ $(CH_3)_2C{=}CHC(O)CH{=}C(CH_3)_2$	Diäthyläther, 20°C; $t_f = 77$°C	42	[24, 25]

Tabelle 56 (Fortsetzung)

Nr.	Verbindung	Darstellung	Reaktionsbedingungen Eigenschaften	Ausbeute in %	Lit.
10*	$C_6H_5CH{=}C(C_6H_5)SnCl_3$	$SnCl_2$ + $Hg[C(C_6H_5){=}CHC_6H_5]_2$	Aceton; $t_f = 108$ bis 110°C	—	[26, 27]
		$SnCl_2$ + $C_6H_5CH{=}C(C_6H_5)HgX$	—	—	[26]
		$C_6H_5CH{=}C(C_6H_5)SnO_2H$ + $SOCl_2$	—	—	[27]
		$\{[C_6H_5CH{=}C(C_6H_5)]_2SnO\}_x$ + $SOCl_2$	—	—	[27]
11	$(CH_3)_3SiC({=}C{=}S)SnCl_3$	$SnCl_4 + [(CH_3)_3Si]_2C{=}C{=}S$	—	—	[28]
12*	c-$C_5H_5SnCl_3$	$SnCl_4 + NaC_5H_5$ oder C_5H_5MgBr	Benzol	100	[30]
		$SnCl_4$ + (c-$C_5H_5)_2SnCl_2$	—	100	[30]
		$SnCl_4$ + Sn(c-$C_5H_5)_4$	Toluol, −60°C	—	[30]
13	1-Cyclohexenyl-$SnCl_3$ (Strukturformel)	1-Cyclohexenyl-MgCl (Strukturformel) + $SnCl_4$	Tetrahydrofuran	—	[6]
14	3-Cyclohexenyl-$SnCl_3$ (Strukturformel)	$CH_2{=}CHSnCl_3$ + $CH_2{=}CHCH{=}CH_2$	CCl_4, 15 h, 100°C, Bombenrohr; reagiert mit CH_3MgJ zu $(CH_3)_3SnC_6H_9$	—	[18]
15	$HC{\equiv}CSnCl_3$	$SnCl_4 + (C_4H_9)_3SnC{\equiv}CH$	NMR: $\delta CH = -3.01$ ppm, $^3J(H^{117/119}Sn) = 80.8/85.4$ Hz; zerfällt beim Destillieren in $SnCl_4$ und $Sn(C{\equiv}CH)_4$	—	[31]

Literatur:

[1] D. Seyferth, F. G. A. Stone (J. Am. Chem. Soc. **79** [1957] 515/7). — [2] S. D. Rosenberg, A. J. Gibbons (J. Am. Chem. Soc. **79** [1957] 2138/40). — [3] S. D. Rosenberg, A. J. Gibbons, Metal and Thermit Corp. (U.S.P. 2873288 [1959]; C.A. **1959** 13054). — [4] S. D. Rosenberg, A. J. Gibbons, Metal and Thermit Corp. (B.P. 815954 [1959]; C.A. **1959** 19880). — [5] H. E. Ramsden, Metal and Thermit Corp. (U.S.P. 2965661 [1960]; C.A. **1961** 6377).

[6] H. E. Ramsden, Metal and Thermit Corp. (B.P. 832338 [1960]; C.A. **1961** 3521). — [7] H. E. Ramsden, Metal and Thermit Corp. (U.S.P. 2873287 [1959]; C.A. **1959** 13108). — [8] B. Bartocha (U.S.P. 3100217 [1959/63]; C.A. **60** [1964] 551). — [9] F. E. Brinckman, F. G. A. Stone (J. Inorg. Nucl. Chem. **11** [1959] 24/32). — [10] R. V. Parish, R. H. Platt (Inorg. Chim. Acta **4** [1970] 65/72).

[11] Yu. P. Egorov, V. A. Khranovskii (Teor. i Eksperim. Khim. **2** [1966] 175/83; Theor. Exptl. Chem. [USSR] **2** [1966] 134/40). — [12] R. Sayre (J. Chem. Eng. Data **6** [1961] 560/4). — [13] H. H. Huang, K. M. Hui, K. K. Chiu (J. Organometal. Chem. **11** [1968] 515/24). — [14] R. Gupta, B. Majee (J. Organometal. Chem. **33** [1971] 169/73). — [15] V. I. Shiryaev, L. V. Makhalkina, T. T. Kuzmina, V. D. Krylov, V. G. Osipov, V. F. Mironov (Zh. Obshch. Khim. **43** [1973] 2232/5; J. Gen. Chem. USSR **43** [1973] 2223/6).

[16] T. D. Coyle, J. J. Ritter (J. Organometal. Chem. **12** [1968] 269/80). — [17] R. Kummer, W. A. G. Graham (Inorg. Chem. **7** [1968] 523/6). — [18] C. Minot, A. Laporterie, J. Dubac (Tetrahedron **32** [1976] 1523/8). — [19] W. Bloechl (Neth. Appl. 65-09546 [1964/66]; C.A. **65** [1966] 750/1). — [20] A. N. Nesmeyanov, A. E. Borisov, A. N. Abramova (Izv. Akad. Nauk SSSR Otd. Khim. Nauk **1949** 570/7 nach C.A. **1950** 7759).

[21] M. Fishwick, M. G. H. Wallbridge (J. Organometal. Chem. **25** [1970] 69/79). — [22] A. N. Nesmeyanov, T. P. Tolstaya, N. F. Sokolova, V. N. Varfolomeeva, A. V. Petrakov (Dokl. Akad. Nauk SSSR **198** [1971] 115/7; Dokl. Chem. Proc. Acad. Sci. USSR **196/201** [1971] 386/8). — [23] M. Buschhoff, K. H. Müller, Schering A.-G. (Deut. Offenlegungsschrift 2304617 [1973/74]; C.A. **81** [1974] Nr. 152418). — [24] R. E. Hutton, V. Oakes (Advan. Chem. Ser. **157** [1976] 123/33). — [25] J. W. Burley, R. E. Hutton, B. R. Iles, Akzo G.m.b.H. (Deut. Offenlegungsschrift 2540210 [1974/76]; C.A. **85** [1976] Nr. 109442).

[26] A. N. Nesmeyanov, A. E. Borisov (Tetrahedron **1** [1957] 158/68). — [27] A. N. Nesmeyanov, A. E. Borisov, V. A. Volkenau (Izv. Akad. Nauk SSSR Otd. Khim. Nauk **1956** 162/71 nach C.A. **1956** 13831). — [28] S. J. Harris, D. R. M. Walton (J. Chem. Soc. Chem. Commun. **1976** 1008/9). — [29] R. D. Gorsich, Ethyl Corp. (U.S.P. 3069449 [1961/62]; C.A. **58** [1963] 10241). — [30] U. Schröer, H. J. Albert, W. P. Neumann (J. Organometal. Chem. **102** [1975] 291/5).

[31] E. T. Bogoradovskii, V. P. Novikov, V. S. Zavgorodnii, A. A. Petrov (Zh. Obshch. Khim. **45** [1975] 1650/1; J. Gen. Chem. USSR **45** [1975] 1620/1). — [32] R. West, E. G. Rochow (J. Am. Chem. Soc. **74** [1952] 2490/1). — [33] A. I. Vogel, W. T. Cresswell, J. Leicester (J. Phys. Chem. **58** [1954] 174/7).

1.3.2.3.8 Phenylzinntrichlorid $C_6H_5SnCl_3$

Phenyltin Trichloride

1.3.2.3.8.1 Bildung und Darstellung

Formation. Preparation

$C_6H_5SnCl_3$ erhält man am einfachsten durch Komproportionierung von $SnCl_4$ mit $Sn(C_6H_5)_4$ [1]. Bei 90°C und einem Molverhältnis der Ausgangskomponenten von 1:1 entsteht die Verbindung neben $(C_6H_5)_3SnCl$ [2]. Nach 3 h bei 150°C können bei einem Molverhältnis 3:1 71% Ausbeute erzielt werden [3]. Am günstigsten führt man die Reaktion im Molverhältnis $SnCl_4:Sn(C_6H_5)_4=3:1$ und bei Temperaturen zwischen 200 und 210°C entweder im Einschlußrohr oder im Autoklaven durch [4 bis 7]. Als Ausbeute werden angegeben: 22% nach 1 h bei 215°C und 2 h bei 230°C [8], 80% nach 2 h bei 210 bis 220°C [9, 10]. Bei der Komproportionierung zwischen $(C_6H_5)_2SnCl_2$ und $SnCl_4$ entstehen unter gleichen Bedingungen schon nach 1 h zwischen 85 und 90% Ausbeute an $C_6H_5SnCl_3$ [9, 10]. Diese Komproportionierung läuft in Gegenwart von $AlCl_3$ auch schon zwischen 100 und 110°C in befriedigenden Ausbeuten ab [11]. — Die ^{113}Sn-markierte Verbindung entsteht durch Austauschreaktion aus $(C_6H_5)_3{}^{113}SnCl$ und $C_6H_5SnCl_3$ [12].

$C_6H_5SnCl_3$ ist auch aus $SnCl_4$ und C_6H_5MgCl in Tetrahydrofuran erhältlich [13]. Auf diese Weise gelingt auch die Synthese der in 2- und 5-Position am Phenylring deuterierten Verbindung in 7.5%iger Ausbeute [14].

Technisch bedeutsam ist die Reaktion von $SnCl_4$ mit $(C_6H_5)_3Al_2Cl_3$ in Diäthyläther. Nachdem erst aus C_6H_5Cl und Al unter N_2 im Verlauf von 24 h zwischen 130 und 140°C die aluminiumorganische Verbindung dargestellt ist, erfolgt bei 100°C Reaktion mit $SnCl_4$. Nach weiterer Behandlung mit Diäthyläther können 84% Ausbeute an $C_6H_5SnCl_3$ gewonnen werden [15, 16].

Phenylzinntrichlorid entsteht ferner bei UV-Bestrahlung von $[(C_6H_5)_3Sn]_2$ in s-C_4H_9Cl [17], bei der Umsetzung von $SnCl_4$ mit $(C_6H_5)_3SnCH_3$ bei 185 bis 190°C [18], mit $(C_6H_5)_3SnC_{18}H_{37}$ [19] und mit $C_6H_5N{=}NCl$ in Wasser [20], bei der Spaltung von $(C_6H_5)_3SnSC_6H_5$ oder $(C_6H_5)_2Sn(SC_6H_5)_2$ mit gasförmigem HCl in o-$Cl_2C_6H_4$, wobei die Gegenwart von $C_{18}H_{37}OH$ im ersten Fall die Ausbeute von 25 auf 35% erhöht und im zweiten Fall von 70 auf 55% erniedrigt (Reaktionstemperatur 180°C) [21], bei der Reaktion zwischen $(C_6H_5)_2SnCl_2$ und $HgCl_2$ in Äthanol [22] und bei der Umsetzung von $(C_6H_5)_2SnCl_2$ mit S_8 bei 180 bis 190°C neben anderen Zerfallsprodukten [23].

Der Sn-Gehalt von $C_6H_5SnCl_3$ kann nach Zerstörung der Verbindung mit Br_2 und Reduktion des Sn^{4+} zu Sn^{2+} mit Ammoniumphosphomolybdatpapier durchgeführt werden [24]. Im Gemisch mit Tri- und Diphenylzinnverbindungen gelingt die Analyse von $C_6H_5SnCl_3$ nach Ausschütteln der Triphenylzinnderivate mit $CHCl_3$ oder CH_2Cl_2 bei pH = 8.5, der Diphenylzinnverbindungen mit PAN-$CHCl_3$, Diphenylcarbazon-$CHCl_3$, Dithizon-$CHCl_3$, α-Benzoinoxim-$CHCl_3$, PAR-Isoamylalkohol und Ausschütteln der C_6H_5Sn-Spezies mit Tropolon-$CHCl_3$ [12]. Analysen und Trennungen mit Hilfe der Papierchromatographie s. bei [25, 26], mit Hilfe der Dünnschichtchromatographie s. bei [27 bis 29], mit Hilfe der Gaschromatographie s. bei [30]. Zur potentiometrischen Bestimmung s. [31], zur Elektrophorese s. [32]. Zur fluorimetrischen Analyse in Kartoffeln s. [33].

Literatur:

[1] C. W. Allen, A. E. Burroughs, R. G. Anstey (Inorg. Nucl. Chem. Letters **9** [1973] 1211/7). — [2] V. Oakes, Pure Chemicals, Ltd. (B.P. 1070942 [1964/67]; C.A. **67** [1967] Nr. 43925). — [3] H. Gilman, L. A. Gist (J. Org. Chem. **22** [1957] 368/71). — [4] M. Lesbre (Bull. Soc. Chim. France [5] **2** [1935] 1189/200). — [5] E. W. Johnson, J. M. Church, Metal and Thermit Corp. (U.S.P. 2599557 [1952]; C.A. **1953** 1728).

[6] B. G. Kushlefsky, G. H. Reifenberg, W. J. Considine, J. L. Hirshman, M. and T. Chemicals, Inc. (U.S.P. 3607891 [1969/71]). — [7] B. G. Kushlefsky, G. H. Reifenberg, J. L. Hirshman, W. J. Considine, Billiton-M en T Chemische Industrie N.V. (Deut. Offenlegungsschrift 1955463 [1968/70]; C.A. **73** [1970] Nr. 15000). — [8] J. D'Ans, H. Zimmer (Chem. Ber. **85** [1952] 585/90). — [9] K. A. Kocheshkov (Zh. Russ. Fiz. Khim. Obshch. **61** [1929] 1385/91). — [10] K. A. Kocheshkov (Ber. Deut. Chem. Ges. **62** [1929] 996/9).

[11] G. V. Motsarev, V. I. Zetkin, E. A. Chernyshev, V. T. Inshakova, V. R. Razenberg (UdSSR P. 493476 [1973/75]; C.A. **84** [1976] Nr. 90308). — [12] K. D. Freitag, R. Bock (Z. Anal. Chem. **270** [1974] 337/46). — [13] H. E. Ramsden, Metal and Thermit Corp. (B.P. 825039 [1959]; C.A. **1960** 18438). — [14] G. M. Whitesides, J. G. Selgestad, S. P. Thomas, D. W. Andrews, B. A. Morrison, E. J. Panek, J. S. Filippo (J. Organometal. Chem. **22** [1970] 365/74). — [15] D. Wittenberg (Liebigs Ann. Chem. **654** [1962] 23/6).

[16] D. Wittenberg, Badische Anilin- und Soda-Fabrik A.-G. (D.P. 1124947 [1960/62]; C.A. **57** [1962] 7309). — [17] L. Wilputte-Steinert, J. Nasielski (J. Organometal. Chem. **24** [1970] 113/8). — [18] M. E. Pavlovskaya, K. A. Kocheshkov (Dokl. Akad. Nauk SSSR [2] **49** [1945] 263/4). — [19] E. J. Bulten (J. Organometal. Chem. **97** [1975] 167/72). — [20] G. Mehrotra, A. N. Dey (J. Indian Chem. Soc. **50** [1973] 793/5).

[21] B. W. Rockett, M. Hadlington, W. R. Poyner (J. Appl. Polymer Sci. **18** [1974] 745/52). — [22] A. N. Nesmeyanov, K. A. Kocheshkov (Ber. Deut. Chem. Ges. **67** [1934] 317/24). — [23] H. Schumann, M. Schmidt (Chem. Ber. **96** [1963] 3017/20). — [24] H. Gilman, T. N. Goreau (J. Org. Chem. **17** [1952] 1470/5). — [25] D. J. Williams, J. W. Price (Analyst **89** [1964] 220/2).

[26] D. J. Williams, J. W. Price (Analyst **85** [1960] 579/82). — [27] H. Akagi, M. Fujita, Y. Sakagami (Shokuhin Eiseigaku Zasshi **13** [1972] 85/8; C.A. **77** [1972] Nr. 124877). — [28] H. Akagi,

R. Takeshita, Y. Sakagami (Koshu Eiseiin Kenkyu Hokoku **19** [1970] 185/92). — [29] V. D. Nefedov, V. E. Zhuravlev, N. G. Molchanova, N. N. Kalinina (Zh. Obshch. Khim. **38** [1968] 1219/21; J. Gen. Chem. USSR **38** [1968] 1175/7). — [30] M. Barnard, P. J. Smith, R. F. M. White (J. Organometal. Chem. **77** [1974] 189/97).

[31] G. Tagliavini, P. Zanella (Anal. Chim. Acta **40** [1968] 33/9). — [32] A. Cassol, R. Barbieri (Ann. Chim. [Rome] **55** [1965] 606/14). — [33] F. Vernon (Anal. Chim. Acta **71** [1974] 192/5).

1.3.2.3.8.2 Molekül. Spektren

The Molecule. Spectra

Für das Dipolmoment von $C_6H_5SnCl_3$ werden angegeben: 3.99 D in Hexan [1], 4.23 D in Benzol [2], 4.24 D in Benzol [1], 4.26 D in Benzol [3], 5.81 D in Dioxan [1]. Bei Del Re-Berechnungen wird $\mu = 3.39$ D erhalten [4].

Im ^{1}H-NMR-Spektrum von $C_6H_5SnCl_3$ wird ein Multiplett für die Phenylprotonen beobachtet. Für die chemische Verschiebung wird bei 56.4 MHz ein Wert von −12.2 Hz gegen 10% Tetramethylsilan in $CHCl_3$ angegeben. Die Kopplungskonstanten betragen $^3J(HH)_{o,m} = 8$ Hz, $^4J(HH)_{o,o} = 1.5$ Hz, $^3J(H^{119/117}Sn) = 117.5/122$ Hz [5]. Für die chemische Verschiebung werden außerdem angegeben: $\delta = -7.88$ ppm in CH_3CN, $^3J(H^{119}Sn) = 129$ Hz [6], $^3J(H^{117/119}Sn) = 118/124$ Hz, $^4J(H^{117/119}Sn) = 53/61$ Hz, $J_{o,m} = 8.3$ Hz, $J_{o,p} = 1.5$ Hz, $^5J(H^{119}Sn) = 33$ Hz [7] und ein Wert für die chemische Verschiebung von 15.0 Hz gegen Benzol [8, 9]. Aus der Vermessung des Spektrums der in 2- und 5-Position deuterierten Verbindung in CCl_4 werden folgende Parameter erhalten: $\delta H_o = -7.553$ ppm, $\delta H_m = -7.53$ ppm, $\delta H_p = -7.50$ ppm, $J_o = 7.6$ Hz, $J_m = 1.3$ Hz, $J_p = 0.5$ Hz [10].

Das ^{13}C-NMR-Spektrum in Substanz gleicht praktisch dem in CCl_4 oder CH_2Cl_2 mit folgenden Verschiebungen und Kopplungskonstanten: $\delta C_1 = -8.3$ ppm, $\delta C_o = -6.4$ ppm, $\delta C_m = -2.9$ ppm, $\delta C_p = -5.7$ ppm gegen Benzol, $^2J(C^{119}Sn) = 75$ Hz, $^3J(C^{119}Sn) = 123$ Hz; in Acetonitril: $\delta C_1 = -12.0$ ppm, $\delta C_o = -6.4$ ppm, $\delta C_m = -2.7$ ppm, $\delta C_p = -5.0$ ppm, $^2J(C^{119}Sn) = 80$ Hz, $^3J(C^{119}Sn) = 132$ Hz [6]. — Die chemische Verschiebung im ^{119}Sn-NMR-Spektrum beträgt $\delta = 60.5 \pm 0.5$ ppm gegen $Sn(CH_3)_4$ in Substanz [11], 63 ppm in $CHCl_3$ [12], 64 ppm in $CDCl_3$ [13, 14]. Für die Kopplungskonstante $^3J(SnH_o)$ wird ein Wert von 120 ± 3 Hz angegeben [13].

Das ^{35}Cl-NQR-Spektrum von $C_6H_5SnCl_3$ zeigt ein Triplettsignal bei 20.674 MHz [15]. Die einzelnen Frequenzen betragen bei 77 K 20.112, 20.632 und 21.279 MHz, bei 200 K 19.925, 20.339 und 20.991 MHz. Als Kopplungskonstante e^2Qq_{zz} wird ein Wert von 40.836 MHz berechnet [16]. Ferner werden eine Resonanzfrequenz von 21.166 MHz bei 77 K und eine Kopplungskonstante von 42.332 MHz [17] sowie eine Kopplungskonstante von 40.8 MHz angegeben [18]. Vergleiche zwischen den Aussagen der NQR- und der Mössbauer-spektroskopischen Daten in bezug auf die Bindungsverhältnisse in Organozinnchloriden s. bei [19, 20].

Für die Isomerieverschiebung im Mössbauer-Spektrum werden angegeben: −1.00 mm/s gegen α-Sn [21, 22]; -0.32 ± 0.01 mm/s gegen Pd_3Sn [18]; 1.163 ± 0.008 mm/s [20], 1.19 mm/s in Substanz [23], 1.21 mm/s in t-Butylbenzol [23], 1.22 mm/s [24], 1.27 mm/s [25], 1.37 mm/s [26], 2.8 mm/s gegen SnO_2 [27]; 1.27 mm/s gegen $BaSnO_3$ [28]. Die Quadrupolkopplungskonstante Δ beträgt 1.69 mm/s [23], 1.73 mm/s [23], 1.76 ± 0.02 mm/s [20], 1.78 ± 0.01 mm/s [18], 1.80 mm/s [21, 22, 25, 28], 1.84 mm/s [24], 1.95 mm/s [26]. Auch ein Wert von 4.8 mm/s wird erwähnt [27]. Vergleiche mit NQR-Daten s. bei [19, 20]. Del Re-Berechnungen s. bei [29]. Zur Berechnung von Debye-Temperaturen, charakteristischen Gittertemperaturen und Frequenz-Momenten $\bar{\nu}$ verschiedener Organozinnhalogenide aus Mössbauer-Spektren und zu Beziehungen zueinander s. [30].

Die IR- und Raman-Spektren von $C_6H_5SnCl_3$ in Substanz und in Lösung sind in Tabelle 57, S. 270, zusammengestellt. Weitere Zuordnungen s. bei [34 bis 38]. Eine Abbildung des IR-Spektrums findet man bei [39]. Zur Diskussion von Feldeffekten der C-H-out of plane-Schwingung in substituierten Benzolen unter Einbeziehung von $C_6H_5SnCl_3$ s. [40]. Normalkoordinatenberechnungen an den symmetrischen Schwingungen werden zur Berechnung von Kraftkonstanten im Molekül herangezogen. Dabei werden folgende Kraftkonstanten erhalten: $f(Sn\text{-}C) = F_{33} = 2.20$ mdyn/Å, $f(Sn\text{-}Cl) = F_{44} = 2.52$ mdyn/Å [41].

Tabelle 57
IR- und Raman-Spektren von $C_6H_5SnCl_3$.

Zuordnung	ν in cm^{-1}				
	IR [31] flüssig	Raman [31] flüssig	IR [32] flüssig	IR [32] CS_2	IR [33]
$\rho SnCl_3$	64 s	63(1)			68 s
$\rho_s SnCl_3$, $\delta SnCl_3$	118 m	113(7)			114 st
$\rho_{as} SnCl_3$, $\delta_s SnCl_3$	128 st	124(7)			132 st
Phenyl (x, x′)	185 st	184(1)			185 st
$\delta_{as} SnCl_3$, Phenyl	218 st	215(1)			218 st
$\delta SnCl_3$, Phenyl (t, t′)	254 st	249(5)			253 st
Phenyl δ	305 s	300 s			
$\nu_s SnCl_3$	368 st	363(10)			370 s
$\nu_{as} SnCl_3$	377 st	383(2)			380 st
Phenyl	404 m				403 s
$\nu_{as} SnCl_3$, Phenyl	439 st				440 m
δPhenyl		612(0)			
δPhenyl	662 s	660(2)			
δPhenyl	686 st	687(0)			
γCH			700 st	702 st	
γCH	726 st		739 st	736 st	
γCH	841 s	842(0)	854 m		
γCH	912 m	914(0)	917 m	919 m	
γCH	966 s		969 s	969 s	
γCH	983 m		990 m	990 s	
Phenyl-Ring-δ	995 st	994(4)	996 st	997 st	
Phenyl-Ring	1018 st	1027(1)	1016 s	1010 s	
βCH			1025 m	1021 m	
βCH	1067 st	1067(1)	1067 st	1071 st	
βCH	1160 m	1159(0)	1167 st	1164 m	
βCH	1189 m	1192(0)	1196 m	1195 m	
βCH	1239 s				
βCH			1308 m	1302 m	
νCC, βCH	1332 st		1333 m	1336 s	
νCC	1433 st		1433 st		
νCC	1477 st	1479(1)	1479 st		
νCC	1575 s	1574(1)	1579 m		
νCC			1603 s		
νCH	2997 s				
νCH	3030 s		3009 m	3010 m	
νCH	3057 m	3054(3)	3053 m	3055 m	
νCH	3073 m	3074(1)			
νCH			3140 s	3145 s	

Kombinations- und Oberschwingungen s. in den Originalen [31 bis 33].

Das UV-Spektrum von $C_6H_5SnCl_3$ wurde in Cyclohexan und in Chloroform aufgenommen und zwischen 200 und 280 nm abgebildet. Die Banden bei etwa 260 und 210 nm werden den B- und K-Banden der Phenylgruppe zugeordnet. Für die Bande bei 290 nm wird entweder ein Elektronenübergang in der Zinn-Chlor-Bindung verantwortlich gemacht oder die Absorption eines Photozersetzungsproduktes der Verbindung [42]. Daneben werden folgende Banden (in nm) angegeben: 269.5 ($\varepsilon = 398$), 262.8 (525), 256.6 (484), 247.1 (581) [43] und 269 (500), 263 (600), 259 (600) [44]. Zur Oszillatorstärke s. [42, 44, 45].

Literatur:

[1] I. P. Goldshtein, E. N. Guryanova, E. D. Delinskaya, K. A. Kocheshkov (Dokl. Akad. Nauk SSSR **136** [1961] 1079/81; Dokl. Chem. Proc. Acad. Sci. USSR **136/141** [1961] 173/5). — [2] H. H. Huang, K. M. Hui, K. K. Chiu (J. Organometal. Chem. **11** [1968] 515/24). — [3] J. Lorberth, H. Nöth (Chem. Ber. **98** [1965] 969/76). — [4] R. Gupta, B. Majee (J. Organometal. Chem. **33** [1971] 169/73). — [5] L. Verdonck, G. P. van der Kelen (Bull. Soc. Chim. Belges **74** [1965] 361/9).

[6] G. Matsubayashi, T. Tanaka (Spectrochim. Acta A **30** [1974] 869/74). — [7] C. W. Allen, A. E. Burroughs, R. G. Anstey (Inorg. Nucl. Chem. Letters **9** [1973] 1211/7). — [8] J. C. Maire (J. Organometal. Chem. **9** [1967] 271/84). — [9] J. M. Angelelli, J. C. Maire (Bull. Soc. Chim. France **1969** 1858/61). — [10] G. M. Whitesides, J. G. Selgestad, S. P. Thomas, D. W. Andrews, B. A. Morrison, E. J. Panek, J. S. Filippo (J. Organometal. Chem. **22** [1970] 365/74).

[11] A. G. Davies, L. Smith, P. J. Smith (J. Organometal. Chem. **39** [1972] 279/88). — [12] A. G. Davies, P. G. Harrison, J. D. Kennedy, T. N. Mitchel, R. J. Puddephatt, W. McFarlane (J. Chem. Soc. C **1969** 1136/41). — [13] M. Barnard, P. J. Smith, R. F. M. White (J. Organometal. Chem. **77** [1974] 189/97). — [14] P. J. Smith, L. Smith (Inorg. Chim. Acta Rev. **7** [1973] 11/33). — [15] P. J. Green (Diss. West Virginia Univ. 1967, S. 1/139; Diss. Abstr. B **28** [1968] 489).

[16] P. J. Green, J. D. Graybeal (J. Am. Chem. Soc. **89** [1967] 4305/8). — [17] E. D. Swiger, J. D. Graybeal (J. Am. Chem. Soc. **87** [1965] 1464/6). — [18] D. E. Williams, C. W. Kocher (J. Chem. Phys. **52** [1970] 1480/8). — [19] Yu. K. Maksyutin, V. V. Khrapov, L. S. Melnichenko, G. K. Semin, N. N. Zemlyanskii, K. A. Kocheshkov (Izv. Akad. Nauk SSSR Ser. Khim. **1972** 602/4; Bull. Acad. Sci. USSR Div. Chem. Sci. **1972** 562/3). — [20] N. W. G. Debye, M. Linzer (J. Chem. Phys. **61** [1974] 4770/6).

[21] V. I. Goldanskii, B. V. Borshagovskii, E. F. Makarov, R. A. Stukan, K. A. Anisimov, N. E. Kolobova, V. V. Skrpkin (Teor. i Eksperim. Khim. **3** [1967] 478/82; Theor. Exptl. Chem. [USSR] **3** [1967] 275/7). — [22] V. I. Goldanskii, V. V. Khrapov, O. Yu. Okhlobystin, V. Ya. Rochev (in: V. I. Goldanskii, R. H. Herber, Chemical Application of Mössbauer-Spectroscopy, New York 1968, S. 336/76). — [23] A. P. Marks, R. S. Drago, R. H. Herber, M. J. Potasek (Inorg. Chem. **15** [1976] 259/64). — [24] R. V. Parish, R. H. Platt (Inorg. Chim. Acta **4** [1970] 65/72). — [25] H. A. Stöckler, H. Sano (Trans. Faraday Soc. **64** [1968] 577/81).

[26] F. P. Mullins (Can. J. Chem. **48** [1970] 1677/81). — [27] V. A. Bryukhanov, V. I. Goldanskii, N. N. Delyagin, L. A. Korytko, E. F. Makarov, I. P. Suzdalev, V. S. Shpinel (Zh. Experim. i Teor. Fiz. **43** [1962] 448/52; Soviet Phys.-JETP **16** [1963] 321/3). — [28] M. J. Mays, P. L. Sears (J. Chem. Soc. Dalton Trans. **1974** 2254/6). — [29] R. Gupta, B. Majee (J. Organometal. Chem. **49** [1973] 203/11). — [30] H. A. Stöckler, H. Sano (Chem. Commun. **1969** 954/5).

[31] J. R. Durig, C. W. Sink, S. F. Bush (J. Chem. Phys. **45** [1966] 66/78). — [32] V. S. Griffiths, G. A. W. Derwish (J. Mol. Spectry. **5** [1960] 148/69). — [33] A. L. Smith (Spectrochim. Acta A **24** [1968] 695/706). — [34] R. C. Poller (Spectrochim. Acta **22** [1966] 935/9). — [35] R. C. Poller (J. Inorg. Nucl. Chem. **24** [1962] 593/600).

[36] J. C. Maire, J. Cassan, B. Lepretre, J. Marrot (Compt. Rend. **260** [1965] 5290/2). — [37] K. L. Jaura, K. Chander, K. K. Sharma (Z. Anorg. Allgem. Chem. **375** [1970] 107/10). — [38] I. P. Goldshtein, N. K. Faizi, N. A. Slovokhotova, E. N. Guryanova, I. M. Viktorova, K. A. Kocheshkov (Dokl. Akad. Nauk SSSR **138** [1961] 839/42; Dokl. Chem. Proc. Acad. Sci. USSR **136/141** [1961] 534/6). — [39] R. A. Cummins, P. Dunn (Australia Commonwealth Dept. Supply Defense Std. Lab. Rept. Nr. 266 [1963] S. 1/106). — [40] V. S. Griffiths, G. W. A. Derwish (J. Mol. Spectry. **13** [1964] 393/8).

[41] F. Höfler (Monatsh. Chem. **107** [1976] 705/19). — [42] V. S. Griffith, G. W. A. Derwish (J. Mol. Spectry. **3** [1959] 165/76). — [43] J. Marrot, J. C. Maire, J. Cassan (Compt. Rend. **260** [1965] 3931/4). — [44] O. A. Zasyadko, R. G. Mirskov, N. P. Ivanova, Yu. L. Frolov (Zh. Prikl. Spektroskopii **15** [1971] 718/23). — [45] B. G. Ramsay (Electronic Transitions in Organometalloids, New York 1969).

Physical Properties

1.3.2.3.8.3 Physikalische Eigenschaften

$C_6H_5SnCl_3$ ist eine farblose Flüssigkeit, für die folgende Siedepunkte angegeben werden: 60 bis 62°C/0.2 Torr [1], 68 bis 69°C/0.23 Torr [2], 80°C/0.1 Torr [3], 84 bis 91°C/0.5 bis 0.7 Torr [4], 88 bis 90°C/0.1 Torr [5], 96 bis 97°C/1.4 Torr [6], 109 bis 110°C/10 Torr [7, 8], 120 bis 125°C/4.5 Torr [9], 128 bis 130°C/13 bis 15 Torr [10], 136°C/10 Torr [11], 142 bis 143°C/25 Torr [12 bis 14] und 245 bis 310°C/755 Torr [12, 13]. Die Verbindung schmilzt bei −31 °C [15]. Dichte $D_4^{20} = 1.84$ g/cm³ [10], $D_4^{23} = 1.8347$ [16]. Brechungsindex $n_D = 1.5836$ bis 1.5868 (ohne Temperaturangabe) [4], $n_D^{20} = 1.5844$ [16], 1.5871 [3], $n_D^{23} = 1.5844$ [16], $n_D^{25} = 1.5844$ [15]. Molrefraktion $R_{mol} = 55.15$ (ber.: 55.00) [17], 55.152 (ber.: 55.047) [16], 64.28 (ber.: 64.43) [18]. Zum Eisenlohr-Refraktionsprodukt von $C_6H_5SnCl_3$ s. [16]. Entropie $S_{298}^{\circ} = 83.05 \pm 0.4$ cal · mol⁻¹ · K⁻¹, berechnet aus der zwischen 12 und 300 K gemessenen spezifischen Wärme für die flüssige und die feste Phase [19].

Literatur:

[1] M. Barnard, P. J. Smith, R. F. M. White (J. Organometal. Chem. **77** [1974] 189/97). — [2] G. M. Whitesides, J. G. Selgestad, S. P. Thomas, D. W. Andrews, B. A. Morrison, E. J. Panek, J. S. Filippo (J. Organometal. Chem. **22** [1970] 365/74). — [3] P. Dunn, T. Norris (Australia Commonwealth Dept. Supply Defense Std. Lab. Rept. Nr. 269 [1964], S. 1/21; C.A. **61** [1964] 3134). — [4] B. G. Kushlefsky, G. H. Reifenberg, W. J. Considine, J. L. Hirshman, M. and T. Chemicals, Inc. (U.S.P. 3607891 [1969/71]). — [5] J. Lorberth, H. Nöth (Chem. Ber. **98** [1965] 969/76).

[6] H. Gilman, L. A. Gist (J. Org. Chem. **22** [1957] 368/71). — [7] D. Wittenberg (Liebigs Ann. Chem. **654** [1962] 23/6). — [8] D. Wittenberg, Badische Anilin- und Soda-Fabrik A.-G. (D.P. 1124947 [1960/62]; C.A. **57** [1962] 7309). — [9] R. C. Poller (J. Inorg. Nucl. Chem. **24** [1962] 593/600). — [10] J. D'Ans, H. Zimmer (Chem. Ber. **85** [1952] 585/90).

[11] V. S. Griffith, G. A. W. Derwish (J. Mol. Spectry. **3** [1959] 165/76). — [12] K. A. Kocheshkov (Zh. Russ. Fiz. Khim. Obshch. **61** [1929] 1385/91). — [13] K. A. Kocheshkov (Ber. Deut. Chem. Ges. **62** [1929] 996/9). — [14] M. E. Pavlovskaya, K. A. Kocheshkov (Dokl. Akad. Nauk SSSR [2] **49** [1945] 263/4). — [15] H. Schumann, M. Schmidt (Chem. Ber. **96** [1963] 3017/20).

[16] R. Sayre (J. Chem. Eng. Data **6** [1961] 560/4). — [17] A. I. Vogel, W. T. Cresswell J. Leicester (J. Phys. Chem. **58** [1954] 174/7). — [18] R. West, E. G. Rochow (J. Am. Chem. Soc. **74** [1952] 2490/1). — [19] N. G. Nurullaev, V. N. Kostryvkov, A. M. Mosin (Zh. Fiz. Khim. **43** [1969] 1919; Russ. J. Phys. Chem. **43** [1969] 1082).

Polarography

1.3.2.3.8.4 Polarographie

Bei der Polarographie an der Hg-Tropfelektrode wird $C_6H_5SnCl_3$ zu $(C_6H_5Sn)_x$ reduziert. Ein Polarogramm dieser Verbindung kann nur in sehr sauren oder sehr basischen Medien erhalten werden, da sonst C_6H_5SnOOH in der Lösung vorliegt. Unterhalb pH = 2 wird $C_6H_5SnCl_3$ in einem einfachen 3-Elektronenschritt irreversibel reduziert. Oberhalb pH = 12 entsteht durch anodische Oxidation Sn^{4+} neben $Hg(C_6H_5)_2$ [1]. Weitere Angaben zur Polarographie von $C_6H_5SnCl_3$ s. bei [2], in Benzol-Methanol-LiCl-Lösung s. bei [3], in Dimethylformamid s. bei [4]. In NaOH-Butanol beträgt das Redoxpotential −1.7 V [5]. Für das Scheitelpotential wird ein Wert von −0.27 V angegeben [6].

Literatur:

[1] M. Devaud, P. Souchay (J. Chim. Phys. **64** [1967] 1778/90). — [2] R. B. Allen (Diss. Univ. of New Hampshire 1959, S. 1/70; Diss. Abstr. **20** [1959] 897). — [3] M. Devaud, Y. Le Moullec (Electrochim. Acta **21** [1976] 395/400). — [4] M. Devaud, Y. Le Moullec (J. Electroanal. Chem. Interfacial Electrochem. **68** [1976] 223/35). — [5] M. Devaud, E. Laviron (Rev. Chim. Minerale **5** [1968] 427/58).

[6] H. Mehner, H. Jehring, H. Kriegsmann (J. Organometal. Chem. **15** [1968] 97/105).

1.3.2.3.8.5 Chemisches Verhalten

Chemical Reactions

1.3.2.3.8.5.1 Neutronenaktivierung

Neutron Activation

Der β-Zerfall von durch Neutronenaktivierung von Phenylzinntrichlorid erhaltenem $C_6H_5{}^{125}SnCl_3$ führt zur Bildung von $(C_6H_5)_3{}^{125}Sb$-, $(C_6H_5)_3{}^{125}Sb^+$- und $C_6H_5{}^{125}Sb^{2+}$-Aktivitäten. Die Trennung der Bestrahlungsprodukte erfolgt durch Säulenchromatographie, O. H. Wheeler, J. E. Trabal (Intern. J. Appl. Radiation Isotopes **21** [1970] 241/4).

1.3.2.3.8.5.2 Elektrolytische und chemische Reduktion

Electrolytic and Chemical Reduction

Die elektrolytische Reduktion von $C_6H_5SnCl_3$ kann nur in sehr saurem oder alkalischem Milieu untersucht werden, da über einen weiten pH-Bereich C_6H_5SnOOH ausfällt. Die irreversible Reduktion in einem 1:1-Gemisch aus 2N NaOH und tert-Butylalkohol führt zur Bildung von $(C_6H_5Sn)_x$. In einem 1:1-Gemisch aus 2N $HClO_4$ und Äthanol wird $[(C_6H_5)_2Sn]_x$ erhalten. $(C_6H_5Sn)_x$ wird auch durch chemische Reduktion zugänglich. Es entsteht bei der Einwirkung von $LiAlH_4$ auf $C_6H_5SnCl_3$ in Diäthyläther bei 0°C und in Anwesenheit von Diäthylamin im Verlauf von 2 h [1]. Die Umsetzung von $C_6H_5SnCl_3$ mit $NaBH_4$ [2] bzw. mit $(i\text{-}C_4H_9)_2AlH$ in Dibutyläther [3] verläuft dagegen unter Bildung von $C_6H_5SnH_3$.

Literatur:

[1] M. Devaud, P. Souchay (J. Chim. Phys. **64** [1967] 1778/90). — [2] E. Amberger, H. P. Fritz, C. G. Kreiter, M. R. Kula (Chem. Ber. **96** [1963] 3270/4). — [3] W. P. Neumann, H. Niermann (Liebigs Ann. Chem. **653** [1962] 164/72).

1.3.2.3.8.5.3 Reaktionen mit Metallen

Reactions with Metals

Die Reaktion von $C_6H_5SnCl_3$ mit Zn-Cu in Tetrahydrofuran bei 20°C führt im Verlauf von 5 d zu $Sn(C_6H_5)_4$ und metallischem Zinn, wobei $(C_6H_5)_3SnCl$ als Zwischenprodukt dünnschichtchromatographisch nachweisbar ist. Die Reaktion verläuft demnach über eine intermetallische Verschiebung von Phenylgruppen vom Zinn auf Zink unter Ausbildung von Organozinn-Zink-Verbindungen. Mit Zn-Staub setzt sich $C_6H_5SnCl_3$ innerhalb von 11 d in Tetrahydrofuran bei 20°C zu $(C_6H_5)_3SnCl$ um [1, 2]. Mit Sn-Na-Legierung reagiert $C_6H_5SnCl_3$ in Xylol unter Bildung von $(C_6H_5)_3SnCl$ [3].

Literatur:

[1] F. J. A. des Tombe, G. J. M. van der Kerk, J. G. Noltes (J. Organometal. Chem. **13** [1968] P9/P12). — [2] F. J. A. des Tombe, G. J. M. van der Kerk, J. G. Noltes (J. Organometal. Chem. **51** [1973] 173/80). — [3] M. M. Nad, K. A. Kocheshkov (Zh. Obshch. Khim. **8** [1938] 42/50 nach C.A. **1938** 5387).

Reactions with Alkylating Agents

1.3.2.3.8.5.4 Reaktionen mit Alkylierungsmitteln

Die Umsetzung von $C_6H_5SnCl_3$ mit C_6H_5Na in Petroläther bei 0°C führt nach 2.5stündiger Reaktion zur Bildung von $Sn(C_6H_5)_4$ in 90%iger Ausbeute [1]. Durch Einwirkung einer Lösung von c-$C_6H_{11}MgCl$ in Tetrahydrofuran auf $C_6H_5SnCl_3$ erhält man nach 1.5- bis 3stündigem Rückflußerhitzen (c-$C_6H_{11})_3SnC_6H_5$ [2, 3]. $C_6H_5SnCl_3$ und p-c-$C_6H_{11}C_6H_4MgBr$ bilden (p-c-$C_6H_{11}C_6H_4)_3SnC_6H_5$ [4]. Die Reaktion von Diazomethan mit $C_6H_5SnCl_3$ verläuft in Diäthyläther bei 0°C und unter Zugabe von Cu unter Bildung von $(C_6H_5)(CH_2Cl)SnCl_2$, $C_6H_5(CH_2Cl)_2SnCl$ und $C_6H_5Sn(CH_2Cl)_3$ nebeneinander [5].

Literatur:

[1] V. Oakes, Pure Chemicals, Ltd. (B.P. 1070942 [1964/67]; C.A. **67** [1967] Nr. 43925). — [2] B. G. Kushlefsky, G. H. Reifenberg, J. L. Hirshman, W. J. Considine, Billiton-M en T Chemische Industrie N.V. (Deut. Offenlegungsschrift 1955463 [1968/70]; C.A. **73** [1970] Nr. 15000). — [3] B. G. Kushlefsky, G. H. Reifenberg, W. J. Considine, J. L. Hirshman, M. and T. Chemicals, Inc. (U.S.P. 3607891 [1969/71]). — [4] E. A. Puchinyan, Z. M. Manulkin (Dokl. Akad. Nauk Uz.SSR **1961** Nr. 12, S. 51/5 nach C.A. **58** [1963] 543). — [5] K. Kramer, N. Wright (Chem. Ber. **96** [1963] 1877/80).

Reactions with Organotin Compounds

1.3.2.3.8.5.5 Reaktionen mit Organozinnverbindungen

Die Umsetzung von $C_6H_5SnCl_3$ mit $Sn(CH_3)_4$ im Molverhältnis 1:1 bei 0°C liefert in 1.5 h die Verbindungen $(CH_3)_3SnCl$ und $(C_6H_5)(CH_3)SnCl_2$ in nahezu quantitativen Ausbeuten. Gleichmolare Mengen von $C_6H_5SnCl_3$ und $Sn(C_2H_5)_4$ reagieren nach 1.5 h bei 0°C und anschließend 1 h bei 20°C analog zu $(C_6H_5)(C_2H_5)SnCl_2$ (98% Ausbeute) und $(C_2H_5)_3SnCl$ (100% Ausbeute). Entsprechend verläuft die Reaktion zwischen äquivalenten Mengen $C_6H_5SnCl_3$ und $Sn(C_3H_7)_4$ nach 1 h bei 25°C und 3 h bei 60°C. Es entstehen 69% $(C_6H_5)(C_3H_7)SnCl_2$ neben 98% $(C_3H_7)_3SnCl$ [1]. Als Produkte der Reaktion von $C_6H_5SnCl_3$ und $(C_4H_9)_3SnC_6H_5$ bei 140°C isoliert man $(C_4H_9)_2SnCl_2$, $(C_6H_5)_2SnCl_2$ und $(C_4H_9)(C_6H_5)SnCl_2$ [2]. Mit der doppelt molaren Menge an $(C_5H_5)_3SnC_6H_5$ reagiert $C_6H_5SnCl_3$ bei Raumtemperatur zu $C_6H_5(C_5H_5)_2SnCl$ (88.6% Ausbeute), mit der halbmolaren Menge dagegen zu $(C_6H_5)(C_5H_5)SnCl_2$ [3]. Bei der Reaktion zwischen $C_6H_5SnCl_3$ und $[(C_8H_{17})_2SnO]_x$ in Benzol unter Rückfluß entsteht $C_6H_5SnCl_2OSnCl(C_8H_{17})_2$ [4]. Analog führt die exotherm verlaufende Reaktion zwischen $C_6H_5SnCl_3$ und $[(C_4H_9)_2SnS]_3$ zu $C_6H_5SnCl_2SSnCl(C_4H_9)_2$ in 73%iger Ausbeute [5]. Unter Ligandenaustausch verlaufen die Reaktionen zwischen $C_6H_5SnCl_3$ und den Heterocyclen XLIII und XLIV: In siedendem Hexan bilden sich die Verbindungen XLV und XLVI [6].

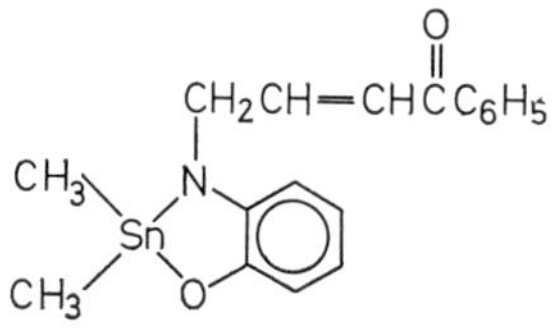

XLIII

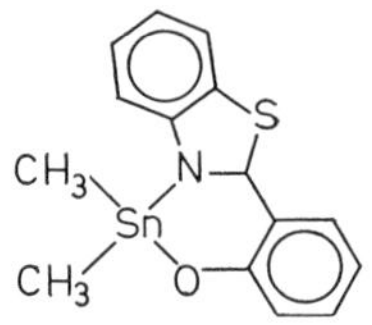

XLIV

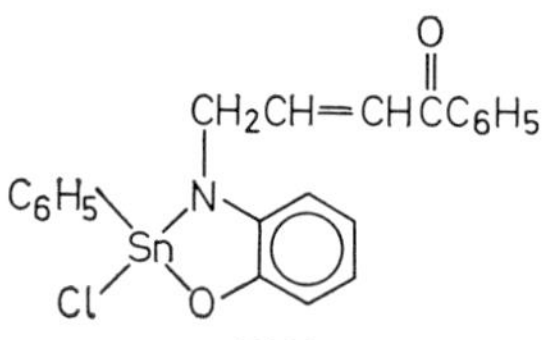

XLV

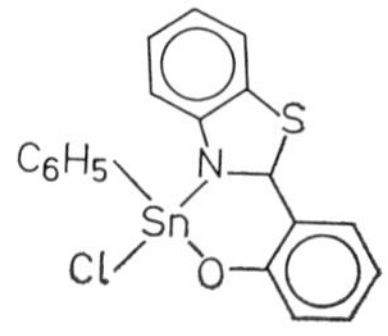

XLVI

Literatur:

[1] H. G. Kuivila, R. Sommer, D. C. Green (J. Org. Chem. **33** [1968] 1119/22). — [2] L. S. Melnichenko, N. N. Zemlyanskii, V. A. Chernoplekova, K. A. Kocheshkov (Izv. Akad. Nauk SSSR Ser. Khim. **1972** 1384/6; Bull. Acad. Sci. USSR Div. Chem. Sci. **1972** 1332/4). — [3] N. D. Kolosova, N. N. Zemlyanskii, A. A. Azizov, Yu. A. Ustynyuk, N. P. Barminova, K. A. Kocheshkov (Dokl. Akad. Nauk SSSR **218** [1974] 117/9; Dokl. Chem. Proc. Acad. Sci. USSR **214/219** [1974] 614/6). — [4] A. G. Davies, P. G. Harrison, P. R. Palan (J. Chem. Soc. C **1970** 2030/4). — [5] A. G. Davies, P. G. Harrison (J. Chem. Soc. C **1970** 2035/8).

[6] L. Pellerito, R. Cefalu, A. Silvestri, F. Di Bianca, R. Barbieri, H. J. Haupt, H. Preut, F. Huber (J. Organometal. Chem. **78** [1974] 101/6).

1.3.2.3.8.5.6 Reaktionen mit Nichtmetall- und Metallverbindungen

Reactions with Nonmetal and Metal Compounds

Die wichtigsten Reaktionen von $C_6H_5SnCl_3$ mit Nichtmetall- und Metallverbindungen sind in Tabelle 58, S. 276/8, zusammengestellt. Vorweggenommen sei ein Hinweis auf die Reaktionen von $C_6H_5SnCl_3$ mit ungesättigten Aldehyden und Ketonen, die unter Einführung von Phenylgruppen verlaufen [1].

Literatur:

[1] R. F. Heck, Hercules, Inc. (U.S.P. 3855302 [1965/74]; C.A. **82** [1975] Nr. 98151). — [2] R. K. Freidlina, A. N. Nesmeyanov (Compt. Rend. Acad. Sci. USSR [2] **29** [1940] 567/70 nach C.A. **1941** 3614). — [3] K. A. Kocheshkov (Ber. Deut. Chem. Ges. **62** [1929] 996/9). — [4] M. Lesbre (Bull. Soc. Chim. France [5] **2** [1935] 1189/200). — [5] K. A. Kocheshkov (Zh. Russ. Fiz. Khim. Obshch. **61** [1929] 1385/91).

[6] C. W. Allen, A. E. Burroughs, R. G. Anstey (Inorg. Nucl. Chem. Letters **9** [1973] 1211/7). — [7] E. M. Brainina, R. K. Freidlina (Izv. Akad. Nauk SSSR Otd. Khim. Nauk **1947** 623/30 nach C.A. **1948** 5863). — [8] M and T Chemicals, Inc. (U.S.P. 3480655 [1967/69]). — [9] P. Dunn, T. Norris (Australia Commonwealth Dept. Supply Defense Std. Lab. Rept. Nr. 269 [1964] 1/21 nach C.A. **61** [1964] 3134). — [10] F. P. Mullins (Can. J. Chem. **48** [1970] 1677/81).

[11] G. Faraglia, L. Roncucci, R. Barbieri (Ric. Sci. Rend. A [2] **8** [1965] 205/12). — [12] V. I. Shiryaev, L. V. Makhalkina, T. T. Kuzmina, V. D. Krylov, V. G. Osipov, V. F. Mironov (Zh. Obshch. Khim. **43** [1973] 2232/5; J. Gen. Chem. USSR **43** [1973] 2223/6). — [13] U. Kunze, E. Lindner, J. Koola (J. Organometal. Chem. **40** [1972] 327/40). — [14] H. Schumann, M. Schmidt (Chem. Ber. **96** [1963] 3017/20). — [15] E. S. Bretschneider, C. W. Allen (J. Organometal. Chem. **38** [1972] 43/9).

[16] D. Hänssgen, W. Roelle (J. Organometal. Chem. **71** [1974] 231/8). — [17] F. E. Brinckman, H. S. Haiss (Chem. Ind. [London] **1963** 1124/5). — [18] L. G. Makarova, A. N. Nesmeyanov (Zh. Obshch. Khim. **9** [1939] 771/9 nach C.A. **1940** 391). — [19] O. Schmitz-Du Mont, G. Bungard (Chem. Ber. **92** [1959] 2399/404). — [20] O. Schmitz-Du Mont, G. Bungard (Angew. Chem. **67** [1955] 208/9).

[21] W. E. Foster, P. E. König, Ethyl Corp. (U.S.P. 2998407 [1956]; C.A. **56** [1962] 6170). — [22] A. N. Nesmeyanov, K. A. Kocheshkov (Ber. Deut. Chem. Ges. **67** [1934] 317/24). — [23] K. A. Kocheshkov, A. N. Nesmeyanov (Zh. Obshch. Khim. **4** [1934] 1102/13). — [24] A. N. Nesmeyanov, A. E. Borisov (Izv. Akad. Nauk SSSR Otd. Khim. Nauk **1945** 146/9). — [25] R. Kummer, W. A. G. Graham (Inorg. Chem. **7** [1968] 1208/14).

[26] M. Casey, A. R. Manning (J. Chem. Soc. A **1971** 256/9). — [27] A. J. Cleland, S. A. Fieldhouse, B. H. Freeland, C. D. Mann, R. J. O'Brien (J. Chem. Soc. A **1971** 736/8). — [28] D. S. Field, M. J. Newlands (J. Organometal. Chem. **27** [1971] 213/20). — [29] R. Kummer, W. A. G. Graham (Inorg. Chem. **7** [1968] 523/6). — [30] A. N. Nesmeyanov, K. N. Anisimov, N. E. Kolobova, V. N. Khandozhko (Zh. Obshch. Khim. **44** [1974] 1287/93; J. Gen. Chem. USSR **44** [1974] 1265/70).

[31] A. N. Nesmeyanov, K. N. Anisimov, N. E. Kolobova, V. N. Khandozhko (Izv. Akad. Nauk SSSR Ser. Khim. **1967** 1395; Bull. Acad. Sci. USSR Div. Chem. Sci. **1967** 1356).

Tabelle 58
Reaktionen von $C_5H_6SnCl_3$ mit Nichtmetall- und Metallverbindungen.

Reaktionspartner	Reaktionsbedingungen	Reaktionsprodukte	Lit.
JCl_3	H_2O-HCl (10:1), 0.5 h	$SnCl_4 + (C_6H_5)_2JCl$	[2]
$C_6H_5JCl_2$	H_2O-HCl (1:1), 1 h	$SnCl_4 + (C_6H_5)_2JCl$	[2]
Br_2	—	langsame Entfärbung	[3]
HCl	H_2O, 100°C	$SnCl_4 + C_6H_6$	[3, 5]
HBr	H_2O	$C_6H_5SnBr_3$	[3 bis 5]
HJ	—	$C_6H_5SnJ_3$	[3, 5]
BJ_3	CS_2	$C_6H_5SnJ_3$	[6]
CHCl=CHJCl$_2$	—	$SnCl_4$ + CHCl=CHJCl(C_6H_5)	[7]
CHJ=CHJCl$_2$	—	$SnCl_4$ + CH≡CH + $(C_6H_5)_2JCl$	[7]
NaOH	H_2O, pH = 0.4 bis 0.7 H_2O-Diäthyläther, 25°C	$(C_6H_5)ClSn(OH)_2$ $[C_6H_5SnOOH]_x$	[8] [9]
NH_3	H_2O	$[C_6H_5SnOOH]_x$	[3, 5]
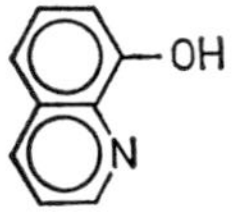 OH N	1:2; Alkohol	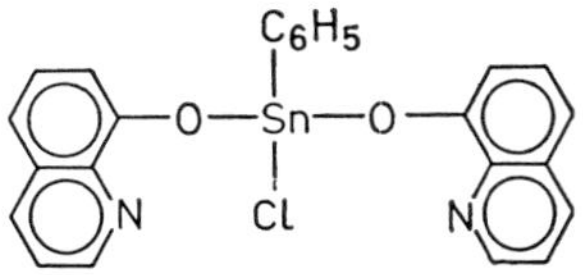 C_6H_5 O—Sn—O Cl N N	[10, 11]
$C_5H_{11}COONa$	Benzol	$C_6H_5Sn(OOCC_5H_{11})_3$	[12]
$C_6H_5SO_2Na$	Tetrahydrofuran	$C_6H_5Sn(O_2SC_6H_5)_3$	[13]
p-$CH_3C_6H_4SO_2Na$	Tetrahydrofuran	$C_6H_5Sn(O_2SC_6H_4$-p-$CH_3)_3$	[13]
S_8	240°C, 2 h	$SnCl_4$, $(C_6H_5)_2SnCl_2$, C_6H_6	[14]

Tabelle 58 (Fortsetzung)

Reaktionspartner	Reaktionsbedingungen	Reaktionsprodukte	Lit.
$NaSC(CN)=C(CN)SNa + [(C_2H_5)_4N]Cl$	1:1:1; Äthanol	$[(C_2H_5)_4N]_2[Cl_2Sn(S_2C_2(CN)_2)_2]$	[15]
	1:2:1; Äthanol	$[(C_2H_5)_4N]_2[Sn(S_2C_2(CN)_2)_3]$	[15]
$(CH_3N=)_2(CH_3)SNHCH_3$	$(C_2H_5)_3N$	$(C_6H_5)ClSn[N(CH_3)S(=NCH_3)_2]_2$	[16]
$AgN(C_6H_5)N=NC_6H_5$	Diäthyläther, 20°C, 20 h, Schütteln	$(C_6H_5)ClSn[N(C_6H_5)N=NC_6H_5]_2$	[17]
$N_2O_3 + NO$	—	$C_6H_5N_2NO_3$ (80%)	[18]
N_2O_3	—	$C_6H_5N_2NO_3$ (10%)	[18]
$NaHAl(OC_2H_5)_3$	Diäthyläther, −70°C	$C_6H_5Sn[HAl(OC_2H_5)_3]_3$	[19, 20]
$CH_3Al(OCH_3)_2$	—	Polymeres	[21]
$HgCl_2$	1:1; Äthanol, Rückfluß	$SnCl_4 + C_6H_5HgCl$	[22, 23]
$CHCl=CHHgCl$	—	$Hg(C_6H_5)_2$	[24]
$Fe(CO)_5$	Petroläther, 0 bis 5°C, 7 d	trans-$(CO)_4Fe(SnCl_3)_2$	[25]
$Hg[Fe(CO)_3NO]_2$	—	$(C_6H_5)Cl_2SnFe(CO)_3NO$	[26]
$Na[Fe(CO)_3NO]$	—	$C_6H_5Sn[Fe(CO)_3NO]_3$	[27]
$Na[C_5H_5Fe(CO)_2]$	2:1; Tetrahydrofuran, 25°C, 1 h, Rühren	$(C_6H_5)Cl_2Sn(CO)_2FeC_5H_5$	[28]
$C_5H_5Co(CO)_2$	Benzol, 50°C, 7 h	$C_5H_5(CO)Co(SnCl_3)(SnCl_2C_6H_5)$	[29]

Tabelle 58 (Fortsetzung)

Reaktionspartner	Reaktionsbedingungen	Reaktionsprodukte	Lit.
$Co_2(CO)_8$	4:3; Methanol	$(C_6H_5)Cl_2SnCo(CO)_4$	[30]
	2:3; Tetrahydrofuran	$(C_6H_5)ClSn[Co(CO)_4]_2$	[30]
	4:9; Tetrahydrofuran	$C_6H_5Sn[Co(CO)_4]_3$	[30]
$NaM(CO)_3C_5H_5$ M = Mo, W	Tetrahydrofuran	$(C_6H_5)ClSn[M(CO)_3C_5H_5]_2$	[31]
$NaM(CO)_n$ M = Mn, Re bei n = 5; M = Co bei n = 4	Tetrahydrofuran	$C_6H_5Sn[M(CO)_n]_3$	[31]

1.3.2.3.8.5.7 Reaktionen mit Lewis-Basen unter Bildung von Komplexen mit Erweiterung der Koordinationszahl am Zinn

Reactions with Lewis Bases Forming Complexes with Higher Tin Coordination Number

$C_6H_5SnCl_3$ reagiert mit Lewis-Basen unter Bildung von Komplexen mit Erweiterung der Koordinationszahl am Zinn von 4 auf 5 oder 6. In Tabelle 59 sind die wichtigsten Vertreter dieser Verbindungsklassen zusammengestellt.

Tabelle 59
Reaktionen von $C_6H_5SnCl_3$ mit Lewis-Basen unter Bildung von Komplexen.

Reaktionspartner	Reaktionsprodukt	Lit.
$[(C_6H_5)_4As]Cl$	$[(C_6H_5)_4As][C_6H_5SnCl_4]$	[1, 2]
$(C_6H_5)_3CCl$	$[(C_6H_5)_3C][C_6H_5SnCl_4]$	[2]
$(C_6H_5)_3SBr$	$[(C_6H_5)_3S][C_6H_5SnCl_3Br]$	[3]
2,2′,2″-Terpyridin (= terpy)	$[C_6H_5SnCl_2 \cdot terpy][C_6H_5SnCl_4]$	[4]
[2,2,6,6-Tetramethylpiperidin-1-oxyl (N–O); CH_3, CH_3, CH_3, CH_3] Cl	[2,2,6,6-Tetramethylpiperidin-1-oxyl (N–O); CH_3, CH_3, CH_3, CH_3]$_2$ $[C_6H_5SnCl_5]$	[5]
N_2H_4	1:2-Komplex	[6]
C_5H_5N	1:2-Komplex	[7 bis 9]
$4\text{-}CH_3C_5H_4N$	1:2-Komplex	[7]
	1:4-Komplex	[8]
$3\text{-}CH_3C_5H_4N$	1:2-Komplex	[8]
Isochinolin	1:2-Komplex	[8]
Piperidin	1:2-Komplex	[8]
$C_6H_5NH_2$	1:2-Komplex	[8]
$C_6H_5CH_2NH_2$	1:2-Komplex	[8]
Morpholin	1:4-Komplex	[8]
2,2′-Bipyridin	1:1-Komplex	[7, 10]
4,4′-Bipyridin	1:1-Komplex	[11]
1,10-Phenanthrolin	1:1-Komplex	[7]
3,5-Dichlorpyridin	1:1-Komplex	[12]
1,2-Diamino-4-nitrobenzol	1:1-Komplex	[13]
1,3-Diamino-4-nitrobenzol	1:1-Komplex	[13]
1,4-Diamino-3-nitrobenzol	1:1-Komplex	[13]
4-Methyl-3-nitroanilin	1:1-Komplex	[13]
3-Nitroanilin	1:1-Komplex	[13]
2-Methyl-5-nitroanilin	1:1-Komplex	[13]
4-Chloro-3-nitroanilin	1:1-Komplex	[13]
3-Methyl-4-nitroanilin	1:1-Komplex	[13]
4-Nitroanilin	1:1-Komplex	[13]

Tabelle 59 (Fortsetzung)

Reaktionspartner	Reaktionsprodukt	Lit.
2,5-Dimethyl-4-nitroanilin	1:1-Komplex	[13]
2-Methyl-4-nitroanilin	1:1-Komplex	[13]
HC=N N=CH, OH HO	1:1-Komplex	[14]
HC=N N=CH, Ni, O O	1:1-Komplex	[15, 16]
$(CH_3)_2CO$	1:1-Komplex	[17]
O	1:1-Komplex	[18, 19]
$CH_3COOC_2H_5$	wahrscheinlich 1:1-Komplex	[20]
$(C_6H_5)_2SO$	1:1- und 1:2-Komplex	[21]
$(C_6H_5CH_2)_2SO$	1:2-Komplex	[22]
O=S S=O trans- bzw. cis-Form	1:1-Komplex	[23]
$(C_4H_9)_3P$	1:1- und 1:2-Komplex	[7]
$(C_6H_5)_2C{=}CH_2$	Anzeichen für Komplexbildung	[24]
$[(C_6H_5)_2C{=}CH_2]_2$	Anzeichen für Komplexbildung	[24]
Alizarinrot S	1:1-Komplex	[25]

Literatur:

[1] P. Zanella, G. Plazzogna (Ann. Chim. [Rome] **59** [1969] 1152/9). — [2] P. Zanella, G. Tagliavini (J. Organometal. Chem. **12** [1968] 355/62). — [3] S. Herbstmann, W. A. Stamm, Stauffer Chemical Co. (U.S.P. 3311648 [1963/67]; C.A. **67** [1967] Nr. 11590). — [4] T. N. Srivastava, P. C. Srivastava (J. Indian Chem. Soc. **53** [1976] 365/7). — [5] Y. Takaya, G. Matsubayashi, T. Tanaka (Inorg. Chim. Acta **6** [1972] 339/42).

[6] K. L. Jaura, B. Singh, R. K. Chadha (Indian J. Chem. **12** [1974] 1304/5). — [7] Y. Farhangi, D. P. Graddon (J. Organometal. Chem. **87** [1975] 67/82). — [8] K. L. Jaura, K. Chander, K. K. Sharma (Z. Anorg. Allgem. Chem. **375** [1970] 107/10). — [9] K. A. Kocheshkov (Uch. Zap. Mosk. Gos. Univ. Nr. 3 [1934] 297/303 nach C. **1935** II 3760). — [10] A. S. Mufti, R. C. Poller (J. Chem. Soc. **1965** 5055/60).

[11] R. C. Poller, D. L. B. Toley (J. Chem. Soc. A **1967** 1578/80). — [12] D. Berry, K. Bukka, R. S. Satchell (J. Chem. Soc. Perkin Trans. II **1976** 89/91). — [13] J. L. Wardell (J. Organometal. Chem. **9** [1967] 89/98). — [14] R. Barbieri, G. Alonzo, A. Silvestri, N. Burriesci, N. Bertazzi, G. Stocco, L. Pellerito (Gazz. Chim. Ital. **104** [1974] 885/95). — [15] A. Gianguzza, L. Pellerito, R. Cefalu (Atti Accad. Sci. Lettere Arti Palermo I [4] **31** [1972] 161/5).

[16] L. Pellerito, R. Cefalu, A. Gianguzza, R. Barbieri (J. Organometal. Chem. **70** [1974] 303/8). — [17] I. P. Goldshtein, N. N. Zemlyanskii, T. I. Perepelkova, L. S. Melnichenko, E. N. Guryanova, K. A. Kocheshkov (Dokl. Akad. Nauk SSSR **217** [1974] 849/51; Dokl. Phys. Chem. Proc. Acad. Sci. USSR **214/219** [1974] 717/9). — [18] A. Mohammad, D. P. N. Satchell (Chem. Ind. [London] **1966** 2013/4). — [19] A. Mohammad, D. P. N. Satchell, R. S. Satchell (J. Chem. Soc. B **1967** 723/5). — [20] D. G. Brown, R. S. Drago, T. F. Bolles (J. Am. Chem. Soc. **90** [1968] 5706/12).

[21] K. L. Jaura, R. K. Chadha, K. K. Sharma (Indian J. Chem. **12** [1974] 766/7). — [22] T. N. Srivastava, P. C. Srivastava, K. Srivastava (J. Indian Chem. Soc. **53** [1976] 343/6). — [23] R. C. Poller, D. L. B. Toley (J. Chem. Soc. A **1967** 2035/6). — [24] I. P. Goldshtein, N. K. Faizi, N. A. Slovokhotova, E. N. Guryanova, I. M. Viktorova, K. A. Kocheshkov (Dokl. Akad. Nauk SSSR **138** [1961] 839/42; Proc. Acad. Sci. USSR Chem. Sect. **136/141** [1961] 534/6). — [25] A. Cassol, L. Magon (J. Inorg. Nucl. Chem. **27** [1965] 1297/303).

1.3.2.3.8.6 Physiologische Wirkung

Physiology

Phenylzinntrichlorid ist weit weniger toxisch als beispielsweise Triphenylzinnchlorid, was unter anderem Fütterungsversuche an Mäusen zeigten [1]. Untersuchungen an Mitochondrien aus Rattenleber bestätigten diese Aussage [2]. Die LD_{50} bei Stubenfliegen beträgt mehr als 390×10^{-19} mol/Fliege [3]. Weitere Untersuchungen zur Adenosintriphosphatasehemmung durch Organozinnverbindungen einschließlich $C_6H_5SnCl_3$ s. bei [4]. — $C_6H_5SnCl_3$ zeigt keine wachstumshemmende Wirkung gegenüber Raillietina cesticillus und Ascaridia galli [5]. Auch die wachstumshemmende Wirkung gegenüber Larven von Tribolium confusum [6] oder Culex pipiens berbericus ist sehr gering [7, 8]. Gegenüber Pilzen werden folgende Konzentrationen (in μg/ml) an $C_6H_5SnCl_3$ zur Wachstumshemmung benötigt: Epithermophyton floccosum, Microsporum gypsum, Curvularia lunata und Fusarium vasiinfectum 40, Trychophyton rubrum 50, Pellicularia sasakii 100 und Aspergillus flavus 150 [9].

Literatur:

[1] I. Ishaaya, J. L. Engel, J. E. Casida (Pestic. Biochem. Physiol. **6** [1976] 270/9). — [2] R. G. Wulf, K. H. Byington (Arch. Biochem. Biophys. **167** [1975] 176/85). — [3] M. S. Blum, J. J. Pratt (J. Econ. Entomol. **53** [1960] 445/8). — [4] G. R. Pieper, J. E. Casida (J. Econ. Entomol. **58** [1965] 392/400). — [5] K. B. Kerr, A. W. Walde (Exptl. Parasitol. **5** [1956] 560/70).

[6] I. Ishaaya, J. E. Casida (Pestic. Biochem. Physiol. **5** [1975] 350/8). — [7] G. Gras, I. A. Rioux (Arch. Inst. Pasteur Tunis **42** [1965] 9/22). — [8] P. Castel, G. Gras, J. A. Rioux, A. Vidal (Trav. Soc. Pharm. Montpellier **23** [1963] 45/50). — [9] R. L. Khosa, S. N. Dixit (Sci. Cult. [Calcutta] **35** [1969] 637/8).

1.3.2.3.8.7 Verwendung

Uses

Phenylzinntrichlorid soll als Fungizid interessant sein [1]. Die Verbindung katalysiert die Friessche Reaktion [2], die Racemisierung von α-Methylbenzylchlorid in Diäthyläther über einen Zwischenkomplex [3], im Gemisch mit $POCl_3$ die Polymerisation von Alkylenoxiden und -sulfiden [4] und im Gemisch mit VCl_4 und $AlBr_3$ die Polymerisation von Olefinen [5].

Literatur:

[1] G. Mehrotra, A. N. Dey (J. Indian Chem. Soc. **50** [1973] 793/5). — [2] J. D'Ans, H. Zimmer (Chem. Ber. **85** [1952] 585/90). — [3] R. M. Evans, R. S. Satchell (J. Chem. Soc. Perkin Trans. II **1973** 642/7). — [4] T. Matsuo, T. Nakata, Nippon Zeon Co., Ltd., Osaka Soda Co., Ltd. (Japan.P. 74-28916 [1970/74]; C.A. **82** [1975] Nr. 112949). — [5] H. J. de Liefde Meijer, J. W. G. van den Hurk, G. J. M. van der Kerk (Rec. Trav. Chim. **85** [1966] 1018/24).

Other Aryl- and Other Organotin Trichlorides

1.3.2.3.9 Weitere Aryl- und sonstige Organylzinntrichloride $RSnCl_3$

$o\text{-}CH_3C_6H_4SnCl_3$

o-Tolylzinntrichlorid entsteht bei der Komproportionierung zwischen $SnCl_4$ und $Sn(C_6H_4\text{-}o\text{-}CH_3)_4$ im Molverhältnis 3:1 im Bombenrohr bei 210°C in 65%iger Ausbeute [1 bis 3], aus $SnCl_4$ und $o\text{-}CH_3C_6H_4MgCl$ in Tetrahydrofuran [4], aus $SnCl_4$ und $o\text{-}CH_3C_6H_4N{=}NCl$ bei Zimmertemperatur in Wasser im Verlauf von 2 h als dunkelgelbe Flüssigkeit [5]. Das ^1H-NMR-Spektrum ist stark vom Lösungsmittel abhängig. Die Kopplungskonstante $^4J(HSn)$ zwischen den Protonen der Methylgruppe und dem Sn-Kern beträgt in Cyclohexan 11.5 Hz, in CH_2Cl_2 13.6 Hz, in Aceton, Nitromethan und Acetonitril dagegen 15.0 Hz [3]. Die Verbindung siedet bei 96 bis 98°C/2 Torr [3], 154 bis 158°C/20 Torr [1], 157 bis 158°C/20 Torr [2]. Für die Dichte werden D_4^{20} = 1.7619 [1] und 1.7719 g/cm³ angegeben [2]. Die Verbindung reagiert mit KOH unter Bildung von $(o\text{-}CH_3C_6H_4SnOOH)_x$, mit H_2S unter Bildung von $(o\text{-}CH_3C_6H_4SnS_{3/2})_x$, mit $HgCl_2$ unter Bildung von $o\text{-}CH_3C_6H_4HgCl$ [1, 2]. Mit $HgCl_2$ wird in alkalischer Lösung $Hg(C_6H_4\text{-}o\text{-}CH_3)_2$ erhalten [2]. Mit Pyridin entsteht ein 1:2-Komplex [6]. Zur Untersuchung der Verbindung auf Eingnung als Pestizid s. [5].

$m\text{-}CH_3C_6H_4SnCl_3$

Die Darstellung von m-Tolylzinntrichlorid erfolgt durch Komproportionierung von $SnCl_4$ mit $Sn(C_6H_4\text{-}m\text{-}CH_3)_4$ im Molverhältnis 3:1 unter N_2 bei etwa 200°C [3], von $SnCl_4$ mit der äquivalenten Menge $(m\text{-}CH_3C_6H_4)_2SnCl_2$ bei 215°C (50% Ausbeute) [7] oder durch Umsetzung von $SnCl_4$ mit $m\text{-}CH_3C_6H_4N{=}NCl$ bei Zimmertemperatur in Wasser im Verlauf von 2 h als gelbbraune Flüssigkeit [5]. Im lösungsmittelabhängigen ^1H-NMR-Spektrum betragen die Kopplungskonstanten $^5J(HSn)$ für die Kopplung der Methylprotonen mit dem Sn-Kern in Cyclohexan 5.9 Hz, in Aceton 6.8 Hz, in CH_2Cl_2 6.9 Hz, in Nitromethan 7.4 Hz und in Dimethylsulfoxid 8.0 Hz [3]. Siedepunkt 127°C/14 Torr [3], 150 bis 151°C/23 Torr [7]. Dichte D_4^{20} = 1.7516 g/cm³ [7]. Zur Eignung als Pestizid s. [5].

$p\text{-}CH_3C_6H_4SnCl_3$

Die Verbindung wird dargestellt durch Komproportionierung zwischen $SnCl_4$ und $Sn(C_6H_4\text{-}p\text{-}CH_3)_4$ im Molverhältnis 3:1 bei 210 bis 215°C im Verlauf von 2 h im Bombenrohr [1 bis 3]. Dabei werden 40% Ausbeute erzielt [1, 2]. Bei der Komproportionierung zwischen äquimolaren Mengen $SnCl_4$ und $(p\text{-}CH_3C_6H_4)_2SnCl_2$ werden im Verlauf von 2 h bei 210 bis 215°C im Bombenrohr 45% Ausbeute erhalten [1, 2]. — ^1H-NMR-Spektrum: $\delta H_o = -7.52$ ppm, $^3J(H^{119}Sn)$ = 115.5 Hz, $\delta H_m = -7.42$ ppm, $^4J(H^{119}Sn) = 45 \pm 1$ Hz, $\delta CH_3 = -2.42$ ppm in CH_2Cl_2; δH_o = −7.72 ppm, $^3J(H^{119}Sn)$ = 128.4 Hz, $\delta H_m = -7.39$ ppm, $^4J(H^{119}Sn) = 51 \pm 1$ Hz, $\delta CH_3 = -2.39$ ppm in CH_3CN [8]. Die Kopplungskonstante $^6J(HSn)$ zwischen den Methylprotonen und dem Sn-Kern ist lösungsmittelabhängig. Sie beträgt in Cyclohexan 7.5 Hz, in CH_2Cl_2 7.7 Hz, in Aceton, Acetonitril und Dimethylsulfoxid 8.9 Hz, in Nitromethan 9.0 Hz [3]. — ^{13}C-NMR-Spektrum: $\delta C_1 = -4.8$ ppm, $\delta C_o = -6.2$ ppm, $^2J(C^{119}Sn)$ = 80 Hz, $\delta C_m = -3.5$ ppm, $^3J(C^{119}Sn)$ = 128 Hz, $\delta C_p = -16.4$ Hz in Substanz; $\delta C_1 = -8.1$ ppm, $\delta C_o = -6.2$ ppm, $^2J(C^{119}Sn)$ = 84 Hz, $\delta C_m = -3.0$ ppm, $^3J(C^{119}Sn)$ = 135 Hz, $\delta C_p = -15.3$ ppm in Acetonitril [8]. Siedepunkt 101°C/5 Torr [3], 120°C/10 Torr [9], 152 bis 153°C/15 Torr [2], 156 bis 157°C/23 Torr [1], 156 bis 158°C/20 Torr [1]. Dichte D_4^{20} = 1.7512 [2] und 1.7522 g/cm³ [1]. Die Verbindung reagiert mit KOH unter Bildung von $(p\text{-}CH_3C_6H_4SnOOH)_x$ [1, 2], mit $HgCl_2$ unter Bildung von $p\text{-}CH_3C_6H_4HgCl$ [1], mit $p\text{-}CH_3C_6H_4SO_2Na$ unter Bildung von $p\text{-}CH_3C_6H_4Sn(SO_2C_6H_4\text{-}p\text{-}CH_3)_3$ [10], in Methylenchlorid-Benzol mit $(CH_3)_2Sn[SC(S)N(CH_3)_2]_2$ unter Bildung von $p\text{-}CH_3C_6H_4SnCl_2SC(S)N(CH_3)_2$ [3]. Mit Pyridin wird ein 1:2-Komplex [1, 2, 6], mit den Basen 4-Methyl-3-nitro-anilin, 3-Nitroanilin, 6-Methyl-3-nitro-anilin, 1,3-Diamino-4-nitro-benzol und 1,4-Diamino-3-nitro-benzol werden bei 25°C 1:1-Komplexe erhalten [9].

$C_6F_5SnCl_3$

Pentafluorphenylzinntrichlorid entsteht im Verlauf von 11 Wochen, wenn man $SnCl_4$ mit $Sn(C_6F_5)_4$ im Molverhältnis 3:1 bei 140°C rührt. In reinerer Form wird es bei der Umsetzung von $(C_6F_5)_3SnCl$ mit $SnCl_4$ im Überschuß bei 120°C im Verlauf von 4 Wochen erhalten [11]. Auch bei der Reaktion zwischen $SnCl_4$ und $CH_3HgC_6F_5$ im Bombenrohr im Vakuum bei 20°C kann nach

20 h $C_6F_5SnCl_3$ gewonnen werden [12]. Die Verbindung siedet bei 54 bis 56°C/0.02 Torr [12] bzw. 120 bis 122°C/16 Torr [11]. Das IR-Spektrum zeigt folgende Banden (in cm^{-1}): 1639 st, 1513 st, 1481 st, 1464 st, 1387 m, 1289 s, 1091 st, 1078 st, 1017 s, 970 st, 805 s, 719 s, 610 s [12]. Chemische Verschiebung für die einzelnen F-Atome im ^{19}F-NMR-Spektrum: $\delta^{19}F_p$ = 121.6 ppm, $\delta^{19}F_m$ = 156.7 ppm, $\delta^{19}F_p$ = 143.1 ppm gegen CCl_3F [12]. Die Verbindung bildet bei der Hydrolyse $(C_6F_5SnOOH)_x$ [11].

$RSnCl_3$

Die Darstellung und die Eigenschaften von weiteren Verbindungen des Typs $RSnCl_3$ sind in Tabelle 60 auf S. 284/7 zusammengefaßt.

Weitere Angaben zu den in der Tabelle aufgeführten Verbindungen (laufende Nummern mit Stern):

p-$FC_6H_4SnCl_3$ (Tabelle **60**, Nr. **1**). ^1H-NMR-Spektrum: $\delta H_o = -27.0$ Hz, $\delta H_m = -4.7$ Hz gegen Benzol; Kopplung zwischen den Protonen: $J_{2,3} = 8.38$ Hz, $J_{1,3} = 0.23$ Hz, $J_{1,2} = 2.39$ Hz, $J_{3,4}$ = 2.29 Hz (H_1 und H_2 als ortho- sowie H_3 und H_4 als meta-Protonen); $^4J(HF) = 5.46$ Hz, $^3J(HF)$ = 8.40 Hz [13, 14]. $\delta^{19}F = -544$ Hz gegen C_6H_5F bei 56.4 MHz [13]. Die Verbindung reagiert mit Grignard-Verbindungen RMgX oder Aryllithium-Verbindungen RLi unter Bildung von Zinntetraorganylen des Typs $R_3SnC_6H_4$-p-F, wobei R = p-$(CH_3)_2NC_6H_4$, p-$CH_3OC_6H_4$, p-FC_6H_4, m-$CH_3C_6H_4$, p-$CH_3C_6H_4$, C_6H_5, p-ClC_6H_4, m-ClC_6H_4, m-$CF_3C_6H_4$, 3,4-$Cl_2C_6H_3$, 3,5-$Cl_2C_6H_3$, 3,4,5-$Cl_3C_6H_2$ ist [15].

p-$ClC_6H_4SnCl_3$ (Tabelle **60**, Nr. **4**). Die Verbindung reagiert mit KOH in Petroläther unter Bildung von $(p\text{-}ClC_6H_4SnOOH)_x$ [16, 17], mit H_2S in Wasser unter Bildung von $(p\text{-}ClC_6H_4SnS_{3/2})_x$ [16, 17]. Mit folgenden Donatoren entstehen 1:1-Komplexe: 4-Methyl-3-nitro-anilin, 3-Nitroanilin, 6-Methyl-3-nitro-anilin, 1,3-Diamino-4-nitro-benzol, 1,4-Diamino-3-nitro-benzol, 1,2-Diamino-4-nitro-benzol [9]. — Das Reaktionsprodukt von p-$ClC_6H_4SnCl_3$ mit $C_4H_9SnCl_3$ und Na_2CO_3 in Isopropylalkohol ergibt auf Kohlenstoff-Ruß einen Überzug, der die Ölabsorption stark herabsetzt [18].

p-(t-C_4H_9)$C_6H_4SnCl_3$ (Tabelle **60**, Nr. **11**). Das ^1H-NMR-Spektrum ist lösungsmittelabhängig. Die chemische Verschiebung der o-Protonen liegt in Cyclohexan bei −7.52 ppm, in CH_2Cl_2 bei −7.61 ppm, in Dimethylsulfoxid bei −7.62 ppm, in Nitromethan bei −7.70 ppm, in Acetonitril bei −7.78 ppm und in Aceton bei −7.79 ppm, die der m-Protonen in Cyclohexan bei −7.52 ppm, in CH_2Cl_2 bei −7.61 ppm, in Dimethylsulfoxid aber bei −7.34 ppm, in Nitromethan bei −7.70 ppm, aber in Acetonitril und in Aceton bei −7.63 ppm [3].

m-$CF_3C_6H_4SnCl_3$ (Tabelle **60**, Nr. **13**). ^{19}F-NMR-Spektrum: $\delta^{19}F = -16.1$ ppm gegen CF_3COOH, $^5J(F^{119}Sn) = 11 \pm 1$ Hz [19]; ^{119}Sn-NMR-Spektrum: $\delta^{119}Sn = 69 \pm 2$ ppm gegen $Sn(CH_3)_4$ [19 bis 21], $^3J(HSn) = 115 \pm 3$ Hz [19]. — Die Verbindung hydrolysiert schnell an Luft. Sie bildet in Äthanol mit 2,2'-Bipyridin und 1,10-Phenanthrolin einen 1:1-Komplex [19].

p-$CH_3OC_6H_4SnCl_3$ (Tabelle **60**, Nr. **16**). Das ^1H-NMR-Spektrum ist lösungsmittelabhängig. Die chemische Verschiebung des o-Protons liegt in Cyclohexan bei −7.46 ppm, in CH_2Cl_2 bei −7.57 ppm, in Aceton bei −7.80 ppm, in Nitromethan bei −7.69 ppm, in Acetonitril bei −7.78 ppm und in Dimethylsulfoxid bei −7.66 ppm, die des m-Protons bei −6.96 ppm in Cyclohexan, bei −7.13 ppm in CH_2Cl_2, bei −7.13 ppm in Aceton, bei −7.21 ppm in Nitromethan, bei −7.11 ppm in Acetonitril und bei −6.90 ppm in Dimethylsulfoxid [3].

1-$C_{10}H_7SnCl_3$ (Tabelle **60**, Nr. **29**). Die Verbindung reagiert mit Wasser unter Bildung von $(1\text{-}C_{10}H_7SnOOH)_x$, mit $HgCl_2$ in Äthanol unter Bildung von 1-$C_{10}H_7HgCl$, mit C_6H_5MgBr in Äther unter Bildung von $(C_6H_5)_3Sn$-1-$C_{10}H_7$ und mit Anilin, Pyridin oder anderen Basen unter Bildung von Addukten [25].

Tabelle 60

Darstellung und Eigenschaften weiterer Verbindungen vom Typ $RSnCl_3$.

Nr.	Verbindung	Darstellung	Reaktionsbedingungen Eigenschaften	Ausbeute in %	Lit.
1*	$p\text{-}FC_6H_4SnCl_3$	$SnCl_4 + Sn(C_6H_4\text{-}p\text{-}F)_4$	3:1; 6 h, 25°C bis 220°C; $t_s = 150°C/37$ Torr	53	[13]
2	$o\text{-}ClC_6H_4SnCl_3$	$SnCl_4 + o\text{-}ClC_6H_4N{=}NCl$	Wasser, 2 h, 20°C; hellgrau; Test als Pestizid	—	[5]
3	$m\text{-}ClC_6H_4SnCl_3$	$SnCl_4 + m\text{-}ClC_6H_4N{=}NCl$	Wasser, 2 h, 20°C; dunkelgrau; Test als Pestizid	—	[5]
4*	$p\text{-}ClC_6H_4SnCl_3$	$SnCl_4 + p\text{-}ClC_6H_4MgCl$	Tetrahydrofuran	—	[4]
		$SnCl_4 + (p\text{-}ClC_6H_4)_2SnCl_2$	2 h, 150°C; $t_f = 39°C$	100	[16, 17]
5	$p\text{-}BrC_6H_4SnCl_3$	$SnCl_4 + (p\text{-}BrC_6H_4)_2SnCl_2$	1.5 h, 150°C; $t_f = 64.5$ bis 65°C; reagiert mit KOH zu $(p\text{-}BrC_6H_4SnOOH)_x$, mit H_2S zu $(p\text{-}BrC_6H_4SnS_{3/2})_x$	—	[16, 17]
6	$p\text{-}JC_6H_4SnCl_3$	$SnCl_4 + (p\text{-}JC_6H_4)_2SnCl_2$	35 min, 165°C; $t_f = 55$ bis 56°C; reagiert mit KOH zu $(p\text{-}JC_6H_4SnOOH)_x$, mit H_2S zu $(p\text{-}JC_6H_4SnS_{3/2})_x$	—	[16]
		$SnCl_2 + (p\text{-}JC_6H_4)_2SnCl_2$	165°C, Bombenrohr; reagiert mit Cl_2 zu $p\text{-}Cl_2JC_6H_4SnCl_3$	—	[17]
7	$o\text{-}NO_2C_6H_4SnCl_3$	$SnCl_4 + o\text{-}NO_2C_6H_4N{=}NCl$	Wasser, 2 h, 20°C; dunkelgelb; Test als Pestizid	—	[5]
8	$m\text{-}NO_2C_6H_4SnCl_3$	$SnCl_4 + m\text{-}NO_2C_6H_4N{=}NCl$	Wasser, 2 h, 20°C; dunkelbraun; Test als Pestizid	—	[5]
9	$p\text{-}NO_2C_6H_4SnCl_3$	$SnCl_4 + p\text{-}NO_2C_6H_4N{=}NCl$	Wasser, 2 h, 20°C; gelb; Test als Pestizid	—	[5]
10	$p\text{-}Cl_2JC_6H_4SnCl_3$	$p\text{-}JC_6H_4SnCl_3 + Cl_2$	$CHCl_3$, −15°C; hellgelb, $t_f = 50$ bis 70°C (Zersetzung)	—	[16, 17]

Tabelle 60 (Fortsetzung)

Nr.	Verbindung	Darstellung	Reaktionsbedingungen Eigenschaften	Ausbeute in %	Lit.
11*	p-(t-C_4H_9)$C_6H_4SnCl_3$	$SnCl_4$ + Sn[C_6H_4-p-(t-C_4H_9)]$_4$	3:1; Erhitzen, N_2; $t_s = 137°C/4$ Torr	—	[3]
12	o-$CF_3C_6H_4SnCl_3$	$SnCl_4$ + $(C_4H_9)_3SnC_6H_4$-o-CF_3	4 h, 100°C; NMR: $\delta^{19}F = -20.7$ ppm (CF_3COOH), $^4J(F^{119}Sn) = 28 \pm 1$ Hz, $\delta^{119}Sn = 85$ ppm, $^3J(SnH) = 125 \pm 3$ Hz	—	[19]
		—	NMR: $\delta^{119}Sn = 85 \pm 2$ ppm	—	[20]
13*	m-$CF_3C_6H_4SnCl_3$	$SnCl_4$ + $(C_4H_9)_3SnC_6H_4$-m-CF_3	3 h, 100°C; $t_s = 58$ bis 60°C/0.2 Torr	33	[19]
14	o-$CH_3OC_6H_4SnCl_3$	$SnCl_4$ + o-$CH_3OC_6H_4N{=}NCl$	Wasser, 2 h, 20°C; purpur; Test als Pestizid	—	[5]
15	m-$CH_3OC_6H_4SnCl_3$	$SnCl_4$ + m-$CH_3OC_6H_4N{=}NCl$	Wasser, 2 h, 20°C; hellrosa; Test als Pestizid	—	[5]
16*	p-$CH_3OC_6H_4SnCl_3$	$SnCl_4$ + p-$CH_3OC_6H_4MgCl$	Tetrahydrofuran	—	[4]
		$SnCl_4$ + Sn(C_6H_4-p-OCH_3)$_4$	3:1; 4 h, 200°C, N_2; $t_s = 115°C/1$ Torr	—	[3]
17	o-$C_2H_5OC_6H_4SnCl_3$	$SnCl_4$ + o-$C_2H_5OC_6H_4N{=}NCl$	Wasser, 2 h, 20°C; rötlich; Test als Pestizid	—	[5]
18	p-$C_2H_5OC_6H_4SnCl_3$	$SnCl_4$ + p-$C_2H_5C_6H_4N{=}NCl$	Wasser, 2 h, 20°C; dunkelbraun; Test als Pestizid	—	[5]
		—	reagiert mit $K_2[Co(CO)C_{16}H_{35}C_5H_4]$ zu $[Cl(p\text{-}C_2H_5OC_6H_4)SnCo(CO)C_{16}H_{35}C_5H_4]_x$	—	[22]
19	p-$(CH_3)_2NC_6H_4SnCl_3$	$SnCl_4$ + p-$(CH_3)_2NC_6H_4MgCl$	Tetrahydrofuran	—	[4]
20	o-$CH_3OOCC_6H_4SnCl_3$	$SnCl_4 \cdot 2$ o-$CH_3OOCC_6H_4N{=}NCl$ + Sn	$CH_3COOC_2H_5$, 20°C; $t_f = 164°C$	—	[23, 24]

Tabelle 60 (Fortsetzung)

Nr.	Verbindung	Darstellung	Reaktionsbedingungen Eigenschaften	Ausbeute in %	Lit.
21	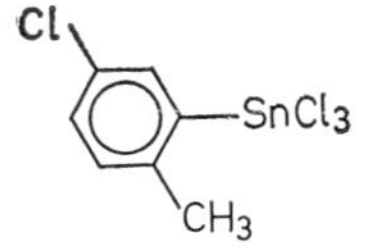 Cl, $SnCl_3$, CH_3	$SnCl_4$ + Cl, N=NCl, CH_3 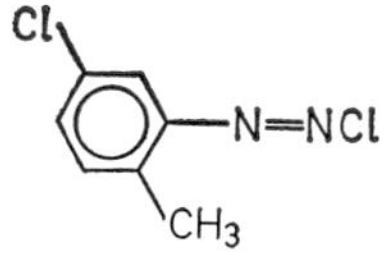	Wasser, 2 h, 20°C; grau; Test als Pestizid	—	[5]
22	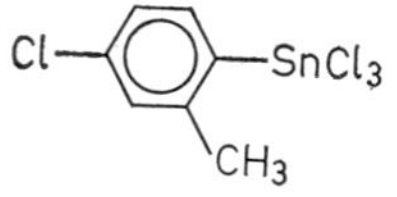 Cl, $SnCl_3$, CH_3	$SnCl_4$ + Cl, N=NCl, CH_3 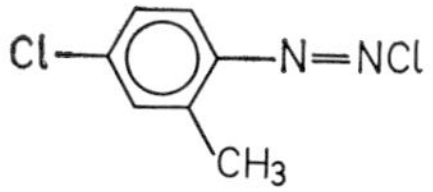	Wasser, 2 h, 20°C; dunkelgrau; Test als Pestizid	—	[5]
23	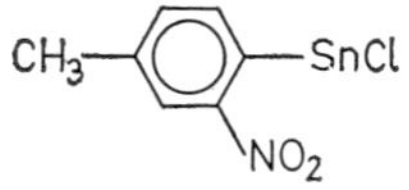 CH_3, SnCl, NO_2	$SnCl_4$ + CH_3, N=NCl, NO_2 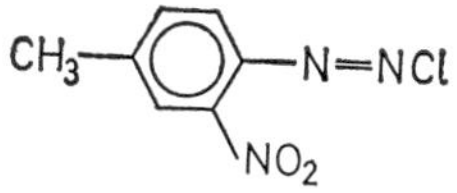	Wasser, 2 h, 20°C; orange; Test als Pestizid	—	[5]
24	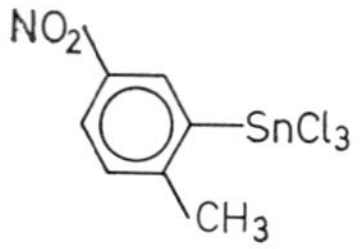 NO_2, $SnCl_3$, CH_3	$SnCl_4$ + NO_2, N=NCl, CH_3 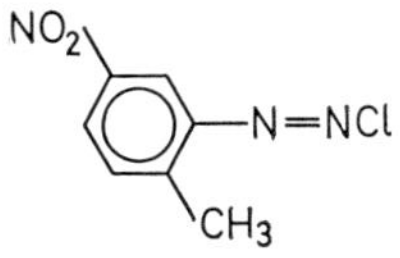	Wasser, 2 h, 20°C; dunkelorange; Test als Pestizid	—	[5]
25	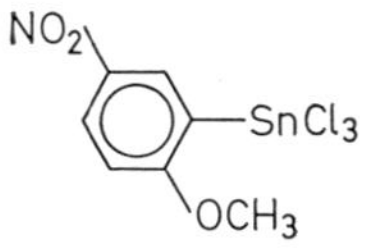 NO_2, $SnCl_3$, OCH_3	$SnCl_4$ + NO_2, N=NCl, OCH_3 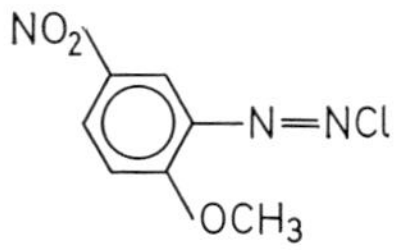	Wasser, 2 h, 20°C; tieforange; Test als Pestizid	—	[5]
26	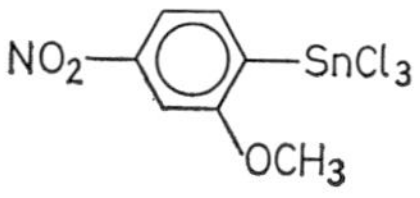 NO_2, $SnCl_3$, OCH_3	$SnCl_4$ + NO_2, N=NCl, OCH_3 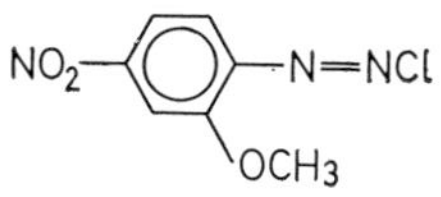	Wasser, 2 h, 20°C; dunkelgelb; Test als Pestizid	—	[5]
27	p-$C_6H_5C_6H_4SnCl_3$	—	t_f = 64 bis 66°C; bildet mit 4-Methyl-3-nitro-anilin und mit 1,4-Diamino-3-nitrobenzol 1:1-Komplexe	—	[9]

Tabelle 60 (Fortsetzung)

Nr.	Verbindung	Darstellung	Reaktionsbedingungen Eigenschaften	Ausbeute in %	Lit.
28	p-(1,2,4-$Cl_3C_6H_2$)$C_6H_4SnCl_3$	$SnCl_4$ + p-(1,2,4-$Cl_3C_6H_2$)C_6H_4MgCl	Tetrahydrofuran	—	[4]
29*	1-$C_{10}H_7SnCl_3$ (1-$C_{10}H_7$ = 1-Naphthyl)	$SnCl_4$ + (1-$C_{10}H_7$)$_2SnCl_2$	3 h, 150°C, Bombenrohr; t_f = 77 bis 78°C	91	[25]
30	CH_3 … $SnCl_3$	—	reagiert mit CH_2=CHMgCl in Pentan-Tetrahydrofuran unter Bildung von RSn(CH=CH_2)$_3$; Stabilisator	—	[26]
31	$C_4H_3SSnCl_3$ (C_4H_3S = 2-Thienyl)	$SnCl_4$ + C_4H_3SMgCl	Tetrahydrofuran	—	[4]
32	$C_4H_2ClSSnCl_3$ (C_4H_2ClS = 5-Chlor-2-thienyl)	$SnCl_4$ + $C_4H_2ClSMgCl$	Tetrahydrofuran	—	[4]
33	N, $SnCl_3$	$SnCl_4$ + N, MgCl	Tetrahydrofuran	—	[4]
34	N, $SnCl_3$	$SnCl_4$ + N, MgCl	Tetrahydrofuran	—	[4]
35	C_6H_5—C—C—$SnCl_3$, $B_{10}H_{10}$	—	Mössbauer-Spektrum	—	[27]

Literatur:

[1] K. A. Kocheshkov, M. M. Nad (Ber. Deut. Chem. Ges. **67** [1934] 717/21). — [2] K. A. Kocheshkov, M. M. Nad (Zh. Obshch. Khim. **5** [1935] 1158/67). — [3] G. Matsubayashi, H. Koezuka, T. Tanaka (Org. Magn. Resonance **5** [1973] 529/32). — [4] H. E. Ramsden, Metal and Thermit Corp. (B.P. 825039 [1959]; C.A. **1960** 18438). — [5] G. Mehrotra, A. N. Dey (J. Indian Chem. Soc. **50** [1973] 793/5).

[6] K. A. Kocheshkov (Uch. Zap. Mosk. Gos. Univ. Nr. 3 [1934] 297/303 nach C. **1935** II 3760). — [7] K. A. Kocheshkov, M. M. Nad (Zh. Obshch. Khim. **4** [1934] 1434/9). — [8] G. Matsubayashi, T. Tanaka (Spectrochim. Acta A **30** [1974] 869/74). — [9] J. L. Wardell (J. Organometal. Chem. **10** [1967] 53/8). — [10] U. Kunze, E. Lindner, J. Koola (J. Organometal. Chem. **40** [1972] 327/40).

[11] J. M. Holmes, R. D. Peacock, J. C. Tatlow (J. Chem. Soc. A **1966** 150/3). — [12] R. D. Chambers, T. Chivers (J. Chem. Soc. **1964** 4782/90). — [13] J. C. Maire (J. Organometal. Chem. **9** [1967] 271/84). — [14] J. M. Angelelli, J. C. Maire (Bull. Soc. Chim. France **1969** 1858/61). — [15] D. N. Kravtsov, B. A. Kvasov, T. S. Khazanova, E. I. Fedin (J. Organometal. Chem. **61** [1973] 219/24).

[16] K. A. Kocheshkov, A. N. Nesmeyanov (Ber. Deut. Chem. Ges. **64** [1931] 628/36). — [17] A. N. Nesmeyanov, K. A. Kocheshkov (Zh. Obshch. Khim. **1** [1931] 219/32 nach C.A. **1932** 2182). — [18] D. Bitzer (D.P. 1169060 [1963/64]; C.A. **61** [1964] 5905). — [19] M. Barnard, P. J. Smith, R. F. M. White (J. Organometal. Chem. **77** [1974] 189/97). — [20] J. D. Kennedy, W. McFarlane (Rev. Silicon Germanium Tin Lead Compounds **1** [1974] 235/98).

[21] P. J. Smith, L. Smith (Inorg. Chim. Acta Rev. **7** [1973] 11/33). — [22] R. D. Gorsich, Ethyl Corp. (U.S.P. 3069449 [1961/62]; C.A. **58** [1963] 10241). — [23] K. A. Kocheshkov, A. N. Nesmeyanov, V. A. Klimova (Zh. Obshch. Khim. **6** [1936] 167/71). — [24] A. N. Nesmeyanov, K. A. Kocheshkov, V. A. Klimova (Ber. Deut. Chem. Ges. **68** [1935] 1877/83). — [25] J. I. Pikina, T. W. Talalaeva, K. A. Kocheshkov (Zh. Obshch. Khim. **8** [1938] 1844/9 nach C.A. **1938** 5839).

[26] H. E. Ramsden, Metal and Thermit Corp. (U.S.P. 2873287 [1959]; C.A. **1959** 13108). — [27] V. I. Goldanskii, V. V. Khrapov, O. Yu. Okhlobystin, V. Ya. Rochev (in: V. I. Goldanskii, R. H. Herber, Chemical Application of Mössbauer Spectroscopy, New York 1968, S. 336/76).

1.3.2.4 Organozinnchloride des Typs R_2SnXCl

Organotin Chlorides of the R_2SnXCl Type

1.3.2.4.1 Organozinnchloride des Typs R_2SnHCl

Organotin Chlorides of the R_2SnHCl Type

$(CH_3)_2SnHCl$

Die Verbindung entsteht bei der Reaktion von $(CH_3)_2SnH_2$ mit $(CH_3)_2SnCl_2$ beim Aufwärmen von −70°C auf Zimmertemperatur unter Schütteln [1]. Sie kann dabei vor allem durch ihr ^1H-NMR-Spektrum nachgewiesen werden [2, 3]. Der gleiche NMR-Nachweis gelingt auch nach der Umsetzung von $(CH_3)_2SnCl_2$ mit $(C_4H_9)_3SnH$ [3]. Dabei werden für die chemische Verschiebung des an Sn gebundenen H-Atoms folgende Werte angegeben: $\delta SnH = -7.17$ ppm (aus der Umsetzung mit Tributylzinnhydrid), −6.98 ppm (aus der Umsetzung mit Dimethylzinndihydrid) [3], $\tau = 2.88$ mit $^1J(H^{117/119}Sn) = 2128/2228$ Hz [4]. Die νSnH-Schwingung im IR-Spektrum wird bei 1877 cm^{-1} beobachtet [3, 4]. — Die Verbindung ergibt mit Norbornadien ein Hydrostannierungsprodukt $(CH_3)_2(C_7H_9)SnCl$ [1]. Mit $HC{\equiv}CCH_2CH_2CH_2Cl$ entsteht bei der entsprechenden Umsetzung $(CH_3)_2ClSnCH{=}CHCH_2CH_2CH_2Cl$, das sich unter Bildung eines Gleichgewichtsgemisches zu $CH_3SnCl_2CH{=}CHCH_2CH_2CH_2Cl$ und $(CH_3)_3SnCH{=}CHCH_2CH_2CH_2Cl$ symmetrisiert [5].

$(C_2H_5)_2SnHCl$

Diäthylzinnhydridchlorid entsteht bei der Komproportionierung zwischen $(C_2H_5)_2SnH_2$ und $(C_2H_5)_2SnCl_2$, wie sich an Hand der NMR-Spektren zeigen läßt. Die Verbindung ist nicht in Substanz zu isolieren [2, 3, 6]. Auch aus $(C_2H_5)_2SnCl_2$ und $(C_4H_9)_3SnH$ entsteht die Verbindung im Gleichgewicht [3]. Für die chemische Verschiebung des an Sn gebundenen H-Atoms werden angegeben: $\delta H = -7.45$ ppm (mit Hilfe von Tributylzinnhydrid dargestellt) und −7.52 ppm [3], $\tau = 2.67$ mit $^1J(H^{117/119}Sn) = 1940/2031$ Hz [4]. Aus dem IR-Spektrum wird die νSnH-Schwingung bei 1856 und 1857 cm^{-1} [3] bzw. 1859 cm^{-1} [4] festgestellt. Die Verbindung reagiert mit $CH_2{=}CHCH_2CH{=}CH_2$ unter Bildung von $(C_2H_5)_2ClSn(CH_2)_5SnCl(C_2H_5)_2$ [7]. Sie reagiert mit $CH_2{=}CHCH_2CH_2CH{=}CH_2$ unter Bildung von $(C_2H_5)_2ClSn(CH_2)_4CH{=}CH_2$; daneben entsteht noch $(C_2H_5)_2ClSn(CH_2)_6SnCl(C_2H_5)_2$ [7, 8]. Mit Verbindungen vom Typ $CH_2{=}CH(CH_2)_nP(O)(OC_2H_5)R$ reagiert $(C_2H_5)_2SnHCl$ bei 60 bis 80°C unter Bildung von $(C_2H_5)_2ClSn(CH_2)_{n+2}P(O)(OC_2H_5)R$ mit $n = 0$, $R = OC_2H_5$ und C_6H_5 sowie $n = 1$, $R = OC_2H_5$ und C_6H_5 [9].

$(C_3H_7)_2SnHCl$

Die Bildung der Verbindung bei der Komproportionierung von $(C_3H_7)_2SnH_2$ mit $(C_3H_7)_2SnCl_2$ oder von $(C_3H_7)_2SnCl_2$ mit $(C_4H_9)_3SnH$ kann NMR-spektroskopisch nachgewiesen werden [2 bis 4, 6]. ^1H-NMR-Spektrum: $\delta SnH = -7.34$ ppm (aus Tributylzinnhydrid) und −7.59 ppm [3], $\tau SnH = 2.68$ mit $^1J(H^{117/119}Sn) = 1914/2002$ Hz [4]. IR-Spektrum: $\nu SnH = 1852$ [4], 1853 und 1854 cm^{-1} [3].

$(i\text{-}C_3H_7)_2SnHCl$

Für die nicht isolierte Verbindung werden folgende Daten angegeben: $\tau SnH = 2.70$, $^1J(H^{117/119}Sn) = 1745/1828$ Hz; $\nu SnH = 1830$ cm^{-1} [4].

$(C_4H_9)_2SnHCl$

Die Verbindung ist NMR-spektroskopisch als Zwischenstufe bei der Umsetzung von $(C_4H_9)_2SnH_2$ mit $(C_4H_9)_2SnCl_2$ nachzuweisen [2, 10, 11]. Entsprechendes gelingt auch bei der Reaktion zwischen $(C_4H_9)_3SnH$ und $(C_4H_9)_2SnCl_2$ [12]. In Substanz zu isolieren ist das Produkt nach der 1:1-Umsetzung von $(C_4H_9)_2SnH_2$ mit $(C_4H_9)_2SnCl_2$ bei Zimmertemperatur in 100%iger Ausbeute und bei der Reaktion von $(C_4H_9)_2SnH_2$ mit HCl in wenig Dioxan bei Zimmertemperatur ebenfalls in quantitativer Ausbeute. Bei der Vakuumdestillation zerfällt die Verbindung allerdings wieder in $(C_4H_9)_2SnH_2$ und $(C_4H_9)_2SnCl_2$ [13, 14].

^1H-NMR-Spektrum: $\delta SnH = -7.42$ ppm [12 bis 14], $\tau SnH = 2.69$ in Substanz oder in Diäthyläther, 2.90 in Tetrahydrothiophen, 2.78 in Dioxan und 2.80 in Tetrahydrofuran, $^1J(H^{117/119}Sn) =$ 1890/1983 sowie 1911/2002 Hz in Substanz, 1956/2045 Hz in Äther, 2019/2113 Hz in Tetrahydrothiophen, 2049/2145 Hz in Dioxan und 2108/2208 Hz in Tetrahydrofuran [4]. ^{13}C-NMR-Spektrum: $\delta C_\alpha = -17.6$ ppm, $^1J(CSn) = 397$ Hz, $\delta C_\beta = -28.1$ ppm, $^2J(CSn) = 27$ Hz, $\delta C_\gamma = -26.6$ ppm, $^3J(CSn) = 70$ Hz, $\delta C_\delta = -13.6$ ppm gegen Tetramethylsilan [15]. Mössbauer-Spektrum: $\delta =$ 1.56 mm/s gegen SnO_2, $\Delta = 3.34$ mm/s [16]. IR-Spektrum (in cm^{-1}): $\nu SnH = 1852$ [4], 1853 [12 bis 14] und 1855 [4] in Substanz, 1845 in Diäthyläther [4], 1835 in Tetrahydrothiophen [4], 1852 in Dioxan [4], 1848 in Tetrahydrofuran [4]. Für die Verbindung wird ein Schmelzpunkt von −35 bis −33°C und ein Brechungsindex von $n_D^{23} = 1.4980$ angegeben [13, 14].

$(C_4H_9)_2SnHCl$ gibt bei 100°C Wasserstoff ab unter Bildung von $[(C_4H_9)_2ClSn]_2$. Bei Zimmertemperatur erfolgt diese Wasserstoffabgabe bedeutend langsamer. So sind nach 58 h erst etwa 10% zerfallen. Von Sauerstoff wird die Verbindung zu $[(C_4H_9)_2ClSn]_2O$ oxidiert. Mit HCl wird $(C_4H_9)_2SnCl_2$ und H_2 gebildet. Mit Essigsäure entsteht in 98%iger Ausbeute $(C_4H_9)_2ClSnOOCCH_3$ neben H_2 [13, 14]. $(C_4H_9)_2SnHCl$ reagiert in Cyclohexan bei 25°C mit t-C_4H_9Cl unter Bildung von $(C_4H_9)_2SnCl_2$ neben Butan [17]. Mit $(C_4H_9)_3SnH$ entsteht bei Zimmertemperatur $(C_4H_9)_3SnCl$ neben $(C_4H_9)_2SnH_2$. Mit $C_4H_9SnCl_3$ im Unterschuß wird $C_4H_9SnH_3$ gebildet, bei Anwendung eines Überschusses entsteht $C_4H_9SnHCl_2$ [12]. Mit $[(C_4H_9)_2SnO]_x$ reagiert $(C_4H_9)_2SnHCl$ bei Zimmertemperatur unter Bildung von $[(C_4H_9)_2ClSn]_2O$ neben $(C_4H_9)_2SnH_2$, mit $[(C_6H_5)_2SnO]_x$ entsteht dagegen $[(C_6H_5)_2Sn]_x$ neben $(C_6H_5)_2SnH_2$ [10]. $(C_4H_9)_2SnHCl$ addiert sich an olefinische Doppelbindungen unter Bildung von Hydrostannierungsprodukten, vornehmlich in Gegenwart von Azoisobuttersäuredinitril zwischen 20 und 45°C [7, 8]. 1-Deuterio-1-hexen wird von $(C_4H_9)_2SnHCl$ unter UV-Bestrahlung isomerisiert [18]. Weitere Hydrostannierungsreaktionen von $(C_4H_9)_2SnHCl$ sind in Tabelle 61, S. 291, aufgeführt.

(i-C_4H_9)$_2$SnHCl

Die Verbindung kann NMR- und IR-spektroskopisch als Zwischenprodukt bei der Umsetzung von $(i\text{-}C_4H_9)_2SnH_2$ mit $(i\text{-}C_4H_9)_2SnCl_2$ [2, 3] oder von $(i\text{-}C_4H_9)_2SnCl_2$ mit $(C_4H_9)_3SnCl$ [3] nachgewiesen werden. ^{1}H-NMR-Spektrum: $\delta SnH = -7.50$ ppm (aus Tributylzinnchlorid) und −7.45 ppm; IR-Spektrum: $\nu SnH = 1852$ bzw. 1849 cm^{-1} [3]. $(i\text{-}C_4H_9)_2SnHCl$ reagiert mit Olefinen unter Hydrostannierung der Doppelbindung [7, 8]. Eine Auswahl von Hydrostannierungsreaktionen von $(i\text{-}C_4H_9)_2SnHCl$ ist in Tabelle 62, S. 292, aufgeführt.

$(C_6H_5)_2SnHCl$

Nachweis der Verbindung erfolgt NMR- und IR-spektroskopisch aus Mischungen von $(C_6H_5)_2SnCl_2$ und $(C_6H_5)_2SnH_2$ [2, 3] oder aus $(C_6H_5)_2SnCl_2$ und $(C_4H_9)_3SnH$ [3]. ^{1}H-NMR-Spektrum: $\delta SnH = -7.84$ ppm und −8.07 ppm (aus Tributylzinnhydrid); IR-Spektrum: $\nu SnH = 1879$ bzw. 1887 cm^{-1} [3]. $(C_6H_5)_2SnHCl$ reagiert zwischen 40 und 45°C in Gegenwart von AIBN mit $CH_2{=}C(CH_3)C_6H_5$ unter Bildung des Hydrostannierungsproduktes $(C_6H_5)_2ClSnCH_2CH(CH_3)C_6H_5$ [7, 8].

(c-C_6H_{11})$_2$SnHCl

Die Verbindung wird NMR- und IR-spektroskopisch nachgewiesen beim Vermischen von $(c\text{-}C_6H_{11})_2SnH_2$ mit $(c\text{-}C_6H_{11})_2SnCl_2$ [2, 3] oder von $(c\text{-}C_6H_{11})_2SnCl_2$ mit $(C_4H_9)_3SnH$. ^{1}H-NMR-Spektrum: $\delta SnH = -7.34$ ppm und −7.40 ppm (aus Tributylzinnhydrid); IR-Spektrum: $\nu SnH = 1821$ und 1835 cm^{-1} [3].

$\{[(CH_3)_3Si]_2CH\}_2SnHCl$

Das Produkt wird erhalten bei der Umsetzung von $Sn\{CH[Si(CH_3)_3]_2\}_2$ mit HCl in Diäthyläther bei Zimmertemperatur im Verlauf von 13 min in 57%iger Ausbeute. Die farblose Verbindung schmilzt bei 53 bis 54°C unzersetzt. ^{1}H-NMR-Spektrum: $\tau CH_3Si = 9.61$ und 9.75, $\tau CHSn = 9.95$, $\tau SnH =$ 2.21, $^3J(HH) = 1.5$ Hz. IR-Spektrum (in cm^{-1}): 1845 m (νSnH), 342 Sch und 335 s ($\nu SnCl$) [21].

Tabelle 61
Hydrostannierungsreaktionen von $(C_4H_9)_2SnHCl$.

Reaktionspartner	Reaktions-bedingungen	Reaktionsprodukte	Ausbeute in %	Lit.
$CH_2{=}C(CH_3)CH{=}CH_2$	1 bis 5 h, 40 bis 45°C, AIBN	$(C_4H_9)_2ClSnCH_2CH(CH_3)CH{=}CH_2$ $(C_4H_9)_2ClSnCH_2CH_2C(CH_3){=}CH_2$ $(C_4H_9)_2ClSnCH_2C(CH_3){=}CHCH_3$ $(C_4H_9)_2ClSnCH_2CH{=}C(CH_3)CH_3$	80	[19]
$CH_2{=}CHCH{=}CHCH_3$	40 bis 45°C, AIBN	$(C_4H_9)_2ClSnCH_2CH_2CH{=}CHCH_3$	43 bis 45	[19]
		$(C_4H_9)_2ClSnCH_2CH{=}CHCH_2CH_3$	55 bis 57	[19]
$c\text{-}C_5H_6$	40 bis 45°C, AIBN	Cyclopentenyl–$Sn(C_4H_9)_2$–Cl (Strukturformel)	4 bis 6	[19]
		Cyclopentenyl–$Sn(C_4H_9)_2$–Cl (Strukturformel)	94 bis 96	[19]
$CH_2{=}C(CH_3)C(CH_3){=}CH_2$	60 bis 70°C, AIBN	$(C_4H_9)_2ClSnCH_2CH(CH_3)C(CH_3){=}CH_2$	27 bis 28	[19]
		$(C_4H_9)_2ClSnCH_2C(CH_3)C(CH_3)CH_3$	62 bis 63	[19]
$CH_2{=}CHCH_2CH_2OH$	18 h, 35°C, AIBN	$(C_4H_9)_2ClSnCH_2CH_2CH_2CH_2OH$	—	[20]
$CH_2{=}CHCH_2OOCCH_3$	exotherm	$(C_4H_9)_2ClSnCH_2CH_2CH_2OOCCH_3$	—	[11]
$CH{\equiv}CCH_2OOCCH_3$	exotherm	$(C_4H_9)_2ClSnCH{=}CHCH_2OOCCH_3$	—	[11]
$CH{\equiv}CC(CH_3)_2OOCCH_3$	exotherm	$(C_4H_9)_2ClSnCH{=}CHC(CH_3)_2OOCCH_3$	—	[11]

Tabelle 62

Hydrostannierungsreaktionen von $(i\text{-}C_4H_9)_2SnHCl$.

Reaktionspartner	Reaktionsbedingungen	Reaktionsprodukte	Ausbeute in %	Lit.
$CH_2{=}CHCH{=}CH_2$	7 h, 40 bis 45°C, AIBN	$(i\text{-}C_4H_9)_2ClSnCH_2CH_2CH{=}CH_2$	16 bis 20	[19]
		$(i\text{-}C_4H_9)_2ClSnCH_2CH{=}CHCH_3$	80 bis 84	[19]
$CH_2{=}C(CH_3)CH{=}CH_2$	1 bis 5 h, 40 bis 45°C, AIBN	$(i\text{-}C_4H_9)_2ClSnCH_2CH(CH_3)CH{=}CH_2$ $(i\text{-}C_4H_9)_2ClSnCH_2CH_2C(CH_3){=}CH_2$ $(i\text{-}C_4H_9)_2ClSnCH_2C(CH_3){=}CHCH_3$ $(i\text{-}C_4H_9)_2ClSnCH_2CH{=}C(CH_3)_2$	80 bis 90	[19]
$CH_2{=}C(CH_3)C(CH_3){=}CH_2$	60 bis 70°C, AIBN	$(i\text{-}C_4H_9)_2ClSnCH_2CH(CH_3)C(CH_3){=}CH_2$	27 bis 28	[19]
		$(i\text{-}C_4H_9)_2ClSnCH_2C(CH_3){=}C(CH_3)_2$	72 bis 73	[19]
$CH_2{=}CHCH{=}CHCH_3$	40 bis 45°C, AIBN	$(i\text{-}C_4H_9)_2ClSnCH_2CH_2CH{=}CHCH_3$ $(i\text{-}C_4H_9)_2ClSnCH_2CH{=}CHCH_2CH_3$	43 bis 44	[19]
$c\text{-}C_5H_6$	40 bis 45°C, AIBN	$(i\text{-}C_4H_9)_2ClSn\text{–}C_5H_7$ (Cyclopentenyl, Strukturformel)	5 bis 7	[19]
		$(i\text{-}C_4H_9)_2ClSn\text{–}C_5H_7$ (Cyclopentenyl, Strukturformel)	93 bis 95	[19]

$(C_8H_{17})_2SnHCl$

Die Verbindung wird laut NMR- und IR-Spektrum bei der Umsetzung von $(C_8H_{17})_2SnH_2$ mit $(C_8H_{17})_2SnCl_2$ [2, 3] oder von $(C_8H_{17})_2SnCl_2$ mit $(C_4H_9)_3SnH$ gebildet. ^{1}H-NMR-Spektrum: δSnH = −7.42 ppm (aus Tributylzinnhydrid) und −7.44 ppm. IR-Spektrum: νSnH = 1845 und 1849 cm^{-1} [3].

Literatur:

[1] H. G. Kuivila, J. D. Kennedy, R. Y. Tien, I. J. Tyminski, F. L. Pelczar, O. R. Kahn (J. Org. Chem. **36** [1971] 2083/8). — [2] A. K. Sawyer, G. S. May, R. E. Scofield (J. Organometal. Chem. **14** [1968] 213/6). — [3] A. K. Sawyer, J. E. Brown, G. S. May (J. Organometal. Chem. **11** [1968] 192/4). — [4] K. Kawakami, T. Saito, R. Okawara (J. Organometal. Chem. **8** [1967] 377/81). — [5] E. Rosenberg, J. J. Zuckerman (J. Organometal. Chem. **33** [1971] 321/36).

[6] Yu. I. Baukov, I. Yu. Belavin, I. F. Lustenko (Zh. Obshch. Khim. **35** [1965] 1092/4; J. Gen. Chem. USSR **35** [1965] 1096/8). — [7] W. P. Neumann, J. Pedain (Tetrahedron Letters **1964** 2461/5). — [8] W. P. Neumann (Angew. Chem. **76** [1964] 849/59). — [9] H. Weichmann, A. Tzschach (J. Prakt. Chem. **318** [1976] 87/95). — [10] A. K. Sawyer, J. E. Brown, S. L. Fredrickson, G. A. Scott (Syn. Reactiv. Inorg. Metal-Org. Chem. **6** [1976] 281/91).

[11] M. Massol, J. Barrau, J. Satge, B. Bouyssieres (J. Organometal. Chem. **80** [1974] 47/69). — [12] A. K. Sawyer, J. E. Brown (J. Organometal. Chem. **5** [1966] 438/45). — [13] A. K. Sawyer, H. G. Kuivila (Chem. Ind. [London] **1961** 260). — [14] A. K. Sawyer, J. E. Brown, E. L. Hanson (J. Organometal. Chem. **3** [1965] 464/71). — [15] T. N. Mitchell (J. Organometal. Chem. **59** [1973] 189/97).

[16] R. H. Herber, G. I. Parisi (Inorg. Chem. **5** [1966] 769/74). — [17] D. J. Carlsson, K. U. Ingold (J. Am. Chem. Soc. **90** [1968] 7047/55). — [18] H. G. Kuivila, R. Sommer (J. Am. Chem. Soc. **89** [1967] 5616/9). — [19] W. P. Neumann, R. Sommer (Liebigs Ann. Chem. **701** [1967] 28/39). — [20] R. H. Fish, E. C. Kimmel, J. E. Casida (J. Organometal. Chem. **118** [1976] 41/54).

[21] J. D. Cotton, P. J. Davidson, M. F. Lappert (J. Chem. Soc. Dalton Trans. **1976** 2275/86).

1.3.2.4.2 Organozinnchloride des Typs R_2SnFCl

Organotin Chlorides of the R_2SnFCl Type

$(CH_3)_2SnFCl$

Bei der Reaktion von $(CH_3)_2SnCl_2$ mit wasserfreiem HF im Molverhältnis 1.6 : 1 entsteht in CCl_3F als Lösungsmittel im Verlauf von 7 h bei 25°C $(CH_3)_2SnFCl$ als weißes, hygroskopisches Pulver, das sich zwischen 155 und 160°C zersetzt. IR- und (in Klammern) Raman-Spektrum (in cm^{-1}): 2943, 2929, 2905, 2868, 1410, 1212, ρCH_3Sn = 796 st, $\nu_{as}SnC_2$ = 582 st (588 m), 528 m, ν_sSnC_2 = 528 m (536 st), νSnF = 365 st, νSnCl = 335 st (334 st) [1]. Mössbauer-Spektrum: δ = 1.32 mm/s gegen SnO_2, Δ = 3.80 mm/s [1, 2]. Es wird auf eine polymere Struktur mit trigonal-bipyramidaler Anordnung am Sn-Atom (CH_3 und Cl in äquatorialer Position und F in axialen Stellungen) geschlossen [1].

$(C_4H_9)_2SnFCl$

Von der Verbindung wird nur berichtet, daß sie nach Aufschluß mit $HClO_4$-H_2SO_4 spektrophotometrisch auf den Sn-Gehalt untersucht werden kann [3] und daß sie bei der Hydrolyse $[(C_4H_9)_2FSn]_2O$ neben HCl ergibt [4].

$(t\text{-}C_4H_9)_2SnFCl$

Die Verbindung entsteht bei der Umsetzung von $(t\text{-}C_4H_9)_2SnCl_2$, gelöst in Diäthyläther, mit einer wäßrig-alkoholischen Lösung von NaF in 74%iger Ausbeute. Sie besitzt keinen Schmelzpunkt, färbt sich aber bei 254°C hellbraun. Bei der Reaktion in Heptan-Pentan mit t-C_4H_9Li, erst 2 h bei −78°C, dann nach Aufwärmen noch 6 h bei Zimmertemperatur, wird $(t\text{-}C_4H_9)_3SnCl$ erhalten [5].

Literatur:

[1] L. E. Levchuk, J. R. Sams, F. Aubke (Inorg. Chem. **11** [1972] 43/50). — [2] P. A. Yeats, J. R. Sams, F. Aubke (Inorg. Chem. **11** [1972] 2634/41). — [3] E. Mor, A. M. Beccaria, G. Poggi (Ann. Chim. [Rome] **63** [1973] 173/80). — [4] C. S. C. Wang, J. M. Shreeve (J. Organometal. Chem. **46** [1972] 271/80). — [5] S. A. Kandil, A. L. Alred (J. Chem. Soc. A **1970** 2987/92).

1.3.2.5 Organozinnchloride des Typs $RSnXCl_2$

Organotin Chlorides of the $RSnXCl_2$ Type

1.3.2.5.1 Organozinnchloride des Typs $RSnHCl_2$

Organotin Chlorides of the $RSnHCl_2$ Type

$C_4H_9SnHCl_2$

Durch ^1H-NMR-Spektroskopie und IR-Spektroskopie kann gezeigt werden, daß bei der Reaktion zwischen $C_4H_9SnCl_3$ im Überschuß und $(C_4H_9)_3SnH$, $(C_4H_9)_2SnH_2$ oder $(C_4H_9)_2SnHCl$ bei Zimmertemperatur $C_4H_9SnHCl_2$ als eines der Reaktionsprodukte entsteht. Die Verbindung kann nicht in Substanz isoliert werden. Das Signal im ^1H-NMR-Spektrum bei $\delta = -9.12$ ppm und die IR-Bande bei 1913 cm^{-1} werden dem an Sn gebundenen Proton bzw. der νSnH-Schwingung zugeschrieben, A. K. Sawyer, J. E. Brown (J. Organometal. Chem. **5** [1966] 438/45).

1.3.2.5.2 Organozinnchloride des Typs $RSnFCl_2$

Organotin Chlorides of the $RSnFCl_2$ Type

CH_3SnFCl_2

CH_3SnCl_3 reagiert in CCl_3F mit wasserfreiem HF im Verlauf von 4 h bei 25°C unter Bildung von CH_3SnFCl_2 in Form eines weißen, hygroskopischen Pulvers, das sich bei 160°C zersetzt. IR (Raman)-Spektrum (in cm^{-1}): 2944, 2906, 2872, 1205, $\rho SnCH_3 = 795$ st, $\nu SnC = 555$ st (558 m), $\nu SnF = 398$ st, $\nu_{as}SnCl = 385$ st (390 m), $\nu_s SnCl = 370$ st (365 st) [1]. Mössbauer-Spektrum: $\delta = 1.08$ mm/s gegen SnO_2, $\Delta = 2.69$ mm/s [1, 2]. Es wird eine polymere Struktur mit trigonal-bipyramidaler Konfiguration am Sn-Atom (CH_3 und Cl in äquatorialer Position und F in axialer Stellung) angenommen [1].

Literatur:

[1] L. E. Levchuk, J. R. Sams, F. Aubke (Inorg. Chem. **11** [1972] 43/50). — [2] P. A. Yeats, J. R. Sams, F. Aubke (Inorg. Chem. **11** [1972] 2634/41).

Organotin Chlorides of the $RSnX_2Cl$ and RSnXYCl Types

1.3.2.6 Organozinnchloride des Typs $RSnX_2Cl$ und RSnXYCl

Organotin Chlorides of the $RSnH_2Cl$ Type

1.3.2.6.1 Organozinnchloride des Typs $RSnH_2Cl$

$C_4H_9SnH_2Cl$

Eine IR-Bande bei 1877 cm^{-1} als νSnH-Schwingung und ein Signal im ^1H-NMR-Spektrum bei $\delta = -7.18$ ppm sprechen dafür, daß bei der Reaktion zwischen $(C_4H_9)_2SnH_2$ und überschüssigem $C_4H_9SnCl_3$ bei Zimmertemperatur $C_4H_9SnH_2Cl$ gebildet wird, das nicht isolierbar ist, A. K. Sawyer, J. E. Brown (J. Organometal. Chem. **5** [1966] 438/45).

Organotin Chlorides of the RSnHFCl Type

1.3.2.6.2 Organozinnchloride des Typs RSnHFCl

Verbindungen dieses Typs sind nicht bekannt.

Organotin Chlorides of the $RSnF_2Cl$ Type

1.3.2.6.3 Organozinnchloride des Typs $RSnF_2Cl$

Verbindungen dieses Typs sind nicht bekannt.

Formula Index

The organotin compounds described in this volume are listed in the Formula Index by their empirical formulas. The compounds include the organotin chlorides of the types R_2SnCl_2, $RR'SnCl_2$, $RSnCl_3$ and the organotin chlorides of the types R_2SnXCl, $RSnXCl_2$, $RSnX_2Cl$ (X = H, F) and heterocyclic organotin dichlorides. The symbol Sn is placed first in each empirical formula. Otherwise, the system of A. Hill (J. Am. Chem. Soc. **22** [1900] 478/94) is used: Location in the index is determined by the number of carbon atoms, then by the number of hydrogen atoms, and finally by the number of atoms of the other elements in alphabetical order.

With the empirical formula additional material is presented. For the mono- and diorganotin chlorides there are four columns for the organic groups, the hydrogen atoms, and the halogen atoms. For heterocycles the ring structure is given. The page reference stands in the last column.

Names are given for the alicyclic, aromatic polycyclic, and heterocyclic groups. Nomenclature is generally in agreement with the IUPAC rules.

Formelregister

Die in dieser Lieferung beschriebenen Zinn-Organischen Verbindungen, welche die Organozinnchloride vom Typ R_2SnCl_2, $RR'SnCl_2$, $RSnCl_3$ sowie die Organozinnchloride vom Typ R_2SnXCl, $RSnXCl_2$, $RSnX_2Cl$ (X = H, F) und heterocyclische Organozinndichloride umfassen, sind in dem vorliegenden Register nach ihrer Summenformel unter Zugrundelegung des Systems von A. Hill (J. Am. Chem. Soc. **22** [1900] 478/94) geordnet. Nach diesem System werden als Ordnungskriterien zuerst die Zahl der C-Atome, danach die der H-Atome und schließlich die der übrigen Elemente in alphabetischer Reihenfolge unter Berücksichtigung der jeweiligen Zahl der Atome verwendet. Das Elementsymbol Sn ist in dem vorliegenden Register der Reihe der Elementsymbole vorangestellt.

Den Summenformeln der Verbindungen untergeordnet sind zusätzliche Angaben für die verschiedenen Verbindungstypen. Bei den Di- und Monoorganozinnchloriden folgen vier Spalten für die Organyle, die Wasserstoff- und die Halogenatome; bei den Heterocyclen wird das Ringsystem aufgeführt. Die letzte Spalte enthält den Seitenhinweis.

Die alicyclischen und polycyclischen aromatischen Reste sowie die Heterocyclen sind durch Namen ergänzt. Die Nomenklatur richtet sich weitgehend nach den Richtlinien der IUPAC.

$SnC_3H_4Cl_4O$				
$ClCOCH_2CH_2$	Cl	Cl	Cl	255
$SnC_3H_5Cl_3$				
$CH_2=CHCH_2$	Cl	Cl	Cl	265
$CH_2=C(CH_3)$	Cl	Cl	Cl	265
C_3H_5 (Cyclopropyl)	Cl	Cl	Cl	253
$SnC_3H_5Cl_3O_2$				
$HO_2CCH_2CH_2$	Cl	Cl	Cl	255
$SnC_3H_6Cl_2$				
$CH_2=CH$	CH_3	Cl	Cl	196
$SnC_3H_7Cl_3$				
C_3H_7	Cl	Cl	Cl	234
$i\text{-}C_3H_7$	Cl	Cl	Cl	236
$SnC_3H_8Cl_2$				
CH_3	C_2H_5	Cl	Cl	196
$SnC_3H_8Cl_4Si$				
$(CH_3)_2SiClCH_2$	Cl	Cl	Cl	256
$SnC_4H_2Cl_2$				
$CH\equiv C$	$CH\equiv C$	Cl	Cl	149
$SnC_4H_2Cl_4S$				
C_4H_2ClS (5-Chlor-2-thienyl)	Cl	Cl	Cl	287
$SnC_4H_3Cl_3S$				
C_4H_3S (2-Thienyl)	Cl	Cl	Cl	287
$SnC_4H_4Cl_4$				
cis-$ClCH=CH$	cis-$ClCH=CH$	Cl	Cl	147
trans-$ClCH=CH$	trans-$ClCH=CH$	Cl	Cl	147/8
$SnC_4H_6Cl_2$				
$CH_2=CH$	$CH_2=CH$	Cl	Cl	142
$SnC_4H_6Cl_4N_2$				
$CH_3N=CCl$	$CH_3N=CCl$	Cl	Cl	128
$SnC_4H_6Cl_4N_2O_6$				
O_3NCH_2CHCl	O_3NCH_2CHCl	Cl	Cl	128
$SnC_4H_7Cl_3$				
$CH_3CH=C(CH_3)$	Cl	Cl	Cl	265
$SnC_4H_7Cl_3O$				
$CH_3COCH_2CH_2$	Cl	Cl	Cl	256
$SnC_4H_7Cl_3O_2$				
$HO_2CCH_2CH(CH_3)$	Cl	Cl	Cl	256
$CH_3O_2CCH_2CH_2$	Cl	Cl	Cl	254, 256
$SnC_4H_8Cl_4$				
CH_3CHCl	CH_3CHCl	Cl	Cl	129

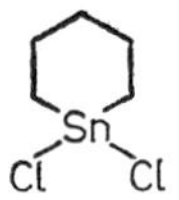

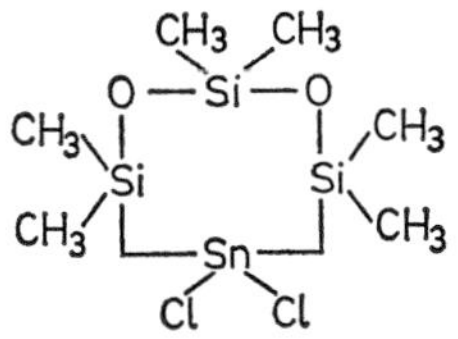

$SnC_{12}H_8Cl_2O$	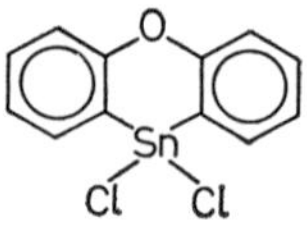 10,10-Dichlor-10H-phenoxastannin			207
$SnC_{12}H_8Cl_4$				
$p\text{-}ClC_6H_4$	$p\text{-}ClC_6H_4$	Cl	Cl	187
$SnC_{12}H_8Cl_6J_2$				
$p\text{-}Cl_2JC_6H_4$	$p\text{-}Cl_2JC_6H_4$	Cl	Cl	187
$SnC_{12}H_9Cl_3$				
$p\text{-}C_6H_5C_6H_4$	Cl	Cl	Cl	286
$SnC_{12}H_{10}Cl_2$				
C_6H_5	C_6H_5	Cl	Cl	151
$SnC_{12}H_{11}Cl$				
C_6H_5	C_6H_5	H	Cl	290
$SnC_{12}H_{18}Cl_2$				
C_6H_9 (1-Cyclohexenyl)	C_6H_9 (1-Cyclohexenyl)	Cl	Cl	149
$SnC_{12}H_{18}Cl_2O_2$				
$C_2H_5OCH_2CH_2$	$p\text{-}C_2H_5OC_6H_4$	Cl	Cl	203
$SnC_{12}H_{18}Cl_3NO$				
C_6H_5	$Cl[C_4H_9NO\text{-}CH_2CH_2]$ (C_4H_8NO = Morpholino)	Cl	Cl	201
$SnC_{12}H_{20}Cl_3N$				
C_6H_5	$Cl[(C_2H_5)_2NHCH_2CH_2]$	Cl	Cl	201
$SnC_{12}H_{22}Cl_2$				
$(CH_3)_2CHCH_2C(=CH_2)$	$(CH_3)_2CHCH_2C(=CH_2)$	Cl	Cl	149
C_6H_{11} (Cyclohexyl)	C_6H_{11} (Cyclohexyl)	Cl	Cl	125
$SnC_{12}H_{22}Cl_2O_2$				
$CH_3COCH_2C(CH_3)_2$	$CH_3COCH_2C(CH_3)_2$	Cl	Cl	133
$C_3H_7COCH_2CH_2$	$C_3H_7COCH_2CH_2$	Cl	Cl	133
$SnC_{12}H_{22}Cl_2O_4$				
$C_2H_5O_2CCH_2CH(CH_3)$	$C_2H_5O_2CCH_2CH(CH_3)$	Cl	Cl	133
$C_2H_5O_2CCH(CH_3)CH_2$	$C_2H_5O_2CCH(CH_3)CH_2$	Cl	Cl	134
$CH_3O_2CCH_2CH_2CH_2CH_2$	$CH_3O_2CCH_2CH_2CH_2CH_2$	Cl	Cl	134
$SnC_{12}H_{23}Cl$				
C_6H_{11} (Cyclohexyl)	C_6H_{11} (Cyclohexyl)	H	Cl	290
$SnC_{12}H_{24}Cl_2N_2O_2$				
$C_2H_5NHCOCH(CH_3)CH_2$	$C_2H_5NHCOCH(CH_3)CH_2$	Cl	Cl	134
$(CH_3)_2NCOCH_2CH(CH_3)$	$(CH_3)_2NCOCH_2CH(CH_3)$	Cl	Cl	134
$(CH_3)_2NCOCH(CH_3)CH_2$	$(CH_3)_2NCOCH(CH_3)CH_2$	Cl	Cl	134
$SnC_{12}H_{25}Cl_3$				
$C_{12}H_{25}$	Cl	Cl	Cl	253

$SnC_{12}H_{26}Cl_2$				
C_6H_{13}	C_6H_{13}	Cl	Cl	109
$(CH_3)_3CCH_2CH_2$	$(CH_3)_3CCH_2CH_2$	Cl	Cl	110
C_4H_9	C_8H_{17}	Cl	Cl	200
$SnC_{12}H_{30}Cl_2O_4Si_2$				
$(C_2H_5O)_2Si(CH_3)CH_2$	$(C_2H_5O)_2Si(CH_3)CH_2$	Cl	Cl	134
$SnC_{13}H_9Br_2Cl_2N$	2,8-Dibrom-10,10-dichlor-5-methyl-5,10-dihydro-phenazastannin			208
$SnC_{13}H_{12}Cl_2$				
C_6H_5	$C_6H_5CH_2$	Cl	Cl	201, 205
$SnC_{13}H_{14}Cl_2$				
i-C_3H_7	$C_{10}H_7$ (2-Naphthyl)	Cl	Cl	199
$SnC_{13}H_{28}Cl_2$				
CH_3	$C_{12}H_{25}$	Cl	Cl	197
$SnC_{13}H_{29}Cl_3Si$				
$(C_4H_9)_3SiCH_2$	Cl	Cl	Cl	260
$SnC_{14}H_4Cl_3F_{25}$				
$C_{12}F_{25}CH_2CH_2$	Cl	Cl	Cl	260
$SnC_{14}H_9Cl_2MnO_3$				
C_6H_5	$(CO)_3MnC_5H_4$ (C_5H_5 = 2,4-Cyclopentadien-1-yl)	Cl	Cl	202
$SnC_{14}H_{10}Cl_2$	11,11-Dichlor-9,10-dihydro-9,10-stannanoanthracen			208
$SnC_{14}H_{10}Cl_4N_2$				
$C_6H_5N{=}CCl$	$C_6H_5N{=}CCl$	Cl	Cl	134
$SnC_{14}H_{10}Cl_6$				
3,4-$Cl_2C_6H_3CH_2$	3,4-$Cl_2C_6H_3CH_2$	Cl	Cl	134
$SnC_{14}H_{11}Cl_3$				
$C_6H_5CH{=}C(C_6H_5)$	Cl	Cl	Cl	264, 266
$SnC_{14}H_{12}Br_2Cl_2$				
p-$BrC_6H_4CH_2$	p-$BrC_6H_4CH_2$	Cl	Cl	134
$SnC_{14}H_{12}Cl_2$	5,5-Dichlor-10,11-dihydro-5H-dibenzo[b,f]stannepin			209

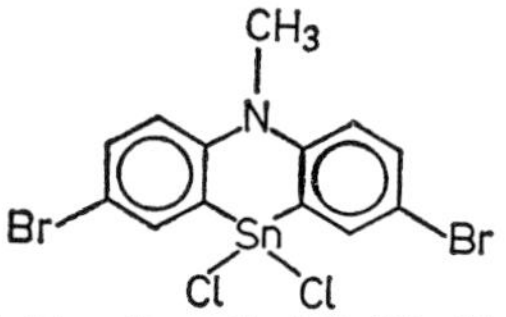

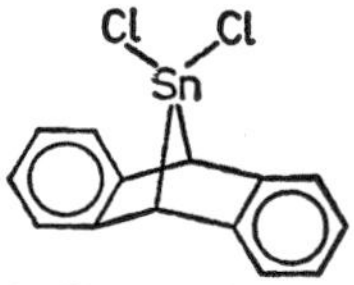

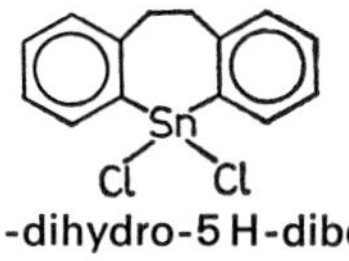

Umrechnungsfaktoren für physikalische Einheiten

Table of Conversion Factors

Kraft (force)	N	dyn	kg
1 N (Newton)	1	10^5	0.1019716
1 dyn	10^{-5}	1	1.019716×10^{-6}
1 kg	9.80665	9.80665×10^5	1

Druck (pressure)	Pa	bar	kg/m^2	at	atm	Torr	lb/in^2
1 Pa (Pascal) = 1 N/m^2	1	10^{-5}	1.019716×10^{-1}	1.019716×10^{-5}	0.986923×10^{-5}	0.750062×10^{-2}	145.038×10^{-6}
1 bar = 10^6 dyn/cm^2	10^5	1	10.19716×10^3	1.019716	0.986923	750.062	14.5038
1 kg/m^2 = 1 mm H_2O	9.80665	0.980665×10^{-4}	1	10^{-4}	0.967841×10^{-4}	0.735559×10^{-1}	1.42233×10^{-3}
1 at = 1 kg/cm^2	0.980665×10^5	0.980665	10^4	1	0.967841	735.559	14.2233
1 atm = 760 Torr	101 325	1.01325	1.033227×10^4	1.033227	1	760	14.69595
1 Torr = 1 mm Hg	133.3224	1.333224×10^{-3}	13.59510	1.359510×10^{-3}	1.315789×10^{-3}	1	19.3368×10^{-3}
1 lb/in^2 = 1 psi	6.89476×10^3	68.9476×10^{-3}	703.070	70.3070×10^{-3}	68.0460×10^{-3}	51.7128	1

Energie (work, energy, heat)	J	kWh	kcal	Btu	MeV
1 J (Joule) = 1 Ws = 1 Nm = 10^7 erg	1	2.778×10^{-7}	2.388×10^{-4}	9.478×10^{-4}	6.242×10^{12}
1 kWh	3.6×10^6	1	859.845	3412.14	2.247×10^{19}
1 kcal	4186.8	1.163×10^{-3}	1	3.96832	2.614×10^{16}
1 Btu (British thermal unit)	1055.06	2.931×10^{-4}	0.251996	1	6.586×10^{15}
1 MeV	1.602×10^{-13}	4.45×10^{-20}	3.82×10^{-17}	1.518×10^{-15}	1

Leistung (power)	kW	PS	kg m/s	kcal/s
1 kW = 10^{10} erg/s	1	1.35962	101.9716	0.238846
1 PS	0.735499	1	75	0.1757
1 kg m/s	9.807×10^{-3}	0.0133333	1	2.342×10^{-3}
1 kcal/s	4.1868	5.692	426.939	1

nach: Kraftwerk Union Information. Technical and Economic Data on Power Engineering. Mülheim (Ruhr) 1978.

Literatur:

1) International Union of Pure and Applied Chemistry. Manual of Symbols and Terminology for Physicochemical Quantities and Units. Butterworth, London 1970.
2) The International System of Units (SI). National Bureau of Standards Specl. Publ. 330. 1972 Edition.
3) H. Ebert (Hrsg.), Physikalisches Taschenbuch. 5. Aufl. Vieweg, Wiesbaden 1976.
4) F. W. Küster, A. Thiel, K. Fischbeck, Logarithmische Rechentafeln. 101. Aufl., W. de Gruyter, Berlin 1972.
5) E. Padelt, H. Laporte, Einheiten und Größenarten der Naturwissenschaften. 3. Aufl. VEB Fachbuchverlag, Leipzig 1976.
6) H. J. Gray, A. Isaacs, A New Dictionary of Physics. 2. Aufl. Longman, London 1975, S. 587/98.
7) Balser, Kayser, Das internationale System der Einheiten. Umrechnungsfaktoren aller englischen und deutschen Maßeinheiten in das SI. Verlag Heisler, Stuttgart 1967.
8) J. F. Cordes, Das neue internationale Einheitensystem, Naturwissenschaften **59** [1972] 177/82.